Ulrich Karrenberg

Signale – Prozesse – Systeme

U. Karrenberg

Signale – Prozesse – Systeme

Eine multimediale und interaktive Einführung
in die Signalverarbeitung

7., neu bearbeitete und erweiterte Auflage
Mit DVD

 Springer Vieweg

Dipl.-Ing. Ulrich Karrenberg
Studiendirektor
Düsseldorf, Deutschland

ISBN 978-3-662-52658-3   978-3-662-52659-0 (eBook)
DOI 10.1007/978-3-662-52659-0

Die Deutsche Nationalbibliothek verzeichnet diese Publikation in der Deutschen Nationalbibliografie; detaillierte bibliografische Daten sind im Internet über http://dnb.d-nb.de abrufbar.

Springer Vieweg
© Springer-Verlag GmbH Deutschland 2012, 2017

Gedruckt auf säurefreiem und chlorfrei gebleichtem Papier

Springer Vieweg ist Teil von Springer Nature
Die eingetragene Gesellschaft ist Springer-Verlag GmbH
Die Anschrift der Gesellschaft ist: Heidelberger Platz 3, 14197 Berlin, Germany

Dieses Buch ist Claude E. Shannon gewidmet, dem Entdecker und Pionier der modernen Kommunikationstechnik. Er verstarb am 25. Februar 2001. Die 48 Seiten seiner „Mathematical Theory of Communication" von 1948 sind nur wenigen zugänglich, was sein Genie und die Einmaligkeit seiner Erkenntnisse nicht schmälern kann. Sie haben die Welt mehr verändert als alle anderen Entdeckungen, denn Kommunikation ist der Schlüsselbegriff unserer Gesellschaft, ja des Lebens.

Vollendet sein wird sein Werk erst durch die Einbindung seiner Theorie in die moderne Physik und damit in die zentralen Wirkungsprinzipien der Natur. Diese steht noch aus.

- Wenn Du ein Schiff bauen willst, so trommle nicht die Leute zusammen, um Holz zu beschaffen, Aufgaben zu vergeben und die Arbeit einzuteilen, sondern wecke in ihnen die Sehnsucht nach dem weiten, endlosen Meer
  (Antoine de Saint-Exupéry)

- Die größten Abenteuer finden im Kopf statt
  (Steven Hawking)

- Die Fähigkeit von Sprache, Informationen zu vermitteln, wird weit überschätzt, vor allem in Kreisen von Gebildeten. Und nichts kann die Lücken schließen helfen, wenn die Dinge, die zur Sprache kommen, nicht der Art nach selbst erfahren wurden
  (Alfred North Whitehead)

- Schämen sollten sich die Menschen, welche die Wunder der Wissenschaft und der Technik gedankenlos hinnehmen und nicht mehr davon geistig erfasst haben, als die Kuh von der Botanik der Pflanzen, die sie mit Wohlbehagen frisst
  (Albert Einstein auf der Berliner Funkausstellung 1930)

- Reale Probleme nehmen keine Rücksicht auf die willkürliche Einteilung von Bildung in Unterrichtsfächer
  (Autor)

- The purpose of Computing is insight, not numbers
  (R. W. Hamming)

- Information and uncertainty find themselves to be partners
  (Warren Weaver)

Vorwort zur 7. Auflage

Nach acht Jahren der intensiven Vorbereitung und Evaluation erschien Anfang 2000 die erste Auflage dieses „Lernsystems". Genau so hektisch wie die Entwicklung der Mikroelektronik folgte eine Auflage nach der anderen, in 2016 nun die Siebte. Und auch die internationale, englischsprachige Ausgabe dieses „Lernsystems", die ja mit dem *Deutschen Bildungsmedien-Preis 2003 (Berufliche Aus- und Fortbildung – Studium)* ausgezeichnet wurde, ist weltweit gut angekommen und 2012 in der dritten Auflage erschienen. Ende 2008 erschien in Lizenz die erste chinesische Auflage bei Tsinghua University Press in Peking. Multimediale, interaktive Lernsysteme in gedruckter und elektronischer Form – also Bücher, die „zum Leben erweckt" werden können und *selbsterforschendes Lernen* ermöglichen – scheinen immer mehr im Trend der Zeit zu liegen.

Nachstehend finden Sie die Änderungen gegenüber der 6. Auflage:

- DASY*Lab* wird nunmehr in der neuen S-Version 14 in dieses Lernsystem integriert. Damit der Grundgedanke von DASYLab – „Easy-to-Use" – auch bei den Erweiterungsmöglichkeiten nicht verloren geht, ermöglicht das neue Script Modul den Einsatz der weit verbreiteten Skriptsprache Python ™, um eigene Module zu gestalten.

- Wesentliche Verbindung zur Außenwelt zwecks Acquisition und Ausgabe realer Signale ist bei der S-Version nach wie vor Soundkarte – d. h. je zwei analoge Ein- und Ausgänge hoher Präzision. Aber auch über die USB-Schnittstelle lassen sich spezielle Mikrofone direkt anschließen.

- Wiederum wurden zahlreiche der inzwischen etwa 300 DASY*Lab*–Versuche ergänzt, überarbeitet und HD-optimiert.

- Das Bildmaterial als wesentlicher Bestandteil des „Lernsystems" wurde z. T. ergänzt bzw. auf die neue DASYLab-Version abgestimmt.

- Weitere Inhalte sind hinzugekommen, nach dem Kapitel 14 über Neuronale Netze sowie Kapitel 16 mit der „Mathematischen Modellierung von Signalen – Prozessen – Systemen" folgt nun in der 7. Auflage ein Kapitel über „Komplexe dynamische Systeme, Entropie und Selbstorganisation", welches sich den überwiegend nichtlinearen und nichtstationären Prozessen in Natur und Gesellschaft widmet.

Wie die vielen schriftlichen Reaktionen und Lizenzwünsche für Hochschulen und Akademien zeigen, wurde dieses „Lernsystem" durchweg äußerst positiv, ja z. T. enthusiastisch aufgenommen. Die Idee, unabhängig von der materiellen Ausstattung teurer Labors am (heimischen) PC aufregende Versuche, Übungen oder Projekte planen und *selbsterforschend* durchführen zu können, scheint gezündet zu haben.

Zu danken habe ich wieder dem „DASY*Lab*–Team" der Firma measX sowie dem Team des Springer-Verlages. Alle kooperierten hervorragend mit mir und hatten immer ein offenes Ohr für meine Sonderwünsche! Ein besonderer Dank gilt immer wieder Herrn Dr.-Ing. Joachim Neher. Ohne seine, speziell für dieses „Lernsystem" entwickelten, zahlreichen Module wäre mein didaktisches Konzept niemals realisierbar gewesen!

Ein „Lernsystem" dieser Art wächst, blüht und gedeiht über die Wechselwirkung zwischen User und Autor. Jede konkrete Anregung wird deshalb gerne aufgegriffen, durchdacht und ggf. berücksichtigt. Ich freue mich auf Ihre Meinung,

Düsseldorf, im August 2016   Ulrich Karrenberg

Kapitel 8 231

Klassische Modulationsverfahren

Kapitel 9 277

Digitalisierung

Einführung

Zurzeit liegen Aus-, Fort- und Weiterbildung auf dem Gebiet der Mikroelektronik/Computer- und Kommunikationstechnik im Blickpunkt der Öffentlichkeit. Hier werden händeringend qualifizierte Arbeitskräfte gesucht. Hier liegen die Märkte der Zukunft. Was fehlt, sind vor allem die zukunftsweisenden Konzepte für Studium und Unterricht bzw. auch für autodidaktisches „selbst erforschendes Lernen".

Verständliche Wissenschaft

Bei der Wahl der Studienfächer gelten all diejenigen Fachrichtungen wohl kaum als Renner, welche Theorie und Technik des Themenfeldes Signale – Prozesse – Systeme beinhalten. Sie sind derzeit als „harte" Studienfächer verschrien, weil sowohl die formalen Anforderungen wie auch das Studium selbst als kompliziert und aufwändig gelten.

Hochschule, Industrie und Wirtschaft haben bislang wenig getan, diese Hindernisse zu beseitigen, obwohl hinter diesem Themenfeld sowohl der größte und umsatzstärkste Industriezweig als auch der bedeutendste Dienstleistungsbereich lauern.

Für den in der Lehrerausbildung tätigen Autor war es seinerzeit schon fast erschreckend festzustellen, weltweit keine ihn selbst überzeugende, grundlegende didaktische Konzeption zur Mikroelektronik/Computer-, Kommunikations- bis Automatisierungstechnik sowohl für den Zugang als auch für das Studium selbst vorzufinden. Muss beispielsweise das Studium so theorielastig, die Berufsausbildung dagegen so praxisdominant sein, bilden Theorie und Praxis nicht gerade in dieser Fachwissenschaft zwangsläufig eine Einheit?

Eine kleine Episode soll das verdeutlichen. Im Fachseminar Nachrichtentechnik/Technische Informatik sitzen 14 Referendare, allesamt diplomierte Ingenieure wissenschaftlicher Hochschulen, z. T. sogar mit Praxiserfahrung. Einer von ihnen steht vor dem Problem, an seiner Berufsbildenden Schule eine Unterrichtsreihe „Regelungstechnik" durchführen zu müssen. Die Tagesordnung wird daraufhin auf „didaktische Reduktion und Elementarisierung" umgepolt. Alle Referendare haben während des Studiums die Vorlesung „Regelungstechnik" samt Übungen/Praktika besucht. Auf die Frage des Fachleiters, welcher zentrale Begriff zur Regelungstechnik denn in Erinnerung sei, kommt nach längerem Nachdenken die Antwort: *LAPLACE-Transformation*. Bei der inhaltlichen Hinterfragung dieses Begriffes wird allgemein verschämt eingestanden: Man könne zwar mit ihrem Formalismus ganz gut rechnen, was eigentlich substanziell dahinter stecke, sei jedoch weitgehend unklar!

Wer wollte bestreiten, dass ein Großteil des vermittelten Stoffes lediglich faktenhaft aufgenommen, unreflektiert angewendet und ohne tieferes Verständnis festgehalten wird? Und wer wird bezweifeln, dass sich ggf. mit alternativen Methoden der Wissensvermittlung *Lerneffizienz* und *Zeitökonomie* verbessern ließen?!

Kurzum: Das vorliegende *Lernsystem* möchte mit allen sinnvoll erscheinenden Mitteln versuchen,

- den *Zugang* zu dieser faszinierenden Fachwissenschaft *Signale – Prozesse – Systeme* (auch für nicht wissenschaftlich Vorgebildete) zu ermöglichen,

- die Symbiose von Theorie und Praxis *während des Studiums* zu verbessern sowie

- den *Übergang* vom Studium in den Beruf („Praxisschock") zu erleichtern.

Bei der Wahl der sinnvoll erscheinenden Mittel werden verschiedene Fachwissenschaften tangiert, die im weitesten Sinne ebenfalls mit *Kommunikation* zu tun haben.

Lehren und Lernen sind kommunikative Phänomene. Neben den Ergebnissen moderner Hirnforschung zur Bedeutung des bildhaften Lernens und der Bewusstseinsbildung (durch Wechselwirkung mit der Außenwelt) finden Ergebnisse der Lernpsychologie ihre Berücksichtigung.

Bei der inhaltlichen Veranschaulichung und Fundierung wird vor allem auf die Physik zurückgegriffen. Einerseits sind elektromagnetische Schwingungen und Wellen bzw. Quanten die Träger von Information; zwischen Sender und Empfänger findet eine physikalische Wechselwirkung statt. Andererseits wird Technik hier ganz einfach definiert als die sinnvolle und verantwortungsbewusste Anwendung von Naturgesetzen. Nichts läuft in der Technik – also auch nicht auf dem Gebiet der Signale – Prozesse – Systeme –, was nicht mit den Naturgesetzen in Einklang stehen würde!

Der Verzicht in diesem Lernsystem auf die – sattsam bekannte, in jeder Vorlesung individuell gestaltete – *mathematische Modellierung* signaltechnischer Phänomene ist eine der wichtigsten Maßnahmen, Hindernisse auf dem Wege zu dieser Fachwissenschaft aus dem Weg zu räumen und den Zugang zu erleichtern. Hierzu gibt es bereits Hunderte von Fachbüchern; unnötig also, eine weitere Version hinzuzufügen.

Für den Hochschullehrer stellt damit das Lernsystem ein *ideales Additivum* zu seiner Vorlesung dar. Gleichzeitig wird jedoch ein riesiger Personenkreis angesprochen, dem diese Fachwissenschaft bislang kaum zugänglich war.

Adressaten

Der Adressatenkreis ergibt sich fast zwangsläufig aus den vorstehenden Ausführungen:

- Dozenten und Hochschullehrer, die

    - hervorragendes Bildmaterial, interaktive Simulationen und anschauliche Erklärungsmuster signaltechnischer Prozesse in ihre Vorlesungen oder Seminare implementieren möchten,

    - visualisieren wollen, was die Mathematik ihrer Vorlesung eigentlich bewirkt, wenn sie auf reale Signale losgelassen wird,

    - es zu schätzen wissen, Laborübungen/Praktika nun fast zum Nulltarif planen, einrichten und durchführen zu können, ggf. auch zu Hause am heimischen PC des Studenten!

- Studierende ingenieurswissenschaftlicher Disziplinen an Fachhochschulen, Technischen Hochschulen und Universitäten (Mikroelektronik, Techn. Informatik, Mess-, Steuer-, Regelungs- bzw. Automatisierungstechnik, Nachrichten- bzw. Kommunikationstechnik usw.), denen z. B. in der Systemtheorie–Vorlesung die eigentlichen Inhalte im Dickicht eines „mathematischen Dschungels" verloren gegangen sind.

- Studierende anderer technisch – naturwissenschaftlicher Fachrichtungen, die sich mit der computergestützten Verarbeitung, Analyse und Darstellung realer Messdaten (Signale) beschäftigen müssen, mathematische und programmtechnische Barrieren aber vermeiden wollen.

- Firmen, die auf dem Gebiet der Mess-, Steuer-, Regelungs- bzw. Automatisierungs-technik arbeiten und die innerbetriebliche Fort- und Weiterbildung im Auge haben.

- Lehramtsstudierende der o. a. Fachrichtungen, deren Problem es ist, die überwiegend in mathematischen Modellen formulierte „Theorie der Signale – Prozesse – Systeme" in die Sprache und bezogen auf das Vorstellungsvermögen der Schüler umzusetzen (didaktische Reduktion und Elementarisierung).

- Lehrer der o. a. Fachrichtungen an Berufsbildenden Schulen/Berufskollegs, die zeitgemäße Konzepte und Lehrmittel suchen und im Unterricht einsetzen möchten.

- Ingenieure im Beruf, deren Studium bereits länger zurückliegt und die sich aufgrund ihrer Defizite in Mathematik und Informatik (Programmiersprachen, Algorithmen) bislang nicht mit den aktuellen Aspekten der computergestützten Signalverarbeitung auseinandersetzen konnten.

- Facharbeiter/Techniker der o. a. Fachrichtungen/Berufsfelder, die sich autodidaktisch beruflich weiterqualifizieren möchten.

- Physiklehrer der Sek II, die am Beispiel des Komplexes „Signale – Prozesse – Syste-me" die Bedeutung ihres Faches für das Verständnis moderner Techniken darstellen möchten, z. B. im Rahmen eines Leistungskurses „Schwingungen und Wellen".

- Schülerinnen und Schüler informationstechnischer Berufe bzw. des Berufsfeldes Mikroelektronik – Computertechnik – Kommunikationstechnik, die an Berufsbilden-den Schulen, Berufskollegs bzw. an Fachschulen für Technik ausgebildet werden.

- Populärwissenschaftlich Interessierte, die einen „lebendigen" Überblick auf diesem hochaktuellen Gebiet gewinnen möchten.

- Schülerinnen und Schüler, die sich noch nicht für eine Berufs- oder Studienrichtung entschieden haben und sich einmal über dieses Fachgebiet informieren möchten, bislang aber durch den mathematischen Formalismus keinen Zugriff zu diesen Inhalten hatten.

Grafische Programmierung

Der Clou dieses Lernsystems ist die Implementierung einer professionellen Entwick-lungsumgebung zur *grafischen* Programmierung signalverarbeitender Systeme. Hier-durch werden mit den Algorithmen und Programmiersprachen weitere Hindernisse beseitigt, wodurch es möglich wird, den Blick auf die eigentliche Signalverarbeitung zu fokussieren.

Diese reale Signalverarbeitung und Simulation ermöglicht hierbei das im Hintergrund arbeitende Programm DASY*Lab*. Das Programm stellt ein nahezu ideales und vollstän-diges Experimentallabor mit allen nur erdenklichen „Geräten" und Messinstrumenten zur Verfügung. DASY*Lab* wird weltweit durch die Firma MeasX GmbH & Co KG, Mönchengladbach in vielen Ländern/Sprachen sehr erfolgreich vertrieben und in der Mess-, Steuerungs-, Regelungs- und Automatisierungstechnik eingesetzt. Die Lizenzrechte liegen bei *National Instruments* in Austin, Texas. Während für die industrielle Einzellizenz dieses Programms ein marktkonformer Preis verlangt wird, greift das Lernsystem auf eine spezielle Studienversion zu, die den gleichen, z. T. sogar einen höheren Leistungsumfang durch Sondermodule besitzt und praktisch umsonst mitgeliefert wird. Sie ist äußerst leicht zu bedienen und bietet alle Möglichkeiten, eigene Systeme oder Applikationen zu entwickeln, zu modifizieren, zu optimieren und umzugestalten.

Das elektronische Buch

Auf der DVD befindet sich das gesamte elektronische Buch – multimedial und interaktiv aufbereitet – mit allen Programmen, Videos, Handbüchern usw. Das eigentliche digitale Dokument bzw. Lernsystem siprosys.pdf ist identisch mit diesem Buch.

Hinweise zur Installation

Im Gegensatz zu früheren Windows–Versionen ist es aufgrund der restriktiven Eigenschaften von Windows 7 bis Windows 10 kaum noch möglich, das Lernsystem direkt von der CD bzw. DVD zu starten und betreiben zu können. Dies war auch nie empfehlenswert, da hierbei das CD–ROM–Laufwerk bei jeder Aktion hochlaufen musste, was auch alle Abläufe stark verzögerte.

Es ist nunmehr eine neue Installationsroutine geschaffen worden, bei der mit einem Klick das gesamte Lernsystem (einschließlich der sehr umfangreichen Videodateien) auf der Partition C installiert wird.

Starten Sie den PC. Nachdem Windows geladen ist, schieben Sie bitte die CD ins Laufwerk. Nach kurzer Zeit sollten Sie folgendes Bild auf dem Bildschirm sehen:

Abbildung 1:   **Die Bedienungsoberfläche nach dem Einlegen der CD**

Hier wurde der Button „Installation" gedrückt. Unten erscheinen dann nähere Hinweise zur Ausführung.

Mit Installation wird das komplette Lernsystem installiert. Der Acrobat Reader ist für die Darstellung des Lernsystems ungbedingt erforderlich. Falls Sie noch keinen Acrobat Reader installiert haben, wird die vorhandene Version 10 des Acrobat Readers installiert.

Wichtige Hinweise zu DASY*Lab* Version 14

DASY*Lab* 14 ist – wie bereits erwähnt – ein professionelles, weltweit eingesetztes Programm für den industriellen Einsatz in der Mess-, Steuer-, Regelungs- und Automatisierungstechnik. Diese Version arbeitet mit folgenden Betriebssystemen:

- Windows 7 ... 32 Bit und 64 Bit (als 32 Bit-Applikation)

- Windows 8 ... 32 Bit und 64 Bit (als 32 Bit-Applikation)

- Windows 10 ... 32 Bit und 64 Bit (als 32 Bit-Applikation)

Für DASY*Lab* S 14 ist lediglich eine Schnittstelle wichtig: der für dieses Lernsystem unverzichtbare *Soundkartentreiber*. Alle weiteren Treiber sind gesperrt.

Installation des Lernsystems

Klicken Sie nun auf Installation. Die Installationsdauer dauert wegen des umfangreichen Datenmaterials mehrere Minuten. Zunächst wird das eigentliche Lernsystem installiert, danach DASY*Lab* S Version 11. Gleichzeitig wird auch das Python-Programmpaket zur Programmierung eigener Module inklusive verschiedener Bibliotheken wie NumPy, SciPy und Matplotlib installiert. Drücken Sie bei dieser Installation mehrfach auf „weiter" und erkennen Sie die Lizenzbedingungen mit „ja" an.

Erst nach Erscheinen des Menüs in Abb. 3 klicken Sie auf Fertig stellen. Damit ist der eigentliche Installationsvorgang beendet. Hatten Sie bereits den Acrobat Reader 10 installiert, so kommt zum Schluss ein entsprechender Hinweis.

Abbildung 2:   ***Hinweis auf das Ende des Installationsvorgangs***

Aktivieren der *.dsb-Dateien

Im Ordner C:\Benutzer\Öffentlich\Öffentliche Domumente\DASYLab S\14.0.0\GER\worksheets sind an die 270 Dateien mit der Endung *.dsb. Dahinter verbergen sich die signaltechnischen Systeme, mit denen Sie im „Lernsystem" interaktiv arbeiten.

Sie mussten bislang Ihrem PC mitteilen, mit welchem Programm dieser Dateityp geöffnet werden soll. Dies ist mit der neuen Installationsroutine nicht mehr nötig! Sollten Sie bei einer älteren Windows-Version in dieser Hinsicht Schwierigkeiten haben, stellen Sie eine Verknüpfung der *.dsb-Dateien mit DASY*Lab* nach Abb. 3 her.

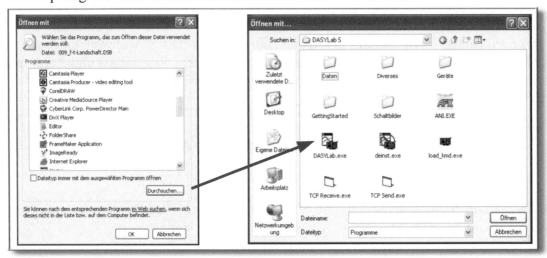

Abbildung 3:   ***Verknüpfung***

Im Fenster werden Sie nicht direkt die Datei dasylab.exe *finden. Drücken Sie deshalb auf den Button „Andere..." und suchen Sie im Explorer über die Ordner **Programme** und **DASYLab S** die Datei* **dasylab.exe** *heraus. Diese einmal anklicken und dann im Fenster unter „Öffnen mit" bestätigen. Daraufhin startet DASYLab und lädt genau diese Datei!*

Nach der Installation finden Sie nun auf dem Desktop eine Verknüpfung zum Lernsystem. Ein Doppelklick hierauf und das Lernsystem wird in Zukunft automatisch starten.

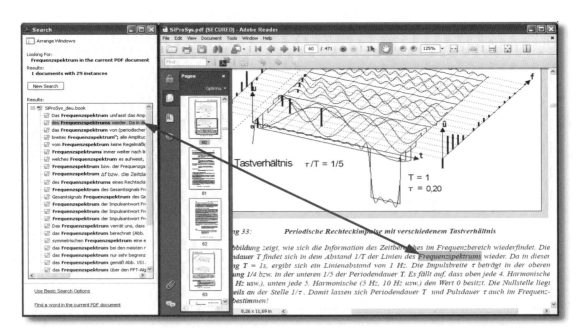

Abbildung 4:   ***Stichwortsuche***

Die installierte Version des Acrobat Readers besitzt eine besonders komfortable Suchfunktion für das elektronische Buch. Das Bild zeigt die Bedienung. Nacheinander werden alle Fundstellen angezeigt, selbst in den Bildern und neuerdings auch im Index-Register.

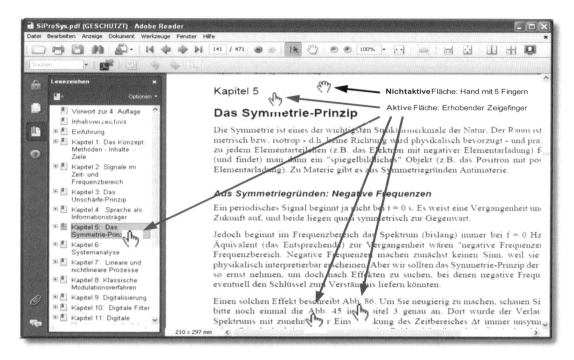

Abbildung 5:   ***Verknüpfungen und aktive Flächen beim Acrobat Reader***

Das interaktive Lernsystem

Die Datei siprosys.pdf ist als *interaktives Medium* konzipiert. In diesem Dokument sind deshalb „zahllose" aktive Verknüpfungen festgelegt, die zu anderen Programmen, Dateien oder Buchseiten des Lernsystems führen.

Es wird empfohlen, sich zunächst mit der Bedienung des Acrobat Readers vertraut zu machen. Vieles lässt sich für erfahrene User auch intuitiv erfassen und durchführen. Im Ordner Dokumente finden Sie für alle Fälle das (offizielle) Handbuch.

Die Verknüpfungen in pdf–Dokumenten sind als *aktive Flächen* gestaltet. Falls diese nicht besonders gekennzeichnet sind, teilt Ihnen das der Cursor mit: Das normale Cursor-Symbol „Hand" wechselt dann zum „Zeigefinger").

Im Lernsystem gibt es drei verschiedene Verknüpfungen:

- Jede Kapitelbezeichnung auf der Startseite des jeweiligen Kapitels ist mit einem *gelben* Rahmen versehen. Ein Klick auf diese Fläche startet ein „Screencam"–Video mit einer *Einführung* in das betreffende Kapitel. Da jeweils das Video entpackt wird, *bitte einige Sekunden warten* (PC–Lautsprecher einschalten!).

- Der Großteil der 318 Abbildungen des Buches ist mit der entsprechenden DASY*Lab*–Applikation verknüpft, die den zum Bild gehörenden Versuch durchführt. Dieser kann nach Belieben modifiziert bzw. verändert werden. Die Änderung sollte *unter anderem Namen abgespeichert* und archiviert werden! Für die Rückkehr nach sipro-sys.pdf DASY*Lab* immer *beenden*! Bleibt DASY*Lab* im Hintergrund aktiv, kann keine weitere DASY*Lab*–Verknüpfung gestartet werden!

- Hinweise zu anderen Stellen des Dokumentes – z. B. vom Inhaltsverzeichnis aus oder auf andere Abbildungen – sind ebenfalls verknüpft. Um an die vorherige Stelle des Dokumentes zurückzukehren, wählen Sie die entsprechende Pfeiltaste oben rechts im Menü (siehe Abb. 5).

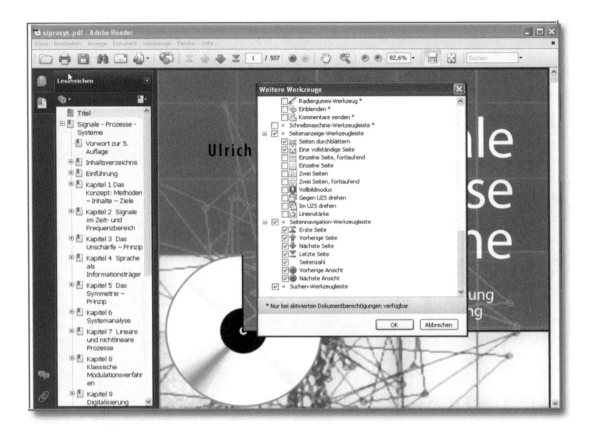

Abbildung 6: **Einstellungen beim Acrobat Reader im Menü unter Werkzeuge**

Die optimale interaktive und multimediale Nutzung des Acrobat Readers gelingt erst nach einem Hinzufügen zusätzlicher Werkzeuge. Haben Sie beispielsweise mit der Vergrößerungsfunktion einen Ausschnitt gewählt oder einen Abbildungslink zu einer ganz anderen Seite benutzt, so kommen Sie ganz einfach mit dem Button "Vorherige Ansicht" wieder zur ursprünglichen Darstellung zurück. Übernehmen Sie einfach die gezeigten Vorschläge.

Einbindung der Kapitel–Videos in das Lernsystem

Jedes Kapitel besitzt – wie bereits erwähnt – ein Video in deutscher Sprache, welches in die Thematik einführen soll. Bislang mussten der Ordner mit diesen Videos „von Hand" auf die Partition C kopiert werden. Bei der neuen Installationsroutine geschieht das direkt automatisch!

Technische Eigenschaften und Voraussetzungen

Vorausgesetzt wird ein für Multimedia–Anwendungen geeigneter PC mit mindestens 1 GByte Hauptspeicher. Wichtig ist hierbei für die Ein- und Ausgabe analoger Signale eine voll–Duplex–fähige Soundkarte mit dem für das jeweilige Betriebssystem geeigneten Treiber. Der Stereo–Eingang und –Ausgang der Soundkarte ergibt jeweils zwei analoge Ein- und Ausgangskanäle, über die reale NF–Signale ein- und ausgegeben werden können.

Im Ordner Dokumente finden Sie die entsprechenden Handbücher für die Handhabung von DASY*Lab* sowie die Ein- und Ausgabe realer Signale über Soundkarte. Erwähnt werden soll hier auch der steckbare USB Sound Adapter 7.1 von DeLock. In diesem externen Adapter sitzt die gesamte A/D- und D/A-Wandlung außerhalb des PCs, wodurch sich keine zusätzlichen Störgeräusche durch das Mainboard usw. bemerkbar machen.

In vernetzten PC–Systemen sollte das Lernsystem grundsätzlich *lokal* auf jedem PC installiert werden. Eine typische Netzversion gibt es derzeit noch nicht. Allerdings soll es nach Aussagen sachkundiger Betreiber durchaus möglich sein, das Lernsystem – z. B. in einem schnellen Netz – ausschließlich auf dem Server zu installieren.

Systementwicklung mit Blockschaltbildern

DASY*Lab* besitzt einen Vorrat an Modulen („Bausteine"), die jeweils einen signaltechnischen *Prozess* verkörpern. Durch Synthese dieser Module zu einem *Blockschaltbild* entsteht ein *signaltechnisches System*.

Diese Module finden Sie im Menü nach Oberbegriffen (z. B. „Datenreduktion") sortiert. Die Modulleiste am linken Bildrand sollten Sie am besten löschen und die Module aus dem Menü exportieren. Dadurch wird die Übersicht besser und Sie gewinnen insgesamt eine größere Arbeitsfläche.

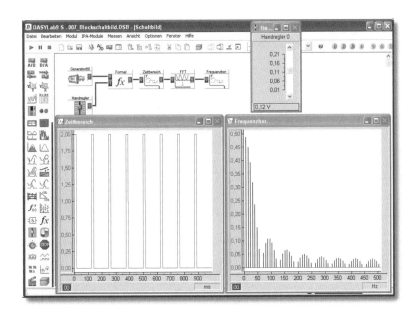

Abbildung 7:   ***Blockschaltbild (mit Signal-Visualisierung) als signaltechnisches System***

Die grundsätzliche Arbeitsweise mit DASY*Lab* zeigt Ihnen das Video zu Kapitel 0 "Einführung". Die *Hilfe* in DASY*Lab* sowie die Handbücher im Ordner Dokumente geben Ihnen detaillierte Information.

Am einfachsten lernen Sie das „Zusammenwirken" der einzelnen Module kennen, indem Sie auf die zahlreichen Beispiele des Lernsystems und von DASY*Lab* (im Ordner Schaltbilder) zurückgreifen. Probieren geht hier wirklich vor dem Studium der Handbücher!

Alle Beispiele des Lernsystems und Videos sind für die XGA–Bildschirmauflösung (1024 • 768) optimiert. Natürlich lässt sich auch mit einer höheren Auflösung arbeiten (inzwischen werden auch preiswerte Beamer mit einer Auflösung von 1280 • 768 (HD 720p) angeboten), denn Bilder können im Prinzip nicht groß genug sein. Allerdings werden Sie eventuell keinen Beamer (Videoprojektor) mit höherer Auflösung für Ihre Vorlesung, Ihren Vortrag bzw. Ihren Unterricht zur Verfügung haben.

Bestechend sind die Möglichkeiten von DASY*Lab*,

- die visualisierten Daten/Messergebnisse mit dem Cursor genau zu vermessen,

- Signalabschnitte zu vergrößern („zoomen"),

- „3D–Darstellungen" für die Visualisierung größerer Datenmengen einzusetzen („Wasserfall–" und „Frequenz–Zeit–Landschaften" einschließlich Farb–Sonogrammen) sowie

- auf Knopfdruck diese quasi Vektor–Grafiken (*.emf) direkt in Ihre Dokumentation einzubinden (dsgl. auch die Schaltbilder).

Die einfachste Möglichkeit, reale (analoge) Signale ein- und auszugeben, bietet ein preiswertes Headset (Kopfhörer mit Mikrofon). Diese „Hardware" ist vor allem dann zweckmäßig, wenn gemeinsam in größeren Gruppen gearbeitet wird.

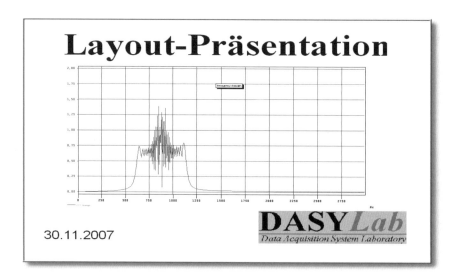

Abbildung 8:   ***Präsentation***

Bedenken Sie bitte, dass bei dieser S–Version von DASY*Lab* die Verarbeitung realer Signale durch die technischen Eigenschaften der Soundkarte beschränkt sind. Beispielsweise können über die Soundkarte keine extrem langsam schwankenden Signale aufgenommen werden, da an deren Eingängen Koppelkondensatoren sitzen. Im Handbuch ist allerdings eine Schaltung angegeben, mithilfe eines einfachen Spannungs–Frequenz–Wandlers (VCO) den Momentanwert einer (sich langsam ändernden) Messspannung in eine (Momentan-) Frequenz umzusetzen, ähnlich den Verfahren in der Telemetrie. Hier sei noch einmal der steckbare USB Sound Adapter 7.1 von DeLock empfohlen. Er besitzt ggf. Vorteile gegenüber einer einfachen Soundkarte.

Für professionelle Anwendungen – z. B. in der Automatisierungstechnik – benötigen Sie die industrielle Version von DASY*Lab* sowie spezielle Multifunktions- und Schnittstellenkarten samt DASY*Lab* – Treibern.

Für die *Präsentation* visualisierter Daten ist die sogenannte Layout–Darstellung (Abb. 8) möglich. Sie entspricht dem, was üblicherweise auf der Frontplatte eines Messsystems zu sehen ist und blendet die eigentliche „Technik" aus, die sich im Gehäuse befindet. Da das Lernsystem gerade diesen (system-)technischen Hintergrund vermitteln möchte, findet sie in diesem Buch praktisch keine Verwendung.

Kapitel 1

Das Konzept: Methoden – Inhalte – Ziele

Die Mikroelektronik bildet bereits heute die Schlüsselindustrie schlechthin (siehe Abb. 9). Sie hat und wird nach Expertenmeinung unser Leben mehr verändern als jede andere Technologie. Ihre gesellschaftlichen, politischen und wirtschaftlichen Auswirkungen übersteigen möglicherweise jedes Vorstellungsvermögen.

Berufliche Mobilität dürfte zukünftig fast gleich bedeutend sein mit dem qualifizierten und verantwortungsbewussten Umgang mit Mikroelektronik im weitesten Sinne. Bildung und Wissenschaft dürften durch sie mehr beeinflusst und schneller verändert werden als je zuvor.

Leider ist die Mikroelektronik schon lange von einer unübersehbaren Vielfalt bei immer noch steigender Innovationsgeschwindigkeit. Für die Aus-, Fort- und Weiterbildung auf dem Gebiet der Mikroelektronik wird deshalb die Frage nach einem effizienten Konzept immer drängender angesichts von Tendenzen, aufgrund der scheinbaren inhaltlichen Komplexität, den „Ingenieur als Facharbeiter von morgen" (VDI-Nachrichten) zu betrachten. Und was wird aus dem Facharbeiter– und Techniker–Heer von heute?

Derzeit sind bereits ganze Systeme auf einem einzigen Chip – bestehend aus Millionen von Transistoren – integriert. Wie und was soll überhaupt vermittelt, dargestellt, unterrichtet werden, um dem *nicht*akademischen Nachwuchs Zugang zu dieser faszinierenden, unumkehrbaren und für jedermann wichtigen Technik zu ermöglichen.

Dies ist wohl in erster Linie eine Frage an die Fachwissenschaft Mikroelektronik selbst. Ein *Fachgebiet* wird schließlich erst in den Adelsstand *Fachwissenschaft* erhoben, falls u.a. der Nachweis gelingt, selbst für eine unendliche Vielfalt Übersicht und Transparenz ("Struktur") mithilfe geeigneter Denkansätze – des richtigen Konzeptes – zu gewährleisten.

Alles unter einem Dach

Es gibt also gute Gründe, dieses Thema weitesten Kreisen zugänglich zu machen. Und es scheint auch einen Universalschlüssel zu geben, der diesen Zugang erleichtert.

> *Die gesamte Mikroelektronik macht nämlich nichts anderes als Signalverarbeitung!*

Diese Kernaussage ermöglicht es, praktisch alle Systeme der Mikroelektronik unter einem gemeinsamen Dach zusammenzufassen. Diesem Gedanken folgend, lässt sich die Mikroelektronik vielleicht am einfachsten als Triade darstellen, bestehend aus den drei Säulen *Hardware, Software* sowie der *„Theorie der Signale – Prozesse – Systeme"*.

Während die heutige Hardware und Software in relativ kurzer Zeit veraltet sein werden, gilt dies nicht für die dritte Säule, die „Theorie der Signale – Prozesse – Systeme". Sie ist praktisch zeitlos, weil sie auf Naturgesetzen basiert!

Die drei genannten Säulen der Mikroelektronik sollen gerade im Hinblick auf künftige Entwicklungen näher betrachtet werden.

Auto und Verkehr	**Energie und Umwelt**	**Büro und Handel**
• Flugsicherung	• Solartechnik	• Textverarbeitung
• Verkehrsleitsysteme	• Wärmepumpe	• Sprachausgabe
• Auto-Diagnosesysteme	• Beleuchtungsregelung	• Spracherkennung
• Antiblockiersysteme	• Heizungsregelung	• Barcode-Leser
• Abstandsradar	• Klimaregelung	• Schrifterkennung
• Bordcomputer	• Überwachung Luft/Wasser	• Kopiergeräte
• Ampelsteuerung	• Recycling	• Bürocomputer
• Motorsteuerung	• Optimierung von Verbrennungsprozessen	• Drucker
• Global Positioning System		• Optische Mustererkennung

Unterhaltung/Freizeit		**Industrie**
• Musikinstrumente		• Maschinensteuerung
• Spiele	**Anwendungen**	• Messgeräte
• Radio/HiFi		• Prozesssteuerung
• Kameras	**der**	• CAD/CAM/CIM
• Fernseher		• Roboter
• Personalcomputer	**Mikroelektronik**	• Sicherheitseinrichtungen
• Digitales Video		• Transporteinrichtungen

Haushalt/Konsum	**Kommunikation**	**Medizin**
• Herde	• Telefonsysteme	• Patientenüberwachung
• Uhren	• Datennetze	• Sehhilfen
• Geschirrspüler	• Satellitenkommunikation	• Herzschrittmacher
• Waschmaschinen	• Breitbandkommunikation	• Laborgeräte
• Heimcomputer	• Fernüberwachung/Ortung	• Narkosegeräte
• Taschenrechner	• Verschlüsselung	• Hörhilfen
• Heizkostenverteiler	• Mobilfunk	• Sonographie/Tomographie
• Alarmanlagen	• Datenspeicher	• Prothesen

Abbildung 9:   ***Schlüsselindustrie Mikroelektronik (Quelle: ZVEI)***

Hardware: Systems on a Chip

Mithilfe des Computers lässt sich heute bereits praktisch jede Form der Signalverarbeitung, -analyse, -visualisierung realisieren. Der Computer ist damit so etwas wie eine *Universal-Hardware* für Signale bzw. Daten. Die Hardware eines PCs lässt sich bereits auf der Fläche einer Telefon–Chipkarte unterbringen. Aufgrund der Fortschritte bei den hochintegrierten Schaltungen – über 1 Milliarde Transistoren lassen sich derzeit auf einem Chip integrieren – ist es keine gewagte Prophezeiung, dass es in absehbarer Zeit eine auf *einem* Chip integrierte, komplette PC-Hardware einschließlich Speicher, Grafik, Sound, Schnittstellen, Video–Codec usw. geben wird.

Für alle Probleme, die sich nicht mit diesem universellen PC-Chip lösen lassen, wird es ebenfalls in Kürze hochkomplexe *frei programmierbare* Chips sowohl für analoge als auch für digitale Schaltungen geben. Deren Programmierung erfolgt wiederum am Computer, auf Knopfdruck wird dann der Schaltungsentwurf in den Chip „gebrannt". Die hierfür erforderliche Kompetenz gehört aber zweifellos zum Bereich *Signale–Prozesse – Systeme!*

Statt der unübersehbaren Vielfalt von derzeit über 100.000 verschiedenen ICs (Integrated Circuit bzw. Integrierte Schaltung) geht der Trend also eindeutig in Richtung „PC–Standard–IC" bzw. frei programmierbaren ICs. Allenfalls in der Massenproduktion dürften noch funktions- und kostenoptimierte anwendungsspezifische integrierte Schaltungen (ASICs) zum Einsatz kommen.

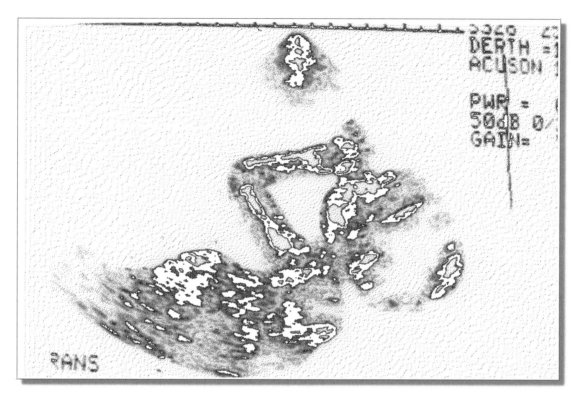

Abbildung 10:   ***Sonographie***

Auch das ist angewandte Signalverarbeitung: Portrait mittels Ultraschall-Sonographie in der 22. Schwangerschaftswoche. Das Ungeborene lutscht am Daumen (Quelle: Geo Wissen Nr. 2/91, S. 107). Reichen beste Programmier- und Hardware-Kenntnisse sowie mathematische Kompetenz aus, ein solches Sonographie–Gerät zu entwickeln? Anders gefragt: Welche Kenntnisse sind substantiell wichtig, um solch komplexe Geräte der Mikroelektronik/Computertechnik in Zukunft entwickeln zu können?

The Software is the Instrument

Dieser Slogan der amerikanischen Firma *National Instruments* scheint damit seine Berechtigung zu haben. Nur: Welche Art von Software und Software-Programmierung wird sich durchsetzen? Gerade im Hinblick auf die hier angestrebte *hohe Lerneffizienz* bzw. *Zeitökonomie des Lernprozesses* bekommt diese Fragestellung ein besonderes Gewicht und wird deshalb noch einmal an späterer Stelle näher behandelt. Wäre es beispielsweise nicht traumhaft, Programme in einem Bruchteil der bisher benötigten Zeit ohne den Einsatz kryptischer Programmiersprachen und ohne die mit höherer Mathematik durchsetzten Algorithmen zu kreieren? Gemeint sind also Programme, die ohne Studium der Mathematik und Informatik in Inhalt und Struktur auch z. B. von Schülern, Facharbeitern und Technikern fast „intuitiv" gestaltet und verstanden werden können.

Der PC ist ein programmierbarer Rechner. Die eigentlichen Systemeigenschaften ergeben sich damit aus den Programmen. Sie stellen gewissermaßen *virtuelle Systeme* dar, da sie nicht „greifbar" sind.

Woher wird der Anwender künftig seine Programme bekommen? Natürlich aus dem Internet! Was benötigt er, um auch die geeigneten Programme für jede spezielle Form der Signal- bzw. Datenverarbeitung auszuwählen? Vor allem signaltechnische Kompetenz, womit wiederum die dritte Säule – die *Theorie der Signale, Prozesse, Systeme* – mit ins Spiel kommt.

Ein Fall für zeitgemäße Bildung

Das Tripel Signale–Prozesse–Systeme ist ein Synonym für *Kommunikation, dem eigentlichen Schlüsselbegriff unserer Gesellschaft, ja unserer Existenz.*

Kommunikation ist fast die Definition des Lebendigen: Kommunizieren die Gehirnzellen nicht mehr miteinander, so ist der Mensch klinisch tot. In der Medizin findet derzeit so etwas wie ein Paradigmenwechsel statt. Galt sie bislang als empirische, d. h. auf Erfahrung beruhende Wissenschaft, so stehen mit der Molekularbiologie bzw. Genetik nunmehr mächtige Werkzeuge zur Verfügung, die es möglich erscheinen lassen, den Hintergrund bzw. die zur Krankheit führende Kausalkette aufzubröseln und zu verstehen. Krankheit wird immer mehr als kommunikative Störung zwischen Zellen bzw. Organen verstanden! Die sich hieraus ergebenden Möglichkeiten zur Gestaltung, Selektion, Vorbeugung und Heilung stoßen derzeit nicht nur an die Grenzen unserer Ethik und Moral, sondern z. B. auch an die Grenzen der Finanzierungsmöglichkeit des sozialen Systems.

Ohne Kommunikation gäbe es auch keine Völker, Staaten, Industrie, Wirtschaft, Schulen und Familien. Was muss letztlich ein Lehrer beherrschen um erfolgreich zu arbeiten? Kommunikation!

Kurzum: In allen Bereichen des täglichen Lebens, der beruflichen Praxis und der Wissenschaft tauchen zahllose Fragestellungen auf, die letztlich untrennbar mit *Kommunikation* verbunden sind bzw. sich hierüber beantworten lassen. In der Bildung und auch in weiten Bereichen der Wissenschaft scheint sich dies noch nicht genügend herumgesprochen zu haben. Zu Beginn dieses Jahrtausends wird z. B. diskutiert, mit welchen Fächern der Bildungskanon des Gymnasiums aktualisiert bzw. besser an die Bedürfnisse der realen Welt angepasst werden könnte. In der Bildungsdiskussion sind – heftig bekämpft – derzeit mögliche Fächer wie „Wirtschaft" und „Technik". Von „Kommunikation" war bislang noch kaum die Rede!

Zur Einheit von Theorie und Praxis

Was also gesucht wird, sind *universelle Erklärungsmuster*, die bei der geistigen Durchdringung zahlloser kommunikativer Phänomene aus Praxis und Wissenschaft „greifen". Mit deren Hilfe sich *Ordnung, Struktur und Transparenz* innerhalb eines Fachgebietes erzeugen lassen. Hiermit wird angerissen, was eigentlich unter „Theorie" verstanden werden sollte.

Lehren und Lernen beschreibt eine bestimmte Gruppe kommunikativer Phänomene. Die Nachrichtentechnik als Technische Kommunikation bzw. die *Theorie der Signale – Prozesse – Systeme* eine andere. Die Physiologie unseres Körpers eine weitere. Sind alle unter *einem* Dach?

Multimediales und interaktives Lernen

Multimediale und interaktive Kommunikation im Lernprozess bedeutet nichts anderes, als *mit allen Sinnen* zu kommunizieren!

In der schulischen und kulturellen Kommunikation dominiert bislang eindeutig die Sprache. Abgesehen davon, dass Sprache in hohem Maße fragmentarisch (bruchstückhaft) und redundant (weitschweifig) ist, so gilt eindeutig: für den akustischen Strom von Informationen genügt – wie das Telefon zeigt – eine physikalische Bandbreite von 3 kHz.

Einen Bildstrom in der gleichen Qualität zu übertragen, die dem (Stereo)–Bild unserer Augen entspricht, erfordert etwa 300 MHz. Damit nehmen wir pro Zeiteinheit – verglichen mit Sprache – mit den Augen bis zum 100.000-fachen der Information auf!

Weiterhin ist der Hörsinn der letzte aller Sinne, welcher im Laufe der Evolution hinzu gekommen ist. Die Wissenschaft ist sich zudem ziemlich sicher, dass sich die sprachliche Kommunikation erst vor etwas über 100.000 Jahren entwickelt hat, ein Wimpernschlag im Vergleich zum gesamten Zeitraum der Evolution.

Es besteht deshalb nicht nur der Verdacht, dass unser Gehirn vorwiegend für bildhafte Information strukturiert ist. *Jeder, der einen Roman liest, dreht seinen eigenen Film dazu!* Alle Ergebnisse der modernen Hirnforschung – siehe Burda Akademie zum dritten Jahrtausend – deuten deshalb auf einen Paradigmenwechsel: Von der derzeit noch dominanten schrift- und sprachorientierten Wissensvermittlung hin zur *bildorientierten* Wissensvermittlung („Pictorial Turn").

Stellen Sie sich vor, jemand will fliegen lernen und kauft sich deshalb ein entsprechendes Buch. Nach sorgfältigem Studium begrüßt er schließlich die Gäste am Flugzeug auf der Gangway und sagt ihnen: „Haben Sie keine Angst, ich habe mir alles genau durchgelesen"! Würden Sie mitfliegen? Das beschreibt in etwa die herkömmliche Situation an Schulen und Hochschulen („Vorlesung"). Konsequenz: Der Flugsimulator stellt tatsächlich einen pädagogischen Quantensprung dar, indem er alle Sinne anspricht, auch *selbst erforschendes Lernen* ermöglicht, ohne für Fehler die Konsequenzen tragen zu müssen. Ca. 70 Prozent der Pilotenausbildung findet in ihm inzwischen statt.

Dass solche computergestützten Techniken zur Modellierung, Simulation und Visualisierung z. B. bei der Entwicklung und Erprobung neuer technischer Systeme – Chips, Autos, Flugzeuge, Schiffe – Milliardenbeträge sparen, wird von vielen Pädagogen bzw. Lehrern aller Couleur immer noch verdrängt. Dass es möglich sein könnte (und ist!), wesentlich *zeitökonomischer* und *effizienter* zu lernen (z. B. um den Faktor 5), zu planen und zu entwickeln, diese Anerkennung könnte – wenn nichts dagegen unternommen wird – den neuen Medien durch die Hoch- und sonstigen Schulen noch lange versagt bleiben.

Das vorliegende Lernsystem versucht, diese Erkenntnisse weitgehend umzusetzen.

Wissenschaft und Mathematik

Die nachfolgenden Ausführungen sollen drei Dinge bewirken:

- Dem Hochschullehrer soll an dieser Stelle erläutert werden, warum er in diesem Buch (bis auf das letzte Kapitel 16) keine Mathematik außer den vier Grundrechnungsarten findet.

- Den Studenten, Schülern usw. sollen andererseits Wert und Mächtigkeit der Mathematik anschaulich erläutert werden, damit er sie mehr als Chance und Inspiration begreift denn als Qual empfindet.

- Für alle anderen soll kurz erläutert werden, was Mathematik eigentlich präzise leistet und warum sie für Wissenschaft unverzichtbar ist.

Ohne Mathematik scheint bei den exakten Wissenschaften nichts zu laufen. Jeder Student der Elektrotechnik, Nachrichtentechnik oder Physik kann ein Lied davon singen. Einen wesentlichen Teil seiner Studienzeit beschäftigt er sich mit der „reinen und angewandten Mathematik". Für den berufspraktisch orientierten Facharbeiter und Techniker bedeutet sie gar eine fast unüberwindliche Barriere. Nur zu oft lässt sich als Ergebnis dieser „Verwissenschaftlichung" festhalten:

> *Die eigentlichen Inhalte verlieren sich im Dickicht eines mathematischen Dschungels.*

Dabei stellt Mathematik für viele Fans – auch für den Autor – die größte geistige Leistung dar, die je durch den Menschen geschaffen wurde. Welche Rolle spielt sie nun aber konkret? In Kürze lässt sich dieser Fragenkomplex nur unvollkommen beantworten. Vielleicht tragen aber die nachfolgenden Thesen etwas zur allgemeinen Klärung bei:

- Mathematik ist zunächst einmal nichts anderes als ein mächtiges geistiges Werkzeug. Bei näherer Betrachtung stellt sie – etwa im Gegensatz zur Sprache – die wohl einzige Methode dar, *Exaktheit, Widerspruchsfreiheit, Vereinfachung, Kommunizierbarkeit, Nachprüfbarkeit, Vorhersagbarkeit* sowie *Redundanzfreiheit* bei der Beschreibung von Zusammenhängen zu garantieren.

- Sie stellt zudem die genialste Methode dar, Informationen komprimiert darzustellen. So beschreibt beispielsweise in der Physik eine einzige mathematische Gleichung – die berühmte SCHRÖDINGER–Gleichung – weitgehend den Mikrokosmos, also die Welt der Atome, der chemischen Bindung, der Festkörperphysik usw.

- Alles, was Mathematik schlussfolgert, ist nach allgemeinem Verständnis durchweg richtig, weil alle Voraussetzungen und Schritte bewiesenermaßen richtig sind.

Etwas bildhaft gesprochen bietet Mathematik die Möglichkeit, von der *zerfurchten Ebene der unscharfen sprachlichen Begriffsbildungen,* der *unübersehbaren Zahl äußerer Einflüsse* bei realen Vorgängen, der *Widersprüchlichkeiten,* der *Weitschweifigkeiten* (Redundanzen) abzuheben auf eine *virtuelle Modellebene,* in der alle nur möglichen und in sich schlüssigen bzw. logischen Denkstrategien mit beliebigen Variablen, Anfangs- und Randwerten durchgespielt werden können. Der Bezug zur Realität geschieht durch sinnvolle und experimentell nachprüfbare Zuordnung realer Größen zu den mathematischen Variablen und Konstanten, die im Falle der Nachrichtentechnik/Signalverarbeitung physikalischer Natur sind.

Klar, dass Wissenschaftler dieses „Paradies" bevorzugen, um neue Denkstrategien anzuwenden. Allerdings ist dieses Paradies nur über ein wissenschaftliches Studium erreichbar.

Andererseits durchdringt die Mathematik unser Leben. Wir berechnen den Lauf der Gestirne und Satelliten, die Stabilität von Gebäuden und Flugzeugen, simulieren das Verhalten dynamischer Vorgänge und benutzen die Mathematik, um Vorhersagen zu treffen. Selbst die virtuellen Welten der Computerspiele bestehen aus letztlich einem einzigen Stoff: *Mathematik.*

Mathematisches Modell des elektrischen Widerstandes R

$$R = \rho\,(\,l\,/\,A\,)$$

l := Leiterlänge in m ; A := Leiterquerschnitt in mm^2; ρ := Spezifischer Widerstand in Ωmm^2/m

Hinweis: Das Modell beschränkt sich auf drei Variable (ρ, l, A). So fehlt z.B. der geringfügige Einfluss der Temperatur des Leiters auf den elektrischen Widerstand R . Das Modell gilt für 20^0 C.

Das Modell garantiert ...

- **Exaktheit**: Jede Kombination bestimmter Zahlenwerte für ρ, l und A liefert ein exaktes Ergebnis, welches nur von der Messgenauigkeit der genannten Größen abhängt.

- **Widerspruchsfreiheit**: Jede Zahlenkombination von ρ, l und A beschreibt ein eindeutige physikalische Situation und liefert ein einziges Ergebnis für R.

- **Vereinfachung**: Das mathematische Modell beschreibt die Ermittlung des elektrischen Widerstands des Leiters für die unendliche Vielfalt verschiedenster Materialien, Längen und Querschnitte.

- **Kommunizierbarkeit**: Das mathematische Modell gilt unabhängig von sprachlichen oder sonstigen Grenzen, also weltweit und international.

- **Nachprüfbarkeit**: Das mathematische Modell ist experimentell nachprüfbar. Zahllose Messungen mit den verschiedensten Materialien, Längen und Querschnitten bestätigen ausnahmslos die Gültigkeit des Modells.

- **Vorhersagbarkeit**: Bei vorgegebenem Material, Länge und Querschnitt lässt sich der Leiterwiderstand vorhersagen. In einem Kabel lässt sich z.B. bei Kurzschluss durch die Messung des Leiterwidertandes vorhersagen, an welcher Stelle der Fehler liegen dürfte, falls Material und Querschnitt bekannt sind und der Leiter homogen aufgebaut ist .

- **Redundanzfreiheit**: Das mathematische Modell enthällt keine „Füllmaterial", sondern liefert Information pur (Redundanz: „Weitschweifigkeit").

Hinweis: Mathematische Modell der Physik sind nicht beweisbar im Sinne einer strengen mathematischen Logik Hier gilt der Satz: Das Experiment – gemeint ist die experimentelle Überprüfung – ist der einzige Richter über wissenschaftliche Wahrheit

Abbildung 11:   ***Eigenschaften mathematischer Modelle an einem einfachen Beispiel***

Aus den genannten Gründen ist Mathematik an der Hochschule das gängige Mittel, die Theorie der Signale, Prozesse und Systeme zu modellieren. Hunderte von Büchern bieten fundierte Darstellungen dieser Art und jeder Hochschullehrer gestaltet mit ihrer Hilfe sein eigenes Vorlesungskonzept. Da macht es wenig Sinn, noch ein weiteres Buch dieser Art zu schreiben. Mit dem vorliegenden Lernsystem dagegen lässt sich direkt demonstrieren, was *hinter* dieser Mathematik steckt und wie sie auf reale Signale wirkt, also ein *ideales Additivum* zur herkömmlichen Vorlesung. Lassen Sie sich überzeugen!

Auf der Suche nach anderen „Werkzeugen"

Unter einer „Theorie der Signale, Prozesse und Systeme" wird nun folgerichtig *die mathematische Modellierung signaltechnischer Prozesse auf der Basis schwingungs- und wellenphysikalischer Phänomene* verstanden. Dies gilt vor dem Hintergrund, dass in der Technik nichts funktionieren kann, was den Naturgesetzen widerspricht!

WIENER-KHINTSHINE-Theorem Die Korrelationsfunktionen sind zeitabhängige Funktionen. Sie lassen sich mittels der Fourier-Transformation in den Frequenzbereich transformieren. Dabei werden das Autoleistungsdichtespektrum (ALDS) S_{xx} und das Kreuzleistungsdichtespektrum (KLDS) S_{xy} erhalten:

$$\mathscr{F}\left(\Phi_{xx}(\tau)\right) = \int_{\tau=-\infty}^{\infty} \Phi_{xx}(\tau)\, e^{-j\omega\tau}\, d\tau = S_{xx}(j\omega)$$

$$\mathscr{F}\left(\Phi_{xy}(\tau)\right) = \int_{\tau=-\infty}^{\infty} \Phi_{xy}(\tau)\, e^{-j\omega\tau}\, d\tau = S_{xy}(j\omega)$$

Auch die Umkehrung gilt. Über die inverse Fourier-Transformation lassen sich aus den Spektren die Korrelationsfunktionen ermitteln:

$$\mathscr{F}^{-1}\left(S_{xx}(j\omega)\right) = \frac{1}{2\pi} \int_{\omega=-\infty}^{\infty} S_{xx}(j\omega)\, e^{j\omega\tau}\, d\omega = \Phi_{xx}(\tau)$$

$$\mathscr{F}^{-1}\left(S_{xy}(j\omega)\right) = \frac{1}{2\pi} \int_{\omega=-\infty}^{\infty} S_{xy}(j\omega)\, e^{j\omega\tau}\, d\omega = \Phi_{xy}(\tau)$$

Abbildung 12:   ***Barriere Mathematik***

„Kostprobe" aus einem neueren Buch zur Signalverarbeitung. Sie enthält eine wichtige Aussage über den Zusammenhang von Zeit- und Frequenzbereich (WIENER–CHINTCHIN–Theorem). Es ist bislang noch nicht überzeugend gelungen, solche Zusammenhänge ohne Mathematik anschaulich zu vermitteln. Die Formeln zeigen die Dominanz der Mathematik, die Physik ist hier weitgehend verschüttet. Lediglich Bezeichnungen wie „Autoleistungsdichtespektrum" weisen auf eine physikalische Substanz hin.
(Quelle: E. Schrüfer: Signalverarbeitung, Hanser–Verlag, München 1989)

Alle Rahmenbedingungen und Erklärungsmodelle von Technik müssen sich deshalb zwangsläufig aus Naturgesetzen, speziell aus der Physik ergeben.

Diese Sichtweise wird nicht von allen Wissenschaftlern anerkannt, die sich mit der Theorie der Signale, Prozesse und Systeme beschäftigen. Es gibt fundierte Fachbücher hierzu, in denen das Wort „Physik" oder „Naturgesetz" nicht einmal auftaucht. Die sogenannte *Informationstheorie* von Claude Shannon – grundlegend für alle modernen Kommunikationssysteme – stellt sich zudem als rein *mathematische* Theorie dar, die nur auf Statistik und Wahrscheinlichkeitsrechnung aufzubauen und nichts mit der Physik zu tun haben scheint. Diese Betrachtungsweise scheint daher zu rühren, dass der Informationsbegriff bis heute noch nicht richtig in der Physik verankert wurde.

Da also aus den beschriebenen Gründen eine „Theorie der Signale, Prozesse und Systeme" unter Verzicht auf paradiesische (mathematische) Möglichkeiten trotzdem zugänglich und verständlich sein sollte, taucht zwangsläufig die Frage nach alternativen „Werkzeugen" auf. Reichen beispielsweise Worte, Texte aus? Bietet Sprache die Möglichkeiten der Informationsvermittlung, die ihr in der Literatur zugestanden wird?

Im vorliegenden Falle scheint es doch eine bessere Möglichkeit zu geben. Wenn es anschaulich heißt „ein Bild sagt mehr als tausend Worte", so scheint dies kommunikationstechnisch zu bedeuten, dass *Bilder* – ähnlich wie Mathematik – in der Lage sind, Informationen komprimiert und ziemlich eindeutig darzustellen. Auch scheint unser Gehirn – bewusst oder unbewusst – Texte generell nachträglich in Bilder zu transformieren. Wie gesagt: Jeder, der ein Buch liest, „dreht seinen eigenen Film dazu".

Um diesen komplizierten „Transformationsprozess" weitgehend zu vermeiden, erscheint es für den Autor als aufregende Herausforderung, den Gesamtkomplex „Signale, Prozesse und Systeme" überwiegend auf selbsterforschendes Lernen über *Bilder* zu stützen.

Dies geschieht in zweierlei Hinsicht:

*   Die im Hintergrund des Lernsystems arbeitende, professionelle Entwicklungsumgebung DASY*Lab* erlaubt die *grafische Programmierung* nahezu beliebiger, lauffähiger Anwendungen der Mess-, Steuer-, Regelungs- und Automatisierungstechnik.

*   An jeder Stelle des Systems lassen sich die Signale visualisieren. Durch den Vergleich von Eingangs- und Ausgangssignal jedes Moduls bzw. Systems lässt sich das signaltechnische Verhalten analysieren und verstehen.

> *Die grafische Programmierung virtueller und realer Systeme ist für die Zukunft der Joker gleichermaßen für Fachwissenschaft und Fachdidaktik!*

Sie gestattet es, ohne großen Zeitaufwand, Kosten und auf umweltfreundliche Art und Weise jedes nachrichtentechnische System als Blockschaltbild auf dem Bildschirm zu generieren, zu parametrisieren, zu simulieren, zu optimieren und über spezielle Hardware (z. B. über die Soundkarte) real mit der Außenwelt in Kontakt treten zu lassen. Durch das Verbinden der Bausteine (Prozesse) auf dem Bildschirm zu einem Blockschaltbild entsteht im „Hintergrund" ein virtuelles System, indem die entsprechenden nachrichtentechnischen Algorithmen für den Gesamtablauf miteinander verkettet und gelinkt werden (Hinzufügen wichtiger Unterprogramme z. B. für Mathematik und Grafik).

Herkömmliche Programmiersprachen und auch das gesamte mathematische Werkzeug werden hierdurch unwichtiger, die Barriere zwischen dem eigentlichen fachlichen Problem und seiner Lösung wird drastisch gesenkt. Programmiersprachen und Mathematik lenken dadurch nicht mehr von den eigentlichen nachrichtentechnischen Inhalten/ Problemstellungen ab.

Die geistige Trennung zwischen dem „wissenden" Ingenieur und dem „praktischen" Techniker könnte hierdurch weitgehend abgebaut werden. Zeitvergängliches Faktenwissen – verursacht durch die derzeitige unendliche Vielfalt der Mikroelektronik – als derzeit wesentlicher Anteil von Aus-, Fort- und Weiterbildung ließe sich nun durch den Einsatz fortschrittlicher Technik und Verfahren auf das unbedingt Notwendige reduzieren. Als Folge ließen sich die Kosten für Aus-, Fort- und Weiterbildung vermindern sowie die *berufliche Mobilität* in diesem Berufsfeld drastisch erhöhen.

> *Durch diese Form der grafischen Programmierung signaltechnischer Systeme bilden Theorie und Praxis eine Einheit.*

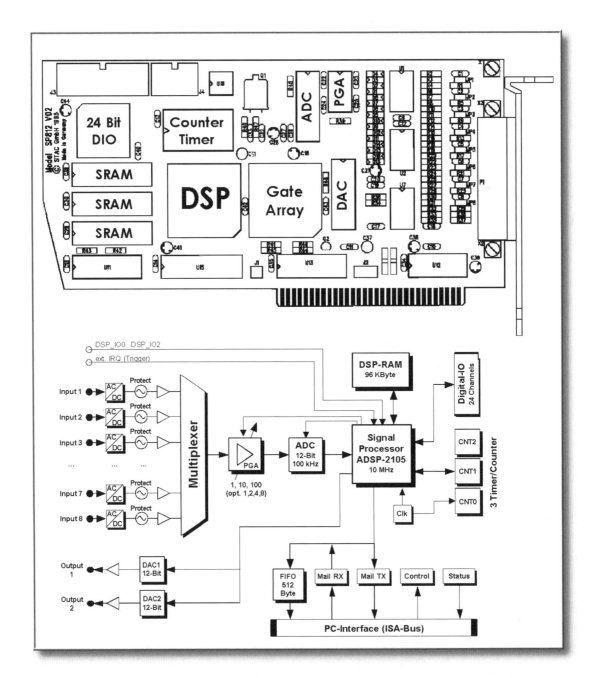

Abbilidung 13:   **Reales Bild eines signaltechnischen Systems und H-Blockschaltbild.**

Dieses reale Abbild einer älteren PC–Multifunktionskarte mit Signalprozessor (DSP) verdeutlicht die Dominanz der Digitaltechnik. Die einzigen analogen ICs sind der programmierbare Verstärker (PGA: Programmable Amplifier) sowie der Multiplexer. Selbst hierbei erfolgt die Einstellung rein digital. Diese Multifunktionskarte kann digitale und analoge Signale einlesen und ausgeben, quasi also den PC mit der Außenwelt verbinden. Durch den Signalprozessor kann die Signalverarbeitung extrem schnell auf der Karte durchgeführt werden. Dadurch wird der eigentliche PC entlastet. Dieses reale Bild der Multifunktionskarte beschreibt jedoch den hardwaremäßigen Aufbau nur andeutungsweise.

*Mehr Information liefert das Hardware–Blockschaltbild (H–Blockschaltbild) unten. Zumindest zeigt es deutlich die Struktur der Hardware–Komponenten bzw. ihr Zusammenwirken, um Signale aufzunehmen oder auszugeben. Derartige Multifunktionskarten sind so aufgebaut, dass sie universell im Rahmen der Mess-, Steuer- und Regelungstechnik eingesetzt werden können. Das Manko solcher H–Blockschaltbilder besteht darin, dass zwar die Hardware–Struktur, jedoch **nicht** die signaltechnischen Prozesse ersichtlich sind, die der Signalprozessor durchführt. Eigentlich sind nur diese wichtig, entscheidet doch schließlich das Programm, wie die Signale verarbeitet werden!*

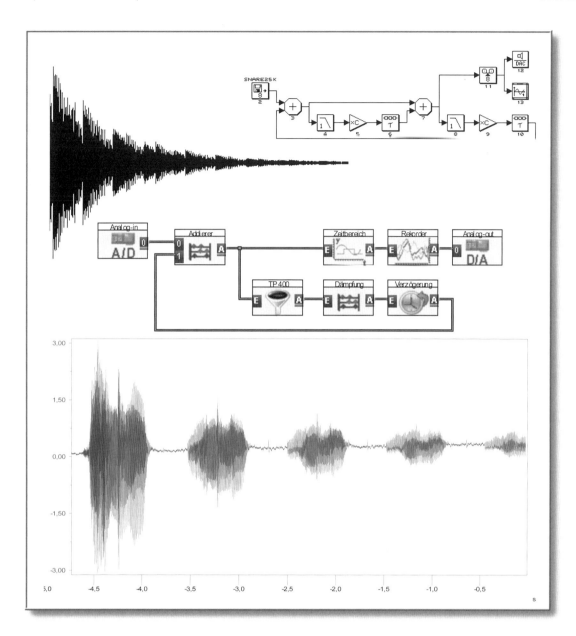

Abbildung 14:   ***S – Blockdiagramm und Signalverlauf im Zeitbereich.***

*Abgebildet ist oben ein kombiniertes Echo–Hall–System für den NF-Bereich. Auch dieses Blockschaltbild wurde auf dem Bildschirm aus Standard–Bausteinen – aus einer Bibliothek aufrufbar – zusammengestellt und diese wiederum miteinander verbunden. Bei einigen Bausteinen müssen noch „durch Anklicken" bestimmte Parameter eingestellt werden, z. B. beim Tiefpass (4 bzw. 8) die Grenzfrequenz sowie die Filterordnung. Das Eingangssignal geht einmal direkt zum „Oszilloskop" (13) (Bild links daneben) bzw. zum PC–Lautsprecher (12). Parallel hierzu wird das Eingangssignal abgegriffen, tiefpassgefiltert (4), abgeschwächt (5) und schließlich zeitlich verzögert (6) zum Eingangssignal addiert (7) („Echo"). Die Summe beider Signale wird auf den Eingang rückgekoppelt, nachdem die bereits beschriebenen Operationen durchgeführt wurden (8),(9),(10), (3)(„Hall"). Im Hintergrund läuft das Programm mit den verketteten Algorithmen und führt den Echo–Hall–Effekt **real** durch.*

Unten wird ein mit DASYLab erstelltes Echo–Gerät dargestellt. Auch hier stellt sich die Echo–Erzeugung als ein Rückkopplungszweig dar, der die drei „Bausteine" Verzögerung, Dämpfung (Multiplikation mit einer Zahl kleiner als 1) enthält. Aufgenommen wurde ein Knacklaut, das Echo–Signal sehen Sie unten.

Schalten Sie Mikrofon und Lautsprecher an Ihren PC. Klicken Sie nun auf das Bild: Schon öffnet sich das DASYLab–Experimentallabor. Starten Sie den Versuch und experimentieren Sie nach Herzenslust.

Ausgangspunkt Physik

Die wissenschaftsorientierte Darstellung des Gesamtkomplexes „Signale – Prozesse – Systeme" bedeutet, folgendem – für die (exakten) Wissenschaften allgemein gültigem – Kriterium genügen zu müssen:

> *Auf der Basis weniger Grundphänomene oder Axiome lässt sich eine Struktur aufbauen, welche die Einordnung und Erklärung der unendlich vielen „Spezialfälle" erlaubt.*
>
> *Weniger abstrakt ausgedrückt bedeutet dies, alle konkreten „Spezialfälle" nach einem einheitlichen Schema stets auf die gleichen Grundphänomene zurückführen zu können. Nur so lässt sich angesichts der heutigen Wissensexplosion – d. h. Wissensverdopplung in immer kürzeren Zeiträumen – ein Fachgebiet über- haupt noch überschauen.*

Diese Grundphänomene müssen im vorliegenden Fall aber *physikalischer* Natur sein, denn die Physik – d. h. letztlich die Natur – steckt einzig und allein den Rahmen des technisch Machbaren ab. Die Physik bildet damit den Ausgangspunkt sowie Rahmen und Randbedingungen der Theorie der Signale, Prozesse und Systeme. Die primären Erklärungsmodelle liegen hier deshalb nicht in der Mathematik, sondern in der Schwingungs- und Wellenphysik verborgen. Nachrichtentechnische Vorgänge *müssen* deshalb prinzipiell (auch) darüber vermittelbar, erklärbar, modellierbar sein.

Prinzipiell sollte es daher ein alternatives Konzept geben, weitgehend frei von Mathematik den Gesamtkomplex „Signale–Prozesse–Systeme" wissenschaftsorientiert, d. h. auf der Basis weniger physikalischer Grundphänomene inhaltlich und methodisch zu beschreiben. So zeigt z. B. auch das Bild „Sonographie" (Abb. 10) die Nähe zur Schwingungs- und Wellenphysik.

Wichtig ist es in erster Linie, auf der Grundlage einiger physikalischer Phänomene inhaltlich zu *verstehen, was die jeweiligen Signalprozesse bewirken.* Ausgangspunkt sind im vorliegenden Dokument nur drei physikalische Phänomene, wobei das zweite genau genommen sogar noch eine Folge des ersten ist:

> *1. FOURIER–Prinzip (**FP**),*
>
> *2. Unschärfe–Prinzip (**UP**) und*
>
> *3. Symmetrie–Prinzip (**SP**).*

Alle Signale, Prozesse und Systeme sollen erklärungsmäßig hierauf zurückgeführt werden! Dieses Konzept ist bislang noch nicht verwendet worden und kommt hier als *didaktisches Leitprinzip* erstmalig zum Tragen.

Stellen Sie sich hierzu die Fachwissenschaft und das Fachgebiet Nachrichtentechnik/ Signalverarbeitung bildlich einfach als einen Baum mit Wurzeln, Stamm, Ästen und Blättern vor. Jedes Blatt des Baumes entspricht einem bestimmten nachrichtentechnischen Problem. Unser Baum hat in erster Linie drei Hauptwurzeln: die drei genannten Prinzipien **FP**, **UP** und **SP**. Über diese drei Wurzeln, den Stamm, die Äste lässt sich jedes einzelne Blatt, d. h. praktisch jedes nachrichtentechnische Problem erreichen!

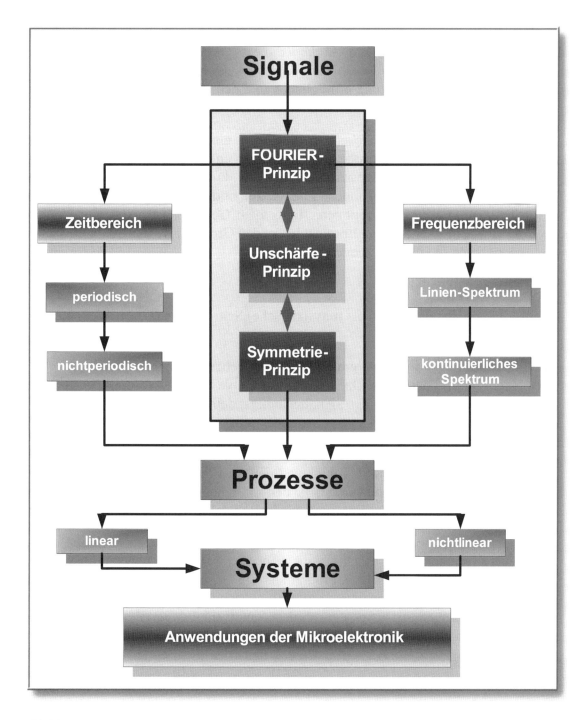

Abbildung 15:   **Struktur zum vorliegenden Konzept „Signale – Prozesse – Systeme".**

Um die unübersehbare Vielfalt signaltechnischer Vorgänge überschaubar und transparent zu machen, wird nachfolgend immer wieder auf die hier dargestellte Struktur zurückgegriffen. Sie erhebt allerdings keinen Anspruch auf Vollständigkeit und wird auch noch bei Bedarf ergänzt/erweitert werden.

*Vielleicht fällt Ihnen in diesem Zusammenhang auf, dass die im Signal enthaltene **Information** hier nicht als strukturierendes Element enthalten ist. Der Grund: In der Physik gibt es viele Theorien, aber bis heute keine klare „Informationstheorie". Wissenschaftler wie Dennis Gabor, R.V.L. Hartley, K. Küpfmüller usw. haben vergebens versucht, die Kommunikationstheorie auf eine physikalische Basis zu stellen. Eindeutiger „Sieger" war und ist bis heute der amerikanische Mathematiker und Ingenieur Claude Shannon. Die moderne Kommunikationstechnik wäre ohne seine – auf der Mathematik (Statistik/Wahrscheinlichkeitsrechnung) basierende – Informationstheorie undenkbar.*

Zielaufklärung

Während bislang die beabsichtigte *Methodik* dieses Einführungskurses beschrieben wurde, wird es Zeit, sich den *Inhalten* zuzuwenden. Auch hier soll eine Art Programmvorschau eine bessere Orientierung ermöglichen und dem Leser verdeutlichen, was auf ihn zukommt.

Um im Bilde zu bleiben: Stellen Sie sich die Inhalte als eine Plattform vor, die abgestützt und begrenzt ist. Wer diese Plattform kennt, wird sich auf ihr sicher fühlen oder sie gar nicht erst betreten. Das Geländer wird beschrieben durch die technischen Rahmenbedingungen, die wir zur Zeit vorfinden. Die Stützen bilden die Grundphänomene bzw. die Grundbegriffe und ihre Definitionen. Hinter dem Geländer ist mehr oder weniger deutlich ein Horizont zu erkennen. Er reicht bis zu den Grenzen, welche durch die Naturgesetze – d. h. durch die Physik – gegeben sind.

Die Plattform sieht ungefähr so aus:

- Signale lassen sich definieren als (physikalische) Schwingungen bzw. Wellen, die Träger von Information sind.

- Informationen liegen in Form verabredeter, Sinn gebender Muster vor, die der Empfänger (er-)kennen muss. Daten sind informative Muster. Wesentliche Aufgabe der Nachrichtentechnik bzw. der Signaltechnik ist demnach die *Mustererkennung*.

- Nahezu alle Signale der realen physikalischen Welt liegen in analog-kontinuierlicher Form vor. Sie werden generell durch Sensoren ("Wandler") in elektrische Signale umgesetzt und liegen an den Messpunkten (meist) als Wechselspannungen vor. (Speicher-) Oszilloskope sind Geräte, die den zeitlichen Verlauf von Wechselspannungen auf einem Bildschirm grafisch darstellen können.

- Jeder signaltechnische Prozess (z. B. Filterung, Modulation und Demodulation) lässt sich generell mathematisch beschreiben (Theorie!) und demnach auch mithilfe des entsprechenden Algorithmus bzw. Programms rein rechnerisch durchführen! Aus der Sicht der Theorie stellt ein analoges System – entstanden durch Kombination mehrerer Einzelschaltungen/Prozesse/Algorithmen – damit ein *Analogrechner* dar, der eine Folge von Algorithmen in „Echtzeit" abarbeitet. Dieser Gesichtspunkt wird nur zu oft übersehen.

- Unter *Echtzeitverarbeitung* von (frequenzbandbegrenzten) Signalen wird die Fähigkeit verstanden, den Strom der gewünschten Informationen lückenlos zu erfassen bzw. aus dem Signal zu gewinnen.

- *Analoge Bauelemente* sind in erster Linie Widerstand, Spule und Kondensator, aber natürlich auch Dioden, Transistoren usw. Ihre grundsätzlichen Nachteile sind Ungenauigkeit (Toleranz), Rauscheigenschaften, fehlende Langzeitkonstanz (Alterung), Temperaturabhängigkeit, Nichtlinearität (wo sie unerwünscht ist) und vor allem ihr „Mischverhalten". So verhält sich z. B. jede reale Spule wie eine Kombination von (idealer) Induktivität L und Widerstand R. Ein realer Widerstand besitzt das gleiche Ersatzschaltbild; beim Stromdurchfluss bildet sich um ihn herum ein Magnetfeld und damit existiert zusätzlich zum Widerstand eine Induktivität L! Jede Diode richtet nicht nur gleich, sondern verzerrt zusätzlich auf unerwünschte

Weise nichtlinear. Dieses Mischverhalten ist der Grund dafür, einem Bauelement nicht nur *eine* signaltechnische Operation zuordnen zu können; es verkörpert stets mehrere signaltechnische Operationen. Da eine Schaltung meist aus vielen Bauelementen besteht, kann das *reale* Schaltungsverhalten erheblich von dem *geplanten* Verhalten abweichen. Jede Leiterbahn einer Platine besitzt auch einen OHMschen Widerstand R und infolge des Magnetfeldes bei Stromdurchfluss eine Induktivität L, zwischen zwei parallelen Leiterbahnen existiert ein elektrisches Feld; sie bilden also eine Kapazität. Diese Eigenschaften der Platine werden jedoch praktisch nie beim Schaltungsentwurf berücksichtigt (ausgenommen Hoch- und Höchstfrequenzbereich).

- Durch die aufgezählten Einflüsse bzw. Störeffekte sind der Analogtechnik Grenzen gesetzt, vor allem dort, wo es um höchste Präzision bei der Durchführung eines gewollten Verhaltens (z. B. Filterung) geht. Sie bedingen, dass Analogschaltungen sich nicht in der Güte bzw. nicht mit den Eigenschaften herstellen lassen, welche die Theorie eigentlich eröffnet.

- Nun gibt es eine Möglichkeit, die Grenzen des mit Analogtechnik Machbaren zu über-schreiten und das Gebiet bis zu den durch die Physik vorgegebenen absoluten Gren-zen zu betreten: die Signalverarbeitung mithilfe digitaler Rechner bzw. Computer. Da ihre *Rechengenauigkeit* – im Gegensatz zum Analogrechner und den durch ihn repräsentierten Schaltungen – *beliebig hoch* getrieben werden kann, eröffnet sich die Möglichkeit, auch bislang nicht durchführbare signaltechnische Operationen mit (zunächst) beliebiger Präzision durchzuführen.

- Ein nachrichtentechnisches System kann also repräsentiert werden durch ein Programm, welches eine Anzahl von Algorithmen signaltechnischer Operationen miteinander verknüpft. In Verbindung mit einem „Rechner" bzw. Mikroprozessor-System (Hardware) ergibt sich ein System zur digitalen Signalverarbeitung. Das Programm entscheidet, was das System bewirkt.

- Die Grenzen dieser Technik mit digitalen Rechnern (Mikroprozessoren) in dem durch die Physik markierten Bereich sind derzeit nur durch die Rechengeschwindig-keit sowie durch die bei der für die Computerberechnung notwendigen Signalum- und Signalrückwandlungen (A/D– und D/A–Wandlung) auftretenden Problemen gegeben. Sie werden ständig nach außen verschoben. Ziel dieser Entwicklung ist die *digitale Echtzeitverarbeitung von Signalen*, d. h. die rechnerische Signalverarbeitung mit so hoher Geschwindigkeit, dass kein ungewollter Informationsverlust auftritt.

- Schon heute steht fest: Die mithilfe von Mikrorechnerschaltungen durchgeführten Prozesse der Mess-, Steuer- und Regelungstechnik sind den herkömmlichen analogen Prozessen prinzipiell überlegen. So gelingt es mit der herkömmlichen Technik z. B. nicht, Messwerte bis zu ihrer Wiederverwendung langfristig präzise abzuspeichern, selbst die präzise kurzfristige zeitliche Verzögerung analoger Signale macht große Schwierigkeiten. Gerade diese zeitliche Verzögerung ist ein grundlegender Prozess!

- Die Analogtechnik wird immer mehr in die „Außenbereiche" der Mikroelektronik verdrängt, hin zur *Signalquell*e bzw. *Signalsenke*. Sie kann im Nachhinein als „Krücke" gesehen werden, mit denen signaltechnische Prozesse sehr unzulänglich, fehler- und störungsbehaftet durchgeführt werden konnten.

Abbilding 16:   **Datenanalyse zur grafischen Darstellung von Messdaten**

Die Tiefsee–Echolotung liefert beispielsweise eine Flut verschiedener Messdaten, die physikalisch gedeutet, d. h. verschiedenen mathematisch-physikalischen Prozessen unterworfen werden und schließlich in übersichtlicher Darstellung vorliegen müssen, hier als Relief eines Tiefseegrabens.

Die Interpretation von „Messdaten" der verschiedensten Art, ihre Aufbereitung und strukturierende Darstellung stellt zunehmend eine wesentliche berufliche Qualifikation dar (Quelle: Krupp–Atlas Elektronik)

- Der Trend geht deshalb dahin, den analogen Teil eines Systems auf ein Minimum zu reduzieren und direkt über einen A/D–Wandler (Quantisierung und Kodierung) *zu Zahlen zu kommen, mit denen man rechnen kann!* Die Genauigkeit der A/D– und D/A–Wandler hängt praktisch nur noch ab von Faktoren wie Höhe und Konstanz des (Quarz-) Referenztaktes oder/und der Konstanz einer Konstantstromquelle bzw. Referenzspannung. Jedes moderne digitale Multimeter basiert auf diesen Techniken.

- Immer mehr bedeutet Nachrichtentechnik *rechnergestützte Signalverarbeitung.* Immer mehr werden digitale Signalprozessoren eingesetzt, die für solche Operationen optimiert sind und heute bereits in vielen Anwendungen die Echtzeitverarbeitung zwei- und mehrdimensionaler Signale – Bilder – möglich machen. Da bereits jetzt und künftig erst recht ein nachrichtentechnisches System durch ein Programm „verketteter" signaltechnischer Algorithmen repräsentiert werden kann, besteht neuerdings auch die Möglichkeit, die einzelnen Bausteine eines Systems als „virtuellen" Baustein auf dem Bildschirm per Mausklick zu platzieren und durch Verbinden dieser Bausteine zu einem Blockschaltbild ein *virtuelles System (VS)* zu generieren.

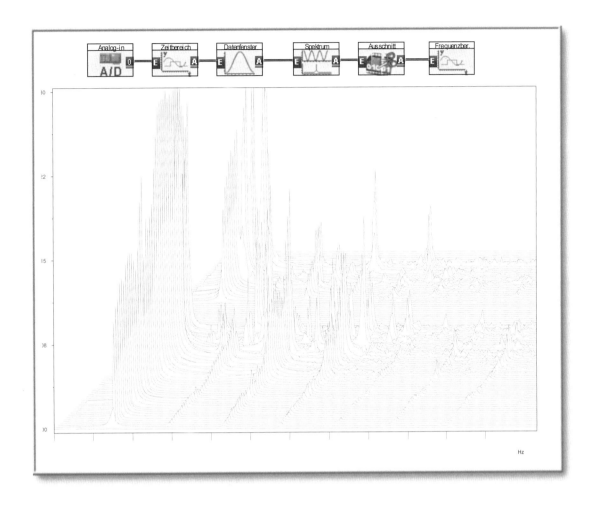

Abbildung 17:   ***Frequenz–Zeit–Landschaft einer Klangfolge***

Zeit–Frequenz–Landschaften werden u.a. zur Stimmenanalyse oder bei der Untersuchung bestimmter Ein-schwingvorgänge eingesetzt. Dargestellt wird, wie sich das Spektrum eines Signals mit der Zeit ändert. Die Frequenzachse liegt horizontal, die Zeitachse geht schräg nach hinten. Die Vertikalachse gibt den Pegel wieder.

Derartige Messgeräte haben vor einigen Jahren noch viel Geld gekostet (> 25.000,- €). Hier wurde mit DASYLab dieses Messgerät lediglich aus 6 Modulen („Bausteinen") zusammengesetzt. Davon sind für diese Darstellung sogar noch zwei überflüssig (Module „Zeitbereich" und „Ausschnitt").

Um ein solch komplexes Messgerät auf herkömmliche Art zu programmieren sind Wochen oder Monate erforderlich. Mit DASYLab sind es ca. 4 Minuten inklusive aller Einstellungen und Vorversuche. Muss noch etwas über den Nutzen und Vorteil der grafischen Programmierung signaltechnischer Systeme hinzugefügt werden? Sie brauchen lediglich ein Mikrofon in die Soundkarte zu stecken und das Bild im elektronischen PDF–Dokument anzuklicken. Viel Spass beim Experimentieren!

- Im Hintergrund werden gleichzeitig durch das Hauptprogramm die entsprechenden Algorithmen „gelinkt", d. h. unter Hinzufügung wichtiger Unterprogramme (z. B. für die Mathematik und die Grafik) für den Gesamtablauf miteinander verbunden.

- *Virtuelle Systeme liefern* mit Hilfe der Hardware (Computer, Peripherie) und des Programms, welches das virtuellen Systems verkörpert, *reale Ergebnisse.* Es ist nicht zu unterscheiden, ob die Signalverarbeitung auf reiner Hardwarebasis oder unter Einbezug eines virtuellen Systems – d. h. eines Programms – durchgeführt wurde.

- Ein weiteres wichtiges Spezialgebiet der computergestützten Signalanalyse ist die *Datenanalyse*. Hierbei geht es darum, umfangreiches (abgespeichertes) Datenmaterial – z. B. eine Flut von bestimmten Messergebnissen – übersichtlich und strukturiert darzustellen und damit überhaupt interpretierbar zu machen. In Abb. 16 ist dies z. B. die anschauliche „dreidimensionale" Darstellung eines Tiefseegraben–Reliefs, die sich aus Millionen von Echolot–Ortungsmesswerten ergibt. Solche „Messergebnisse" können z. B. auch Börsenkurse und das Ziel dieser speziellen Datenanalyse eine bessere Abschätzung bzw. Vorhersage des Börsentrends sein. Hierbei kommen auch z.T. vollkommen neuartige Techniken zum Einsatz, die „lernfähig" sind bzw. durch Training optimiert werden können: Fuzzy–Logik und Neuronale Netze oder mit Neuro–Fuzzy die Kombination aus beiden (siehe Kapitel 14).

Zwischenbilanz: Ein Konzept gewinnt Konturen

Alle bislang aufgeführten Fakten, Thesen und Argumente wären nutzlos, ließe sich aus ihnen nicht ein klares, zeitgemäßes und auch zukunftssicheres Konzept herausfiltern. Ein Konzept also, welches auch noch in vielen Jahren Bestand haben sollte und durch seine Einfachheit besticht. So wie die auf der ersten Seite formulierte These: *Mikroelektronik macht nichts anderes als Signalverarbeitung!*

- Die ungeheure Vielzahl verschiedener (diskret aufgebauter) analoger Schaltungen ist zukünftig nicht mehr Stand der Technik und wird deshalb hier auch nicht behandelt. So zeigt auch die in Abb. 13 dargestellte Multifunktionskarte, dass die Analogtechnik allenfalls noch am Anfang (Signalquelle) und am Ende (Signalsenke) eines nachrichtentechnischen Systems existent bleiben wird. Der „Systemkern" ist rein digital. Ausnahmen gibt es lediglich im Bereich der Hoch- und Höchstfrequenztechnik.

- Die gesamte (digitale) Hardware besteht – wie wiederum das Beispiel „Multifunktionskarte" in Abb. 13 zeigt – nur aus einigen Chips (A/D–, D/A–Wandler, Multiplexer, Timer, Speicher usw., vor allem aber einem Prozessor). Künftig werden mehr und mehr alle diese Bausteine/Komponenten *auf einem einzigen Chip* integriert sein. Dies gilt beispielsweise schon heute für viele Mikrocontroller, ja für ganze Systeme. Es kann deshalb nicht Ziel dieses Manuskriptes sein, zahllose oder auch nur zahlreiche verschiedene IC–Chips im Detail zu besprechen. Es wird sie künftig auch nicht mehr geben. Die Hardware wird nachfolgend deshalb allenfalls nur als Blockschaltbild (siehe auch Abb. 13) dargestellt werden. Dieses Blockschaltbild besteht aus Standard–Komponenten/ Bausteinen/ Schaltungen, die miteinander verbunden bzw. „verschaltet" sind. Diese Form des Blockschaltbildes werden wir als *Hardware-Blockschaltbild (H–Blockschaltbild)* bezeichnen.

- Die (digitale) Hardware hat die Aufgabe, dem Prozessor ("Rechner") die Messdaten bzw. Signale in geeigneter Form zur Verfügung zu stellen. Das Programm enthält in algorithmischer Form die signaltechnischen Prozesse. Was der Prozessor mit den Daten macht, wird also durch das Programm bestimmt. Die eigentliche „Intelligenz" des Gesamtsystems liegt damit in der Software. Wie die Entwicklung der letzten Zeit zeigt, kann Software die Hardware weitgehend ersetzen: *Algorithmen statt Schaltungen!* Somit verbleiben auch für die *digitale* Hardware nur noch wenige Standard-Komponenten übrig. Wie gesagt, beschränkt sie sich immer mehr darauf, dem Prozessor ... siehe oben.

- Programme zur Signalverarbeitung werden in Zukunft nicht mehr durch einen „kryptischen Code", wie er mit jeder Programmiersprache erst erlernt werden muss, dargestellt, sondern ebenfalls als Blockschaltbild. Dieses zeigt die Reihenfolge bzw. Verknüpfung der durchzuführenden Prozesse. Das Blockschaltbild kann auf dem Bildschirm *grafisch programmiert* werden, erzeugt dabei im Hintergrund den Quellcode in einer bestimmten Programmiersprache (z. B. C$_{++}$). Derartige Blockschaltbilder werden wir als *signaltechnisches Blockschaltbild* (S-Blockschaltbild) bezeichnen.

- Nahezu alle in diesem Manuskript abgebildeten signaltechnischen Systeme sind S–Blockschaltbilder, hinter denen sich stets *virtuelle* Systeme verbergen. Sie wurden mithilfe spezieller Programme – vor allem mit **DASYLab** – generiert.

- Die eigentlichen Signalprozesse sollen durch den bildlichen Vergleich von Eingangs- und Ausgangssignal (im Zeit- und Frequenzbereich) verstanden werden. Hierdurch ist erkennbar, was der Prozess mit dem Signal gemacht bzw. wie er das Signal *verändert* hat.

- Damit sind die wesentlichen Darstellungsformen dieses Manuskriptes beschrieben. Sie sind *visueller* Natur und kommen damit der Fähigkeit des Menschen entgegen, in Bildern zu denken. Insgesamt handelt es sich um

  - H–Blockschaltbilder,

  - S–Blockschaltbilder (als bildliche Darstellung eines *virtuellen Systems*) sowie

  - Signalverläufe (im Zeit- und Frequenzbereich).

Somit sind viele fachliche und psychologische Barrieren von vornherein beseitigt. Um die „Theorie der Signale – Prozesse – Systeme" zu verstehen, brauchen Sie nicht

  - eine oder mehrere Programmiersprachen zu beherrschen,

  - Mathematik studiert zu haben sowie

  - hunderte verschiedenster IC-Chips im Detail zu kennen.

Wichtig ist es lediglich, auf der Grundlage einiger physikalischer Phänomene *inhaltlich* zu verstehen, was die jeweiligen Signalprozesse bewirken und wie sie sinnvoll zu einem System verbunden werden können.

Ausgangspunkt sind nur drei physikalische Phänomene, wobei das zweite genaugenommen sogar noch eine Folge des ersten ist:

  - *FOURIER–Prinzip (FP),*

  - *Unschärfe–Prinzip (UP)* und

  - *Symmetrie–Prinzip (SP).*

Es gilt zunächst, diese grundlegenden Prinzipien in voller Tiefe zu verstehen und zu verinnerlichen. Die folgenden Kapitel dienen genau diesem Zweck.

Aufgaben zu Kapitel 1:

Das Programm DASY*Lab* wird uns ab jetzt begleiten. Es ist eine grandiose Arbeitsplattform, ja ein komplett ausgestattetes Mess- und Entwicklungslabor, mit dem wir praktisch alle Systeme der Mess-, Steuer und Regelungstechnik aufbauen können.

Die *S–Version* („Schule", „Studium") ist voll funktionsfähig und kann reale analoge sowie digitale Signale ein- und auslesen (über die Soundkarte bzw. die Parallelschnittstelle).

Wichtig für das „Handling" sind allgemeine Kenntnisse im Umgang mit Microsoft Windows.

Aufgabe 1:

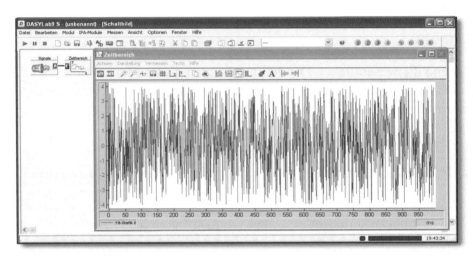

Abbildung 18:   ***Erste Versuche: Blockschaltbild und Signalverlauf***

Machen Sie sich sorgfältig mit der Funktionsweise von DASY*Lab* vertraut. Alle Fragen werden Ihnen unter dem Menüpunkt *Hilfe* genau erläutert, alle Bausteine (Module) dort genau beschrieben. Vergessen Sie nicht, sich das Video zu diesem Kapitel anzusehen.

(a) Beschränken Sie sich zunächst auf die beiden obigen Module ("Laborgeräte") Generator und „Oszilloskop" (Bildschirm). Versuchen Sie wie oben, ein Rauschsignal zu erzeugen und sichtbar zu machen. Stellen Sie Abtastrate und Blocklänge im Menüpunkt **A/D** jeweils auf den Wert 1024. Wie groß ist dann die Signaldauer?

(b) Geben Sie nun andere Signale auf den Bildschirm, indem Sie den Signalgenerator – nach einem Doppelklick auf den Baustein – entsprechend einstellen (Signalform, Amplitude, Frequenz, Phase). Experimentieren Sie ein wenig, um mit den Einstellungsmöglichkeiten vertraut zu werden.

(c) Versuchen Sie, über das Bildschirmmenü einen Ausschnitt mithilfe der *Lupe* zu „vergrößern". Machen diese Darstellung anschließend wieder rückgängig.

(d) Schalten Sie den Cursor ein. Auf dem Bildschirm sehen Sie zwei senkrechte Linien. Gleichzeitig öffnet sich auf dem Bildschirm ein weiteres Anzeigefenster, in dem sie die zeitliche Position der beiden Linien erkennen. Verschieben sie nun die Cursorlinien, messen Sie Momentanwerte, den zeitlichen Abstand zwischen ihnen usw.

Aufgabe 2:

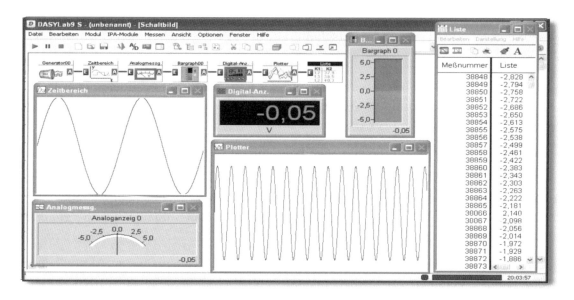

Abbildung 19:   **Visualisierung von Messwerten bzw. Signalverläufen**

Die *Visualisierung von Messwerten bzw. Signalverläufen* ist in diesem Manuskript das wichtigste Hilfsmittel, signaltechnische Prozesse zu verstehen. DASY*Lab* kennt viele Arten der Visualisierung von Messdaten bzw. Signalverläufen. Erstellen Sie zunächst die abgebildete Schaltung mit verschiedenen Bausteinen zur Visualisierung (siehe oben).

Versuchen Sie, die Größe und Platzierung der Anzeigen wie auf dem Bildschirm zu gestalten. Stellen Sie ein sinusförmiges Signal mit der Frequenz f = 1,6 Hz ein.

(a) Starten Sie nun links oben das System und beobachten Sie über längere Zeit alle Anzeigen. Versuchen Sie herauszufinden, welche Messwerte jeweils das Analog-Instrument, das Digitalinstrument sowie der Bargraf anzeigen.

(b) Versuchen Sie einen Zusammenhang herzustellen zwischen dem Signalverlauf auf dem Bildschirm des Schreibers und den Messwerten auf der Liste. In welchem zeitlichen Abstand werden die Momentanwerte des Signals ermittelt bzw. abgespeichert. Wie hoch ist die sogenannte *Abtastfrequenz*, mit der „Proben" vom Signalverlauf genommen werden?

(c) Für welche Art von Messungen sind wohl Analog-, Digitalinstrument sowie Bargraf lediglich geeignet? Welchen Messwert einer ganzen „Messreihe" bzw. eines *Block*s geben sie hier lediglich wieder?

(d) Welches der „Anzeigeinstrumente" liefert am deutlichsten die Messwerte, die der Computer dann weiterverarbeiten könnte?

(e) Versuchen Sie herauszufinden, wann der *Schreiber* und wann der *Bildschirm* aus Aufgabe 1 eingesetzt werden sollte. Schauen Sie auch auf die Zeitachse des Schreibers. Verstellen Sie einmal die Frequenz des Generators auf 1 Hz bis 10 Hz. Können Sie noch den Signalverlauf auf dem Bildschirm des Schreibers erkennen?

(f) Variieren Sie *Abtastrate* und *Blocklänge* im Menüpunkt **A/D**, um mit diesen wichtigen Einstellungen vertraut zu werden und verinnerlichen Sie die Änderungen bei der Darstellung des Signalverlaufs. Zuletzt wieder Standardwerte 1024 einstellen.

Aufgabe 3:

Ihre „Bausteine" (Prozesse) finden Sie entweder in dem „Schrank" auf der linken Seite (Symbol einfach anklicken und es erscheint auf der Arbeitsfläche) oder oben im Menü unter *Modul*.

(a) Beschäftigen Sie sich intensiv mit den einfachsten der dort abgebildeten Prozesse. Entwerfen Sie selbst einfachste Schaltungen unter Benutzung der *Hilfe*–Funktion im Menü von DASY*Lab*.

(b) Beginnen Sie mit einer einfachen Schaltung, die im Abstand von 1 s die „Lampe" ein- und ausschaltet.

(c) Verknüpfen Sie mithilfe des Mathematik–Bausteins zwei verschiedene Signale – z. B. Addition oder Multiplikation – und sehen sie sich alle drei Signale auf dem *gleichen* Bildschirm untereinander an.

(d) Untersuchen Sie die im Ordner Schaltbilder aufgeführten Beispiele zur „Aktion" und „Meldung". Versuchen sie selbst, entsprechende Schaltungen zu entwerfen.

(e) Untersuchen und überlegen Sie, wozu und wann der „Blackbox–Baustein" verwendet werden könnte.

Aufgabe 4:

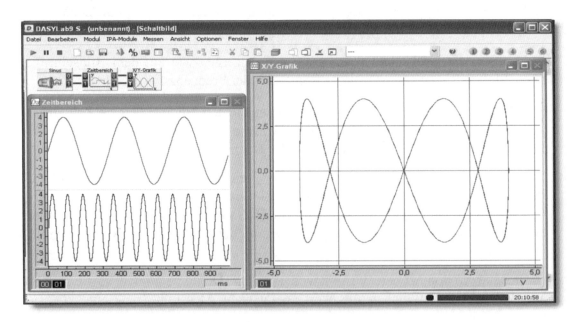

Abbildung 20:   ***Lissajous-Figuren***

(a) Versuchen Sie die hierunter abgebildete Schaltung zur Darstellung der sogenannten Lissajous-Figuren zu erstellen. Als Signale nehmen Sie jeweils ein Sinus.

(b) Bei welchen Frequenzverhältnissen bekommen Sie ein stehendes Bild, bei welchen ein langsam oder schneller „rotierendes" Bild?

(c) Versuchen Sie durch gezielte Experimente herauszufinden, wofür man dieses „Gerät" bzw. Messinstrument einsetzen könnte.

Kapitel 2

Signale im Zeit- und Frequenzbereich

Signale sind – physikalisch betrachtet – Schwingungen bzw. Wellen. Ihnen sind bestimmte Informationen aufgeprägt, indem sie sich nach einem bestimmten Muster ändern.

In der Nachrichtentechnik werden ausschließlich *elektrische* bzw. *elektromagnetische* Signale verwendet. Sie besitzen gegenüber anderen Signalformen – z. B. akustischen Signalen – unübertreffliche Vorteile:

Elektrische Signale ....

- breiten sich (nahezu) mit Lichtgeschwindigkeit aus.

- können mithilfe von Leitungen genau dorthin geführt werden, wo sie gebraucht werden.

- können mithilfe von Antennen auch drahtlos, d. h. durch Luft und Vakuum rund um die Erde oder sogar ins Weltall gesendet werden.

- lassen sich konkurrenzlos präzise und störsicher aufnehmen, verarbeiten und übertragen.

- verbrauchen kaum Energie im Vergleich zu anderen elektrischen und mechanischen Systemen.

- werden durch winzigste Chips verarbeitet, die sich durchweg äußerst preiswert produzieren lassen (vollautomatisch Produktion in großen Serien).

- belasten bei richtigem Einsatz nicht die Umwelt und sind nicht gesundheitsgefährdend.

Wenn ein Signal Informationen enthält, dann sollte es insgesamt unendlich viele verschiedene Signale geben, weil es unendlich viele Informationen gibt.

Wollte man also alles über alle Signale wissen bzw. wie sie auf Prozesse bzw. Systeme reagieren, ginge die Studienzeit zwangsläufig gegen unendlich. Da dies nicht geht, muss nach einer Möglichkeit Ausschau gehalten werden, alle Signale nach einem einheitlichen Muster zu beschreiben.

Das FOURIER – Prinzip

Das FOURIER-Prinzip erlaubt es, alle Signale aus einheitlichen „Bausteinen" zusammengesetzt zu betrachten. Einfache Versuche mit DASY*Lab* oder mit einem Signalgenerator („Funktionsgenerator"), einem Oszilloskop, einem Lautsprecher mit (eingebautem) Verstärker sowie – ganz wichtig! – Ihrem Gehör führen zu der Erkenntnis, die der französische Mathematiker, Naturwissenschaftler und Berater Napoleons Jean Baptist FOURIER vor knapp zweihundert Jahren auf mathematischem Wege fand.

Abbildung 21:   **Jean Baptiste FOURIER (1768 – 1830)**

FOURIER gilt als einer der Begründer der mathematischen Physik. Er entwickelte die Grundlagen der mathematischen Theorie der Wärmeleitung und leistete wichtige Beiträge zur Theorie der partiellen Differenzialgleichungen. Welche Bedeutung „seine" FOURIER-Transformation in Naturwissenschaft und Technik erlangen sollte, hat er wohl sich nie träumen lassen.

Periodische Schwingungen

Diese Versuche sollten mit verschiedenen *periodischen* Schwingungen durchgeführt werden.

> *Periodische Schwingungen sind solche, die sich immer und immer wieder nach einer bestimmten Periodendauer T auf die gleiche Art wiederholen. Theoretisch – d. h. idealisiert betrachtet – dauern sie deshalb unendlich lange in Vergangenheit, Gegenwart und Zukunft. Praktisch ist das natürlich nie der Fall, aber es vereinfacht die Betrachtungsweise.*

Bei vielen praktische Anwendungen – z. B. bei Quarzuhren und anderen Taktgeneratoren ("Timer") oder auch bei der Netzwechselspannung – ist die Dauer so groß, dass sie fast dem Ideal „unendlich lange" entsprechen. Die Präzision der gesamten Zeitmessung hängt wesentlich davon ab, wie genau das Signal wirklich periodisch war, ist und bleibt.

Obwohl für viele Anwendungen sehr wichtig, sind periodische Schwingungen keine typischen Signale. Sie liefern bis auf den Momentanwert keine *neue* Information, da ihr weiterer Verlauf genau vorhergesagt werden kann.

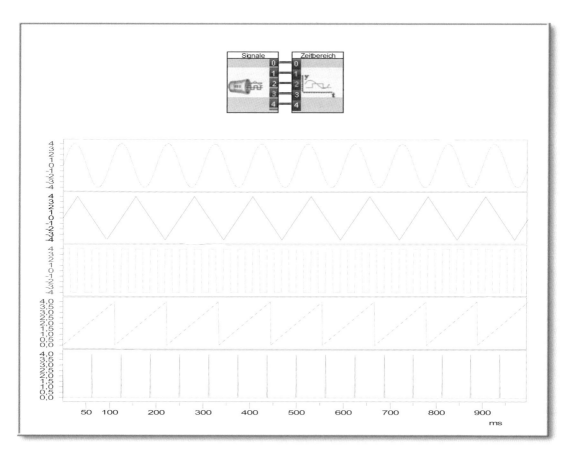

Abbildung 22:   ***Wichtige periodische Signale***

Hier sehen Sie fünf wichtige Formen periodischer Signale, von oben nach unten: Sinus, Dreieck, Rechteck, Sägezahn und Nadelimpuls. Aus theoretischer Sicht besitzen periodische Signale unendliche Dauer, d. h. sie reichen außerhalb des abgebildeten Teilausschnitts weit in die Vergangenheit und in die Zukunft hinein. Versuchen Sie, Periodendauer und Frequenz der einzelnen Signale zu bestimmen!

Diese Erkenntnis führt direkt zu einer zunächst seltsam erscheinenden Tatsache: Je größer also die *Ungewissheit* ist über den Verlauf des Signals im nächsten Augenblick, desto größer *kann* die in ihm enthaltene Information sein. Je mehr wir darüber wissen, welche Nachricht die Quelle übermitteln wird, desto geringer sind Unsicherheit und Informationswert. In der Alltagssprache wird Information eher mit „Kenntnis" verbunden als mit der Vorstellung von Unsicherheit.

Erstaunlicherweise werden wir aber feststellen, dass Sprache und Musik trotz des vorstehenden Hinweises ohne „fastperiodische" Schwingungen nicht denkbar wären! Periodische Schwingungen sind aber auch leichter in ihrem Verhalten zu beschreiben und stehen deshalb am Anfang unserer Betrachtungen.

Unser Ohr als FOURIER – Analysator

Mithilfe sehr einfacher Versuche lassen sich grundlegende gemeinsame Eigenschaften der verschiedenen Schwingungs- bzw. Signalformen herausfinden. Es genügen einfache, in fast jeder Lehrmittelsammlung vorhandene Geräte, um diese durchzuführen.

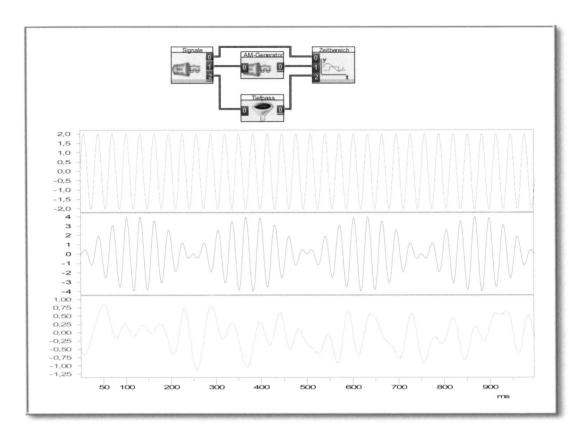

Abbildung 23: **Signal und Information.**

Ein Generator-Modul erzeugt zunächst drei verschiedene Signale, von denen die beiden unteren anschließend „manipuliert" werden. Der Informationswert der obigen Signale nimmt von oben nach unten zu. Das Signal oben ist ein Sinus, dessen Verlauf sich genau vorhersagen lässt. Mit der Zeit kommt also keine neue Information hinzu. Das mittlere Signal ist ein moduliertes Sinussignal, hier folgt die Amplitude einem bestimmten – sinusförmigen – Muster. Die Signaländerung ist etwas komplexer, lässt sich aber auch vorhersagen.
Schließlich besitzt das Signal unten einen recht „zufälligen" Verlauf (hier handelt es sich um gefiltertes Rauschen). Es lässt sich am wenigsten vorhersagen, enthält aber z. B. die gesamte Information über die speziellen Eigenschaften des Tiefpass–Filters.

Ein Funktionsgenerator ist in der Lage, verschiedene periodische Wechselspannungen zu erzeugen. Er stellt die Signalquelle dar. Das Signal wird über den Lautsprecher hörbar und über den Bildschirm des Oszilloskops bzw. Computers sichtbar gemacht.

Als Beispiel werde zunächst eine periodische Sägezahnspannung mit der Periodendauer T = 10 ms (Frequenz f = 100 Hz) gewählt. Bei genauem Hinhören sind mehrere Töne verschiedener Höhe ("Frequenzen") erkennbar. Je höher die Töne, desto schwächer erscheinen sie in diesem Fall. Bei längerem „Hineinhören" lässt sich feststellen, dass der zweittiefste Ton genau eine Oktave höher liegt als der Tiefste, d. h. doppelt so hoch liegt wie der *Grundton*.

Auch bei allen anderen periodischen Signalformen sind mehrere Töne gleichzeitig hörbar. Das Dreiecksignal aus Abb. 22 klingt weich und rund, ganz ähnlich einem Blockflöten-ton. Der „Sägezahn" klingt wesentlich schärfer, eher wie ein Geigenton. In ihm sind wesentlich mehr und stärkere hohe Töne (Obertöne) zu hören als beim „Dreieck". Offensichtlich tragen die Obertöne zur Klangschärfe bei.

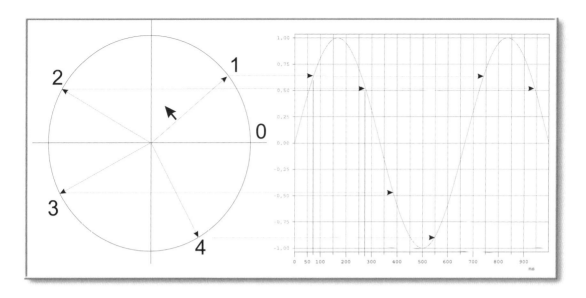

Abbildung 24:   ***Modellvorstellung zur Entstehung einer Sinus–Schwingung***

*Ein Zeiger rotiere gleichförmig gegen den Uhrzeigersinn, hier im Diagramm bei 0 beginnend. Wenn z. B. die Zahlen Zeitwerte in ms bedeuten, so befindet sich der Zeiger nach 70 ms in Position 1, nach 550 ms in Position 4 usw. Die Periodendauer (von 0 bis 6,28) beträgt dann T = 666 ms, d. h. der Zeiger dreht sich pro Sekunde 1,5 mal. Physikalisch gemessen werden kann jeweils nur die **Projektion** des Zeigers auf die senkrechte Achse.*
Der sichtbare/messbare Sinus–Verlauf ergibt sich also aus den momentanen Zeigerprojektionen. Zu beachten ist, dass die (periodische) Sinus–Schwingung bereits vor 0 existent war und nach 1000 ms noch weiter existent ist, denn sie dauert ja (theoretisch) unendlich lange! Dargestellt werden kann deshalb also immer nur ein winziger Zeitabschnitt, hier etwas mehr als eine Periodendauer T.

Nun gibt es aber eine (einzige) Wechselspannungsform, die hörbar nur einen einzigen Ton besitzt: Die *Sinus–Schwingung*! Es ist bei diesen Experimenten nur eine Frage der Zeit, bis ein bestimmter Verdacht aufkeimt. So ist in dem „Sägezahn" von z. B. 100 Hz gleichzeitig ein Sinus von 200 Hz, von 300 Hz usw. hörbar. Deshalb gilt: Sähen wir nicht, dass eine periodische Sägezahn–Schwingung hörbar gemacht wurde, würde unser Ohr uns glauben machen, *gleichzeitig* einen Sinus von 100 Hz, 200 Hz, 300 Hz usw. zu hören!

Zwischenbilanz:

1. Es gibt *nur eine einzige Schwingung*, die lediglich *einen* Ton enthält: die (periodische) *Sinus–Schwingung*!

2. Alle anderen (periodischen) Signal bzw. Schwingungen – z. B. auch Klänge und Vokale – enthalten mehrere Töne.

3. Unser Ohr verrät uns:

   - Ein Ton = 1 Sinus–Schwingung.

   - Damit gilt: mehrere Töne = mehrere Sinus–Schwingungen.

   - Alle periodischen Schwingungen/Signale außer dem „Sinus" enthalten mehrere Töne!

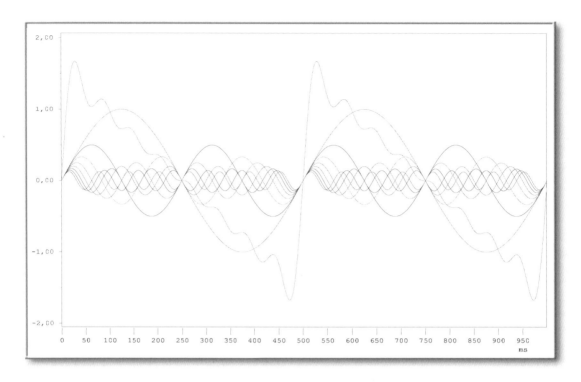

Abbildung 25: **Zusammensetzen (Addition) von Schwingungen/Signalen aus einheitlichen Bausteinen**

Dies ist die erste Abbildung zur FOURIER–Synthese. Am Beispiel einer periodischen Sägezahn– Schwingung ist zu sehen, wie durch Addition geeigneter Sinus–Schwingungen eine sägezahnähnliche Schwingung entsteht. Hier sind es die ersten sechs von den (theoretisch) unendlich vielen Sinus–Schwingungen, die benötigt werden, um eine perfekte lineare Sägezahn–Schwingung mit sprunghafter Änderung zu erhalten. Dieses Beispiel wird in den nächsten Abbildungen weiter verfolgt. Deutlich ist zu erkennen:

- *An einigen Stellen (hier sind fünf sichtbar) besitzen alle Sinusfunktionen den Wert null: dort ist also auch der „Sägezahn" bzw. die Summe gleich null.*

- *Nahe der „Sprung–Nullstelle" zeigen links und rechts alle Sinus–Schwingungen jeweils in die gleiche Richtung, die Summe muss hier also am größten sein. Dagegen löschen sich die Sinus–Schwingungen gegenseitig an der „Flanken–Nullstelle" gegenseitig fast aus, die Summe ist hier also sehr klein.*

Hieraus folgt das für unsere Zwecke fundamentale FOURIER–Prinzip:

> *Alle Schwingungen/Signale können so aufgefasst werden,*
> *als seien sie aus lauter Sinus–Schwingungen verschiedener*
> *Frequenz und Stärke (Amplitude) zusammengesetzt.*

Es beinhaltet weitreichende Konsequenzen für die Naturwissenschaften – insbesondere die Schwingungs- und Wellenphysik –, Technik und Mathematik. Wie noch gezeigt werden wird, gilt das FOURIER-Prinzip für alle Schwingungen, also auch für *nicht*-periodische oder einmalige Signale!

Damit vereinfacht sich für uns die Signalverarbeitung. Wir haben es im Prinzip nun nicht mehr mit unendlich vielen verschiedenen Signalen zu tun, sondern im Wesentlichen mit deren gemeinsamen Bausteinen: den Sinus–Schwingungen verschiedener Frequenzen!

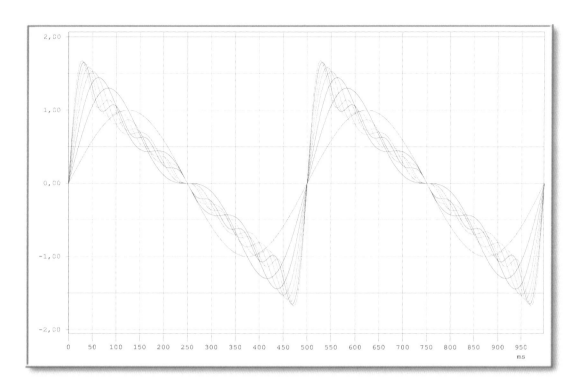

Abbildung 26:   **FOURIER–Synthese der Sägezahn–Schwingung**

Es lohnt sich, dies Bild genau zu betrachten. Dargestellt sind die Summenkurven, beginnend mit einer Sinus–Schwingung (N = 1) und endend mit N = 8. Acht geeignete Sinus–Schwingungen können also die Sägezahn–Schwingung wesentlich genauer „modellieren" als z. B. drei (N = 3). Und Achtung: Die Abweichung von der idealen Sägezahn–Schwingung ist offensichtlich dort am größten, wo sich diese Schwingung am schnellsten ändert. Suchen Sie einmal die Summenkurve für N = 6 heraus!

Die Bedeutung dieses Prinzips für die Signal- bzw. Nachrichtentechnik beruht auf dessen Umkehrung:

> *Ist bekannt, wie ein beliebiges System auf Sinus–Schwingungen verschiedener Frequenz reagiert, so ist damit auch klar, wie es auf alle anderen Signale reagiert ... weil ja alle anderen Signale aus lauter Sinus–Schwingungen zusammengesetzt sind.*

Schlagartig erscheint die gesamte Nachrichtentechnik überschaubar, denn es reicht, die Reaktion nachrichtentechnischer Prozesse und Systeme auf Sinus–Schwingungen verschiedener Frequenz näher zu betrachten!

Für uns ist es demnach sehr wichtig, alles über die Sinus–Schwingung zu wissen. Wie aus Abb. 24 ersichtlich, ergibt sich der Wert der Frequenz f aus der Winkelgeschwindigkeit $\omega = \varphi/t$ des rotierenden Zeigers. Gibt man den Wert des Vollwinkels (entspricht 360^0) in rad an, so gilt $\omega = 2\pi/T$ bzw. $\omega = 2\pi f$.

Insgesamt besitzt eine Sinus–Schwingung drei Merkmale. Das wichtigste Merkmal ist eindeutig die *Frequenz*. Sie gibt z. B. in der Akustik die *Tonhöhe* an.

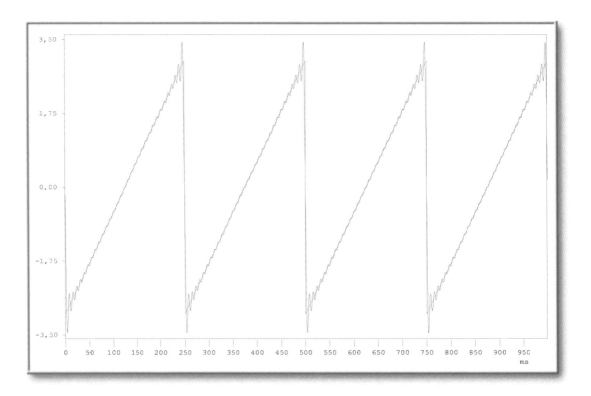

Abbildung 27:   **FOURIER–Synthese: Je mehr, desto besser!**

Hier wurden (die ersten) N = 32 Sinus–Schwingungen addiert, aus denen eine Sägezahn–Schwingung zusammengesetzt ist. An der Sprungstelle des „Sägezahns" ist die Abweichung am größten. Die Summenfunktion kann sich aber niemals schneller ändern als die Sinus–Schwingung mit der höchsten Frequenz (sie ist als „Welligkeit" praktisch sichtbar). Da sich der „Sägezahn" an der Sprungstelle theoretisch „unendlich schnell" ändert, kann die Abweichung erst dann verschwunden sein, wenn die Summenfunktion auch eine sich „unendlich schnell" ändernde Sinus–Schwingung (d. h. $f \rightarrow \infty$) enthält. Da es die nicht gibt, kann es auch keine perfekte Sägezahn–Schwingung geben. In der Natur braucht jede Änderung halt ihre Zeit!

Allgemein bekannt sind Begriffe wie "Frequenzbereich" oder "Frequenzgang". Beide Begriffe ergeben nur im Zusammenhang mit Sinus–Schwingungen einen Sinn:

> *Frequenzbereich:* Der für Menschen hörbare Frequenzbereich liegt etwa im Bereich 30 bis 20.000 Hz (20 kHz). Dies bedeutet: Unser Ohr (in Verbindung mit unserem Gehirn) hört nur akustische Sinus–Schwingungen zwischen 30 und 20.000 Hz.

> *Frequenzgang:* Ist für einen Basslautsprecher ein Frequenzgang von 20 bis 2500 Hz angegeben, so bedeutet dies: Der Lautsprecher kann nur akustische Wellen abstrahlen, die Sinuswellen zwischen 20 und 2500 Hz enthalten.

> Hinweis: Im Gegensatz zum *Frequenzbereich* wird der Ausdruck *Frequenzgang* immer im Zusammenhang mit einem schwingungsfähigen System benutzt.

Die beiden anderen ebenfalls wichtigen Merkmale einer Sinus–Schwingung sind *Amplitude* und *Phasenwinkel.*

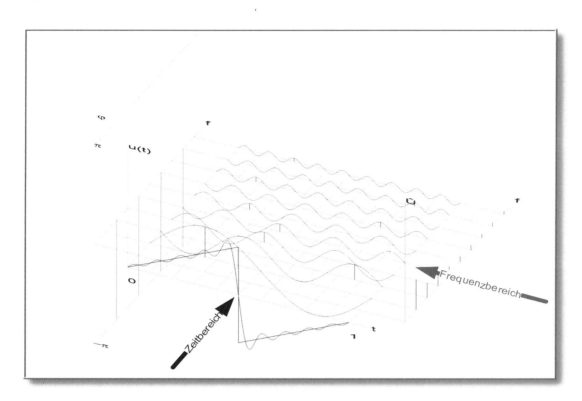

Abbildung 28:   ***Bildgestützte FOURIER–Transformation***

*Die Abbildung zeigt sehr anschaulich für **periodische** Schwingungen (T = 1), wie der Weg in den Frequenzbereich – die FOURIER–Transformation – zustande kommt. Zeit- und Frequenzbereich sind zwei verschiedene Perspektiven des Signals. Als bildliche „Transformation" zwischen den beiden Bereichen dient eine „Spielwiese" für die (wesentlichen) Sinus–Schwingungen, aus denen die hier dargestellte periodische „Sägezahn"- Schwingung zusammengesetzt ist. Der Zeitbereich ergibt sich aus der Überlagerung (Addition) aller Sinuskomponenten (Harmonischen). Der Frequenzbereich enthält die Daten der Sinus–Schwingungen (Amplitude und Phasen), aufgetragen über der Frequenz f. Das Frequenzspektrum umfasst das Amplitudenspektrum (rechts) sowie das Phasenspektrum (links); beide lassen sich direkt auf der „Spielwiese" ablesen. Zusätzlich eingezeichnet ist die „Summenkurve" der ersten – hier dargestellten – acht Sinuskomponenten. Wie schon die Abb. 27 bis Abb. 29 darstellen, gilt: Je mehr der im Spektrum enthaltenen Sinus–Schwingungen addiert werden, desto kleiner wird die Abweichung zwischen der Summenkurve und dem „Sägezahn".*

Die Amplitude – der Betrag des Maximalwertes einer Sinus–Schwingung (entspricht der Zeigerlänge des gegen den Uhrzeigersinn rotierenden Zeigers in Abb. 24 !) – ist z. B. in der Akustik ein Maß für die Lautstärke, in der (klassischen) Physik und Technik ganz allgemein ein Maß für die in der Sinus–Schwingung enthaltene (mittlere) Energie.

Der *Phasenwinkel* φ einer Sinus–Schwingung ist letztlich lediglich ein Maß für die zeitliche Verschiebung dieser Sinus–Schwingung gegenüber einer anderen Sinus-Schwingung oder eines Bezugszeitpunktes (z. B. t = 0 s)

Zur Erinnerung: Der dieser Zeit entsprechende Phasenwinkel φ des rotierenden Zeigers wird nicht in "Grad", sondern in "rad" (von "Radiant": Kreisbogenlänge des Einheitskreises (r = 1), der zu diesem Winkel gehört) angegeben.

- Umfang des Einheitskreises = $2\,\pi\,r = 2\,\pi\,1 = 2\,\pi$ rad

- 360 Grad entsprechen $2\,\pi$ rad

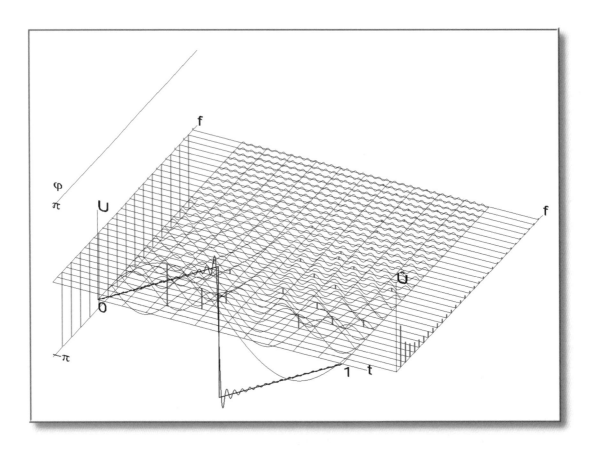

Abbildung 29:   **„Spielwiese" der Sägezahn–Schwingung mit den ersten 32 Harmonischen**

Die Abweichung zwischen dem Sägezahn und der Summenkurve ist deutlich geringer als in der Abb. 28 . Siehe hierzu noch einmal Abb. 27

- 180 Grad entsprechen π rad

- 1 Grad entspricht $\pi/180 = 0{,}01745$ rad

- x Grad entsprechen $x \cdot 0{,}01745$ rad

- z. B. entsprechen   57,3 Grad 1 rad

FOURIER – Transformation: Vom Zeit- in den Frequenzbereich und zurück

Aufgrund des FOURIER–Prinzips werden alle Schwingungen bzw. Signale zweckmäßigerweise aus zwei Perspektiven betrachtet, und zwar dem

- *Zeitbereich* sowie dem

- *Frequenzbereich*

Im *Zeitbereich* wird angegeben, welche *Momentanwerte* ein Signal innerhalb einer bestimmten Zeitspanne besitzt (Zeitverlauf der Momentanwerte).

Im *Frequenzbereich* wird das Signal durch die Sinus–Schwingungen beschrieben, aus denen es zusammengesetzt ist.

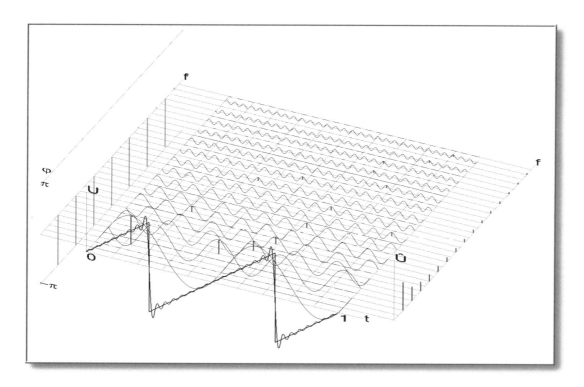

Abbildung 30:   ***Frequenzverdopplung***

Hier beträgt die Periodendauer der Sägezahn–Schwingung T=0,5s (oder z. B. 0,5 ms). Die Frequenz der Sägezahn–Schwingung ist dementsprechend 2 Hz (bzw. 2 kHz). Der Abstand der Linien im Amplituden- und Phasenspektrum beträgt nun 2 Hz (bzw. 2 kHz). Beachten Sie auch das veränderte Phasenspektrum!

Stark vereinfachend lässt sich sagen: Unsere Augen sehen das Signal im Zeitbereich auf dem Bildschirm eines Oszilloskops, unsere Ohren sind eindeutig auf der Seite des Frequenzbereichs.

Wie wir bei vielen praktischen Problemen noch sehen werden, ist es manchmal günstiger, die Signale im Zeitbereich bzw. manchmal im Frequenzbereich zu betrachten.

Beide Darstellungen sind gleichwertig, d. h. alle Informationen sind jeweils in ihnen enthalten. Jedoch tauchen die Informationen des Zeitbereichs in veränderter ("transformierter") Form im Frequenzbereich auf und bedarf etwas Übung, sie zu erkennen.

Neben der sehr komplizierten (analog-) messtechnischen „Harmonischen Analyse" gibt es nun ein Rechenverfahren (Algorithmus), aus dem Zeitbereich des Signals dessen frequenzmäßige Darstellung – das Spektrum – zu berechnen und umgekehrt. Dieses Verfahren wird FOURIER–Transformation genannt. Sie stellt den wichtigsten aller signaltechnischen Prozesse dar!

*FOURIER–Transformation (**FT**):*

Verfahren, das (Frequenz-)Spektrum des Signals aus dem zeitlichen Verlauf zu berechnen.

*Inverse FOURIER–Transformation (**IFT**):*

Verfahren, den Zeitverlauf des Signals aus dem Spektrum zu berechnen.

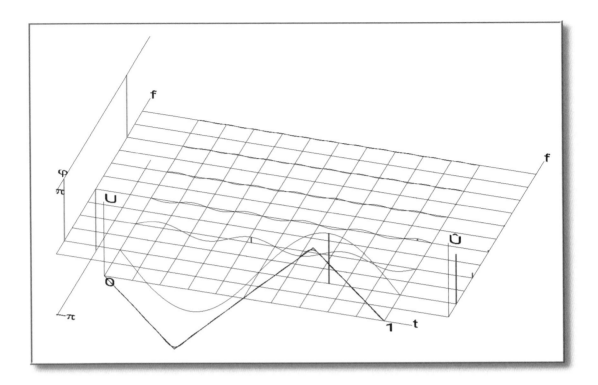

Abbildung 31:   **Periodische Dreieckschwingung**

Das Spektrum scheint im Wesentlichen aus einer Sinus–Schwingung zu bestehen. Dies ist nicht weiter verwunderlich, da die Dreieckschwingung der Sinus–Schwingung ziemlich ähnlich sieht. Die weiteren Harmonischen leisten nur noch Feinarbeit (siehe Summenkurve). Aus Symmetriegründen fehlen die geradzahligen Harmonischen völlig (d. h. $\hat{U}_2 = \hat{U}_4 = \dots = 0$). Die Amplitudenwerte nehmen mit $1/n^2$ ab, d. h. für die Amplitude der 5. Harmonischen gilt beispielsweise $\hat{U}_5 = \hat{U}_1/5^2 = \hat{U}_1/25$.

Die **FT** sowie die **IFT** lassen wir den Computer für uns ausführen. Uns interessieren hierbei nur die grafisch dargestellten Ergebnisse. Der Anschaulichkeit halber wird hier eine Darstellung gewählt werden, bei der Zeit- und Frequenzbereich in einer *dreidimensionalen* Abbildung zusammen dargestellt werden.

Das eigentliche FOURIER–Prinzip kommt bei dieser Darstellungsform besonders schön zur Geltung, weil die (wesentlichen) Sinus–Schwingungen, aus denen ein Signal zusammengesetzt ist, alle nebeneinander aufgetragen sind. Hierdurch wird die **FT** quasi grafisch beschrieben! Es ist deutlich zu erkennen, wie man aus dem Zeitbereich zum Spektrum und umgekehrt vom Spektrum in den Zeitbereich wechseln kann. Dadurch wird es auch sehr einfach, die für uns wesentlichen „Transformationsregeln" herauszufinden.

Zusätzlich zur Sägezahn–Schwingung in Abb. 28 – Abb. 30 ist jeweils noch die *Summenkurve* der ersten 8, 16, oder gar 32 Sinus–Schwingungen („Harmonischen") aufgetragen. Es besteht also eine Differenz zwischen dem idealen Sägezahn und der Summenkurve der ersten 8 bzw. 32 Harmonischen, d. h., das Spektrum zeigt nicht alle Sinus–Schwingungen, aus denen die (periodische) Sägezahn–Schwingung besteht.

> Hinweis: Für die 3D–Darstellung der FOURIER–Transformation wurde ein besonderes DASY*Lab*–Modul entwickelt, bei dem sich sogar in Echtzeit mit dem Cursor die Perspektive beliebig verändern lässt.

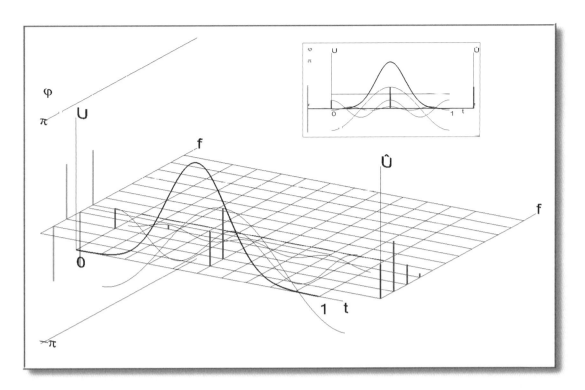

Abbildung 32:   ***Impulsform ohne schnelle Übergänge***

Innerhalb dieser (periodischen) GAUSS–Impulsfolge beginnt und endet jeder Impuls sanft. Aus diesem Grunde kann das Spektrum keine hohen Frequenzen enthalten. Diese Eigenschaft macht GAUSS–Impulse für viele moderne Anwendungen so interessant. Wir werden dieser Impulsform noch oft begegnen.

Wie insbesondere auch an Abb. 25 zu erkennen ist, gilt für alle periodischen Schwingungen/ Signale:

> *Alle periodischen Schwingungen/Signale enthalten als Sinus-komponenten nur die **ganzzahlig Vielfachen der Grundfrequenz**, da nur diese in das Zeitraster der Periodendauer T (hier T = 1s) passen. Bei periodischen Schwingungen müssen sich ja alle in ihnen enthaltenen Sinus–Schwingungen jeweils nach der Periodendauer T in gleicher Weise wiederholen!*

Beispiel: Ein periodischer „Sägezahn" von 100 Hz enthält lediglich die Sinuskom-ponenten 100 Hz, 200 Hz, 300 Hz usw.

Das Spektrum periodischer Schwingungen/Signale besteht demnach stets aus Linien in regelmäßigen Abständen.

> *Periodische Signale besitzen ein Linienspektrum!*

Hinweis: Wegen f = 1/T entspricht der Abstand der Linien dem Kehrwert der Periodendauer

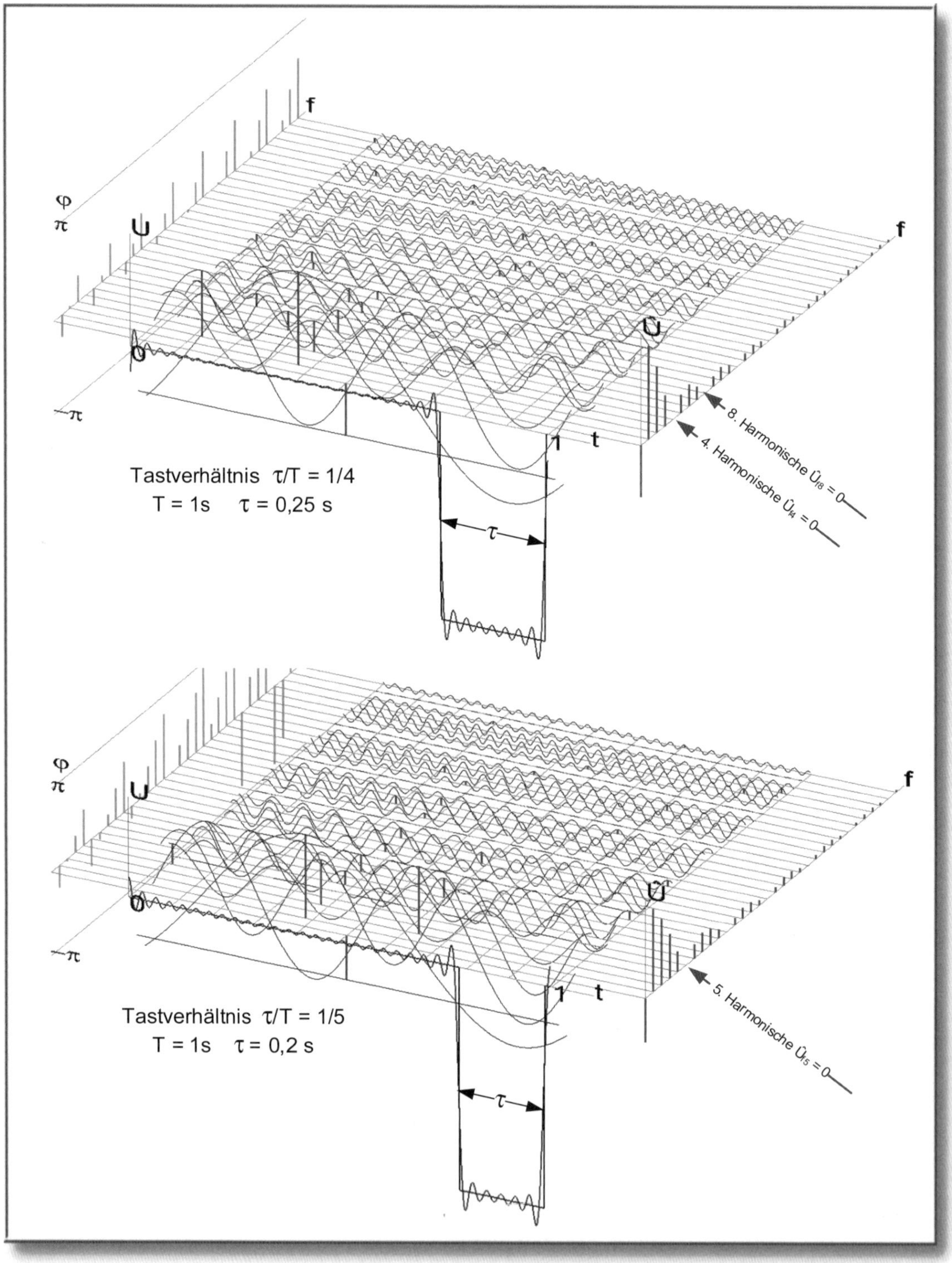

Abbildung 33:   **Periodische Rechteckimpulse mit verschiedenem Tastverhältnis**

Diese Abbildung zeigt, wie sich die Information des Zeitbereiches im Frequenzbereich wiederfindet. Die Periodendauer T findet sich in dem Abstand 1/T der Linien des Frequenzspektrums wieder. Da in dieser Abbildung T = 1s, ergibt sich ein Linienabstand von 1 Hz. Die Impulsbreite τ beträgt in der oberen Darstellung 1/4 bzw. in der unteren 1/5 der Periodendauer T. Es fällt auf, dass oben jede 4. Harmonische (4 Hz, 8 Hz usw.), unten jede 5. Harmonische (5 Hz, 10 Hz usw.) den Wert 0 besitzt. Die Nullstelle liegt also jeweils an der Stelle 1/τ. Damit lassen sich Periodendauer T und Pulsdauer τ auch im Frequenzbereich bestimmen!

Die Sägezahn–Schwingungen oder auch die Rechteckschwingungen enthalten Sprünge in „unendlich kurzer Zeit" von z. B. 1 bis -1 oder von 0 bis 1. Um „unendlich schnelle" Übergänge mithilfe von Sinus–Schwingungen modellieren zu können, müssten auch Sinus–Schwingungen unendlich hoher Frequenz vorhanden sein. Deshalb gilt:

Schwingungen/Signale mit Sprüngen (Übergänge in „unendlich kurzer Zeit") enthalten (theoretisch) auch Sinus–Schwingungen unendlich hoher Frequenz.

Da es nun physikalisch betrachtet keine Sinus–Schwingungen „unendlich hoher Frequenz" gibt, kann es in der Natur auch keine Signale/Schwingungen mit „unendlich schnellen Übergängen" geben.

In der Natur braucht alles seine Zeit, auch Sprünge bzw. Übergänge, denn sie sind stets mit einem Energiefluss verbunden. Alle realen Signale/Schwingungen sind deshalb frequenzmäßig begrenzt.

Wie die Abb. 28 und Abb. 29 zeigen, ist die Differenz zwischen dem idealen (periodischen) Sägezahn und der Summenkurve dort am größten, wo die schnellsten Übergänge bzw. Sprünge sind.

Die im Spektrum enthaltenen Sinus–Schwingungen hoher Frequenz dienen in der Regel dazu, schnelle Übergänge zu modellieren.

Hieraus folgt natürlich auch:

Signale, die keine schnellen Übergänge aufweisen, enthalten auch keine hohen Frequenzen.

Wichtige periodische Schwingungen/Signale

Aufgrund des FOURIER–Prinzips versteht es sich von selbst, dass die Sinus–Schwingung das wichtigste periodische „Signal" ist.

Dreieck– und Sägenzahn–Schwingung sind zwei weitere wichtige Beispiele, weil sie sich beide linear mit der Zeit ändern. Solche Signale werden in der Mess-, Steuer- und Regelungstechnik (MSR–Technik) gebraucht (z. B. zur horizontalen Ablenkung des Elektronenstrahls in einer Bildröhre).

Sie lassen sich auch leicht erzeugen. Beispielsweise lädt sich ein Kondensator linear auf, der an eine Konstantstromquelle geschaltet ist.

Ihr Spektrum weist aber interessante Unterschiede auf. Zunächst ist der hochfrequente Anteil des Spektrums der Dreieckschwingung viel geringer, weil – im Gegensatz zur Sägezahn–Schwingung – kein schneller Sprung stattfindet. Während aber beim (periodischen) „Sägezahn" alle geradzahligen Harmonischen im Spektrum enthalten sind, zeigt das Spektrum des (periodischen) „Dreiecks" nur ungeradzahlige Harmonische (z. B. 100 Hz, 300 Hz, 500 IIz usw.). Anders ausgedrückt: die Amplituden der geradzahligen Harmonischen sind gleich null.

Weshalb werden hier die geradzahligen Harmonischen nicht benötigt?

Die Antwort liegt in der größeren Symmetrie der Dreieckschwingung. Zunächst sieht sie der Sinus–Schwingung schon recht ähnlich. Deshalb zeigt das Spektrum auch nur noch „kleine Korrekturen". Wie die Abb. 31 zeigt, können als Bausteine nur solche Sinus–Schwingungen Verwendung finden, die auch diese Symmetrie innerhalb der Periodendauer T aufweisen, und das sind nur die ungeradzahligen Harmonischen.

Signalvergleich im Zeit- und Frequenzbereich

Durch die Digitaltechnik, aber auch durch bestimmte Modulationsverfahren bedingt, besitzen (periodische) *Rechteck*schwingungen bzw. –Impulse eine besondere Bedeutung. Dienen sie zur zeitlichen Synchronisation bzw. Zeitmessung, werden sie treffend als clock–Signal (sinngemäß „Uhrtakt") bezeichnet. Typische digitale Signale sind dagegen nicht periodisch. Da sie Träger von (sich fortlaufend ändernder) Information sind, können sie nicht oder nur „zeitweise" periodisch sein.

Entscheidend für das Frequenzspektrum von (periodischen) Rechteckimpulsen ist das sogenannte Tastverhältnis, der Quotient aus Impulsdauer τ („tau") und Periodendauer T. Bei der symmetrischen Rechteckschwingung beträgt $\tau/T = 1/2$ („1 zu 2"). In diesem Fall liegt eine Symmetrie vor wie bei der (symmetrischen) Dreieckschwingung und ihr Spektrum enthält deshalb auch nur die *un*geradzahligen Harmonischen (siehe Abb. 34).

Ein besseres Verständnis der Zusammenhänge erhalten wir durch die genaue Betrachtung von Zeit- und Frequenzbereich bei verschiedenen Tastverhältnissen τ/T (siehe Abb. 33). Beim Tastverhältnis 1/4 fehlt genau die 4., die 8., die 12. usw. Harmonische, beim Tastverhältnis 1/5 („1 zu 5") die 5., 10., 15. usw. Harmonische, beim Tastverhältnis 1/10 die 10., 20., 30., usw. Harmonische (siehe Abb. 35).

Diese „Fehlstellen" werden „Nullstellen des Spektrums" genannt, weil die Amplituden an diesen Stellen formal den Wert Null besitzen. Folgerichtig fehlen bei der symmetrischen Rechteck–Schwingung mit dem Tastverhältnis 1/2 alle geradzahligen Harmonischen.

Jetzt lässt sich erkennen, wie die Kenngrößen des Zeitbereichs im Frequenzbereich „versteckt" sind:

> *Der Kehrwert der Periodendauer T entspricht dem Abstand der Spektrallinien im Spektrum. Betrachten Sie hierzu noch einmal aufmerksam die Abb. 28. Der Frequenzlinienabstand $\Delta f = 1/T$ entspricht der Grundfrequenz f_1 (1. Harmonische).*

Beispiel:

T = 20 ns ergibt eine Grundfrequenz bzw. eine Frequenzlinienabstand von 50 MHz.

> *Der Kehrwert der Impulsdauer τ entspricht dem Abstand der Nullstellen im Spektrums ΔF_0.*

> *Nullstellenabstand $\Delta F_0 = 1/\tau$*

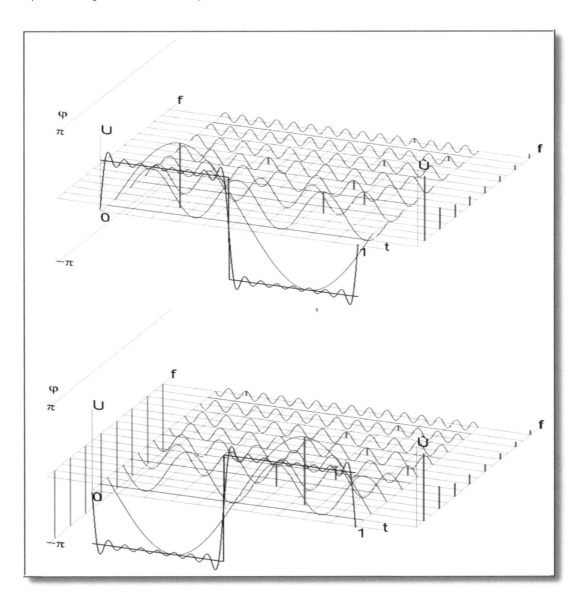

Abbildung 34:   ***Symmetrische Rechteckimpulsfolge mit unterschiedlichem Zeitbezugspunkt t = 0 s.***

Bei beiden Darstellungen handelt es sich um das gleiche Signal. Das untere ist gegenüber dem oberen lediglich um T/2 zeitlich verschoben. Beide Darstellungen besitzen also einen verschiedenen Zeitbezugspunkt t = 0 s. Eine Zeitverschiebung von T/2 entspricht aber genau einer Phasenverschiebung von π. Dies erklärt die verschiedenen Phasenspektren. Wegen τ/T = 1/2 fehlt jede geradzahlige Harmonische (d. h. die Nullstellen des Spektrums liegen bei 2 Hz, 4 Hz usw.).

Hieraus lässt sich auf eine grundsätzliche und äußerst wichtige Beziehung zwischen Zeit- und Frequenzbereich schließen.

> *Alle **großen** zeitlichen Kenngrößen erscheinen im Frequenzbereich **klein**, alle **kleinen** zeitlichen Kenngrößen erscheinen **groß** im Frequenzbereich und umgekehrt.*

Beispiel: Vergleichen Sie, wie sich Periodendauer T und Impulsdauer τ im Frequenzbereich wiederfinden.

Das verwirrende Phasenspektrum

Auch bezüglich des Phasenspektrum lässt sich eine wichtige Feststellung machen. Wie Abb. 34 zeigt, kann das gleiche Signal unterschiedliche Phasenspektren besitzen. Das Phasenspektrum hängt nämlich auch von zeitlichen Bezugspunkt $t = 0$ ab.

Das Amplitudenspektrum bleibt dagegen von zeitlichen Verschiebungen unberührt.

Aus diesem Grund ist das Phasenspektrum verwirrender und viel weniger aussagekräftig als das Amplitudenspektrum. In den nächsten Kapiteln wird deshalb im Frequenzbereich meist nur noch das Amplitudenspektrum herangezogen.

Hinweise:

*   Trotzdem liefern erst beide spektrale Darstellungsformen zusammen die Gesamt-information über den Verlauf des Signals/der Schwingung im Zeitbereich. Die Inverse FOURIER–Transformation **IFT** benötigt also das Amplituden- *und* Phasen-spektrum zur Berechnung des Signalverlaufs im Zeitbereich!

*   Eine besonders interessantes Phänomen ist die Eigenschaft unseres Ohres (ein FOURIER–Analysator!), Änderungen des *Phasenspektrums* eines Signals kaum wahrzunehmen. Jede wesentliche Änderung im Amplitudenspektrum wird dagegen sofort bemerkt. Dazu sollten Sie mit DASY*Lab* nähere akustische Versuche durch-führen.

Interferenz: Nichts zu sehen, obwohl alles da ist.

Die (periodischen) Rechteckimpulse in der Abb. 33 besitzen während der Impulsdauer τ einen konstanten (positiven oder negativen) Wert, zwischen zwei Impulsen jedoch den Wert Null! Würden wir nur diese Zeiträume $T - \tau$ betrachten, so könnte leicht der Ge-danke kommen, „wo etwas null ist, da kann nichts sein", also auch keine Sinus–Schwin-gungen.

Dieser Gedanke ist grundsätzlich falsch und dies lässt sich auch experimentell beweisen. Zum anderen wäre sonst auch das FOURIER–Prinzip falsch (warum?)! Es gilt hier eins der wichtigsten Prinzipien der Schwingungs- und Wellenphysik:

(Sinus–) Schwingungen und Wellen können sich durch Überla-gerung (Addition) zeitweise und lokal (Wellen) gegenseitig auslöschen oder auch verstärken.

In der Wellenphysik wird dieses Prinzip *Interferenz* genannt. Auf dessen Bedeutung für die Schwingungsphysik/Signaltheorie wird meist leider viel zu wenig hingewiesen.

Schauen wir uns zunächst noch einmal Abb. 33 an. Überall ist – mit Bedacht – die *Sum-menkurve* der ersten 16 Harmonischen im Zeitbereich mit aufgetragen. Wir sehen, dass die Summen der ersten 16 Harmonischen zwischen den Impulsen nur an ganz wenigen Stellen gleich null („Nulldurchgänge"), sonst etwas von Null abweicht. Erst die Summe aller unendlich vielen Harmonischen kann null ergeben! Auf der „Sinus–Spielwiese" sehen wir aber auch über die gesamte Periodendauer T die unveränderte Existenz aller Sinus–Schwingungen des Spektrums.

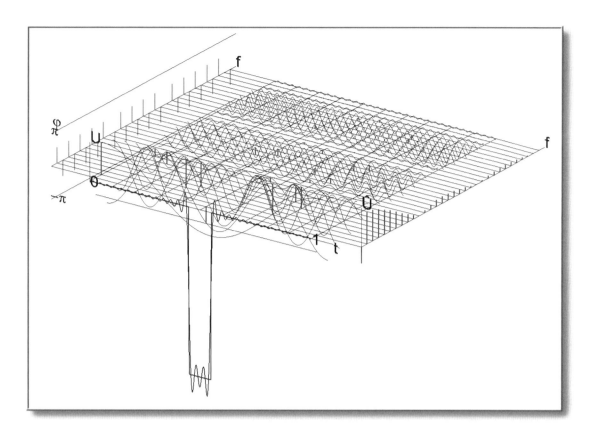

Abbildung 35:   ***Eine genaue Analyse der Verhältnisse***

In dieser Darstellung sollen noch einmal die wesentlichen Zusammenhänge zusammengestellt und ergänzt werden:

- *Das Tastverhältnis der (periodischen) Rechteckimpulsfolge beträgt 1/10. Die erste Nullstelle des Spektrums liegt deshalb bei der 10. Harmonischen. Die ersten 10 Harmonischen liegen an der Stelle t = 0,5 s so in Phase, dass sich in der Mitte alle „Amplituden" nach unten addieren. An der ersten (und jeder weiteren) Nullstelle findet ein Phasensprung von π rad statt. Dies ist sowohl im Phasenspektrum selbst als auch auf der „Spielwiese" gut zu erkennen. In der Mitte überlagern sich alle „Amplituden" nach oben, danach – von der 20. bis 30. Harmonischen – wieder nach unten usw.*

- *Je schmaler der Impuls wird, desto größer erscheint die Abweichung zwischen der Summe der ersten (hier N = 32) Harmonischen und dem Rechteckimpuls. Die Differenz zwischen Letzterem und der Summenschwingung ist dort am größten, wo sich das Signal am schnellsten ändert, z. B. an bzw. in der Nähe der Impulsflanken.*

- *Dort, wo momentan das Signal gleich null ist – jeweils links nullrechts von einem Impuls – , summieren sich alle (unendlich vielen) Sinus–Schwingungen zu Null; sie sind also vorhanden, löschen sich aber durch Interferenz aus. „Filtert" man von allen – wie hier – die ersten N = 32 Harmonischen heraus, so ergibt sich die dargestellte „runde" Summenschwingung; sie ist nicht mehr links und rechts vom Impuls überall gleich null. Die „Welligkeit" der Summenschwingung entspricht der höchsten enthaltenen Frequenz.*

Auch wenn Signale über einen Zeitbereich Δt wertmäßig gleich null sind, enthalten sie auch während dieser Zeit Sinus–Schwingungen. Genau genommen müssen auch „unendlich" hohe Frequenzen enthalten sein, weil sich sonst immer „runde" Signalverläufe ergeben würden. Die „Glättung" geschieht also durch hohe und höchste Frequenzen.

In Abb. 33 sehen wir im Amplitudenspektrum auch den „Gleichanteil" an der Stelle f = 0. Auf der „Spielwiese" ist dieser Wert als konstante Funktion („Nullfrequenz") aufgetragen. Würden wir diesen Gleichanteil –U beseitigen – z. B. durch einen Kondensator – , wäre der bisherige Nullbereich nicht mehr null sondern gleich +U. Deshalb muss gelten:

Enthält ein Signal während eines Zeitabschnittes Δt einen konstanten Bereich, so muss das Spektrum theoretisch auch „unendlich hohe" Frequenzen enthalten.

In Abb. 35 ist ein (periodischer) Rechteckimpuls mit dem Tastverhältnis 1/10 im Zeit- und Frequenzbereich abgebildet. Die (erste) Nullstelle im Spektrum liegt deshalb bei der 10. Harmonischen.

Die erste Nullstelle des Spektrums wird nun in Abb. 36 immer weiter nach rechts geschoben, je kleiner wir das Tastverhältnis wählen (z. B. 1/100). Geht schließlich das Tastverhältnis gegen null, so haben wir es mit einer (periodischen) „Nadelimpuls"-Folge zu tun, bei der die Pulsbreite gegen null geht.

Gegensätze, die vieles gemeinsam haben: Sinus und δ–Impuls

Solche Nadelimpulse werden in der theoretischen Fachliteratur als δ–Impulse ("Delta-Impulse") bezeichnet. Der δ–Impuls ist hier nach dem Sinus die wichtigste Schwingungsform bzw. Zeitfunktion.

Hierfür sprechen folgende Gründe:

- In der digitalen Signalverarbeitung DSP (Digital Signal Processing) werden in gleichmäßigen Zeitabständen (Taktfrequenz) Zahlen verarbeitet. Diese Zahlen entsprechen graphisch Nadelimpulsen einer bestimmten Höhe. Die Zahl 17 könnte beispielsweise einer Nadelimpulshöhe von 17 entsprechen. Näheres hierzu in den Kapiteln zur digitalen Signalverarbeitung.

- Jedes (analoge) Signal lässt sich theoretisch auch zusammengesetzt denken aus lauter kontinuierlich aufeinander folgenden Nadelimpulsen bestimmter Höhe! Siehe hierzu Abb. 37.

- Eine Sinus–Schwingung im Zeitbereich ergibt eine „Nadelfunktion" im Frequenzbereich (Linienspektrum). Mehr noch: Alle periodischen Schwingungen/ Signale ergeben ja Linienspektren, also äquidistante („im gleichen Abstand erscheinende") Nadelfunktionen im *Frequenz*bereich!

- Aus theoretischer Sicht ist der δ–Impuls das ideale Testsignal für alle Systeme. Wird nämlich ein δ–Impuls auf den Eingang eines Systems gegeben, so wird das System gleichzeitig mit allen Frequenzen, und zwar zusätzlich noch mit gleicher Amplitude getestet! Siehe hierzu die nachfolgenden Seiten, insbesondere Abb. 36.

- Der (periodische) δ–Impuls enthält im Abstand $\Delta f = 1/T$ alle (ganzzahlig Vielfachen) Frequenzen von null bis unendlich mit stets gleicher Amplitude!

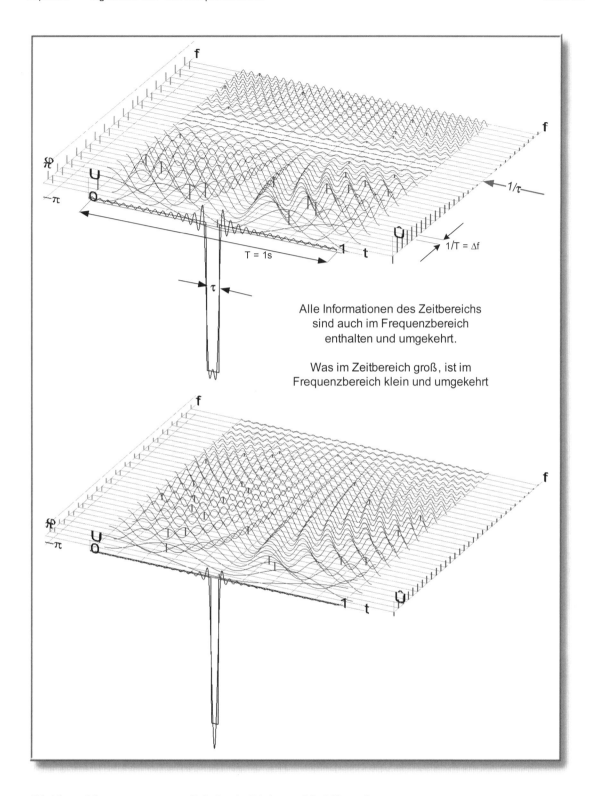

Abbildung 36:   ***Schritte in Richtung Nadelimpuls***

*Oben beträgt das Tastverhältnis ca. 1/16, unten 1/32. Oben liegt demzufolge die erste Nullstelle bei N = 16, unten bei N = 32. Die Nullstelle „wandert" also immer mehr zu höheren Frequenzen nach rechts, falls der Impuls immer schmaler wird. Unten scheinen die dargestellten Linien des Spektrums bereits nahezu gleich große Amplituden zu besitzen. Bei einem „Nadel"–Impuls (δ–Impuls) geht die Impulsbreite τ gegen null, die (erste) Nullstelle des Spektrums damit gegen unendlich. Damit besitzt der δ–Impuls ein „unendlich breites Frequenzspektrum"; alle Amplituden besitzen ferner die **gleiche** Größe!*

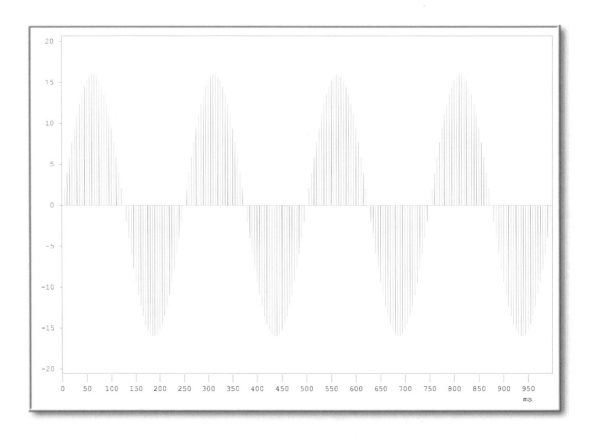

Abbildung 37:   ***Signal–Synthese mithilfe von gewichteten δ–Impulsen***

*Hier wird ein „Sinus" aus lauter direkt aufeinanderfolgenden δ–Impulsen entsprechender Höhe „zusammengesetzt". Dies entspricht genau der Vorgehensweise in der „Digitalen Signalverarbeitung" DSP. Für den Computer bestehen **digitale Signale** demnach aus „Zahlenketten", die – physikalisch betrachtet – schnell aufeinander folgenden Messwerten dieses analogen Signals entsprechen; jede Zahl gibt die „gewichtete" δ–Impulshöhe zu einem bestimmten Zeitpunkt t an. Die Zeitabstände zwischen diesen „Messungen" sind konstant.*
*Demnach besteht ein **analoges Signal**, welches ja zu **jedem** (!) Zeitpunkt einen bestimmten Wert besitzt, aus physikalischer Sicht wiederum aus einer „gewichteten δ–Impulsfolge", bei der die δ–Impulse „unendlich dicht beieinander" liegen.*

Diese seltsame Beziehung zwischen Sinus- und Nadelfunktion wird im nächsten Kapitel („Unschärfe–Prinzip") genau untersucht und ausgewertet werden.

> Hinweis:
> Gewisse mathematische Spitzfindigkeiten führen dazu, in der Theorie dem δ–Impuls eine gegen Unendlich gehende Amplitude zuzuordnen. Auch physikalisch macht dies einen gewissen Sinn. Ein „unendlich kurzer" Nadelimpuls kann keine Energie besitzen, es sei denn, er wäre „unendlich hoch". Dies zeigen auch die Spektren schmaler periodischer Rechteckimpulse bzw. die Spektren von δ–Impulsen. Die Amplituden der einzelnen Sinus–Schwingungen sind sehr klein und in den Abbildungen kaum zu erkennen, es sei denn, wir vergrößern (über den Bildschirm hinaus) die Impulshöhe.

In diesem Manuskript wählen wir aus Anschaulichkeitsgründen normalerweise Nadelimpulse der Höhe „1".

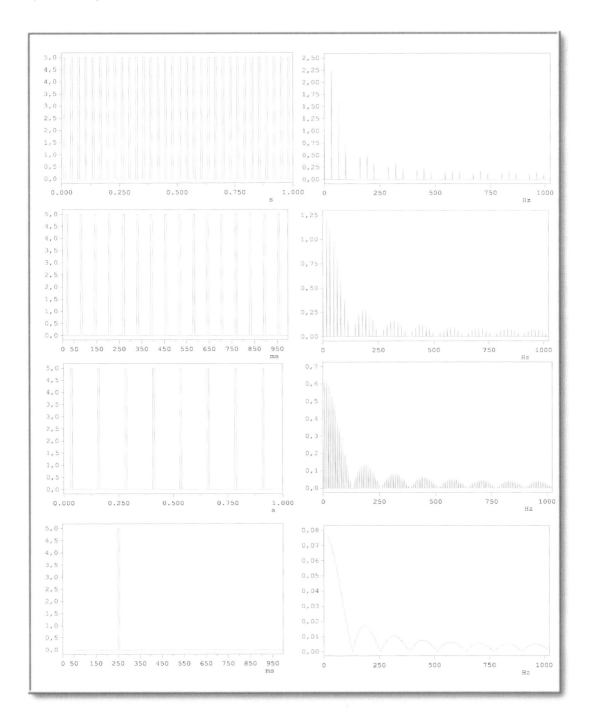

Abbildung 38:   **Vom periodischen Signal mit Linienspektrum ... zum nichtperiodischen Signal mit kontinuierlichem Spektrum.**

Links im Zeitbereich sehen Sie von oben nach unten periodische Rechteckimpulsfolgen. Die Pulsfrequenz halbiert sich jeweils, während die Pulsbreite konstant bleibt! Dementsprechend liegt der Abstand der Spektrallinien immer enger (T = 1/f), jedoch verändert sich wegen der konstanten Pulsbreite nicht die Lage der Nullstellen.

In der unteren Reihe soll schließlich ein einmaliger Rechteckimpuls dargestellt sein. Theoretisch besitzt er die Periodendauer T –> ∝. Damit liegen die Spektrallinien „unendlich dicht" beieinander, das Spektrum ist nun kontinuierlich und wird auch als kontinuierliche Funktion gezeichnet.

Wir sind jetzt zu der üblichen (zweidimensionalen) Darstellung von Zeit- und Frequenzbereich übergegangen. Sie ergibt ein wesentlich genaueres Bild im Vergleich der bislang verwendeten „Spielwiese" für Sinus–Schwingungen.

Nichtperiodische und einmalige Signale

Eigentlich lässt sich eine periodische Schwingung gar nicht im Zeitbereich auf einem Bildschirm darstellen. Um nämlich über ihre Periodizität absolut sicher zu sein, müsste ja ihr Verhalten in Vergangenheit, Gegenwart und Zukunft beobachtet werden. Eine (idealisierte) periodische Schwingung wiederholte, wiederholt und wird sich immer wieder auf gleiche Art wiederholen. Im Zeitbereich zeigt man deshalb nur eine oder mehrere Perioden auf dem Bildschirm.

Das ist im Frequenzbereich ganz anders. Besteht das Spektrum aus – in regelmäßigen Abständen befindlichen – *Linien*, so signalisiert dies sofort eine *periodische* Schwingung. Um noch einmal darauf hinzuweisen: Es gibt nur eine (periodische) Schwingung, deren Spektrum genau *eine* Linie enthält: *die Sinus–Schwingung*.

Nun soll aber der Übergang zu den – nachrichtentechnisch betrachtet – weitaus interessanteren nichperiodischen Schwingungen erfolgen. Zur Erinnerung: Alle *informationstragenden* Schwingungen (Signale) können ja einen desto größeren Informationswert besitzen, je unsicherer ihr künftiger Verlauf ist (sieh Abb. 23).

Bei periodischen Schwingungen ist dagegen der künftige Verlauf vollkommen klar.

Um den Spektren *nicht*periodischer Signale auf die Schliche zu kommen, wenden wir einen kleinen gedanklichen Trick an. Nichtperiodisch bedeutet ja für das Signal, sich in „absehbarer Zeit" nicht zu wiederholen. In der Abb. 38 vergrößern wir nun ständig die Periodendauer T eines Rechteckimpulses, aber *ohne* dessen Impulsdauer τ zu ändern, bis diese schließlich „gegen Unendlich" strebt. Das läuft auf den vernünftigen Gedanken hinaus, allen nichtperiodischen bzw. einmaligen Signalen die Periodendauer T–>∝ („T geht gegen unendlich") zuzuordnen.

Wird jedoch die Periodendauer größer und größer, wird der Abstand Δf = 1/T der Linien im Spektrum kleiner und kleiner, bis sie schließlich miteinander „verschmelzen". Die Amplituden ("Linienendpunkte") bilden nun keine diskrete Folge von Linien im gleichmäßigen Abstand mehr, sondern formen eine durchgehende (kontinuierliche) Funktion (Abb. 38 unten).

> *Periodische Schwingungen/Signale besitzen ein* **diskretes** *Linienspektrum, nichtperiodische Schwingungen/Signale dagegen ein* **kontinuierliches** *Spektrum.*

Nochmals: Ein Blick auf das Spektrum genügt, um festzustellen, um welchen Schwingungstyp es sich handelt, *periodisch* oder *nichtperiodisch*. Aber: Wie so oft, ist die Grenze zwischen periodisch und nichtperiodisch nicht ganz unproblematisch. Sie wird von einer wichtigen Signalklasse besetzt, die man als *fastperiodische* Signale bezeichnet. *Sprache und Musik* gehören beispielsweise hierzu.

Wenn aber Sprache und Musik ganz wesentlich *fastperiodische* Anteile enthalten, dann müsste nach den vorstehenden Ausführungen der Informationswert – gewissermaßen die sich laufend *ändernde* Information pro Zeiteinheit – relativ gering sein (siehe Kapitel 4)?!

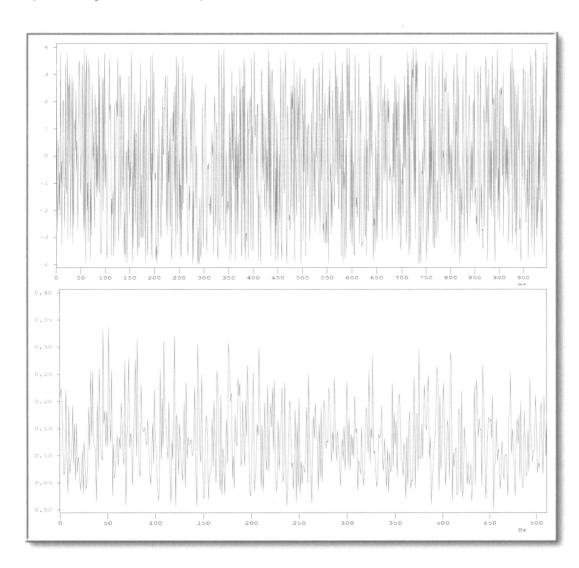

Abbildung 39:   **Stochastisches Rauschen**

Das obere Bild zeigt stochastisches Rauschen im Zeitbereich (1s lang), darunter das Amplitudenspektrum des obigen Rauschens. Da der Zeitbereich rein zufällig verläuft, ist auch innerhalb des betrachteten Zeitraumes vom Frequenzspektrum keine Regelmäßigkeit zu erwarten (sonst wäre das Signal ja nicht stochastisch). Trotz vieler „unregelmäßiger Linien" kann es sich nicht um ein typisches Linienspektrum handeln, denn sonst müsste der Zeitbereich ja periodisch sein!

Es ist nachwievor geheimnisvoll und ungeklärt, weshalb dann Sprache und Musik uns trotz dieser Einschränkung so intensiv emotional ansprechen können.

Einmalige Signale sind – wie der Name sagt – nichtperiodisch. Allerdings werden als einmalig meist nur solche nichtperiodischen Signale bezeichnet, die nur innerhalb des betrachteten Zeitraums andauern, z. B. ein Knall oder ein Knacklaut.

Der pure Zufall: Stochastisches Rauschen

Ein typisches und extrem wichtiges Beispiel für eine nichtperiodische Schwingung ist Rauschen. Es besitzt eine höchst interessante Ursache, nämlich eine schnelle Folge nicht vorhersagbarer, extrem kurzzeitiger Einzelereignisse.

Beim Rauschen eines Wasserfalls treffen Milliarden von Wassertropfen in vollkommen unregelmäßiger Reihenfolge auf eine Wasseroberfläche. Jeder Wassertropfen macht „Tick", aber der Gesamteffekt ist Rauschen. Auch der Applaus einer riesigen Zuschauermenge kann wie Rauschen klingen, es sei denn, es wurde – wie bei dem Wunsch nach einer Zugabe – rhythmisch geklatscht (was wiederum nichts anderes als eine gewisse Ordnung, Regelmäßigkeit bzw. Periodizität bedeutet!).

Elektrischer Strom im Festkörper bedeutet Elektronenbewegung im metallischen Kristallgitter. Der Übergang eines einzelnen Elektrons von einem Atom zum benachbarten geschieht nun vollkommen zufällig.

Auch wenn die Elektronenbewegung überwiegend in die Richtung der physikalischen Stromrichtung weist, besitzt dieser Prozess eine stochastische – rein zufällige, nicht vorhersagbare – Komponente. Sie macht sich durch ein Rauschen bemerkbar. Es gibt also keinen reinen Gleichstrom, er ist immer von einem Rauschen überlagert. Jedes elektronische Bauteil rauscht, also selbst jeder Widerstand oder Leitungsdraht. Das Rauschen steigt mit der Temperatur.

Rauschen und Information

Stochastisches Rauschen bedeutet so etwas wie absolutes „Chaos". Es scheint *kein* „verabredetes, sinngebendes Muster" – d. h. keine Information – in ihm enthalten zu sein.

Stochastisches Rauschen zeigt keinerlei „Erhaltungstendenz", d. h. nichts in einem beliebigen Zeitabschnitt B erinnert an den vorherigen Zeitabschnitt A. Bei einem Signal ist ja doch immerhin mit einer bestimmten Wahrscheinlichkeit der nächste Wert voraussagbar. Denken Sie beispielsweise an Text wie diesem, wo der nächste Buchstabe mit einer bestimmten Wahrscheinlichkeit ein „e" sein wird.

> *Stochastisches Rauschen ist also kein „Signal" im eigentlichen Sinne, weil es ja kein informationstragendes Muster – Information – zu enthalten scheint (!).*

An stochastischem Rauschen ist innerhalb eines beliebigen Zeitabschnittes alles rein zufällig und unvorhersehbar, also auch Zeitverlauf und Spektrum. Stochastisches Rauschen ist sozusagen das „nichtperiodischste" Signal überhaupt!

Alle Signale sind nun aus den geschilderten Gründen immer (etwas mehr oder weniger oder zu sehr) verrauscht. Auch stark verrauschte Signale unterscheiden sich aber von reinem stochastischem Rauschen dadurch, dass sie eine bestimmte Erhaltungstendenz aufweisen. Diese wird durch das Muster geprägt, welches die Information enthält.

> *Rauschen ist der größte Feind der Nachrichtentechnik, weil hierdurch die Information eines Signals regelrecht „zugeschüttet", d. h. der Anteil an purem Zufall erhöht wird.*

Eines der wichtigsten nachrichtentechnischen Probleme ist daher, verrauschte Signale möglichst weitgehend vom Rauschen zu befreien bzw. die Signale von vornherein so zu schützen bzw. so zu modulieren und kodieren, dass die Information trotz Rauschens im Empfänger fehlerfrei zurückgewonnen werden kann.

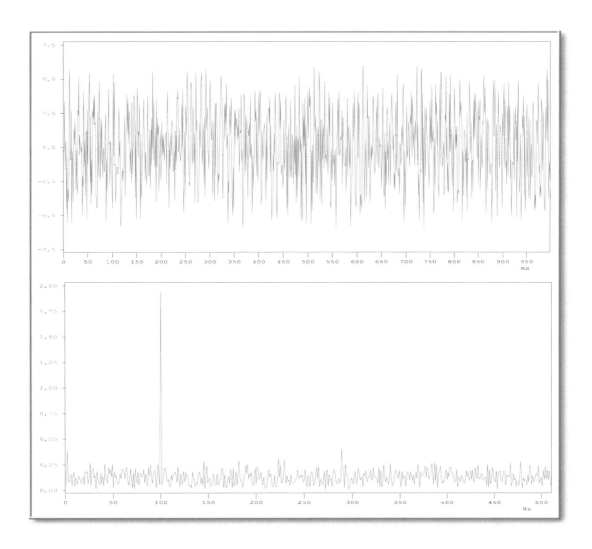

Abbildung 40:   ***Erhaltungstendenz eines verrauschten Signals***

Beide Bilder – oben Zeitbereich, unten Amplitudenspektrum – beschreiben ein verrauschtes Signal, also ein nicht rein stochastisches Rauschen, welches (eine durch das Signal geprägte) Erhaltungstendenz aufweist. Dies zeigt das Amplitudenspektrum unten. Deutlich ist eine aus dem unregelmäßigen Spektrum herausragende Linie bei 50 Hz zu erkennen. Ursache kann mit großer Wahrscheinlichkeit nur eine im Rauschen versteckte (periodische) Sinus–Schwingung von 50 Hz sein. Sie bildet das tendenzerhaltende Merkmal, obwohl sie im Zeitbereich nur äußerst vage erkennbar ist. Durch ein hochwertiges Bandpass-Filter ließe sie sich aus dem Rauschen „herausfischen"!

Dies ist eigentlich das zentrale Thema der „Informationstheorie". Da sie sich als rein mathematisch formulierte Theorie darstellt, werden wir sie nicht in diesem Manuskript geschlossen behandeln. Andererseits bildet die „Information" den Schlüsselbegriff jeglicher Nachrichten- und Kommunikationstechnik. Deshalb tauchen auch wichtige Ergebnisse der Informationstheorie an zahlreichen Stellen dieses Manuskriptes auf.

Die Grundlagen der signaltechnischen Inhalte dieses Manuskriptes sind physikalischer Natur (siehe Kapitel 1: „In der Technik läuft nichts, was den Naturgesetzen widerspricht"). Bis heute ist es der Physik nicht hinreichend gelungen, den Informationsbegriff in die zentralen Wirkungsprinzipien der Natur zu integrieren. Es gibt damit noch kein „Informations–Prinzip" der Physik. An dieser Stelle gilt zunächst:

*Signale sind durchweg nichtperiodische Schwingungen. Je weniger sich der künftige Verlauf voraussagen lässt, desto größer **kann** ihr Informationswert sein. Jedes Signal besitzt jedoch eine **Erhaltungstendenz**, die durch das informationstragende Muster bestimmt ist.*

Stochastisches Rauschen dagegen erscheint vollkommen zufällig, besitzt keinerlei Erhaltungstendenz und ist damit kein Signal im eigentlichen Sinne. Der künftige Verlauf lässt sich „überhaupt nicht" voraussagen. Das ergibt jedoch einen Widerspruch zur obigen Aussage?!

*Rauschähnliche Signale **können** trotz ihres kaum vorhersagbaren Verlaufs demnach sehr viel Information enthalten, obwohl die Erhaltungstendenz hier sehr schwer zu erkennen wäre. Aus theoretischer Sicht stellt pures Rauschen ein Grenzwert dar, bei dem die Erhaltungstendenz nicht mehr erkennbar ist.*

Hinweis: Die Diskussion über den *Informationsgehalt des Rauschens* ist sehr schwierig zu führen und geht in der wissenschaftlichen Diskussion sogar ins Philosophische. Auf dem jetzigen „Level" könnten sich folgende Fragen ergeben:

- Wenn also die *Erhaltungstendenz* Kennzeichen einer vorliegenden Information ist, wie soll sich entscheiden lassen, ob ein Signalabschnitt Erhaltungstendenz zeigt oder nicht? Dieser Begriff beinhaltet offensichtlich bereits eine „Unschärfe", weil mathematisch nicht präzise definierbar. Und wie hängen Erhaltungstendenz im Zeit- und Frequenzbereich zusammen?

- Jede Information lässt sich als Bitmuster darstellen. Wie lang oder kurz darf es sein, um zwischen Erhaltungstendenz und reiner Zufälligkeit zu entscheiden?

- Und weiter: Kryptografie ist die Wissenschaft, die erkennbare Erhaltungstendenz von Informationen zu verbergen, also etwas rein Zufälliges vorzutäuschen! Kommt da Information hinzu?

- Was ist ein *Rauschfilter* eigentlich? Wie wird hierbei Zufälliges herausgefiltert? Wäre ein Rauschfilter dann nicht ein „Erhaltungstendenz–Filter"? Geschieht das auch bei der *Datenkompression*, oder wird hierbei lediglich die Redundanz verringert?

Die Diskussion hierzu wird in diesem Dokument an verschiedener Stelle immer wieder auftauchen, ohne das endgültige Klarheit sichergestellt werden kann. Siehe auch den Text neben SHANNONs Bild am Anfang des Buches.

Nun sollte man das stochastische Rauschen nicht so sehr verteufeln. Weil es so extreme Eigenschaften besitzt, d. h. den puren Zufall verkörpert, ist es höchst interessant. Wie wir sehen werden, besitzt es u. a. als Testsignal für (lineare) Systeme eine große Bedeutung.

Hinweis: Durch Computer generiertes Rauschen unterscheidet sich von idealem, natürlichen Rauschen erheblich. So sind u. a. die Zeitpunkte jedes einzelnen Ereignisses mit dem PC–Takt (clock) synchronisiert!

Aufgaben zu Kapitel 2:

Wegen des FOURIER–Prinzips spielt die Überlagerung (Addition!) von Sinus–Schwingungen eine überragende Rolle in der Nachrichtentechnik. In den ersten Aufgaben sollen gewisse „Grundregeln" für periodische Schwingungen erarbeitet bzw. überprüft werden.

Aufgabe 1:

Addieren Sie zwei Sinus–Schwingungen der gleichen Frequenz und Amplitude.

(a) Ermitteln und beschreiben Sie das Ergebnis der Addition bei verschiedenen *Phasenverschiebungen* der einen Schwingung zu der anderen.

(b) Bei welcher Phasenverschiebung ist das Ergebnis null, wann ist es maximal?

(c) Wie sieht die *Signalform* des Summensignals in allen Fällen aus.

Aufgabe 2

Wie wirkt sich in Aufgabe 1 die Amplitudenänderung einer Sinus–Schwingung aus?

Aufgabe 3

Addieren Sie eine Sinus–Schwingung von 4 Hz mit einer von 8 Hz.

(a) Untersuchen Sie den Einfluss auf die Signalform, falls Sie bei der Sinus–Schwingung von 8 Hz Amplitude und Phase ändern.

(b) Welche *Grundfrequenz* besitzt die neue Signalform?

Aufgabe 4

Addieren Sie zwei Sinus–Schwingungen von 4 und 6 Hz.

(a) Welche *Grundfrequenz* besitzt das Summensignal.

(b) Ändert sich diese bei der Amplituden- oder Phasenänderung einer der beiden Sinus–Schwingungen?

Aufgabe 5

(a) Addieren Sie drei Sinus–Schwingungen von 4 Hz, 8 Hz und 12 Hz.

(b) Welche Grundfrequenz besitzt das *Summensignal*?

(c) Stellen Sie folgende Amplituden ein: 6 (4Hz), 3 (8Hz) und 2 (12Hz). Die Phasenverschiebung sollen alle Null sein. Welche *Signalform* ergibt sich angenähert?

Aufgabe 6

Fassen Sie die Ergebnisse der Aufgaben 1 bis 5 zusammen und nennen Sie die „*Grundregeln*" für die Addition von Sinus–Schwingungen!

Aufgabe 7

Hier sehen Sie noch einmal die gesamte Oberfläche von **DASY***Lab* abgebildet. Die mit Abstand wichtigste Schaltung zur Analyse und Darstellung von Signalen im Zeit- und Frequenzbereich finden Sie im Bild oben.

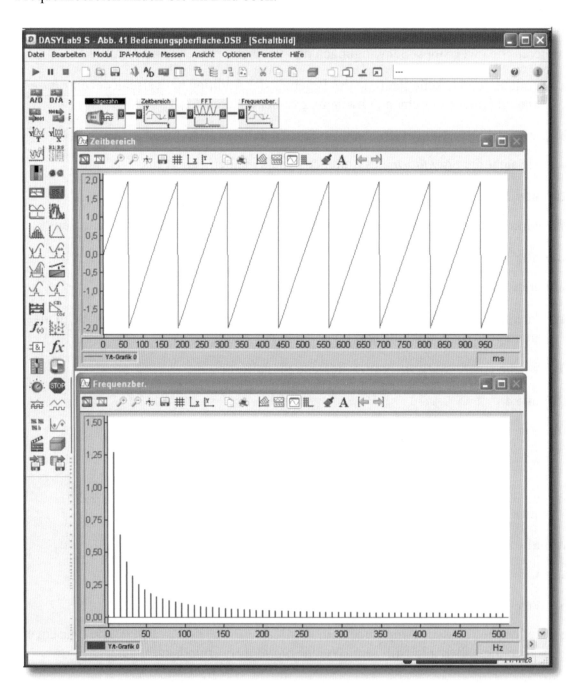

Abbildung 41:   ***Bedienungsoberfläche von DASYLab: Sägezahn im Zeit- und Frequenzbereich***

(a) Erstellen Sie diese Schaltung und visualisieren Sie – wie oben – einen periodischen Sägezahn *ohne Gleichspannungsanteil* im Zeit- und Frequenzbereich.

(b) Vermessen Sie mithilfe des Cursors das Amplitudenspektrum. Nach welcher einfachen Gesetzmäßigkeit scheinen die Amplituden abzunehmen?

(c) Vermessen Sie in gleicher Weise auch den Abstand der „Linien" des Amplitudenspektrums. Wie hängt er von der Periodendauer des Sägezahns ab?

(d) Erweitern Sie die Schaltung wie in Abb. 22 dargestellt und bilden Sie wie dort die Amplitudenspektren verschiedener periodischer Signale auf einem „Bildschirm" untereinander ab.

Aufgabe 8

(a) Erzeugen Sie mit **DASY*Lab*** ein System, welches Ihnen die FOURIER–Synthese eines Sägezahns gemäß Abb. 25 liefert.

(b) Erzeugen Sie mit **DASY*Lab*** ein System, welches Ihnen die *Summe* der ersten *n* Sinus–Schwingungen (*n* = 1, 2, 3, ... , 9) gemäß Abb. 26 liefert.

Aufgabe 9

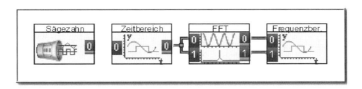

Abbildung 42: Schaltbild zur Darstellung von Amplituden- und Phasenspektrum in einer Grafik

(a) Versuchen Sie, das Amplitudenspektrum sowie das *Phasenspektrum* eines Sägezahns direkt untereinander auf dem gleichen Bildschirm gemäß Aufgabe 7 darzustellen. Stellen Sie dazu im Menü des Moduls „Frequenzbereich" auf Kanal 0 „Amplitudenspektrum", auf Kanal 1 „Phasenspektrum" ein. Wählen Sie die „Standardeinstellung" (Abtastrate und Blocklänge = 1024 = 2^{10} im A/D–Menü der oberen Funktionsleiste) sowie eine niedrige Frequenz (f = 1; 2; 4; 8 Hz). Was stellen sie fest, falls Sie eine Frequenz wählen, deren Wert sich *nicht* als Zweierpotenz darstellen lässt?

(b) Stellen Sie verschiedene Phasenverschiebungen (π (180^0), $\pi/2$ (90^0), $\pi/3$ (60^0) sowie $\pi/4$ (45^0) für den Sägezahn im Menü des Generator–Moduls ein und beobachten Sie jeweils die Veränderungen des Phasenspektrums.

(c) Stimmen die Phasenspektren aus der Aufgabe 2 mit der 3D–Darstellung in den Abb. 28 – Abb. 30 überein? Stellen Sie die Abweichungen fest und versuchen eine mögliche Erklärung für die eventuell falsche Berechnung des Phasenspektrums zu finden.

(d) Experimentieren Sie mit verschiedenen Einstellungen für Abtastrate und Blocklänge (A/D–Button in der oberen Funktionsleiste, beide Werte jedoch jeweils gleich groß wählen, z. B. 32, 256, 1024!).

Aufgabe 10

Rauschen stellt ein rein stochastisches Signal dar und ist damit „total nichtperiodisch".

(a) Untersuchen Sie das Amplituden- und Phasenspektrum von Rauschen. Handelt es sich dann auch um ein kontinuierliches Spektrum? Zeigen auch Amplituden- und Phasenspektrum stochastisches Verhalten.

(b) Untersuchen Sie das Amplituden- und Phasenspektrum von tiefpass–gefiltertem Rauschen (z. B. Grenzfrequenz 50 Hz, Butterworth–Filter 6. Ordnung). Zeigen beide auch ein stochastisches Verhalten? Ist das gefilterte Rauschen auch „total nichtperiodisch?

Aufgabe 11

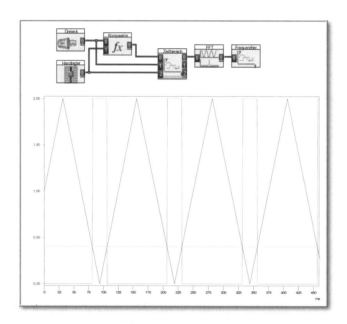

Abbildung 43:   ***Rechteckgenerator mit einstellbarer Pulsbreite t***

(a) Entwerfen Sie einen Rechteck–Generator, mit dem sich das *Tastverhältnis* τ/T sowie die *Frequenz* des periodischen Rechtecksignals beliebig einstellen lassen. Benutzen Sie ggf. als Hilfe die beigefügte Abbildung.

(b) Koppeln Sie (wie oben) Ihren Rechteckgenerator mit unserer Standardschaltung zur Analyse und Visualisierung von Signalen im Zeit- und Frequenzbereich.

(c) Untersuchen Sie nun das Amplitudenspektrum, indem Sie bei einer festen Frequenz des Rechtecksignals die Impulsbreite τ immer kleiner machen. Beobachten Sie insbesondere den Verlauf der „Nullstellen" des Spektrums wie in den Abb. 33 – Abb. 36 dargestellt.

(d) Im Amplitudenspektrum erscheinen hier meist zusätzliche kleine Spitzen zwischen den erwarteten Spektrallinien. Experimentieren Sie, wie diese sich optisch vermeiden lassen, z. B. durch Wahl geeigneter Abtastraten und Blocklängen (Einstellung von A/D in der oberen Funktionsleiste) sowie Signalfrequenzen und Pulsbreiten. Deren *Ursache* erfahren Sie noch im Kapitel 10 („Digitalisierung").

(e) Versuchen Sie eine Schaltung zu entwickeln, wie Sie zur Darstellung der Signale in Abb. 38 – Übergang vom Linienspektrum zum kontinuierlichen Spektrum – verwendet wird. Nur die Frequenz, nicht die Impulsbreite τ soll veränderbar sein.

Aufgabe 12

Wie ließe sich mit DASY*Lab* experimentell beweisen, dass in einem Rauschsignal praktisch alle Frequenzen – Sinus–Schwingungen! – vorhanden sind? Experimentieren Sie!

Kapitel 3

Das Unschärfe–Prinzip

Musiknoten haben etwas mit der gleichzeitigen Darstellung des Zeit- und Frequenzbereichs zu tun, wie sie in den dreidimensionalen Abb. 28 bis Abb. 36 (Kapitel 2) periodischer Signale zu finden sind. Die Höhe der Noten auf den Notenlinien gibt die Tonhöhe, also letztlich die Frequenz, die Form der Note ihre Zeitdauer an. Noten werden nun von Komponisten so geschrieben, als ließen sich Tonhöhe und Zeitdauer vollkommen unabhängig voneinander gestalten. Erfahrenen Komponisten ist allerdings schon lange bekannt, dass z. B. die tiefen Töne einer Orgel oder einer Tuba eine gewisse Zeit andauern müssen, um überhaupt als wohlklingend empfunden zu werden. Tonfolgen solcher tiefen Töne sind also lediglich mit begrenzter Geschwindigkeit spielbar!

Eine seltsame Beziehung zwischen Frequenz und Zeit und ihre praktischen Folgen

Es gehört zu den wichtigsten Erkenntnissen der Schwingungs-, Wellen- und der modernen Quantenphysik, dass bestimmte Größen – wie hier Frequenz und Zeit – nicht *unabhängig* voneinander gemessen werden können. Solche Größen werden *komplementär* („sich ergänzend") oder auch *konjugiert* genannt.

Dieser für Signale immens wichtige Aspekt wird immer wieder außer Acht gelassen. Dabei handelt es sich um eine absolute Grenze der Natur, die niemals mit noch so aufwendigen technischen Hilfsmitteln überschritten werden kann. Frequenz und Zeit sind *gleichzeitig* auch nicht mit den raffiniertesten Methoden beliebig genau messbar.

Das Unschärfe–Prinzip **UP** ergibt sich aus dem FOURIER–Prinzip. Es stellt sozusagen die zweite Säule unserer Plattform „Signale – Prozesse – Systeme" dar. Seine Eigenschaften lassen sich in Worte fassen:

> *Je mehr die Zeitdauer Δt eines Signals eingeschränkt wird,*
> *desto breiter wird zwangsläufig sein Frequenzband Δf.*
> *Je eingeschränkter das Frequenzband Δf eines Signals*
> *(oder eines Systems) ist, desto größer muss zwangsläufig die*
> *Zeitdauer Δt des Signals sein.*

Wer diesen Sachverhalt immer berücksichtigt, kann bei vielen – auch komplexen – signaltechnischen Problemen direkt den Durchblick gewinnen. Wir werden ständig hierauf zurückkommen.

Zunächst soll aber das **UP** experimentell bewiesen und größenmäßig abgeschätzt werden. Dies geschieht mithilfe des in den Abb. 45 und Abb. 46 dokumentierten Experiments. Zunächst wird ein (periodischer) Sinus von z. B. 200 Hz über die Soundkarte bzw. Verstärker und Lautsprecher hörbar gemacht. Erwartungsgemäß ist nur ein einziger Ton zu hören und das Spektrum zeigt auch nur eine einzelne Linie. Aber auch diese ist nicht ideal, sondern zeigt bereits eine kleine spektrale Unschärfe, da bei dem Versuch nicht „unendlich lang" – sondern hier z. B. nur 1 Sekunde – gemessen wurde.

*Abbildung 44:   **Gleichzeitige Darstellung von Zeit- und Frequenzbereich durch Musiknoten***

Norbert WIENER, der weltberühmte Mathematiker und Vater der Kybernetik, schreibt in seiner Autobio-graphie (ECON–Verlag):"Nun sehen wir uns einmal an, was die Notenschrift wirklich bezeichnet. Die vertikale Stellung einer Note im Liniensystem gibt die Tonhöhe oder Frequenz an, während die horizontale Stellung diese Höhe der Zeit gemäß einteilt" ... „So erscheint die musikalische Notation auf den ersten Blick ein System darzustellen, in dem die Schwingungen auf zwei voneinander unabhängige Arten bezeich-net werden können, nämlich nach Frequenz und zeitlicher Dauer". Nun sind „die Dinge doch nicht so ganz einfach. Die Zahl der Schwingungen pro Sekunde, die eine Note umfasst, ist eine Angabe, die sich nicht nur auf die Frequenz bezieht, sondern auch auf etwas, was zeitlich verteilt ist" ... „Eine Note zu beginnen und zu enden, bedingt eine Änderung ihrer Frequenzkombination, die zwar sehr klein sein kann, aber sehr real ist. Eine Note, die nur eine begrenzte Zeit dauert, muss als Band einfacher harmonischer Bewegungen aufgefasst werden, von denen keine als die einzig gegenwärtige einfache harmonische Bewe-gung betrachtet werden darf. Zeitlich Präzision bedeutet eine gewisse Unbestimmtheit der Tonhöhe, genau wie die Präzision der Tonhöhe eine zeitliche Indifferenz bedingt".

Nun schränken wir die Zeitdauer der „Sinus–Schwingung" – die ja dann eigentlich keine ideale mehr ist – Schritt für Schritt ein.

Die gezeigten Signale lassen sich mithilfe des Moduls „Ausschnitt" erzeugen und auch über die Soundkarte hörbar machen. Je mehr der zeitliche Ausschnitt verkleinert wird, desto schlechter ist der ursprüngliche Ton wahrnehmbar.

> Definition:
> Ein Schwingungsimpuls aus einer ganz bestimmten Zahl von Sinusperioden wird *Burst*-Signal genannt. Ein Burst ist also ein zeitlicher Ausschnitt aus einer (periodischen) Sinus–Schwingung.

Bei einem längeren Burst–Signal sind neben dem „reinen Sinuston" noch viele weitere Töne zu hören. Je kürzer der Burst wird, desto mehr geht der Klang in ein Knattern über. Besteht schließlich der Burst nur noch aus wenigen (z. B. zwei) Sinus–Perioden (Abb. 45 unten), so ist vor lauter Knattern der ursprüngliche Sinus–Ton nicht mehr hörbar.

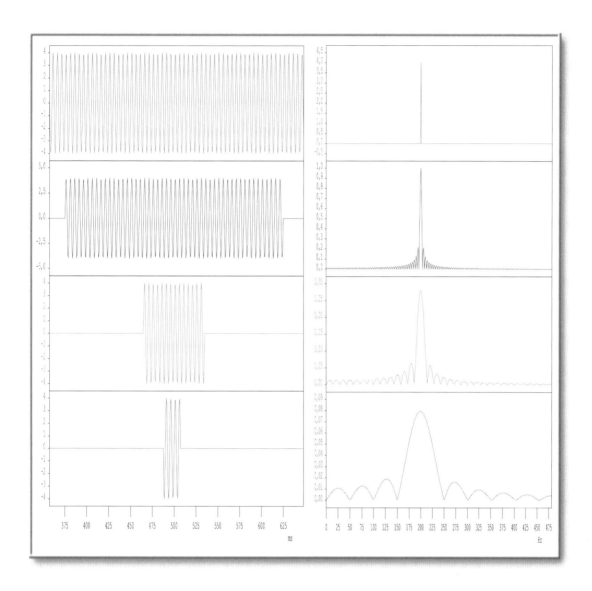

Abbildung 45:   ***Zeitliche Eingrenzung bedeutet Ausweitung des Frequenzbandes.***

*Wie sich aus der Bildfolge von oben nach unten ergibt, ist es nicht möglich, bei einer „zeitbegrenzten Sinus–Schwingung" von **einer** Frequenz zu sprechen. Ein solcher, als „Burst" bezeichneter Schwingungs- impuls, besitzt ein Frequenzband, dessen Breite mit der Verkürzung der Burst–Dauer ständig größer wird. Die Frequenz der Sinus–Schwingung im oberen Bild beträgt 200 Hz, der durch die Messung erfasste Zeit- bereich der Sinus–Schwingung in der oberen Reihe betrug 1 s (hier nur Ausschnitt sichtbar!). Deshalb besteht auch das Spektrum in der oberen Reihe aus keiner scharfen Linie.*
*Seltsamerweise wird das Spektrum mit zunehmender Bandbreite scheinbar immer unsymmetrischer (siehe unten). Ferner wandert das Maximum immer weiter nach links! Auf die Gründe kommen wir noch im Kap- itel 5 zu sprechen. Fazit: Es besteht aller Grund, von einer **Unschärfe** zu sprechen.*

Die Spektren auf der rechten Seite verraten Genaueres. Je kleiner die Zeitdauer Δt des Burst, desto größer die Bandbreite Δf des Spektrums. Wir müssen uns allerdings noch einigen, was unter Bandbreite verstanden werden soll. Im vorliegenden Fall scheint die "totale Bandbreite" gegen unendlich zu gehen, denn – bei genauerem Hinsehen – geht das Spektrum noch über den aufgetragenen Frequenzbereich hinaus. Allerdings geht der Amplitudenverlauf auch sehr schnell gegen null, sodass dieser Teil des Frequenzbandes vernachlässigbar ist. Falls unter „Bandbreite" der wesentliche Frequenzbereich zu verstehen ist, ließe sich im vorliegenden Fall z. B. die halbe Breite des mittleren Haupt-maximums als „Bandbreite" bezeichnen. Offensichtlich gilt dann: Halbiert sich die Zeit-dauer Δt, so verdoppelt sich die Bandbreite Δf. Δt und Δf verhalten sich also "umgekehrt" proportional. Demnach gilt

$$\Delta t = K \cdot 1/\Delta f \quad \text{bzw.} \quad \Delta f \cdot \Delta t = K$$

Die Konstante K lässt sich aus den Abbildungen bestimmen, obwohl die Achsen nicht skaliert sind. Gehen Sie einfach davon aus, daß der reine Sinus eine Frequenz von 200 Hz besitzt. Damit können Sie selbst die Skalierung vornehmen, falls Sie daran denken, daß bei f = 200 Hz die Periodendauer T = 5 ms beträgt. N Periodendauer stellen dann die Burstdauer $\Delta t = N \cdot T$ dar usw. Bei dieser Abschätzung ergibt sich ungefähr der Wert K = 1. Damit folgt $\Delta f \cdot \Delta t = 1$. Da die Bandbreite Δf aber eine Definitionssache ist (sie stimmt üblicherweise nicht ganz genau mit der unseren überein), formuliert man eine *Ung*leichung, die eine *Abschätzung* erlaubt. Und mehr wollen wir nicht erreichen.

> Unschärfe–Prinzip für Zeit und Frequenz: $\Delta f \cdot \Delta t \geq 1$

Ein aufmerksamer Beobachter wird bemerkt haben, dass sich das Maximum des Frequenzspektrums immer weiter nach links – also hin zu den tieferen Frequenzen – verschiebt, je kürzer der Burst dauert. Deshalb wäre es eine Fehlinterpretation, die „korrekte Frequenz" des Burst dort zu vermuten, wo das Maximum liegt. Das **UP** verbie-tet geradezu – und das Spektrum zeigt es – in diesem Falle von *einer* Frequenz zu reden. Woher diese Verschiebung bzw. diese Unsymmetrie des Spektrums kommt, wird im Kapitel 5 erläutert.

> Hinweis: Versuchen Sie also niemals, das **UP** zu überlisten, indem Sie mehr inter-pretieren, als das **UP** erlaubt! Sie können niemals genauere Angaben über die Frequenz machen als das **UP** $\Delta t \cdot \Delta f \geq 1$ angibt, weil sie eine absolute Grenze der Natur verkörpert.

Wie zweckmäßig es ist, für das **UP** eine Ungleichung zu wählen, zeigt Abb. 46. Hier wird ein Sinus–Schwingungsimpuls gewählt, der sanft beginnt und sanft endet. Dann beginnt und endet auch das Spektrum in gleicher Weise. Wie groß ist nun hier die Zeitdauer Δt, wie groß die Bandbreite Δf des Spektrums? Für beides ließe sich einheitlich festlegen, den wesentlichen Bereich für die Zeitdauer Δt und die Bandbreite Δf dort beginnen bzw. enden zu lassen, wo jeweils die *Hälfte des Maximalwertes* erreicht wird. In diesem Fall ergibt die Auswertung – die Sie nachvollziehen sollten – die Beziehung

$$\Delta f \cdot \Delta t = 1$$

Sinus–Schwingung und δ–Impuls als Grenzfall des Unschärfe–Prinzips

Bei der „idealen" Sinus–Schwingung gilt für die Zeitdauer $\Delta t \to \infty$ (z. B. 1 Milliarde). Hieraus folgt für die Bandbreite $\Delta f \to 0$ (z. B. 1 Milliardstel), denn das Spektrum besteht ja aus einer Linie bzw. einem dünnen Strich bzw. einer δ–Funktion. Im Gegensatz dazu besitzt der δ–Impuls die Zeitdauer $\Delta t \to 0$. Und im Gegensatz zum Sinus gilt für ihn die Bandbreite $\Delta f \to \infty$ (mit konstanter Amplitude!). Sinus und δ–Funktion liefern also jeweils im Zeit- und Frequenzbereich die Grenzwerte 0 bzw. ∞, nur jeweils vertauscht.

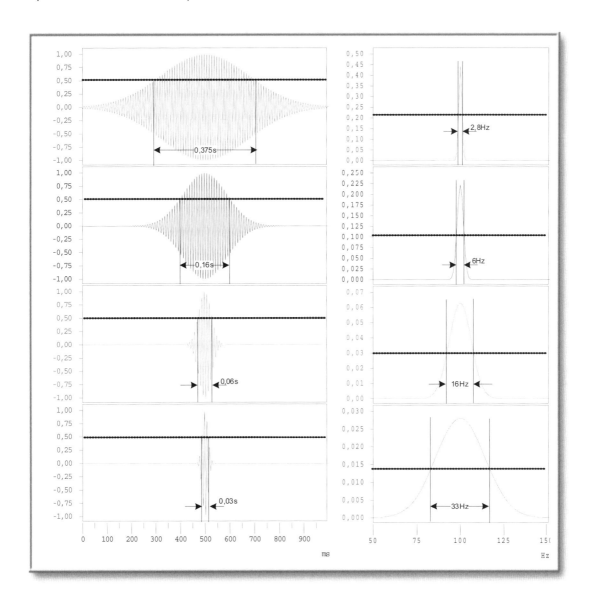

Abbildung 46:   ***Bandbreite Δf, Zeitdauer Δt und Grenzfall des UP:***

*Hier wird ein sogenannter GAUSS–Schwingungsimpuls zeitlich immer mehr eingeschränkt. Die GAUSS–Funktion als Einhüllende einer „zeitlich begrenzten Sinus–Schwingung" garantiert, dass der Schwingungsimpuls sanft beginnt und auch sanft endet, also keine **abrupten** Änderungen aufweist. Durch diese Wahl verläuft das Spektrum ebenfalls nach einer GAUSS–Funktion; es beginnt also ebenfalls sanft und endet auch so.*

Zeitdauer Δt und Bandbreite Δf müssen nun definiert werden, denn theoretisch dauert auch ein GAUSS–Impuls unendlich lange. Wird nun als Zeitdauer Δt bzw. als Bandbreite Δf auf die beiden Eck-werte bezogen, bei denen der maximale Funktionswert (der Einhüllenden) auf 50 % gesunken ist, ergibt das Produkt aus Δf • Δt ungefähr den Wert 1, also den physikalischen Grenzfall Δf • Δt = 1.

*Überprüfen Sie am besten diese Behauptung mit Lineal und Dreisatzrechnung für die obigen 4 Fälle:
z. B. 100 Hz auf der Frequenzachse sind x cm, die eingezeichnete Bandbreite Δf – durch Pfeile markiert – sind y cm . Dann die gleiche Messung bzw. Berechnung für die entsprechende Zeitdauer Δt. Das Produkt Δf • Δt müsste jeweils in allen vier Fällen um 1 liegen.*

Als wesentliches Ergebnis soll festgehalten werden: Weder Bandbreite noch Zeitdauer sind in der Praxis (z. B. Messtechnik) „scharfe" Begriffe!

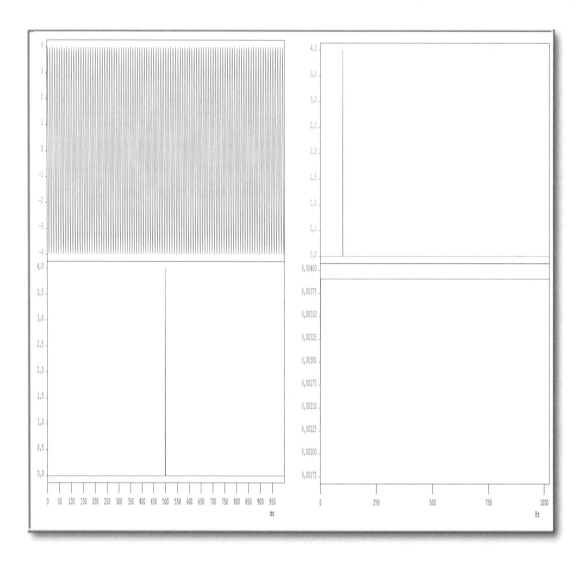

Abbildung 47:   **δ–*Funktion im Zeit- und Frequenzbereich***

Ein δ–Impuls in einem der beiden Bereiche (Δt –> 0 bzw. Δf –> 0) bedeutet also immer eine unendliche Ausdehnung im komplementären („ergänzendem") Bereich (Δf –> ∝ bzw. Δt –> ∝).

*Bei genauerer Betrachtung zeigt sich, dass die Spektrallinie des Sinus (oben rechts) keine Linie im eigentlichen Sinne (Δf –> 0), sondern in gewisser Weise „verschmiert", d. h. unscharf ist. Der Sinus wurde jedoch auch nur innerhalb des dargestellten Bereiches von Δt = 1s ausgewertet. Damit ergibt sich nach dem Unschärfe–Prinzip **UP** auch Δf ≥ 1, d. h. ein unscharfer Strich mit mindestens 1 Hz Bandbreite!*

*Ein (einmaliger) δ–Impuls ergibt wegen Δt –> 0 demnach eine „unendliche" Bandbreite bzw. Δf –> ∝. In ihm sind alle Frequenzen enthalten, und zwar **mit gleicher Amplitude** (!); siehe hierzu auch Abb. 36. Dies macht den δ–Impuls aus theoretischer Sicht zum idealen Testsignal, weil – siehe FOURIER–Prinzip – die Schaltung/das System **gleichzeitig** mit allen Frequenzen (gleicher Amplitude) getestet wird.*

Warum es keine idealen Filter geben kann

Filter sind signaltechnische Bausteine, die Frequenzen – also bestimmte Sinus–Schwingungen – innerhalb eines Frequenzbereichs durchlassen (Durchlassbereich), sonst sperren (Sperrbereich). Sollen bis zu einer bestimmten Grenzfrequenz nur die tiefen Frequenzen durchgelassen werden, so spricht man von einem *Tiefpass*. Wie wir zeigen wollen, muss der Übergang vom Durchlass- in den Sperrbereich und umgekehrt stets mit einer bestimmten Unschärfe erfolgen.

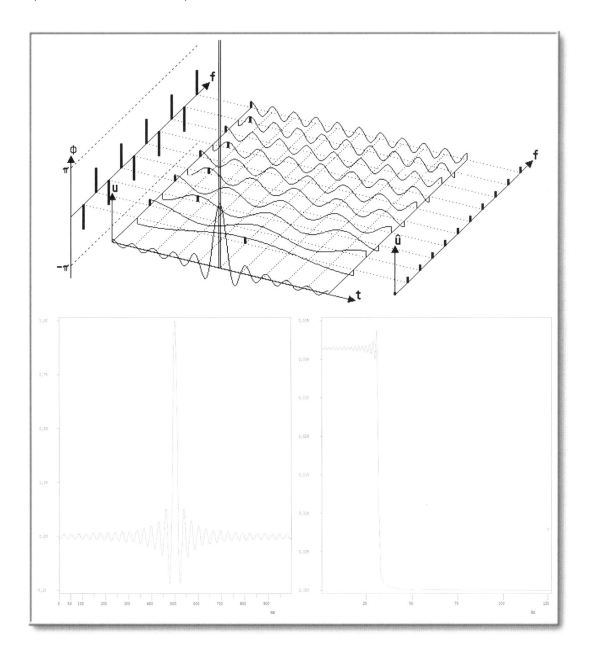

Abbildung 48:   ***Impulsantwort eines idealen Tiefpasses***

Die obere FOURIER– „Spielwiese" zeigt einen δ–Impuls im Zeit- und Frequenzbereich. Die Summe der ersten 10 Sinus–Schwingungen ist ebenfalls im Zeitbereich eingetragen. Gäbe es also einen idealen „rechteckförmigen" Tiefpass, der genau nur die ersten (hier zehn) Sinus–Schwingungen durchlässt und dann perfekt alle weiteren Sinus–Schwingungen sperrt, so müsste am Ausgang genau diese Summenkurve erscheinen, falls auf den Eingang ein δ–Impuls gegeben wurde!

*In der mittleren Darstellung deutet sich nun an, dass diese Summenkurve genau genommen sehr weit in die „Vergangenheit" und in die „Zukunft" hineinragt. Dies würde wiederum bedeuten, dass das Ausgangs-signal bereits **vor** dem Eintreffen des δ–Impulses am Filtereingang begonnen haben müsste. Das wider-spricht jedoch dem Kausalitätsprinzip: erst die Ursache und dann die Wirkung. Ein solches ideales rechteckiges Filter kann es also nicht geben.*

*Schränkt man nun diese als Si–Funktion bezeichnete „δ–Impulsantwort" auf den hier dargestellten Bereich von 1 s ein und führt eine **FFT** durch, so ergibt sich eine abgerundete bzw. wellige Tiefpass-Charakteristik. Alle realen Impulsantworten sind also zeitlich beschränkt; dann kann es aufgrund des **UP** keine idealen Filter mit „rechteckigem" Durchlassbereich geben!*

Hinweis:

Allerdings sind auch im Zeitbereich Filter denkbar. Eine „Torschaltung", wie sie in Abb. 45 zur Generierung von Burst–Signalen verwendet wurde, lässt sich ebenfalls als sehr wohl als „Zeitfilter" bezeichnen. Torschaltungen, die im Zeitbereich einen bestimmten Signalbereich herausfiltern, werden jedoch durchweg als *Zeitfenster* bezeichnet. Ein *idealer* Tiefpass mit einer Grenzfrequenz von z. B. 1 kHz würde also alle Frequenzen von 0 bis 1000 Hz ungedämpft passieren lassen, z. B. die Frequenz 1000,0013 Hz aber bereits vollkommen sperren (Sperrbereich). Einen solchen Tiefpass kann es nicht geben. Warum nicht? Sie ahnen die Antwort: Weil es das **UP** verletzt.

Bitte beachten Sie zur nachfolgenden Erklärung einmal genau die Abb. 48. Angenommen, wir geben einen δ–Impuls als Testsignal auf einen idealen Tiefpass. Wie sieht dann das Ausgangssignal, die sogenannte *Impulsantwort* (gemeint ist die Reaktion des Tiefpasses auf einen δ–Impuls) aus? Er muss so aussehen wie die *Summenkurve* aus Abb. 48, bildet dieses Signal doch die Summe aus den ersten 10 Harmonischen, alle anderen Frequenzen oberhalb der „Grenzfrequenz" fallen ja – wie beim Tiefpass – weg!

Dieses Signal ist noch einmal in einem ganz anderen Maßstab in Abb. 48 Mitte wiedergegeben. Hierbei handelt es sich um die *Impulsantwort* eines idealen Tiefpasses auf einen einmaligen δ–Impuls. Zunächst ist seine Symmetrie klar zu erkennen. Gravierend aber ist: Die Impulsantwort eines solchen Tiefpasses ist aber (theoretisch) unendlich breit, geht also rechts und links vom Bildausschnitt immer weiter. Die Impulsantwort müsste (theoretisch) bereits in der Vergangenheit begonnen haben, als der δ–Impuls noch gar nicht auf den Eingang gegeben wurde! Ein solches Filter ist nicht *kausal* ("Erst die Ursache, dann die Wirkung"), widerspricht den Naturgesetzen und ist damit nicht vorstellbar bzw. herstellbar.

Begrenzen wir nämlich diese Impulsantwort zeitlich auf den Bildschirmausschnitt – dies geschieht in Abb. 48 – und schauen uns an, welche Frequenzen bzw. welches Frequenzspektrum es aufweist, so kommt keine ideal rechteckige, sondern eine abgerundete, „wellige" Tiefpass–Charakteristik heraus.

Das **UP** kann deshalb doch noch weiter präzisiert werden. Wie das obige Beispiel zeigt, geht es halt nicht nur um Zeitabschnitte Δt und Frequenzbänder Δf, sondern genauer noch darum, wie *schnell* sich im Zeitabschnitt Δt das Signal ändert bzw. wie *abrupt* sich das Frequenzspektrum bzw. der Frequenzgang (z. B. des Tiefpasses) innerhalb des Frequenzbandes Δf *ändert*.

Je steiler der Kurvenverlauf im Zeitbereich Δt bzw. innerhalb des Frequenzbandes Δf, desto ausgedehnter und ausgeprägter ist das Frequenzspektrum Δf bzw. die Zeitdauer Δt .

Zeitliche bzw. frequenzmäßige sprunghafte Übergänge erzeugen immer weit ausgedehnte „Einschwingvorgänge" im komplementären Frequenz- bzw. Zeitbereich.

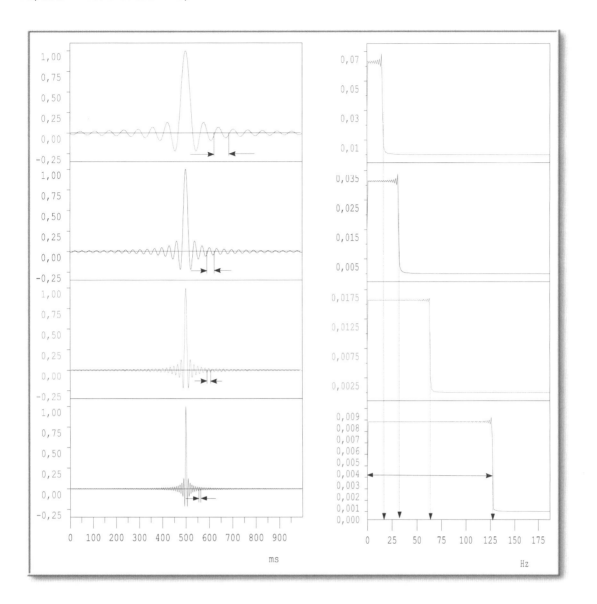

Abbildung 49:   ***Impulsantwort (Si–Funktion) bei verschiedenen Tiefpass–Bandbreiten.***

*Wie bereits angedeutet, besitzt das Tiefpass–Filter (bestenfalls) einen rechteckähnlichen Verlauf. Bislang hatten wir überwiegend mit rechteckähnlichen Verläufen im **Zeitbereich** zu tun gehabt. Betrachten Sie nun einmal genau die Si–Funktion im Zeitbereich und vergleichen Sie diese mit dem Verlauf des Frequenz-spektrums eines Rechteckimpulses (siehe hierzu Abb. 28 unten).*

Ihnen wird aufgefallen sein, dass jeweils bei den Si–Funktionen eine Zeit $T' = 1/\Delta f$ eingetragen ist, die bildlich so etwas wie die Periodendauer zu beschreiben scheint. Aber es kann ja keine Periodendauer sein, weil sich die Funktion nicht jeweils nach der Zeit T' genau wiederholt. Jedoch besitzt jede der darge-stellten Si–Funktionen eine andere „Welligkeit":sie richtet sich jeweils nach der Bandbreite Δf des Tiefpasses. Diese Welligkeit entspricht der Welligkeit der höchsten Frequenz, die den Tiefpass passiert. Die Impulsantwort kann sich nämlich niemals schneller ändern als die höchste im Signal vorkommende Fre-quenz. Der Verlauf der Si–Funktion wird deshalb genau durch diese höchste Frequenz geprägt!

Die Impulsantwort eines idealen „rechteckigen" Tiefpasses (der aber – wie gesagt – physikalisch unmöglich ist), besitzt eine besondere Bedeutung und wird Si–Funktion genannt. Sie ist so etwas wie „ein zeitlich komprimierter oder gebündelter Sinus". Sie kann wegen des **UP** deshalb auch nicht aus nur einer Frequenz bestehen.

Die Frequenz dieses sichtbaren „Sinus"– genau genommen die „Welligkeit" der Si–Funktion – entspricht genau der höchsten im Spektrum vorkommenden Frequenz. Diese höchste im Spektrum vorkommende Frequenz bestimmt ja auch, wie schnell sich das
Summensignal überhaupt ändern kann. Siehe hierzu Abb. 49.

Frequenzmessungen bei nichtperiodischen Signalen

Den nichtperiodischen Signalen sowie den fast- bzw. quasiperiodischen Signalen sind wir
bislang etwas aus dem Weg gegangen. Mit dem **UP** haben wir aber nun genau das richtige
„Werkzeug", diese in den Griff zu bekommen. Bislang ist uns bekannt:

> Periodische Signale besitzen ein *Linienspektrum*. Der Abstand
> dieser Linien ist immer ein ganzzahlig Vielfaches der Grund-
> frequenz f = 1/T .

> *Nicht*periodische, z. B. einmalige Signale besitzen ein *konti-
> nuierliches* Spektrum, d. h. zu jeder Frequenz gibt es auch in der
> winzigsten, unmittelbaren Nachbarschaft weitere Frequenzen. Sie
> liegen „dicht bei dicht"!

Nun bleibt vor allem die Frage, wie sich bei nichtperiodischen Signalen mit ihrem kontinuierlichen Spektrum die in ihnen enthaltenen Frequenzen möglichst genau messtechnisch auflösen lassen.

Wegen $\Delta t \cdot \Delta f \geq 1$ liegt die generelle Antwort auf der Hand: Je länger wir messen, desto
genauer können wir die Frequenz ermitteln.

Wie ist das zunächst bei den *einmaligen* – d. h. auch nichtperiodischen – Signalen, die
lediglich kurz andauern? In diesem Fall wird die Messzeit größer sein als die Dauer des
Signals, einfach um den gesamten Vorgang besser erfassen zu können. Was ist dann entscheidend für die Messgenauigkeit bzw. frequenzmäßige Auflösung: Die *Messdauer* oder
die *Signaldauer*?

Ein entsprechender Versuch wird in Abb. 50 dokumentiert. Falls Sie die skalierten
Messergebnisse des Zeit- und Frequenzbereichs richtig interpretieren, sollten Sie zu
folgendem Ergebnis kommen:

> *Ist bei einem einmaligen Signal die Messdauer größer als die
> Signaldauer, so bestimmt ausschließlich die **Signaldauer** die
> frequenzmäßige Auflösung.*

Bei lang andauernden nichtperiodischen Signalen – wie z. B. Sprache oder Musik – ist es
aus technischen und anderen Gründen nur möglich, einen Zeitausschnitt zu analysieren.
So wäre es unsinnig, sich das Gesamtspektrum eines ganzen Konzertes anzeigen zu
lassen; die Spektralanalysen müssen hier so schnell wie die Klänge wechseln, denn nichts
anderes machen auch unsere Ohren!

Es bleibt also nichts anderes übrig, als lang andauernde nichtperiodische Signale
abschnittsweise zu analysieren. Aber wie? Können wir einfach wie mit der Schere das
Signal in mehrere gleich große Teile zerschneiden? Oder sind in diesem Fall doch
intelligentere Verfahren zu abschnittsweisen Analyse erforderlich?

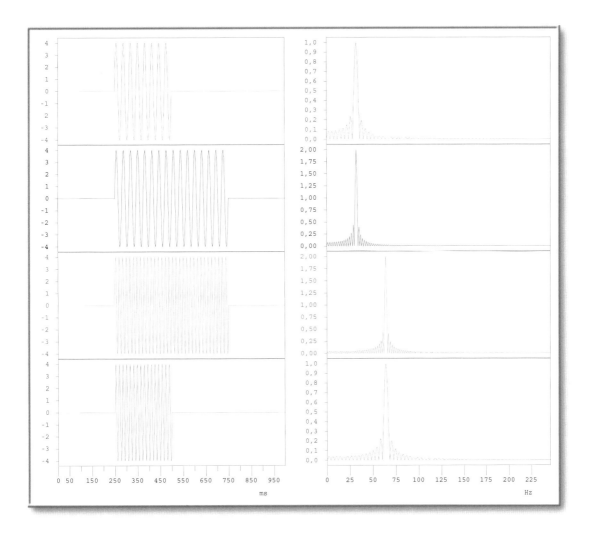

Abbildung 50:   **Hängt die frequenzmäßige Auflösung von der Messdauer oder Signaldauer ab?**

Hier sind vier verschiedene einmalige Burst–Signale zu sehen. Zwei Burst–Signale besitzen gleiche Dauer, zwei Burst–Signale gleiche Mittenfrequenz. Die Messdauer – und damit die Analysedauer – beträgt in allen vier Fällen 1 s. Das Ergebnis ist eindeutig. Je kürzer die Signaldauer, desto unschärfer die Mittenfrequenz des Burst–Impulses! Die Unschärfe hängt also nicht von der Messzeit, sondern ausschließlich von der Signaldauer ab. Dies ist ja auch zu erwarten, da die gesamte Information nur im Signal enthalten ist, jedoch nicht in der ggf. beliebig großen Messdauer.

Machen wir doch einen entsprechenden Versuch. Als Testsignal verwendeten wir in Abb. 51 ein tiefpassgefiltertes Rauschsignal, welches auch physikalisch betrachtet Ähnlichkeiten mit der Spracherzeugung im Rachenraum aufweist (Luftstrom entspricht dem Rauschen, der Rachenraum bildet den Resonator/das Filter). Auf jeden Fall ist es nicht-periodisch und dauert beliebig lange. In unserem Falle wird ein Tiefpass hoher Güte (10. Ordnung) gewählt, der praktisch alle Frequenzen oberhalb 100 Hz herausfiltert.

Das Signal wird zunächst als Ganzes analysiert (unterste Reihe). Darüber werden fünf einzelne Abschnitte analysiert. Das Ergebnis ist seltsam: Die fünf Abschnitte enthalten *höhere* Frequenzen als das tiefpassgefilterte Gesamtsignal! Die Ursache ist jedoch leicht erkennbar. Durch den senkrechten Ausschnitt sind steile Übergänge erzeugt worden, die mit dem ursprünglichen Signal nichts zu tun haben. Steile Übergänge verursachen jedoch nach dem Unschärfe–Prinzip ein breites Frequenzband.

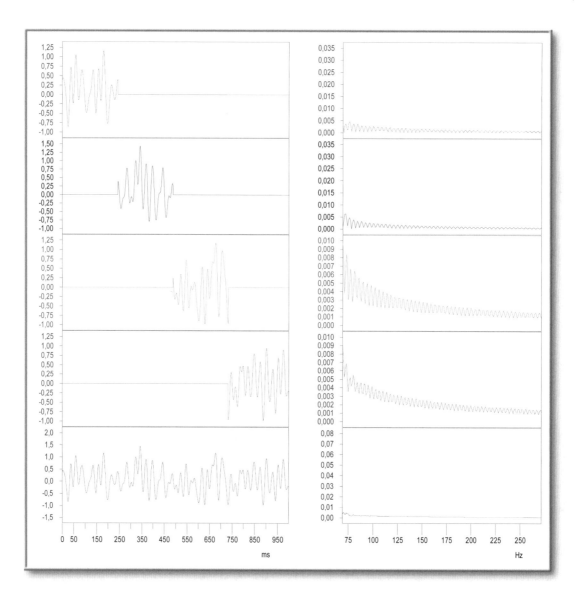

Abbildung 51:   ***Analyse eines lang andauernden, nichtperiodischen Signals***

Die Nichtperiodizität wird hier erzielt, indem ein Rauschsignal verwendet wird. Dies Rauschsignal wird nun durch einen Tiefpass hoher Güte (Flankensteilheit) mit der Grenzfrequenz 50 Hz gefiltert. Dies bedeutet jedoch nicht, dass dieses Filter oberhalb 50 Hz nichts mehr durchlässt. Diese Frequenzen werden nur mehr oder weniger – je nach Filtergüte – bedämpft.

Betrachtet wird hier der „Sperrbereich" oberhalb 50 Hz, beginnend bei 70 Hz. Die oberen 5 Signalausschnitte enthalten in diesem Bereich wesentlich mehr bzw. „stärkere" Frequenzanteile als das Gesamtsignal (unten). Dieses „Ausschneiden" von Teilbereichen erzeugt demnach Frequenzen, die in dem ursprünglichen Signal gar nicht enthalten waren! Und: Je kürzer der Zeitabschnitt, desto unschärfer wird der Frequenzbereich. Dies erkennen Sie deutlich durch den Vergleich der Spektren des länger andauernden vorletzten Signalausschnitt mit den vier oberen Signalausschnitten.

Übrigens wird hier auch das Gesamtsignal lediglich über die Signaldauer (=Messdauer) 1 s analysiert.

Außerdem ist die „Verbindung" zwischen den einzelnen willkürlich getrennten Signalabschnitten verloren gegangen. Damit können jedoch Informationen zerschnitten werden. Informationen sind bestimmte „verabredete" Muster – siehe 1. Kapitel – und dauern deshalb eine bestimmte Zeit. Um diese Informationen lückenlos zu erfassen, müssten die Signalabschnitte sich sicherheitshalber eigentlich gegenseitig überlappen.

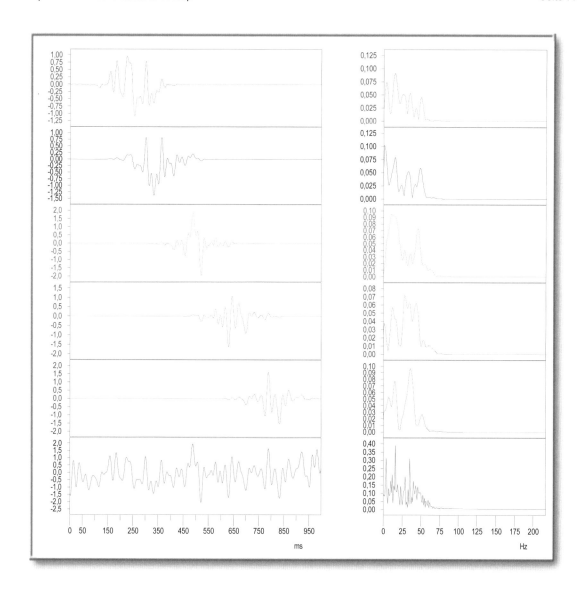

Abbildung 52: ***Analyse eines lang andauernden, nichtperiodischen Signals über das GAUSS–Window***

Wie in Abb. 51 wird hier das lange, nichtperiodische Signal in einzelne Zeitabschnitte zerlegt. Dieses soge-
nannte „Windowing" geschieht hier jedoch mithilfe eines entsprechend zeitversetzten GAUSS–Fensters.
Dadurch beginnen und enden die Teilabschnitte sanft. Im Gegensatz zu Abb. 51 ist nunmehr der Frequenz-
bereich der Zeitabschnitte nicht mehr größer als der Frequenzbereich des Gesamtsignals.

Dieser wichtige signaltechnische Prozess wird „*Windowing*" („Fensterung") genannt.
Hiermit soll das „Ausschneiden" im Frequenzbereich unterschieden werden, welches ja
Filterung genannt wird. Nun kennen Sie bereits aus Abb. 46 den Trick mithilfe der
GAUSS–Funktion, den Signalausschnitt sanft beginnen und sanft enden zu lassen. Mit
dieser „zeitlichen Wichtung" wird der mittlere Bereich des Signalausschnittes genau, die
Randbezirke weniger genau bis gar nicht analysiert.

Wie diese relativ beste Lösung aussieht, zeigt Abb. 52. Die Abschnitte beginnen und
enden jeweils sehr sanft. Dadurch werden die steilen Übergänge vermieden. Ferner überlappen sich die Abschnitte. Dadurch ist die Gefahr kleiner, Informationen zu verlieren.
Andererseits wird das Signal so „verzerrt", dass nur der mittlere Teil voll zur Geltung
kommt bzw. stark gewichtet wird.

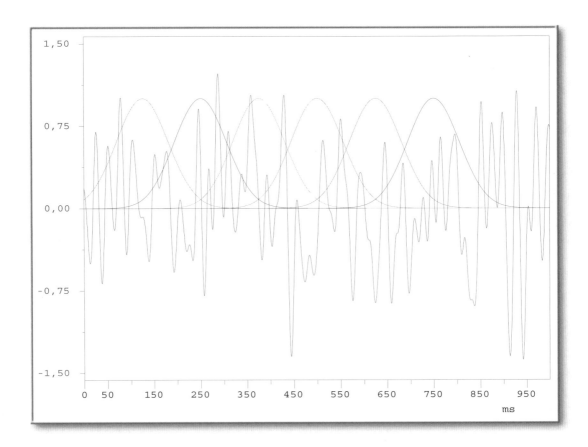

Abbildung 53:   ***Sichtbarmachung der GAUSS–Fenster aus Abb. 52***

Hier sind nun genau die 6 GAUSS–Fenster zu sehen, die in Abb. 52 verwendet wurden, um das Gesamt-signal auf sinnvolle Weise in Teilbereiche zu zerlegen. Alle GAUSS–Fenster haben die gleiche Form, das jeweils nachfolgende Fenster ist nur um einen konstanten Zeitwert von ca. 75 ms nach rechts verschoben. Mathematisch entspricht das „Ausschneiden" des Teilbereiches der Multiplikation mit der jeweiligen Fensterfunktion. Das hier abgebildete Gesamtsignal stimmt nicht mit Abb. 52 überein.

Eine ideale Lösung gibt es aufgrund des Unschärfe–Prinzips nicht, sondern lediglich einen sinnvollen Kompromiss. Glauben Sie übrigens nicht, dass es sich hier lediglich um ein *technisches* Problem handelt. Die gleichen Probleme treten natürlich auch bei der menschlichen Spracherzeugung und -wahrnehmung auf; wir haben uns lediglich daran gewöhnt damit umzugehen. Schließlich handelt es sich bei dem Unschärfe–Prinzip um ein Naturgesetz!

Unser Ohr und das Gehirn analysieren in Echtzeit. Ein lang andauerndes Signal – z. B. ein Musikstück – wird also gleichzeitig und permanent analysiert. Durch eine Art „Windowing" im Zeitbereich?

Nein, unser Ohr ist ein FOURIER–Analysator, arbeitet also im Frequenzbereich, letztend-lich mit vielen, frequenzmäßig nebeneinander liegenden, schmalbandigen Filtern. Aufgrund des Unschärfe–Prinzips ist jedoch die Reaktionszeit („Einschwingzeit") desto größer, je schmalbandiger das Filter ist. Näheres hierzu erfahren Sie im nächsten Kapitel.

Weil es sich beim „Windowing" stets um einen Kompromiss, andererseits es sich aber um einen sehr wichtigen Vorgang handelt, hat man sich viele Gedanken über die Idealform eines Zeitfensters gemacht.

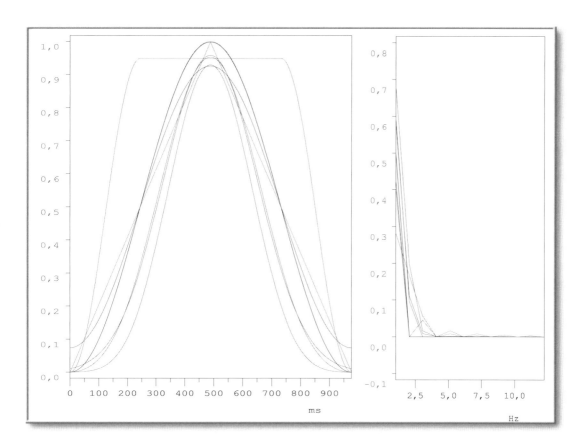

Abbildung 54:   ***Überblick über die wichtigsten „Window-Typen"***

*Hier sehen Sie die wichtigsten Vertreter von Windows-Typen. Bis auf das dreieckförmige sowie das „abge-
rundete" Rechteckfenster sehen sie ziemlich gleich aus und unterscheiden sich kaum im Spektrum. Bei
einer Dauer von ca. 1s erzeugen sie eine frequenzmäßige Unschärfe von nur ca. 1 Hz. Die „dreieckförmi-
gen Verläufe" im Frequenzbereich stammen von den schlechtesten Fenstern: Dreieck und abgerundetes
Rechteck.*

Im Prinzip machen sie alle das Gleiche und sehen deshalb bis auf wenige Ausnahmen der
GAUSS–Funktion ähnlich: Sie beginnen sanft und enden auch so. Die wichtigsten
Fenstertypen werden in Abb. 54 dargestellt und ihre frequenzmäßigen Auswirkungen
miteinander verglichen. Das Schlechteste ist dabei natürlich das Dreieckfenster, weil es
im Zeitbereich abrupte Steigungsänderungen des linearen Kurvenverlaufs am Anfang in
der Mitte sowie am Ende aufweist. Die anderen Fenster unterscheiden sich kaum, sodass
wir weiterhin immer das GAUSS–Fenster verwenden werden.

> *Bei der frequenzmäßigen Analyse lang andauernder nichtperio-
> discher Signale – z. B. Sprache – werden diese in mehrere
> Abschnitte unterteilt. Die frequenzmäßige Analyse wird dann
> von jedem einzelnen Abschnitt gemacht.*

> *Diese Abschnitte müssen sanft beginnen und enden sowie sich
> gegenseitig überlappen, um möglichst wenig von der im Signal
> enthaltenen Information zu verlieren.*

> *Je größer die Zeitdauer Δt des Zeitfensters (Window) gewählt
> wird, desto präziser lassen sich die Frequenzen ermitteln bzw.
> desto größer ist die frequenzmäßige Auflösung!*

Dieser Vorgang wird „Windowing" genannt. Die abschnittsweise „Zerlegung" entspricht mathematisch betrachtet der Multiplikation des (langen nichtperiodischen) Original-signals mit einer Fensterfunktion (z. B. GAUSS–Funktion).

Letztlich wird ein lang andauerndes nichtperiodisches Signal also in viele Einzel-ereignisse unterteilt und so analysiert. Dabei darf die „Verbindung" zwischen den „Einzelereignissen" nicht abreißen, sie sollten sich deshalb überlappen. In Kapitel 9 wird genau erläutert, wie weit sich die Fenster jeweils überlappen müssen.

> Hinweis: Bei einmaligen, kurzen Ereignissen, die abrupt bei null beginnen und dort enden (z. B. ein „Knall") sollte dagegen immer ein Rechteckfenster gewählt werden, welches das eigentliche Ereignis zeitlich begrenzt. So werden die Verzer-rungen vermieden, die zwangsläufig bei allen „sanften" Fenstertypen auftreten!

Fastperiodische Signale

Fastperiodische Signale bilden den unscharfen Grenzbereich zwischen periodischen – die es streng genommen gar nicht gibt – und den nichtperiodischen Signalen.

> *Fastperiodische Signale wiederholen sich über einen bestimmten Zeitraum in gleicher oder in ähnlicher Weise.*

Als Beispiel für ein fastperiodisches Signal, welches sich in *gleicher* Weise über verschie-denen große Zeiträume wiederholt, wird in Abb. 55 ein Sägezahn gewählt. Der Effekt ist hierbei der gleiche wie in Abb. 50: Beim Burst wiederholt sich der Sinus auch in gleicher Weise! Der jeweilige Vergleich von Zeit- und Frequenzbereich unter Berücksichtigung des Unschärfe–Prinzips führt zu folgendem Ergebnis:

Fastperiodische Signale besitzen mehr oder weniger linienähnliche Spektren ("verschmierte" bzw. „unscharfe" Linien), die ausschließlich die ganzzahlig Vielfachen der „Grundfrequenz" umfassen. Je kürzer die Gesamtdauer, desto unschärfer die „Linie". Es gilt für die Linienbreite

$$\Delta f \ \geq \ 1/\Delta t \quad (\textbf{UP})$$

Reale fastperiodische Signale bzw. fastperiodische Phasen eines Signals sind, wie die nachfolgenden Bilder zeigen, im *Zeitbereich* nicht immer direkt als fastperiodisch zu erkennen. Dies gelingt jedoch auf Anhieb im Frequenzbereich.

> *Alle Signale, die „linienähnliche" (kontinuierliche) Spektren besitzen und in denen diese „unscharfen" Linien auch als ganz-zahliges Vielfaches einer Grundfrequenz interpretiert werden können, werden hier als **fastperiodisch** definiert.*

Nun gibt es jedoch in der Praxis Signale, die ein linienähnliches Spektrum besitzen, deren „unscharfe" Linien jedoch z.T. nicht als ganzzahliges Vielfaches einer Grundfrequenz interpretiert werden können. Sie werden hier als *quasiperiodisch* definiert. Ihre Entste-hungsursache wird im nächsten Abschnitt beschrieben.

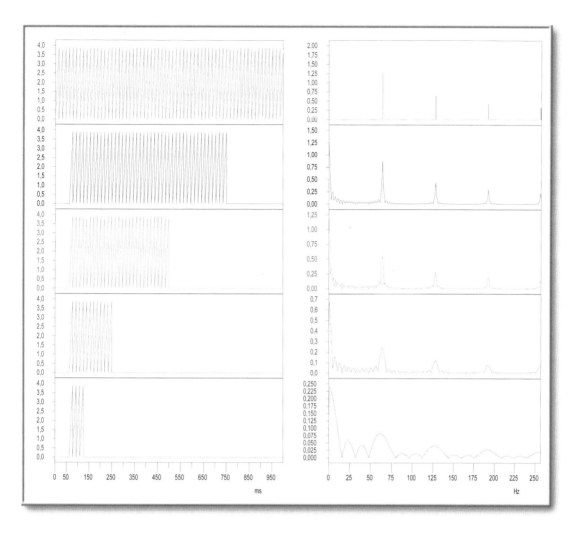

Abbildung 55:   ***Zum Spektrum fastperiodischer Sägezahn–Schwingungen***

Diese Serie von Sägezahn–Schwingungen verdeutlicht sehr schön, wie oft sich Schwingungen wiederholen sollten, um als (noch) fastperiodisch gelten zu können. Auch die obere Reihe enthält genau genommen ein fastperiodisches Signal, weil dieser Sägezahn nur 1 s aufgenommen wurde! Die beiden unteren Reihen verkörpern den Übergang zu nichtperiodischen Signalen.

Töne, Klänge und Musik

Während wir bislang vom Computer oder Funktionsgeneratoren künstlich erzeugte Signale wie Rechteck, Sägezahn oder selbst Rauschen untersucht haben, kommen wir nun zu den Signalen, die für uns wirkliche Bedeutung besitzen, ja auch existenziell wichtig sind, weil sie unsere Sinnesorgane betreffen.

Seltsamerweise werden sie in praktisch allen Theoriebüchern über „Signale – Prozesse – Systeme" verschmäht oder übersehen. Sie passen nicht immer in simple Schemata, sie sind nicht nur das eine, sondern besitzen gleichzeitig auch etwas von dem anderen. Die Rede ist von Tönen, Klängen, Gesang, vor allem aber von der Sprache.

In bewährter Weise fahren wir mit einfachen Experimenten fort. So kommt nun als „Sensor", quasi als Quelle des elektrischen Signals das *Mikrofon* ins Spiel.

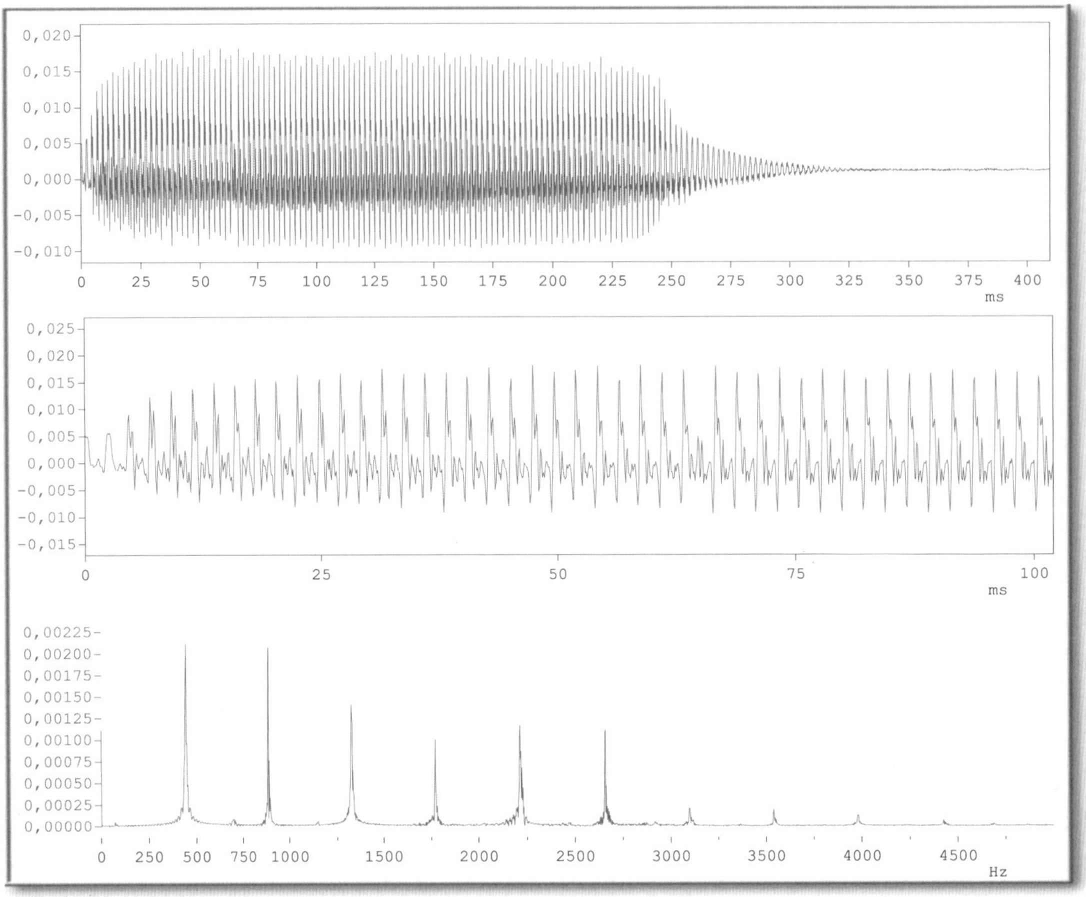

Abbildung 56:   **Ton, Tonhöhe und Klang**

Hier wird am Beispiel eines kurzen Klarinettentons (440 Hz = Kammerton „a") die Fastperiodizität aller Töne verdeutlicht. Bereits im Zeitbereich lassen sich „ähnliche Ereignisse" im gleichen Abstand T wahrnehmen. Messen Sie einmal mit einem Lineal 10 T (warum nicht einfach T ?), bestimmen Sie dann T und berechnen Sie den Kehrwert 1/T = f_G. Herauskommen müsste die Grundfrequenz f_G = 440 Hz.

Da unser Ohr ein FOURIER–Analysator ist – siehe Kapitel 2 – , sind wir in der Lage, die (Grund-) Tonhöhe zu erkennen. Falls Sie nicht ganz unmusikalisch sind, können Sie diesen vorgespielten Ton auch nachsingen.

Nun klingt der „Kammerton a" einer Klarinette anders als der einer Geige, d. h. jedes Instrument besitzt seine eigene Klangfarbe. Diese beiden Töne unterscheiden sich nicht in der Grundtonhöhe (= f_G), sondern in der Stärke (Amplitude) der Obertöne. Da eine Geige „schärfer" klingt als eine Klarinette, sind dort die Obertöne stärker vertreten als im Spektrum der Klarinette.

Hier wurde extra ein kurzer Ton/Klang gewählt, der sogar innerhalb des fastperiodischen Teils einen kleinen „Fehler" besitzt. Der eigentliche Ton dauert hier ca. 250 ms und liefert bereits ein fastperiodisches Spektrum. So kommt man zu folgender Faustregel: Jeder gleichmäßige Ton/Klang, der mindestens 1 s dauert, liefert bereits ein praktisch periodisches Spektrum!

Das Ohr empfindet ein akustisches Signal als Ton oder Klang, falls ihm eine mehr oder weniger eindeutige frequenzmäßige Zuordnung gelingt. Als harmonisch wird das Signal zusätzlich empfunden, falls alle Frequenzen in einem bestimmten Verhältnis zueinander stehen (ihr Abstand äquidistant ist). Diese eindeutige frequenzmäßige Zuordnung ist aber nun aufgrund des **UP** nur möglich, falls sich das Signal im betrachteten Zeitabschnitt über einen längeren Zeitraum in ähnlicher Weise mehrfach wiederholt.

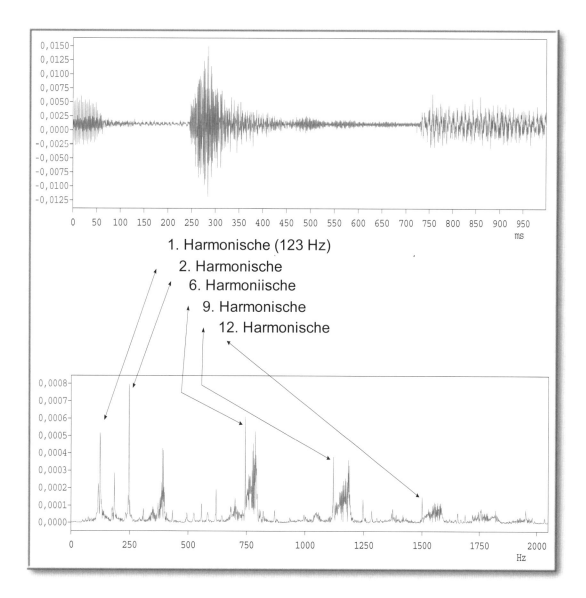

Abbildung 57:   ***Klang als Überlagerung mehrerer verschiedener Töne***

Ausschnitt aus einer Jazz–Aufnahme (Rolf Ericson Quartett) . Im Augenblick spielen Trompete und Klavier. Während der Zeitbereich nur wenig von dem fastperiodischen Charakter der Musik verrät, ist das beim Frequenzbereich ganz anders. Die Linien sprechen eine eindeutige Sprache. Nur: Welche Linien gehören zusammen?

*Dieses Spektrum enthält ferner keinerlei Informationen darüber, **wann** bestimmte Töne/Klänge innerhalb des betrachteten Zeitraums vorhanden waren. Aus der „Breite" der Linien lassen sich jedoch Rückschlüsse auf die Dauer dieser Töne/Klänge ziehen (**UP!**). Siehe hierzu noch einmal die Abb. 45 und Abb. 50.*

Töne bzw. Klänge müssen also länger andauern, um als solche erkannt zu werden bzw. um die Tonhöhe überhaupt bestimmen zu können. Ohne dass das Signal eine bestimmte Anzahl von Perioden aufweist, werden wir also keinen Ton hören. Töne bzw. Klänge sind aus diesem Grunde fastperiodisch bzw. quasiperiodisch.

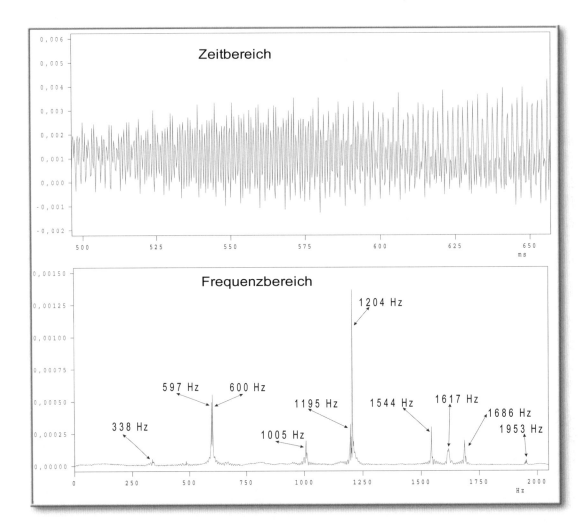

Abbildung 58:   **Klang eines Weinglases als quasiperiodisches Signal**

Im Zeitbereich ist nur sehr schwer eine Periodizität feststellbar, das Signal scheint sich permanent zu ändern. Lediglich der Abstand der Maximalwerte in der rechten Hälfte scheint praktisch gleich zu sein.

*Dagegen weist der Frequenzbereich eindeutige Linien auf. Auf dem Bildschirm wurden die Frequenzen mit dem Cursor gemessen. Wie Sie leicht feststellen können, sind zunächst nicht alle Linien die ganzzahlig Vielfachen einer Grundfrequenz. Das Signal ist also nicht fastperiodisch. Wir bezeichnen diesen Fall deshalb als **quasiperiodisch.***

Die physikalische Ursache quasiperiodischer Schwingungen sind z. B. Membranschwingungen. Auch ein Weinglas ist eine Art verformte Membran. Auf der Membran bilden sich in Abhängigkeit von der Membrangröße bzw. -form stehende Wellen, sogenannte Schwingungsmoden mit bestimmten Wellenlängen bzw. Frequenzen. Diese Frequenzen erscheinen dann im Spektrum.

Eine solche Analyse kann z. B. in der Automatisierungstechnik verwendet werden, um bei der Gläser- oder Dachziegelherstellung defekte Objekte z. B. mit Rissen ausfindig zu machen. Deren Spektrum weicht erheblich von dem eines intakten Glases bzw. einer intakten Fliese ab.

Aus der in Abb. 56 dargestellten Analyse ergibt sich folgende Faustformel:

> *Jeder gleichmäßige Ton/Klang, der mindestens 1 s dauert, liefert bereits ein praktisch periodisches Spektrum! Jedes praktisch periodische Spektrum entspricht akustisch einem in der Tonhöhe eindeutig identifizierbaren Ton/Klang, der mindestens 1 s dauert.*

Im sprachlichen, aber auch im fachlichen Bereich werden die Begriffe Ton und Klang nicht eindeutig unterschieden. Man spricht vom Klang einer Geige oder auch, die Geige habe einen schönen Ton.

Wir verwenden bzw. definieren die Begriffe hier folgendermaßen:

- Bei einem *reinen Ton* ist lediglich eine einzige Frequenz zu hören. Es handelt sich also um eine *sinusförmige* Druckschwankung, die das Ohr wahrnimmt.

- Bei einem *Ton* lässt sich eindeutig die *Tonhöhe* bestimmen. Ein Geigenton enthält hörbar mehrere Frequenzen, die tiefste wahrnehmbare Frequenz ist der *Grundton* und gibt die Tonhöhe an. Die anderen werden *Obertöne* genannt und sind bei fastperiodischen akustischen Signalen ganzzahlig Vielfache der Grundfrequenz.

- Ein *Klang* – z. B. der Akkord eines Pianos – besteht durchweg aus mehreren Tönen. Hier lässt sich dann nicht eine einzige Tonhöhe bzw. eine eindeutige Tonhöhe ermitteln.

- Jedes Instrument und auch jeder Sprecher besitzt eine bestimmte *Klangfarbe*. Sie wird geprägt durch die in den (sich überlagernden) Tönen enthaltenen Obertöne.

Eine ganz klare Trennung der Begriffe Ton und Klang ist deshalb kaum möglich, weil sie umgangssprachlich schon unendlich länger in Gebrauch sind, als die physikalischen Begriffe Ton und Klang der Akustik.

Töne, Klänge und Musik stimulieren die Menschen wie kaum etwas anderes. Nur noch optische Eindrücke können hiermit konkurrieren. In der Evolutionsgeschichte des Menschen scheint sich eine bestimmte Sensibilität für die Überlagerung fastperiodischer Signale – Töne, Klänge, Musik – durchgesetzt zu haben.

Obwohl die Informationsmenge aufgrund der Fastperiodizität begrenzt sein muss, spricht uns gerade Musik an.

Und auch die Sprache fällt in diese Kategorie. Sie hat viel mit Tönen und Klängen zu tun. Andererseits dient sie nahezu ausschließlich dem Informationstransport. Das nächste Kapitel beschäftigt sich deshalb in einer Fallstudie mit diesem Komplex.

Grenzbetrachtungen: Kurzzeit – FFT und Wavelets

Das Unschärfe–Prinzip **UP** bildet eine absolute, jedoch nach wie vor sehr geheimnisvolle physikalische „Einschränkung" jeder Signalverarbeitung. Das zeigen auch die aufwändigen Versuche vieler Wissenschaftler und Ingenieure in den letzten Jahrzehnten, auch noch das letzte Quantum an Information bei der FOURIER–Transformation herauszuquetschen.

Was ist der eigentliche geheimnisvolle „Nachteil" der FOURIER–Transformation?

Einerseits scheint sich die Natur dieses Verfahrens zu bedienen: Beim Prisma wird z. B. das Sonnenlicht in seine *spektralen,* das heißt in seine *sinusförmigen* Bestandteile zerlegt und selbst unser Ohr arbeitet als FOURIER–Analysator und kann nur Sinusschwingungen hören! Andererseits sind die Bausteine aller Signale usw. demnach Sinusschwingungen, die jedoch „per definitionem" *unendlich lange* andauern. Wie aber kann dann unser Ohr *kurzzeitige* akustische Signale wahrnehmen, wenn jede der hörbaren Frequenzen von unendlicher Dauer ist!? Bei einem Konzert hören wir ja ununterbrochen die Musik und nicht erst, nachdem das Signal bzw. das Konzert beendet wurde.

Der Physiker Dennis Gabor (Erfinder der Holografie) hat 1946 als Erster versucht, diese Ungereimtheit experimentell in den Griff zu bekommen, indem er längere Signale in sich überlappende , „GAUSSförmige" Zeitfenster zerlegte (siehe Abb. 52 bis Abb. 54) und dann eine sogenannte Kurzzeit–FFT, in der Fachliteratur als STFFT (Short Time Fast FOURIER–Transformation) bezeichneten Signalprozess durchführte.

Abb. 45 und Abb. 46 zeigen im Prinzip, was sich hierbei ereignet. Ein „kurzzeitiger Sinus" (Burst) erzeugt im Frequenzbereich eine „unscharfe" Linie, d. h. ein eng beieinander liegendes Band von „sehr vielen" Frequenzen bzw. Sinusschwingungen. Die Überlagerung (Interferenz) dieser „unendlich langen Sinusschwingungen" ergibt dann scheinbar mathematisch und physikalisch korrekt ein *endlich* andauerndes Summensignal für die Zeitdauer des Hörens und eine gegenseitige *Auslöschung* dieser Sinusschwingungen vor und nach dieser Zeitdauer. Bei einem Knacklaut ist diese Zeitdauer extrem kurz, was ja automatisch zu einem breiten Frequenzband führt.

> *Wird also ein **kurzes** Zeitfenster gewählt, lässt sich relativ **genau** zeitlich lokalisieren, wann ein relativ **breites** Band benachbarter Frequenzen real wahrnehmbar war und sich nicht durch Interferenz gegenseitig auslöschte.*

> *Wird demgegenüber ein **längeres** Zeitfenster gewählt, lässt sich relativ ungenau zeitlich lokalisieren, wann ein relativ **schmales** Band benachbarter Frequenzen real wahrnehmbar war und sich nicht durch Interferenz gegenseitig auslöschte.*

Abb. 59 zeigt dies am Beispiel eines „Kunstsignals", welches aus 5 gleichlangen „Proben" von Rauschen und vier Sinusschwingungen verschiedener Frequenzen besteht. Hier wird erstmals die sogenannte *„Wasserfall–Darstellung"* von DASY*Lab* eingesetzt, bei der quasi dreidimensional im Zeitbereich dargestellt wird, wie sich die einzelnen Signalabschnitte „im Laufe der Zeit" verändern.

In Abb. 60 wird dann der Frequenzbereich dieser zahlreichen, zeitversetzten GAUSS–förmigen Fenster ebenfalls dreidimensional angeordnet. Man spricht hierbei von einer *Frequenz–Zeit–Landschaft*. Deutlich ist der Unterschied der *frequenzmäßigen Auflösung* zwischen kurzzeitigem und längerzeitigem Signalfenster erkennbar. Genauere Hinweise finden Sie im Bildtext.

Diese Technik wird praktisch im folgenden Kapitel 4 „Sprache als Informationsträger" eingesetzt. Sie ist z. B. Stand der Technik bei jeder Form der Spracherkennung.

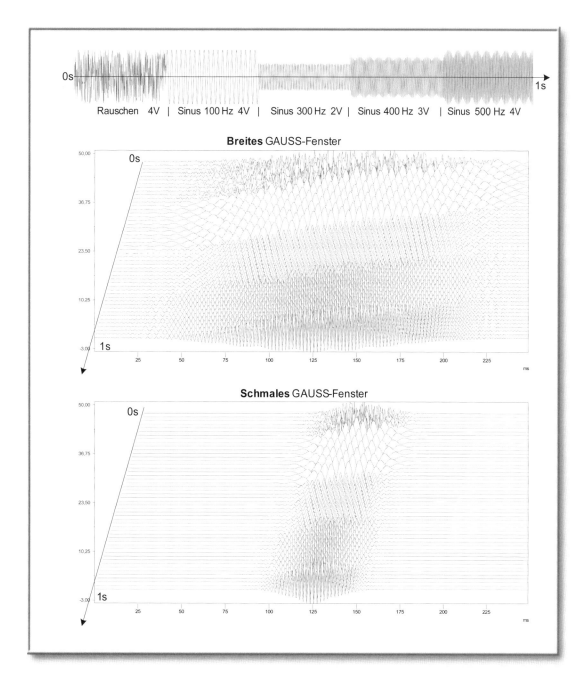

Abbildung 59:   ***Wasserfall–Darstellung der gefensterten Signalabschnitte***

Oben ist das gesamte Testsignal mit der Zeitdauer $\Delta t = 1s$ zu sehen. Es enthält fünf verschiedenen Abschnitte von jeweils 0,2s Dauer. Über dieses Signal wird nun das GAUSS–Fenster (Vektorlänge 512, Überlappung 450 Messwerte bzw. Samples) geschoben. Im zeitlichen Abstand von ca. 30 ms schneidet dieses Fenster einen Teilabschnitt heraus.

Oben wird ein breites GAUSS–Fenster (Parameter 3), unten ein schmales (Parameter 10) verwendet. Deutlich sind – nach dem Rauschen – die Bereiche der 4 verschiedenen Frequenzen in dieser „Zeit-Landschaft" zu erkennen.

Die gefensterten Signalabschnitte müssen sich deutlich überlappen, weil sonst Information verloren gehen könnte. Informationen sind ja Sinn gebende Muster einer bestimmten Dauer, die nicht „zerschnitten" werden dürfen. Wie weit diese Überlappung nun gehen kann, hängt von der höchsten im Signal enthaltenen Frequenz ab. Sie gibt an, wie schnell sich das Signal – und damit die Information – höchstens ändern kann. Im Kapitel 9 („Digitalisierung") wird dies wieder aufgegriffen.

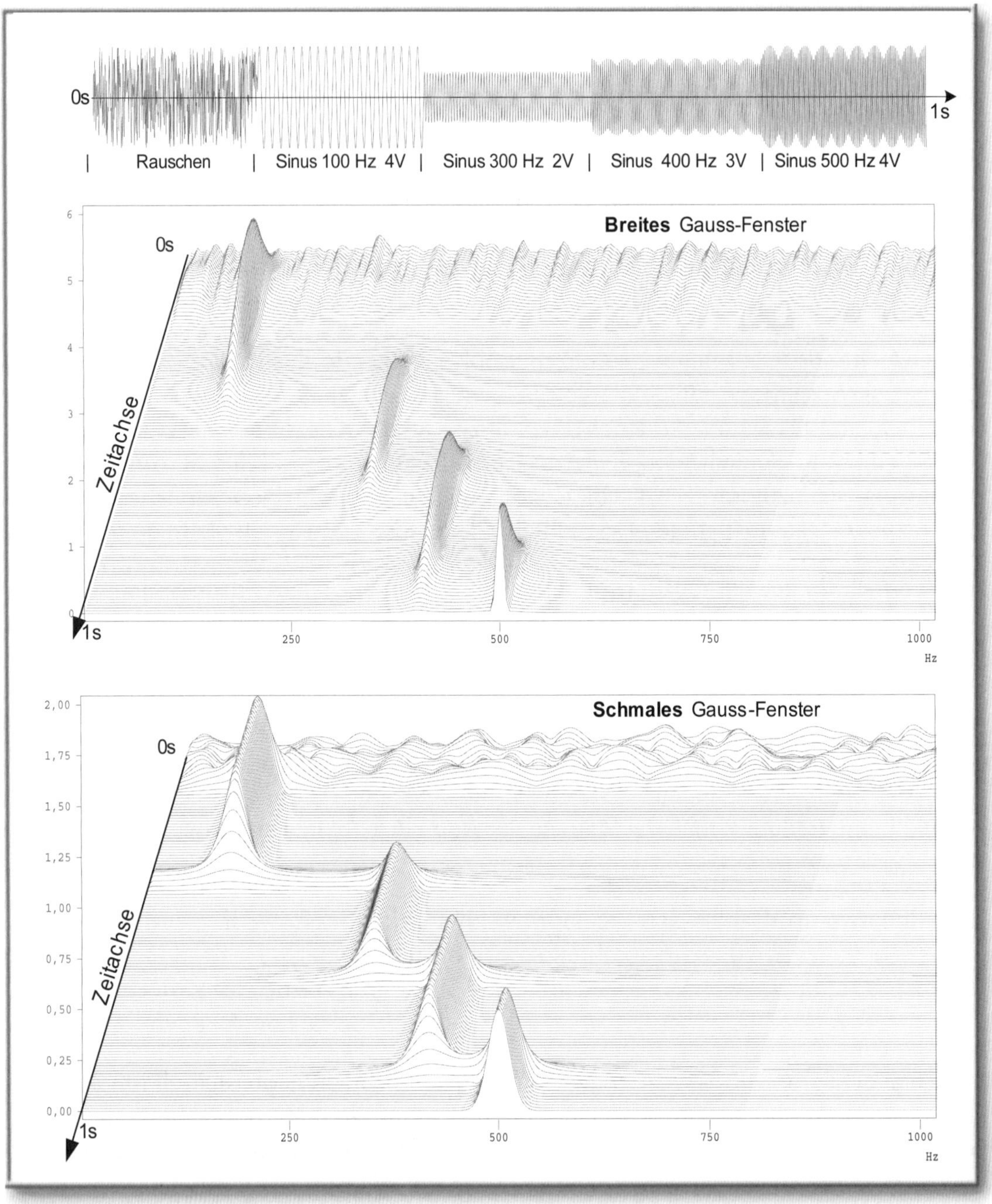

| Rauschen | Sinus 100 Hz 4V | Sinus 300 Hz 2V | Sinus 400 Hz 3V | Sinus 500 Hz 4V |

Abbildung 60: *Zeit–Frequenz–Landschaft mit zwei verschieden breiten GAUSS–Fenstern*

Besser lässt sich das Unschärfe–Prinzip wohl nicht darstellen als in Abb. 59 und hier. Deutlich ist erkennbar, wie sich die Fensterbreite auf die frequenzmäßige Auflösung („Schärfe") auswirkt.

Lediglich die Übersicht darüber, wie weit sich die Spektren der angrenzenden Signalabschnitte gegenseitig frequenzmäßig überlappen, ist in dieser Darstellungsform nur andeutungsweise erkennbar. .

Jeder Ausschnitte der vier verschiedenen Sinusschwingungen erscheint also im Frequenzbereich nicht als „Linie", sondern als ein ganzes Bündel benachbarter Frequenzen, d. h. als ein Frequenzband. Je breiter der zeitliche Signalausschnitt, desto schmaler bzw. „schärfer" das Frequenzband bzw. die frequenzmäßige Auflösung und umgekehrt!

Dies lässt sich besonders gut am Spektrum des Rausch-Abschnittes oben im Bild erkennen. Rauschen enthält praktisch alle Frequenzen; im oberen Bild ist wegen des breiteren Zeitfensters eine feinere Auflösung zwischen benachbarten Frequenzen erkennbar.

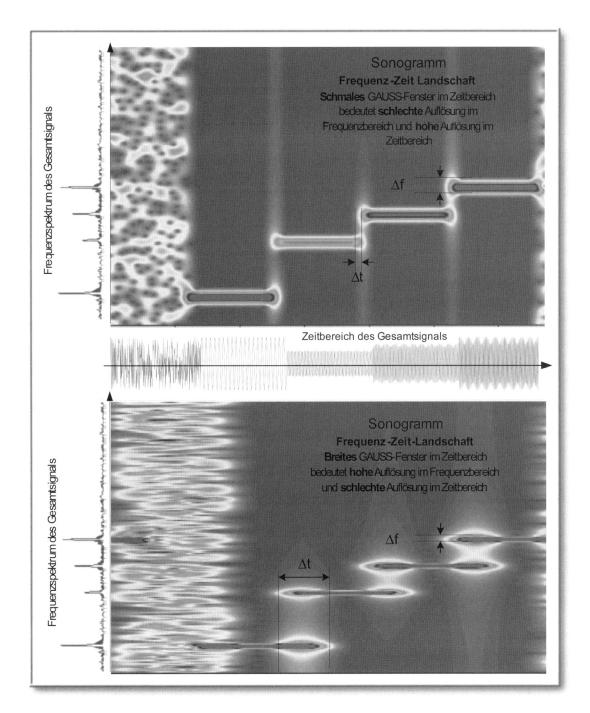

*Abbildung 61: **Sonogramm: „Satellitenbild" der Frequenz–Zeit–Landschaft***

Das hier dargestellte Sonogramm entspricht der Frequenz–Zeit–Landschaft aus Abb. 60. Hierbei werden verschiedene Farben verwendet, um die „dritte Dimension" – die Höhe der jeweiligen Amplituden – darzustellen. Die Horizontalachse ist die Zeitachse, die Vertikalachse die Frequenzachse.

Sonogramme werden in Technik und Wissenschaft als „akustische Fingerabdrücke" verwendet. Ob es sich um die akustische Identifizierung von Vogelstimmen oder Kriminellen handelt, das Sonogramm liefert mit der Frequenz–Zeit–Landschaft ein unverwechselbares, komplexes Bild voller Informationen.

*Im vorliegenden Fall ist nun besonders deutlich die relativ gute **zeitliche** und relativ schlechte **frequenzmäßige Auflösung** bei schmalem – kurzzeitigem – Fenster im oberen Bild erkennbar und umgekehrt im unteren Bild bei breiterem Fenster. Besonders auffällig ist im unteren Bild die zeitliche Überlappung – das ist die zeitliche Unschärfe! – der einzelnen Signalabschnitte. Auch das „Rauschband" links ist hier wesentlich breiter und ragt in den Bereich des 100 Hz –Signalabschnittes hinein.*

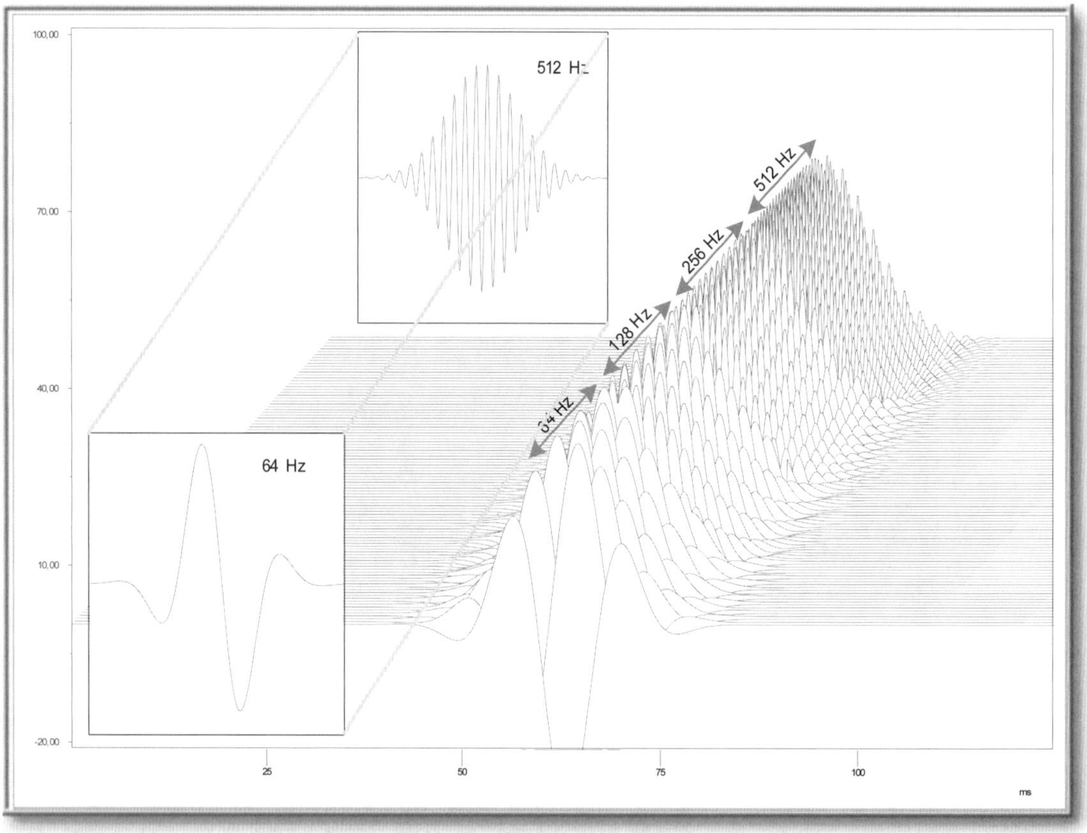

*Abbildung 62: **Der Nachteil der Short Time FOURIER–Transformation STFT: ungleiche „Schärfe"***

Je **öfter** sich ein Signalmuster in gleicher oder ähnlicher Weise wiederholt, desto eher lässt es sich als **fast-periodisch** bezeichnen und desto mehr besitzt es ein **linienähnliches** Spektrum. Durch die Fensterung von Sinus–Schwingungen verschiedener Frequenz mit einem Fenster konstanter Breite erscheint damit eine höhere eher fastperiodisch als eine tiefere. Im Bild unten links ist dies bei der gefensterten Sinus-Schwingung von 64 Hz besonders prägnant zu erkennen. Dieses „Signal" lässt bereits eher als nichtperiodisch oder einmalig definieren.

Demnach sollte es eine **relative** Unschärfe geben, die bei einer Fensterung für alle Frequenzen gleich groß ist. Dazu müsste die Fensterbreite umgekehrt proportional zur Frequenz sein. Also: Breites Fenster bei tieferen und schmales Fenster bei höheren Frequenzen.

Seit ca. 30 Jahren wird die Kurzzeit–FFT (Short–Time–FFT STFFT) eingesetzt, um ein Fenster über verschiedene Frequenz- und Zeitabschnitte „gleiten" zu lassen.

> *Ziel der STFFT ist es, nähere Informationen darüber zu erhalten,*
> *welche Frequenzbänder zu welchen Zeitabschnitten existieren.*

Die STFFT arbeitet jedoch stets mit konstanter Auflösung – gleicher Fenstergröße – sowohl bei hohen als auch bei tiefen Frequenzen. Ein weites Fenster bringt ja gute frequenzmäßige, jedoch schlechte zeitliche Auflösung und umgekehrt! Wie Abb. 62 zeigt, können durch ein Fenster konstanter Breite hohe Frequenzen viel eher als *fastperiodisch*, und damit als frequenzmäßig als „unscharfe Linien" gemessen werden als tiefe Frequenzen, von denen nur wenige Perioden in das Fenster passen, also fast *nichtperiodisch* sind.

Für reale Signale ist auch charakteristisch, dass höherfrequente Anteile oft in Form kurzzeitiger Bursts (siehe Abb. 45 und Abb. 46), tiefere Frequenzen dagegen naturgemäß länger andauern müssen bzw. von größerer Beständigkeit sind.

Dieser „Mangel" führte – historisch betrachtet – zur sogenannten *Wavelet–Transformation*, deren inhaltlicher *Ausgangspunkt* nachfolgend beschrieben wird.

„Wavelets" – ein aus dem Englischen stammender Ausdruck für kurzzeitige Wellenformen – können eine exaktere Beschreibung des Zusammenhangs von Frequenz und Zeit liefern. Nahezu alle realen Signale sind *nichtstationär*, d. h. ihr Spektrum ändert sich mit der Zeit. Wie aus den Abb. 60 und Abb. 61 erkennbar, liegt der wichtigste Teil des Signals – der *Informationsgehalt* – in seiner Zeit-Frequenz–Signatur verborgen. Dabei ist es egal, ob es sich um die Analyse eines EKG-Zeitabschnittes durch den Kardiologen oder der Identifizierung cines Wals anhand scines Gesangs durch den Meeresforscher handelt.

Anfang der 80er Jahren entwickelte der Geophysiker Jean MORLET eine Alternative zur gefensterten FOURIER–Transformation STFT, die genau den hier bereits angeklungenen Gedanken aufgriff. Er wollte seismografische Daten zur Auffindung neuer Ölfelder, die Merkmale mit ganz verschiedenen Frequenzen an verschiedenen Positionen im Zeitbereich aufwiesen, präziser analysieren, als das die STFT erlaubte. Hierzu verwendete er eine skalierbare („einstellbare") Fensterfunktion, die er *stauchen* und *dehnen* konnte und ließ diese für jede Fensterbreite einmal über das gesamte „Signal" gleiten.

Ziel dieses Verfahrens ist eine *konstante relative Unschärfe*, ein Verfahren, bei dem das Produkt aus zu analysierender Frequenz und frequenzmäßige Unschärfe des verwendeten Fensters konstant ist. In einfachen Worten bedeutet dies:

> *Für alle zu analysierenden Frequenzen wird durch Skalierung das Fenster so breit gemacht, dass die gleiche Anzahl von Perioden jeweils das Fenster ausfüllen.*

> *Noch einfacher: Breites Fenster bei tieferen und schmales Fenster bei höheren Frequenzen, damit stets annähernd fastperiodische Signale mit vergleichbarer Unschärfe im Zeit- und Frequenzbereich analysiert werden.*

Hierbei tauchte zum ersten Mal der Begriff „Wavelet" auf, weil das Fenster wie eine kurze, sanft beginnende und direkt wieder sanft endende Welle aussah. Morlet setzte sich mit dem theoretischen Physiker Alex Grossmann und später mit dem Mathematiker Yves Meyer in Verbindung. Meyer wies u. a. nach, dass bereits zahlreiche mathematische Lösungen für diese Problematik der Mustererkennung bzw. *Rückführung komplexer Muster auf einfache Grundmuster* existierten.

Die formale Entwicklung dieser Erkenntnisse führte zu der *Wavelet–Transformation*, die eine einheitliche Sichtweise bei der Mustererkennung vieler spezieller Entwicklungen auf dem Gebiet der Signalanalyse, der Signalkompression sowie der Signalübertragung ermöglicht.

Im Laufe dieser Entwicklung wurden nun statt eines sinusförmigen Grundmusters auch andere Grundmuster („Mutter–Wavelets") verwendet, die komplexe Signale – wie z. B. Bilder – effizienter „zerlegen" konnten. Diese mussten lediglich bestimmten mathematischen Kriterien genügen, die jedoch mehr oder weniger für alle Wellenformen gelten.

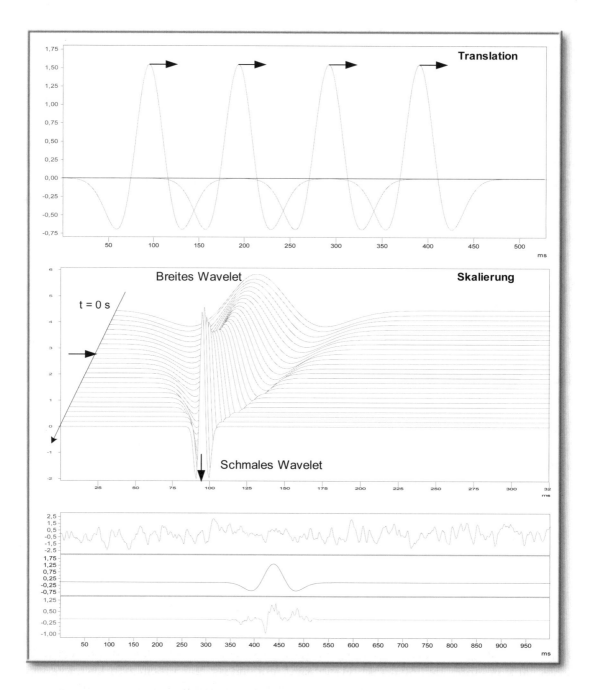

Abbildung 63: **Translation, Skalierung eines „Mexikanerhut"–Wavelets, gleitende Mittelwertbildung**

Oberes Bild: Ein Wavelet konstanter Skalierung gleitet auf der Zeitskala von links nach rechts „am Signal vorbei". Dieses „Mexikanerhut"–Wavelet besitzt eine gewisse Ähnlichkeit mit „einem sehr kurzen Sinus".

Mittleres Bild: Bei t = 0 s auf der hinteren Zeitsakala ist das breite („Mutter")-Wavelet zu sehen; beim nächsten Durchgang wird das Wavelet ein klein wenig gestaucht, bleibt aber bei dieser Translation (Verschiebung) unverändert. Hier sind für viele aufeinanderfolgende Durchgänge die gestauchten (skalierten) Wavelets jeweils bei einer Translation von ca. 95 ms zu sehen.

Unteres Bild: Momentanaufnahme der CWT. Das Signal wird – mathematisch betrachtet – mit dem Signal multipliziert. Dies ergibt den unteren Signalauschnitt. Da das Wavelet an den Rändern negative Werte besitzt, erscheinen diese Teilsignale mit entgegengesetztem Vorzeichen wie beim ursprünglichen Signal; der Signalausschnitt wechselt im „Rhythmus" des Wavelets! Ist die „rhythmische Übereinstimmung" zwischen Wavelet und Signal groß, so ist zwangsläufig die nachfolgende Mittelwertbildung ebenfalls groß.

Damit wird die Wavelet–Transformation nicht nur zur frequenzmäßigen Analyse, sondern zu einer vielseitigen Musteranalyse eingesetzt. Bei der Wavelet–Transformation handelt es dadurch nicht direkt um eine „Multifrequenz"–Analyse (FOURIER–Analyse), sondern durchweg um eine sogenannte *Multiskalen–Analyse*. Die gesamte Wavelet–Transformation könnte ausschließlich im Zeitbereich ablaufen, wäre dann aber sehr rechenintensiv.

Ausgangspunkt ist das „Mutter-Wavelet", das eigentliche Grundmuster. Dieses wird nun durch eine Skalierungsfunktion gestaucht (oder gedehnt). Bei einem großen Skalierungswert ist ein *weites* Zeitfenster vorhanden, in welchem sich das Wavelet in einem *langsamen* Rhythmus ändert. Über die Multiplikation soll die „rhythmische Ähnlichkeiten" zwischen dem Signal und dem Wavelet festgestellt werden. Ist der momentane Mittelwert („gleitender Mittelwert") dieses Signalfensters groß, so stimmen Wavelet und Signal in diesem Zeitbereich rhythmisch überein! Je kleiner der Skalierungswert wird, desto mehr wird das Fenster gestaucht und desto schnellere („hochfrequente") rhythmische Änderungen können erfasst werden.

Die Skalierung arbeitet also wie ein Zoom–Objektiv, welches sich fast stufenlos vom Weitwinkel- bis zum Teleobjektiv verändern lässt. Die Skalierung ist damit umgekehrt proportional zur Frequenz. Ein kleiner Skalierungswert bedeutet damit „hohe Frequenz". Statt der Frequenzachse bei der FOURIER–Transformation wird bei der Wavelet–Transformation die Skalierungsachse verwendet. Meist werden die Skalierungswerte logarithmisch auf der Achse aufgetragen, d. h., kleine Werte werden überproportional groß präsentiert. Das zeigt Abb. 64 im Gegensatz zu Abb. 65 sehr deutlich.

> *Durch die Wavelet–Transformation wird es möglich, das Unschärfe–Phänomen nicht nur auf die Zeit–Frequenz–Problematik, sondern auch auf andere Muster auszudehnen, die im Mutter–Wavelet enthalten sind, z. B. Sprünge und Unstetigkeiten. Sie ist darauf spezialisiert, beliebige Formen der **Veränderung** effizienter zu analysieren, auszufiltern und abzuspeichern.*

> *Das Unschärfe–Prinzip gilt unveränderlich auch bei der Wavelet–Transformation. Durch die geeignete Musterwahl für das Mutter–Wavelet und die geschickte Skalierung ist eine präzisere messtechnische Analyse möglich, **wann** bzw. **wo** in einem Signal bestimmte Frequenzbänder – die immer auf eine zeitliche oder lokale Änderung (z. B. bei Bildern) hinweisen – vorhanden sind.*

Die Wavelet–Transformation ist bei vielen praktischen Anwendungen wesentlich effizienter als die FOURIER–Transformation. Das lässt sich besonders einfach anhand einer sprunghaften Signaländerung erklären: Bei einem Sprung ergibt die FOURIER–Transformation „unendlich viele" Frequenzen („FOURIER–Koeffizienten"). Die Abb. 27 bis Abb. 29 zeigen sehr deutlich, wie schwierig sich die „Nachbildung" einer Sprungstelle selbst mit sehr vielen Frequenzen gestaltet.

Durch die Wahl von Wavelets mit sehr kleiner Skalierung – d. h. „kurzzeitigen" Fenstern – lassen sich solche Sprünge durch wesentlich weniger Wavelet–Koeffizienten nachbilden. Über die Wavelet–Transformation lässt sich also redundante Information beseitigen (Signalkompression), d. h. die Dateigröße verringern. Die zurzeit leistungsfähigsten Bildkompressionsverfahren beruhen deshalb auf der Wavelet–Transformation.

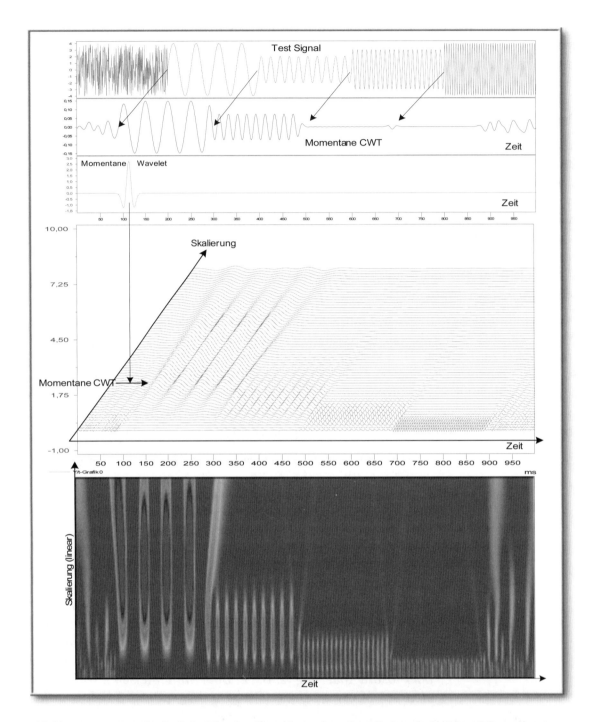

*Abbildung 64:   **Kontinuierliche Wavelet–Transformation als „3D–Landschaft" und Sonogramm***

*Oberes Bild: Das momentane Wavelet, welches „am Signal entlang gleitet", ergibt die in der Mitte abge-
bildete **momentane** kontinuierliche Wavelet–Transformation CWT. Aus physikalischen Gründen ist die
Zeitachse der momentanen CWT gegenüber der Zeitachse des Signals etwas verschoben. Dadurch
erscheint der Anfang des Rauschsignals am Ende der CWT.*

*Mittleres Bild: Die gesamte CWT ist hier in einer 3D–Darstellung („Skalierungs-Zeit-Landschaft") mit
linearer Skalierung abgebildet. Sehr gut ist die mit kleinerer Skalierung einhergehende gesteigerte zeitliche Auflösung zwischen den einzelnen Signalabschnitten erkennbar.*

*Unteres Bild: Im Sonogramm mit seiner isometrischen Darstellung ist die gute zeitliche Auflösung der im
Signal enthaltenen hohen Frequenzen und die relativ schlechte bei tiefen Frequenzen perfekt zu erkennen.
Die schwach erkennbaren V-förmigen Trichter links und rechts von der Beschriftung CWT zeigen präzise
die linear zunehmende zeitliche Auflösung mit höherer Frequenz.*

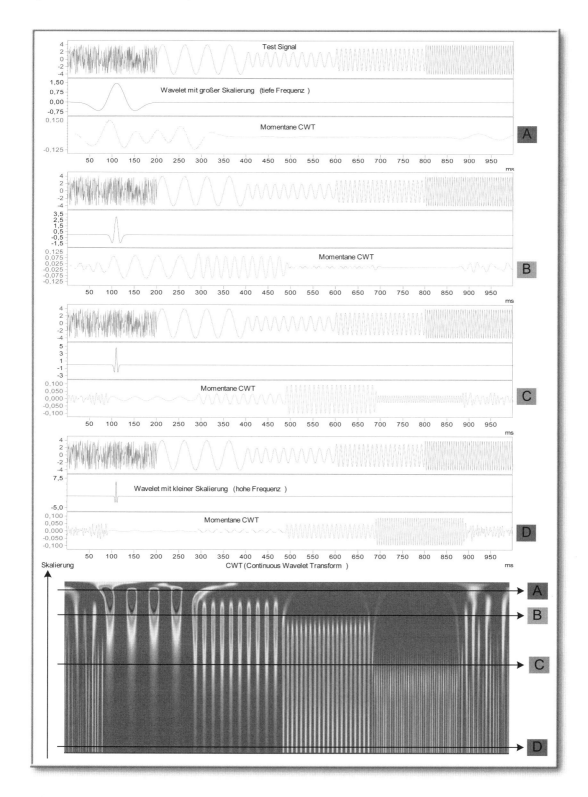

Abbildung 65:   **Detaildarstellungen und CWT mit logarithmischer Skalierung**

Oben sind fünf verschiedene Zeitpunkte der Wavelet–Transformation mit 5 verschieden skalierten Fenstern jeweils mit der momentanen CWT abgebildet. Diese fünf Darstellungen sind unten im Sonogramm mit Buchstaben gekennzeichnet. Dadurch soll die Interpretation zusätzlich verdeutlicht werden.

Durch die übliche Darstellung mit logarithmischer Skalierung werden die höherfrequenten Bereiche gestreckt dargestellt. Die V-förmigen Trichter aus Abb. 64 sind dadurch zu Rundbögen geworden.

Aufgaben zu Kapitel 3

Aufgabe 1

Entwerfen Sie eine Schaltung, mit der Sie die Versuche in Abb. 45 nachvollziehen können. Die Burst–Signale erhalten sie durch das Modul „Ausschnitt", indem Sie einen periodischen Sinus im Zeitbereich mit diesem Modul ausschneiden.

Aufgabe 2

In dem Modul „Filter" lassen sich Tiefpässe und Hochpässe verschiedener Typen und Ordnungen einstellen.

(f) Geben Sie auf einen Tiefpass einen δ–Impuls und untersuchen Sie, wie die Dauer der Impulsantwort h(t) von der jeweiligen Bandbreite des Tiefpasses abhängt.

(g) Verändern Sie auch die Steilheit des Tiefpasses (über die „Ordnung") und untersuchen Sie deren Einfluss auf die Impulsantwort h(t).

(h) Geben Sie δ–Impuls und Impulsantwort auf einen Bildschirm und überzeugen Sie sich, dass die Impulsantwort erst dann beginnen kann, nachdem der δ–Impuls auf den Eingang gegeben wurde.

Aufgabe 3

Die sogenannte Si–Funktion ist die Impulsantwort eines idealen „rechteckigen" Filters. Sie ist also ein praktisch ideales, bandbegrenztes NF–Signal, welches alle Amplituden bis zur Grenzfrequenz in (nahezu) gleicher Stärke enthält.

(a) Abb. 49 zeigt die Impulsantwort von TP–Filtern. Hier wird eine Si–Funktion erzeugt und ihr Spektrum dargestellt. Starten Sie die Schaltung und verändern Sie mit dem Formelbaustein durch Experimentieren die Form der Si–Funktion und die Auswirkung auf das Spektrum.

(b) Überzeugen Sie sich, dass die „Welligkeit" der Si–Funktion identisch ist mit der höchsten Frequenz dieses Spektrums.

(c) Sie wollen die Eigenschaften eines hochwertigen Tiefpasses messen, haben aber lediglich ein normales Oszilloskop, mit dem Sie sich die Si–ähnliche Impulsantwort anschauen können. Wie können Sie aus ihr die Filtereigenschaften ermitteln?

Aufgabe 4

Erzeugen Sie ein sprachähnliches Signal für ihre Versuche, indem sie ein Rauschsignal tiefpassfiltern. Wo ist in unserem Mund–Hals–Rachen-Raum ein „Rauschgenerator" bzw. ein „Tiefpass"?

Aufgabe 5

Weshalb sehen fastperiodische Signale „fastperiodisch" aus, quasiperiodische (siehe Abb. 58) dagegen überhaupt nicht „fastperiodisch", obwohl sie Linienspektren besitzen?

Aufgabe 6

(a) Entwickeln Sie eine Schaltung, mit der Sie die Zeitfenster–Typen des Moduls „Daten-fenster" grafisch darstellen können wie in Abb. 54.

(b) Vergleichen Sie den Frequenzverlauf dieser verschiedenen Zeitfenster wie in Abb. 54 rechts.

(c) Nehmen Sie ein längeres gefiltertes Rauschsignal und versuchen Sie wie in Abb. 52, das „Windowing" mithilfe zeitversetzter, überlappender GAUSS–Windows durchzu-führen.

(d) Stellen Sie das Spektrum dieser Signalabschnitte in einer Frequenz–Zeit–Landschaft dar.

Aufgabe 7

Untersuchung der Impulsantwort h(t) verschiedener Tiefpässe im Zeit- und Frequenz-bereich

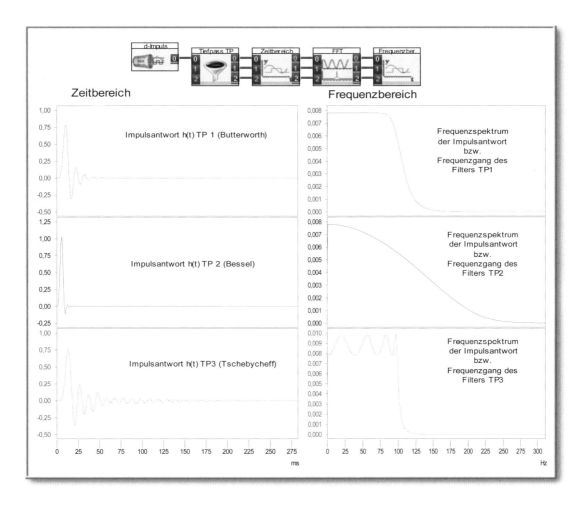

Abbildung 66:   ***Impulsantwort verschiedener Tiefpässe***

Auf drei verschiedene Tiefpass–Typen gleicher Grenzfrequenz (100 Hz) und jeweils 10. Ordnung wird ein δ–Impuls gegeben.

Hinweis: Denken Sie daran, dass der einmalige δ–Impuls alle Frequenzen von 0 bis ∝ mit gleichgroßer Amplitude enthält.

(a) Welche Frequenzen können die Impulsantworten jeweils nur enthalten? Welche Eigenschaften der Filter können Sie bereits jeweils aus der Impulsantwort h(t) erkennen?

(b) Der Frequenzbereich der Impulsantwort gibt offensichtlich die „Filterkurve" bzw. den Frequenzgang der Filter an. Warum?

(c) Weshalb ist die Dauer der unteren Impulsantwort wesentlich größer als die der anderen Impulsantworten? Was bedeutet dies aus der Sicht des **UP**?

(d) Entwerfen Sie diese Schaltung mit DASY*Lab* und führen Sie die Experimente durch.

Aufgabe 8

(a) Erklären Sie den eigentlichen Nachteil der FOURIER–Transformation.

(b) Welche Vor- und Nachteile besitzt die STFFT (Short Time FFT)?

(c) Welche Vorteile gegenüber FFT und STFFT können sich aus der Verwendung der Wavelet–Transformation WT ergeben?

(d) Worauf beruht der vielseitige praktische Einsatz der WT im Hinblick auf Mustererkennung?

(e) Entwickeln Sie mithilfe des Formelgenerators eine Schaltung, die ein Mutter-Wavelet generiert. Suchen Sie hierfür im Internet oder einer Fachbücherei die mathematische Formel für ein aktuelles Wavelet – z. B. das Mexikanerhut–Wavelet (Tip: Dieses Wavelet ist die negative 2. Ableitung der GAUSS–Funktion) – und setzen Sie diese in den Formelgenerator ein.

(f) Erweitern Sie die Schaltung so, dass das Wavelet gleichmäßig auf der Zeitachse verschoben wird. Tip: f(t – τ); τ ist die Translation (Verschiebung) auf der Zeitachse.

(g) Skalieren Sie nun das Wavelet. Die Amplitude muss mit abnehmender Skalierung a mit $a^{-1/2}$ („1 durch Wurzel aus a") zunehmen. Tip: Für die Stauchung gilt f((t–τ)/a)

(h) Versuchen Sie nun wie im Text beschrieben und abgebildet die zeilenweise „momentane" CWT unter Einbeziehung der „gleitenden Mittelwertbildung" durchzuführen. DASY*Lab* stellt hierfür verschiedene Module zur Verfügung.

Kapitel 4

Sprache als Informationsträger

Es ist immer wieder interessant festzustellen, wie kurz der Weg von den physikalischen Grundlagen zur „praktischen Anwendung" ist. *Grundlagenwissen ist durch nichts zu ersetzen.* Leider besitzt im Zusammenhang mit Grundlagenwissen das Wort „Theorie" für viele einen unangenehmen Beigeschmack, wohl aufgrund der Tatsache, dass diese meist durch abstrakte mathematische Modelle beschrieben wird. Aber nicht hier!

Bevor wir uns näher ansehen, wie überhaupt Sprache erzeugt wird, vor allem aber, wie sie wahrgenommen wird, schauen wir uns doch einfach einmal Sprache an und analysieren sie über den Zeit- und Frequenzbereich.

Bereits zwei Wörter als Beispiele reichen aus, allgemeine Rückschlüsse über die Möglichkeiten und Schnelligkeit zu ziehen, Informationen durch Sprache zu übertragen.

Das erste Wort ist sehr wichtig für den Alltag und lautet „aua". Es besteht aus 3 Vokalen. Wenn Sie jetzt dieses Wort langsam sprechen, stellen Sie fünf Phasen fest: Vokal „a" – Übergang von „a" nach „u" – Vokal „u"–Übergang von „u" nach „a"–Vokal „a".

Abb. 67 zeigt das gesamte Ereignis sozusagen als einmaliges Signal im Zeit- und Frequenzbereich. Schaut man mit der Lupe hin, das geschieht in der nachfolgenden Abb. 68, so stellt man schnell fastperiodische Signalabschnitte fest. Dies sind eindeutig die Vokale. Auch das Spektrum in Abb. 67 zeigt eine ganze Anzahl von „Linien", die auf fast-periodische Anteile hindeuten. Wie bereits ausgeführt, ist es jedoch nicht möglich, im Spektrum/Frequenzbereich zu erkennen, in welcher *zeitlichen Folge* die fastperiodischen Abschnitte auftauchen. So ist es naheliegend, abschnittsweise über ein „gleitendes Fenster" (Windowing) das Signal zu zerlegen und frequenzmäßig zu untersuchen.

Dies geschieht in der Abb. 69. Hier wird nun wieder wie bereits in Kapitel 3 die „Wasser-fallanalyse" eingesetzt, die ein dreidimensionales Bild der *„Landschaft"* dieses Wortes liefert. Überlappen sich wie hier die Fenster hinreichend – dies wurde bereits in den Abb. 52 und Abb. 52 dargestellt – so sollte diese 3D–Landschaft auch alle Informationen des Gesamtsignals „aua" enthalten, weil die Verbindung zwischen den einzelnen Abschnitten nicht unterbrochen wird. Als erste wichtige Ergebnisse halten wir fest:

> *Ein Vokal entpuppt sich als ein **fastperiodischer** Abschnitt eines „Wortsignals". Er besitzt also ebenfalls ein „linienähnliches" Spektrum.*

> *Je länger der Vokal gesprochen wird, desto klarer kann er wahrgenommen werden. Desto kürzer er ausfällt, desto unverständlicher muss er ausfallen (**UP!**). Ein extrem kurzer „Vokal" wäre nichts anderes als ein Geräusch.*

> *Die besondere Betonung bestimmter Worte durch erfahrene Vortragende dient also mit dazu bei, die Verständlichkeit zu erhöhen. Betont werden die Vokale.*

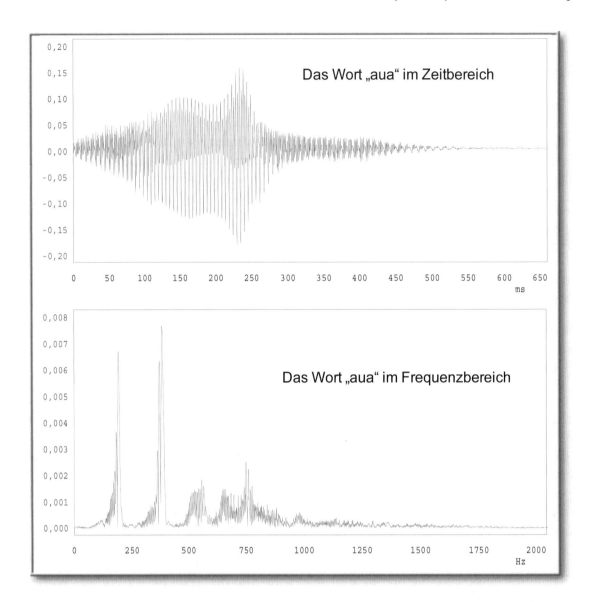

Abbildung 67:   ***Das Wort „aua" als einmaliges Signal im Zeit- und Frequenzbereich***

Selbst ein so kurzes Wort wie „aua" besitzt bereits eine sehr komplizierte Struktur sowohl im Zeit- als auch im Frequenzbereich. Im Zeitbereich lassen sich 5 Phasen erkennen. Die Anfangsphase „a", die Übergangsphase von „a" nach „u", die „u"-Phase, die Übergangsphase von „u" nach „a" sowie die etwas längere „a"-Phase zum Schluss. Hinzu zählen könnte man auch die Einschwingphase ganz am Anfang sowie die Ausklingphase ganz am Ende.

Das Frequenzspektrum verrät uns, dass es keinen Sinn macht, die Frequenzen über die gesamte Wortlänge zu ermitteln. Hier sind zu viele Frequenzmuster ineinander verschachtelt. Offensichtlich ist es besser – wie in den Abb. 51 – Abb. 53 geschehen – einzelne Abschnitte des Wortes getrennt zu analysieren. Hierfür sind spezielle Techniken entwickelt worden ("Wasserfall–Analyse", siehe Abb. 69).

> *Wer gut betonen kann, müsste eigentlich gut singen können, denn ein beto...o...o...onendes Wort ist praktisch ein gesungenes Wort.*
>
> *Je länger der Vokal andauert, desto präziser kann unser Gehör die Tonhöhe der Vokalfrequenzen bestimmen. Die Vokalerkennung entspricht einer „Frequenzmessung".*

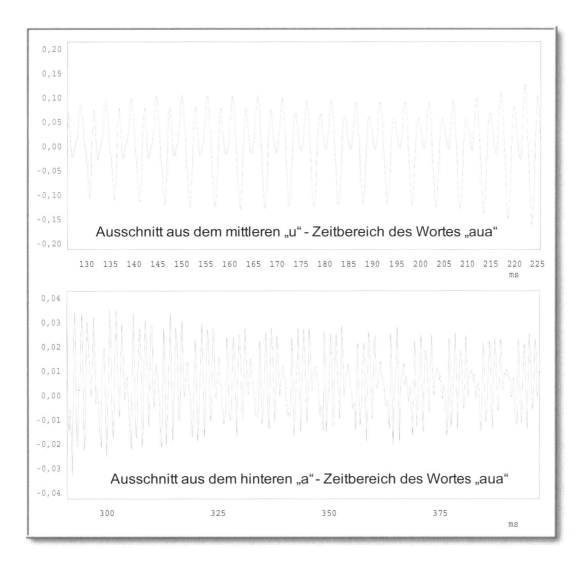

Abbildung 68:   ***Fastperiodizität von Vokalen***

Dies sind Ausschnitte im Zeitbereich der Vokale „u" und „a" aus Abb. 67, mit denen sich der Begriff „Fastperiodizität" besser definieren lässt als durch Worte. Hier sieht man besonders klar, in welcher Form sich Signale „in ähnlicher Weise" wiederholen können.

Wie bekannt sein dürfte, besteht Sprache aus einer Folge von Vokalen und Konsonanten. Während also Vokale fastperiodischen Charakter besitzen, gilt dies nicht für Konsonanten. Sie ähneln Geräuschen, benutzen z. T. das Rauschen des Luftstromes – sprechen Sie einmal lange „ch" – oder stellen explosionsartige Laute dar wie „b", „p", „k", „d", „t". Demnach besitzen sie ein kontinuierliches Spektrum ohne fastperiodische Anteile.

Als zweites Beispiel wird das Wort „Sprache" gewählt, weil es beispielhaft den Wechsel von Vokalen und Konsonanten beinhaltet.

Aufgrund dieser Tatsache ist beispielsweise die menschliche Sprechgeschwindigkeit – und damit die Informationsgeschwindigkeit – begrenzt. Die Sprache ist eine schnelle Folge aus Vokalen und Konsonanten. Je kürzer aber die Vokale dauern, desto unverständlicher werden sie und damit die gesamte Sprache.

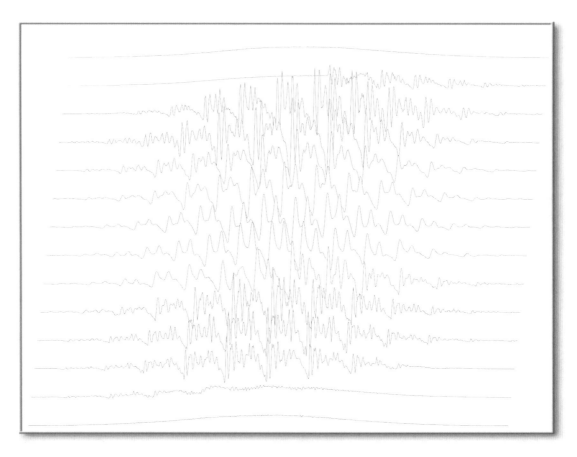

Abbildung 69:   **„Wasserfall"–Darstellung des Wortes „aua"**

Hier wird das gesamte Wort „aua" in Teilbereiche zerlegt, wobei wie in Abb. 52 diese Bereich sanft beginnen und auch so enden (Wichtung mit einem GAUSS–Fenster). Das Wort beginnt in der obersten Reihe und endet unten. Deutlich sind die „a"–Bereiche, der „u"–Bereich und die Übergangsphasen dazwischen zu sehen. Von jedem Abschnitt wird nun das Frequenzspektrum berechnet (Abb. 70)

Es gibt Leute, die so schnell sprechen, dass es äußerst anstrengend ist, ihnen zu folgen. Es ist nicht anstrengend, weil sie so schnell denken, sondern weil das eigene Gehirn Schwerstarbeit leisten muss, den Sprachfetzen bestimmte Vokale zuzuordnen. Dies ist dann oft nur aus dem Kontext möglich, und das strengt an.

Vokale und ihre charakteristischen Frequenzen

In einer Art Zwischenbilanz soll das Wesentliche festgehalten werden. Ausgehend von der Tatsache, dass unser Ohr nur Sinus–Schwingungen wahrnehmen kann – Erklärung hierfür folgt noch – lässt sich erkennen:

> *Jeder Ton, Klang bzw. jeder Vokal besitzt einige **charakteristische** Frequenzen, die – ähnlich wie Fingerabdrücke – nahezu unverwechselbar sind.*

Die akustische Mustererkennung mithilfe unserer Ohren geschieht also im *Frequenzbereich*, weil die angestoßenen Gläser, Münzen, starren Körper bzw. auch Vokale „klingen", also – nach einer *Einschwingphase* – fast- bzw. quasiperiodische Signale ausgesendet werden.

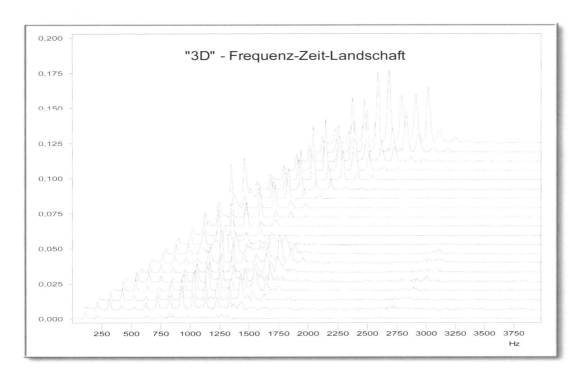

Abbildung 70:   ***Wasserfall–Analyse: Frequenz – Zeit – Landschaft des Wortes „aua"***

Dies ist die entsprechende Darstellung zu Abb. 69 im Frequenzbereich. Oben sind die Spektren des Wortanfangs, unten die des Wortendes. Deutlich erkennbar sind die „a"–Spektren oben und unten, in der Mitte die „u"–Spektren mit kleinerem Frequenzbereich als beim „a" sowie die unscharfen Übergangs-spektren.

*Eine perfekte Frequenz–Zeit–Landschaft sieht noch etwas anders aus (siehe Abb. 67), und zwar geformt aus mehreren, von vorn nach hinten verlaufenden, teilweise parallelen Felsscheiben mit tiefen Schluchten dazwischen. Diese perfekte Zeit–Frequenz–Landschaft zeigt in idealer Weise den Zusammenhang zwischen Zeitdauer und Bandbreite, damit also das **UP** für dieses Ereignis. Siehe hierzu auch Abb. 73.*

Die Spektren dieser Klänge weisen durchweg nur einige charakteristische Frequenzen – Linien – auf, liefern also denkbar einfache Muster, die als Erkennungsmerkmal herange-zogen werden.

> *Akustische Mustererkennung geschieht in der Natur wie in der Technik überwiegend im Frequenzbereich.*
>
> *Die Frequenzmuster von fastperiodischen und quasiperiodischen Signalen – z. B. Vokalen – sind besonders einfach, da sie lediglich aus mehreren „verschmierten" Linien ("peaks") verschiedener Höhe bestehen.*
>
> *Frequenz–Zeit–Landschaften von Tönen, Klängen und Vokalen ähneln in ihrem Aussehen in etwa Nagelbrettern, in die Nägel verschieden hoch hineingetrieben worden sind.*

Auf die gleiche Art (wie hier in den Bildern dargestellt und beschrieben) müsste auch unser akustisches System – Ohren und Gehirn – funktionieren. Unser Gehirn wartet ja nicht ein Musikstück ab, um es dann frequenzmäßig zu analysieren, sondern macht das *fortlaufend*. Sonst könnten wir nicht fortlaufend Klänge usw. wahrnehmen!

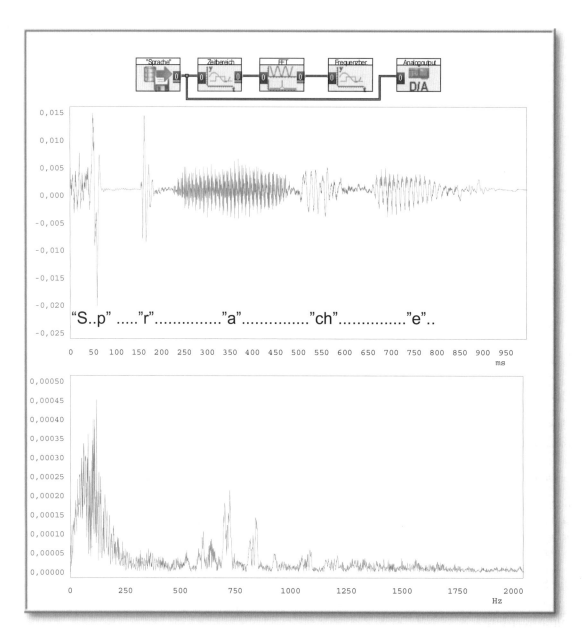

Abbildung 71:   *„Sprache" als Folge von Vokalen und Konsonanten*

Im Zeitbereich lassen sich recht genau Vokale und Konsonanten unterscheiden. Auch die Gestalt der Explosivlaute (Konsonanten) sind deutlich erkennbar.
Der Frequenzbereich des gesamten Wortes „Sprache" liefert dagegen kaum verwertbare Information. Hierzu ist wieder eine Wasserfall–Darstellung bzw. eine Frequenz–Zeit–Landschaft anzufertigen. Dies geschieht in den beiden nachfolgenden Abbildungen.

Wie bereits im letzten Kapitel erwähnt, wird dieser „Echtzeitbetrieb" nicht über viele aufeinanderfolgende Zeitfenster ("Windowing"), sondern prinzipiell im Ohr durch viele nebeneinanderliegende „Frequenzfenster" (Filter, Bandpässe) realisiert. Unser Ohr ist ein FOURIER–Analysator, ein System also, welches frequenzmäßig organisiert ist. Wie diese parallel arbeitende „Filterbank" aufgebaut ist und wo sie sich befindet, zeigt und beschreibt Abb. 79. Außerdem muss es im Gehirn so etwas wie eine Bibliothek oder Datenbank geben, in der zahllose „Nagelbretter" als Referenz abgespeichert sind. Wie könnte uns sonst ein Klang oder eine Musik bekannt vorkommen?

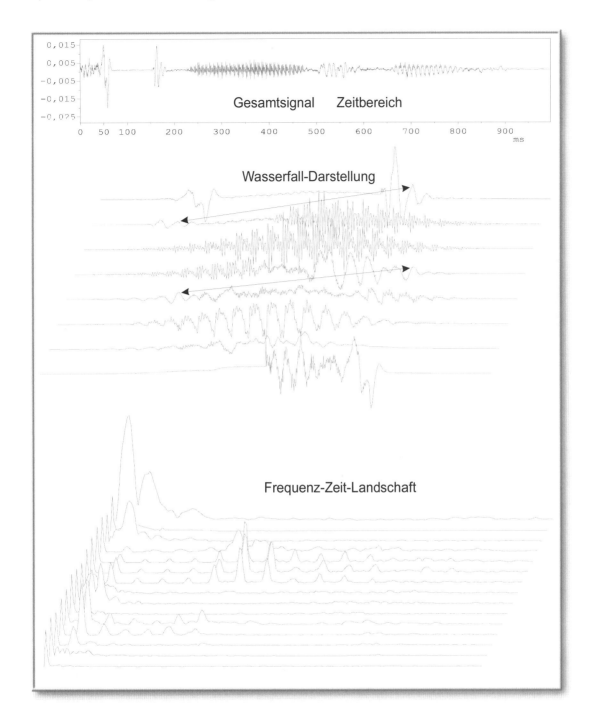

Abbildung 72:   **Das Wort „Sprache" als Wasserfall–Darstellung und Frequenz–Zeit–Landschaft**

Oben sehen Sie den Gesamtverlauf im Zeitbereich, in der Mitte die Wasserfall–Darstellung (Zeitbereich). Beachten Sie bei der Wasserfall–Darstellung die Überlappung der Signalabschnitte! Sie sind durch die beiden Pfeile angedeutet. Am Anfang sehen Sie den rauschähnlichen Konsonanten „s", gefolgt vom Explosivlaut (Konsonant) „p". Die Vokale „a" und „e" sind klar unterscheidbar, da auf unterschiedliche Art fastperiodisch. Gut zu erkennen auch das rauschartige „ch" (Konsonant).

Die Wasserfall–Darstellung wird unten zur frequenzmäßigen Analyse herangezogen, um die nicht- und fastperiodischen Eigenschaften besser auflösen zu können. Deutlich sind diese in der Frequenz–Zeit–Landschaft erkennbar.

Bei der akustischen Mustererkennung bzw. Spracherkennung muss also diese Form der Signalanalyse gewählt werden, um aus der Folge der jeweiligen Konsonanten und Vokale das gesprochene Wort identifizieren zu können.

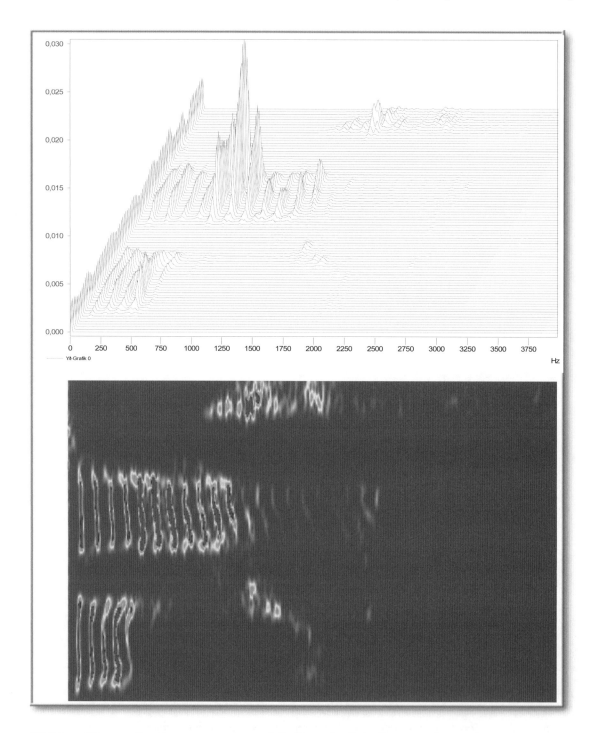

Abbildung 73:   **Das Sonogramm als spezielle Form der Zeit–Frequenz–Landschaft**

Oben sehen Sie eine perfektionierte Zeit–Frequenz–Landschaft des Wortes „Sprache". Hierbei wurden im Gegensatz zur Abb. 79 das „FFT–Fenster" nur um einen sehr kleinen Wert gegenüber dem vorherigen Fenster verschoben. Z. B. stimmt das Spektrum des Fensters 44 dadurch fast mit dem des Spektrums 43 überein. Insgesamt wurden über 100 Spektren hintereinander aufgezeichnet. Jetzt sieht die Frequenz–Zeit–Landschaft wirklich wie eine Landschaft aus! Die Vokale werden hier durch die im gleichen Abstand befindlichen „Scheiben" dargestellt.

Das untere Sonogramm ergibt sich als Höhenmuster des oberen Bildes. Die Höhe der Amplituden wird hier in 5 Höhenschichten aufgeteilt. Jede Schicht besitzt eine andere Farbe, was Sie im sw-Druck natürlich nicht erkennen können (jedoch auf dieser Seite auf dem Bildschirm).

Sonogramme werden z. B. in der Stimm- und Sprachforschung benutzt, um anhand grafischer Muster stimmliche bzw. akustische Eigenheiten erkennen zu können.

Die akustischen Vorgänge in unseren Ohren sind in Wahrheit weit komplizierter als hier dargestellt. Vor allem die Signalverarbeitung durch das Gehirn ist bislang noch weitgehend ungeklärt. Zwar ist bekannt, welche Regionen des Gehirns für bestimmte Funktionen zuständig sind, eine präzise Modellvorstellung ist jedoch bis heute nicht vorhanden.

Die Wissenschaft ist bislang daran gescheitert, Sinneswahrnehmungen wie das Hören und die damit verbundene Signalverarbeitung eindeutig zu erklären und deren Struktur mathematisch zu modellieren. Und alles, was nicht mathematisch beschreibbar ist, wird in den Lehrbüchern zur Theorie der Nachrichtentechnik/Signalverarbeitung weitgehend ausgeklammert.

Wie Sprache, Töne, Klänge entstehen und wahrgenommen werden

Wenn nun ein kurzer Ausflug in die menschliche Anatomie – verbunden mit schwingungs- und wellenphysikalischen Betrachtungen – erfolgt, so geschieht dies aus zwei Gründen:

- Im Laufe der Evolution hat die Natur „Wahrnehmungs–Mechanismen" geschaffen, die es den Arten überhaupt erst ermöglichte zu überleben. Unsere Sinnesorgane sind höchst empfindliche und präzise Sensoren, die technische Nachahmungen weit übertreffen.
  Ein Beispiel hierfür sind unsere Ohren: Selbst schwächste akustische Signale werden noch wahrgenommen, deren Pegel nur knapp über dem Rauschpegel liegen, den das „Bombardement" der Luftmoleküle auf dem Trommelfell erzeugt!

- Weiterhin sind diese physiologischen Zusammenhänge Grundlage der Akustik sowie jeder Form sprachlicher Kommunikation.

- Techniker haben meist eine unverständliche Scheu vor der Physik, erst recht der „Biophysik". Nun beschreibt aber Technik nichts anderes als die sinnvolle und verantwortungsbewusste Anwendung der Naturgesetze. Die physikalische Substanz technischer Prozesse auszuklammern bedeutet aber, auf die eigentlichen, in die Tiefe gehenden Erklärungsmuster zu verzichten.

Es soll anschaulich versucht werden, die Erzeugung von Tönen und Sprache im Sprachtrakt zu beschreiben. Danach ist dann die akustische Wahrnehmung durch die Ohren an der Reihe. Als Highlight soll schließlich in einer Fallstudie ein einfaches computergestütztes Spracherkennungssystem entwickelt werden.

Gerade was unser Ohr betrifft, begnügen wir uns mit einem sehr einfachen Modell. Die Wirklichkeit der akustischen Wahrnehmung, vor allem die Signalverarbeitung durch das Gehirn ist – wie bereits angedeutet – so komplex, dass man bis heute nur relativ wenig hierüber weiß. Übrigens ist das Gehör das Sinnesorgan, welches als Letztes im Laufe der Evolution hinzugekommen ist!

Auf jeden Fall steckt hinter allem eine Portion Schwingungs- und Wellenphysik, die man braucht, um überhaupt etwas davon zu verstehen.

Bitte immer daran denken: In Natur und Technik kann nichts geschehen, was den Naturgesetzen – z. B. denen der Physik – widerspricht. Beginnen wir also hiermit.

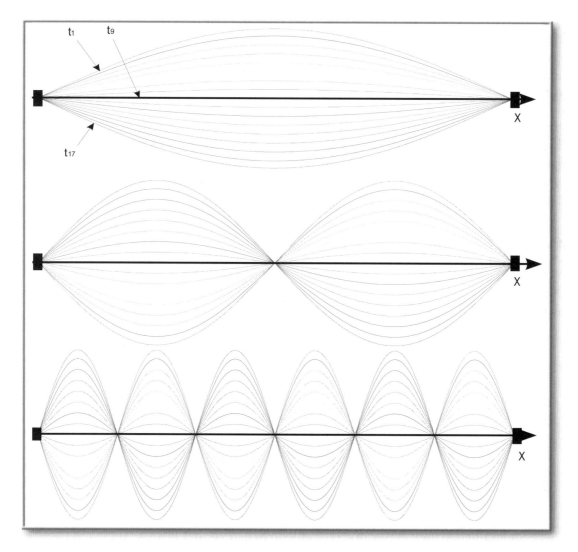

Abbildung 74: ***Stehende sinusförmige Wellen auf einer Saite***

*Die sinusförmige Auslenkung der Saite ist stark übertrieben dargestellt. Bei dem oberen Bild beträgt die Saitenlänge $\lambda/2$. Für den Zeitpunkt t_1 gelte der obere Kurvenverlauf, für den Zeitpunkt t_2 der darunter usw. Beim Zeitpunkt t_9 ist die Saite **momentan** gerade in Ruhe! Beim Zeitpunkt t_{17} wird der untere Verlauf erreicht, danach geht das ganze wieder rückwärts. Bei t_{25} wäre die Saite wieder momentan in Ruhe, bei t_{33} wäre der Zustand wie bei t_1 wieder erreicht usw. Es handelt sich also bei der stehenden Welle um einen dynamischen, d. h. zeitlich veränderlichen Zustand.*

Die immer in Ruhe befindlichen Zonen der Saite werden „Knoten" genannt, die Zonen größter Auslenkung „Bäuche".

In der mittleren Reihe ist die Frequenz doppelt so groß und damit die Wellenlänge nur halb so groß wie oben. Offensichtlich können sich auf einer Saite nur die ganzzahlig Vielfachen der Grundfrequenz (oben) als stehende Wellen ausbilden. Deshalb erzeugt eine Gitarrensaite einen (fast-)periodischen Ton mit einer bestimmten Klangfarbe! Die oben abgebildeten sinusförmigen „Grundzustände" überlagern sich also beim Anzupfen wie gehabt (FOURIER–Prinzip) zu einer sägezahnähnlichen oder dreieckähnlichen Auslenkung der Gitarrensaite.

Um der Entstehung von Tönen, Klängen, Sprache auf die Spur zu kommen, müssen wir uns fragen, was alles benötigt wird, um diese zu erzeugen. Das sind in erster Linie Oszillatoren und Hohlraumresonatoren sowie Energie, welche den Vorgang entfacht.

Definition:

Ein (mechanischer) *Oszillator* ist ein schwingungsfähiges Gebilde, welches – kurz angestoßen – mit der ihm eigenen Frequenz (Eigenfrequenz) schwingt. Die Schwingung kann aufrecht gehalten werden, falls ihm ständig in geeigneter Form Energie zugeführt wird. Dies ist insbesondere dann der Fall, falls im Spektrum des Energie zuführenden Signals die Eigenfrequenz enthalten ist. Ein Beispiel für einen mechanischen Oszillator ist z. B. die Stimmgabel. Ein anderes Beispiel ist das Blatt auf einem Klarinettenmundstück, bei dem die Schwingung durch einen geeigneten Luftstrom aufrecht gehalten wird.

Ein (mechanischer) *Hohlraumresonator* ist zum Beispiel jede Flöte, Orgelpfeife oder der Resonanzkörper einer Gitarre.

Aufgrund der Form und Größe des *Luftvolumens* „schaukeln" sich in ihm bestimmte Frequenzen bzw. Frequenzbereiche auf, andere werden bedämpft. Angehoben werden diejenigen Frequenzbereiche, für die sich in dem Hohlraum sogenannte *stehende Wellen* bilden können.

Da eine Flöte sowohl als Oszillator als auch als Hohlraumresonator bezeichnet werden kann, sind die Übergänge fließend. In beiden Fällen handelt es sich um schwingungsfähige Gebilde.

Betrachten wir zunächst ein *eindimensionales* schwingungsfähiges Objekt, eine Gitarrensaite. Sie ist an beiden Enden fest eingespannt, kann also dort nicht ausgelenkt werden. Wird sie angezupft so ertönt jedes Mal praktisch der gleiche Ton, zumindest aber die gleiche Tonhöhe. Wie kommt das zustande?

Eine eingespannte schwingende Saite bildet einen eindimensionalen Oszillator/ Resonator. Wird sie angestoßen bzw. kurz angezupft – dies entspricht einer Zufuhr von Energie –, so oszilliert sie frei mit den ihr eigenen Frequenzen (*„Eigenfrequenzen"*; „freie Schwingungen").

Würde sie dagegen periodisch sinusförmig mit veränderlicher Frequenz erregt, so müsste sie erzwungen schwingen. Die Frequenzen, bei denen sie dann eine extreme Auslenkung – in Form stehender sinusförmiger Wellen – aufweist, werden *Resonanzfrequenzen* genannt. Die Eigenfrequenzen entsprechen den Resonanzfrequenzen, sind aber theoretisch etwas kleiner, weil der Dämpfungsvorgang zu einer geringfügigen Verzögerung des Schwingungsablaufs führt.

Durch das Anzupfen wird die Saite zunächst mit allen Frequenzen angeregt, weil ein einmaliger kurzer Impuls praktisch alle Frequenzen enthält (siehe Abb. 47). Jedoch löschen sich alle auf der Saite hin- und herlaufenden – an den Saitenenden reflektierenden – sinusförmigen Wellen gegenseitig auf, bis auf diejenigen, die sich durch Interferenz verstärken und stehende Wellen mit Knoten und Bäuchen bilden. Die Knoten sind diejenigen Punkte der Saite, die hierbei immer in Ruhe sind, d. h. nicht ausgelenkt werden. Diese „Eigenfrequenzen" müssen hierbei immer ganzzahlige Vielfache einer Grundschwingung sein, d. h. eine Saite schwingt fastperiodisch und klingt dadurch harmonisch. Die Wellenlänge berechnet sich hierbei sehr einfach aus der Saitenlänge L.

Definition:
Die Wellenlänge λ einer sinusförmigen Welle ist die Strecke, welche die Welle in der Periodendauer T zurück legt. Für die Wellengeschwindigkeit c gilt also

$$c = Weg / Zeit = \ \lambda / T \quad \text{und wegen } f = 1 / T \ \text{ folgt schließlich}$$

$$c = \lambda \cdot f$$

Beispiel:
Die Wellenlänge λ einer Schallwelle (c = 336 m/s) von 440 Hz beträgt 0,74 m.

Für die stehende Welle auf der Saite kommen nur die sinusförmigen Wellen in Frage, für welche die Saitenlänge ein ganzzahliges Vielfaches von λ/2 ist. Dies veranschaulicht die Abb. 74. Alle anderen sinusförmigen Wellen laufen sich längs der Saite tot bzw. löschen sich gegenseitig aus.

Die Ausbreitungsgeschwindigkeit der Welle beim Grundton lässt sich so sehr einfach experimentell ermitteln. Beim Grundton beträgt die Saitenlänge λ/2 (siehe Abb. 74 oben). Nun wird über ein Mikrofon die Frequenz f des Grundtons bestimmt und die Ausbreitungsgeschwindigkeit c nach obiger Formel berechnet.

Wenden wir uns nun dem *zweidimensionalen* Oszillator/Resonator zu. Als Beispiel wird eine fest eingespannte Rechteck-Membran gewählt. Wird sie angestoßen, so bilden sich auf ihr bestimmte *Schwingungsmoden* aus. Schwingungsmoden entstehen wiederum durch die Bildung stehender Wellen, jetzt jedoch in zweidimensionaler Form. Die Grund-formen dieser Schwingungsmoden sind sinusförmig. Schauen Sie sich einmal aufmerk-sam die Abb. 75 an und Sie werden verstehen, welche Schwingungsmoden sich ausprägen können und wie sie von der Länge und Breite der Rechteck–Membran abhängen. Links oben sehen Sie den Fall, bei dem die Membran in x und in y Richtung mit λ/2 schwingt.

Eine Membran – und hierum handelt es sich auch bei schwingenden Münzen und Gläsern – kann als „zweidimensionale Saite" aufgefasst werden. Wenn z. B. die Länge einer Rechteckmembran in keinem ganzzahligen Verhältnis zu ihrer Breite steht, sind Eigen-schwingungen bzw. Eigenfrequenzen möglich, die in *keinem* ganzzahligen Verhältnis zu einer Grundschwingung stehen, jedoch insgesamt ein (etwas unscharfes) Linienspektrum bilden. Hier handelt es sich dann um *quasiperiodische* Schwingungen. Sie klingen oft nicht mehr „harmonisch". Der Klang einer Pauke beispielsweise weist einen hierfür typischen geräuschartigen Perkussionsklang auf.

> *Membranen erzeugen typischerweise **quasiperiodische** Signale.*
> *Ein Beispiel hierfür ist eine Pauke. Ein Paukenschlag klingt aus*
> *diesem Grunde nicht „harmonisch" (fastperiodisch), sondern*
> *anders (quasiperiodisch), obwohl das Spektrum aus lauter*
> *„Linien" besteht. Betrachten Sie hierzu auch den Klangverlauf*
> *des angestoßenen und schwingenden Weinglases in Abb. 58.*

Zuguterletzt noch der *dreidimensionale* Oszillator/Hohlraumresonator. Die akustische Gitarre besitzt einen Resonanzkörper bzw. Hohlraumresonator. Erst durch ihn bekommt die Gitarre ihre typische Klangfarbe.

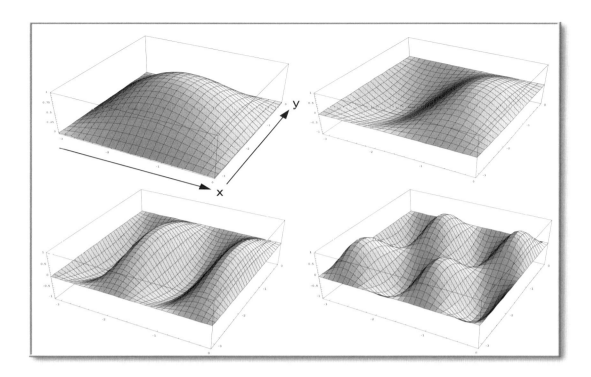

Abbildung 75:   ***Sinusförmige Schwingungsmoden einer Rechteckmembran***

Links oben eine Momentaufnahme einer stehenden (Grund-) Welle mit λ/2 in x- und y-Richtung. Beachten sie, dass in den nachfolgenden Momenten die Amplitude abnimmt, die Membran kurzzeitig plan ist und sich dann nach unten (sinusförmig) formt. Die Abbildungen wurden mit "Mathematica" (Wolfram Research) erstellt.

Rechts oben: x = λ und y = λ/2; links unten: x = 2λ und y = λ/2; recht unten: x = 2 λ und y = λ . Sind x und y unterschiedlich, so gehören zu beiden Richtungen auch unterschiedliche Wellenlängen.

Abhängig von Form und Größe dieses Resonanzkörpers können sich in ihm dreidimensionale stehende akustische Wellen ausbilden, wie z. B. auch in jeder Orgelpfeife oder in jedem Holzblasinstrument. Dreidimensionale stehende Wellen lassen sich nicht grafisch befriedigend darstellen (eine *zwei*dimensionale stehende Welle wird ja bereits *drei*dimensional gezeichnet!), deshalb finden Sie also hier keine entsprechende Darstellung.

Damit arbeitet jedes Saiteninstrument mit Resonanzkörper folgendermaßen: Die Saite wird gezupft und erzeugt ein Klang mit einem fastperiodischen Klangspektrum. Der Resonanzköper/Hohlraumresonator verstärkt nun diejenigen Frequenzen, bei denen sich in seinem Inneren stehende Wellen bilden können und schwächt diejenigen, für die das nicht gilt. Der Resonanzkörper entspricht aus nachrichtentechnischer Sicht einem „Bewertungsfilter".

Versuchen wir nun – siehe Abb. 77 – diese Erkenntnisse auf den menschlichen Stimmapparat zu übertragen. Energieträger ist der Luftstrom aus den Lungen. Baut sich an den Stimmbändern – sie sind ein Zwischending zwischen Saite und Membrane und stellen hier den Oszillator dar – ein Überdruck auf, so öffnen sich diese, der Druck baut sich ruckartig ab, sie schließen sich wieder usw. usw. Bei Vokalen geschieht dies fastperiodisch, bei Konsonanten nichtperiodisch.

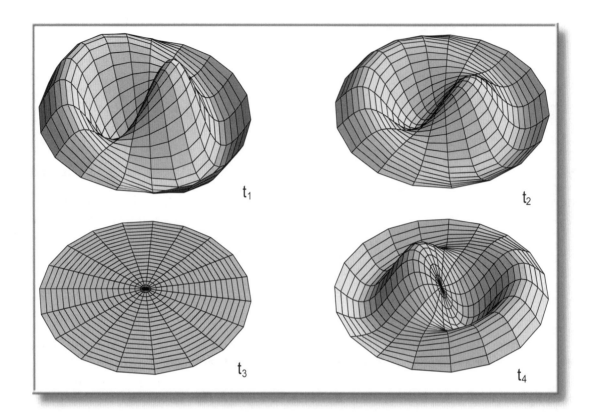

Abbildung 76:   **Membranschwingung einer Trommel**

Mithilfe eines Programms ("Mathematica" von Wolfram Research) wurde hier auf der Grundlage wellen-physikalischer Gesetzmäßigkeiten die – hier stark überhöhte – Auslenkung einer Trommelmembran nach dem Auftreffen eines Trommelstocks für aufeinanderfolgende Momente berechnet. Jedes Bild stellt die Überlagerung der möglichen Schwingungsmoden (Eigenfrequenzen) dar.

Die Schwingungsmoden einer kreisförmigen eingespannten Membran sind ungleich komplizierter zu verstehen als die einer Rechteck-Membran. Während die Schwingsmoden der Rechteckmembran direkt verständlich sind, führt die „Rotationssymmetrie" zu einem kaum vorhersehbaren Schwingungsbild. Dieses hängt auch davon ab, wo der Trommelstock die Membrane getroffen hat. An dieser Stelle entsteht die größte Auslenkung der Membrane.

Die Rolle des Hohlraumresonators Mund- und Rachenraum erläutert Abb. 77. Das Stimmbandspektrum wird – wie bei der Gitarre beschrieben – durch den komplexen Hohlraumresonator frequenzmäßig bewertet. Der Resonatorraum wirkt nun wie eine „Filterbank" aus mehreren parallel geschalteten Bandpässen auf das durch die Stimmbänder erzeugte fastperiodische Signal.

Hierdurch werden letztlich alle Frequenzen hervorgehoben, die in der Nähe der Formanten–Frequenzen liegen. Anders ausgedrückt: Es wird eine frequenzmäßige Bewertung/Wichtung des Stimmbandsignals vorgenommen. Zu jeder Kombination der vier bis fünf Formanten gehört ein Vokal. Vokale müssen deshalb „harmonisch", d. h. fastperiodisch sein, weil der Resonatorraum eine erzwungene fastperiodische Schwingung durchführt, im Gegensatz zur freien Schwingung (Eigenfrequenzen) einer Pauken–Membran. Die Frequenzen des Stimmbandspektrums, die in diesen Resonanzbereichen liegen, werden deutlich „betont" bzw. verstärkt. Alle anderen werden bedämpft.

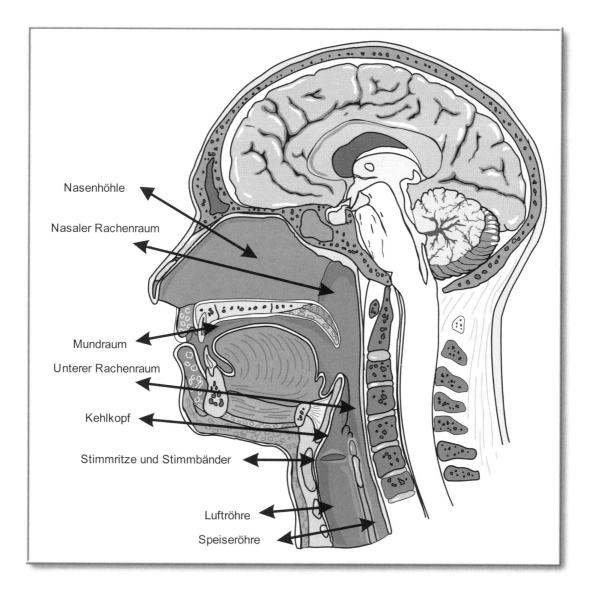

Nasenhöhle

Nasaler Rachenraum

Mundraum

Unterer Rachenraum

Kehlkopf

Stimmritze und Stimmbänder

Luftröhre

Speiseröhre

Abbildung 77:   ***Der menschliche Sprachtrakt als verformbarer Hohlraumresonator***

Der gesamte Stimmapparat besteht aus einem Energiespeicher – den Lungen – , einem Oszillator, den Stimmbändern sowie mehreren „verstellbaren" Hohlraumresonatoren im Rachen- und Mundraum.

Die Lungen dienen hierbei dazu, einen Luftstrom mit genügendem Druck zu erzeugen. Dabei strömt die Luft durch die Stimmritze, dem Raum zwischen den beiden Stimmbändern am unteren Ende des Kehlkopfes.

Baut sich ein Überdruck auf, so werden die Stimmbänder in Bruchteilen von Sekunden auseinander gedrängt. Dadurch baut sich ruckartig der Druck ab, die Stimmbänder schließen sich und bei einem Vokal oder bei Gesang geschieht dies fastperiodisch. Falls die Stimmbänder fastperiodisch „flattern", ist das Stimmbandspektrum dann praktisch ein Linienspektrum.

Das eigentliche Wunder ist die gezielte Formung des Hohlraumresonators Mund-Rachenraums sowie Steuerung des Luftstroms durch das Individuum, und zwar so, dass sich akustische Signale ergeben, welche die zwischenmenschliche Kommunikation ermöglichen. Der Mensch braucht Jahre, um Lautfolgen sprechen zu lernen und diesen bestimmte Begriffe zuzuordnen

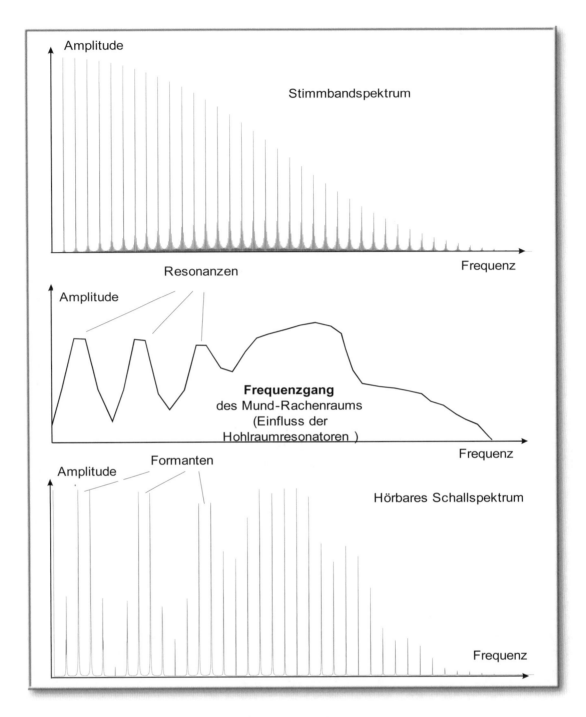

Abbildung 78:   ***Resonanzen und Formanten***

Die „Betonung" bzw. die resonanzartige Verstärkung verschiedener Frequenzbereiche erzeugt Formanten. Ihre Kombination entspricht den verschiedenen Vokalen. Der Resonanzraum kann nun – durch das Gehirn ausgelöst – in vielfältiger Weise verengt oder erweitert werden. Geschieht dies nur an einer einzigen Stelle, so ändern bzw. verschieben sich die Formanten ganz unterschiedlich. Sichtbar gibt es drei Möglichkeiten, die „Hohlraumresonatoren" zu ändern: mit dem Kiefer, dem Zungenrücken und der Zungenspitze.

Welchen Beitrag liefert hierbei das Gehör? Es lässt sich zeigen, dass die eigentliche Mustererkennung bereits hier vorbereitet wird. Abb. 79 zeigt den Aufbau des Gehörorgans.

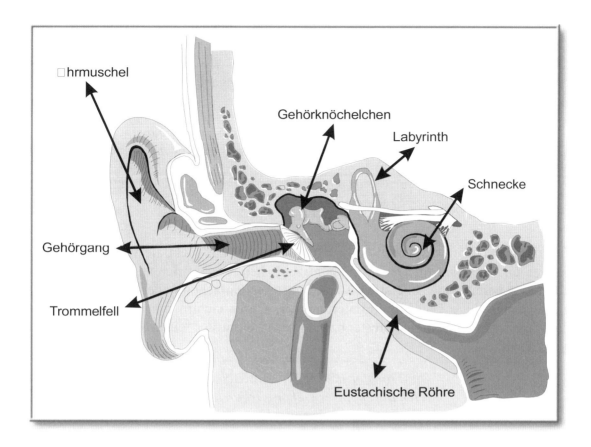

Abbildung 79:   **Aufbau des Gehörorgans**

Die akustische Signalwelle in Form von äußeren akustischen Druckschwankungen gelangt bis zum Trommelfell. Zwischen ihm und der Schnecke geschieht die „Signalübertragung" durch die Mechanik der Gehörknöchelchen. Diese erzeugen in der flüssigkeitsgefüllten Schnecke eine raffinierte Wanderwelle, die man sich im Prinzip so wie ein „räumliches Wobbelsignal" – siehe Kapitel 6 „Systemanalyse" – vorzustellen hat. Das ganze Spektrum der in der Druckschwankung vorhandenen Frequenzen verteilt sich auf die Länge des Schneckentrichters, d. h. bestimmte Regionen von Sinneshärchen – Sensoren – sind für ganz bestimmte Frequenzen zuständig.

Von der Ohrmuschel (Trichterwirkung) bzw. dem äußeren Gehörgang gelangen die akustischen Druckschwankungen der Schallwelle auf das Trommelfell. Über ein mechanisches System aus Gehörknöchelchen – Hammer und Steigbügel – werden diese Druckschwankungen auf das wichtigste „Subsystem", die Schnecke (Cochlea) übertragen.

Die Vorgänge werden nun bewusst einfach dargestellt. Die Schnecke besitzt insgesamt die Form eines aufgerollten, sich immer mehr verengenden Trichters und ist mit Flüssigkeit gefüllt. Längs dieses Trichters sind lauter „Sinneshärchen" angeordnet, die mit den Nervenzellen – Neuronen – verbunden sind. Sie sind die eigentlichen Signalsensoren.

Die Druckschwankungen rufen nun in dieser Flüssigkeit eine *Wanderwelle* hervor, die zum Ende der Schnecke hin „zerfließt". Dies geschieht auf besondere Weise und wird Frequenz–*Dispersion* genannt: Hohe Frequenzanteile der Druckschwankung ordnen sich in der Welle an anderer Stelle an als niedrige Frequenzanteile. So sind also in der Schnecke ganz bestimmte Orte mit ihren Sinneshärchen für tiefe, mittlere und hohe Frequenzen zuständig.

Letzten Endes wirkt nach Helmholtz dieses phänomenale System ähnlich einem „Zungenfrequenzmesser". Dieser besteht aus einer Kette kleiner Stimmgabeln. Jede Stimmgabel kann nur mit einer einzigen Frequenz schwingen, d. h. jede Stimmgabel schwingt *sinusförmig*! Die Eigenfrequenz dieser Stimmgabeln nimmt von der einen zur anderen Seite kontinuierlich zu. Insgesamt gilt dann:

> *Unser Ohr kann lediglich Sinus–Schwingungen wahrnehmen,*
> *d. h. unser Ohr ist ein FOURIER–Analysator!*

> *Unser Gehör–Organ transformiert alle akustischen Signale in*
> *den Frequenzbereich.*

Wie aus den Abb. 56 und Abb. 57 erkennbar ist, besteht das spektrale Muster von Tönen, Klängen und Vokalen im Gegensatz zum zeitlichen Verlauf nur aus wenigen Linien. Hierin liegt bereits eine äußerst wirksame Mustervereinfachung oder – in Neudeutsch – eine leistungsfähige Datenkomprimierung vor. Unser Gehirn braucht „lediglich" ein relativ einfaches linienartiges Muster bzw. „Nagelbrettmuster" einem bestimmten Begriff zuzuordnen!

> *Die Transformation der akustischen Signale in den Frequenzbe-*
> *reich durch unser Gehör–Organ bedeutet gleichzeitig eine sehr*
> *effektive Mustervereinfachung bzw. Datenkomprimierung.*

Fallstudie: Ein einfaches technisches System zur Spracherkennung

In einem kleinen Projekt sollen nun die beschriebenen physiologischen Grundlagen in einfacher Weise technisch nachgeahmt werden. Wir werden hierfür DASY*Lab* einsetzen. Natürlich wären wir überfordert, würden wir den Wortschatz zu groß wählen.

Deshalb soll die Aufgabe konkret lauten: In einem Hochregallager sollen die Stapler über ein Mikrofon gesteuert werden. Benötigt wird hier der Wortschatz „hoch", „tief", „links", „rechts" und „stopp". Wir benötigen also ein Mikrofon, welches an eine PC-Soundkarte angeschlossen wird.

Alternativ könnte natürlich auch eine professionelle *Multifunktionskarte* mit angeschlossenem Mikrofon verwendet werden. Um die Verbindung mit DASY*Lab* herzustellen, ist eine „Treiber"- Software erforderlich. Hierfür bräuchten Sie dann aber auch die *industrielle Version* von DASY*Lab*.

Zunächst sollten die Sprachproben mit einer möglichst einfachen Versuchsschaltung im Zeit- und Frequenzbereich aufgezeichnet und genau analysiert werden. Wie beschrieben ist Mustererkennung bzw. Mustervergleich im Frequenzbereich wesentlich einfacher als im Zeitbereich. Es gilt daher, die Eigenarten jedes dieser fünf Frequenzmuster festzustellen.

Planungsphase und erste Vorversuche:

*   Das Mikrofon darf erst ab einem bestimmten Schallpegel ansprechen, sonst würde nach der Aktivierung der Schaltung jedes Hintergrundgeräusch direkt aufgezeichnet werden, ohne dass gesprochen wird. Erforderlich hierfür sind ein Trigger- sowie ein

Relais-Modul (Abb. 80). Dieser Triggerpegel ist vom Mikrofon abhängig und muss sorgfältig ausprobiert werden.

- Keines dieser Worte dauert länger als 1 Sekunde. Im Gegensatz zur fließenden Sprache planen wir deshalb (zunächst) keine „Wasserfall"-Analyse bzw. keine Analyse für Frequenz–Zeit–Landschaften!

- Die Einstellungen im Modul „FFT" erlauben neben dem *Amplitudenspektrum*, welches wir (mit dem *Phasenspektrum*) bislang ausschließlich verwendet haben auch die Einstellungen *Leistungsspektrum, Leistungsdichtespektrum, FOURIER–Analyse* sowie die logarithmische Darstellung des Spektrums in dB (Dezi–Bel). Eine gute Gelegenheit, die Eigenheiten dieser Darstellungsformen des Spektrums auszuloten und ggf. anzuwenden.

   Hinweis: Die Anwendungen „Komplexe FFT" einer reellen oder komplexen Funktion" werden wir im Kapitel 5 behandeln.

- Machen Sie zunächst Mehrfachversuche mit jedem Wort. Stellen Sie fest, wie sich kleine Abweichungen in der Betonung usw. bemerkbar machen. Um sicher zu gehen, sollte man unbedingt von jedem Wort mehrere „Frequenzmuster" erstellen, damit nicht eine zufällige Komponente als typisch deklariert wird. Aus diesen Mustern ist dann ein *Referenzspektrum* auszuwählen, mit dem in der Praxis das Spektrum des jeweils gesprochenen Wortes verglichen werden soll.

Ziel dieser ersten Versuche ist also die *Gewinnung von Referenzspektren*. Die Spektren der später ins Mikrofon gesprochenen Worte werden mit diesen Referenzspektren verglichen bzw. die *Ähnlichkeit* zwischen gemessenem und Referenzspektrum festgestellt. Aber wie misst man *Ähnlichkeit*?

Auch hierzu gibt des ein geeignetes Modul: *Korrelation*. Es stellt mithilfe des Korrelationsfaktors die *gemeinsame Beziehung (*Korrelation) bzw. die Ähnlichkeit zwischen – hier – zwei Spektren fest. Die Zahlenangabe von z. B. 0,74 bedeutet quasi eine Ähnlichkeit von 74 %, worauf immer sich diese auch beziehen mag.

Dieses Modul verwenden wir – um die Fallstudie nicht unnötig zu unterbrechen – zunächst einfach, ohne seine Funktionsweise genauer zu analysieren. Dies geschieht dann im nachfolgenden Abschnitt *Mustererkennung*.

Wenn es uns gelingt, über das Modul *Korrelation* – mit nachfolgender digitaler Anzeige des Korrelationsfaktors – eine weitgehend eindeutige Identifizierung des gesprochenen Wortes zu erzielen, ist unsere Fallstudie praktisch gelöst.

Da aber jedes Spektrum eines gesprochenen Wortes irgendeine Ähnlichkeit mit jedem Referenzspektrum besitzt, ist zu prüfen, mit welchem Verfahren der größte „Sicherheitsabstand" zwischen dem gesprochenen und identifizierten Wort sowie den anderen Wörtern erzielt wird.

Die Fehlerrate bzw. Sicherheit dürfte kritischer werden, falls eine andere Person die Worte anders spricht als derjenige, welcher Urheber der Referenzspektren war. Gibt es Verfahren, das System an andere Sprecher anzupassen?

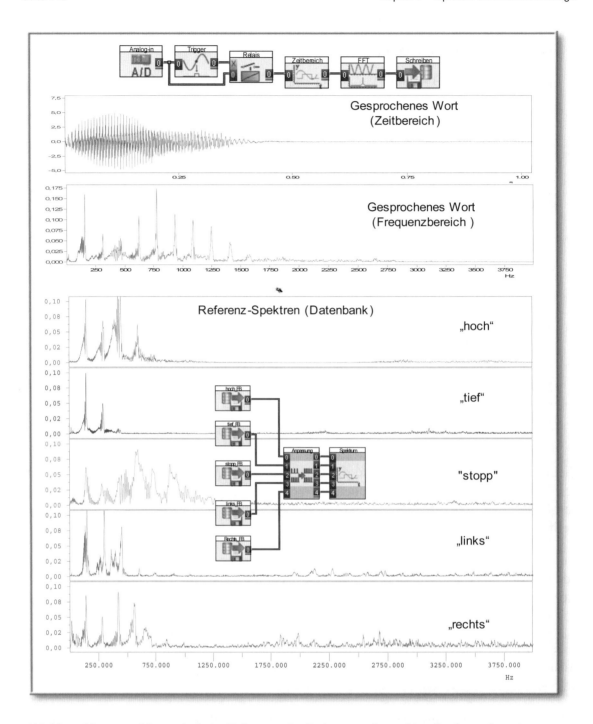

Abbildung 80:   **Messtechnische Erfassung der Referenzspektren (Amplitudenspektren)**

Oben sehen Sie die geeignete Schaltung zur Darstellung und Abspeicherung der Referenzspektren. Hier wurde das Wort „hoch" im Zeit- und Frequenzbereich dargestellt. Beachten Sie bitte, vor der Abspeicherung eines Referenzspektrums die Datei richtig zu bezeichnen und den Pfad richtig im Menü des Moduls „Daten lesen" einzustellen. Hier ist sorgfältiges Vorgehen gefragt.

*Um die Spektren anschließend qualitativ und quantitativ vergleichen zu können, sollten Sie alle fünf Referenzspektren in einer Darstellung zusammenfassen. Dazu entwerfen Sie die untere Schaltung. Das Modul „Anpassung" dient zur Synchronisation der Daten und Überprüfung, ob alle Signale mit der gleichen Blocklänge und Abtastrate aufgenommen wurden! Hier wurde eine Blocklänge von 4096 und Abtastrate von 4000 oben in der Menüleiste (**A/D**) eingestellt.*

Sie sehen, dass sich erstaunlicherweise oberhalb von 1500 Hz kaum noch etwas abspielt. Wählen Sie deshalb die Lupenfunktion, um sich diesen Bereich des Spektrums genauer anzusehen.

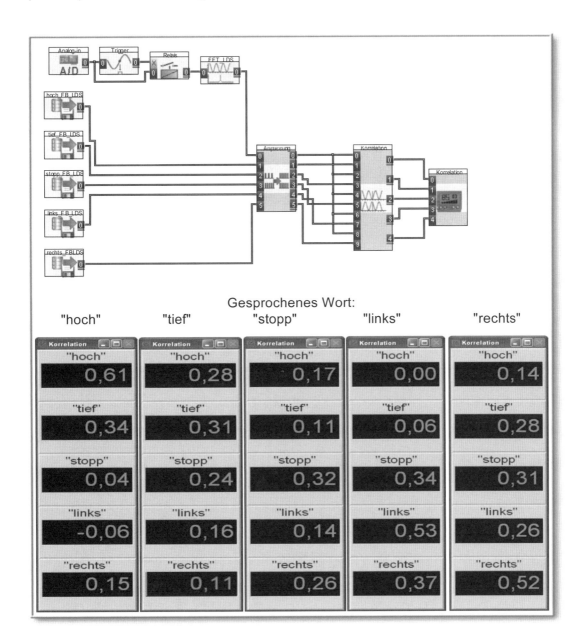

Abbildung 81:   **Spracherkennung durch Messung des Korrelationsfaktors**

Nacheinander wurden die Worte in der Reihenfolge von oben nach unten gesprochen und jeweils die Korrelationsfaktoren in Bezug auf alle Referenzspektren gemessen. Am unsichersten wurde das Wort „tief" erkannt. Der „Sicherheitsabstand" ist hier am kleinsten (10%, zweite Spalte von links). In der Diagonalen sehen Sie die Korrelationsfaktoren der jeweils gesprochenen Worte. Das System funktioniert insgesamt nicht zufriedenstellend, weil die Toleranz gegen kleine stimmliche Verränderungen oder gar andere Sprecher kaum gegeben ist. Für professionelle Zwecke ist das System unbrauchbar, u. a.weil hier keine Zeit–Frequenz–Landschaften verglichen werden - siehe Abb. 72 - , sondern lediglich zwei Zahlenketten.

Eigene Versuche zeigen direkt, dass sich sogar das gleiche, mehrfach gesprochene Wort vom gleichen Sprecher als akustisches Signal stets mehr oder weniger unterscheidet.

Wie wichtig das Modul „Anpassung" hier ist, stellen Sie beim Versuch fest. Die Referenzspektren werden sofort eingelesen und es erscheint auf den Modulen EOF ("End of File"). Das Spektrum des gesprochenen Wortes lässt länger auf sich warten, weil es erst berechnet werden muss. Erst dann werden die 5 Korrelationsfaktoren berechnet.

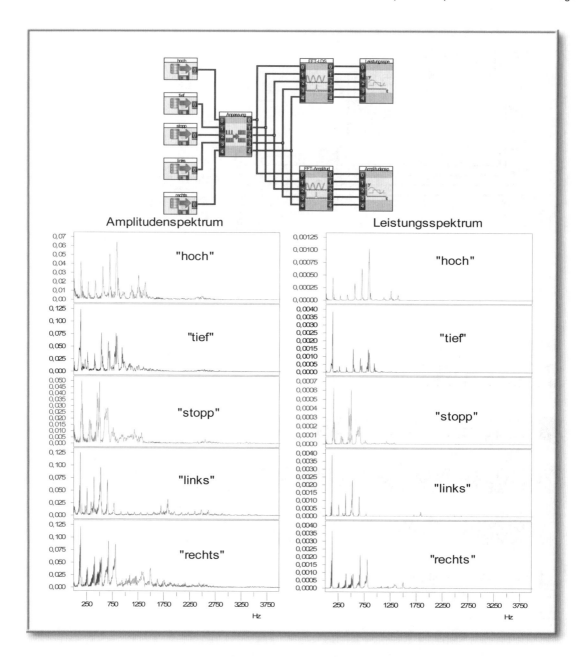

Abbildung 82:   ***Amplitudenspektrum und Leistungsspektrum***

In der linken Spalte sehen Sie die Amplitudenspektren, in der rechten die Leistungsspektren der jeweils gleichen Signale. Das Leistungsspektrum erhalten Sie, indem Sie das Quadrat der Amplituden auftragen. Was macht dies für einen Sinn?

Bereits beim Amplitudenspektrum erkennen Sie die „Linien" der charakteristischen Frequenzen, die von den Vokalen stammen und die die anderen, weniger typischen Frequenzen überragen. Indem Sie nun die Amplituden dieses Spektrums quadrieren, erhalten die charakteristischen Frequenzen noch mehr „Übergewicht", die weniger wichtigen dagegen werden zur Bedeutungslosigkeit degradiert (siehe rechts). Sie sollten nun untersuchen, ob Sie aus diesem Grunde nicht besser die Spracherkennung über die Leistungsspektren durchführen. Das Leistungsdichtespektrum besitzt eine große theoretische Bedeutung (Wiener-Chinchin-Theorem) im Bereich der Mustererkennung.

Ein weites Feld also für eigene Versuche. Die Ergebnisse dürften zeigen, dass wir es hier mit einem der komplexesten Systeme zu tun haben, fernab der bisherigen schulischen

Praxis. Nicht umsonst arbeiten weltweit hervorragende Forschungsgruppen an einer sicheren Lösung dieser kommerziell verwertbaren „Killer"–Applikation. Übrigens: Unser eigenes akustisches System scheint unschlagbar!

Phase der Verfeinerung und Optimierung:

Wenn auch nicht perfekt, so arbeitet das in Abb. 81 dargestellte System bereits im Prinzip. Experimentiert man jedoch etwas damit, so zeigt sich, wie leicht es sich „täuschen" lässt. Welche Ursachen kommen hierfür in Betracht und welche alternativen Möglichkeiten bieten sich ?

- Bei einer Abtastrate von 4000 und einer Blocklänge von 4096 ergibt sich laut Messung ein Frequenzbereich bis 2000 Hz. Die frequenzmäßige Auflösung beträgt ca. 1 Hz, wie Sie leicht mit dem Cursor nachprüfen können (kleinste Schrittweite $\Delta f = 1$ Hz; siehe *Abtast–Prinzip* im Kapitel 9).
  Jede stimmliche Schwankung bei der Aussprache der fünf Worte bedeutet nun eine bestimmte frequenzmäßige Verschiebung der charakteristischen Frequenzen gegenüber dem Referenzspektrum. Bei dieser hohen frequenzmäßigen Auflösung schwankt der Korrelationsfaktor, weil die charakteristischen Frequenzen nicht mehr deckungsgleich sind.
  Es wäre deshalb zu überlegen, wie z. B. die Bereiche charakteristischer Frequenzen *„unschärfer"* wahrgenommen werden könnten.

- In Abb. 82 ist deutlich der Unterschied zwischen dem Amplituden- und dem Leistungsspektrum erkennbar. Durch die Quadrierung der Amplituden beim Leistungsspektrum werden die charakteristischen Frequenzen – von den Vokalen stammend – mit ihren großen Amplituden überproportional verstärkt, die nicht so relevanten spektralen Anteile der Konsonanten überproportional unterdrückt.
  Eine (geringfügige) Verbesserung der Spracherkennung durch die Korrelation von Leistungsspektren wäre deshalb zu überprüfen. Sollten dann bereits die Referenzspektren als Leistungsspektren abgespeichert werden?

- Statt des Moduls „Korrelation" ließen sich auch steilflankige Filter verwenden, welche die zu erwartenden charakteristischen Frequenzen herausfiltern. Ein „Filterkamm" mit dem Modul „Ausschnitt" könnte z. B. für jedes der fünf Worte überprüfen, ob die charakteristischen Frequenzen mit entsprechender Amplitude vorhanden sind. Allerdings erscheint dieses Verfahren sehr hausbacken gegenüber der Korrelation, weil mit sehr großem Aufwand bei der Filtereinstellung verbunden.

- Welche grundlegende Idee könnte bei dem Projekt weiterhelfen? Es wäre vielleicht sinnvoll, ein *toleranteres* Verfahren zu finden, vielleicht mithilfe eines „toleranteren" Referenzspektrums, welches quasi der *Mittelwert* aus den Spektren des jeweils mehrfach gesprochenen, gleichen Wortes ist. Ein gemitteltes Spektrum könnte vielleicht die verschiedenen Spektren des gesprochenen Wortes besser erkennen.
  Dieses Verfahren wird in Abb. 83 und Abb. 84 für die fünf Worte beschrieben. Das Verfahren kann auf Amplituden- und Leistungs(dichte)–Referenzspektren ausgedehnt werden. Diese jeweils 5 gemittelten Referenzspektren können abspeichern und anschließend mit dem System in Abb. 81 getestet werden. Vorher müssen die gemittelten Referenzspektren in das System nach Abb. 81 eingegeben werden.

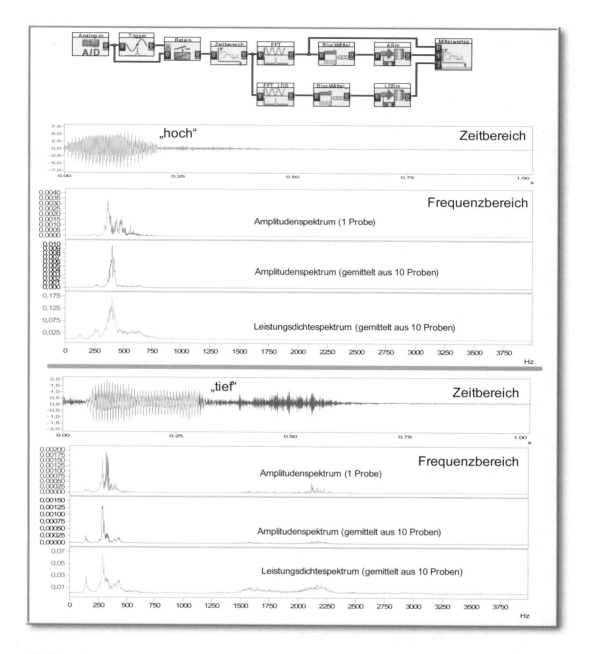

Abbildung 83:   ***Tolerantes Verfahren zur Spracherkennung***

Das Verfahren nach Abb. 81 hat u. a. den Nachteil, frequenzmäßig so „scharf" zu analysieren, dass kleinste stimmliche Änderungen in der Tonlage, die sich als geringfügige Frequenzänderung bemerkbar machen, erheblich den Korrelationsfaktor beeinflussen und schnell falsche Ergebnisse ergeben können.

*Auf der Suche nach „stabileren" Verfahren bietet sich die Idee an, durch **Mittelung** mehrerer Referenzspektren des gleichen Wortes mehr Toleranz bei der Mustererkennung zu erzielen. Es besteht die Hoffnung, hierdurch das **Typische** des Referenzspektrums besser herauszukristallisieren.*

Oben ist die Schaltung abgebildet, mit deren Hilfe sich gemittelte Referenzspektren für Amplitude und Leistungsdichte erstellen und abspeichern lassen. In dieser und Abb. 84 sind für jedes der fünf Worte alle Signale für Zeit und Frequenzbereich festgehalten.

Eine genauere Betrachtung dieser Spektren ergibt, dass die gemittelten Spektren wohl die generelle Tendenz aller Spektren besser verkörpert als das Spektrum einer einzelnen Probe, die immer einen untypischen „Ausrutscher" enthalten.

Sie sollten versuchen, mit Ihren eigenen Stimmproben eine verbesserte Worterkennung zu erzielen!

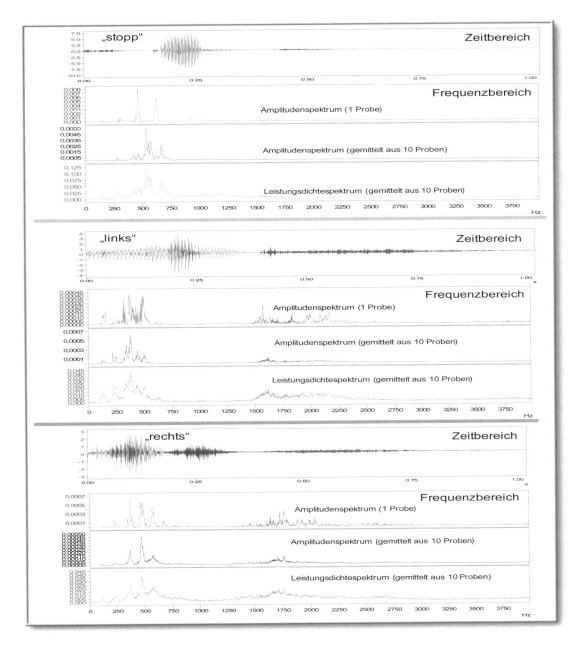

Abbildung 84:   ***Verfeinerte Spracherkennung für den Hochregalstapler***

Bei allen Referenzspektren aus Abb. 83 und Abb. 84 liegen die wesentlichen Informationen offensichtlich im Bereich bis 750 Hz. Dies ist ein weiterer Nachteil für die Worterkennung neben der Tatsache, dass hier keine Frequenz–Zeit–Landschaft („Nagelbrett-Muster") als Erkennungsgrundlage genutzt werden kann.

Falls es Ihnen gelingt, mit diesen Angaben ein vorführbares System mit annehmbarer „Treffsicherheit" herzustellen, besitzen Sie nachweislich fortgeschrittene Kenntnisse zum Themenkreis „Signale – Prozesse – Systeme".

In Kapitel 14 wird ein vollkommen neuer Ansatz vorgestellt werden, das Spracherkennungssystem zu verbessern. Dies geschieht mithilfe eines künstlichen Neuronalen Netzes. Neuronale Netze stellen einen *Paradigmenwechsel* in der Signalverarbeitung dar, weil sie in einem gewissen Sinne *lernfähig* sind: das Neuronale Netz wird mit geeigneten realen Daten „trainiert", bis es die gewünschten Ergebnisse liefert.

Diese künstlichen Neuronalen Netze sind sehr einfach aufgebaut und mit der Leistungs-fähigkeit biologischer Neuronaler Netze nicht zu vergleichen.

Ihrer Kreativität und Inspiration sind also kaum Grenzen gesetzt und DASY*Lab* lässt es zu, fast alle Ideen mit wenigen Mausklicks zu überprüfen. Eine erfolgreiche Lösung bedingt jedoch systematisches Vorgehen. Wer nur herumprobiert, hat keine Chance.

Hier ist *wissenschaftsorientiertes* Vorgehen angesagt. Zunächst müssen verschiedene Möglichkeiten ins Auge gefasst werden, hinter denen *eine physikalisch begründbare Idee* steckt. Diese müssen sorgfältig erprobt und protokolliert werden.

Eine perfekte Lösung ist auf dieser Basis allerdings nicht möglich, lediglich eine relativ Beste. Unser Gehirn setzt ja noch zusätzliche, ungeheuer wirksame Methoden ein, z. B. das gesprochene Wort aus dem *Zusammenhang* her zu erkennen. Da ist auch DASY*Lab* mit seinem Latein am Ende.

Mustererkennung

Genau genommen haben wir mit der Korrelation *das* grundlegende Phänomen der Kommunikation aufgegriffen: die *Mustererkennung*. Jeder „Sender" kann nicht mit dem „Empfänger" kommunizieren, falls nicht ein verabredeter, Sinn gebender Vorrat an Mustern zugrunde liegt bzw. vereinbart wurde. Dabei ist es gleich, ob es sich um ein tech-nisches Modulationsverfahren oder um Ihren Aufenthalt im Ausland mit seinen fremd-sprachlichen Problemen handelt.

Damit Sie das Modul „Korrelation" bzw. den Korrelationsfaktor nicht blind verwenden, soll hier noch gezeigt werden, wie einfach Mustererkennung sein kann (aber nicht sein muss!). Wie wird der Korrelationsfaktor – also die „Ähnlichkeit zweier Signale in %" – durch den Computer berechnet?

Die Grundlage für die Erklärung liefert Ihnen Abb. 85. Mit der oberen Hälfte soll wieder in Erinnerung gerufen werden, dass der Computer in Wahrheit „Zahlenketten" rechne-risch verarbeitet und keine kontinuierlichen Funktionen – oben – dargestellt. Die Zahlen-ketten lassen sich bildlich als Folge von Messwerten einer bestimmten Höhe darstellen.

Für die beiden unteren Signale soll nun der Korrelationsfaktor ermittelt werden. Das untere Signal soll das Referenzsignal sein. Uns soll gar nicht interessieren, ob es sich um den Zeit- oder Frequenzbereich handelt. Zur Vereinfachung beschränken wir die Anzahl der Messwerte auf 16 und „quantisieren" das Signal, indem wir lediglich 9 verschiedene, ganzzahlige Werte von 0 bis 8 zulassen.

Nun werden die jeweils untereinander stehenden Messwerte miteinander multipliziert. Alle diese Produkte werden dann aufsummiert. Es ergibt sich so:

$$2 \cdot 6 + 2 \cdot 7 + 2 \cdot 8 + 3 \cdot 8 + 3 \cdot 8 + 4 \cdot 8 + \ldots + 7 \cdot 1 + 7 \cdot 1 + 0 \cdot 7 + 0 \cdot 8 = \mathbf{273}$$

Diese Zahl sagt bereits etwas über die Ähnlichkeit aus; je größer sie ist, desto mehr Über-einstimmung dürfte vorhanden sein.

Aber wie „normieren" wir diesen Wert, sodass er zwischen 0 und 1 liegt? Da das untere Signal als Referenzsignal festgelegt wurde, wird nun auf die gleiche Weise die Ähnlich-keit zwischen dem Referenzsignal und sich selbst festgestellt. Es ergibt sich:

$$2 \cdot 2 + 2 \cdot 2 + 2 \cdot 2 + 3 \cdot 3 + 3 \cdot 3 + 4 \cdot 4 + \ldots + 7 \cdot 7 + 7 \cdot 7 + 7 \cdot 7 + 8 \cdot 8 = \mathbf{431}$$

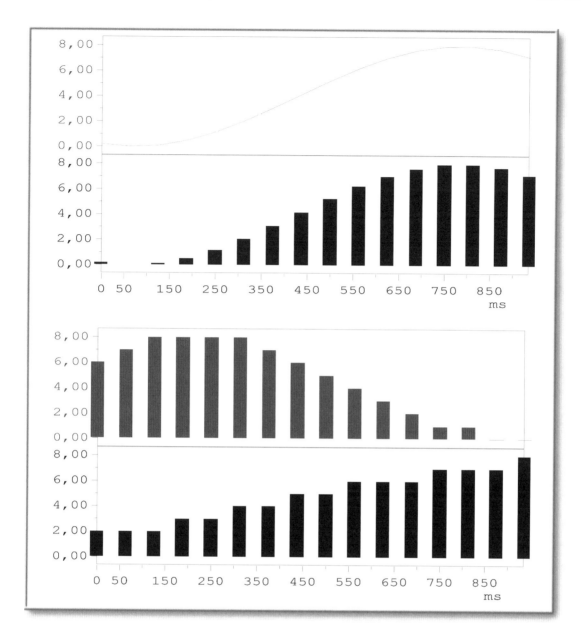

Zur Berechnung der Korrelation bzw. des Korrelationsfaktors

DASYLab stellt üblicherweise die Signale als kontinuierliche Funktion dar, indem die Messpunkte mitein-ander verbunden werden. Falls Sie genau hinsehen, erkennen Sie oben jeweils eine Gerade zwischen zwei Messpunkten. Dadurch wird zwar die Übersichtlichkeit erhöht, jedoch auch vorgegaukelt, sich in einer analogen Welt zu befinden.

Bei 431 wäre also die Übereinstimmung 100 % oder 1,0 . Indem wir den oberen durch den unteren Wert dividieren (Dreisatzrechnung), erhalten wir 273/431 = 0,63 bzw. eine Ähnlichkeit von 63 % zwischen den beiden Signalen bzw. Signalausschnitten.

Worin besteht denn hier eigentlich die Ähnlichkeit? Zum einen sind alle Messwerte im positiven Bereich. Zum anderen besitzen sie auch die gleiche Größenordnung. Innerhalb des kleinen Ausschnittes verlaufen beide Signale also „in etwa gleichartig".

Aufgaben zu Kapitel 4

Aufgabe 1

(a) Versuchen Sie über die *.ddf-Datei eines gesprochenen Wortes auf dem Bildschirm die Abschnitte von Vokalen und Konsonanten wie in Abb. 67 zu erkennen.

(b) Entwickeln sie eine Schaltung, mit deren Hilfe Sie diese verschiedenen Abschnitte weitgehend getrennt analysieren können (Tipp: Abb. 72).

(c) Zeichnen Sie ein bestimmtes Wort mehrmals hintereinander, jedoch in größerem zeitlichen Abstand auf und vergleichen Sie die Spektren.

(d) Zeichnen Sie ein bestimmtes, von verschiedenen Personen gesprochenes Wort auf und vergleichen Sie die Spektren.

(e) Nach welchen Gesichtspunkten sollten die Referenzspektren ausgesucht werden?

(f) Welche Vorteile könnte es bringen, statt der Amplitudenspektren die Einstellung „Leistungsspektrum" zu wählen? Welche Frequenzen werden hierbei hervorgehoben, welche unterdrückt?

Aufgabe 2

(a) Entwerfen Sie ein System zur Erstellung von Zeit–Frequenz–Landschaften von Sprache (siehe Abb. 73).

(b) Zerlegen Sie das Signal in immer kleinere, sich überlappende, gefensterte Blöcke und verfolgen Sie die Veränderung der Frequenz–Zeit–Landschaft.

(c) Stellen Sie die Frequenz–Zeit–Landschaft als „Nagelbrettmuster" dar, indem Sie die „Balkendarstellung" des Signals wählen (siehe Abb. 70).

(d) Stellen Sie die Zeit–Frequenz–Landschaft als Sonogramm dar (siehe Abb. 73. Stellen Sie die Farbskala so ein, dass die Bereiche verschiedener Amplituden optimal dargestellt werden.

(e) Recherchieren Sie (z. B. im Internet), wofür Sonogramme in Wissenschaft und Technik verwendet werden!

(f) Wie lassen sich in Sonogrammen Vokale und Konsonanten unterscheiden?

Aufgabe 3

(a) Versuchen Sie ein System zur akustischen Erkennung von Personen zu entwerfen ("Türöffner" im Sicherheitsbereich).

(b) Welche technischen Möglichkeiten sehen Sie, ein solches System zu überlisten?

(c) Durch welche Maßnahme(n) könnten Sie dies verhindern?

Aufgabe 4

Führen Sie den Versuch zu Abb. 83 und Abb. 84 durch und versuchen Sie, ein „verfeinertes" Spracherkennungssystem für 5 Worte zu entwickeln. Denken Sie hierbei kreativ und versuchen sie, ggf. neuartige Lösungen zu finden!

Kapitel 5

Das Symmetrie – Prinzip

Die Symmetrie ist eines der wichtigsten Strukturmerkmale der Natur. Der Raum ist symmetrisch bzw. isotrop – d. h. keine Richtung wird physikalisch bevorzugt – und praktisch zu jedem Elementarteilchen (z. B. das Elektron mit negativer Elementarladung) fordert (und findet) man dann ein "spiegelbildliches" Objekt (z. B. das Positron mit positiver Elementarladung). Zu Materie gibt es aus Symmetriegründen Antimaterie.

Aus Symmetriegründen: negative Frequenzen

Ein periodisches Signal beginnt ja nicht bei t = 0 s. Es weist eine Vergangenheit und eine Zukunft auf, und beide liegen quasi symmetrisch zur Gegenwart.

Jedoch beginnt im Frequenzbereich das Spektrum (bislang) immer bei f = 0 Hz. Das Äquivalent (das Entsprechende) zur Vergangenheit wären "negative Frequenzen" im Frequenzbereich. Negative Frequenzen machen zunächst keinen Sinn, weil sie nicht physikalisch interpretierbar erscheinen. Aber wir sollten das Symmetrie–Prinzip der Natur so ernst nehmen, um doch nach Effekten zu suchen, bei denen negative Frequenzen eventuell den Schlüssel zum Verständnis liefern könnten.

Einen solchen Effekt beschreibt Abb. 86. Um Sie neugierig zu machen, schauen Sie sich bitte noch einmal die Abb. 45 in Kapitel 3 genau an. Dort wurde der Verlauf des Spektrums mit zunehmender Einschränkung des Zeitbereiches Δt immer unsymme-trischer. Dies bedarf einer Erklärung, denn im Zeitbereich gibt es kein Äquivalent hierzu.

Wir wollen nun experimentell beweisen: Diese Unsymmetrie kann erklärt und sozusagen behoben werden, falls negative Frequenzen und z. B. auch negative Amplituden zugelassen werden. Physikalisch müssten dann *negative* und *positive* Frequenzen immer *gemeinsam* wirken, jede energiemäßig zur Hälfte.

Betrachten wir hierzu etwas näher den Messvorgang, die Zeit – z. B. die Periodendauer T bzw. die Frequenz über f = 1/T – zu bestimmen. Zunächst wird ein zeitlicher Bezugspunkt gewählt, hier genau das positive Maximum der Sinusschwingung. Von diesem Bezugspunkt ausgehend wird anschließend der Zeitpunkt bestimmt, an dem die (periodische) Sinusschwingung genau wieder diesen Wert erreicht. Der Messvorgang kann aber in zwei *verschiedene* Richtungen durchgeführt werden. Beide Messungen liefern den gleichen Betrag. Physikalisch unterscheiden sie sich jedoch dadurch, dass relativ zum Bezugspunkt die eine Messung in die „Zukunft" nach rechts, die andere in die „Vergangenheit" nach links vorgenommen wird. Beide zum Bezugspunkt spiegelsymmetrischen, aber verschiedenen Messungen könnten jeweils durch ein positives bzw. negatives Vorzeichen der Periodendauer T kodiert werden. Diese etwas schlicht erscheinende Überlegung steht in Übereinstimmung mit Interpretationen der Messergebnisse an Quantenobjekten. Was bedeuten hiernach Beobachtungsergebnisse? Nichts anderes als (kodierte) Information!

Beweis für die physikalische Existenz negativer Frequenzen

Abb. 86 liefert uns einen ersten Hinweis auf die physikalische Existenz negativer Frequenzen. Eine Erklärung dieses Versuches mit nur positiven Frequenzen schlägt fehl.

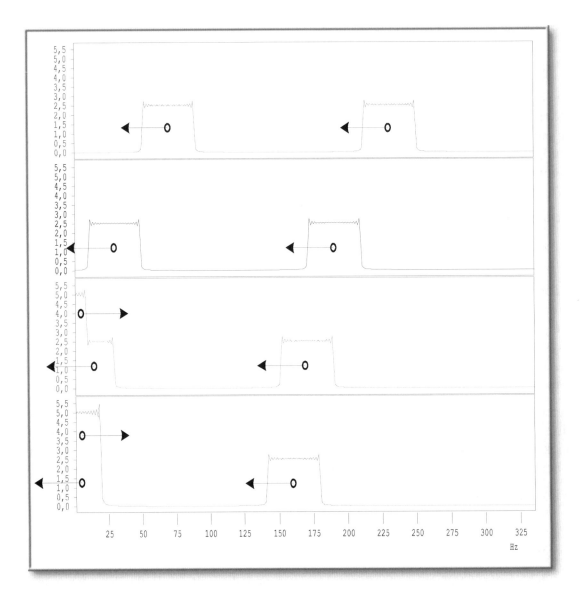

Abbildung 86:   ***Frequenzspiegelung?***

Ein recht komplexes Signal – dessen Verlauf im Zeitbereich uns gar nicht interessieren soll – liefert ein Spektrum, welches aus zwei getrennten, gleich steilflankigen und breiten Frequenzbändern besteht. Durch geschickte Manipulation des Signals werden die beiden Frequenzbänder – ohne ihren Verlauf oder Abstand zu ändern – nun Schritt für Schritt nach links in Richtung f = 0 Hz verschoben. Was passiert, wenn das untere Frequenzband über f = 0 Hz nach links hinausgeht?

In den drei unteren Bildern lässt sich erkennen, dass das „negative Spektrum" wie gespiegelt im positiven Bereich erscheint und sich dem positiven Bereich „überlagert", d. h. addiert wird. Bei weiterer Frequenzverschiebung „bewegt" sich das „positive Frequenzband" weiter nach links, das „negative Frequenzband" dagegen weiter nach rechts. Die ehemals tieferen Frequenzen sind jetzt die höheren und umgekehrt! Das interessanteste Bild ist zweifellos das Unterste. Hier überlappen sich positiver und negativer Bereich gerade so, dass links eine Tiefpass–Charakteristik vorliegt. Demnach ist ein Tiefpass gewissermaßen auch ein Bandpass mit der Mittenfrequenz f = 0 Hz, die virtuelle – und wie wir noch zeigen werden – physikalische Bandbreite ist das Doppelte der hier sichtbaren Bandbreite!

Durch einen Trick – „Faltung" einer Si–Funktion (siehe Kapitel 10) – werden die beiden Frequenzbänder eines speziellen Signals immer weiter nach links in Richtung f = 0 Hz verschoben. Was wird passieren, wenn schließlich f = 0 Hz überschritten wird?

Gäbe es keine negativen Frequenzen, so würde das Frequenzband nach und nach immer mehr abgeschnitten werden und schließlich verschwunden sein!

Das ist aber mitnichten der Fall. Der über f = 0 in den negativen Bereich hineinragende Teil des Frequenzbandes erscheint an der vertikalen Achse wie „gespiegelt" wieder im positiven Bereich. Kann diese „Richtungsumkehr" etwa sinnvoll physikalisch interpretiert werden? Wird vielleicht lediglich der *Betrag* der negativen Frequenz weiter berücksichtigt? Oder aber: Schiebt sich aus dem negativen Bereich ein zum positiven Bereich vollkommen spiegelsymmetrisches Frequenzband in den positiven Bereich und umgekehrt?

Am interessantesten ist natürlich das unterste Bild in Abb. 86. Hier handelt es sich beim linken Frequenzband um eine Tiefpass–Charakteristik, deren Bandbreite genau die Hälfte der ursprünglichen Bandbreite bzw. der Bandbreite des rechten Bandes entspricht. Dafür ist sein Amplitudenverlauf doppelt so hoch. Jeder Tiefpass scheint demnach eine „virtuelle Bandbreite" zu besitzen, die *doppelt so groß* ist wie die im Spektrum mit positiven Frequenzen sichtbare Bandbreite. Wir können zeigen, dass diese „virtuelle" Bandbreite die eigentliche physikalische Bandbreite ist. Dies folgt aus dem **UP**. Würde nämlich der Filterbereich bei f = 0 Hz beginnen, besäße der Tiefpass dort eine *unendlich große Flankensteilheit*. Genau dies verbietet das **UP**. Weiterhin verrät uns dies auch der Zeitbereich (siehe Kapitel 6 unter „Einschwingvorgänge"). Damit ist die physikalische Existenz negativer Frequenzen auf der Basis des Unschärfe–Prinzips bewiesen!

Das raffinierte Signal aus Abb. 86 wurde im Zeitbereich mithilfe der Si–Funktion erzeugt. Das liegt nahe, falls Sie sich noch einmal die Abb. 48 und Abb. 49 anschauen. Diese Signalform erscheint immer wichtiger und es drängt sich die Frage auf, ob es die Si–Funktion auch im negativen Frequenzbereich gibt. Die Antwort lautet *ja*, falls wir negative Frequenzen und auch negative Amplituden zulassen. Dann gilt endgültig das Symmetrie–Prinzip zwischen Zeit- und Frequenzbereich.

In Abb. 87 oben sehen wir noch einmal das 3D–Spektrum eines schmalen (periodischen) Rechteckimpulses. Betrachten Sie genau die „Spielwiese der Sinus–Schwingungen", und zwar dort, wo der Rechteckimpuls symmetrisch zu t = 0,5 s liegt. Da das Tastverhältnis τ/T ca. 1/10 beträgt, liegt die erste Nullstelle bei der 10. Harmonischen. Die Amplituden der ersten 10 Harmonischen zeigen bei t = 0,5 s auf der „Spielwiese" nach oben, von 11 bis 19 aber nach unten, danach wieder nach oben usw. Es wäre also besser, die Amplituden des Amplitudenspektrums im zweiten (vierten usw.) Sektor (11 bis 19) nach unten statt nach oben aufzutragen.

In Abb. 87 Mitte sehen Sie das kontinuierliche Amplitudenspektrum eines *einmaligen* Rechteckimpuls. Wird der Verlauf im zweiten, vierten, sechsten usw. Sektor nach unten gezeichnet, müsste es Ihnen allmählich auffallen. Dann sehen Sie nämlich nichts anderes als die rechte Symmetriehälfte der Si–Funktion. Und zuguterletzt: Zeichnet man die Si–Funktion spiegelsymmetrisch nach links in den negativen Frequenzbereich, so ergibt sich die komplette Si–Funktion (allerdings genau genommen nur halb so hoch, weil die Hälfte der Energie ja auf die negativen Frequenzen fallen muss).

Was anhand von „Experimenten" – die hier durchgeführten Versuche/Simulationen mit einem virtuellen System würden real mit geeigneten Messinstrumenten zu vollkommen gleichen Ergebnissen führen – ermittelt wurde, liefert die Mathematik automatisch.

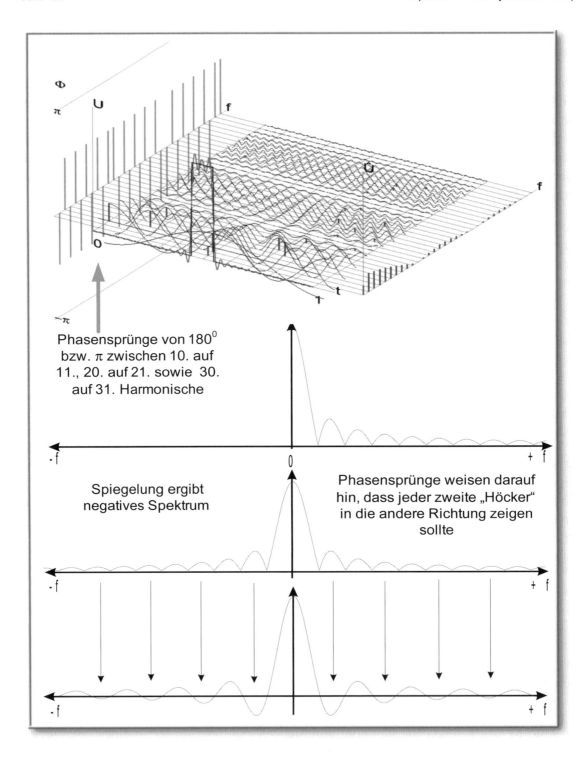

Phasensprünge von 180°
bzw. π zwischen 10. auf
11., 20. auf 21. sowie 30.
auf 31. Harmonische

Spiegelung ergibt
negatives Spektrum

Phasensprünge weisen darauf
hin, dass jeder zweite „Höcker"
in die andere Richtung zeigen
sollte

Abbildung 87:   ***Symmetrisches Spektrum***

Oben: Darstellung eines (periodischen) Rechteckimpulses mit Tastverhältnis τ/T = 1/10 im Zeit- und Frequenzbereich. Auf der „Spielwiese der Sinus–Schwingungen" liegen die Amplituden der ersten neun Harmonischen in der Impulsmitte (t = 0,5 s) in Impulsrichtung nach oben, die nächsten neun Harmonischen dagegen nach unten usw.

Unten: Darstellung des Amplitudenspektrums (eines einmaligen, also nichtperiodischen Rechteckimpulses) mit negativen Frequenzen und Amplituden. Jetzt ergibt sich eine „symmetrische FOURIER–Transformation" vom Zeit- in den Frequenzbereich und umgekehrt. Beachten Sie, dass nunmehr auch die Phaseninformation im Amplitudenspektrum enthalten ist!

Warum leistet die Mathematik (der FOURIER–Transformation) dies?

Steht am Anfang der Berechnung eine richtige physikalische Aussage mit realen Randbedingungen, so liefern alle weiteren mathematischen Berechnungen richtige Ergebnisse, weil die verwendeten mathematischen Operationen in sich widerspruchsfrei sind. Allerdings muss nicht jede beliebige mathematische Operation auch physikalisch interpretierbar scin!

Eine Rechteck–Funktion im Zeitbereich/Frequenzbereich liefert also eine Si–Funktion im Frequenzbereich/Zeitbereich, falls hier aus Symmetriegründen negative Frequenzen und negative Amplituden gleichberechtigt zu den positiven Werten zugelassen werden.

Alle im rein positiven Frequenzbereich auftretenden Frequenzen bzw. Frequenzbänder erscheinen spiegelsymmetrisch liegend im negativen Frequenzbereich. Die Energie vertcilt sich gleich auf beide „Seitenbänder".

> *Symmetrie–Prinzip **SP**:*
>
> *Die Ergebnisse der FOURIER–Transformation vom Zeit- in den Frequenzbereich sowie die vom Frequenz- in den Zeitbereich sind weitgehend identisch, falls negative Frequenzen und Amplituden zugelassen werden. Durch diese Darstellungsweise entspricht die Signal–Darstellung im Frequenzbereich weitgehend der des Zeitbereichs.*

Demnach besitzt also nur ein einziges "Signal" im symmetrischen Frequenzspektrum eine einzige Spektrallinie: die Gleichspannung U = konstant. Für sie gilt $f = 0$ Hz, deshalb fallen $+f$ und $-f$ zusammen. Jeder Sinus dagegen besitzt die zwei Frequenzen $+f$ und $-f$, die symmetrisch zu $f = 0$ Hz liegen. Beim Sinus wiederum muss aus Symmetriegründen – die Sinusfunktion ist *punktsymmetrisch* zum Zeitpunkt $t = 0$ – zu einer der beiden Frequenzen eine negative Amplitude gehören. Beim Cosinus – also einem um $\pi/2$ rad phasenverschobenen bzw. $T/4$ zeitlich verschobenen Sinus, der *achssymmetrisch* zur vertikalen U–Achse bei $t = 0$ liegt – ist die Symmetrie perfekter: beide Linien zeigen in eine Richtung.

> *Die im negativen Frequenzbereich liegende Frequenzband-Hälfte eines Tiefpasses wird **Kehrlage** genannt, weil eine „Frequenzvertauschung" vorliegt. Die im positiven Bereich liegende Hälfte wird als **Regellage** bezeichnet.*

Nun ist auch erklärlich, wie es zu den „Symmetrieverzerrungen" in der Abb. 45 unten kam. Der negative Frequenzbereich ragt in den positiven Frequenzbereich hinein und überlagert (addiert) sich zu den positiven Frequenzen. Das macht sich am stärksten in der Nähe der Nullachse bemerkbar.

Umgekehrt ragt auch der positive Frequenzbereich in den negativen hinein und überlagert sich dort mit dem negativen Bereich, sodass sich zwei zur Nullachse vollkommen spiegelsymmetrische Spektralbereiche ergeben.

Über das Symmetrie–Prinzip **SP** sind wir zu einer vereinfachten und vereinheitlichten Darstellung von Zeit- und Frequenzbereich gekommen. Außerdem enthält diese Darstellungsform auch mehr Information. So geben „negative Amplituden" z. B. Hinweise auf den Phasenverlauf, d. h. Hinweise auf die Lage der Sinus–Schwingungen zueinander.

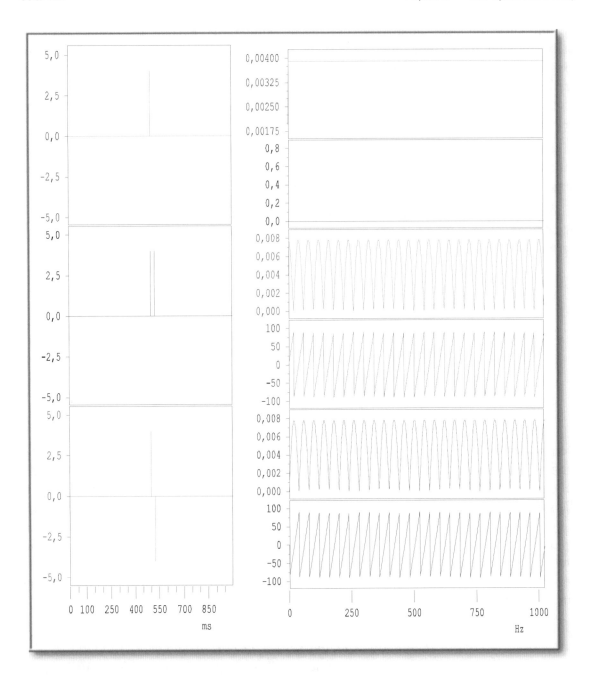

Abbildung 88:   **Gibt es aus Symmetriegründen auch ein sinusförmiges Amplitudenspektrum?**

Eine reizvolle Frage, die auch als Prüfstein für das Symmetrie–Prinzip aufgefasst werden kann.

*Obere Reihe: **Eine** Linie im Zeitbereich (z. B. bei t = 0) ergibt einen konstanten Verlauf des Amplituden-spektrums, wie auch eine einzige Linie im Amplitudenspektrum bei f = 0 eine „Gleichspannung" im Zeit-bereich ergibt.*

*Mittlere und untere Reihe: **Zwei** Linien (z. B. bei t = -20 ms und t = +20 ms) ergeben einen cosinus- bzw. sinusförmigen Verlauf des Amplitudenspektrums (falls negative Amplituden zugelassen werden!), wie auch zwei Linien im Amplitudenspektrum (z. B. bei f = -50 Hz und f = +50 Hz) einen cosinus- bzw. sinusförmi-gen Verlauf im Zeitbereich garantieren.*

Der Phasensprung von π – genauer von +π/2 bis -π/2 – an den Nullstellen des (sinusförmigen) Amplitudenspektrums ist der Beweis dafür, dass jede zweite „Halbwelle" eigentlich im negativen Bereich liegen müsste!

Bezüglich der FOURIER–Transformation sind also Zeit- und Frequenzbereich weitgehend symmetrisch, falls – wie gesagt – für den Spektralbereich negative Frequenzen und Amplituden zugelassen werden.

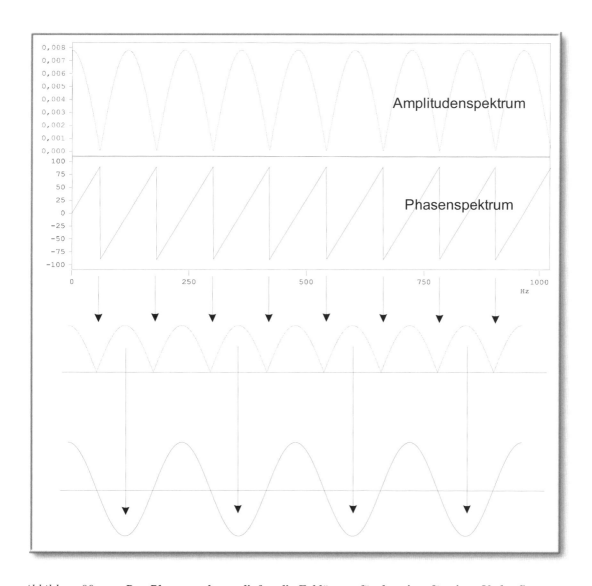

Abbildung 89:   ***Das Phasenspektrum liefert die Erklärung für den sinusförmigen Verlauf!***

*Vielleicht haben Sie sich auch schon gedacht:" Ein δ–Impuls ergibt einen konstanten Spektralverlauf (alle Frequenzen sind ja in gleicher Stärke vorhanden!), dann müssten zwei δ–Impulse ja eigentlich ebenfalls einen konstanten Spektralverlauf doppelter Höhe ergeben?". Ganz falsch ist dies nicht gedacht, nur gilt das lediglich für die Stellen, an denen die entsprechenden gleichfrequenten Sinus–Schwingungen beider δ– Impulse **in Phase** sind. Dies gilt genau nur für die Nullstellen des Phasenspektrums! An den „Sprung-stellen" des Phasenspektrums liegen die gleichfrequenten Sinus–Schwingungen beider δ–Impulse genau um π phasenverschoben und löschen sich damit gegenseitig aus (Interferenz!). Zwischen diesen beiden Extremstellen verstärken oder vermindern sie sich je nach Phasenlage zueinander gegenseitig.*

Um mit der Wahrheit herauszurücken: Die perfekte Symmetrie im Hinblick auf negative Amplituden ist nicht immer gegeben. Sie beschränkt sich bei der FOURIER–Transformation auf Signale, die – wie Sinus- oder Rechteck–Funktion – spiegelsymmetrisch in Richtung „Vergangenheit" und „Zukunft" verlaufen (siehe Abb. 91).

Ein im Signal enthaltener Sinus kann aus theoretischer Sicht *jede* Phasenlage einnehmen. Dies wird nachfolgend noch genau gezeigt werden, sobald mithilfe der GAUSSschen Zahlenebene die Darstellung von Signalen im sogenannten *Signalraum* eingeführt wird.

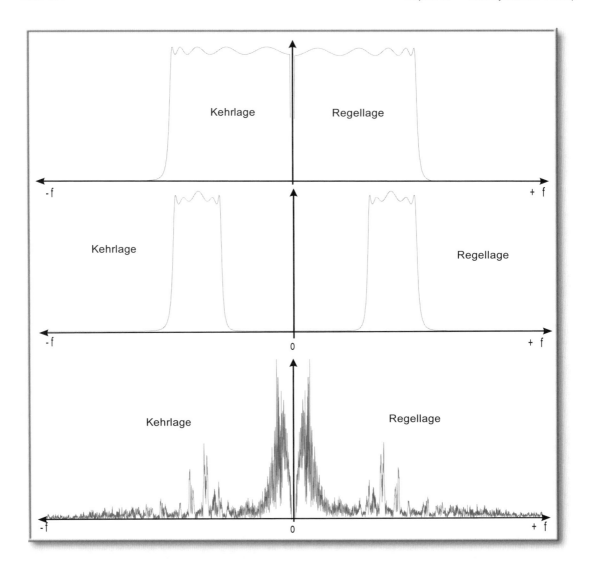

Abbildung 90:   ***Regel– und Kehrlage als Charakteristikum symmetrischer Spektren***

*Obere Reihe: symmetrisches Spektrum eines Tiefpasses. Jeder Tiefpass ist gewissermaßen ein „Bandpass"
mit der Mittenfrequenz f = 0 Hz. Beide Hälften des Spektrums sind spiegelbildlich identisch; sie enthalten
vor allem die gleiche Information. Jedoch kann der Tiefpass nicht bei f = 0 Hz beginnen, er hätte sonst bei
f = 0 Hz eine **unendlich steile** Filterflanke. Dies jedoch würde gegen das **UP** verstoßen!*

*Mittlere Reihe: Auch ein Bandpass besitzt ein spiegelbildliches Pendant. Besonders wichtig ist, jeweils in
der Kehr- und Regellage sorgfältig mit den Begriffen „obere und untere Grenzfrequenz" des Bandpasses
umzugehen.*

*Untere Reihe: symmetrisches Spektrum (mit Regel– und Kehrlage) eines Ausschnitts aus einem Audio–
Signal ("Sprache"). Manche Computerprogramme stellen im Frequenzbereich konsequent immer das
symmetrische Spektrum dar. Das symmetrische Spektrum wird auch durch die Mathematik (FFT) automatisch geliefert. Allerdings würde dann die Hälfte des Bildschirms für „redundante" Information verloren
gehen. Bei „unsymmetrischen" Audio–Signalen gibt es keine Spiegel–Symmetrie in Richtung Vergangenheit und Zukunft wie z. B. beim (periodischen) Rechteck. Deshalb gibt es hierbei nicht diese einfache
Symmetrie im Frequenzbereich mit positiven und negativen Amplituden usw.*

Symmetrische Spektren führen ferner nicht zu Fehlinterpretationen von Spektralverläufen
wie in Abb. 45. Ferner lassen sich nichtlineare Signalprozesse (Kapitel 7) wie Multiplikation, Abtastung bzw. Faltung, die für die Digitale Signalverarbeitung DSP eine überragende Bedeutung besitzen, einfacher nachvollziehen.

Periodische Spektren

Rufen wir uns noch einmal in Erinnerung: *Periodische Signale besitzen Linienspektren!* Die Linien sind äquidistant bzw. sind die ganzzahlig Vielfachen einer Grundfrequenz.

Aufgrund des Symmetrie–Prinzips sollte nun eigentlich gelten: Äquidistante Linien im Zeitbereich müssten eigentlich auch *periodische Spektren* im Frequenzbereich geben. In Abb. 92 wird dies experimentell untersucht. In der ersten Reihe sehen Sie das Linienspektrum einer periodischen Sägezahn–Funktion.

In der zweiten und dritten Reihe sehen Sie periodische δ–Impulsfolgen verschiedener Frequenz, *und zwar im Zeit- und Frequenzbereich!* Dies ist der Sonderfall, bei dem beides gleichzeitig im Zeit- und Frequenzbereich auftritt: Periodizität *und* Linien!

In der vierten Reihe ist eine einmalige, kontinuierliche Funktion – ein Teil einer Si–Funktion – dargestellt, die ein relativ schmales kontinuierliches Spektrum aufweist. Wird dieses Signal digitalisiert – d. h. als Zahlenkette dargestellt – so entspricht dies aus mathematischer Sicht der Multiplikation dieser kontinuierlichen Funktion mit einer periodischen δ–Impulsfolge (hier mit der δ–Impulsfolge der dritten Reihe). Dies zeigt die untere Reihe.

Jedes digitalisierte Signal besteht dadurch aus einer periodischen, aber „*gewichteten*" δ–Impulsfolge. Jedes digitalisierte Signal besteht also aus (äquidistanten) Linien im Zeitbereich und muss deshalb ein periodisches Spektrum besitzen.

> *Der wesentliche Unterschied zwischen den zeitkontinuierlichen analogen Signalen und den zeitdiskreten digitalisierten Signalen liegt also im Frequenzbereich:* **Digitalisierte Signale besitzen immer periodische Spektren!**

Periodische Spektren stellen also keinesfalls eine theoretische Kuriosität dar, sie sind vielmehr der Normalfall, weil die Digitale Signalverarbeitung DSP (Digital Signal Processing) schon längst die Oberhand in der Nachrichtentechnik/Signalverarbeitung gewonnen hat. Wie bereits im Kapitel 1 beschrieben, wird die Analogtechnik zunehmend dorthin verdrängt, wo sie immer physikalisch notwendig ist: an die Quelle bzw. Senke eines nachrichtentechnischen Systems (z. B. Mikrofon/Lautsprecher bei der (digitalen) Rundfunkübertragung sowie auf dem eigentlichen Übertragungsweg.

Inverse FOURIER – Transformation und GAUSSsche Zahlenebene

Sobald ein signaltechnisches Problem aus den beiden Perspektiven Zeit- und Frequenzbereich betrachtet wird, ist außer dem FOURIER–Prinzip **FP** und dem Unschärfe–Prinzip **UP** auch das Symmetrie–Prinzip **SP** mit im Spiel.

Nachdem bislang in diesem Kapitel das Phänomen „Symmetrie" dominierte, sollen nun die Anwendung sowie die messtechnische Visualisierung – Sichtbarmachung – des Symmetrie–Prinzips im Vordergrund stehen. Gewissermaßen als Krönung des Symmetrie–Prinzips sollte es eine Möglichkeit geben, mit der gleichen Operation *FOURIER–Transformation* auch von dem Frequenzbereich in den Zeitbereich zu gelangen.

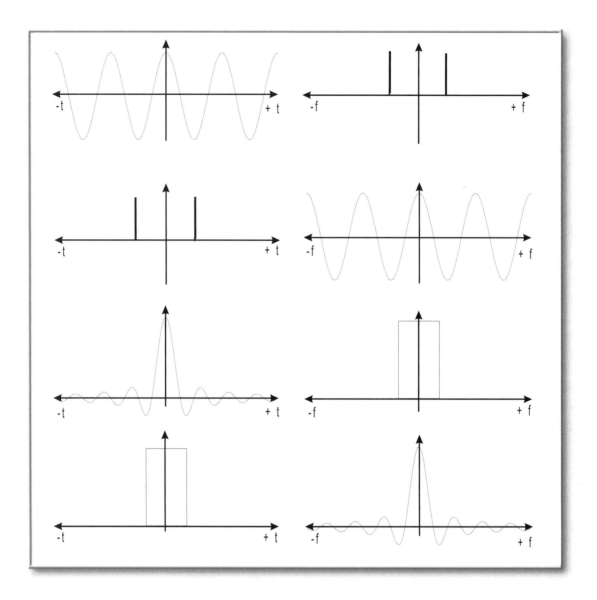

Abbildung 91:   ***Symmetriebilanz***

Die Bilder fassen noch einmal für zwei komplementäre Signale – Sinus und δ–Impuls sowie Si–Funktion und Rechteck–Funktion – die Symmetrieeigenschaften zusammen. Die wesentlich Erkenntnis ist: Signale des Zeitbereichs können in gleicher Form im Frequenzbereich (und umgekehrt) vorkommen, falls negative Frequenzen und Amplituden zugelassen werden. Zeit- und Frequenzbereich stellen zwei „Welten" dar, in denen gleiche Gestalten – in die „andere Welt" projiziert – die gleichen Abbilder ergeben.

Genau genommen gilt diese Aussage vollständig jedoch nur für diejenigen Signale, die – wie hier darge-stellt – spiegelsymmetrisch in Richtung „Vergangenheit" und „Zukunft" verlaufen. Diese Signale bestehen aus Sinus–Schwingungen, die entweder gar nicht oder um π zueinander phasenverschoben sind; mit anderen Worten, die eine positive oder negative Amplitude besitzen!

*Beachten Sie auch, dass hier idealisierte Signale als Beispiele genommen wurden. Es gibt aus physikali-scher Sicht weder rechteckige Funktionen im Zeit-, noch im Frequenzbereich. Weil die Si–Funktion die FOURIER–Transformierte der Rechteck–Funktion ist, kann es sie in der Natur auch nicht geben. Auch sie reicht – wie der Sinus (oben) – unendlich weit nach links und rechts, im Zeitbereich also unendlich weit in Vergangenheit und Zukunft. Schließlich kann es auch keine Spektral**linien** geben, denn dazu müsste die Sinus–Schwingung ja wegen des **UP** ja unendlich lang andauern.*

*In der Natur braucht halt jede Änderung ihre Zeit und alles hat einen Anfang und ein Ende! Idealisierte Funktionen (Vorgänge) werden betrachtet, um zu wissen, wie reale und **fast** ideale Lösungen aussehen sollten.*

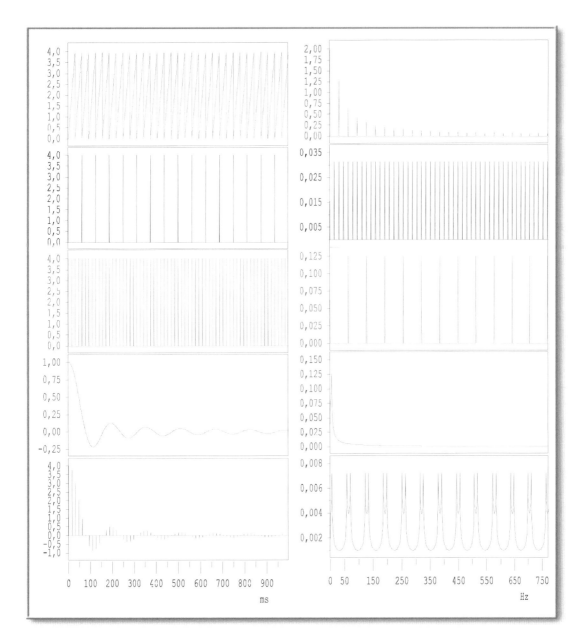

Abbildung 92:   ***Periodische Spektren***

*In dieser Darstellung wird die wichtigste Folgerung des Symmetrie Prinzips **SP** für die moderne digitale Signalverarbeitung **DSP** erläutert.*

In der oberen Reihe wird noch einmal gezeigt, dass periodische Funktionen im Zeitbereich – hier Sägezahn – ein Linienspektrum im Frequenzbereich besitzen. Dies besteht immer aus äquidistanten Linien. Das Symmetrieprinzip fordert nun auch die Umkehrung: Äquidistante Linien im Zeitbereich sollten nun auch periodische Spektren ergeben.

In der zweiten und dritten Reihe ist ein Spezialfall dargestellt, für den Sie diesen Tatbestand schon kannten, aber wahrscheinlich nicht beachtet haben: die periodische δ–Impulsfolge! Hier liegen Linien und Periodizität gleichermaßen sowohl im Zeit- als auch Frequenzbereich vor!

Als Folge äquidistanter Linien muss jedes digitalisierte Signal quasi als „periodische, aber gewichtete δ–Impulsfolge" betrachtet werden. Mathematisch betrachtet entsteht es durch Multiplikation des analogen Signals mit einer periodischen δ–Impulsfolge. Im Spektrum müssen also beide Charakteristika vertreten sein, die des analogen Signals und der periodischen δ–Impulsfolge. Das periodische Ergebnis sehen wir unten rechts. Bitte beachten Sie, dass auch hier nur die positiven Frequenzen dargestellt sind. Das Spektrum des analogen Signals sieht also genau so aus wie jeder Teil des periodischen Spektrums!

Dies lässt sich aus der Abb. 91 auch direkt folgern, denn hier sind Zeit- und Frequenz-bereich unter den genannten Bedingungen ja austauschbar. Außerdem wurde bereits im Kapitel 2 auf die Möglichkeit der „FOURIER–Transformation in die andere Richtung" – die *Inverse FOURIER–Transformation* **IFT** – vom Frequenz- in den Zeitbereich hinge-wiesen. Unter der Überschrift „Das verwirrende Phasenspektrum" ist in diesem Kapitel auch zu lesen, dass erst Amplituden- *und* Phasenspektrum die vollständige Information über das Signal im Frequenzbereich liefern.

Die Perspektiven, die dieses Hin und Her zwischen Zeit- und Frequenzbereich bietet, sind bestechend. Sie werden in der modernen Digitalen Signalverarbeitung **DSP** auch immer mehr genutzt. Ein Beispiel hierfür sind qualitativ höchstwertige Filter, die – bis auf die durch das **UP** unvermeidliche Grenze – nahezu rechteckige Filterfunktionen liefern.

Das zu filternde Signal wird hierfür zunächst in den Frequenzbereich transformiert. Dort wird der unerwünschte Frequenzbereich ausgeschnitten, d. h. die Werte in diesem Be-reich werden einfach auf 0 gesetzt! Danach geht es mit der **IFT** wieder zurück in den Zeit-bereich und fertig ist das gefilterte Signal (siehe Abb. 95 unten). Allerdings heißt die Hürde hier „Echtzeitverarbeitung". Der beschriebene *rechnerische* Prozess muss so schnell ausgeführt werden, dass auch bei einem lang andauernden Signal kein unge-wollter Informationsverlust auftritt. Erschwerend kommt hinzu, dass die **FT** und **IFT** nur *blockweise*, also lediglich über einen eng begrenzten Zeitraum durchgeführt werden kann.

Nun soll auf experimentellem Wege mit DASY*Lab* die Möglichkeiten dieses Hin und Her erkundet und erklärt werden.

Zunächst sollen einmal die im Modul „FFT" vorgesehenen Möglichkeiten betrachtet werden, in den Frequenzbereich zu kommen. Bisher haben wir ausschließlich die Funktionsgruppe „Reelle FFT eines reellen Signals mit Bewertung" und in ihr das Amplituden- oder/und das Phasenspektrum verwendet. Im vorherigen Kapitel kam noch das Leistungsspektrum hinzu. An erster Stelle steht hier aber im Menü die „FOURIER–Analyse". Die wählen wir jetzt. Bitte erstellen Sie nun die Schaltung nach Abb. 93 und wählen Sie alle Parameter so, wie dort im Bildtext angegeben.

Erstaunlicherweise sehen wir hier das Symmetrie–Prinzip **SP** in gewisser Weise verwirk-licht, denn es besteht eine Spiegel-Symmetrie in Bezug auf die senkrechte Mittellinie. Die wirkliche Symmetrie mit positiven und negativen Frequenzen wird jedoch erst durch Anklicken der Option „Symmetrisches Spektrum" erreicht. Hier fehlt wiederum die Phaseninformation; das Signal ist nicht vollständig in den Frequenzbereich transformiert worden. Es handelt sich vielmehr um ein symmetrisches Amplitudenspektrum.

Den *kompletten Satz aller notwendigen Informationen* für den Frequenzbereich erhält man über die Option „Komplexe FFT eines reellen Signals" im Menü der FFT–Funk-tionsauswahl. Damit sind die Voraussetzungen geschaffen, mit der **IFT** den Weg vom Frequenz- in den Zeitbereich einzuschlagen. Die umseitige Abb. 94 zeigt Ihnen die Einstellung im Detail.

In Abb. 95 erkennen Sie einen Schaltungsaufbau mit entsprechender Anwendung als „FFT–Filter". Falls Sie hier die Parameter gemäß Bild und Bildtext von Abb. 94 einstel-len, kommt am *oberen* Ausgang des (inversen) FFT–Moduls tatsächlich das linke Eingangssignal wieder zum Vorschein. Ein weiterer Beweis des Symmetrie–Prinzips!

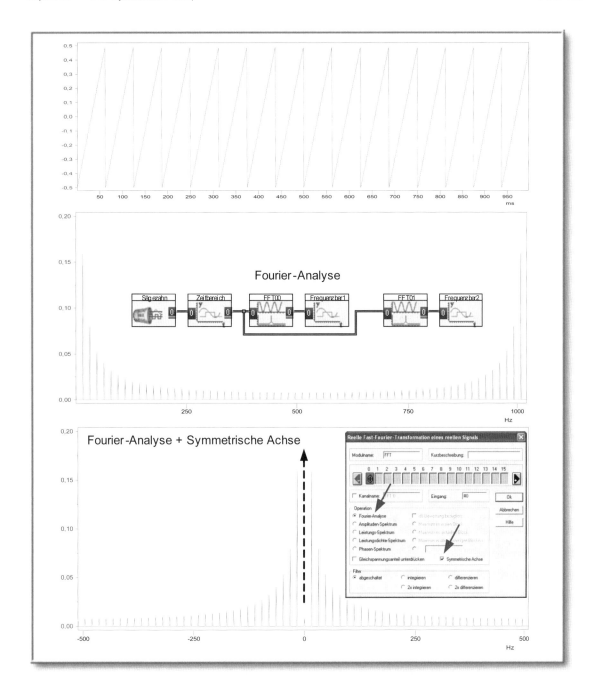

Abbildung 93:   **FOURIER–Analyse und symmetrisches Spektrum**

Beim FFT–Modul wurde zunächst wie bisher die „Reelle FFT eines reellen Signal mit Bewertung" und anschließend die Einstellung „FOURIER–Analyse" statt „Amplitudenspektrum" gewählt. Mit dieser Wahlmöglichkeit eröffnet sich die Möglichkeit zur symmetrischen Darstellung der Spektren eingestellt. Die Sägezahnfrequenz beträgt 16 Hz. Bei „krummen" Werten ergeben sich zusätzliche irreführende Spektral-linien, auf die im Kapitel 9 eingegangen wird.

*Bei der Wahl „FOURIER–Analyse" ergibt sich zunächst ein „quasisymmetrisches" Spektrum. Allerdings nicht mit positiven und **negativen** Frequenzen, aber immerhin symmetrisch. Wählen Sie zusätzlich die Option „Symmetrische Achse", so erhalten Sie ein symmetrisches Spektrum.*

*Allerdings fehlen die negativen Amplituden bzw. es fehlt jegliche Information über das Phasenspektrum. Diese FOURIER–Analyse liefert also nicht alle Informationen, die wir bräuchten, um eine **vollständige** Darstellung des Signals im Frequenzbereich zu erhalten. Bei der Option Phasenspektrum ist wiederum keine „Symmetrische Achse" vorgesehen. Wie noch erklärt wird, wird die **eineindeutige** Information über das Spektrum durch die Option „Komplexe FFT ... „im Menü „FFT Funktionsauswahl" realisiert.*

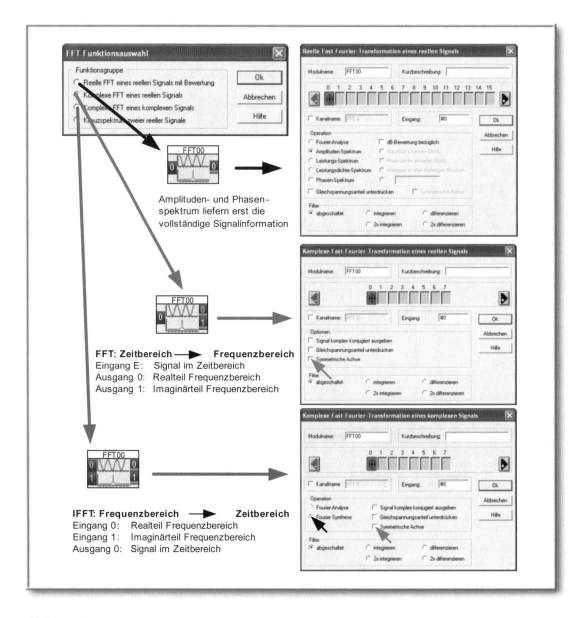

Abbildung 94:　　　　　　　　　　***FFT–Funktionsauswahl***

Das FFT–Modul erlaubt verschiedene Varianten. Am augenfälligsten äußert sich dies in der Anzahl der Ein- und Ausgänge dieses Moduls (siehe oben links). Bislang wurde ausschließlich von der „Reellen FFT eines reellen Signals" Gebrauch gemacht. Auch hier gibt es ja verschiedene Wahlmöglichkeiten (siehe oben).

*Wie wir sehen werden, wird das Symmetrie–Prinzip **SP** bei den beiden Formen der „Komplexe FFT ..." ausgenutzt, um das „Hin und Her" zwischen Zeit- und Frequenzbereich zu realisieren (siehe unten). Für den Weg von Zeit- in den Frequenzbereich (**FT**) wird das Modul mit **einem** Eingang und zwei Ausgängen, für den umgekehrten Weg (**IFT**) das Modul mit **zwei** Eingängen und Ausgängen benötigt. Ganz wichtig hierbei: Wählen Sie die Einstellung „FOURIER–Synthese", weil Sie ja abschließend das Zeitsignal aus den Sinus–Schwingungen des Spektrums zusammensetzen wollen.*

Jetzt gilt zu zeigen, wie einfach es sich im Frequenzbereich manipulieren lässt. Durch Hinzufügen des *Ausschnitt*–Moduls – perfekter geht es mit dem Modul "FFT–Filter" – haben wir die Möglichkeit, einen beliebigen Frequenzbereich auszuschneiden. In der unteren Hälfte sehen wir den Erfolg dieser Maßnahme: ein praktisch idealer Tiefpass mit der Grenzfrequenz 32 Hz, wie er bislang nicht realisiert werden konnte!

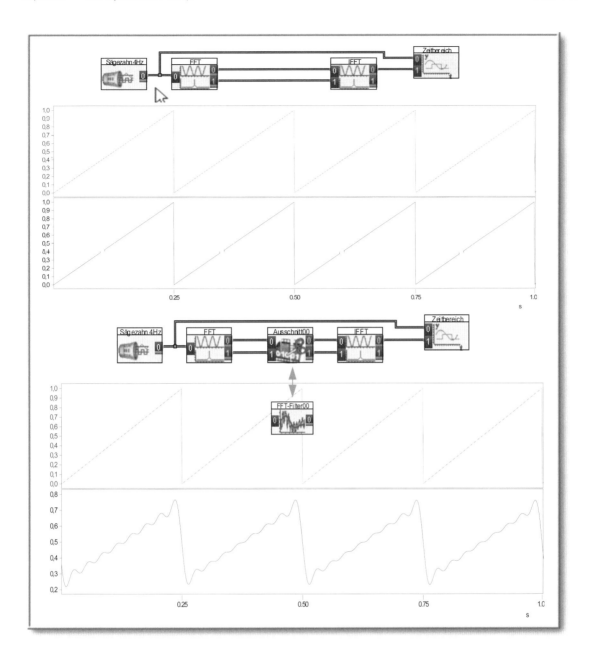

Abbildung 95:   ***FT und IFT: symmetrische FOURIER–Transformation***

*Als Testsignal wurde hier ein periodischer Sägezahn mit 4 Hz ausgewählt. Sie könnten aber genauso gut jedes andere Signal, z. B. Rauschen wählen. Stellen Sie – wie gewohnt – oben im Menü unter **A/D** die Abtastfrequenz als auch die Blocklänge auf 1024.*

Im Modul „Ausschnitt" wurden die Frequenzen 0 bis 32 Hz durchgelassen (bei den gewählten Einstellungen entspricht der Sample–Wert praktisch der Frequenz). Die höchste Frequenz von 32 Hz sehen Sie als „Welligkeit" des Sägezahns: Dieser „wellige Sinus" geht bei jedem Sägezahn über 8 Perioden; bei 4 Hz Sägezahnfrequenz besitzt damit die höchste durchgelassenen Frequenz also den Wert 4 • 8 = 32 Hz.

Ganz wichtig ist hierbei, auf beiden Kanälen genau den gleichen Ausschnitt (Frequenzbereich) einzustellen!

Diese Schaltung wird sich als eine der Wichtigsten und Raffiniertesten in vielen praktischen Anwendungen erweisen, auf die noch zu sprechen kommen wird.

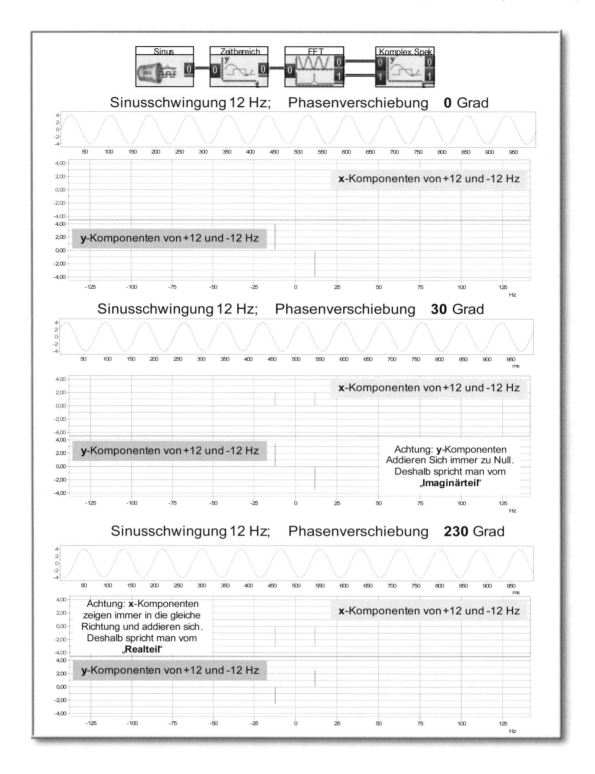

Abbildung 96: **Symmetrische Spektren, bestehend aus „Realteil" und „Imaginärteil"**

Oben im Bild sind drei Sinus–Schwingungen gleicher Frequenz (12 Hz), jedoch verschiedener Phasenver-
schiebung zu sehen. Bei der „komplexen FFT" ergibt sich nun ein Spektrum mit jeweils zwei Anteilen: dem
Realteil und dem Imaginärteil. Die (nichtmathematische) Erklärung für diese Bezeichnung finden Sie im
Text sowie in der nächsten Abb. 97.

Jeder Sinus besitzt in dieser Darstellung zwei Frequenzen, nämlich +f und –f. Die positive Frequenz
besitzt hier durchweg einen negativen Imaginärteil, die negative Frequenz einen positiven Imaginärteil.
Dies ist im Hinblick auf die folgende Abb. 90 wichtig.

Im nächsten Schritt soll nun experimentell ermittelt werden, wie das Ganze funktioniert und was das mit dem **SP** zu tun hat. Machen wir den Versuch und bilden zunächst drei einfache Sinus–Schwingung mit 0, 30 und 230 Grad bzw. 0, $\pi/6$ und 4 rad Phasenverschiebung über die „komplexe FFT" eines reellen Signals ab. Das Ergebnis in Abb. 97 sind für jede der drei Fälle *zwei* verschiedene, *symmetrische* Linienspektren. Allerdings scheint es sich *nicht* um Betrag und Phase zu handeln, da beim Betrag nur positive Werte möglich sind. Das jeweils untere Spektrum kann auch kein Phasenspektrum sein, da die Phasenverschiebung der Sinus–Schwingung nicht mit den dortigen Werten übereinstimmt.

Wir forschen nun weiter und schalten ein XY–Modul hinzu (Abb. 97). Nun sind in der Ebene mehrere „Frequenzvektoren" zu sehen. Zu jedem dieser Frequenzvektoren gibt es spiegelsymmetrisch zur Horizontalachse einen zugehörigen „Zwilling". Im Falle der Sinus–Schwingung mit 30 Grad bzw. $\pi/6$ Phasenverschiebung gehören hierzu die beiden Frequenzvektoren, die jeweils 30 Grad bzw. $\pi/6$ rad Phasenverschiebung gegenüber der durch den Mittelpunkt (0;0) vertikal gehenden Linie aufweisen. Die Phasenverschiebung gegenüber der durch den Punkt (0;0) horizontal verlaufenden Linie beträgt demnach 60 Grad bzw. $\pi/3$ rad.

Die Vertikale nennen wir zunächst *Sinus-Achse*, weil beide Frequenzlinien bei einer Phasenverschiebung von 0 Grad bzw. 0 rad auf ihr liegen. Die Horizontale nennen wir dann *Cosinus-Achse*, weil die Frequenzlinien bei einer Phasenverschiebung des Sinus von 90 Grad bzw. $\pi/2$ – dies entspricht dem Cosinus – beide auf ihr liegen.

Andererseits ist ein um $\pi/6$ rad verschobener Sinus nichts anderes als ein um $-\pi/3$ verschobener Cosinus. Wenn Sie nun die Achsabschnitte mit den Werte der Linienspektren vergleichen, gehören die Werte des oberen Spektrums von Abb. 96 zur Cosinus–Achse, die Werte des unteren Spektrums zur Sinus–Achse.

Die beiden Frequenzlinien besitzen also offensichtlich die Eigenschaften von Vektoren, die ja neben ihrem Betrag noch eine bestimmte Richtung aufweisen. Wir werden sehen, dass die Länge *beider* Frequenzvektoren die Amplitude des Sinus, der Winkel der „Frequenzvektoren" zur Vertikal- bzw. Horizontallinie die Phasenverschiebung des Sinus bzw. Cosinus wiedergibt zum Zeitpunkt t = 0 s wiedergibt.

Wie Abb. 97 zeigt, ist der „Drehsinn" der beiden „Frequenzvektoren" entgegengesetzt, falls die Phasenverschiebung des Sinus zu- oder abnimmt. Die in Abb. 96 (unten) jeweils rechte Frequenz, die wir in Abb. 93 (unten) als positive Frequenz darstellten, dreht sich gegen den Uhrzeigersinn, die negative mit dem Uhrzeigersinn bei jeweils zunehmender positiver Phasenverschiebung.

Wie verbirgt sich nun der Momentanwert der drei Sinus–Schwingungen zum Zeitpunkt t = 0 s in der Ebene? Vergleichen Sie intensiv die symmetrischen Spektren der Abb. 96 mit der Ebene des XY–Moduls in der Abb. 97. Berücksichtigen Sie dabei, dass es sich bei den Frequenzlinien ja um Vektoren handelt, und für die gelten ganz bestimmte Regeln. Vektoren – z. B. Kräfte – lassen sich durch *Projektion* auf die horizontale und vertikale Achse in Teile zerlegen, die hier als Markierungen eingetragen sind.

Für die Sinus–Schwingung mit der Phasenverschiebung 30 Grad bzw. $\pi/6$ rad ergibt sich als Projektion auf die Cosinus-Achse jeweils der Wert 2. Die Summe ist 4 (Momentanwert zurzeit t = 0 s). Die Projektion auf die Sinus–Achse dagegen ergibt den Wert 3,46 bzw. -3,46, d. h. die Summe ist gleich 0.

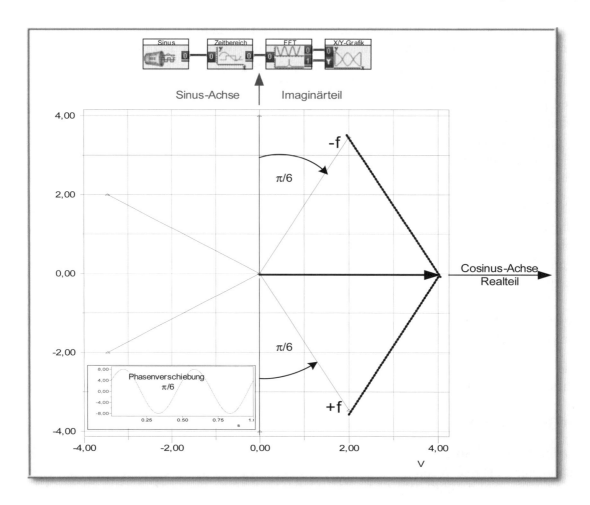

Abbildung 97: **Darstellung der „Frequenzvektoren" in der komplexen GAUSSschen Zahlenebene**

Durch das XY-Modul lassen sich alle Informationen der beiden Spektren aus Abb. 96 in einer Ebene zusammenfassen. Jede der drei Sinus–Schwingungen aus findet sich hier als ein „Frequenzvektor–Paar" wieder, welches immer symmetrisch zur Horizontalachse liegt. Statt der üblichen Vektor–Pfeilspitze verwenden wir hier ein kleines dreieckähnliches Gebilde. Die Länge aller „Frequenzvektoren" ist hier 4 V, d. h. auf jede der beiden Frequenzvektoren entfällt die Hälfte der Amplitude der Sinus–Schwingung!

Die Sinus–Schwingung ohne Phasenverschiebung können Sie am schlechtesten erkennen: Dieses Paar von Frequenzvektoren liegt auf der durch den Punkt (0;0) gehenden Vertikalachse, die wir aus diesem Grund „Sinus–Achse" nennen. Bei einer Phasenverschiebung von 90 Grad bzw. π/2 rad – dies entspricht einem Cosinus – liegen beide Frequenzvektoren übereinander auf der Horizontalachse. Wir nennen diese deshalb „Cosinus–Achse".

Bei einer Phasenverschiebung von 30 Grad bzw. π/6 rad erhalten wir die beiden Frequenzvektoren, bei denen der Winkel in Bezug auf die Sinus–Achse eingezeichnet ist. Wie Sie nun sehen können, ist ein Sinus mit einer Phasenverschiebung von 30 Grad bzw. π/6 rad nichts anderes als ein Cosinus von –60 Grad bzw. –π/3 rad. Ein phasenverschobener Sinus besitzt also einen Sinus– und einen Cosinus–Anteil!

*Achtung! Die beiden gleich großen Cosinus–Anteile eines Frequenzvektor–Paars addieren sich, wie Sie nachprüfen sollten, zu einer Größe, die dem Momentanwert dieser Sinus–Schwingung zum Zeitpunkt t = 0 s entspricht. Dagegen addieren sich die Sinus-Anteile immer zu 0, weil sie entgegengesetzt liegen. Weil sich auf der Cosinus–Achse real messbare Größen wiederfinden, sprechen wir hier auch vom **Realteil**. Da sich auf der Sinus–Achse immer alles aufhebt und nichts Messbares übrig bleibt, wählen wir – in Anlehnung an die Mathematik der Komplexen Rechnung – hier die Bezeichnung **Imaginärteil**.*

Wir werden in der nächsten Abbildung zeigen, dass sich aus der Addition der Sinus–Schwingungen, die zu dem Realteil- und dem Imaginärteil gehören, die zum „Frequenzvektor–Paar" gehörende Sinus–Schwingung herstellen lässt.

Deshalb liegen die resultierenden Vektoren aller (symmetrischen) „Frequenzvektor"–Paare *immer* auf der Cosinus–Achse und stellen hier die *realen*, der Messung zugänglichen Momentanwerte zum Zeitpunkt t = 0 dar. Deshalb wird auf der Cosinus–Achse der sogenannte *Realteil* dargestellt.

Auf der Sinus-Achse liegen dagegen die Projektionen der Frequenzvektor–Paare immer entgegengesetzt. Ihre Summe ist deshalb unabhängig von der Phasenlage immer gleich 0. Die Projektion auf die Sinus–Achse besitzt also kein real–messtechnisch erfassbares Gegenstück. In Anlehnung an die *Mathematik der Komplexen Rechnung* in der sogenannten GAUSSschen Zahlenebene bezeichnen wir deshalb die Projektion auf die Sinus-Achse als *Imaginärteil*. Beide Projektionen machen trotzdem einen wichtigen physikalischen Sinn. Dies erläutert Abb. 98. Die Projektion verrät uns, dass jede *phasenverschobene* Sinus–Schwingung immer aus einer Sinus– und einer Cosinus–Schwingung *gleicher Frequenz* zusammengesetzt werden kann. Daraus ergeben sich wichtige Konsequenzen.

> Alle Signale lassen sich im Frequenzbereich auf drei Arten abbilden, und zwar als
>
> - *Amplituden- und Phasenspektrum*
>
> - *Spektrum der Frequenzvektoren in der GAUSSschen Zahlenebene*
>
> - *Spektrum von Sinus– und Cosinus–Schwingungen.*

Die symmetrischen Spektren aus Abb. 96 (unten) stellen sich damit als der letztgenannte Typ der Darstellung eines Spektrums heraus. Dies beweist Abb. 98.

Die folgenden Abbildungen beschäftigen sich mit den Spektren periodischer und nichtperiodischer Signale in der Darstellung als symmetrisches „Frequenzvektor"-Paar in der GAUSSschen Zahlenebene der komplexen Zahlen. Nähere Hinweise finden Sie im Bildtext.

Komplexe Zahlen werden in der Mathematik solche genannt, die einen realen und einen imaginären Anteil enthalten. Es wäre reizvoll zu zeigen, dass das Rechnen hiermit alles andere als „komplex", sondern viel einfacher ist als nur mit reellen Zahlen. Aber wir wollten ja die Mathematik draußen vor lassen!

Die nächsten Abb. 99 – Abb. 101 zeigen in der komplexen GAUSSschen Zahlenebene die *vollständigen* Spektren verschiedener Signale. Aufgrund der vektoriellen, vollständigen Darstellungsform spricht man vom „*Signalraum*". Messgeräte, die diese Darstellungsform anzeigen, werden auch „Vektorscope" oder „Vektoranalyzer" genannt.

Bei nichtperiodischen Signalen – siehe Abb. 100 unten und Abb. 101 – sieht man „*Kurvenzüge*" und keine einzelnen Vektoren. Diese Kurvenzüge werden „Ortskurven" im Signalraum genannt. Bei der Darstellung „gefiltertes Rauschen" in Abb. 100 unten sieht man direkt der Ortskurve den „Zufallscharakter" des Filterausgangssignals an. In Abb. 101 ist ein kontinuierlicher Ortskurvenverlauf erkennbar, der nichts Stochastisches enthält. Anhand einer solchen Ortskurve kann der Fachmann direkt das vorliegende Signal klassifizieren, u. a. lässt sich bei einer Filterkurve sogar die Güte des Filters bestimmen.

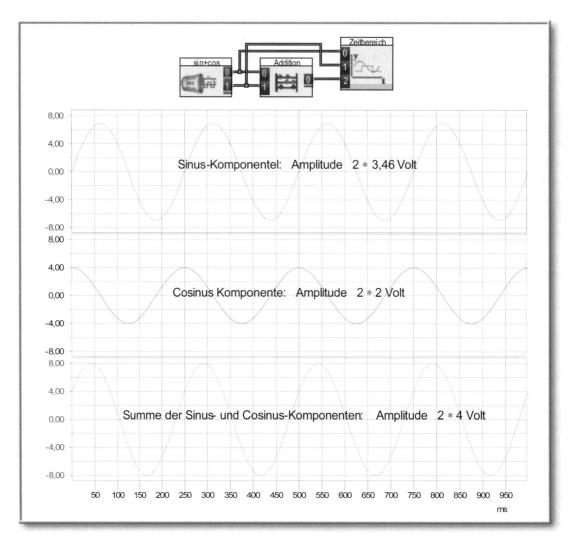

Abbildung 98:   ***Spektrale Zerlegung in Sinus- und Cosinus-Anteile***

Hier sehen Sie die Probe aufs Exempel, inwieweit die drei verschiedenen Arten der spektralen Darstellung bzw. der Darstellung des Frequenzbereichs in sich konsistent sind. Aus den „Frequenzvektoren" in der GAUSSschen Ebene der komplexen Zahlen ergeben sich als Projektionen auf die Sinus- und Cosinus–Achse die entsprechenden Sinus- und Cosinus-Anteile (Imaginär- und Realteil).

Betrachten wir zuerst die obige Sinus–Schwingung mit der Amplitude 2 • 3,46 = 6,92 V. In der Ebene der komplexen Zahlen ergibt Sie ein „Frequenzvektor-Paar", welches auf der Sinus-Achse liegt, ein Vektor von 3,46 V Länge zeigt in die positive Richtung , der andere „Zwilling" in die negative Richtung. Ihre vektorielle Summe ist gleich 0.

Nun zur Cosinus–Schwingung mit der Amplitude 4 V. Das zugehörige „Frequenzvektor–Paar" liegt übereinander in positiver Richtung auf der Cosinus-Achse. Jeder dieser beiden Vektoren besitzt die Länge 2, damit ist die Summe 4. Alles stimmt also genau mit der Abb. 97 überein. Beachten Sie bitte, dass die um 30 Grad bzw. π/6 rad phasenverschobene Sinus–Schwingung auch die Amplitude 8 V besitzt. Dies ergibt auch die entsprechende Rechnung über das rechtwinklige Dreieck: $3,46^2 + 2^2 = 4^2$ (Satz des Pythagoras).

Die Darstellung in der sogenannte GAUSSschen Ebene besitzt nun deshalb eine überragende Bedeutung, weil sie im Prinzip alle drei spektralen Darstellungsarten in sich vereint: Amplitude und Phase entsprechen der Länge und dem Winkel des „Frequenzvektors". Cosinus- und Sinus-Anteil entsprechen der Zerlegung eines phasenverschobenen Sinus in reine Sinus- und Cosinus-Formen.

Ein einziger Nachteil ist bislang zu erkennen: Wir können leider nicht die Frequenz ablesen. Die Lage des Vektors scheint unabhängig von seiner Frequenz!

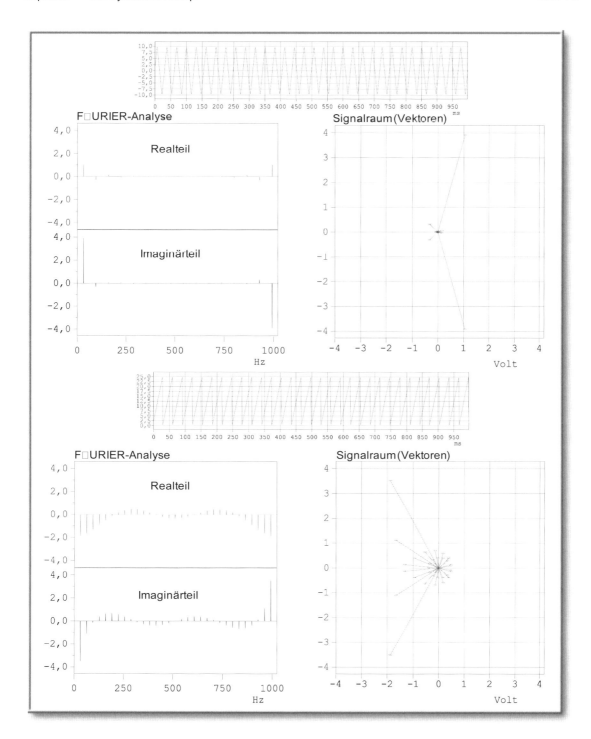

*Abbildung 99:   **Spektrale Darstellung periodischer Signale in der GAUSSschen Zahlenebene***

Periodische Signale enthalten ja nur im Spektrum die ganzzahligen Vielfachen ihrer Grundfrequenz. Wir haben hier nun viele „Frequenzvektor–Paare" zu erwarten.

Oben sehen Sie ein periodische Dreieckschwingung mit der Phasenverschiebung 30 Grad bzw. $\pi/6$ rad. Aus Abb. 31 ist ersichtlich, wie schnell die Amplituden mit zunehmender Frequenz abnehmen. Je kleiner also hier die Amplitude, desto höher ist die Frequenz. Hierüber ist also bereits eine frequenzmäßige Zuordnung möglich, falls wir die Grundfrequenz kennen.

Das Gleiche gilt auch für die Sägezahn–Schwingung mit der Phasenverschiebung 15 Grad bzw. $\pi/12$ rad. Hier verändern sich die Amplituden – siehe Abb. 28 bis Abb. 30 – nach einer besonders einfachen Gesetzmäßigkeit: $\hat{U}_n = \hat{U}_1 / n$. Die zweite Frequenz besitzt also nur die halbe Amplitude der ersten usw.

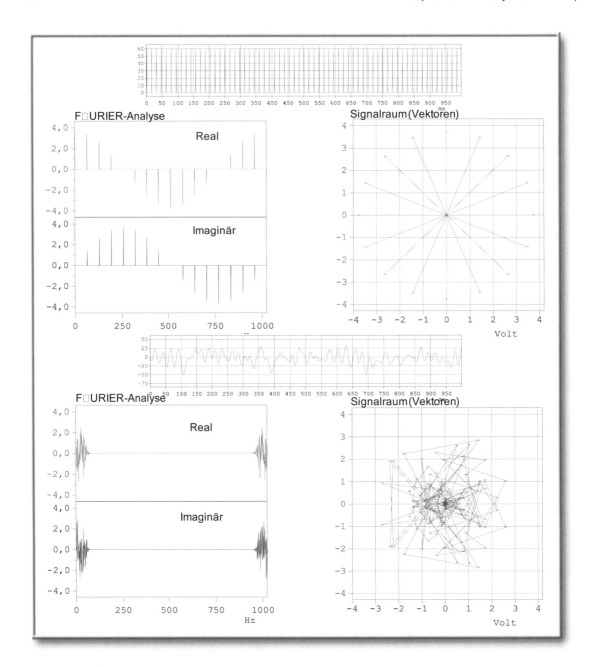

Abbildung 100:   **Periodische und nichtperiodische Spektren in der GAUSSschen Ebene**

Oben sehen Sie – etwas durch das Raster gestört – eine periodische δ–Impulsfolge. Beachten Sie den cos–bzw. sinusförmigen Verlauf des Linienspektrums von Realteil bzw. Imaginärteil. Falls Sie diese Cos– bzw. Sinus–Anteile nun in die GAUSSsche Zahlenebene übertragen, finden Sie das erste „Frequenz-vektor–Paar" auf der horizontalen Cosinus-Achse in positiver Richtung, das zweite Paar mit doppelter Frequenz unter dem Winkel π/8 zur Cosinus-Achse, das nächste Paar unter dem doppelten Winkel usw. vor. Die Amplituden aller Frequenzen sind beim δ–Impuls ja gleich groß, deshalb ergibt sich eine sternförmige Symmetrie.

Unten handelt es sich um tiefpassgefiltertes Rauschen (Grenzfrequenz 50 Hz), also um ein nichtperiodi-sches Signal. Bei diesem Signaltyp kann es keine Gesetzmäßigkeiten für Amplitude und Phase geben, weil es rein zufälliger – stochastischer – Natur ist. Unschwer erkennen Sie auch hier die Symmetrie der „Frequenzvektor–Paare. Hier sind auch die jeweils aufeinanderfolgenden Frequenzen direkt miteinander verbunden, d. h. die eine Linie führt zur tieferen, die andere zur nächsthöheren Frequenz. In dem Gewusel dürfte es sehr schwer sein, Anfang und Ende der Gesamtlinie herauszufinden. Wie also kommen wir an den Frequenzwert jedes Paares?

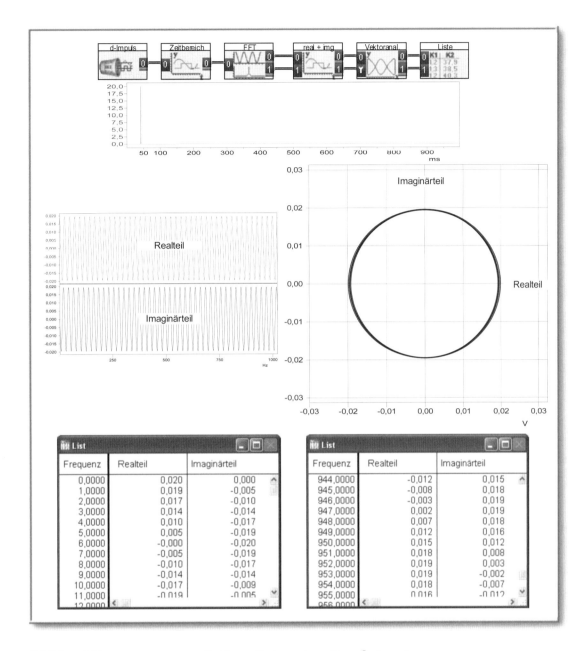

Abbildung 101:   **„Ortskurve" eines einmaligen δ–Impulses**

Bei einem einmaligen Signal liegen die in ihm enthaltenen Frequenzen dicht bei dicht. Die „Frequenzvektor–Paare" liegen hier alle auf einem Kreis, weil alle Frequenzen des δ–Impulses ja die gleichen Amplituden besitzen und die Phasenlage des δ–Impulses ungleich null. Wie der cosinus- und sinusförmige Verlauf des Real- und Imaginärteils zeigt, wechselt von Frequenz zu Frequenz die Phase sehr stark, so dass die benachbarten „Frequenzvektor–Paare" auch sternförmig wie in Abb. 100 auseinander liegen.

*Bei einer Abtastrate von 1024 und Blocklänge von 1024 dauert das gemessene Signal insgesamt 1 s. Damit ist die frequenzmäßige Unschärfe in etwa 1 Hz (**UP**). Die komplexe FOURIER–Transformation liefert uns ein Spektrum von 0 bis 1023, also 1024 „Frequenzen". Das sind 512 „Frequenzvektor–Paare", die nun alle auf diesem Kreis liegen. Aus der Anzahl der „Perioden" des sinus- bzw. cosinus-förmigen Spektrums (ca. 42) ergibt sich, dass die Verbindungskette aller Frequenzen ca. 42 mal die Kreisbahn umläuft. Die Winkeldifferenz zwischen benachbarten Frequenzen ist also knapp (42 • 360)/1024 = 15 Grad bzw. π/24 rad. Zwischen zwei benachbarten Punkten wird eine Gerade gezogen. Weil diese 1024 Geraden sich überlappen, erscheint hier die Kreislinie dicker.*

Mit dem Cursor lässt sich leicht der zugehörige Real- und Imaginärteil anzeigen. mithilfe des Tabellen–Moduls lässt sich dann die zugehörige Frequenz ermitteln, wie gesagt hier allenfalls auf 1 Hz genau.

Aufgaben zu Kapitel 5

Aufgabe 1

(d) Wie lässt sich die Folge der Spektren in Abb. 86 mithilfe des Symmetrie–Prinzips **SP** erklären?

(e) Zeichnen Sie da *symmetrische* Spektrum zu den beiden unteren Spektren.

Aufgabe 2

(a) Versuchen Sie, die passende Schaltung zu Abb. 88 zu erstellen. Die beiden δ–Impulse lassen sich z. B. mithilfe des Moduls „Ausschneiden" aus einer periodischen δ–Impulsfolge erzeugen. Für die untere Darstellung ist es möglich, über zwei Kanäle erst zwei zeitversetzte δ–Impulse zu erzeugen, einen davon zu invertieren ($* (-1)$) und anschließend beide zu addieren. Sonst geht es auch mit dem „Formelinterpreter".

(b) Überprüfen Sie, wie sich der zeitliche Abstand der beiden δ–Impulse auf das sinusförmige Spektrum auswirkt. Überlegen sie vorher, welche Auswirkung sich aufgrund des Symmetrieprinzips ergeben müsste.

(c) Wird durch die Abb. 88 unten abgebildeten δ–Impulse (von +4V und –4V) ein sinusförmiges oder ein cosinusförmiges, d. h. ein um $\pi/2$ verschobenes Spektrum erzeugt?

(d) Schneiden Sie drei und mehr dicht beieinanderliegende δ–Impulse aus und beobachten Sie den Verlauf des (periodischen!) Spektrums. Nach welcher Funktion („Einhüllende"!) muss es verlaufen?

Aufgabe 3

Warum kann ein Audio–Signal kein perfekt-symmetrisches Spektrum mit positiven und negativen Amplituden besitzen?

Aufgabe 4

(a) Fassen Sie die Bedeutung periodischer Spektren für die Digitale Signalverarbeitung **DSP** zusammen.

(b) Finden Sie eine Erklärung, weshalb die periodischen Spektren immer aus spiegel- bzw. achssymmetrischen Teilen bestehen!

Aufgabe 5

(a) Was wäre das symmetrische Pendant zu *fastperiodischen* Signalen bzw. wie könnte es zu *fastperiodischen* Spektren kommen?

(b) Ob es auch *quasiperiodische* Spektren geben könnte?

Aufgabe 6

Stellen Sie verschiedene Signale im Frequenzbereich in der Variante

(a) Amplituden- und Phasenspektrum,

(b) Real- und Imaginärteil sowie als

(c) "Frequenzvektor–Paare" in der GAUSSschen Zahlenebene dar.

Aufgabe 7

Wie lässt sich die Frequenz in der GAUSSschen Zahlenebene bestimmen?

Kapitel 6

Systemanalyse

So allmählich fallen uns die Früchte unserer Grundlagen (FOURIER–, Unschärfe– sowie Symmetrie–Prinzip) in den Schoß und wir können mit der Ernte beginnen.

Ein wichtiges praktisches Problem ist es, die Eigenschaften einer Schaltung, eines Bausteins oder Systems von außen zu messen. Sie kennen solche Testberichte, wo z. B. die Eigenschaften verschiedener Verstärker miteinander verglichen werden. Durchweg geht es dabei um das übertragungstechnische Verhalten ("Frequenzgang", "Klirrfaktor" usw.). Wenden wir uns zunächst dem frequenzabhängigen Verhalten eines Prüflings zu.

Wir haben dabei leichtes Spiel, falls wir das **UP** nicht vergessen: Jedes frequenzabhängige Verhalten ruft zwangsläufig eine bestimmte zeitabhängige Reaktion hervor. Das FOURIER–Prinzip sagt uns noch präziser, dass sich aus dem frequenzabhängigen Verhalten die zeitabhängige Reaktion vollkommen bestimmen lässt und umgekehrt!

Der signaltechnische Test einer Schaltung, eines Bausteins oder eines Systems erfolgt generell durch den Vergleich von Ausgangssignal u_{out} mit dem Eingangssignal u_{in}. Es ist zunächst vollkommen gleich – siehe oben –, ob der Vergleich beider Signale im Zeit- oder Frequenzbereich geschieht.

> Hinweis:
> Beispielsweise ist es aber zwecklos, sich das Antennensignal Ihrer Dachantenne auf dem Bildschirm eines (schnellen) Oszilloskops anzusehen. Zu sehen ist lediglich ein völliges „Gewusel". Alle Rundfunk- und Fernsehsender werden nämlich frequenzmäßig gestaffelt ausgestrahlt. Deshalb lassen sie sich lediglich auf dem Bildschirm eines geeigneten Spektrumanalysators getrennt darstellen (siehe Kapitel 8: Klassische Modulationsverfahren).

Das Standardverfahren zur Systemanalyse beruht auf der direkten Umsetzung des FOURIER–Prinzips:

> *Ist bekannt, wie ein beliebiges (lineares) System auf Sinus– Schwingungen verschiedener Frequenz reagiert, so ist damit auch klar, wie es auf alle anderen Signale reagiert, ...weil ja alle anderen Signale aus lauter Sinus–Schwingungen zusammengesetzt sind.*

Dieses Verfahren wird durchweg auch in jedem Schullabor praktiziert. Benötigte Geräte hierfür sind:

- Sinusgenerator, Frequenz einstellbar oder wobbelbar

- 2–Kanal–Oszilloskop

Die Eigenschaften im Zeit- und Frequenzbereich sollen durch Vergleich von u_{out} und u_{in} ermittelt werden. Dann sollten beide Signale auch gleichzeitig auf dem Bildschirm dargestellt sein. Deshalb wird u_{in} nicht nur auf den Eingang der Schaltung, sondern auch auf Kanal A des Oszilloskops gegeben. Das Ausgangssignal gelangt dann über Kanal B auf den Bildschirm.

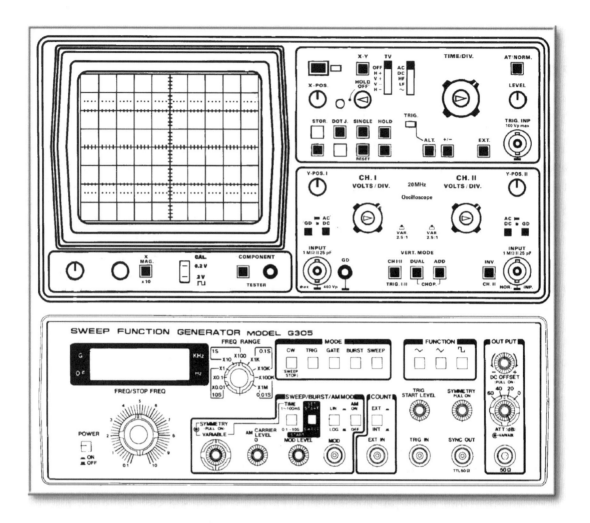

Abbildung 102:   **Funktionsgenerator und Oszilloskop**

Diese beiden Geräte fehlen an keinem „klassischen" Laborplatz. Der Funktionsgenerator erzeugt das (periodische) Testsignal u_{in}. Als Standardsignal stehen zur Verfügung: Sinus, Dreieck und Rechteck. Ferner lassen sich noch bei etwas komfortableren Geräten Wobbelsignale ("Sweep"), Burst–Signale und „one–Shot"–Signale (ausgelöst durch einen Triggervorgang wird lediglich eine Periode des eingestellten Signals ausgegeben) erzeugen

Das „analoge" Oszilloskop kann lediglich periodische Signale „stehend" auf dem Bildschirm sichtbar machen. Für einmalige Signale werden digitale Speicheroszilloskope benötigt (siehe oben).

*Die Tage dieser beiden klassischen (analogen) Messinstrumente sind allmählich gezählt. Computer mit entsprechender Peripherie (PC–Multifunktionskarten zur Ein- und Ausgabe analoger und digitaler Signale) lassen sich individuell über grafische Benutzeroberflächen für jede mess-, steuer- und regelungstechnische Aufgabenstellung bzw. jede Form der Signalverarbeitung (z. B. **FT**) einsetzen.*

Mithilfe von Funktionsgenerator und Oszilloskop lässt sich über eine zeitaufwendige Messung, Protokollierung der Messwerte sowie Berechnung mithilfe des Taschenrechners die Darstellung des Frequenzgangs nach Amplitude ($\hat{U}_{out}/\hat{U}_{in}$) und Phase ($\Delta\varphi$ zwischen u_{out} und u_{in}) ermitteln.

Diese Ermittlung frequenzselektiver Eigenschaften – *Frequenzgang* bzw. *Übertragungs– Funktion* – eines (linearen) Systems beschränkt sich im Prinzip auf zwei verschiedene Fragestellungen bzw. Messungen.

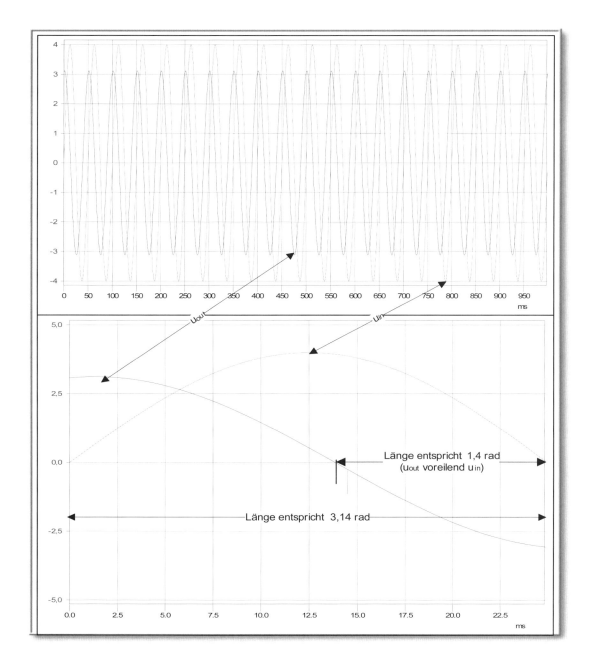

Abbildung 103:   **Oszilloskop: Signalverläufe**

Mithilfe eines herkömmlichen Funktionsgenerators und Oszilloskops lässt sich über eine zeitaufwendige Messung, Protokollierung, Auswertung (mithilfe des Taschenrechners) sowie grafische Darstellung der „Kurven" der Frequenzgang nach Amplitude ($\hat{U}_{out}$ /$\hat{U}_{in}$) und Phase ($\Delta\varphi = \varphi_{out} - \varphi_{in}$) ermitteln. Computergestützte Verfahren erledigen dies alles in Bruchteilen von Sekunden.

*Die Abbildungen verraten zwei „Tricks" zur Bestimmung des Frequenzgangs. Im obigen Bild wird angedeutet, dass der **Amplitudenverlauf** recht schnell – ohne ständiges Umschalten der Zeitbasis des Oszilloskops – in Abhängigkeit von der Frequenz erfasst werden kann, falls die Zeitbasis groß genug gewählt wird. Das (sinusförmige) Eingangs- bzw. das Ausgangssignal erscheinen dann als „Balken", dessen Höhe sich leicht ablesen lässt.*

*Die Genauigkeit des **Phasenverlaufs** lässt sich maximieren, indem für jede Messfrequenz mithilfe des Zeitbasisreglers – meist ein Drehknopf auf oder neben dem Zeitbasisschalter – genau eine Periodenhälfte von u_{in} über die ganze Skala dargestellt wird. Mithilfe der Dreisatzrechnung lässt sich dann die Phasenverschiebung recht einfach berechnen. Wegen $\Delta\varphi = \varphi_{out} - \varphi_{in}$ und $\varphi_{in} = 0$ ergibt sich bei der obigen Situation $\Delta\varphi = -1{,}1$ rad (u_{out} eilt nach).*

- Wie stark werden Sinus–Schwingungen verschiedener Frequenz durchgelassen? Hierzu werden die Amplituden von u_{out} und u_{in} innerhalb des interessierenden Frequenzbereiches miteineinander verglichen ($\hat{U}_{out}/\hat{U}_{in}$).

- Wie groß ist die zeitliche Verzögerung zwischen u_{out} und u_{in}? Sie wird über die Phasendifferenz $\Delta\varphi$ zwischen u_{out} und u_{in} bestimmt.

Hinweis:
Auch bei allen nichtsinusförmigen Testsignalen und modernen Analyseverfahren – wie sie nachfolgend beschrieben werden – geht es stets nur um diese beiden Messungen „Amplituden- und Phasenverlauf". Der einzige Unterschied ist der, dass hier oft alle interessierenden Frequenzen *gleichzeitig* auf den Eingang gegeben werden!

Falls Ihnen nun computergestützte moderne Verfahren nicht zur Verfügung stehen, sollten Sie folgende Tipps und Tricks beachten:

1. Triggern Sie immer auf das Eingangssignal und verändern Sie während der gesamten Messreihe nicht die Amplitude von u_{in} (möglichst $\hat{U}_{in} = 1\,V$ wählen!).

2. Drehen Sie am Funktionsgenerator einmal den zu untersuchenden Frequenzbereich mit der Hand durch und merken Sie sich den Bereich, in dem sich die Amplitude von u_{in} *am stärksten ändert*. Machen Sie die meisten Messungen in diesem Bereich!

3. Wählen Sie zur Messung der Amplituden ($\hat{U}_{out}$ in Abhängigkeit von der Frequenz) eine so große Zeitbasis, dass die sinusförmige Wechselspannung als „Balken" auf dem Bildschirm erscheint. Dadurch lässt sich die Amplitude am leichtesten bestimmen (siehe Abb. 103 oben).

4. Zur Messung der Phasendifferenz $\Delta\varphi$ stellen Sie *genau eine halbe Periode* des Eingangssignals u_{in} mithilfe des unkalibrierten, d. h. beliebig einstellbaren Zeitbasis-reglers ein. T/2 beträgt dann auf der Bildschirmskala z. B. 10 cm und entspricht einem Winkel von π rad. Nun lesen sie die Phasendifferenz $\Delta\varphi$ (bzw. Zeitverschiebung) zwischen den Nulldurchgängen von u_{out} und u_{in} ab und erhalten (zunächst) x cm. Über „Dreisatz" bestimmen Sie schließlich mithilfe des Taschenrechners für jeden x-Wert die Phasendifferenz $\Delta\varphi$ in rad. Ist u_{out} *nacheilend* wie in Abb. 103 unten, so ist $\Delta\varphi$ *positiv*, sonst negativ.

Für eine komplette sorgfältige Messung mit Auswertung benötigen Sie ca. 2 Stunden. Um Ihr Interesse an den modernen, computergestützten Verfahren schon einmal zu wecken: Für die gleiche Messung und Auswertung mit erheblich höherer Präzision benötigen Sie *nur den Bruchteil einer Sekunde!*

Wobbeln

Ein schnellerer Überblick über das frequenzabhängige Verhalten der Ausgangsamplitude $\hat{U}_{out}$ gelingt mit dem Wobbelsignal (Abb. 104). Die Idee ist hierbei folgende: Statt von Hand den Frequenzbereich nach und nach von der unteren Startfrequenz f_{start} bis zur oberen Stoppfrequenz f_{stopp} einzustellen, geschieht dies *kontinuierlich* geräteintern durch einen spannungsgesteuerten Oszillator VCO (Voltage Controlled Oscillator).

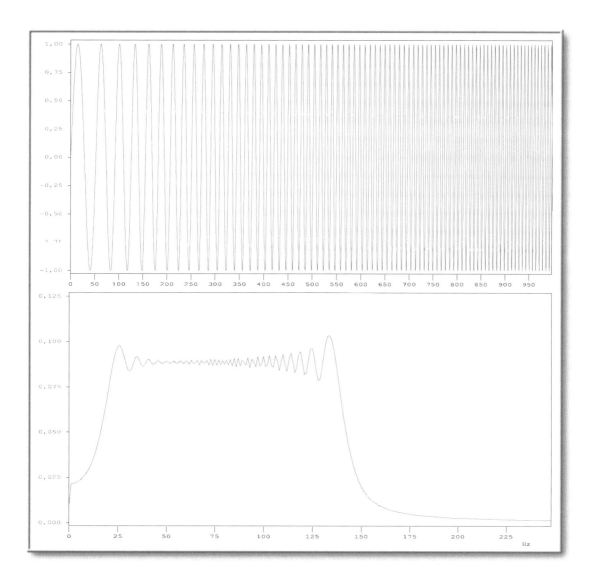

Abbildung 104:   ***Das Wobbelsignal ("Sweep–Signal") als "Frequenzbereich-Scanner"***

Das Wobbelsignal war der erste Schritt zu einer automatisierten Frequenzgangserfassung. Kontinuierlich werden hierbei alle Sinus–Schwingungen bzw. Frequenzen von einer Startfrequenz f_{Start} bis zu einer Stoppfrequenz f_{Stopp} (mit $\hat{U}$ = konstant!) auf den Eingang der Testschaltung gegeben. Am Ausgang hängt $\hat{U}_{out}$ von den frequenzmäßigen Eigenschaften der Testschaltung ab. Indirekt stellt die Zeitachse des Wobbelsignals auch eine Frequenzachse von f_{Start} bis f_{Stop} dar.

*Der Pferdefuß dieses Verfahrens ist seine Ungenauigkeit: Eine „Momentanfrequenz" kann es aufgrund des **UP** nicht geben, denn die Sinus–Schwingung einer bestimmten Frequenz muss hiernach sehr lange dauern, damit $\Delta f \rightarrow 0$. Liegen diese „Momentanfrequenzen" zu kurz an, kann das System hierauf nicht oder nur verfälscht reagieren. Dies zeigt auch die **FT** des Wobbelsignals (unten). Eigentlich sollte sich ein **rechteckiges** Frequenzfenster von f_{Start} bis f_{Stop} ergeben, durch Verletzung des **UP** ergibt sich ein welliger, unscharfer Frequenzverlauf.*

Hierbei werden Wobbelbereich sowie Wobbelgeschwindigkeit durch eine entsprechende Sägezahnspannung bestimmt. Steigt die Sägezahnspannung linear an, ändert sich die Frequenz des Sinus auch linear, ändert sich die Sägezahnspannung dagegen logarithmisch, so gilt dies auch für die Frequenz der sinusförmigen Ausgangsspannung. Die Amplitude $\hat{U}_{in}$ bleibt während des Wobbelvorgangs (englisch: „sweep") immer konstant.

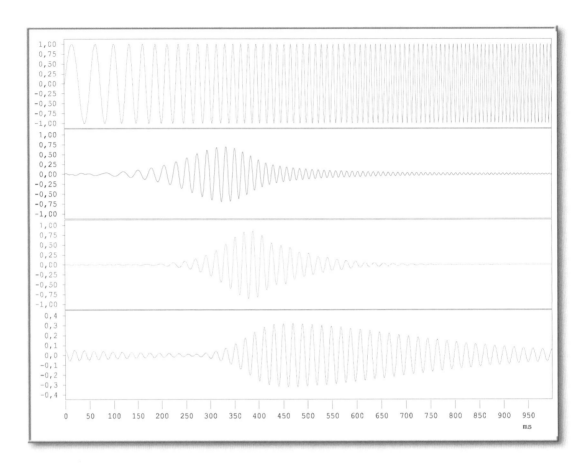

Abbildung 105:   ***Frequenzabhängige Reaktion eines Bandpasses auf das Wobbelsignal***

Die obere Reihe zeigt unser Wobbelsignal, welches jeweils in gleicher Weise auf den Eingang dreier Bandpässe verschiedener Güte gegeben wird (2. Reihe Güte Q = 3; 3. Reihe Q = 6 und 4. Reihe Q = 10).

Die Wobbelantwort u_{out} der drei Bandpässe ist sehr aufschlussreich. In der zweiten Reihe – der BP mit Q = 3 – lässt sich scheinbar noch genau erkennen, bei welcher Momentanfrequenz der Bandpass am stärksten reagiert, der Amplitudenverlauf scheint dem Frequenzgang des Filters zu entsprechen.

In der dritten Reihe liegt das Maximum weiter rechts, obwohl der Bandpass seine Mittenfrequenz nicht verändert hat. Die Momentanfrequenz scheint sich im Gegensatz zum Wobbelsignal – nicht mehr von links nach rechts zu ändern.

In der unteren Reihe schließlich – der BP mit Q =10 – besitzt die Wobbelantwort u_{out} eindeutig die gleiche Momentanfrequenz über den gesamten Zeitraum. Die Wobbelantwort gibt so keinesfalls mehr den Frequenzgang wieder!

So wird die Schaltung nach und nach mit allen Frequenzen des interessierenden Frequenzbereiches getestet. In Abb. 104 ist das gesamte Wobbelsignal auf dem Bildschirm dargestellt, links die Startfrequenz, rechts die Stoppfrequenz. Auf diese Art und Weise zeigt der Verlauf von u_{out} auf dem Bildschirm nicht nur den Zeitverlauf, sondern indirekt auch den Frequenzgang des untersuchten Systems an.

Aber Vorsicht! Vergessen Sie nie das Unschärfe–Prinzip **UP**. Die FOURIER–Transformierte dieses Wobbelsignals zeigt die Folgen, eine Frequenz plötzlich zu beginnen, schnell zu verändern und abrupt zu beenden. Eigentlich müsste ja das Wobbelsignal einen präzis rechteckigen Frequenzgang ergeben. Dass es den nicht geben kann, wissen Sie hoffentlich bereits. Je schneller gewobbelt wird, desto kürzer liegt die „Momentanfrequenz" an und desto ungenauer wird gemessen.

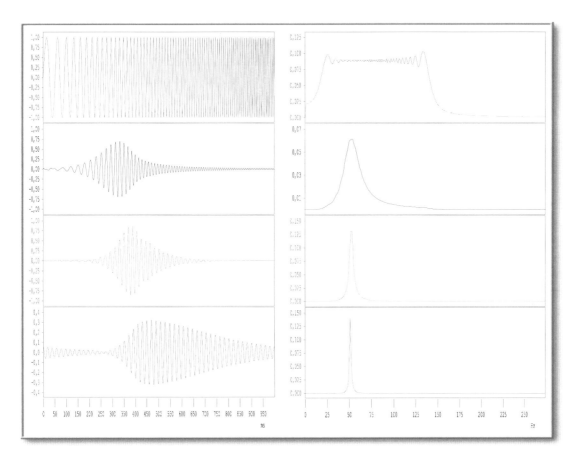

Abbildung 106:   ***Wobbeln – eine Messmethode mit vorprogrammierten Fehlern***

Hier sehen wir die drei Wobbelsignal–Antworten aus Abb. 105 noch einmal. Im Zeitbereich sind sie jeweils sehr verschieden, vor allem bei den unteren beiden Reihen treten „rätselhafte" Effekte auf.

*Die **FT** dieser „verkorksten" Signale zeigt dagegen den Frequenzgang recht genau; demnach muss in u_{out} doch die richtige Information über den Frequenzgang enthalten sein (siehe nächster Abschnitt: Einschwingvorgänge). Die **FT** erscheint also als das einzige geeignete Mittel, Aussagen über das frequenzmäßige Verhalten einer Schaltung/eines Prozesses zu machen. Nun ist auch das Signal in der unteren Reihe leicht erklärbar: Da der BP hier extrem schmal ist ($\Delta f \rightarrow 0$), kann er praktisch auch nur eine Frequenz durchlassen – siehe unten links – und aufgrund des **UP** muss u_{out} auch länger andauern.*

*Das Wobbelverfahren birgt – falls nicht extrem langsam gemessen wird – aufgrund des **UP** zu viele Fehler in sich, weil die Einhüllende ggf. nicht den wahren Amplitudenverlauf widerspiegelt. Wie hier nämlich rechts zu sehen ist, besitzen alle drei Bandpässe die gleiche Mittenfrequenz 50 Hz!*

In Abb. 105 wird die Wobbelmessung an einem Bandpass mit variabler Bandbreite bzw. Güte Q durchgeführt. Die Güte Q eines einfachen Bandpasses ist ein Maß für die Fähigkeit, möglichst schmalbandig auszufiltern bzw. ein Maß für die Flankensteilheit des Filters. Zunächst wird ein „schlechter", d. h. breitbandiger Bandpass ohne steile Flanken (Q = 3) gewobbelt. Hier lässt sich noch recht gut der Frequenzgang über den Amplitudenverlauf erkennen. Aufgrund seiner großen Bandbreite B = Δf lagen bei der Messung alle „Momentanfrequenzen" noch lange genug an (Δt), sodass Δf · Δt ≥ 1 erfüllt wurde (**UP**).

Denken Sie sich nun einen Kurvenzug, der die jeweils oberen Maximalwerte (d. h. die Amplituden der „Momentanfrequenzen" miteinander verbindet. Dieser Kurvenzug soll den Frequenzgang (der Amplitude) des Filters darstellen.

Wird nun die Bandbreite des Bandpasses über die Güte Q – z. B. Q = 6 und Q = 10 – immer schmaler eingestellt bzw. nimmt die Flankensteilheit immer mehr zu, so zeigt der Wobbelverlauf nicht mehr (indirekt) den Frequenzgang an, weil offensichtlich das **UP** verletzt wurde. Das Ausgangssignal u_{out} spiegelt vielmehr ein diffuses Schwingungsverhalten als Reaktion auf das Wobbelsignal wider.

Mit etwas Intelligenz und besseren Methoden (Computerhilfe!) kommen wir etwas aus dieser Sackgasse heraus. Offensichtlich hat auch hier der Bandpass höherer Güte Q durch sein Verhalten im Zeitbereich signalisiert, welche übertragungstechnischen Eigenschaften er im Frequenzbereich besitzt. Er hat gewissermaßen durch sein „Einschwingverhalten" (im Zeitbereich) gezeigt, wie er es mit dem Frequenzbereich hält!

Dies soll präzisiert werden: Durch das Wobbelsignal werden auf den Eingang „nach und nach" (hier in insgesamt t = 1 s) alle Frequenzen – Sinus–Schwingungen – des zu untersuchenden Frequenzbereiches mit konstanter Amplitude gegeben. Irgendwie muss – mit einer gewissen Unschärfe – das Ausgangssignal alle Frequenzen enthalten, die mit einer bestimmten Stärke (Amplitude) und Phasenverschiebung den Bandpass passierten.

u_{out} sollte deshalb mit Computerhilfe einer **FT** unterworfen werden. Das Ergebnis ist in Abb. 106 dargestellt. Der „fehlerhafte", durch Einschwingvorgänge „verzerrte" Wobbelverlauf zeigt im Frequenzbereich – dargestellt als Amplitudenspektrum – offensichtlich korrekt den Frequenzgang des schmalbandigen Bandpasses an. Demnach sind die eigentlichen Informationen doch in dem Ausgangssignal u_{out} enthalten, *nur sind diese Informationen lediglich über eine FT erkennbar!*

Zwischenbilanz:

- Mit den herkömmlichen Messinstrumenten – analoger *Funktionsgenerator* und analoges *Oszilloskop* – lassen sich die frequenzmäßigen Eigenschaften von Schaltungen nicht sehr genau und nur äußerst zeitaufwendig ermitteln.

- Es fehlt vor allem an der Möglichkeit zur **FT** und **IFT** (Inverse FT). Dies ist jedoch ohne Weiteres in der digitalen Signalverarbeitung (**DSP**) mit Computerhilfe möglich.

- Es gibt nur *einen* korrekten Weg vom Zeitbereich in den Frequenzbereich und umgekehrt: **FT** und **IFT**!

Die Zukunft der modernen Signalerzeugung/Signalverarbeitung/Signal- und Systemanalyse liegt deshalb in der computergestützten, digitalen Signalverarbeitung DSP (Digital Signal Processing). Bereits über eine einfachere PC–Multifunktionskarte lassen sich analoge Signale digital abspeichern und nach beliebigen Kriterien rechnerisch auswerten sowie grafisch darstellen.

Moderne Testsignale

Im Zeitalter der computergestützten Signalverarbeitung gewinnen andere Testsignale aufgrund ihrer theoretischen Bedeutung auch praktische Bedeutung, weil sich jedes theoretisch–mathematische Verfahren über einen bestimmten Programm–Algorithmus auch real umsetzen lässt.

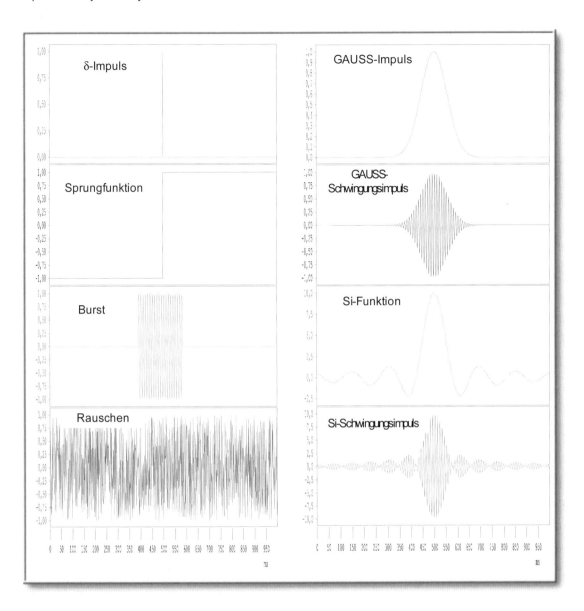

Abbildung 107:   ***Wichtige Testsignalformen für computergestützte Methoden***

Die hier vorgestellten Signale haben bislang fast ausschließlich theoretische Bedeutung besessen. Durch den Computer bilden Theorie und Praxis immer mehr eine Einheit, weil die Theorie sich mit den mathematischen Modellen der Prozesse beschäftigt, der Computer aber spielend leicht die Ergebnisse dieser mathematischen Prozesse ("Formeln") berechnen und grafisch darstellen kann.

Alle diese Testsignale werden heute formelmäßig mithilfe des Computers und nicht mittels spezieller analoger Schaltungen generiert.

Weitere wichtige Testsignale sind vor allem:

- δ–Impuls
- Sprungfunktion
- Burst–Impuls
- Rauschen

- GAUSS–Impuls
- GAUSS–Schwingungsimpuls
- Si–Funktion
- Si–Schwingungsimpuls

Jedes dieser Testsignale besitzt bestimmte Vor-, aber auch Nachteile, die hier kurz angerissen werden sollen.

Der δ–Impuls

Wie lassen sich sehr einfach die Schwingungseigenschaften eines Autos – Automasse, Feder, Stoßdämpfer bilden einen stark gedämpften mechanischen Bandpass! – ermitteln? Ganz simpel: Schnell durch ein Schlagloch fahren! Schwingt der Wagen länger nach – wegen des **UP** handelt es sich dann um ein schmalbandiges System! – , so sind die Stoßdämpfer nicht in Ordnung, d. h. das mechanische Schwingungssystem Auto ist nicht stark genug gedämpft.

Das elektrische Pendant zum Schlagloch ist der δ–Impuls. Die Reaktion eines Systems auf diese spontane, äußerst kurzzeitige Auslenkung ist am Systemausgang die sogenannte δ–*Impulsantwort* (siehe Abb. 108). Ist sie z. B. zeitlich ausgedehnt, so ist nach dem **UP** der Frequenzbereich stark eingeschränkt, d. h. es liegt eine Art Schwingkreis vor. Jeder stark gedämpfte Schwingkreis (intakter Stoßdämpfer oder OHMscher Widerstand) ist dagegen breitbandig, d. h. er liefert uns deshalb nur eine kurze Impulsantwort! Nur hierüber lässt sich z. B. das physikalische Verhalten von (auch digitalen) Filtern überhaupt verstehen.

Also: Schon die δ–Impulsantwort (allgemein als „Impulsantwort" h(t) bezeichnet) ermöglicht über das **UP** einen *qualitativen* Aufschluss über die frequenzmäßigen Eigenschaften des getesteten Systems. Aber erst die **FT** liefert genaue Information über den Frequenzbereich. Erst sie verrät uns, welche Frequenzen (bzw. deren Amplituden und Phasen) die Impulsantwort enthält.

Wird ein System mit einem δ–Impuls getestet, so wird ja – im Gegensatz zum Wobbelsignal – das System *gleichzeitig* mit allen Frequenzen (Sinus–Schwingungen) *gleicher* Amplitude getestet. Am Ausgang z. B. eines Hochpass–Filters fehlen unterhalb der Grenzfrequenz die tiefen Frequenzen fast vollständig. Die Summe der durchgelassenen (hohen) Frequenzen formen die Impulsantwort h(t). Um den Frequenzgang zu erhalten, muss die Impulsantwort h(t) nur noch einer **FT** unterworfen werden.

> *Die Bedeutung des δ–Impulses als Testsignal beruht auf der Tatsache, dass die FOURIER–Transformierte **FT** der Impulsantwort h(t) bereits die Übertragungsfunktion/ Frequenzgang **H(f)** des getesteten Systems darstellt.*

Definition der Übertragungsfunktion **H**(f) : Für jede Frequenz werden Amplituden und Phasenverschiebung von u_{out} und u_{in} miteinander verglichen:

$$\mathbf{H}(f) = (\hat{U}_{out}/\hat{U}_{in}) \qquad (0 < f < \infty) \qquad\qquad \Delta\varphi = (\varphi_{out} - \varphi_{in}) \qquad (0 < f < \infty)$$

Zwischenbilanz und Hinweise:

- Im Gegensatz zum Wobbelsignal wird das System beim δ–Impuls *gleichzeitig* mit allen Frequenzen ($\hat{U}$ = konstant) gemessen.

- Da beim δ–Impuls $\hat{U}_{in}$ = konstant für alle Frequenzen ist, bildet das Amplitudenspektrum der Impulsantwort bereits den Betragsverlauf **H**(f) der Übertragungsfunktion. Die Impulsantwort wird international mit h(t) bezeichnet.

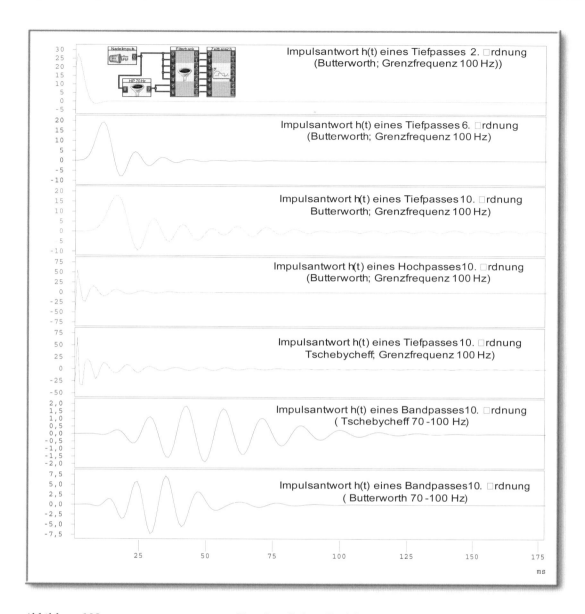

Abbildung 108:   ***Vom hässlichen Entlein ...***

Obwohl uns die Eigenschaften des δ–Impulses inzwischen vertraut sein müssten – er enthält ja alle Frequenzen bzw. Sinus–Schwingungen mit gleicher Amplitude, d. h. das System wird also durch ihn gleichzeitig mit allen Frequenzen getestet – , ist das Ergebnis dieser messtechnischen Analyse doch immer wieder erstaunlich: Die Impulsantworten sehen auf den ersten Blick so nichtssagend unscheinbar aus, verraten dem Fachmann aber bereits viel über das frequenzabhängige Verhalten der Filter.

*Bei höherer Ordnung ist die Flankensteilheit der Filter größer und damit der Durchlassbereich des Filters kleiner. Hierdurch bedingt dauert die Impulsantwort h(t) aufgrund des **UP** länger an. Dies ist ganz deutlich beim schmalbandigen Bandpass (70 Hz) zu sehen. Und: Je größer die Flankensteilheit, desto mehr verzögert setzt die Impulsantwort ein.*

Ein Hochpass ist immer breitbandig, seine Impulsantwort setzt mit einem Sprung an und schwingt sich auf seine Grenzfrequenz ein. Durch die hohe Flankensteilheit des Tschebycheff–Hochpasses dauert h(t) hier länger als beim Butterworth–Hochpass gleicher Ordnung.

*Wie ein Wunder erscheint es aber, dass die **FT** dieser unscheinbaren Impulsantworten perfekt die Übertragungsfunktion **H**(f) nach Betrag und Phase ergibt (siehe Abb. 109). Das Phasenspektrum wird allerdings nur dann korrekt angegeben, falls der δ–Impuls im Bezugszeitpunkt t = 0 positioniert ist! Im Gegensatz zur herkömmlichen Messmethode mit Oszilloskop und Funktionsgenerator dauert der computergestützte Mess- und Auswertevorgang heute nur noch Bruchteile von Sekunden!*

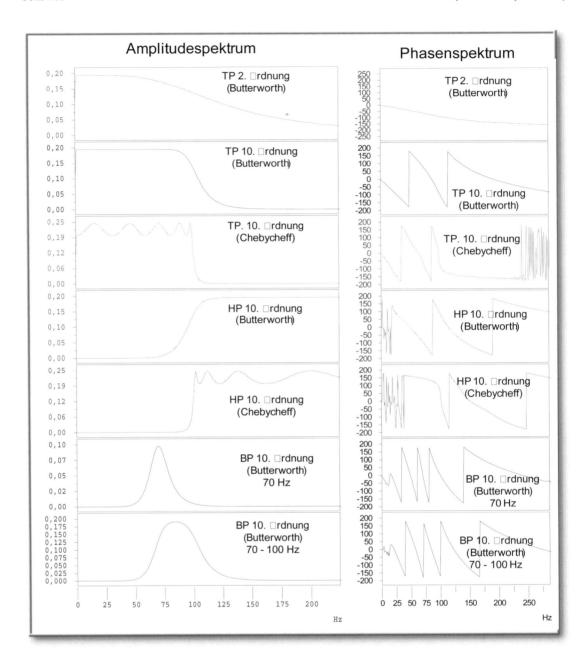

Abbildung 109: **... zum schönen Schwan!**

Die FT der unscheinbaren Impulsantworten h(t) aus Abb. 108 ergibt wie durch Zauberei – obwohl die Erklärung hierfür ja einfach ist – die Übertragungsfunktion nach Betrag und nach Phase (Phasenverlauf jeweils unten).

Bei den Phasenspektren sehen Sie „seltsame Sprünge". In Wahrheit wird das Phasenspektrum immer nur zwischen -π (bzw. -180 Grad) und π (bzw. 180 Grad) aufgetragen. Wird letzterer Wert überschritten, so springt die Kurve nach unten, denn beide Winkel sind ja identisch! Der unregelmäßige, „rauschartige" Phasenverlauf rechts kommt durch Rechenungenauigkeiten zustande.

Ganz deutlich ist zu erkennen, womit Flankensteilheit erkauft werden muss. Der Tschebycheff–Typ besitzt im Durchlassbereich bei gleicher Ordnung steilere Flanken, jedoch im Durchlassbereich eine große „Welligkeit".

Aus den vorstehenden Betrachtungen ergibt sich die besondere (theoretische) Bedeutung von δ–Impulsen als Testsignal. Für die Praxis müssten sie sehr hoch sein, um genügend Energie zu besitzen. In diesem Fall stellen sie so etwas dar wie ein Funken, d. h. so etwas wie eine extrem kurze Hochspannung. Damit aber sind sie gefährlich für alle Schaltungen der Mikroelektronik. Liefert die Theorie eine Alternative, d. h. ein Testsignal mit genügend Energie, extrem einfach zu generieren und ungefährlich für die Mikroelektronik?

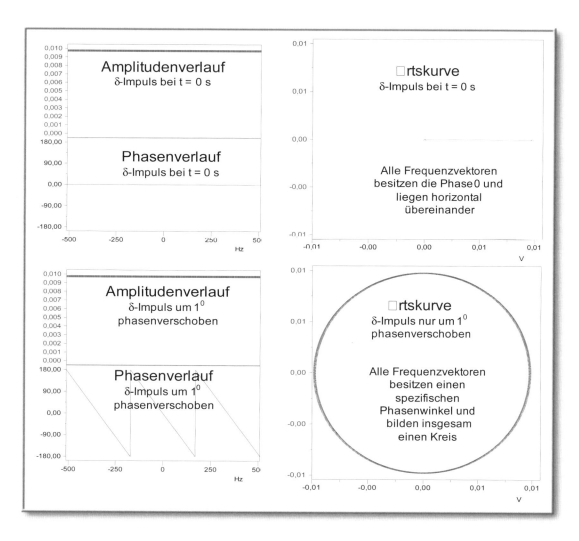

Abbildung 110: ***Frequenzmäßige Darstellung des δ–Impulses bei Phasenverschiebung φ = 0 und 1⁰***

Da der δ–Impuls aus theoretischer Sicht das ideale Testsignal zur Messung der Übertragungs-eigenschaften eines signaltechnischen Prozesses oder Systems ist, sollte sein frequenzmäßiges Verhalten genauestens bekannt sein.

- In stenografischer Schreibweise lässt sich damit schreiben: $|\mathbf{FT}(h(t))| = |\mathbf{H}(f)|$ ("der Betrag der **FT** von h(t) ist gleich dem Betrag der Übertragungsfunktion **H**(f)"). Ferner gilt: **IFT(H**(f)**)** = h(t) ("die Inverse **FT** der Übertragungsfunktion **H**(f) ist die Impulsantwort h(t)".

- Der Phasenverlauf der **FT** der Impulsantwort ist im Allgemeinen nicht genau identisch mit dem Phasenverlauf der Übertragungsfunktion **H**(f). Das Phasenspektrum des δ–Impulses geht nämlich mit ein, und das hängt wiederum von der Lage des δ–Impulses bezüglich t = 0 s ab. Liegt der δ–Impuls exakt bei t = 0 s – was wegen der physikalisch endlichen Breite Δt des δ–Impulses nie ganz genau möglich ist –, dann stimmen beide Phasenverläufe exakt überein.

- Der Computer kann aber diese "Bereinigung" rechnerisch durchführen und liefert dann den Phasenverlauf der Übertragungsfunktion.

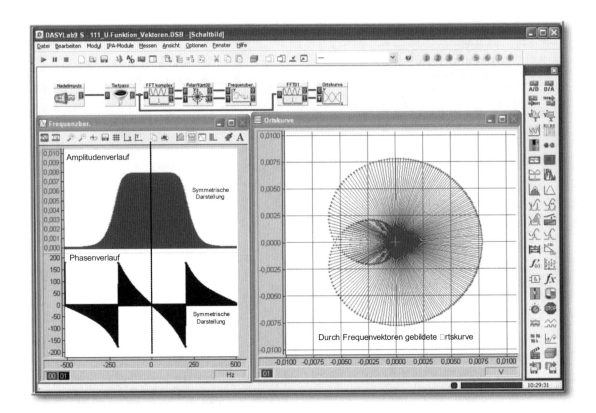

Abbildung 111:   **Frequenzvektoren bilden Übertragungsfunktion H(f) als Ortskurve ab**

Die Ortskurvendarstellung eines δ–Impulses ist bereits aus Kapitel 5, Abb. 101 bekannt. Hier wird nun über die FFT der Impulsantwort eines Butterworth–Tiefpass–Filters dessen Übertragungsfunktion als Ortskurve dargestellt.

Durch einen kleinen Trick sind hier die einzelnen Frequenzvektoren im Abstand von 1 Hz auch als Vektoren dargestellt (Abtastrate ist doppelt so groß wie Blocklänge).

*Die Verbindungslinie der Vektor–Endpunkte bildet die „Ortskurve" der Übertragungsfunktion **H(f)**. Beide Darstellungsformen der Übertragungsfunktion – Amplituden- und Phasenverlauf (links) sowie Ortskurve – enthalten die gleiche Information.*

Der Nachteil des δ–Impulses als Testsignal ist seine geringe Energie, weil er so kurz andauert. Sie lässt sich nur vergrößern, indem seine Höhe vergrößert wird (z. B. 100 V). Ein solcher Spannungsimpuls könnte jedoch die Eingangs-Mikroelektronik zerstören. Auch für akustische, also elektromechanische Systeme wie Lautsprecherboxen, ist der δ–Impuls als Testsignal vollkommen ungeeignet, ja gefährlich. Bei entsprechender Stärke könnte Ihnen die Lautsprechermembran entgegen geflogen kommen. Er hätte die gleiche Wirkung wie ein kurzer Schlag mit dem Hammer auf die Membran bzw. wie das "Schlagloch" beim Auto, welches doch etwas zu tief war!

Übertragungsfunktion als Ortskurve

Aus theoretischer Sicht ist der δ–Impuls also das ideale Testsignal, liefert er doch alle Freuenzen mit gleicher Amplitude. Ist er dann noch bei t = 0 positioniert, besitzen alle Frequenzen die Phasenverschiebung $0°$ oder 0 rad, dargestellt in Abb. 110. Dies ist ganz entscheidend, falls auch der Phasenverlauf des analysierten Prozesses bzw. Systems korrekt angezeigt werden soll.

Bislang wurde die Übertragungsfunktion messtechnisch durch zwei Darstellungen beschrieben: *Amplituden- und Phasenverlauf.* Ein kleines Manko bestand bei der bisherigen Darstellung auch darin, dass lediglich der positive Frequenzbereich nach Betrag und Phase dargestellt wurde.

Im Kapitel 5 wurde bereits mit der GAUSSsche Zahlenebene die Möglichkeit angedeutet, die Amplituden- und Phaseninformation eines Signals in einer einzigen „vektoriellen" Darstellung zu vereinen. Real- und Imaginärteil stellen den Frequenzvektor durch dessen x– und y–Wert dar. Da jede Sinusschwingung aus den beiden Frequenzvektoren +f und -f besteht, werden hierbei positiver und negativer Frequenzbereich erfasst, wie die Abb. 90 bis Abb. 93 deutlich zeigen.

Kommen wir zurück auf den δ–Impuls und seine frequenzmäßig Darstellung, wie sie in bereits Abb. 101 und jetzt in Abb. 110 als sogenannte „Ortskurve" dargestellt ist. Liegt der δ–Impuls bei t = 0 s, so liegen alle (unendlich vielen) Frequenzvektoren in gleicher Position übereinander auf der Horizontalachse, weicht dagegen der δ–Impuls wie in Abb. 110 – z. B. auch nur um 1° ab – , so zeigt das Phasenspektrum für jede Frequenz einen anderen Phasenwinkel. Damit ergibt sich als Ortskurve ein kreisförmiges Gebilde.

> *Liegt der als Testsignal verwendete* δ–*Impuls nicht bei t = 0 s, so lässt sich der Phasenverlauf des Prozesses bzw. Systems nicht ohne weiteres exakt bestimmen. Damit muss auch die* **Impulsantwort** *immer bei t = 0 s beginnen!*

Da nun durch einen frequenzabhängigen Prozess bzw. ein frequenzabhängiges System die einzelnen Frequenzen nach Betrag und Phase verändert werden, ergibt die frequenzmäßige Auswertung der *Impulsantwort* eines Prozesses bzw. Systems in der GAUSSschen Zahlenebene eine veränderte Lage aller Frequenzvektoren. Die Ortskurve ergibt sich dann aus der Verbindungslinie der Vektorenden.

Gerade am Beispiel der Übertragungsfunktion **H**(f) von Filtern lässt sich die Zweckmäßigkeit dieser Ortskurven–Darstellungsform von **H**(f) zeigen. Der Fachmann sieht auf den ersten Blick die speziellen Filtereigenschaften, da diese sehr plakativ durch die – zur Horizontalachse symmetrische – Ortskurve abgebildet werden. Gute, d. h. steilflankige, rechteckähnliche Filter weisen aufgrund des Unschärfe–Prinzips eine lang andauernde Impulsantwort auf. Diese zeitliche „Streckung" entspricht in der Sprache der Sinusschwingungen einer extrem großen Phasenverschiebung, die meist ein Mehrfaches von 360° oder 2π rad aufweist. Auch jede Welligkeit des Filters im Durchlassbereich ist als Abweichung – „Delle" – der Ortskurve von der Kreisform erkennbar.

Insgesamt ergibt sich:

> *Der* **Sperrbereich** *liegt um den Mittelpunkt (0,0) der GAUSSschen Zahlenebene herum, weil dort die Amplituden gegen null gehen.*
>
> *Der* **Durchlassbereich** *des Filters liegt auf einer annähernd kreisförmigen Zone der Ortskurve. Besitzt diese Zone eine gewisse Schwankungsbreite, handelt es sich um einen welligen Durchlassbereich. Bei steilflankigen Filtern drehen sich die Frequenzvektoren mehrfach um den Vollwinkel 2π rad.*

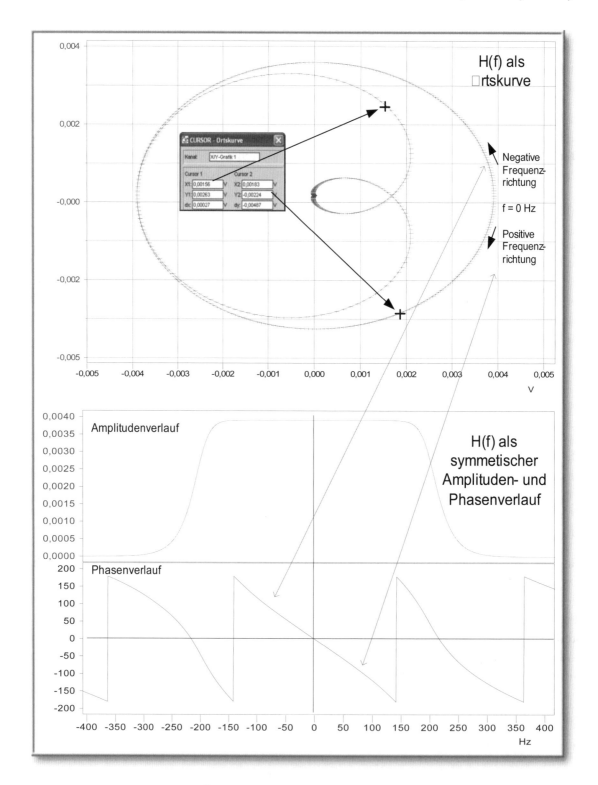

Abbildung 112:   **_Details der Übertragungsfunktion in beiden Darstellungsformen_**

Durch beide Darstellungsformen wird der gesamte – positve und negative – Frequenzbereich erfasst. Interessanterweise wechselt der Phasenverlauf bei 0 Hz kontinuierlich-glatt von + nach -. Das Phasenspektrum insgesamt ist punktsymmetrisch.

Zwei Pfeile weisen auf den positiven und negativen Bereich der Ortskurve hin, welche symmetrisch zur Horizontalachse liegen. Der Abstand der durch kleine Kreuze gekennzeichneten „Messpunkten" beträgt 1 Hz. Der Abstand von Punkt zu Punkt ist dort am größten, wo sich Phase und Amplitude am schnellsten ändern! Diese interessantesten Bereiche werden in der Ortskurve „vergrößert" dargestellt.

Der Übergang zwischen Durchlass- und Sperrbereich – die Filterflanken – bilden bei einem steilflankigen Filter eine kurze, bei einem schlechten Filter eine längere Verbindungslinie zwischen Mittelpunktsbereich und Außenring.

Die Ortskurven besitzen eine „Lupen"–Funktion, weil der eigentlich interessierende Bereich – Durchlassbereich und Filterflanken   vergrößert dargestellt werden. Das ist an dem Abstand der Messpunkte erkennbar, d. h. bei großem Abstand sind Amplituden- und Phasenänderung von Frequenz zu Frequenz am größten.

Wegen der Bedeutung der Übertragungsfunktion $\mathbf{H}(f)$ ist es ideal, diese in beiden Darstellungsarten abzubilden. Dies zeigt bereits Abb. 111. Hierbei lässt sich nun beim Amplituden- und Phasenverlauf auch der negative Bereich mit einbeziehen. Real- und Imaginärteil bilden in der GAUSSschen Zahlenebene die sogenannte *Cartesischen* Koordinaten, üblicherweise als x– und y– Koordinaten bezeichnet. Im Modul–Menü von DASY*Lab* findet sich nun ein Modul unter der Rubrik Signalverarbeitung, welches diese x– und y–Koordinaten eines Vektors in seine „Polarform" – Betrag und Phase – umwandelt. Dies entspricht genau dem Amplituden- und Phasenverlauf unter Einbeziehung von positivem und negativem Frequenzbereich.

Die Sprungfunktion

Das in der Regelungstechnik durchweg verwendete Testsignal ist die Sprungfunktion (siehe Abb. 113). Dahinter steckt wohl folgende „Philosophie": Das System wird hierdurch *einer* extrem kurzzeitigen Zustandsänderung ausgesetzt (beim δ–Impuls sind es ja *zwei* direkt aufeinanderfolgende extreme Zustandsänderungen, wobei die erste Zustandsänderung direkt wieder rückgängig gemacht wird!). Diese bei der Sprung–Funktion nunmehr einmalige Zustandsänderung ruft eine bestimmte Reaktion des Systems hervor. Diese „erzählt" danach alles über das eigene systeminterne schwingungsphysikalische Verhalten.

Während das mit dem Auto schnell genug durchfahrene Schlagloch als „Testsignal" dem δ–Impuls entspricht, lassen sich die Eigenschaften der Sprungfunktion mit dem Hinauf- oder Hinunterfahren des Autos von der Bordsteinkante am besten vergleichen (Achtung: Manche Bordsteinkanten sind einfach zu hoch!). Auch hierbei verrät das kurzzeitig schwingende Auto, ob z. B. die Stoßdämpfer in Ordnung sind. Elektrisch betrachtet entspricht die Sprungfunktion dem Ein- oder Ausschalten einer Gleichspannung, d. h. dieses Testsignal lässt sich extrem einfach herstellen.

Die Sprungfunktion besitzt gegenüber dem δ–Impuls den Vorteil, mehr Energie zu besitzen. Auch dies lässt sich am „mechanischen Schwingkreis", dem Auto, nachvoll- ziehen. Ein schnell durchfahrenes Schlagloch – es entspricht ja dem δ–Impuls – kann sich für den Fahrer überhaupt nicht bemerkbar machen, weil es „verschluckt" wird. Erst ab einer bestimmten Größe wird es sich bemerkbar machen. Der Sprung eines Wagens von einer Bordsteinkante wird sich dagegen immer bemerkbar machen, egal, wie schnell der Wagen hinunter fährt.

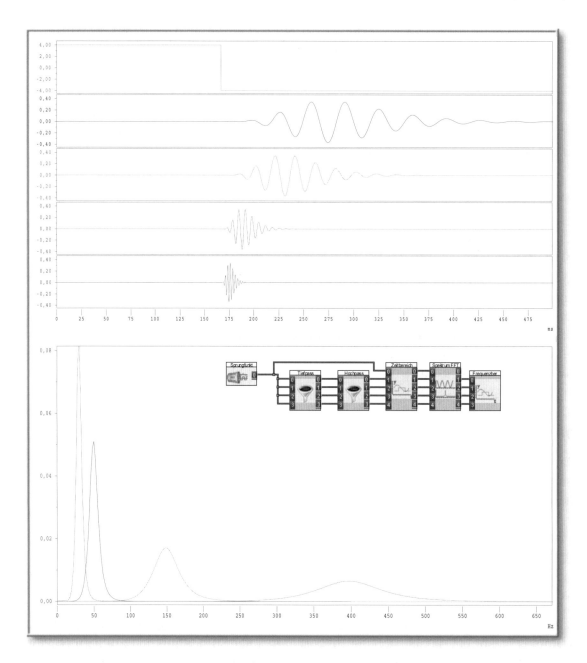

Abbildung 113:   **Enthält die Sprungfunktion alle Frequenzen?**

Hier wird die Sprungfunktion auf einen (aus TP und HP gebildeten) extrem schmalbandigen Bandpass – der also jeweils quasi nur „eine" Frequenz durchlässt – gegeben. Deshalb stellen die Sprungantworten auch kurzzeitige Sinus–Schwingungen dar. Variiert wird lediglich die „Durchlassfrequenz", ohne jedoch die „Empfindlichkeit" (Güte Q) des Filters zu verändern. Das Spektrum – die FT der Sprungantworten – zeigt bereits, dass die tiefen Frequenzen wesentlich stärker im Spektrum vertreten sind als die hohen. Genauer formuliert: Wird die Frequenz jeweils verdoppelt, so halbiert sich die Höhe des Amplituden-spektrums der Sprungantwort. Dies lässt vermuten: $\hat{U} \sim 1/f$.

Diese Eigenschaft soll in einem in Abb. 113 dargestellten Versuch ausgenutzt werden, um erste Hinweise auf den *Verlauf* des Amplitudenspektrums der Sprungfunktion zu erhalten. Eine **FT** der Sprungfunktion ohne Kunstgriff durchzuführen ist nämlich nicht ohne weiteres möglich, weil sie *weder periodisch noch ihre Dauer festgelegt* ist (Was kommt nach dem Sprung? Ein Rücksprung?).

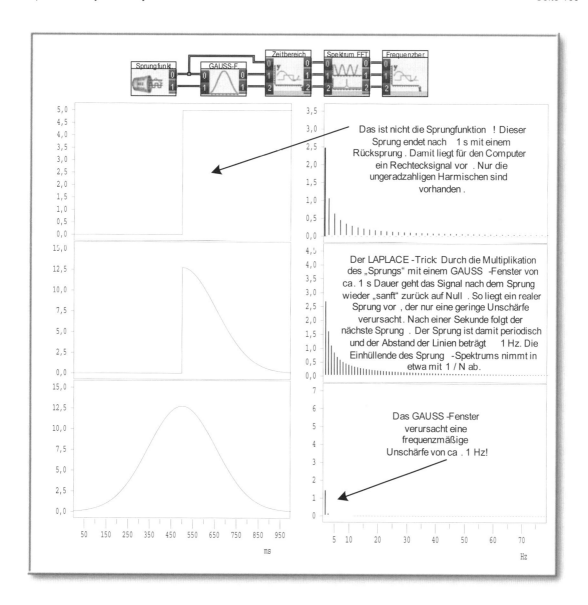

Abbildung 114:   ***Der Trick mit der LAPLACE−Transformation***

Die Sprungfunktion birgt mathematische und messtechnische Schwierigkeiten, weil unklar ist, was nach dem Sprung passiert. Das Ende des Messvorgangs bedeutet auch ein Ende bzw. einen „Rücksprung" der Sprungfunktion. Damit haben wir jedoch (nachträglich) gar nicht die Sprungfunktion als Testsignal verwendet, sondern einen Rechteckimpuls der Breite τ.

*Mit einem Trick wird dieses Problem aus der Welt geschafft: Die Sprungfunktion wird möglichst sanft beendet, indem sie langsam exponentiell bzw. nach einer GAUSS–Funktion abklingt. Je langsamer dies geschieht, desto mehr besitzt dieses Testsignal die Eigenschaften der (theoretischen) Sprungfunktion. Dieser Trick in Verbindung mit der nachfolgenden **FT** wird **LAPLACE**-Transformation genannt.*

Durch Nachdenken kommen wir weiter: Die Sprungfunktion ist ja eine Art Rechteck, bei dem der zweite Sprung – d. h. die zweite Flanke – im Unendlichen liegt. Die Pulsbreite τ ist – siehe Abb. 33 – ein Maß für die Nullstellen des Rechteck–Amplitudenspektrums. Je größer also τ ist, desto kleiner ist der Abstand zwischen den Nullstellen des Spektrums. Praktisch liegt der zweite Sprung ("Rücksprung") jedoch dort, wo der Messvorgang jeweils beendet wird! Je nach „Aufzeichnungslänge" Δt besitzt τ also einen ganz bestimmten Wert. Messtechnisch und auch mathematisch ergeben sich hieraus große Schwierigkeiten.

Die Mathematiker greifen da in die Trickkiste, und der Trick heißt *LAPLACE -
Transformation*. Er besteht darin, die Dauer der Sprungfunktion künstlich zeitlich zu
begrenzen und damit über eine **FT** auswertbar zu machen. Hierzu wird üblicherweise eine
e–Funktion oder z. B. hier die GAUSS–Funktion verwendet, wie sie in Abb. 107
dargestellt ist. Sie gestaltet den Übergang so „sanft", dass sich dieser frequenzmäßig
kaum bemerkbar macht. Die Anwendung solcher sanfter Übergänge ("Zeitfenster";
"Windowing") bei der FT-Analyse nichtperiodischer Signale wurde bereits erläutert
(Abb. 51 – Abb. 53).

> Hinweis:
> Nur periodische Signale sind – obwohl von zeitlicher Unbegrenztheit – exakt
> analysierbar, weil sie sich auf gleiche Art und Weise immer wiederholen. Die
> Analysierdauer muss dann *ganz genau ein ganzzahliges Vielfaches der
> Periodendauer T* sein.
> Andernfalls sind Signale generell nur mit einer frequenzmäßigen Auflösung Δf
> analysierbar, die wegen des **USP** dem Kehrwert der Zeitdauer Δt des Messvorgangs
> entspricht.

Diese Begrenzung geschieht also „unmerklich", indem sich nach dem Sprung der
Sprungwert (z. B. 1 V) exponentiell und langsam dem Wert null nähert. Für die Dauer Δt
dieser „Nullnäherung" sollte wegen des **UP** gelten $\Delta t \geq 1/\Delta f$, wobei Δf die gewünschte
frequenzmäßige Auflösung darstellt.

Die Theorie liefert uns die intelligenteste Methode, die Vorteile der Sprungfunktion
– genügend Energie – mit dem Vorteil des δ–Impulses – die FT der Impulsantwort liefert
direkt die Übertragungsfunktion bzw. den Frequenzgang – zu verbinden. Aus einer
Sprungfunktion lässt sich nämlich durch Differenziation ein δ–Impuls erzeugen. Die
Differenziation ist eine der wichtigsten mathematischen Operationen, die in Naturwissenschaft und Technik verwendet wird. Auf sie wird noch ausführlich im Kapitel 7
("Lineare und nichtlineare Prozesse") eingegangen werden. An dieser Stelle reicht es zu
wissen, was sie bei einem Signal bewirkt.

Durch die Differenziation wird festgestellt, wie schnell sich das Signal *momentan ändert*.
Je schneller das Signal momentan zunimmt, desto größer ist der Momentanwert des
differenzierten Signals. Nimmt das Signal momentan ab, ist der Momentanwert des
differenzierten Signals negativ. Schauen Sie sich doch einfach Abb. 115 an, und Sie
wissen, was die Differenziation eines Signales bewirkt!

Durch die Reihenfolge der Operationen in Abb. 115 wird das Verfahren in gewisser
Weise optimiert. Wie Sie aus dem Bildtext entnehmen können, besitzt das Testsignal
Sprungfunktion genügend Energie bei kleiner Sprunghöhe – zerstört also nicht die
Mikroelektronik –, ausgewertet wird jedoch die Impulsantwort h(t), deren **FT** direkt die
Übertragungsfunktion **H**(f) liefert.

Die Sprungfunktion besitzt dadurch auch in der computergestützten Messtechnik als
reales Testsignal eine große Bedeutung. Sie besitzt genügend Energie und ist extrem
leicht zu erzeugen. Durch die computergestützte Verarbeitung der Sprungantwort – erst
Differenziation, dann die **FT** – erhalten wir die Übertragungsfunktion **H**(f), d. h. die
vollständige Information über den Frequenzbereich des getesteten Systems. Vermieden
werden jetzt auch alle mathematischen und physikalischen Schwierigkeiten, die man
normalerweise mit der Sprungfunktion bekommt.

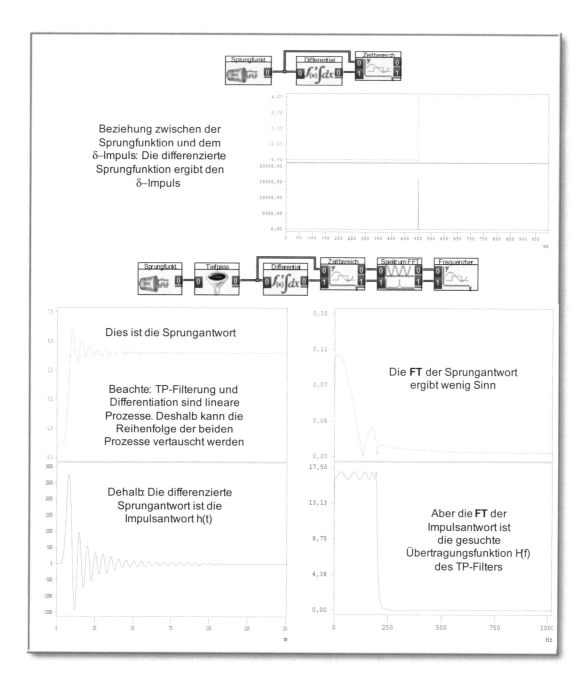

Abbildung 115:   ***Optimierung der Systemanalyse: Differenzieren der Sprungantwort!***

*Wenn die differenzierte Sprungfunktion einen δ–Impuls ergibt, so ergibt die differenzierte Sprungantwort auch die Impulsantwort h(t). Dies folgt aus der Tatsache, dass sowohl der Tiefpass als auch die Differenziation **lineare** Prozesse darstellen. Deren Reihenfolge lässt sich jedoch vertauschen! Auf die Tiefpass–Schaltung bzw. auf das System wird die Sprungfunktion gegeben, die genügend Energie besitzt. Die Sprungantwort wird differenziert, man erhält die Impulsantwort h(t). Indirekt wurde das System also mit einem δ–Impuls getestet! Ohne theoretischen Hintergrund ist dieses Verfahren nicht nachvollziehbar.*

GAUSS – Impuls

Impulse spielen im Zeitalter der DSP (Digital Signal Processing) eine extrem wichtige Rolle, da jedes binäre Muster, d. h. jede binäre Information aus einer Anordnung von Impulsen ("Impuls–Muster") besteht.

Rechteckimpulse besitzen aufgrund ihrer „Sprungstellen" ein sehr breites Frequenzband. Dieses breite Frequenzband macht sich gerade in der Übertragungstechnik unangenehm bemerkbar. So stellt beispielsweise jede Leitung ein *dispersives* Medium dar und erschwert damit die Übertragung von Impulsen.

> *Ein Medium ist dispersiv, falls die Ausbreitungsgeschwindigkeit c*
> *in ihm nicht konstant, sondern von der jeweiligen Frequenz*
> *abhängt.*

Als Folge verändert sich längs der Leitung das Phasenspektrum des Signals, weil sich die einzelnen Sinus–Schwingungen (Frequenzen) unterschiedlich schnell ausbreiten und am Ende nun eine andere Lage zueinander besitzen. Durch diesen Effekt „zerfließen" die einzelnen Impulse längs der Leitung; sie werden flacher und breiter, bis sie sich gegenseitig überlappen. Und damit geht die Information verloren.

So lässt sich aus diesem Grunde beispielsweise kaum die Ausbreitungsgeschwindigkeit c längs einer Kabelstrecke mithilfe eines Rechteckimpulses über die Laufzeit τ messen. Der am Leitungsende erscheinende Impuls ist bei größerer Leitungslänge so zerflossen, dass sich Anfang und Ende des Impulses nicht mehr feststellen lassen.

Für die Übertragungstechnik – aber auch für die hier angedeutete Impulsmesstechnik – wird deshalb ein Impuls benötigt, der bei vorgegebener Dauer τ und Höhe U ein möglichst schmales Frequenzband besitzt. Solche Impulse werden kaum zerfließen – sondern nur gedämpft werden – , weil sich aufgrund des schmalen Frequenzbandes die Frequenzen kaum unterschiedlich schnell ausbreiten werden.

Da der GAUSS–Impuls sehr sanft beginnt, sich sanft verändert und auch so endet, besitzt er nach unseren bisherigen Erkenntnissen (**UP!**) dieses erwünschte Verhalten. Deshalb ist er als Pulsform nicht nur für die schnelle Übertragung binärer Daten, sondern auch für Laufzeitmessungen in Systemen geeignet.

Es gibt noch weitere Signalformen, die auch sanft beginnen bzw. enden und sich auf den ersten Blick kaum vom GAUSS–Impuls unterscheiden. Alle diese Signale spielen eine wichtige Rolle als „Zeitfenster" (Window) bei der Erfassung bzw. Analyse nichtperiodischer Signale.

Auf eine wichtige Eigenschaft des GAUSS–Impulses sollte hier noch hingewiesen werden: Die **FT** einer GAUSS–Funktion ist wieder eine GAUSS–Funktion, d. h. das Spektrum – incl. negativer Frequenzen – besitzt die gleiche Form wie das Signal im Zeitbereich. Dies gilt für keine weitere Funktion.

GAUSS – Schwingungsimpuls

Während der GAUSS–Impuls ein schmales Spektrum symmetrisch zur Frequenz f = 0 Hz besitzt, lässt sich durch einen „Trick" dieses Spektrum an eine beliebige Stelle des Frequenzbereiches verschieben. Im Zeitbereich ergibt sich dann der GAUSS–Schwingungsimpuls.

Zu diesem Zweck wird der GAUSS–Impuls einfach mit einem Sinus der Frequenz f_T („Trägerfrequenz") *multipliziert*, um die das Spektrum verschoben werden soll. Das Ergebnis ist dann im Zeitbereich ein Sinus, der sanft beginnt und sanft endet.

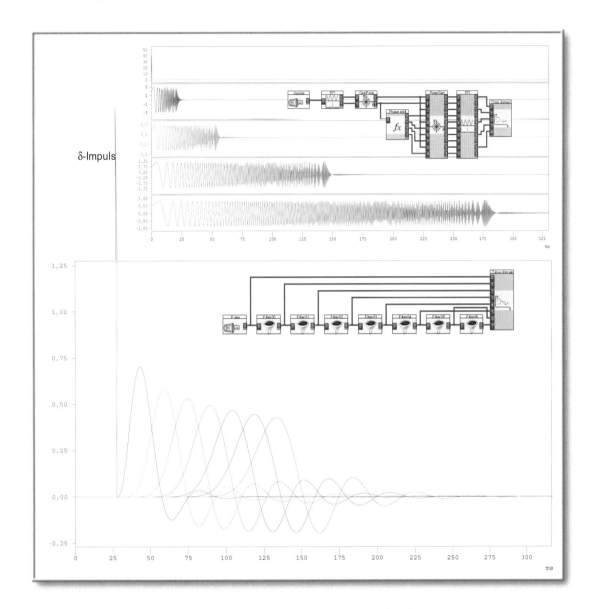

δ-Impuls

Abbildung 116:   ***Zerfließen von Impulsen auf Leitungen durch Dispersion***

Von ihrer Form her wären Nadelimpulse auf den ersten Blick ideal für Laufzeitmessungen auf Leitungen bzw. für die Bestimmung der Ausbreitungsgeschwindigkeit auf Leitungen. Jedoch treten auf (homogenen) Leitungen zwei physikalische Phänomene auf, welche die Impulsform verändern: Durch die frequenz-abhängige **Dispersion** *– die Ausbreitungsgeschwindigkeit hängt von der Frequenz ab – ändert sich das Phasenspektrum, durch die frequenzabhängige* **Absorption** *(Dämpfung) das Amplitudenspektrum des Signals. Am Ausgang erscheint ein anderes Signal als am Eingang. Bitte oben und dann unten klicken!*

Hier wird nun zunächst oben in „Reinkultur" das Zerfließen eines δ–Impulses durch Dispersion dargestellt. Die Leitung wurde hierbei simuliert durch mehrere in Reihe geschaltete „Allpässe". Sie sind rein dispersiv, d. h. sie dämpfen nicht frequenzabhängig, sondern verändern lediglich das Phasen-spektrum.

Der δ–Impuls bei l = 0 km besitzt also praktisch das gleiche Amplitudenspektrum wie bei l = 16 km. Interessanterweise zerfließt der δ–Impuls zu einem Schwingungsimpuls, der einem Wobbelsignal ähnelt. Eine reale Leitung lässt sich sehr gut durch eine Kette von Tiefpässen simulieren, weil ein Tiefpass eine frequenzabhängige Dämpfung **und** *Phasenverschiebung aufweist (Absorption und Dispersion, s. u.).*

Rechteckimpulse sind ebenfalls für solche Laufzeitmessungen auf Leitungen ungeeignet. Verbleibt die Frage, welche Impulsform hierfür optimal geeignet ist. Favorit hierfür dürfte eine Impulsform sein, welche – im Gegensatz zum δ–Impuls und Binärmustern – nur ein relativ schmales Frequenzband aufweist.

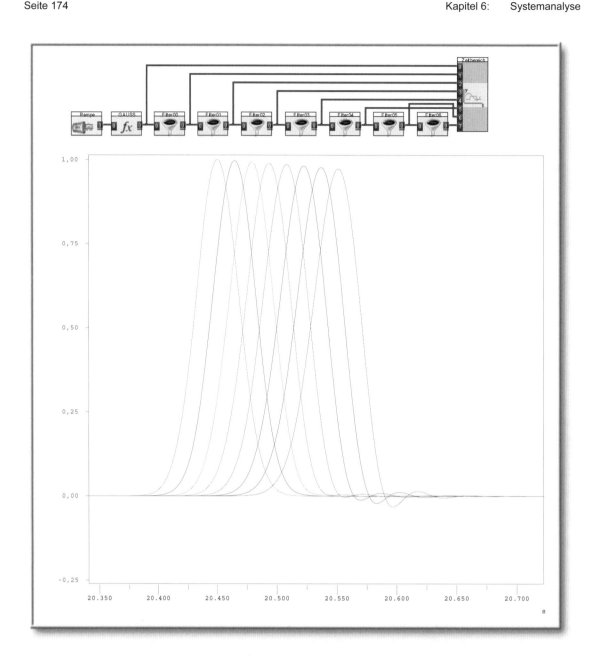

Abbildung 117: **GAUSS–Impulse als Optimalimpulse für Laufzeitmessungen und digitale Übertragung**

Statt δ–Impulse werden hier GAUSS–Impulse der Dispersion ausgesetzt. Das Ergebnis ist eindeutig: die Impulsform ändert sich nicht extrem. Demnach stellen GAUSS–Impulse optimale Impulse für die Übertragung auf Leitungen dar. Dies beschränkt sich nicht nur auf Laufzeitmessungen, sondern gilt auch für digitale Übertragungsverfahren, bei denen ja generell Information in Form von Binärmustern übertragen werden. Als Impulsform für diese binären Muster ist der GAUSS–Impuls geeignet, obwohl andere Modulationsverfahren hier Stand der Technik sind.
Weil er sanft beginnt und sanft endet, also keine schnellen Übergänge besitzt, ist seine Bandbreite minimal, die „kaum verschiedenen" Frequenzen breiten sich also fast gleich schnell aus. Dadurch wird die Dispersion „überlistet".

Im Frequenzbereich bewirkt dies eine Verschiebung des (symmetrischen) Spektrums von $f = 0$ Hz hin zu $f = f_T$ Hz (und auch $f = -f_T$). Je *schmaler* dieses GAUSS–Schwingungsimpuls genannte Signal im Zeitbereich, desto *breiter* ist sein Spektrum im Frequenzbereich (**UP** ; **s**iehe hierzu auch Abb. 45). Dieser wichtige „Trick" mit der Multiplikation wird ausführlich in den Kapiteln 7 und 8 behandelt.

Der GAUSS–Schwingungsimpuls ist – ebenso wie der GAUSS–Impuls – geeignet, auf einfache Art und Weise die sogenannte *Gruppengeschwindigkeit* v_{Gr} auf Leitungen bzw. in ganzen Systemen zu bestimmen und – zusätzlich – mit der sogenannten *Phasengeschwindigkeit* v_{Ph} zu vergleichen.

Die Phasengeschwindigkeit v_{Ph} ist die Geschwindigkeit einer sinusförmigen Welle. In einem dispersiven Medium – z. B. längs einer Leitung – ist v_{Ph} nicht konstant, sondern hängt von der Frequenz f bzw. der Wellenlänge λ ab. Unter der Gruppengeschwindigkeit v_{Gr} versteht man allgemein die Geschwindigkeit einer Wellengruppe, d. h. eines zeitlich und örtlich begrenzten Wellenzuges (z. B. GAUSS–Schwingungsimpuls).

> Hinweis:
> Energie und Information pflanzen sich nun mit der Gruppengeschwindigkeit v_{Gr} fort. Wird der GAUSS–Schwingungsimpuls als Wellengruppe verwendet, so ist die Laufzeit τ des sinusförmigen „Trägersignals" ein Maß für die Phasengeschwindigkeit v_{Ph}, der GAUSSförmige Verlauf der Einhüllenden dagegen ein Maß für die Gruppengeschwindigkeit v_{Gr}. Ist v_{Ph} = konstant, so ist $v_{Gr} = v_{Ph}$. Eine interessante physikalische Eigenschaft ist die Tatsache, dass die Gruppengeschwindigkeit v_{Gr} niemals größer sein kann als die Lichtgeschwindigkeit in Vakuum c_0 (c_0 = 300.000 km/s). Dies gilt aber nicht unbedingt für die Phasengeschwindigkeit v_{Ph}! Die maximale obere Grenze für Energie- und Informationstransport ist also die Lichtgeschwindigkeit bzw. die Geschwindigkeit der elektromagnetischen Energie des betreffenden Mediums. Sie liegt bei Leitungen zwischen 100.000 und 300.000 km/s.

Zwischenbilanz:

> *GAUSS–Impuls und GAUSS–Schwingungsimpuls besitzen weniger Bedeutung als Testsignale zur Messung des Frequenzgangs von Schaltungen bzw. Systemen. Sie können vielmehr bei Pulsmessungen zur einfachen Bestimmung von Laufzeit, Gruppen- und Phasengeschwindigkeit eingesetzt werden.*

Burst – Signal

Auch das Burst–Signal ist – wie wir bereits aus Abb. 45 wissen – ein zeitbegrenzter „Sinus". Allerdings beginnt und endet er abrupt, und das hat Folgen für die Bandbreite bzw. die frequenzmäßige Unschärfe des Sinus.

So lässt sich z. B. der Burst einsetzen, um *qualitativ* die Frequenzselektivität einer Schaltung bzw. eines Systems im Bereich des Wertes der Sinusfrequenz (Mittenfrequenz) zu testen. Allerdings besitzt das Spektrum ja Nullstellen; diese stellen frequenzmäßige Lücken dar.

Hervorragend lassen sich mit einem Burst auch *Einschwingvorgänge* frequenzselektiver Schaltungen demonstrieren. Hierzu der nächste Abschnitt „Einschwingvorgänge".

Mit dem Si–Schwingungsimpuls steht nunmehr ein praktisch ideales frequenzselektives Testsignal zur Verfügung, dessen Bandbreite sich präzise einstellen lässt.

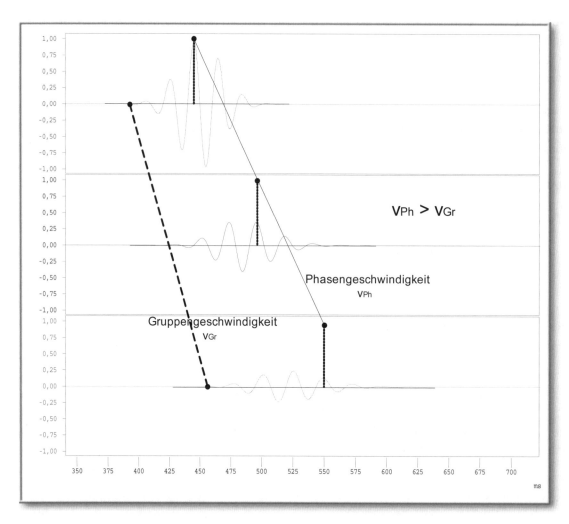

Abbildung 118:   **Gruppen- und Phasengeschwindigkeit**

Dieser GAUSSsche Schwingungsimpuls wird hier auf eine Kette gleicher Tiefpässe nach Abb. 116 gegeben. Auf ihn wirken Dämpfung und Phasenverschiebung ein.

Die Phasengeschwindigkeit wird hier anhand des Maximums des „kurzzeitigen" Sinus bzw. der durch die drei Maxima gezogene Linie visualisiert. Die Gruppengeschwindigkeit entspricht der Geschwindigkeit der einhüllenden GAUSS–Funktion. Beide Geschwindigkeiten sind hier nicht gleich, weil die benachbarten Maxima nicht die gleiche Höhe behalten.

Si – Funktion und Si – Schwingungsimpuls

Nachteile des δ–Impulses als Testsignal waren seine geringe spektrale Energie sowie seine „gefährliche" Impulshöhe. Die Energie verteilt sich zudem noch gleichmäßig auf den gesamten Frequenzbereich von 0 bis ∞.

Wie könnte nun ein ideales Testsignal aussehen, welches alle Vorteile des δ–Impulses, aber nicht dessen Nachteile besitzt? Versuchen wir einmal, ein solches Testsignal zu beschreiben:

- Die Energie des Testsignals sollte sich auf den Frequenzbereich des zu testenden Systems beschränken.

- In diesem Bereich sollten alle Frequenzen (wie beim δ–Impuls) gleiche Amplitude besitzen, damit die **FT** direkt die Übertragungsfunktion **H(f)** liefert!

- Alle Frequenzen sollten gleichzeitig vorhanden sein, damit – im Gegensatz zum Wobbelsignal – sich das zu testende System gleichzeitig auf alle Frequenzen einschwingen kann.

- Die Energie des Testsignals sollte nicht abrupt bzw. extrem kurzzeitig, sondern kontinuierlich zugeführt werden, um das System nicht zu zerstören. Beachten Sie in diesem Zusammenhang, dass aufgrund des **UP** ein frequenzbandmäßig begrenztes Signal (Δf) zwangsläufig eine bestimmte Zeitdauer Δt besitzen muss!

- Der Maximalwert des Testsignals darf nicht so groß sein, dass die Mikroelektronik "zerschossen" wird.

Es gibt ein Signal, welches das alles leistet, und wir kennen es bereits recht gut: Die *Si–Funktion* bzw. der *Si–Schwingungsimpuls*. Warum wird es dann bis dato kaum verwendet? Ganz einfach: Es kann nur computergestützt erzeugt – d. h. berechnet – und computergestützt ausgewertet werden. Die Verwendung dieses Signals ist also untrennbar mit der computergestützten **DSP** (**D**igital **S**ignal **P**rocessing) verbunden.

Bereits aus Abb. 48 lässt sich erkennen:

> *Die Si–Funktion (und auch der Si–Schwingungsimpuls) ist nichts anderes als ein **frequenzmäßiger Ausschnitt** des δ–Impulses.*

Die Si–Funktion (im Zeitbereich) ergibt sich als frequenzmäßiger Ausschnitt des δ–Impulses von $f = 0$ bis $f = f_G$ Hz mit dem Frequenzgang eines nahezu idealen Tiefpasses TP. Genauer gesagt, reicht das Spektrum der Si–Funktion von $f = -f_G$ bis $f = +f_G$. Siehe hierzu auch Abb. 91

Der Si–Schwingungsimpuls (im Zeitbereich) ergibt sich als frequenzmäßiger Ausschnitt des δ–Impulses von $f = f_{unten}$ bis $f = f_{oben}$ mit dem Frequenzgang eines nahezu idealen Bandpasses.

Es gibt zwei Methoden, die Si–Funktion bzw. den Si–Schwingungsimpuls zu erzeugen. Zunächst einmal rein formelmäßig (z. B. mithilfe des Moduls „Formelinterpreter" von DASY*Lab*). Dann müsste man jedoch lange experimentieren, bis Si–Funktion oder gar Si–Schwingungsimpuls genau die richtige Bandbreite besitzen.

Wesentlich eleganter ist die auf dieser Seite bereits angedeutete Methode, einfach aus dem Spektrum eines δ–Impulses den gewünschten Bereich auszuschneiden. Dies ist das Verfahren, welches erstmalig in Abb. 95 und nun in Abb. 119 eingesetzt wird. Erst hier wird richtig klar, wie elegant die Methode des „Hin- und Her"–Transformierens für die Praxis sein kann.

   Hinweise:

- Je breiter das Frequenzband Δf der Si–Funktion bzw. des Si–Schwingungsimpulses ist, desto mehr ähnelt sie/er dem δ–Impuls. In diesem Fall kann die Si–Impulsspitze ggf. wieder der Mikroelektronik gefährlich werden.

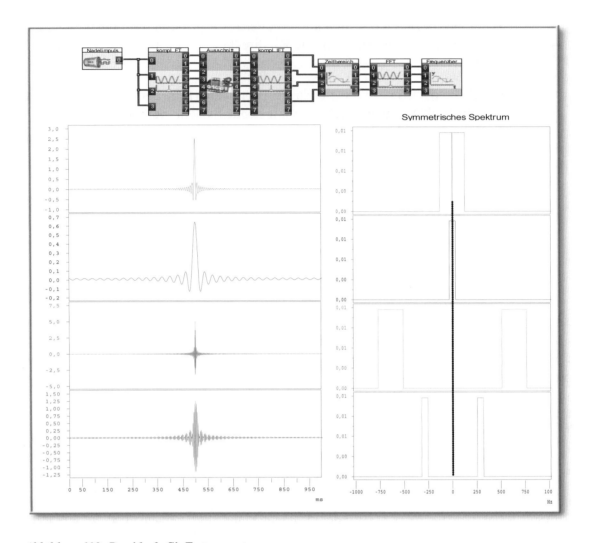

Abbildung 119: **Der ideale Si–Testgenerator**

Diese im Prinzip bereits in Abb. 95 eingesetzte Schaltung macht sich zunächst die Tatsache zunutze, dass Si–Funktion bzw. Si–Schwingungsimpuls sich als frequenzmäßige Ausschnitte des δ–Impulses ergeben.
*Der δ–Impulses wird zunächst in den Frequenzbereich (**FT**) transformiert. Dort werden Real- und Imaginärteil in gleicher Weise ausgeschnitten. Soll es sich um einen Tiefpass–Signal handeln, werden die Frequenzen von 0 bis zur Grenzfrequenz f_G ausgeschnitten. Bei einem Bandpass–Signal nur der entsprechende Bereich usw. Das restliche Frequenzband wird wieder in den Zeitbereich rücktransformiert (**IFT**). Es steht nun als Testsignal mit genau definiertem Frequenzbereich zur Verfügung.*

Beachten Sie, dass der obere Tiefpass ja eigentlich die doppelte Bandbreite besitzt, nämlich von $-f_G$ bis $+f_G$. Das dritte Signal ("Bandpass") besitzt genau die gleiche Bandbreite wie das erste ("Tiefpass"). Entsprechendes gilt für das zweite und vierte Signal. Dies ist im Zeitbereich zu erkennen: Die hier aufgeführten Si–Schwingungsimpulse besitzen als Einhüllende genau die beschriebenen Si–Signale.

- Je länger die Si–Funktion insgesamt dauert – d. h. je mehr der Si–Verlauf gegen null gegangen ist –, desto mehr ähnelt der Frequenzgang dem ("idealen") rechteck-förmigen Verlauf (**UP!**).

Rauschen

Das „exotischste" Testsignal ist ohne Zweifel das (rein stochastische) Rauschen. Wie am Ende des Kapitels 2 bereits ausgeführt, entspringt es rein zufälligen Prozessen in der

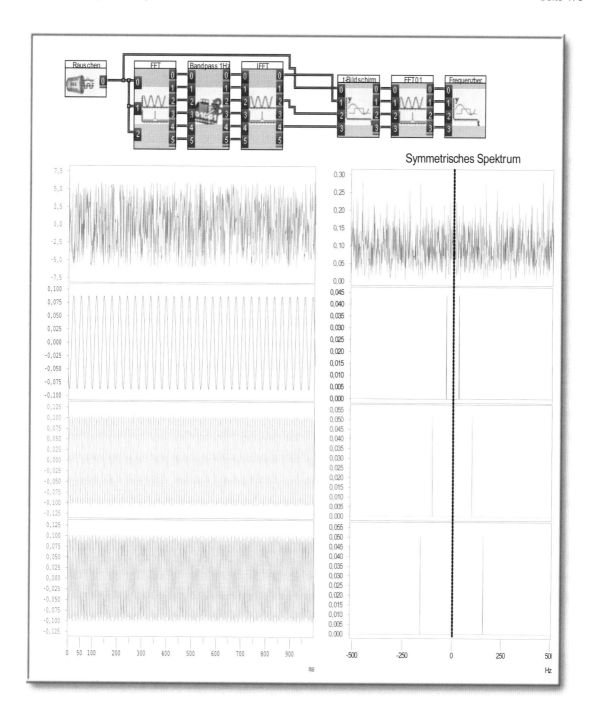

Abbildung 120:   **Sind im Rauschen wirklich alle Frequenzen enthalten?**

Dies lässt sich mit unserer „Superschaltung" bestens überprüfen. Hier werden im Frequenzbereich vier beliebige Frequenzen herausgefiltert, auf dem Bild von oben nach unten 32, 128, 512 und 800 Hz.

Das klingt so einfach, ist aber überaus erstaunlich. Denn wo gibt es schon Filter – Bandpässe – , deren Bandbreite nur eine einzige Frequenz durchlässt bzw. deren Flankensteilheit gegen unendlich geht. Unsere Filterbank wird nur durch das **UP** *begrenzt: Bei einer Signaldauer von ca. 1 s muss die Unschärfe mindestens ca. 1 Hz sein!*

Ihnen wird aufgefallen sein, dass die ausgefilterten Frequenzen bzw. Sinus–Schwingungen verschiedene Amplituden besitzen. Falls Sie selbst die Schaltung aufbauen und laufen lassen, werden Sie feststellen, dass Amplitude und Phasenlage (Lupe!) von Mal zu Mal schwanken. Eine Gesetzmäßigkeit kann nicht feststellbar sein, weil es sich ja beim Rauschen um ein **stochastisches** *Signal handelt. Überlegen Sie einmal, wann diese Schwankung größer sein wird, bei einem kurzen oder bei einem sehr, sehr langen Rauschsignal?*

Natur. Solche Prozesse lassen sich auch rechnerisch simulieren, sodass Rauschen sich näherungsweise (!) auch computergestützt erzeugen lässt.

Wenn wir im 2. Kapitel die Information als ein verabredetes, Sinn gebendes Muster definiert haben, so scheint einerseits stochastisches Rauschen das einzige „Signal" zu sein, welches keinerlei Information besitzt. Ein Muster im Signal verleiht diesem nämlich eine *Erhaltungstendenz*. Dies bedeutet: Da die Übertragung eines Musters eine bestimmte Zeit in Anspruch nimmt, muss bei zwei direkt aufeinanderfolgenden Zeitabschnitten A und B etwas im Zeitabschnitt B an den Zeitabschnitt A erinnern! Andererseits bietet uns Rauschen eine derartige Fülle momentaner Muster an, dass sich auch die Meinung vertreten lässt, Rauschen enthielte die größtmögliche Informationsmenge überhaupt.

> *Signale – Muster – können sich im Zeit- oder/und*
> *Frequenzbereich ähneln, die Verwandtschaft/Ähnlichkeit kann*
> *sich aber auch auf statistische Angaben beziehen.*

Hierzu ein Beispiel: Radioaktiver Zerfall als quantenphysikalischer Prozess geschieht rein zufällig. Starker radioaktiver Zerfall – über einen Detektor hörbar oder sichtbar gemacht – macht sich als Rauschen bemerkbar. Die zeitlichen Abstände zwischen zwei aufeinanderfolgenden Zerfallsprozessen bzw. zwischen zwei „Klicks" gehorchen – statistisch betrachtet – einer „Exponential-Verteilung": Kurze Abstände zwischen zwei „Klicks" kommen hiernach sehr häufig, lange Abstände dagegen kaum vor. Demnach können zwei durch radioaktive Zerfallsprozesse entstandene Signale also doch auch eine gewisse (statistische) Verwandtschaft aufweisen.

Zwangsläufig gleiten wir bei solchen Betrachtungen langsam in die *Informationstheorie* hinüber. Gerade bei Testsignalen können wir aber den informationstheoretischen Aspekt nicht ausklammern: Während das Rausch-Testsignal u_{in} noch keinerlei Information über die Systemeigenschaften enthält, soll die Reaktion bzw. Antwort (englisch „Response") des Systems auf das Eingangssignal, nämlich u_{out}, alle Informationen über das System enthalten und liefern. Die bisher besprochenen Testsignale besitzen eine bestimmte Erhaltungstendenz, also eine bestimmte Gesetzmäßigkeit im Zeit- und Frequenzbereich. Dies ist beim Rauschsignal – statistische Merkmale ausgenommen – nicht der Fall.

> *Alle Informationen, welche die Rauschantwort u_{out} enthält,*
> *entstammen also originär dem System, alle Informationen sind*
> *also Aussagen über das System. Leider sind diese System-*
> *Information weder im Zeit- noch Frequenzbereich **direkt***
> *erkennbar, weil die Rauschantwort noch immer eine zufällige*
> *Komponente besitzt.*

Um die Systemeigenschaften „pur" aus der Rauschantwort zu erhalten, müssen wir also doch die Statistik bemühen. Beispielsweise ließen sich verschiedene Rauschantworten addieren und mitteln. Die **FT** dieser gemittelten Rauschantwort bringt eine deutliche Verbesserung. Der Mittelwert spielt in der Statistik eine entscheidende Rolle, u. a., weil der Mittelwert einer stochastischen Messwertreihe bzw. eines stochastischen Signals gleich null sein muss. Wäre dieser Mittelwert nicht null, würden ja bestimmte Größen häufiger vorkommen als andere. Die Messwerte bzw. das Signal wären/wäre dann nicht rein zufällig!

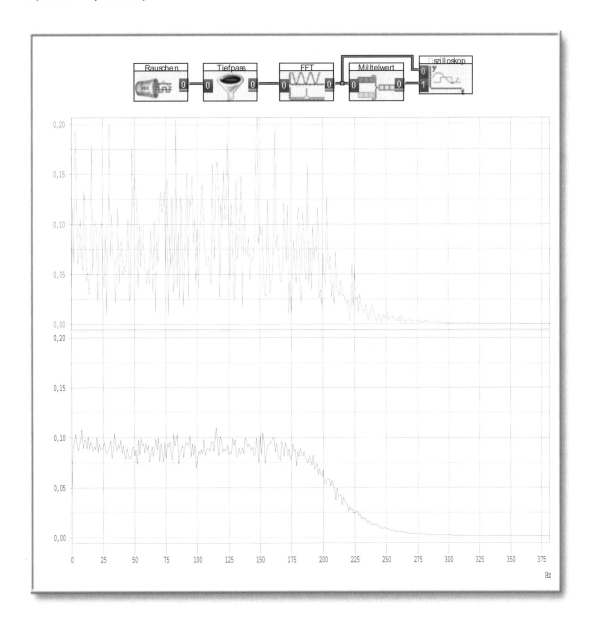

Abbildung 121:   **Rauschen als Testsignal**

Je länger ein Rauschsignal andauert, desto weniger regiert der Zufall im Hinblick auf die Amplituden der im Rauschen enthaltenen Frequenzen. Dies beweist dieses Messverfahren.

Statt eines sehr langen Rauschsignals werden die Ergebnisse vieler Rauschsignale von 1 s Länge im Bild oben gemittelt. Unten sehen Sie dagegen das Spektrum eines tiefpassgefilterten Rauschsignals von 1 s Dauer.

Das Rauschen wird hier durch einen Algorithmus (Rechenverfahren) erzeugt und entspricht genaugenommen nicht dem Idealfall. Dies zeigt sich hier, weil auch nach extrem langer Blockmittelung die Filterkurve nicht „glatt" wird. An einigen Stellen bleiben die Peaks (Spitzen) bestehen.

Allerdings ist das vom Computer generierte Rauschen nicht ideal. So sind die Einzelereignisse synchron zum Takt (clock) des Computersystems und zeitlich nicht rein zufällig. Und auch die Abb. 120 macht dies deutlich. Auch bei längerer Mittelung wird der Frequenzgang nicht ideal „glatt", was im Idealfall aber sein müsste.

Einschwingvorgänge in Systemen

Bei einigen Testsignalen – wie δ–Impuls oder Sprungfunktion – setzen wir eine Schaltung oder ein System einer abrupten Änderung aus und beobachten die Reaktion hierauf (u_{out}). Impulsantwort h(t) und Sprungantwort geben diese Reaktion wieder. Frequenzselektive Schaltungen zeigen wegen des **UP** immer eine bestimmte zeitliche Trägheit. Dies zeigt Abb. 108 für alle Filtertypen.

Aus der Dauer Δt dieses Einschwingvorgangs lässt sich die Bandbreite Δf des Systems wegen $\Delta f \cdot \Delta t \geq 1$ bereits abschätzen (siehe Abb. 106).

> *Der Einschwingvorgang gibt die Reaktion des Systems auf eine plötzliche Änderung des ursprünglichen Zustandes wieder. Er dauert so lange, bis sich das System auf die Änderung eingestellt bzw. seinen sogenannten **stationären** Zustand erreicht hat.*

Jede von außen erzwungene Änderung eines (linearen) schwingungsfähigen Systems – das ist immer ein frequenzselektives System – geht nicht abrupt bzw. sprunghaft vor sich, sondern bedarf einer Übergangsphase. Diese Übergangsphase wird als *Einschwingvorgang* bezeichnet. Ihm folgt der sogenannte eingeschwungene Zustand, meist als *stationärer* Zustand bezeichnet.

Die Impulsantwort h(t) beschreibt einen ganz typischen Einschwingvorgang. Da die **FT** von h(t) die Übertragungsfunktion **H**(f) ergibt, wird gerade an diesem Beispiel – siehe Abb. 108 – deutlich:

> *Der Einschwingvorgang eines Systems verrät dessen schwingungsphysikalische Eigenschaften im Zeit- und damit auch im Frequenzbereich. Aus diesem Grunde kann dieser zur Systemanalyse herangezogen werden.*

> *Während des Einschwingvorgangs liefert das System Information über sich selbst und verdeckt dann weitgehend die über den Eingang zum Ausgang zu transportierende Information des eigentlichen Signals. Der eigentliche Signaltransport beschränkt sich also im Wesentlichen auf den Bereich des stationären (eingeschwungenen) Zustandes!*

> *Um einen großen Informationsfluss über das System zu ermöglichen, muss deshalb die Einschwingzeit Δt möglichst klein gehalten werden. Nach dem **UP** muss dann die Bandbreite Δf des Systems möglichst groß sein.*

In einem speziellen Experiment soll nun in Abb. 122 und Abb. 123. gezeigt werden, was sich während des Einschwingvorgangs in einem frequenzselektiven System ereignet.

Wir wählen dafür einen *extrem schmalbandigen* Bandpass – einen Schwingkreis –, *weil dann die Einschwingzeit Δt groß genug ist, um die internen Vorgänge besser erkennen und deuten zu können.* Die Durchlassfrequenz (Eigenfrequenz, Resonanzfrequenz) betrage 100 Hz.

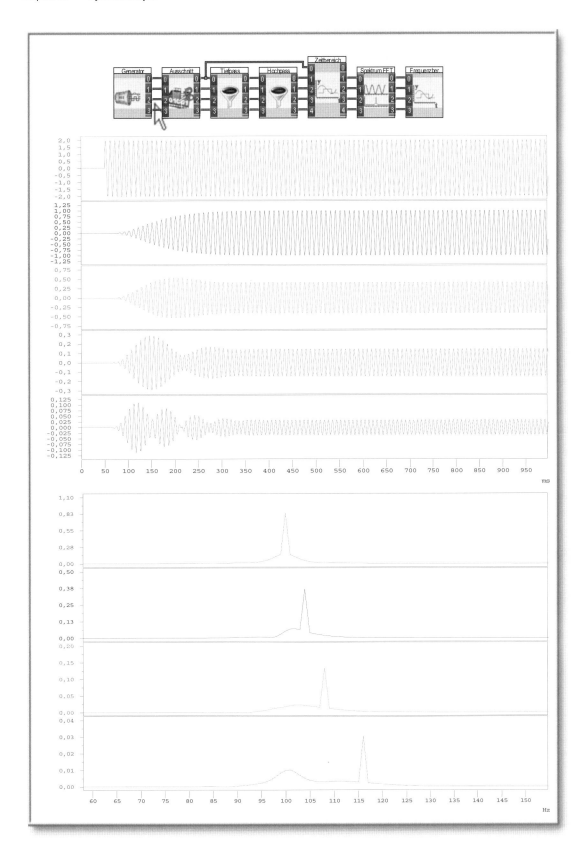

Abbildung 122:   ***Einschwingvorgang: Das System erzählt etwas über sich selbst!***

Dieses Experiment zeigt Ergebnisse, welche für die Nachrichtentechnik eine äußerst große Bedeutung besitzen. Geklärt und vor allem erklärt wird die Frage, warum ein schmalbandiges System nur wenige Informationen pro Zeiteinheit übertragen kann. Die ausführliche Interpretation finden Sie im Haupttext.

Definitionen:

Unter der *Eigenfrequenz* f_E wird diejenige Frequenz verstanden, mit der ein Schwingkreis schwingt, nachdem er einmal – z. B. durch einen δ–*Impuls* – angestoßen und dann sich selbst überlassen wurde.

Die *Resonanzfrequenz* f_R gibt denjenigen Frequenzwert an, bei der ein durch einen Sinus angeregter, *erzwungen* schwingende Schwingkreis seine *maximale* Reaktion zeigt.

Eigenfrequenz und Resonanzfrequenz stimmen wertemäßig bei Schwingkreisen hoher Güte überein. Bei hoher Schwingkreisdämpfung ist die Resonanzfrequenz etwas größer als die Eigenfrequenz. Es gilt also $f_R > f_E$.

Als „Testsignal" werde ein Burst–Impuls gewählt, von dem in Abb. 122 nur der Anfang, aber nicht das Ende zu sehen ist. Nun wird nach und nach die Mittenfrequenz f_M des Burst leicht variiert. Erst liegt sie bei 100 Hz, dann bei 104, 108 und schließlich 116 Hz. Die vier unteren Reihen in Abb. 122 zeigen den Einschwingvorgang – d. h. das Ausgangssignal – in der genannten Reihenfolge.

Zunächst fällt die Zeit auf die vergeht, bis nach dem Einschaltvorgang (obere Reihe) am Ausgang des Bandpasses/Schwingkreises die Reaktion erscheint. Sie beträgt hier 20 ms. Danach setzt der Einschwingvorgang ein, der bei etwa t = 370 ms beendet ist. Danach beginnt der stationäre Zustand.

Aufgrund der vier verschiedenen „Mittenfrequenzen" des Burst sind die Einschwingvorgänge jeweils verschieden. Beachten Sie auch die verschiedenen Skalierungen an den senkrechten Achsen. So beträgt die Spannungshöhe des untersten Einschwingvorgangs (bei 116 Hz) nur ca. 1/10 des oberen Einschwingvorgangs bei 100 Hz.

Ein Fachmann erkennt sofort das *schwebungsartige* Aussehen der drei unteren Einschwingvorgänge. Was ist hierunter zu verstehen?

Eine *Schwebung* entsteht durch Überlagerung (Addition) zweier Sinus–Schwingung annähernd gleicher Frequenz (siehe Abb. 123). Sie äußert sich in einer periodischen Verstärkung und Abschwächung mit der *Schwebungsfrequenz* $f_S = |f_1 - f_2|/2$. Bei der Schwebung handelt es sich um eine typische *Interferenzerscheinung*, bei der die maximale Verstärkung bzw. Abschwächung durch gleiche bzw. um π verschobene Phasenlage der beiden Sinus–Schwingungen entsteht.

Es müssen also zwei Frequenzen im Spiel sein, obwohl wir das System nur mit einer (Mitten-) Frequenz angeregt haben. Woher kommt dann die Zweite?

Unser Bandpass ist – physikalisch betrachtet – ein einfacher Schwingkreis, der praktisch nur mit einer Frequenz schwingen kann. So wie eine Schaukel. Einmal angestoßen, schwingt sie mit nur einer Frequenz, ihrer *Eigenfrequenz*. Wird sie nun regelmäßig – periodisch – angestoßen, so wird sie nur dann maximal ausschlagen, wenn dies genau im Rhythmus ihrer Eigenfrequenz geschieht. Diesen Fall zeigt in Abb. 122 die zweite Reihe.

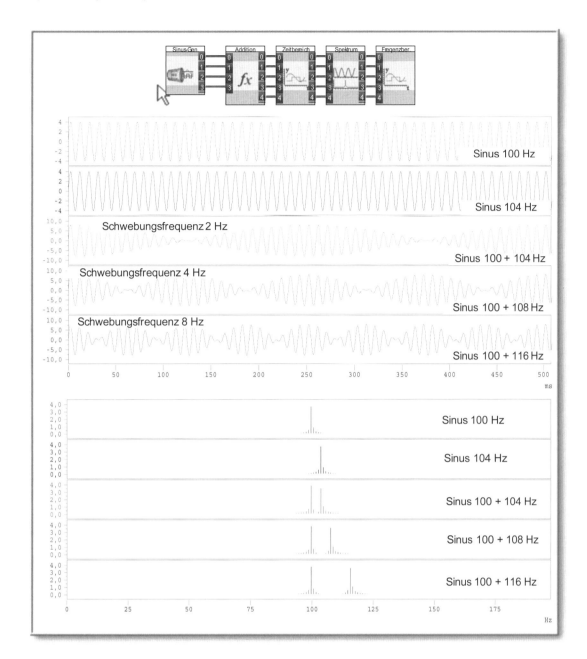

Abbildung 123:   ***Schwebungseffekt und Schwebungsfrequenz***

Eine Schwebung entsteht durch die Überlagerung zweier Sinus–Schwingungen fast gleicher Frequenz. Die geringe Frequenzdifferenz wirkt sich zeitweise wie eine Phasenverschiebung aus.

In den beiden oberen beiden Reihen sehen sie zwei Sinus–Schwingungen, in der dritten ihre Überlagerung (Summe). Während links und rechts die beiden Sinus–Schwingungen phasengleich erscheinen, ist genau in der Mitte die „Phasenverschiebung" quasi 180 Grad bzw. π rad. Links und rechts verstärken sie sich zur doppelten Amplitude, in der Mitte löschen sie sich dagegen aus.

Akustisch zeichnet sich eine Schwebung durch ein Ab- und Anschwellen der Lautstärke aus. Der Rhythmus, in dem dies geschieht, nennt man Schwebungsfrequenz. Sie ist optisch an der Einhüllenden der Schwebung erkennbar und berechnet sich nach der Formel $f_S = |(f_1 - f_2)|$.

Ist der Rhythmus der Energiezufuhr etwas größer oder kleiner, so werden Ursache und Wirkung in bestimmten Momenten *in Phase* sein, dann weniger und weniger, bis sie schließlich *gegenphasig* liegen. Die Schaukel würde in diesem Fall dann angestoßen, wenn sie dem Anstoßenden entgegen kommt und hier gebremst werden. In Phase entspricht dem Fall, bei dem die Schaukel in Bewegungsrichtung angestoßen wird. Da ist die Auslenkung dann momentan am größten.

In den drei unteren Fällen in Abb. 122 wird die „Schaukel" Bandpass abschnittsweise im richtigen bzw. annähernd richtigem Rhythmus, danach dagegen im falschen Rhythmus angestoßen. Die Auslenkung nimmt also in einem bestimmten Rhythmus zu und ab. Der Fachmann spricht von der Schwebungsfrequenz f_S. Diese wird von der Einhüllenden wiedergegeben.

Als Ergebnis ist festzuhalten: Selbst beim Einschalten einer sinusförmigen Spannung verrät die Reaktion des Schwingkreises, was physikalisch in ihm passiert! Er versucht, mit der ihm eigenen Frequenz – *Eigenfrequenz* – zu schwingen. Wie eine Schaukel schwingt er *anfänglich* auch dann etwas mit der ihm eigenen Frequenz, falls die erregende Frequenz leicht abweicht. Und: Je mehr die erregende Frequenz von der Eigenfrequenz abweicht, desto schwächer schwingt der Schwingkreis schließlich im stationären Zustand.

Dies zeigt sehr deutlich der untere Teil der Abb. 122. Hier werden die vier Einschwing-vorgänge im Frequenzbereich dargestellt. Der spitze Peak im Spektrum stellt jeweils das den Bandpass erregende Eingangssignal dar (100, 104, 108, 116 Hz). Das Restspektrum rührt vom Bandpass/Schwingkreis her und spielt sich hauptsächlich immer bei 100 Hz (Eigenfrequenz) ab.

Aufgaben zu Kapitel 6

Aufgabe 1

(a) Suchen Sie sich aus der Bibliothek der DASY*Lab*–Schaltungen einen Wobbel-generator aus und versuchen Sie, Start-, Stoppfrequenz sowie Wobbelgeschwin-digkeit gezielt zu verändern.

(b) Mit welchem „Trick" gelingt hier die *lineare* Zunahme der Wobbelfrequenz?

Aufgabe 2

Diskutieren Sie den Begriff „Momentanfrequenz". Warum steckt in diesem Wort ein Widerspruch?

Aufgabe 3

Um den „Frequenzgang" zu messen, beabsichtigen Sie das System „durchzuwobbeln". Worauf haben Sie zu achten, damit Sie nicht Unsinn messen?

Aufgabe 4   Moderne Testsignale

(a) Weshalb erscheint aus theoretischer Sicht der δ–Impuls als ideales Testsignal, aus praktischer Sicht dagegen nicht?

(b) Sie wollen die (komplette) Übertragungsfunktion eines Filters nach Betrag und Phase messen. Worauf ist dabei zu achten?

(c) Beschreiben Sie ein Verfahren, die *normierte* Übertragungsfunktion nach Betrag und Phase zu messen. Suchen Sie die entsprechende Schaltung in der Bibliothek der DASY*Lab*–Schaltungen und analysieren Sie das Verfahren.

(d) Ergänzen Sie letzteres Verfahren und stellen Sie die Übertragungsfunktion als Ortskurve in der GAUSSschen Zahlenebene dar.

(e) Sie sollen einen Testsignal–Generator hardwaremäßig aufbauen. Bei welchem Testsignal ist das am einfachsten?

(f) Welche Probleme gibt es mit der Sprungfunktion als Testsignal und wie lassen Sie sich vermeiden?

(g) Wie lassen sich Testsignale erzeugen, die in einem beliebigen, genau definierten Frequenzbereich konstanten Amplitudenverlauf besitzen?

(h) Welche Vorteile/Nachteile besitzen letztere Testsignale?

(i) Welche möglichen Einsatzgebiete besitzen Burst–Signale als Testsignale?

(j) Was macht das Rauschsignal so interessant als Testsignal, was macht es so schwierig?

(k) Messen Sie den Korrelationsfaktor zwischen zwei verschiedenen Rauschsignalen und ein und demselben Rauschsignal. Welche Korrelationsfaktoren erwarten Sie, welche messen sie? Wie hängt der Korrelationsfaktor von der Länge des Rauschsignals ab? Was gibt der Korrelationsfaktor *inhaltlich* wieder?

Aufgabe 5

Wo können GAUSS–Impulse bzw. GAUSS–Schwingungsimpulse sinnvoll in der Messtechnik eingesetzt werden? Welche physikalisch interessanten Eigenschaften besitzen Sie?

Aufgabe 6

(a) Was verraten uns Einschwingvorgänge über die Systemeigenschaften?

(b) Ein System – z. B. ein Filter – braucht länger um sich einzuschwingen. Was können Sie direkt daraus schließen?

(c) Beschreibt die Impulsantwort h(t) den Einschwingvorgang?

(d) Beschreibt die Sprungantwort g(t) den Einschwingvorgang?

(e) Unter welchen Voraussetzungen beschreibt die „Burst–Antwort" b(t) den Einschwingvorgang?

(f) Erklären sie die Begriffe Eigenfrequenz und Resonanzfrequenz im Zusammenhang mit Einschwingvorgängen.

Machen Sie entsprechende Versuche mit DASY*Lab*, um die Fragen sicher zu beantworten.

Kapitel 7

Lineare und nichtlineare Prozesse

Theoretisch gibt es – wie bereits erwähnt – in der Nachrichtentechnik unendlich viele signaltechnische Prozesse. Auch hieran lässt sich deutlich der Unterschied zwischen Theorie und Praxis aufzeigen: Praktisch nutzbar und wichtig sind hiervon vielleicht zwei oder drei Dutzend. Das entspricht etwa der Anzahl der Buchstaben unseres Alphabets. Da wir Lesen und Schreiben gelernt haben, indem wir sinnvoll bzw. Sinn gebend Buchstaben und Worte zusammenfügen und zusammenhängend interpretieren, sollte uns das Gleiche auch mit den wichtigen Prozessen der Signalverarbeitung gelingen.

Systemanalyse und Systemsynthese

Heute befinden sich bereits auf manchen Chips ganze Systeme, im Detail aus Millionen von Transistoren und anderen Bauelementen bestehend. Unmöglich also, sich mit jedem einzelnen Transistor zu beschäftigen. Die Chip–Hersteller beschreiben deshalb die signaltechnischen bzw. systemtechnischen Eigenschaften mithilfe von Blockschaltbildern. Wir *verstehen* diese Systeme, indem wir Schritt für Schritt die im Blockschaltbild enthaltenen Bausteine (Prozesse!) analysieren. Und umgekehrt *entwerfen* wir solche Systeme, indem wir geeignete Prozesse (Bausteine!) sinnvoll miteinander zu einem Blockschaltbild verknüpfen. Dieses Verfahren nennt man Synthese.

Es verbessert auf jeden Fall die Übersicht, falls sich die verschiedenen wichtigen signaltechnischen Prozesse/Bausteine unter gemeinsamen Merkmalen zusammenfassen lassen. Das geht, und zwar – zunächst – in zwei Gruppen. Die eine Gruppe sind die *linearen*, die andere Gruppe die *nichtlinearen* Prozesse/Bausteine.

> Alle theoretisch möglichen, d. h. auch die praktisch nutzbaren signaltechnischen Prozesse lassen sich durch ihre *linearen* bzw. *nichtlinearen* Eigenschaften unterscheiden.

Die Messung entscheidet ob linear oder nichtlinear

Hier soll nun direkt die Katze aus dem Sack gelassen werden und *das* Unterscheidungskriterium für diese beiden Gruppen genannt werden: Wie lässt sich messtechnisch feststellen, ob es sich um einen linearen oder um einen nichtlinearen Prozess handelt?

> *Wird auf den Eingang (oder die Eingänge) eines Bausteins oder Systems ein sinusförmiges Signal beliebiger Frequenz gegeben und erscheint am Ausgang lediglich ein sinusförmiges Signal genau dieser Frequenz, so ist der Prozess linear, anderenfalls nichtlinear!*
>
> *Ob eine oder mehrere neue Frequenzen hinzugekommen sind, erkennen Sie exakt nur im Frequenzbereich.*

Hinweis: Die Sinus–Schwingung des Ausgangssignals darf sich jedoch in Amplitude und Phase ändern. Die Amplitude kann also größer werden (Verstärkung!) oder z. B. auch viel kleiner (extreme Dämpfung!). Die Phasenverschiebung ist ja nichts anderes als die *zeitliche Verschiebung* der Ausgangs– Sinus– Schwingung gegenüber der Eingangs–Sinus–Schwingung. Jeder Prozess benötigt schließlich eine gewisse Zeit zur Durchführung!

Die Leitung und der freie Raum

Eines der wichtigsten Beispiele für ein *lineares* nachrichtentechnisches System ist ... die *Leitung.* Am Leitungsausgang wird immer eine Sinus–Schwingung der gleichen Frequenz wie die Eingangsspannung erscheinen, egal ob die Leitung nur wenige Meter oder zig Kilometer lang ist. Durch die Leitung wird das Signal mit zunehmender Länge gedämpft, d. h. die Amplitude wird mit zunehmender Länge kleiner. Außerdem nimmt die „Übertragungszeit" – die Übertragungsgeschwindigkeit auf Leitungen liegt ungefähr zwischen 100.000 und 200.000 km/s! – mit zunehmender Leitungslänge zu. Dies macht sich als Phasenverschiebung auf dem Oszilloskop bemerkbar.

Es wäre auch schrecklich, falls die Leitung *nichtlineare* Eigenschaften hätte! Telefonieren über Leitungen wäre dann z. B. kaum möglich, weil das Sprachband am Leitungsausgang in einem ganz anderen, eventuell unhörbaren Frequenzbereich liegen könnte, und das noch abhängig von der Leitungslänge.

Das wichtigste „lineare System" ist der *freie Raum* selbst. Auch hier käme sonst ja ein Radiosender auf einer anderen Frequenz oder auf mehreren Frequenzen beim Empfänger an als durch den Sender vorgegeben. Und wie bei der Leitung wiederum in Abhängigkeit vom Abstand zwischen Sender und Empfänger. Dies macht die Bedeutung linearer Prozesse wohl deutlicher als alle anderen Beispiele. Wir werden noch später einen Blick hinter die Kulisse werfen, warum Leitung und der freie Raum lineares Verhalten zeigen bzw. welche physikalischen Ursachen das hat.

Zur fächerübergreifenden Bedeutung

Die Begriffe Linearität und Nichtlinearität spielen in der Mathematik, Physik, Technik und überhaupt in der Wissenschaft eine überragende Rolle. Lineare Gleichungen z. B. lassen sich recht leicht in der Mathematik lösen, nichtlineare dagegen sind selten, meist aber überhaupt nicht lösbar. Die quadratische Gleichung ist ein Beispiel für eine nichtlineare Gleichung, mit der die meisten Schüler gepiesackt werden bzw. worden sind. Kaum zu glauben: Die Mathematik versagt (derzeit) weitgehend bei nichtlinearen Problemen! Weil die theoretische Physik in der Mathematik ihr wichtigstes Hilfsmittel besitzt, ist die *nichtlineare Physik* recht unterentwickelt und steckt gewissermaßen noch in den Kinderschuhen.

Das Verhalten linearer Systeme lässt sich durchweg leichter verstehen als das nichtlinearer Systeme. Letztere können sogar zu *chaotischem*, d. h. prinzipiell nicht vorhersagbarem Verhalten führen oder aber sogenannte fraktale Strukturen erzeugen, die – grafisch dargestellt – oft von ästhetischer Schönheit sind. Darüber hinaus besitzen sie eine immer bedeutsamer erscheinende „universelle" Eigenschaft: die der *Selbstähnlichkeit.* Bei genauem Hinsehen enthalten sie nämlich bei jeder Vergrößerung oder Verkleinerung des Maßstabs die gleichen Strukturen.

Interessanterweise können diese hochkomplexen Gebilde durch sehr einfache nichtlineare Prozesse erzeugt werden. *Es ist damit offensichtlich falsch zu behaupten, hochkomplexe Systeme hätten zwangsläufig auch sehr komplizierte Ursachen.* Manche dieser mathematisch erzeugten Bild–Objekte sehen z. B. bestimmten Pflanzen so ähnlich, dass ähnlich einfache Gesetzmäßigkeiten auch bei biologischen Prozessen vermutet werden. Man weiß inzwischen, dass für die Vielfalt der Natur nichtlineare Prozesse verantwortlich sein müssen und entsprechend emsig wird derzeit auf diesem Gebiet geforscht.

Der Computer hat sich inzwischen als *das* Mittel herauskristallisiert, nichtlineare Strukturen zu erzeugen, abzubilden und zu untersuchen. Dies hat der modernen Mathematik viele neue Impulse gegeben. Selbst auf unserem Niveau ist es in vielen Fällen möglich, nichtlineare Zusammenhänge und Eigenschaften bildlich zu veranschaulichen. Solche sehr einfachen nichtlinearen Prozesse werden wir uns auch noch näher – mit Computerhilfe – ansehen und untersuchen.

Spiegelung und Projektion

Genug nun der geheimnisvollen Ankündigungen. Die Begriffe Linearität und Nichtlinearität bei signaltechnischen Prozessen sollen nun zunächst ganz einfach und ohne jegliche Mathematik erklärt werden. Dazu reichen zunächst einmal ebene und verbogene Spiegel aus!

Mindestens jeden Morgen sehen wir unser Ebenbild im (ebenen) Spiegel des Badezimmers. Wir sehen im Spiegel ein *naturgetreues* Abbild des Gesichts usw. (bis auf die Tatsache, dass das ganze Bild seitenverkehrt ist). Wir erwarten von dem Spiegelbild eine Abbildung, die in den Proportionen vollkommen mit dem Original übereinstimmt. Dies ist ein Beispiel für eine lineare Abbildung, hervorgerufen durch eine *lineare Spiegelung*. Ein anderes Beispiel ist ein Foto. Das abgebildete Objekt ist meist wesentlich kleiner, aber die Proportionen stimmen überein. Die Vergrößerung sowie die Verkleinerung – mathematisch gesprochen die *Multiplikation mit einer Konstanten* – ist demnach eine *lineare* Operation.

Vielleicht waren Sie schon einmal auf einer Kirmes in einem Spiegelkabinett voller „Zerrspiegel". Die Oberflächen dieser Spiegel sind *nicht linear* bzw. *nicht eben*, sondern verbogen und gebeult. Dies sind Beispiele für nichtlineare bzw. nichtebene Spiegel. Wie sieht nun das zugehörige Spiegelbild aus? Der eigene Körper erscheint unförmig verzerrt, einmal sitzt auf einem gewaltigen Bauch ein winziger Kopf und unten kleben kurze Stummelbeinchen. Ein anderer Zerrspiegel vergrößert den Kopf und verzerrt den Restkörper zu einer krummen Wurst.

Unser Körper wurde hier nichtlinear verzerrt. Das Abbild weist keinerlei *Formtreue* mehr auf, bedingt durch verzerrte Proportionen.

Die Veränderung eines Signals durch einen signaltechnischen Prozess lässt sich auf ähnliche Weise darstellen. Eine Kennlinie – sie entspricht dem jeweiligen Spiegel – beschreibt den Zusammenhang zwischen dem Eingangssignal u_{in} und dem Ausgangs–Signal u_{out} des Bausteines bzw. Prozesses.

Wie die Abb. 124 zeigt, wird der Signalverlauf von u_{in} senkrecht nach oben auf die Kennlinie projiziert und von dort aus waagerecht nach rechts.

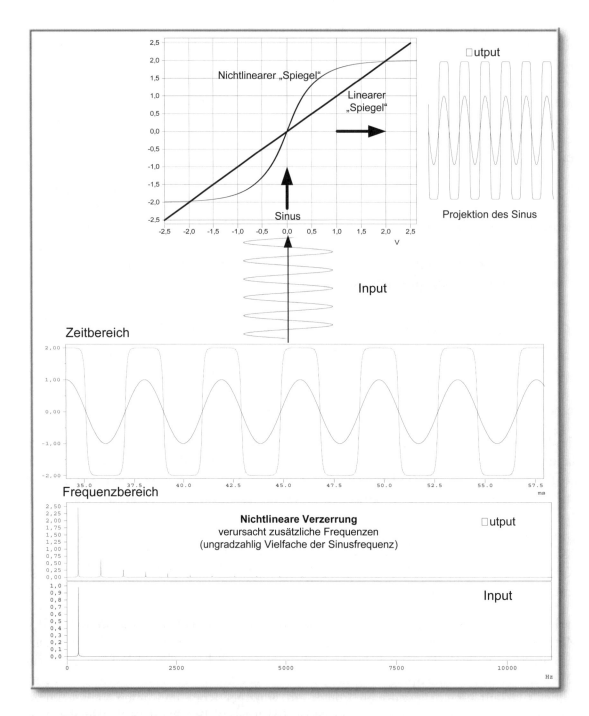

Abbildung 124:   ***Nichtlineare Verzerrung einer Sinus–Schwingung***

Durch Projektion einer Sinus–Schwingung an einer nichtlinearen Kennlinie entsteht ein neues Signal. Während die Sinus–Schwingung lediglich eine Frequenz enthält, enthält das neue Signal im Spektrum mehrere Frequenzen (oberes Spektrum).

Die *Projektion* entspricht nun dem Vorgang der Spiegelung, nur ist hier der Einfallswinkel jedes Strahles nicht gleich dessen Ausfallwinkel. Ist die Kennlinie linear, so bleiben die Proportionen bei der Projektion erhalten. Ist sie nichtlinear, so stimmen die Proportionen nicht mehr. In Abb. 124 unten wird so aus einer Sinus–Schwingung ein „stumpfer" Rechteckverlauf.

Während der Sinus genau nur eine Frequenz enthält, ergibt die Analyse des „stumpfen" Rechtecks mehrere Frequenzen. Demnach erzeugen nichtlineare Kennlinien Verformungen, die im Frequenzbereich auch *zusätzliche Frequenzen, also nichtlineare Verzerrungen* hervorrufen.

Ein kompliziertes Bauelement: der Transistor

Das wichtigste Bauelement der Mikroelektronik ist zweifellos der Transistor. Leider besitzen Transistoren aus physikalischen Gründen generell nichtlineare Kennlinien. Schaltungen mit Transistoren zu entwickeln, die sehr präzise arbeiten, ist deshalb ziemlich schwierig, auch wenn im Unterricht oder in der Vorlesung ein anderer Eindruck erweckt wird. Einen linearen Transistorverstärker zu bauen, der „formtreu" verstärkt, ist deshalb eine Sache für Spezialisten. Nur mithilfe zahlreicher schaltungstechnischer Tricks – der beste Trick heißt *Gegenkopplung* – lässt sich ein solcher Verstärker in gewissen Grenzen linear hintrimmen. Kein Verstärker ist aber aus diesem Grund vollkommen linear. Der sogenannte Klirrfaktor ist ein Maß für dessen nichtbehebbare Nichtlinearität.

Zwischenbilanz

Aus den vorstehenden Bildern und Erklärungen lässt sich bereits erkennen, wann grundsätzlich lineare und nichtlineare Prozesse zur Anwendung kommen:

> *Soll bzw. darf der Frequenzbereich eines Signals in einen anderen Bereich verschoben oder ausgedehnt werden, so gelingt dies nur durch* **nichtlineare** *Prozesse.*
>
> *Sollen die in einem Signal enthaltenen Frequenzen auf keinen Fall verändert oder keinesfalls neue hinzugefügt werden, so gelingt dies nur durch* **lineare** *Prozesse.*

Linearität bzw. Nichtlinearität hat also etwas damit zu tun, ob bei einem Prozess neue Frequenzen entstehen oder nicht. Anders ausgedrückt: ob neue Sinus–Schwingungen entstehen oder nicht.

> *Im Gegensatz zur Mathematik bezieht sich die Linearität bzw. Nichtlinearität in der Nachrichtentechnik nur auf Sinus–Schwingungen! Dies ist verständlich, weil sich ja nach dem grundlegenden FOURIER–Prinzip alle Signale so auffassen lassen, als seien sie aus lauter Sinus–Schwingungen zusammengesetzt.*

Nahezu jeder signaltechnische Prozess bewirkt eine Veränderung im Zeit- *und* Frequenzbereich. Das Verbindungsglied zwischen diesen beiden Veränderungen ist (natürlich) die FOURIER–Transformation, die einzige Möglichkeit vom Zeit- in den Frequenzbereich (oder umgekehrt) zu gelangen. Alle Ergebnisse der nachfolgend beschriebenen signaltechnischen Prozesse werden deshalb sowohl im Zeit- als auch im Frequenzbereich beschrieben.

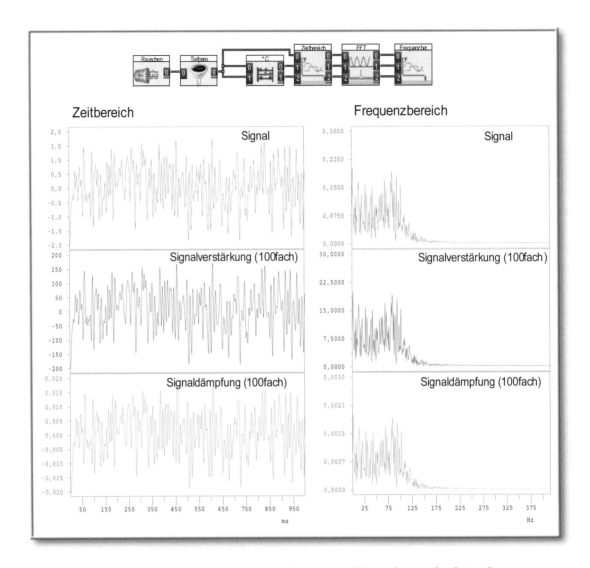

Abbildung 125:   ***Multiplikation mit einer Konstanten: Verstärkung oder Dämpfung***

In der oberen Reihe sehen Sie das Originalsignal – gefiltertes Rauschen – im Zeit- und Frequenzbereich. In der Mitte das Signal nach hundertfacher Verstärkung und schließlich unten nach hundertfacher Dämpfung (Multiplikation mit 0,01).

Verstärkung und Dämpfung werden eigentlich in dB (Dezibel), einer logarithmischen Skalierung, angegeben. Der Faktor hundert entspricht hier 40 dB.

Lineare Prozesse gibt es nur wenige

Hier herrschen klare Verhältnisse. Es gibt insgesamt nur fünf oder sechs von ihnen und die meisten erscheinen zunächst lächerlich einfach. Trotzdem sind sie ungeheuer wichtig und erscheinen bei den vielfältigsten Anwendungen. Ganz im Gegensatz zu der unendlichen Vielfalt und Komplexität der nichtlinearen Prozesse weiß man praktisch alles über sie und ist ziemlich sicher vor Überraschungen, selbst falls mehrere von miteinander kombiniert werden und so ein lineares System bilden.

Es mag erstaunen, dass es sich hierbei um z. T. einfachste *mathematische* Operationen handelt, die auf den ersten Blick wenig mit Nachrichtentechnik zu tun haben. Und eigentlich sollte hier gerade die Mathematik draußen vor gelassen werden.

Multiplikation eines Signals mit einer Konstanten

Das klingt sehr einfach und ist es auch. Nur verbergen sich dahinter so wichtige Begriffe wie Verstärkung und Dämpfung. Eine hundertfache Verstärkung bedeutet also die *Multiplikation aller Momentanwerte* mit dem Faktor 100, dsgl. im Frequenzbereich eine Streckung des Amplitudenverlaufs auf das Hundertfache.

Die Addition zweier oder mehrerer Signale

Genau genommen lässt sich ja das **FP** über die Addition (z. T. unendlich) vieler Sinus–Schwingungen verschiedener Frequenz, Amplitude und Phase verstehen: *Alle Signale lassen sich so auffassen, als seien sie aus lauter Sinus–Schwingungen zusammengesetzt (Addition).*

Warum ist nun die Addition linear? Werden zwei Sinus–Schwingungen von z. B. 50 Hz und 100 Hz addiert, so enthält das Ausgangssignal genau diese beiden Frequenzen. Es sind keine neuen Frequenzen hinzugekommen, und damit ist der Prozess linear!

Nun ist diese Addition von Sinus–Schwingungen nicht unbedingt mit der einfachen Zahlenaddition gleichzusetzen. Wie die entsprechenden Ausschnitte aus Abb. 123 zeigen, kann z. B. die Addition zweier Sinus–Schwingungen der gleichen Amplitude und Frequenz *null* ergeben, falls sie nämlich um π phasenverschoben sind. Sind sie nicht phasenverschoben, ergibt sich eine Sinus–Schwingung der doppelten Amplitude.

Sinus–Schwingungen werden demnach nur richtig addiert, falls man die jeweiligen *Momentanwerte* addiert! Anders ausgedrückt: Bei der Addition von Sinus–Schwingungen wird auch die Phasenlage der einzelnen Sinus–Schwingungen zueinander automatisch berücksichtigt. Richtig addieren lassen sich Sinus–Schwingungen also nur, falls – aus der Sicht des Frequenzbereichs – Amplituden- *und* Phasenspektrum bekannt sind.

Abb. 35 und 36 zeigen, dass *abschnittsweise* auch die Summe von (unendlich vielen) Sinus–Schwingungen verschiedener Frequenz null sein kann. Im Falle des δ–Impulses gar ist die Summe der „unendlich vielen" Sinus–Schwingungen im Zeitbereich überall gleich null bis auf die *punktförmige Stelle*, an der der δ–Impuls erscheint. In der Mathematik nennt man eine so einzigartige Stelle eine *Singularität*.

Abschließend zur Addition betrachten wir (noch einmal) einen besonders interessanten und wichtigen Spezialfall: zwei aufeinanderfolgende δ–Impulse (Abb. 88 und 89). Jeder der beiden δ–Impulse enthält zunächst *alle* Frequenzen mit *gleicher* Amplitude. Das Amplitudenspektrum ist demnach eine konstante Funktion. Demnach müssten *zwei* Impulse doch eigentlich erst recht alle Frequenzen, und zwar in *doppelter* Stärke enthalten!? Mitnichten! Der eine δ–Impuls ist nämlich zeitlich verschoben gegenüber dem anderen und besitzt damit ein anderes Phasenspektrum! Wie die Abb. 88 und 89 zeigen, verläuft das Spektrum ja „sinusförmig". An den Nullstellen des Spektrums addieren sich die jeweils gleichfrequenten und gleich großen Sinus–Schwingungen *gegenphasig*, d. h.sie subtrahieren sich zu null.

Indem wir auf viele Beispiele zurückgegriffen haben, wird erkennbar, wie wichtig ein so einfacher Prozess wie die Addition für die Signalanalyse, -synthese und –verarbeitung ist.

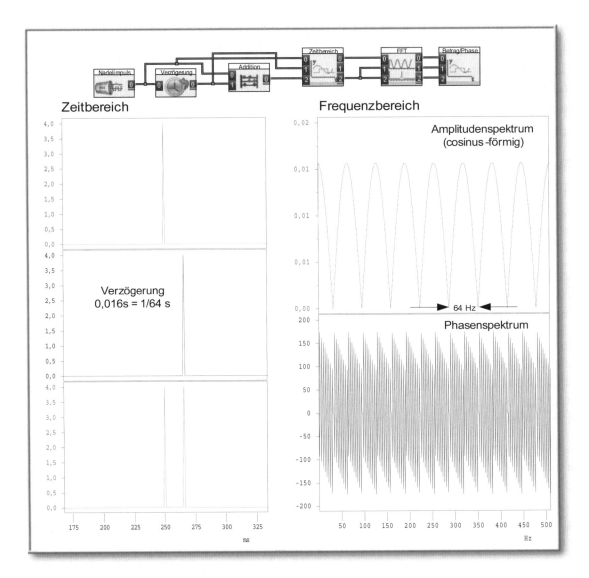

Abbildung 126:   ***Verzögerung plus Addition = digitales Kammfilter***

Hier wird auf eine simple Art und Weise aus einem δ–Impuls ein doppelter gemacht: Der Eingangsimpuls wird (hier um 1/64 s) verzögert und zusammen mit dem Eingangsimpuls auf einen Addierer gegeben. Auf der rechten Seite sehen Sie – in Anlehnung an die Abb. 88 und Abb. 89 – das Spektrum der beiden unteren δ–Impulse nach Betrag und Phase. Das Amplitudenspektrum verläuft kosinusförmig mit einem Nullstellenabstand von 64 Hz. Die erste Nullstelle liegt bei 32 Hz (übrigens liegt die erste Nullstelle im negativen Frequenzbereich bei –32 Hz).

Alle digitalisierten Signale bestehen hier nun aus (eindimensionalen) Zahlenketten, die bildlich als „gewichteten" δ–Impulse dargestellt werden können (siehe Abb. 37 und Abb. 92 unten). Die Einhüllende gibt das ursprüngliche analoge Signal wieder. Würde nun jedem der δ–Impulse – hier nach 1/64 s – ein gleich großer hinzugefügt werden, so würde im Spektrum alle ungeradzahligen Vielfachen von 32 Hz, also 32 Hz, 96 Hz, 160 Hz usw. fehlen.

*Ein Filter, welches – wie ein Kamm – im gleichen Abstand Lücken aufweist, wird Kammfilter genannt. Bei diesem **Digitalen Kammfilter** hätten die Lücken den Abstand 64 Hz. Hätten Sie gedacht, dass Filterentwurf so einfach sein kann?*

Die Verzögerung

Wird auf ein längeres Kabel ein Sinus gegeben und werden Eingangs- und Ausgangssignal auf dem Bildschirm eines zweikanaligen Oszilloskops verglichen, so erscheint das Ausgangsignal phasenverschoben, d. h. zeitlich verzögert gegenüber dem Eingangssignal.

Eine zeitliche Verzögerung bedeutet eine Veränderung des Phasenspektrums im Frequenzbereich.

Während es in der Analogtechnik kaum möglich ist, beliebige Signale präzise um einen gewünschten Wert zu verzögern, gelingt dies mit der Digitalen Signalverarbeitung **DSP** perfekt.

*Zusammen mit der **Addition** sowie der **Multiplikation mit einer Konstanten** bildet die **Verzögerung** eine Dreiergruppe **elementarer** Signalprozesse. Viele sehr komplexe (lineare) Prozesse bestehen bei genauem Hinsehen lediglich aus einer Kombination dieser drei Grundprozesse.*

Ein Paradebeispiel hierfür sind die *Digitalen Filter*. Ihre Wirkungsweise und ihr Entwurf werden im Kapitel 10 genau erläutert.

Differenziation

Mit der Differenzial- und Integralrechnung beginnt nach allgemeiner Meinung der Einstieg in die „Höhere Mathematik". Beide Rechnungsarten sind allein schon deshalb so wichtig, weil nur hierüber die wichtigsten Naturgesetze bzw. technischen Zusammenhänge eindeutig modellierbar bzw. mathematisch erfassbar sind.

Aber machen Sie sich keine Sorge, bei uns bleibt die Mathematik draußen vor. Dies zwingt, die eigentliche inhaltliche Substanz eines Problems zu schildern, statt etwas hochnäsig auf die „triviale" Mathematik hinzuweisen.

Sie sollen deshalb nun einfach anhand von Abb. 127 erkennen, was Differenzieren (oder „Differenziation") als signaltechnischer Prozess im Zeitbereich eigentlich bedeutet. Versuchen Sie, folgende Fragen zu beantworten:

- Zu welchen Zeitpunkten von u_{in} finden sich beim diffenzierten Signal u_{out} lokale Maxima und Minima?

- Welche Eigenschaft besitzt das Eingangssignal u_{in} zu diesen Zeitpunkten?

- Zu welchen Zeitpunkten von u_{in} ist das differenzierte Signal u_{out} gleich null?

- Welche Eigenschaft besitzt das Eingangssignal u_{in} zu diesen Zeitpunkten?

- Wodurch unterscheidet sich u_{in} an den Stellen, an denen u_{out} ein positives lokales Maximum und ein „negatives lokales Maximum" (gleich lokales Minimum) besitzt?

Sie sollten zu folgendem Ergebnis kommen:

Das differenzierte Signal u_{out} gibt an, wie schnell sich das Eingangssignal u_{in} ändert!

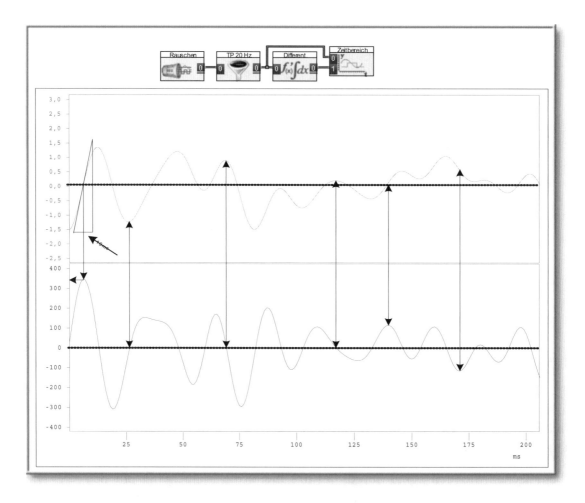

Abbildung 127:   ***Kleines Quiz für Nichtmathematiker: Was geschieht beim Differenzieren?***

Um allgemeingültige Aussagen machen zu können, wird ein zufälliger Signalverlauf gewählt. Hier handelt es sich um tiefpassgefiltertes Rauschen. Vergleichen Sie nun sorgfältig das Eingangssignal u_{in} (oben) mit dem differenzierten Ausgangssignal u_{out} (unten).

*Einige Hilfen sind als Linien eingezeichnet. Welches Verhalten zeigt das Eingangssignal u_{in} an den Stellen des markierten lokalen Maximums beim differenzierten Signal u_{out}? Welches Verhalten beim markierten lokalen Minimum? Wie schnell ändert sich **momentan** das Eingangssignal u_{in}, falls das differenzierte Signal gleich null ist?*

Links oben sehen Sie ein „Steigungsdreieck" eingezeichnet. Dazu wird zunächst die Tangente an den interessierenden Punkt des Kurvenlaufs, anschließend die Horizontal- und Vertikalkomponente gezeichnet. Das Vertikalstück (Gegenkathete) dividiert durch das Horizontalstück (Ankathete) müsste genau den Wert von ca. 340 der differenzierten Funktion darunter ergeben.

*Hinweis: Unter einem **lokalen** Maximum versteht man den in einer beliebig kleinen Umgebung höchsten Punkt. Unmittelbar links und rechts von diesem lokalen Maximum sind also kleinere Werte zu finden. Entsprechendes gilt für das lokale Minimum.*

Es seien beispielhaft nur zwei der wichtigsten Gesetzmäßigkeiten der Elektrotechnik in diesem Zusammenhang genannt:

Induktionsgesetz:

Je schneller sich der Strom in einer Spule *ändert*, desto größer ist die induzierte Spannung.

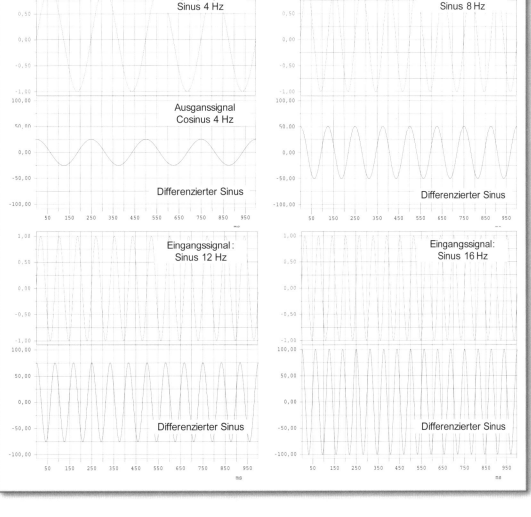

Abbildung 128:   ***Differenziation von Sinus-Spannungen verschiedener Frequenz***

Zunächst soll das etwas verwirrende Modulbild für die Differenziation erklärt werden. Zu sehen ist eigentlich das Integralzeichen, welches besser zur nächsten linearen Operation – der Integration – passen würde. Die Differenziation und Integration sind aber miteinander verknüpft, was bei der Integration noch experimentell ermittelt werden soll. Der Name „Ableitung" ist ein in der Mathematik verwendeter alternativer Ausdruck für Differenziation.

Das Raster wurde eingeblendet, damit Sie die strenge Proportionalität zwischen der Frequenz des Eingangssignals und der Amplitude des (differenzierten) Ausgangssignals erkennen können. Sie eröffnet uns äußerst präzise messtechnische Anwendungen!

Kapazitätsgesetz:

Je schneller sich die Spannung am Kondensator *ändert*, desto größcr ist der Strom, der rein- oder rausfließt (Lade- bzw. Entladestrom eines Kondensators).

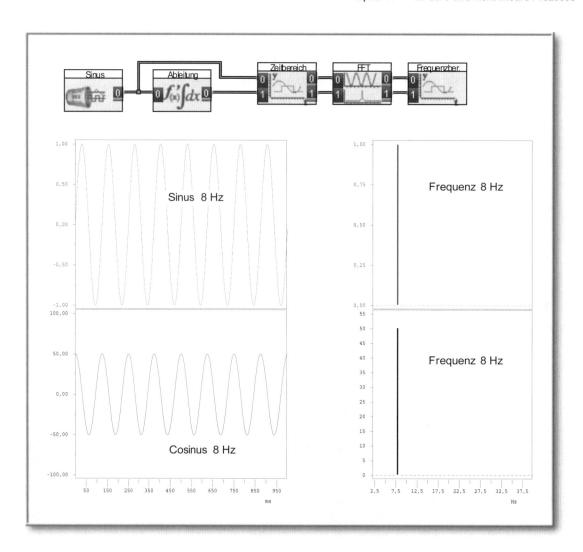

Abbildung 129:   **Experimenteller Beweis: Differenziation eines Sinus ergibt einen Kosinus**

Das differenzierte Signal eines Sinus sieht auf den ersten Blick aus wie ein Kosinus bzw. wie eine Sinus–Schwingung, aber ist es auch wirklich hochgenau ein Kosinus? Wäre dies nicht der Fall, wäre schließlich die Differenziation nicht linear!

*Mit dem Frequenzbereich besitzen wir ein untrügliches Mittel, dies zu beweisen. Da das differenzierte Signal im Frequenzbereich lediglich – wie der Sinus am Eingang – eine einzige Frequenz von 4 Hz aufweist, kann es sich nur um einen **linearen** Prozess handeln. Er bewirkt eine Phasenverschiebung von $\pi/2$ rad (Kosinus!). Seine Amplitude ist streng proportional der Frequenz ... und der Amplitude des Eingangssignals (warum auch Letzteres?).*

Bei der Differenziation wird hier also die „Änderungsgeschwindigkeit" gemessen. Aus mathematischer Sicht entspricht sie generell der *momentanen Steigung des Signal-verlaufs*. Die Differenzialrechnung ist untrennbar mit den Begriffen *Steigung* und *Gefälle* verbunden. Beispielsweise beschleunigt eine Kugel mit zunehmendem Gefälle immer mehr bzw. bremst ab bei einer Steigung.

> Der signaltechnische Prozess *Differenziation* kann also als „Meldeeinrichtung" benutzt werden, ob sich etwas zu schnell oder zu langsam ändert bzw. als Messeinrichtung, *wie schnell* sich etwas ändert!

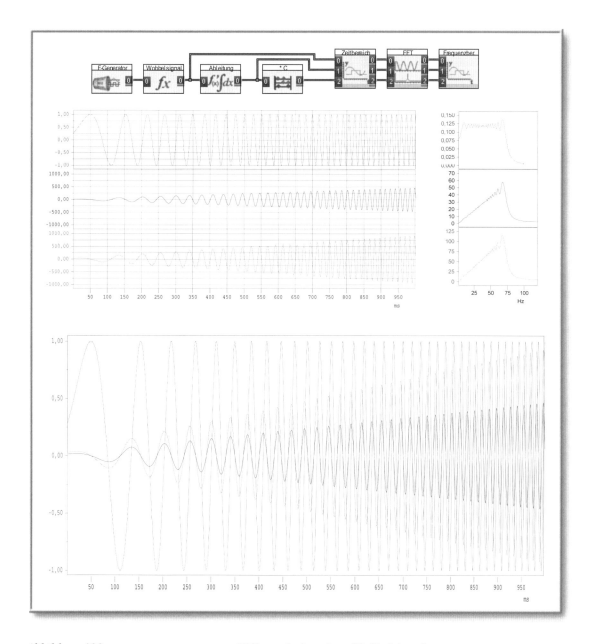

Abbildung 130:   ***Differenziation eines Wobbelsignals***

Das Wobbelsignal wurde so eingestellt, dass sich die „Momentanfrequenz" vollkommen linear mit der Zeit ändert. Beweisen lässt sich dies durch die nachfolgende Differenziation. Die Amplitude nimmt (vollkommen) linear mit der Zeit zu, d. h. die Einhüllende liefert eine Gerade, wie Sie sich leicht mit einem Lineal überzeugen können.

Mithilfe eines nachgeschalteten „Verstärkers" – Multiplikation mit einer Konstanten – lässt sich die Steigung der Einhüllenden, und damit die „Empfindlichkeit" der Schaltung gegenüber Frequenzänderungen, fast beliebig einstellen.

Hieraus ergeben sich wichtige praktische Anwendungen, welche die Linearität der Übertragungsmedien Leitung oder freier Raum ausnutzen.

Besondere Beachtung sollte natürlich finden, wie der Differenziations–Prozess mit *Sinus–Schwingungen verschiedener Frequenz* umgeht. Abb. 128 zeigt dies für verschiedene Frequenzen. Die Ergebnisse sind eigentlich nicht überraschend und ergeben sich direkt aus der in Abb. 127 ersichtlichen allgemeinen Eigenschaft der Differenziation:

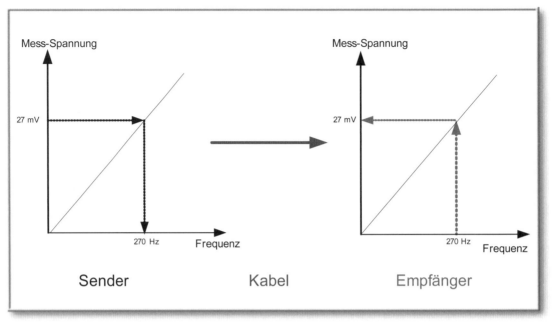

Abbildung 131:   **Prinzip eines Telemetrie-Systems (mit Frequenzkodierung und –dekodierung)**

In der Praxis liefern viele Sensoren oft nur winzige Messspannungen, die kaum störungsfrei übertragen werden können. Mit dem hier vorgestellten Telemetrieverfahren ist es im Prinzip möglich, weitgehend störungsfrei und hochpräzise auch solche (winzigen) Messwerte zu übertragen.

- Ein Sinus ergibt differenziert einen Kosinus, d. h. verschiebt die Phase um $\pi/2$ rad. Das kann ja gar nicht anders sein, weil die Steigung beim Nulldurchgang am größten ist; folglich ist dort das differenzierte Signal ebenfalls am größten. Dass es sich nun wirklich ausgerechnet um einen Kosinus handelt, beweist uns der Frequenzbereich (Abb. 129): Nach wie vor ist dort eine Linie der gleichen Frequenz vorhanden.

- Je höher die Frequenz, desto schneller ändert sich die Sinus–Schwingung (auch beim Nulldurchgang). Die Amplitude der differenzierten Spannung ist also streng proportional der Frequenz!

Sehr schön lassen sich die Verhältnisse mit einem Wobbelsignal (Abb. 130) zeigen, dessen Frequenz sich *linear mit der Zeit ändert*. Demzufolge zeigt das differenzierte Signal eine *lineare Zunahme der Amplitude*.

Das eröffnet eine sehr wichtige technische Anwendung: Mithilfe eines Differenzierers lässt sich ein Frequenz–Spannungs–Wandler mit vollkommen linearer Kennlinie erstellen (Abb. 131). Über einen nachgeschalteten Verstärker – Multiplikation mit einer Konstanten! – lässt sich die Steilheit der Kennlinie fast beliebig einstellen. Dies entspricht der „*Empfindlichkeit*" des f–U–Wandlers gegenüber Frequenzänderungen.

In der *Telemetrie* ("Fernmessung") gilt es, Messwerte möglichst präzise über Leitungen oder drahtlos zu übertragen. Bei dieser Übertragung kann aber alles verfälscht werden: die ganze Signalform oder selbst bei einem Sinus Amplitude und Phase. Eines kann sich jedoch nicht ändern, weil beide Medien – Leitungen und der freie Raum – *linear* sind: die *Frequenz!*

Um in diesem Fall auf Nummer sicher zu gehen, sollten die Messwerte möglichst *frequenzkodiert* sein: Am Empfangsort genügt praktisch ein Frequenzmesser, um den Messwert hochgenau zu empfangen. Am Sendeort wird allerdings ein hochgenauer Spannungs-Frequenz-Wandler (VCO: Voltage Controlled Oscillator) benötigt. Dies ist in Abb. 131 dargestellt. Wir verfügen nunmehr also im Prinzip über ein hochgenaues telemetrisches System, welches die Linearität des Übertragungsmediums ausnutzt. Spannungs-Frequenz-Wandler (VCOs) hoher Genauigkeit sind auf dem Markt. Mit der Differenziation besitzen wir einen geradezu idealen Prozess, jede Frequenz vollkommen linear in eine Spannung entsprechender Höhe zu verwandeln.

Hiermit haben wir bereits den ersten Schritt in Richtung *Frequenzmodulation* und – demodulation (FM) vollzogen, ein relativ störungsunempfindliches Übertragungs-verfahren, welches im UKW-Bereich und auch beim analogen Fernsehen (Fernschton) verwendet wird. Einzelheiten hierzu im nächsten Kapitel.

Nun sollen noch die Auswirkungen der Differenziation im *Frequenzbereich* zusammen-gefasst werden:

Die Differenziation eines Wobbelsignals zeigt sehr deutlich die lineare Zunahme der Amplituden mit der Frequenz. Die Differenziation besitzt also Hochpass-Eigenschaften, d. h. je höher die Frequenz, desto besser die „Durchlässigkeit".

Abb. 128 erlaubt eine präzise Bestimmung des mathematischen Zusammenhangs (Bestimmung der Proportionalitätskonstanten bzw. Steigungskonstanten). Die Amplitude aller Eingangssignale u_{in} beträgt 1 V.

f [Hz]	$\hat{U}_{out}$ [V]
4	25
8	50
12	75
16	100

Die Amplitude nimmt also linear mit der Frequenz zu. Der Proportionalitätsfaktor bzw. die Steigungskonstante ist

$$25 \text{ V}/4 \text{ Hz} = 50 \text{ V}/8 \text{ Hz} = 75 \text{ V}/12 \text{ Hz} = 100 \text{ V}/16 \text{ Hz} = 6,28 \text{ V}/\text{Hz} = 2\pi \text{ V}/\text{Hz}$$

Damit folgt:

$$\boxed{\hat{U}_{out} = 2\pi f \ \hat{U}_{in} = \omega \ \hat{U}_{in}}$$

Eine Differenziation im Zeitbereich entspricht also einer
Multiplikation mit $\omega = 2\pi f$ im Frequenzbereich.

Wie es sich gehört, ermitteln wir zum Schluss noch den Frequenzgang bzw. die Übertragungsfunktion des Differenzierers. Als Testsignal wird ein δ–Impuls an der Stelle $t = 0$ s gewählt.

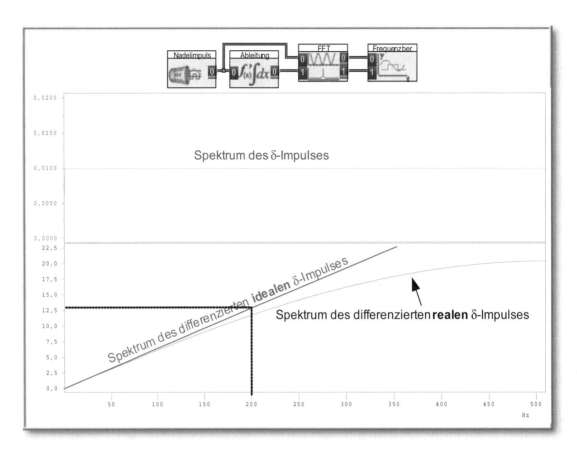

Abbildung 132:   ***Übertragungsfunktion des Differenzierers***

In Übereinstimmung mit den dargestellten Erkenntnissen müsste die Übertragungsfunktion des Moduls „Ableitung" eigentlich einen vollkommen linearen Anstieg besitzen, also proportional zur Frequenz zunehmen. Tatsächlich verläuft hier das Spektrum sinusförmig! Sie hierzu Abb. 88 unten im Kapitel 5.

Überraschenderweise verläuft das Spektrum zwar zunächst linear steigend, verliert dann aber immer mehr an Steilheit. Stimmt unsere obige Formel nicht? Was nicht stimmt, ist unser Nadelimpuls. Hierbei handelt es sich nicht um einen idealen δ–Impuls, sondern um einen Impuls endlicher Breite (hier 1/1024 s). Das Spektrum des Nadelimpulses in Abb. 132 (oben) verläuft noch konstant bzw. alle Frequenzen besitzen die gleiche Stärke. Das Spektrum des differenzierten Nadelimpulses dagegen bringt es an den Tag: Einen idealen δ–Impuls bzw. idealen differenzierten δ–Impuls kann es nicht geben!

Integration

Auch die Eigenschaften des Integrationsprozesses sollen experimentell ermittelt werden. Integration sollte in einer bestimmten Beziehung zur Differenziation stehen, ansonsten wären nicht beide Prozesse in einem DASY*Lab*–Modul untergebracht. Wählen wir zunächst wieder einen zufälligen Signalverlauf – hier tiefpassgefiltertes Rauschen – und führen eine Integration durch (Abb. 133).

Weil der Blick noch für die Differenziation geschärft ist, sollte einem aufmerksamen Beobachter auffallen, dass das mittlere (integrierte) Signal differenziert eigentlich wieder das Eingangssignal ergeben sollte. An den steilsten Stellen des integrierten Signals befinden sich nämlich die lokalen Maxima und Minima des Eingangssignals.

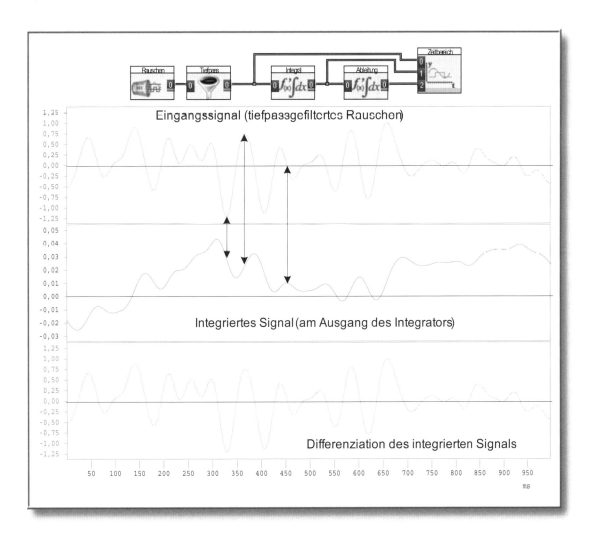

Abbildung 133:   ***Visualisierung des Zusammenhangs zwischen Integration und Differenziation***

Eine genaue Betrachtung führt zu der Vermutung, dass das mittlere Signal differenziert das obere ergibt. Der entsprechende Versuch zeigt die Übereinstimmung: Die Differenziation des integrierten Signals ergibt wieder das ursprüngliche Signal.

Die Probe aufs Exempel bestätigt die Vermutung. Damit erscheint die Differenziation quasi als Umkehrung der Integration. Ist nun auch die Integration die Umkehrung der Differenziation? Ein in Abb. 133 dargestellter Versuch bestätigt auch dies. Weil in beiden Fällen zufällige Signale gewählt wurden, ist die Allgemeingültigkeit praktisch gesichert.

> *Die Differenziation kann als Umkehrung (im Sinne von rückgängig machen) der Integration, die Integration als Umkehrung der Differenziation betrachtet werden.*

Bereits im Zeitbereich treten bei genauer Betrachtung der Signale zwei weitere Vermutungen auf:

• Das integrierte Signal besitzt deutlich geringere Flankensteilheiten als das Eingangssignal! Das wiederum würde für den Frequenzbereich die Unterdrückung höherer Frequenzen bedeuten, also Tiefpass–Charakteristik.

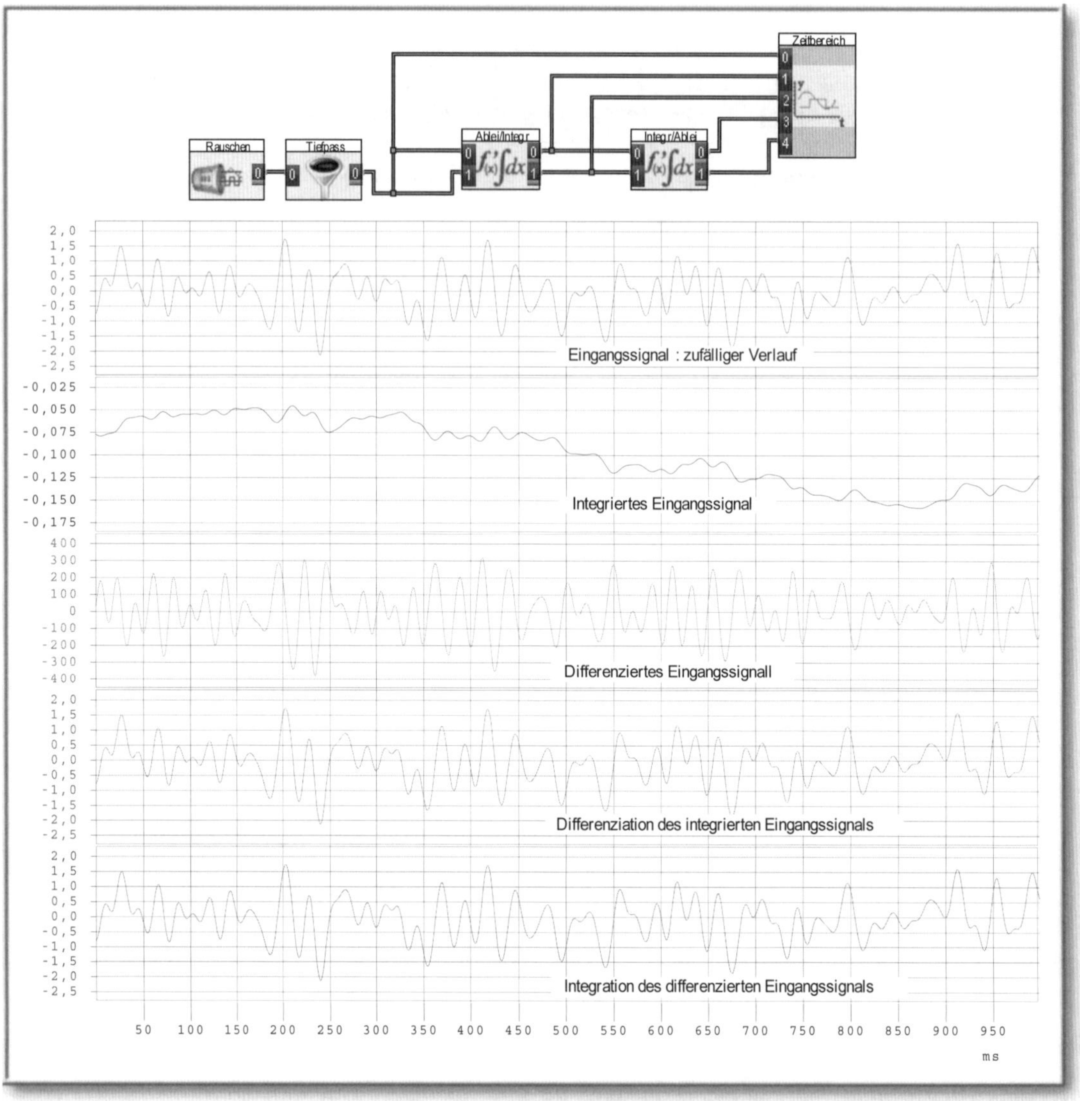

Abbildung 134:   ***Vertauschung der Reihenfolge ist möglich***

Wie hier experimentell bewiesen wird, kann die Reihenfolge der Prozesse Differenziation (Ableitung) und Integration vertauscht werden. „Erst die Differenziation, dann die Integration" führt genau so zum ursprünglichen Signal zurück wie „erst die Integration und dann die Differenziation".

- Der Verlauf des integrierten Signals sieht so aus, als würde sukzessive der *Mittelwert* aus dem Eingangssignal gebildet. Der Kurvenverlauf nimmt nämlich ab, sobald das Eingangssignal negativ und zu, sobald das Eingangssignal positiv ist.

Um die erste Vermutung zu testen, soll ein periodischer Rechteck gewählt werden. Er besitzt die größte denkbare Flankensteilheit an den Sprungstellen. Das integrierte Signal dürfte dann keine „senkrechten" Flanken mehr aufweisen. Das Spektrum des integrierten Signals müsste einen wesentlich kleineren Anteil höherer Frequenzen aufweisen. Gleichzeitig zeigt der Rechteck einen – bis auf die Sprungstellen – konstanten Verlauf. Das erlaubt gleichzeitig auch die Antwort auf die Frage, was ein Integrator aus einer konstanten Funktion macht.

Die erste Vermutung wird durch die in Abb. 135 dargestellte Messung voll bestätigt:

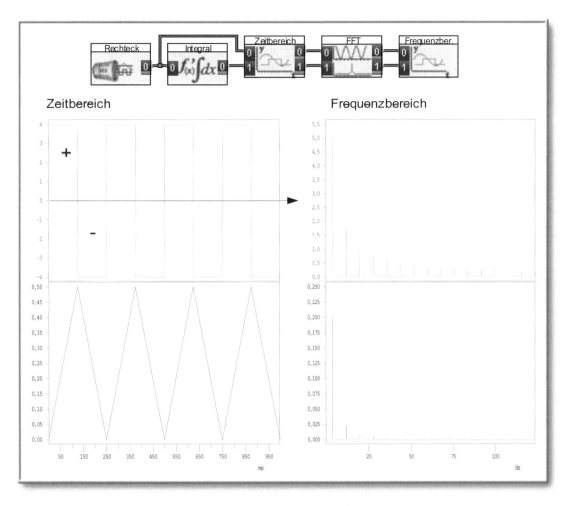

Abbildung 135:   ***Integration eines periodischen Rechtecksignals***

Mit dem periodischen Rechteck wird ein sehr einfacher Signalverlauf gewählt. Dadurch kommen die Eigenschaft der Integration besonders einfach zum Vorschein.

Konstante positive Bereiche führen zu einer ansteigenden, konstante negative Bereiche zu einer abfallenden Gerade! Offensichtlich misst das Integral aus geometrischer Sicht sukzessive die Fläche zwischen dem Signalverlauf und der horizontalen Zeitachse. Die „Fläche" des ersten Rechtecks ist nämlich 4 V • 125 ms = 0,5 Vs, und genau diesen Wert zeigt der Integrationsverlauf nach 125 ms an! Weiterhin muss zwischen positiven und negativen „Flächen" unterschieden werden, denn die nächste – betragsmäßig gleich große – Fläche wird abgezogen, so dass sich nach 250 ms wieder der Wert null ergibt.

Eindeutige qualitative und quantitative Hinweise liefert der Frequenzbereich (rechts). Zunächst besitzt die Integration eindeutig Tiefpass–Charakter. Beide Signale – Rechteck und Dreieck – enthalten lediglich die ungeradzahlig Vielfachen der Grundfrequenz (siehe Kapitel 2). Die Gesetzmäßigkeit für die Abnahme der Amplituden ist denkbar einfach und kann mit dem Cursor nachgemessen werden. Für den Sägezahn gilt $\hat{U}_n$ = $\hat{U}_1 / n$ (z. B. $\hat{U}_3 = \hat{U}_1 / 3$ usw.). Für den Dreiecksverlauf gilt beim Spektrum $\hat{U}_n = \hat{U}_1 / n^2$ (z. B. $\hat{U}_3 = \hat{U}_1 / 9$). Werden nun die gleichen Frequenzen der Spektren miteinander verglichen, so kommt heraus $\hat{U}_{Dreieck} = \hat{U}_{Sägezahn} / 2\pi f = \hat{U}_{Sägezahn} / \omega$. Hier wird also die Integration als Umkehrung der Differenziation auch im Frequenzbereich voll bestätigt!

Die Integration zeigt Tiefpass–Verhalten. Genau genommen wird der Frequenzbereich des Eingangssignals bei der Integration durch $2\pi f = \omega$ dividiert. Die Amplituden der höheren Frequenzen werden also überproportional verkleinert.

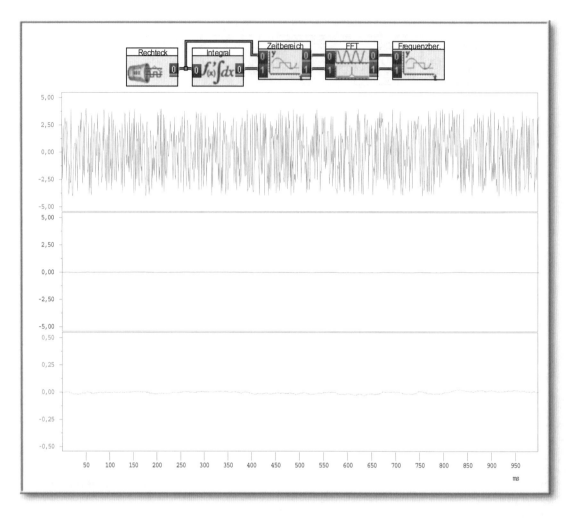

Abbildung 136:   ***Mittelwertbildung durch Integration***

Hier wird ein Rauschsignal integriert. Das Ergebnis ist praktisch null mit kleinen Schwankungen (unten höhere Auflösung). Der Integrationsvorgang summiert die positiven und negativen „Flächen" auf. Weil bei einem Rauschsignal alles zufällig ist, muss eine Gleichverteilung von positiven und negativen „Flächen" vorliegen. Im Mittel müssen alle Null sein!

Demnach kann die Integration zur Mittelwertbildung herangezogen werden, ein äußerst wichtiger Fall für die Messtechnik. Mehr noch: Die Mittelwertbildung eliminiert offensichtlich besser das Rauschen, als ein normales Filter dies könnte!

Es fällt auf, wie schnell der Mittelwert null beim Rauschen erreicht wird. Da Rauschen aber aus einer „stochastischen Folge von Einzelimpulsen", d. h. praktisch aus einer Aneinanderreihung gewichteter δ–Impulse besteht, ist dies nachvollziehbar. Ins Gewicht fallende positive und negative „Flächen" entstehen erst, wenn ein Zustand über „nennenswerte Zeiträume" aufrecht erhalten wird.

Bei der Untersuchung des Integrations-Prozesses als Mittelwertbildner ergibt Abb. 136 folgendes Ergebnis:

- Rauschen besitzt aufgrund seiner Entstehungsgeschichte den Mittelwert null. Die Integration eines Rauschsignals liefert praktisch diesen Wert, d. h. über die Integration kann der Mittelwert bestimmt werden.

- Über die Integration lassen sich offensichtlich Rauschanteile aus einem Signal entfernen, und zwar besser, als dies mit normalen Filtern möglich ist.

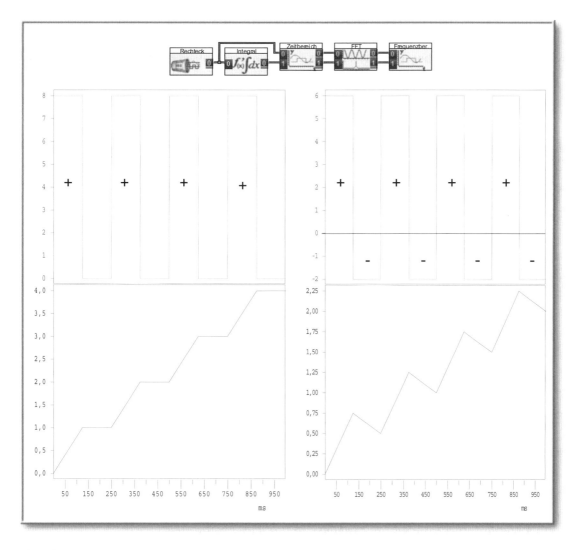

Abbildung 137:   ***Genauere Untersuchung der „Flächenmessung" und der Mittelwertbildung***

Links wird ein Rechteck–Signal integriert, welches nur im positiven Bereich liegt. In Übereinstimmung mit Abb. 135 nimmt von 0 bis 250 ms die Fläche linear zu. Danach bleibt sie bis 100 ms konstant, weil der Rechteckverlauf dort null ist. Rechts dagegen nimmt die Fläche linear ab, weil ab 125 ms der Signalverlauf im negativen Bereich liegt.

Würden nun die Integration des periodischen Rechtecks immer weiter durchgeführt, so würde der Verlauf des integrierten Signals in beiden Fällen immer mehr zunehmen und gegen unendlich gehen. Wo liegt nun hier der Mittelwert?

Der Mittelwert des Eingangssignals oben links liegt – wie sich ohne Schwierigkeiten erkennen lässt – bei 4, der des Eingangssignals rechts oben bei 2. Genau diese Werte zeigt jeweils der Integrationsverlauf genau nach 1 s an!

Die Ergebnisse der Abb. 137 zeigen:

> Liegt der Signalverlauf überwiegend im positiven (bzw. im negativen) Bereich, so steigt das integrierte Signal immer mehr an (bzw. fällt immer mehr ab).
>
> *Bei Signalen dieser Art wird bei der reinen Integration der Mittelwert korrekt nur genau nach 1 s angezeigt!*

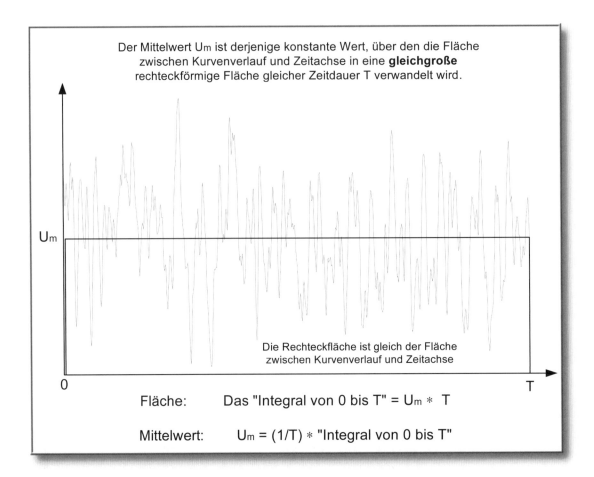

Der Mittelwert Um ist derjenige konstante Wert, über den die Fläche
zwischen Kurvenverlauf und Zeitachse in eine **gleichgroße**
rechteckförmige Fläche gleicher Zeitdauer T verwandelt wird.

U_m

Die Rechteckfläche ist gleich der Fläche
zwischen Kurvenverlauf und Zeitachse

0   T

Fläche: Das "Integral von 0 bis T" = U_m ∗ T

Mittelwert: U_m = (1/T) ∗ "Integral von 0 bis T"

Abbildung 138: **Exakte Definition des (arithmetischen) Mittelwertes**

Wie aus der obigen Abbildung sowie den dort enthaltenen Hinweisen und Definitionen zu entnehmen ist, lautet die exakte Verfahrensweise zur Ermittlung des (arithmetischen) Mittelwertes so: Ermittle durch Integration die Fläche von 0 bis T zwischen Kurvenverlauf und Zeitachse. Wandle diese Fläche in eine gleich große, rechteckförmige Fläche gleicher Zeitdauer T um. Die Höhe dieses Rechtecks repräsentiert den (arithmetischen) Mittelwert U_m.

Das Thema „Mittelwert" gehört eigentlich in die Messtechnik. Deshalb wird hier auch nicht auf alle möglichen Formen des Mittelwertes eingegangen. Der arithmetische Mittelwert ist nichts anderes als der Mittelwert aus einer Zahlenreihe. Lautet die Zahlenreihe z. B. (21; 4; 7; -12), so beträgt der arithmetische Mittelwert U_m = (21 + 4 + 7 + (-12))/ 4 = 5. Hier wird er lediglich als mögliches Ergebnis einer Integration dargestellt und seine Bedeutung als signaltechnischer Prozess beschrieben.

Aus den Abb. 137 und Abb. 138 ist nun ersichtlich:

• Der Mittelwert U_m wird bei der Integration direkt lediglich genau nach 1 s angezeigt. Hier gilt T = 1 s.

• Der Mittelwert U_m für jede andere Zeitdauer T lässt sich ermitteln, indem der Integral-wert von 0 bis T durch die Zeitdauer T dividiert wird.

• Signaltechnisch beschreibt der Mittelwert einen *Trägheitsprozess*, der nicht in der Lage ist, schnelle Veränderungen wahrzunehmen (siehe Abb. 136!), sondern lediglich einen „gemittelten" Wert. Dies ähnelt dem Verhalten eines Tiefpasses. Dieser ermittelt eine Art „gleitender Mittelwert", bei dem – ähnlich Abb. 52 und 69 – der Mittelwert sich überlappender „Zeitfenster" kontinuierlich dargestellt wird.

> Hinweis: Unser Auge macht dies z. B. beim Fernsehen. Statt 50 (Halb-) Bilder pro Sekunde sehen wir einen kontinuierlichen „gemittelten" Bildverlauf.

Durch die Integration wird ein Signalverlauf nach einer ganz bestimmten, mathematisch sehr bedeutsamen Art verändert. Aus der einfachsten aller Funktionen, der konstanten Funktion u(t) = K wird durch Integration – wie Abb. 137 zeigt – eine *lineare* Funktion u(t) = K · t. Gibt es nun eine Gesetzmäßigkeit, was bei wiederholter Integration passiert und wie dies durch die Differenziation rückgängig gemacht werden kann? Abb. 139 zeigt die Zusammenhänge:

- Durch Integration wird aus einer konstanten Funktion des Typs
$$u(t) = K$$
  eine lineare Funktion des Typs
$$u(t) = K \cdot t$$

- Aus dieser durch Integration eine „quadratische" Funktion des Typs
$$u(t) = K_1 \cdot t^2 \quad \text{mit } K_1 = K/2$$

- Aus dieser durch Integration eine „kubische" Funktion des Typs
$$u(t) = K_2 \cdot t^3 \quad \text{mit } K_2 = K_1/3 \quad \text{usw. usw.}$$
  Genau stimmt dies nur für die hier durchgeführte Integration mit Signalverläufen ("bestimmtes Integral").

- Durch (mehrfache) Differenziation lässt sich diese (mehrfache) Integration – wie in Abb. 139 dargestellt – wieder rückgängig machen.

Die Integration ist eine in der Praxis so bedeutsame Operation – über die jeder Bescheid wissen sollte – , dass wir fast die wichtigste Frage vergessen haben: Was passiert bei der Integration mit einer Sinus–Schwingung?

Dies zeigt Abb. 134. Sie zeigt das erwartete Verhalten, falls wir *Integration als Umkehrung der Differenziation* begreifen, d. h. die Differenziation des integrierten Signals muss wieder das ursprüngliche Signal ergeben.

Bösartige Funktionen bzw. Signalverläufe

Nicht nur der Vollständigkeit halber soll hier über spezielle Funktionen bzw. Signalverläufe berichtet werden, die zwar integrabel, jedoch nicht differenzierbar sind.

Nehmen wir unser „chaotisches" Rauschsignal. Falls Sie dieses Signal differenzieren, werden Sie zwar ein Ergebnis erhalten. Dies jedoch in Abhängigkeit vom zeitlichem Abstand die einzelnen Messwerte. Diese Signalform scheint „bösartig" zu sein, aber der Computer macht das Beste daraus, indem er stur die Steilheit zwischen zwei Messwerten aus deren Differenz und dem (konstanten) zeitlichen Abstand der beiden aufeinanderfolgenden Messwerte berechnet. Unser computergestützt erzeugtes Rauschen stellt ein *vereinfachtes Abbild* natürlicher Rauschprozesse dar. Natürliches Rauschen erzeugt nämlich keine „Klicks" in *konstantem* zeitlichem Abstand!

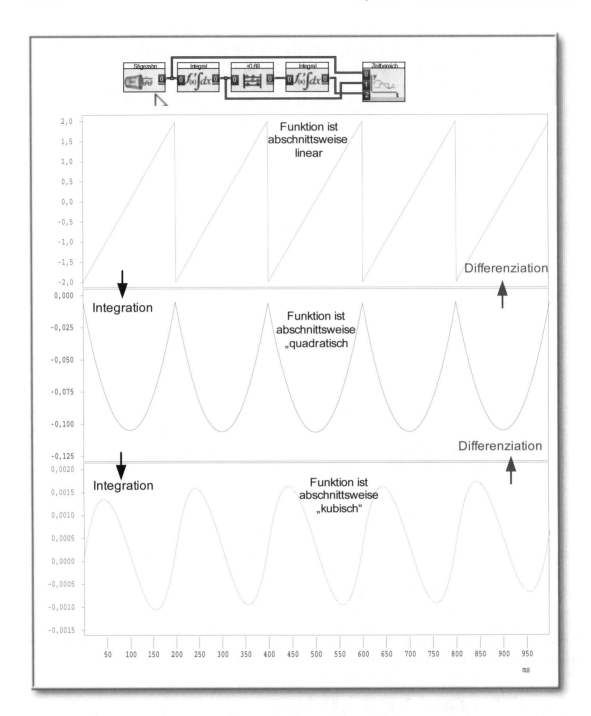

Abbildung 139:   ***Integration: von der konstanten zur linearen, quadratischen, kubischen Funktion und zurück durch Differenziation***

Ganz ohne Grundkenntnisse der Funktionslehre kommen wir nicht aus. Jedoch wird hier alles visualisiert, mit einfachen Worten beschrieben und ohne mathematische Strenge behandelt. Es ist wichtig, dies anhand obiger Schaltung experimentell nachzuvollziehen. Was beobachten Sie nach einiger Zeit? Wie sieht der Signalverlauf aus, falls Sie nicht die Konstante dazu addieren?

Beachten Sie auch, dass die untere Funktion nicht sinusförmig verläuft, sondern abschnittsweise „kubisch", d. h. proportional t^3!

Ein weiterer Tipp. Versuchen Sie einmal, einen (periodischen) Rechteck oder Sägezahn zu differenzieren. An welchen Stellen gibt es Probleme bzw. extreme Werte?

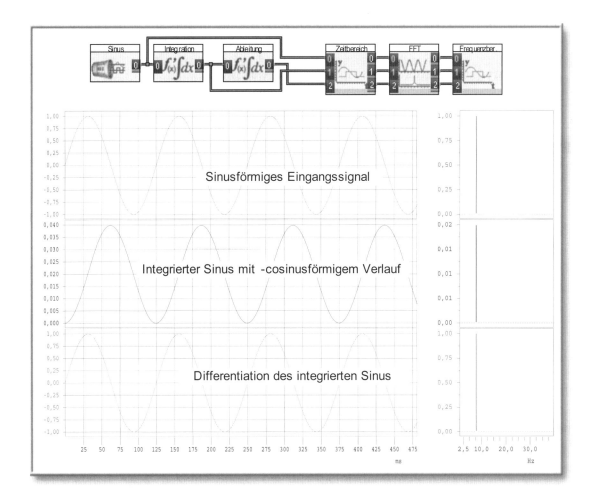

Abbildung 140:   **Zur Integration des Sinus**

Der Sinus (oben) integriert ergibt einen (-)kosinusförmigen Verlauf (Mitte). Dies lässt sich nachvollziehen über die Differenziation des integrierten Signals, d. h. die Umkehrung der Integration. Der „Steigungsverlauf" des integrierten Signals entspricht dem ursprünglichen Sinus (siehe oben und unten).

Die *Sprungstellen* sind es! Deshalb haben die Mathematiker einen auch anschaulichen Begriff geschaffen, der (meist) Voraussetzung für die Differenzierbarkeit ist: die *Stetigkeit* der Funktion. Anschaulich lässt sie sich so definieren:

> *Eine Funktion ist **stetig**, falls sich die Funktion mathematisch korrekt zeichnen lässt, ohne den „Bleistift" abzusetzen, d. h. ohne Sprungstellen.*

> *Eine differenzierbare Funktion ist immer stetig, die Umkehrung gilt jedoch nicht generell.*

Filter

Bei der Aufzählung linearer Prozesse werden oft die Filter vergessen, obwohl sie aus der Nachrichtentechnik bzw. aus der Signalverarbeitung nicht wegzudenken sind. Die bislang genannten linearen Prozesse bezogen sich von der Namensgebung her auf den

Zeitbereich. So meint der Prozess „Differenziation" eines Signals, dass die Differenziation im Zeitbereich durchgeführt wird. Dies entspricht, wie bereits erläutert, einer Multiplikation im Frequenzbereich (Amplitudenspektrum) mit $\omega = 2\pi f$, ferner einer Verschiebung des Phasenspektrums um $\pi/2$ (die Differenziation eines Sinus ergibt einen Kosinus; dies entspricht dieser Phasenverschiebung!).

Das Filterverhalten dagegen beschreibt einen Prozess im Frequenzbereich. So lässt ein „Tiefpass" die tiefen Frequenzen passieren, die hohen werden weitgehend gesperrt usw. Der Typ des Filters gibt durchweg an, welcher Bereich „ausgefiltert" wird.

> Hinweis:
> Das Wort „Filter" ist in der Signalverarbeitung für den Frequenzbereich reserviert. Der entsprechende Prozess im Zeitbereich wäre das *Fenster* bzw. „*Window*".

Rundfunk und Fernsehen sind (derzeit noch) Techniken, die untrennbar mit der Filterung verbunden sind. Jeder Sender wird innerhalb eines ganz bestimmten Frequenzbandes betrieben. Ober- und unterhalb dieses Frequenzbandes sind weitere Sender. Die Antenne empfängt alle Sender, die Aufgabe des „Tuners" ist es in erster Linie, genau nur diesen Sender *herauszufiltern*. Demnach arbeitet ein Tuner im Prinzip wie ein durchstimmbares Filter.

Die Geschichte der (analogen) Filtertechnik ist ein Beispiel für den im Grunde untauglichen Versuch, mithilfe analoger Bauelemente – Spulen, Kondensatoren usw. – Filter zu entwickeln, die dem rechteckigen Filterideal möglichst nahe kommen. Im Kapitel 3 – „Das Unschärfe–Prinzip" – wurde gezeigt, dass rechteckige Filter grundsätzlich unmöglich zu realisieren sind, weil sie Naturgesetzen widersprechen würden.

Einen Quantensprung in der Filtertechnik stellen die *Digitalen Filter* dar. Sie kommen dem rechteckigen Idealfall beliebig nahe, ohne ihn aber auch jemals erreichen zu können. Wie gezeigt werden wird – siehe auch Abb. 126 – , lassen sie sich ausnahmslos mithilfe dreier extrem einfacher linearer Prozesse realisieren: der *Verzögerung*, der *Addition* sowie der *Multiplikation* des Signals *mit einer Konstanten*. Dies alles im Zeitbereich.

Zunächst sollen jedoch einige herkömmliche, in der Analogtechnik eingesetzte Filtertypen kurz beschrieben und messtechnisch mit DASY*Lab* untersucht werden. Wir beschränken uns auf drei Typen, die jeweils als Tiefpass, Hochpass, Bandpass oder Bandsperre realisierbar sind. Bandpass und Bandsperre lassen sich im Prinzip aus Tief- und Hochpässen zusammensetzen.

Diese drei Typen werden nach den Wissenschaftlern benannt, welche die mathematischen Hilfsmittel zur Berechnung der Schaltungen geschaffen haben:

- Bessel–Filter

- Butterworth–Filter

- Tschebycheff–Filter

Diese Filtertypen besitzen nur im Rahmen der *analogen* Filtertechnik eigentliche Bedeutung. Sie lassen sich aber auch digitaltechnisch realisieren. Jedoch stehen in der Digitalen Signalverarbeitung wesentlich bessere Filter zur Verfügung.

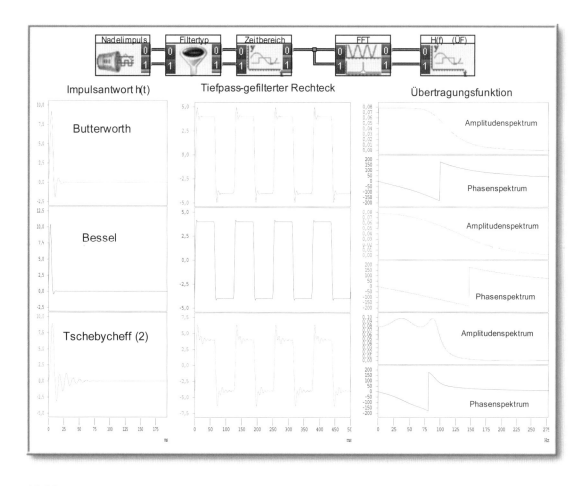

Abbildung 141:   ***Herkömmliche Analog–Filtertypen***

In der Analogtechnik – speziell im NF–Bereich – werden je nach Anwendungszweck diese drei Filtertypen eingesetzt. Sie sehen in jeder Reihe jeweils links oben die Impulsantwort h(t) des jeweiligen Filtertyps, daneben die lineare Verzerrung einer periodischen Rechteck–Impulsfolge am Ausgang dieses Filters. Rechts dann der Amplitudenverlauf, jeweils darunter der Phasenverlauf.

Wie wichtig ein linearer Phasenverlauf im Durchlassbereich sein kann, sehen Sie beim Bessel-Filter anhand der periodischen Rechteck–Impulsfolge. Nur dann bleibt die Symmetrie des Signals und damit auch die „Formtreue" am besten erhalten. Nur hierbei werden nämlich alle im Signal enthaltenen Frequenzen (Sinus–Schwingungen) um genau den gleichen Betrag zeitlich verzögert.

*Beim Tschebycheff–Filter führt der nichtlineare Phasenverlauf – Achtung: Filterung ist ein **linearer** Prozess! – zu einem „Kippen" der Impulsform. Dafür ist die Flankensteilheit sehr gut. Die Welligkeit von h(t) bzw. der periodischen Rechteck–Impulsfolge entspricht der Grenzfrequenz des Durchlassbereiches. Das Butterworth–Filter ist ein viel verwendeter Kompromiss zwischen den beiden anderen.*

All diese Filtertypen gibt es in verschiedener Güte (Ordnung). Filter höherer Ordnung verlangen in der Regel einen höheren Schaltungsaufwand und/oder Bauteile mit sehr kleinen Toleranzen. Die hier dargestellten Filtertypen sind von 4. Ordnung.

In den Abb. 141 und 142 werden diese drei Filtertypen am Beispiel des Tiefpasses gegenübergestellt. Aus dem dort dargestellten übertragungstechnischen Verhalten sind ihre jeweiligen Vor- und Nachteile sowie ihr mögliches Einsatzgebiet ersichtlich.

Beim *Bessel*–Filter wird größter Wert auf einen linearen Phasengang gelegt, dafür ist die Filtersteilheit zwischen Durchlass- und Sperrbereich schlecht, dsgl. der Amplitudenverlauf im Durchlassbereich.

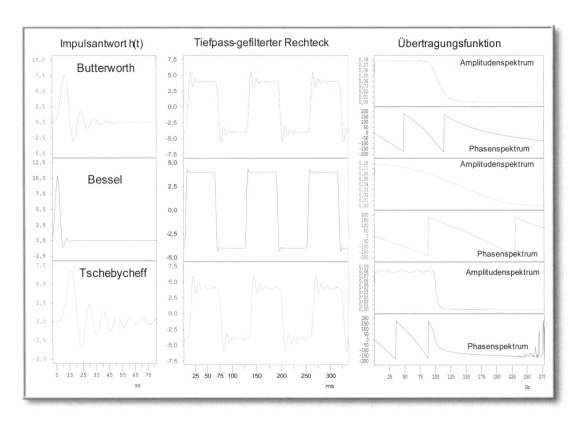

Abbildung 142:   *Herkömmliche Analog–Tiefpass–Filter 10. Ordnung*

Die Anordnung der Signale bzw. deren Amplituden- und Phasenverlauf entspricht genau der Abb. 141. Jedoch sind hier alle Tiefpassfilter 10. Ordnung, etwa das Maximum dessen, was analog mit vertretbarem Aufwand hergestellt werden kann.

An den Rechteckverformungen sehen Sie die Schwächen bzw. Vorzüge des jeweiligen Filtertyps. Beachten sie auch wieder, dass die Impulsantwort h(t) desto länger dauert, je steiler die Filterflanke ist: Der Fachmann kann aus dem Verlauf von h(t) schon recht präzise Angaben über den Verlauf der Übertragungsfunktion H(f) machen!

Die Sprünge im Phasenverlauf sollten Sie nicht verwirren. Sie gehen immer von π nach –π bzw. von 180 Grad nach –180 Grad. Beide Winkel sind aber identisch. Aus diesem Grunde ist es üblich, den Phasenverlauf immer nur zwischen diesen beiden Grenzwerten aufzutragen. Ein Winkel von 210 Grad wird also mit –180 + 30 = –150 Grad aufgetragen.

Rechts unten sehen Sie einen „sprunghaften" Phasenverlauf. Er resultiert aus der numerischen Berechnung und hat nichts mit realen Verlauf zu tun. Genau genommen besitzt hier der Rechner Schwierigkeiten bei der Division von Werten, die „fast null" sind.

Beim *Tschebycheff*–Filter wird größter Wert auf große Flankensteilheit gelegt. Dafür ist der Phasengang recht nichtlinear und der Amplitudenverlauf im Durchlassbereich extrem wellig.

Einen wichtigen Kompromiss zwischen diesen beiden Richtungen stellt das *Butterworth*–Filter dar. Es besitzt einen einigermaßen linearen Amplitudenverlauf im Durchlassbereich sowie eine noch vertretbare Flankensteilheit beim Übergang vom Durchlass- in den Sperrbereich.

Bei den herkömmlichen Analogfiltern gibt es also nur die Möglichkeiten, allenfalls auf Kosten anderer Filterwerte *eine* tolerierbare Filtereigenschaft zu erhalten. Dies hat zwei einfache Gründe:

- Um höherwertige Analogfilter zu bauen, müssten hochpräzise – z. B. bis auf 10 Stellen hinter dem Komma genaue – analoge Bauelemente (Spulen, Kondensatoren und Widerstände) vorhanden sein. Die kann es aber nicht geben, weil Fertigungstoleranzen und temperaturbedingte Schwankungen dies bei Weitem nicht zulassen.

- Alle hochwertigen Digitalfilter basieren – wie noch gezeigt wird – auf der präzisen zeitlichen Verzögerung. Diese präzise zeitliche Verzögerung ist aber analog nicht möglich.

Die Güte des jeweiligen Filtertyps lässt sich durch schaltungstechnischen Aufwand steigern, z. B. indem zwei Filter des gleichen Typs (entkoppelt) hintereinander geschaltet werden. Die „Ordnung" ist ein mathematisch–physikalisch beschreibbares Maß für diese Güte. Analoge Filter der beschriebenen Typen lassen sich allenfalls mit vertretbarem Aufwand bis zur 10. Ordnung realisieren.

> Hinweis:
> Analoge Filter hoher Güte lassen sich sehr aufwendig unter Ausnutzung anderer physikalischer Prinzipien aufbauen. Hier sind vor allem Quarzfilter und Oberflächenwellenfilter zu nennen. Sie finden überwiegend im Hochfrequenzbereich Verwendung. Auf sie wird hier nicht eingegangen.

Einen speziellen und extrem leicht verständlichen Typ eines *Digitalen Filters* haben Sie schon mehrfach kennengelernt. Sehen Sie sich dazu die Abb. 95, 119 sowie 126 noch einmal in Ruhe an. Dieser Typ ist quasi ideal, da sein Phasengang linear, seine Flankensteilheit lediglich durch das Unschärfe–Prinzip begrenzt und der Amplitudenverlauf im Durchlassbereich konstant ist.

Wie das realisiert wird? Ganz einfach (computergestützt)! Zunächst wird der Signalausschnitt (Blocklänge!) einer FOURIER–Transformation (**FFT**) unterzogen. Damit liegt dieser Signalausschnitt im Frequenzbereich vor. Mit einer „Schneideeinrichtung" (Modul „Ausschnitt" oder besser (!) „FFT–Filter") wird der Frequenzbereich eingestellt, der durchgelassen werden soll. Danach erfolgt eine Inverse FOURIER–Transformation (**IFFT**), wodurch der „Rest" des Signals wieder in den Zeitbereich „gebeamt" wird. Sie sehen innerhalb des Frequenzbereiches *zwei* Signalpfade, die identisch eingestellt werden müssen. Gewissermaßen müssen nämlich das Amplituden- *und* Phasenspektrum für den gleichen Bereich gesperrt werden.

In der Abb. 119 ist ein praktisch idealer Bandpass hiermit realisiert, der eine Bandbreite von lediglich 1 Hz besitzt. Leider arbeitet dieses Filter nicht in Echtzeit, d. h. es kann kein kontinuierliches Signal längerer Dauer ohne Informationsverlust filtern, sondern lediglich ein zeitliches begrenztes Signal, z. B. einen Signalblock von 1024 Messwerten bei einer eingestellten Abtastrate von 1024 Werten pro Sekunde.

Generell lässt sich für analoge und digitale Filter festhalten:

> *Je mehr sich die Übertragungsfunktion eines Filters dem rechteckigen Ideal nähert, desto größer ist bei analogen Filtern der Schaltungsaufwand, bei digitalen Filtern der Rechenaufwand.*

Aus physikalischer Sicht gilt: Da ein δ–Impuls am Filterausgang zeitlich „verschmiert" erscheint, muss das Filter eine Kette gekoppelter Energiezwischenspeicher enthalten. Je besser, d. h. „rechteckiger" das Filter, desto aufwendiger ist dieses „Verzögerungssystem".

Nichtlineare Prozesse

Die bislang behandelten vier linearen Operationen

Multiplikation mit einer Konstanten;
Addition bzw. *Subtraktion*,
Differenziation und
Integration

stellen die vier „klassischen" linearen mathematischen Operationen dar, wie sie aus der „Theorie der linearen Differenzialgleichungen" bekannt sind. Sie wurden hier überwiegend aus signaltechnischer Perspektive behandelt.

Sie besitzen eine ungeheure Bedeutung, weil die mathematische Beschreibung der wichtigsten Naturgesetze – Elektromagnetismus und Quantenphysik – hiermit auskommen. Deshalb zeigen der freie Raum und Leitungen bezüglich der Ausbreitung von Signalen lineares Verhalten!

In der fachwissenschaftlichen Literatur zur Theorie der Signale – Prozesse – Systeme werden nichtlineare Prozesse bzw. Systeme kaum erwähnt. Dies erweckt den Eindruck, nichtlineare Prozesse/Systeme seien bis ein oder zwei lediglich „exotische" Prozesse ohne große praktisch Bedeutung. Dies ist grundlegend falsch.

Erinnern Sie sich an Kapitel 1: Dort wurde unter der „Theorie der Signale – Prozesse – Systeme" die mathematische Modellierung signaltechnischer Prozesse auf der Basis physikalischer Phänomene verstanden. Zwar gelingt bei nichtlinearen Prozessen und Systemen diese mathematische Modellierung in vielen Fällen in Form von Gleichungen, jedoch sind diese Gleichungen bis auf wenige Ausnahmen nicht lösbar.

Die Mathematik versagt fast total bei der Lösung nichtlinearer Gleichungen!

Aus diesem Grunde werden in diesen Theoriebüchern die nichtlinearen Prozesse kaum erwähnt. Erst mithilfe von Computern lassen sich solche nichtlinearen Prozesse untersuchen und ihre Ergebnisse zumindest visualisieren. Dies erscheint aus mehreren Gründen in zunehmendem Maße für die Forschung wichtig:

Während es gerade ein halbes Dutzend verschiedener linearer Prozesse gibt, ist die Menge der verschiedenen nichtlinearen Prozesse unendlich groß!

Immer mehr kristallisiert sich die Bedeutung nichtlinearer Prozesse für alle wirklich interessanten „Systeme" heraus. Dies scheint vor allem die biologischen Prozesse zu gelten. Endlich sollte verstanden werden, nach welchen Gesetzmäßigkeiten beispielsweise das Wachstum von Pflanzen und Lebewesen vor sich geht. Aber auch in der unbelebten Natur regiert die Nichtlinearität. Jede Turbulenz in der Luft ist ein Beispiel hierfür, ja jeder Wassertropfen und jede Wasserwelle.

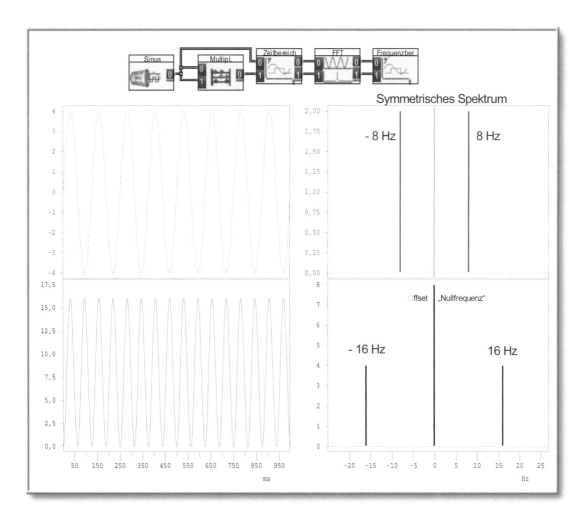

Abbildung 143:   ***Multiplikation identischer Sinus–Schwingungen***

Die Multiplikation einer Sinus–Schwingung mit sich selbst kann technisch zur Frequenzverdopplung verwendet werden. Das Ausgangssignal enthält also eine andere Frequenz als das bzw. die Eingangssignal(e). Damit handelt es sich um einen nichtlinearen Prozess!

Der populäre Name für die Erforschung des Nichtlinearen lautet „Chaos-Theorie". Hierzu gibt es regelrecht spannende populärwissenschaftliche Literatur, die den Blick auf ein Hauptfeld wissenschaftlicher Forschung in den nächsten Jahrzehnten lenkt.

Bei dieser unendlichen Vielfalt nichtlinearer Prozesse müssen wir eine Auswahl treffen. An dieser Stelle werden wir uns lediglich mit einigen grundlegenden dieser Prozesse beschäftigen. Bei Bedarf – z. B. in der Messtechnik – werden noch einige hinzukommen. Wichtig erscheint die Klärung, welche gemeinsamen Merkmale nichtlineare Prozesse im Frequenzbereich aufweisen.

Multiplikation zweier Signale

Was passiert, falls zwei Signale miteinander multipliziert werden? Gehen wir systematisch vor. Stellvertretend für alle Signale wählen wir aufgrund des FOURIER–Prinzips zwei Sinus–Schwingungen, zunächst der gleichen Frequenz, Amplitude und Phasenlage.

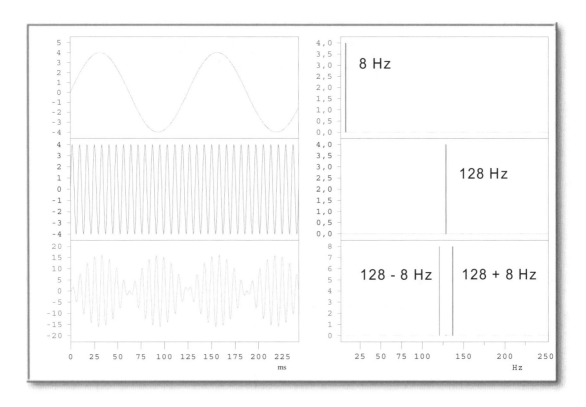

Abbildung 144:   ***Multiplikation zweier Sinus–Schwingungen deutlich verschiedener Frequenz***

In diesem Fall wird zum ersten Mal das Prinzip deutlich, nach dem das Frequenzspektrum bei den meisten nichtlinearen Prozessen – nichtlineare Verknüpfung zweier Signale – geprägt wird. In der Literatur wird von den Summen- und Differenzfrequenzen gesprochen, d. h. alle in diesem Spektrum enthaltenen Frequenzen ergeben sich aus der Summe und Differenz jeweils aller in den beiden Spektren der Eingangssignale enthaltenen Frequenzen.
In der Sprachweise der symmetrischen Spektren – siehe Kapitel 3 – , wonach immer das spiegelbildliche Spektrum im negativen Frequenzbereich existiert, bilden sich bei diesen nichtlinearen Prozessen nur die Summen aller negativen und positiven Frequenzen!

Abb. 143 zeigt nun das erstaunliche Ergebnis im Zeit- und Frequenzbereich. Im Zeitbereich sehen wir eine Sinus–Schwingung der *doppelten* Frequenz, die aber von einer Gleichspannung überlagert ist. Weitere Versuche zeigen: Die Höhe der Gleichspannung hängt von der Phasenverschiebung der beiden Sinus–Schwingungen zueinander ab. Im Frequenzbereich sehen wir jeweils eine Linie bei der doppelten Frequenz: Es handelt sich also tatsächlich um eine Sinus–Schwingung.

> *Die Multiplikation einer Sinus–Schwingung mit sich selbst kann technisch zur Frequenzverdopplung genutzt werden.*

> *Die Multiplikation zweier Sinus–Schwingungen ist offensichtlich ein nichtlinearer Prozess, da das Ausgangssignal andere Frequenzen als das Eingangssignal enthält.*

Nun wählen wir zwei Sinus–Schwingungen deutlich verschiedener Frequenz wie in Abb. 144 dargestellt. Im Zeitbereich ergibt sich ein Signal, welches einer Schwebung (siehe auch Abb. 123) entspricht. Dies zeigt auch der Frequenzbereich. Hier sind zwei benachbarte Frequenzen enthalten.

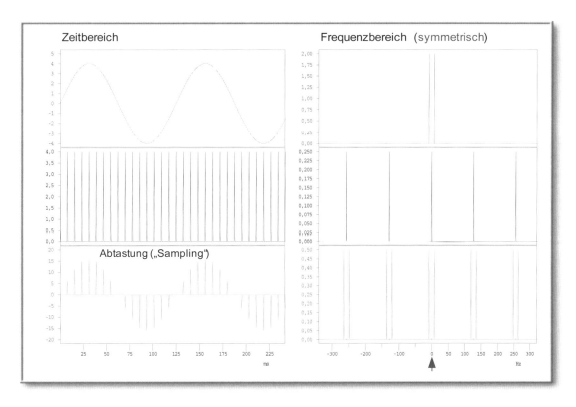

Abbildung 145:   ***Abtastung als Multiplikation eines Signals mit einer δ–Impulsfolge***

Am Beispiel einer Sinus–Schwingung wird hier die Multiplikation mit einer (höherfrequenten) δ–Impulsfolge mit einem Signal dargestellt. Die δ–Impulsfolge enthält (unendlich) viele Sinusschwingungen gleicher Amplitude, jeweils im gleichen Abstand von hier 128 Hz.
Auch hier finden Sie im unteren Spektrum lediglich die „Summen- und Differenzfrequenzen" jeweils zweier beliebiger Frequenzen der beiden oberen Spektren.

Entsprechende Versuche mit DASY*Lab* ergeben generell

$$f_1 \pm f_2$$

Genau genommen sind hierbei f_1 und f_2 die – jeweils symmetrisch positiven und negativen – Frequenzen einer Sinus–Schwingung (siehe Kapitel 5). Weiterhin gilt:

- Je kleiner eine der beiden Frequenzen ist, desto näher liegen Summen- und Differenzfrequenz beieinander.

- Eine Schwebung lässt sich also auch durch Multiplikation einer Sinus–Schwingung niedriger Frequenz mit einer Sinus–Schwingung höherer Frequenz erzeugen. Die Schwebungsfrequenzen liegen spiegelsymmetrisch zur höheren Frequenz.

- Beachten sic auch, dass die „Einhüllende" der Schwebung dem sinusförmigen Verlauf der halben Differenzfrequenz entspricht.

Welche Multiplikation könnte technisch noch bedeutsam sein? Intuitiv erscheint es sinnvoll, das wohl zweitwichtigste Signal – den δ–Impuls – in die Multiplikation mit einzubeziehen.

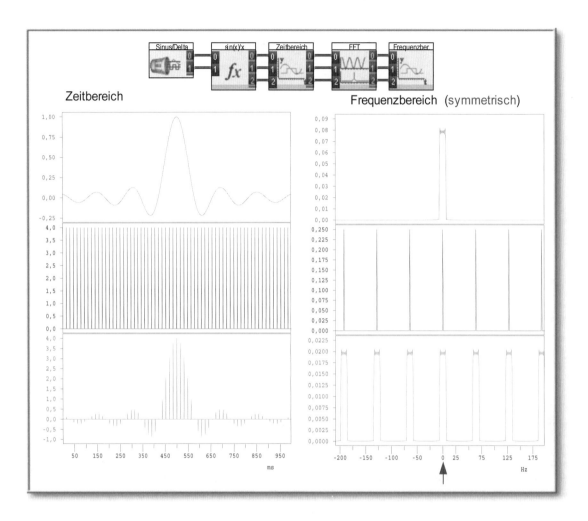

Abbildung 146:   ***Die Faltung im Frequenzbereich als Ergebnis einer Multiplikation im Zeitbereich***

*Für das seltsame Verhalten des Frequenzbereiches bei einer Multiplikation zweier Signale im Zeitbereich wurde bereits am Ende des Kapitels 3 „Das Symmetrie–Prinzip" eine einfache Erklärung gefunden: Periodische Signale im Zeitbereich besitzen Linienspektren äquidistanter Frequenzen. Damit müssen aus Symmetriegründen äquidistante Linien im Zeitbereich periodische Spektren ergeben! Die symmetrische Spiegelung des NF-Spektrums an jeder Frequenz des δ–Impulses wird **Faltung** genannt.*

Die bedeutsamste praktische Anwendung ist die Multiplikation eines (bandbegrenzten) Signals mit einer periodischen δ–Impulsfolge. Wie aus bereits aus den Abb. 37 und 92 (unten) ersichtlich, entspricht dies einem *Abtastvorgang*, bei dem in regelmäßigen Abständen „Proben" des Signals genommen werden. Hierbei muss die Frequenz der δ–Impulsfolge deutlich größer sein als die (höchste) Signalfrequenz („Abtast–Prinzip", siehe Kapitel 9).

Diese Abtastung ist – physikalisch betrachtet – immer der erste Schritt bei der Umwandlung eines analogen Signals in ein digitales Signal. Die Multiplikation des Signals mit einer periodischen δ–Impulsfolge ist ein *nichtlinearer* Prozess, weil das Ausgangssignal Frequenzen besitzt, die in beiden Eingangssignalen nicht vorhanden waren. Damit besitzt ein digitales Signal vor allem im Frequenzbereich Eigenschaften, die das ursprüngliche analoge Signal nicht hatte. Hieraus resultieren die meisten Probleme der digitalen Signalverarbeitung, insbesondere bei der späteren Rückgewinnung der ursprünglichen Information des analogen Signals.

Diese frequenzmäßigen Zusammenhänge sollen am Beispiel zweier Signalformen messtechnisch dargestellt werden. Als Erstes wird als einfachste Signalform ein Sinus genommen, ferner als fast ideal bandbegrenztes Signal ein Si–förmiger Verlauf (siehe Abb. 119).

Als Ergebnis der Untersuchungen ergeben sich (Abb. 145 und 146):

* Deutlich sichtbar zeigen sich beim Versuch mit einem Sinus „spiegelsymmetrisch" zu jeder Frequenz der periodischen δ–Impulsfolge zwei Linien, jeweils im Abstand der Frequenz des Sinus. Zu jeder Frequenz f_n der δ–Impulsfolge gibt es also eine Summen- und Differenzfrequenz der Form $f_n \pm f_{Sinus}$.

* Da wir aus Symmetriegründen (Kapitel 5) jedem Sinus eine positive und negative Frequenz zuordnen müssen, spiegeln sich diese beiden Frequenzen gewissermaßen an jeder Frequenz f_n der periodischen δ–Impulsfolge. Wir müssen uns auch das ganze Spektrum gespiegelt noch einmal im negativen Frequenzbereich vorstellen.

Noch deutlicher und vor allem praxisrelevanter werden die Verhältnisse bei der Abtastung einer Si–Funktion dargestellt:

* Wie in Kapitel 5 „Symmetrie–Prinzip" dargestellt, spiegelt sich an jeder Frequenz f_n der periodischen δ–Impulsfolge die *volle* Bandbreite der Si–Funktion, also der ursprünglich positive *und* negative Frequenzbereich.

* Die (frequenzmäßige) Information über das ursprüngliche Signal ist demnach (theoretisch) unendlich mal in dem Spektrum des abgetasteten Signals enthalten.

Die beschriebene Spiegelsymmetrie finden wir in der Natur z. B. bei einem Falter (Schmetterling). Aus diesem Grunde wird der Prozess, der sich aufgrund der Multiplikation im Zeitbereich daraufhin im Frequenzbereich abspielt, *Faltung* genannt.

> *Eine Multiplikation im Zeitbereich ergibt eine Faltung im Frequenzbereich.*
>
> *Aus Symmetriegründen muss gelten: Eine Faltung im Zeitbereich ergibt eine Multiplikation im Frequenzbereich.*

Die Betragsbildung

Die Betragsbildung ist ein besonders einfacher nichtlinearer Prozess. Die Vorschrift lautet:

> *Bei der Betragsbildung wird bei allen negativen Werten das Minuszeichen gestrichen und durch ein Pluszeichen ersetzt, die ursprünglich positiven Werte bleiben unverändert.*

Gewissermaßen werden alle Vorzeichen „gleichgerichtet". Die (Vollweg-)Gleichrichtung von Strömen oder Signalen in der Elektrotechnik ist damit auch das bekannteste Beispiel für die abstrakte Bezeichnung „Betragsbildung".

An den Beispielen in Abb. 147 ist bereits im Zeitbereich erkennbar, welche Auswirkung die Betragsbildung im Frequenzbereich haben dürfte: Die Periodizität der Grund–Schwingung kann sich gegenüber der Periodizität des Eingangssignals *verdoppeln*.

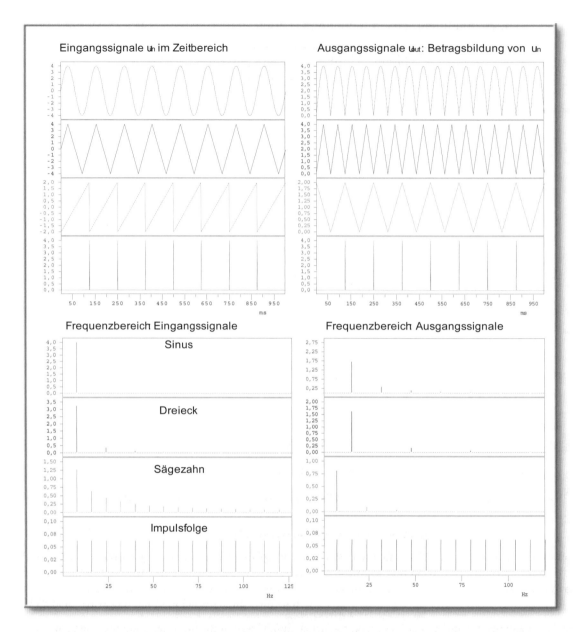

Abbildung 147: ***Die Auswirkung der Betragsbildung auf verschiedene Signale***

Links oben sehen Sie die Eingangssignale im Zeitbereich, darunter deren Frequenzspektren; rechts oben dann die „Betragssignale" im Zeitbereich, darunter deren Frequenzspektren.

Bei den beiden oberen Signalen – Sinus und Dreieck – scheint mit der Frequenzverdoppelung schon ein allgemeingültiges Prinzip für die Betragsbildung entdeckt worden zu sein, leider gilt das nicht für den ebenfalls symmetrisch zur Nulllinie liegenden periodische Sägezahn, aus dem ein periodischer Dreieck der gleichen Grundfrequenz wird. Aber hier sind Frequenzen – die geradzahligen Vielfachen – verschwunden?! Schließlich bleibt die δ–Impulsfolge unverändert, weil sie nur im positiven Bereich bzw. auf der Nulllinie verläuft. Ein linearer Prozess?

Dies gilt für die ersten beiden Signale – Sinus und Dreieck – in Abb. 147. Als Folge der Betragsbildung halbiert sich die Periodendauer, d. h. die Grundfrequenz verdoppelt sich. Den ersten drei Signale – Sinus, Dreieck und Sägezahn – ist die symmetrische Lage zur Nulllinie gemeinsam. Deshalb sollte man meinen, auch der Betrag des Sägezahns würde in seiner Grundfrequenz verdoppelt. Das ist jedoch nicht der Fall, aus ihm wird eine periodische Dreieckschwingung der gleichen Frequenz.

Ist nun der Sägezahn nichtlinear verzerrt worden bzw. sind hier neue Frequenzen hinzugekommen? Gewissermaßen wohl ja, denn es fehlen ja nunmehr die geradzahligen Vielfachen der Grundfrequenz. Sie müssten also durch die neu hinzugekommenen Frequenzen ausgelöscht worden sein. Diese hätten dann wiederum eine um π verschobene Phasenlage gegenüber den bereits vorhandenen Frequenzen besitzen müssen. Oder handelt es sich hier doch um einen linearen Prozess?

Schließlich liegt die untere periodische δ–Impulsfolge ausschließlich bei null bzw. im positiven Bereich. Die Betragsbildung führt hier also zu einem identischen Signal. Das entspräche einem linearen Prozess.

Dieser einfache Prozess „Betragsbildung" führt uns also vor Augen, wie abhängig die Ergebnisse vom jeweiligen Eingangssignal sind.

Bestimmte signaltechnische Prozesse können offensichtlich in Abhängigkeit von der Signalform nichtlineares Verhalten, bei anderen jedoch lineares Verhalten zeigen. Jeder (praktisch) lineare Verstärker zeigt z. B. nichtlineares Verhalten, falls er übersteuert wird.

Quantisierung

Abschließend soll mit der Quantisierung noch ein äußerst wichtiger nichtlinearer Prozess behandelt werden, der bei der Umwandlung analoger in digitale Signale zwangsläufig auftritt.

Ein analoges Signal ist *zeit- und wertkontinuierlich*, d. h. es besitzt einmal zu jedem Zeitpunkt einen bestimmten Wert, ferner durchläuft es zwischen seinem Maximal- und Minimalwert alle (unendlich vielen) Zwischenwerte.

Ein digitales Signal dagegen ist *zeit- und wertdiskret*. Einmal wird vor der Quantisierung das Signal nur regelmäßig zu ganz bestimmten *diskreten* Zeitpunkten abgetastet. Danach wird dieser Messwert in eine (binäre) Zahl umgewandelt. Allerdings ist der Zahlenvorrat begrenzt und nicht unendlich groß. Ein dreistelliges Messgerät kann z. B. allenfalls 1000 verschiedene Messwertbeträge anzeigen. Abb. 148 zeigt die Unterschiede zwischen den genannten Signalformen. Hierbei ist das analoge Signal zeit- und wertkontinuierlich, das abgetastete Signal zeitdiskret und wertkontinuierlich sowie schließlich das quantisierte Signal – die Differenz zwischen zwei benachbarten Werten ist hier 0,25 – zeit- und wertdiskret. Rechts sehen Sie das quantisierte Signal als Zahlenkette.

Eine sehr wichtige, bei A/D–Wandlern eingesetzte Methode der Abtastung ist „*Sample&Hold*" (to sample: eine Probe nehmen). Hierbei wird der abgetastete Wert so lange beibehalten, bis die nächste Probe genommen wird. Der Sampling-Verlauf wird damit zunächst zu einer Treppenkurve mit verschieden hohen Stufen. Bei der nachfolgenden Quantisierung (Abb. 149) wird dann die Stufenhöhe vereinheitlicht. Jede Stufe entspricht einem zugelassenen diskreten Wert.

Zwischen dem ursprünglichen Signal und dem quantisierten Signal besteht demnach eine Differenz. Es liegt also letztlich eine Signalverfälschung vor. Diese Differenz ist in der Mitte exakt dargestellt. Wie das Spektrum der Differenz zeigt, handelt es sich um eine Art Rauschen. Man spricht hier vom *Quantisierungsrauschen*.

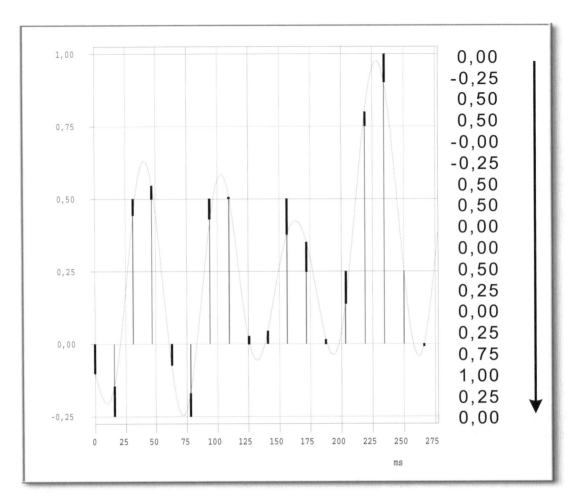

Abbildung 148:   **Veranschaulichung des Quantisierungsvorgangs**

Um die Verhältnisse präziser darzustellen, sind hier die drei Signale übereinander gezeichnet. Da ist zunächst ein Ausschnitt aus dem zeit- und wertkontinuierlichen Analogsignal. Ferner ist das abgetastete Signal erkennbar. Es ist ein zeitdiskretes, aber noch wertkontinuierliches Signal, welches von der Nulllinie bis genau zum Analogsignal reicht. Hier handelt es sich also um exakte Proben des Analogsignals.

Durch die dicken Balken wird die Differenz zwischen dem Abtastsignal und quantisierten Signal dargestellt. Diese dicken Balken stellen also den Fehlerbereich dar, welches dem digitalen Signal innewohnt.

Die quantisierten Signalproben beginnen auf der Nulllinie und enden auf den – hier durch die horizontale Schraffur dargestellten – zugelassenen Werten. Das quantisierte Signal ist rechts als Zahlenkette dargestellt.

Beide Darstellungen sind so grob quantisiert, dass sie technisch-akustisch nicht akzeptierbar wären.

Um – z. B. in der HiFi–Technik – diese Differenz so klein zu machen, dass dieses Quantisierungsrauschen nicht mehr hörbar ist, muss die Treppenkurve so verkleinert werden, bis keine sichtbare und hörbare (!) Differenz zwischen beiden Signalen vorhanden ist.

In der HiFi–Technik werden mindestens 16 Bit A/D–Wandler verwendet. Sie erlauben $2^{16} = 65536$ verschiedene diskrete Zahlen innerhalb des Wertebereiches. Die Technik der A/D–Wandler wird in einem späteren Kapitel behandelt. Aufgrund der Eigenschaften unserer Ohren sinkt das Quantisierungsrauschen dann unter den wahrnehmbaren Pegel.

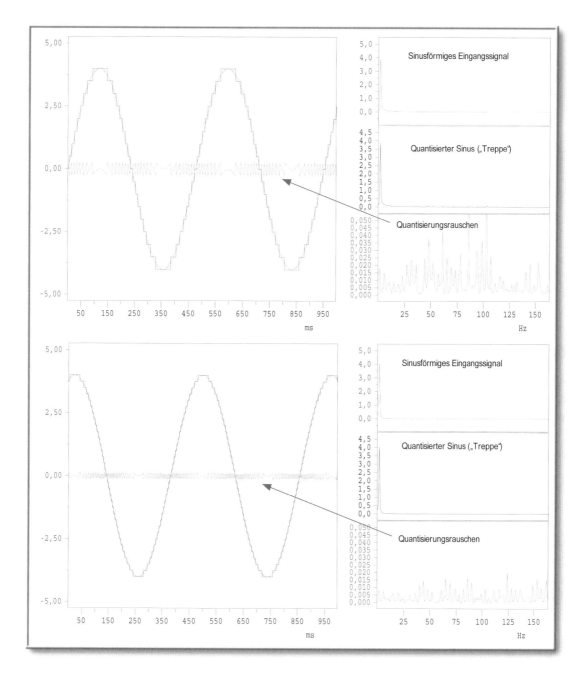

Abbildung 149:   **Quantisierung eines gesampelten Signals**

Im Zeitbereich sind jeweils drei Signalverläufe erkennbar: das zeit- und wertkontinuierliche, sinusförmige Analogsignal, das zeit- und wertdiskrete quantisierte Sample–Signal (Treppenkurve) sowie das zeit- und wertkontinuierliche Differenzsignal jeweils in der Bildmitte.

Oben ist ein extrem ungenau quantisiertes Signal zu sehen. Versuchen Sie, die Anzahl der zugelassenen quantisierten Werte innerhalb des Messbereiches von –5 V bis +5 V zu ermitteln. Rechts sind die Spektren der drei Signale aufgezeichnet. Das Spektrum des Sinus weist eine einzige Linie ganz links an der vertikalen Achse auf. Darunter ist das Spektrum des quantisierten Signals. Deutlich sind zusätzliche, unregelmäßige kleine Linien innerhalb des Frequenzbereiches zu erkennen. Das Differenzsignal verkörpert das Quantisierungsrauschen. Hier reichen die Amplituden oben bis 0,125 V.

Durch Erhöhung der Anzahl der möglichen Quantisierungsstufen (wie viel sind es hier?) erscheint die Treppenkurve des quantisierten Signals besser an das Analogsignal angenähert: Die Differenzspannung fällt entsprechend kleiner aus. Das Quantisierungsrauschen liegt unterhalb 0,02 V.

Beide Darstellungen sind so grob quantisiert, dass sie technisch-akustisch nicht akzeptierbar wären.

***Abtastung und Quantisierung** sind stets die beiden ersten Schritte bei der Umwandlung analoger Signale in digitale Signale. Beide Vorgänge sind grundsätzlich nichtlinear.*

*Bei der **Abtastung** entstehen durch Faltung periodische Spektren. Die Information ist in ihnen (theoretisch) unendlich oft enthalten, die Bandbreite des Abtastspektrums also unendlich groß.*

*Folge der **Quantisierung** ist ein Quantisierungsrauschen, welches in der HiFi-Technik unter den hörbaren Pegel gebracht werden muss. Dies geschieht durch eine entsprechende Erhöhung der Quantisierungsstufen.*

Ein digitalisiertes Signal unterscheidet sich also zwangsläufig von dem ursprünglichen Analogsignal. Daraus ergibt sich die Forderung, diese Differenz so klein zu machen, dass sie nicht oder kaum wahrnehmbar ist.

Windowing

Längere, nichtperiodische Signale – z. B. Audio–Signale – müssen abschnittsweise verarbeitet werden. Wie bereits im Kapitel 3 (siehe Abb. 52 bis 53) und Kapitel 4 (siehe auch Abb. 70) ausführlich erläutert, wird das Quellsignal mit geeigneten „Zeitfenstern" ("Windows") multipliziert, die sich jedoch überlappen sollten, damit kein Informationsverlust gegenüber dem Quellsignal auftritt.

Abb. 51 zeigt die Folgen, falls hierbei mit einem Rechteckfenster „ausgeschnitten" wird. Diese Ausschnitte enthalten Frequenzen, die im Quellsignal gar nicht enthalten waren. „Windowing" stellt damit grundsätzlich einen nichtlinearen Prozess dar. Die sogenannten „Optimalfenster" – wie z. B. das GAUSS–Fenster – versuchen stets, diese zusätzlichen Frequenzen zu minimieren. Aufgrund der nichtlinearen Funktionen dieser Fenster wird jedoch selbst das ursprüngliche Spektrum des Quellsignals verfälscht. Im Zeitbereich wird ja der mittlere Abschnitt des gefensterten Signals stärker gewichtet als die beiden Ränder, die ja sanft beginnen und enden.

Zwischenbilanz:

Bei der Umwandlung analoger Signale in digitale Signale wird stets abgetastet, quantisiert und oft auch Zeitfenster eingesetzt. All diese Prozesse sind nichtlinear und verfälschen deshalb das Quellsignal. Es gilt diese Fehler so zu minimieren, dass sie unterhalb der Wahrnehmung liegen.

*Das digitalisierte Signal unterscheidet sich grundsätzlich vom analogen Quellsignal, vor allem im Frequenzbereich. Digitale Signale besitzen durch die Abtastung **immer** ein periodisches Spektrum.*

Aufgaben zu Kapitel 7

Aufgabe 1

Entwerfen Sie mit DASY*Lab* eine möglichst einfache Testschaltung, mit deren Hilfe Sie die Linearität oder Nichtlinearität eines Systems oder Prozesses nachweisen bzw. messen können.

Aufgabe 2

Was wären mögliche Konsequenzen eines nichtlinearen Verhaltens der Übertragungs-medien „freier Raum" und Leitung?

Aufgabe 3

Wird eine Rechteckimpulsfolge auf den Eingang einer langen Leitung gegeben, so erscheint am entfernten Ende der Leitung ein verzerrtes Signal (eine Art „zerflossener" Rechteck).

(a) Welche Ursachen haben diese Verzerrungen?

(b) Sind da nichtlineare Verzerrungen im Spiel oder handelt es sich um lineare Verzerrungen?

   Hinweis: Eine Leitung können Sie mit DASY*Lab* durch eine Kette von einfachen Tiefpässen simulieren (siehe Abb. 116).

Aufgabe 4

Wie verändert sich die Summe zweier Sinus–Schwingungen gleicher Frequenz und Amplitude in Abhängigkeit von der gegenseitigen Phasenverschiebung? Entwerfen Sie einen kleinen Messplatz mit DASY*Lab*.

Aufgabe 5

Erklären Sie das Zustandekommen des Amplitudenspektrums zweier aufeinander-folgender δ–Impulse in Abb. 126. Wie hängen die Nullstellen des Amplitudenspektrums vom zeitlichen Abstand beider δ–Impulse ab?

Aufgabe 6

Entwerfen Sie mithilfe von DASY*Lab* einen Spannungs-Frequenz-Wandler VCO laut Abb. 131, der bei einer Eingangsspannung von 27 mV ein sinusförmiges Ausgangssignal von 270 Hz liefert. Die Kennlinie soll linear sein.

Sie benötigen hierfür eine spezielle Einstellung des Moduls „Generator" sowie eine Eingangsschaltung, die diesen Generator steuert.

Aufgabe 7

Welche Vorteile besitzt die Frequenzkodierung von Messspannungen mittels VCO in der Telemetrie (Fernmessung)?

Aufgabe 8

Überprüfen Sie mit DASY*Lab* folgende These: Die Reihenfolge der linearen Prozesse in einem linearen System lässt sich vertauschen, ohne das System zu verändern!

Aufgabe 9

Erklären Sie anschaulich, warum eine Differenzierer Hochpassverhalten, ein Integrierer Tiefpassverhalten zeigt.

Aufgabe 10

Wie ließe sich das abgebildete System vereinfachen – z. B. durch Einsparen von Modulen – , ohne die Systemeigenschaften zu ändern? Überprüfen Sie mit DASY*Lab* die Richtigkeit Ihrer Lösung.

Hinweis: Die Filter sollen hier absolut identisch sein (Filtertyp, Grenzfrequenz, Ordnung)!

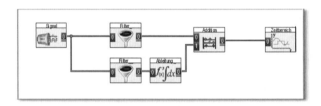

Abbildung 150:   ***Vereinfachung einer linearen Schaltung***

Aufgabe 11

Entwickeln Sie mithilfe des Moduls „Formelinterpreter" einen Prozess, bei dem eine sinusförmige Eingangsspannung mit der Amplitude 1 V beliebiger Frequenz f stets eine sinusförmige Ausgangsspannung der vierfachen Frequenz 4f liefert. Auch die Ausgangsspannung soll eine Amplitude von 1 V und keinen Offset besitzen.

Aufgabe 12

Welche Rolle spielen Abtastung und Quantisierung in der modernen Signalverarbeitung?

Aufgabe 13

Erklären Sie den Begriff der Faltung! Über welche Operation könnte eine Faltung im Zeitbereich hervorgerufen werden? Tipp: Symmetrieprinzip!

Aufgabe 14

Entwickeln Sie eine einfache Schaltung für reines Sampling (zeitdiskret und wertkontinuierlich!) mithilfe des Moduls „Haltefunktion".

Aufgabe 15

Entwickeln Sie mithilfe des Moduls „Formelinterpreter" eine Schaltung zur Quantisierung eines Eingangssignals nach Abb. 149. Die Quantisierung soll beliebig fein oder grob einstellbar sein.

Kapitel 8

Klassische Modulationsverfahren

Unter dem Begriff *Modulation* werden alle Verfahren zusammengefasst, die das Quellensignal für den Übertragungsweg aufbereiten.

Signale werden moduliert, um

- Die physikalischen Eigenschaften des Mediums optimal auszunutzen (z. B. Wahl des Frequenzbereiches),

- eine weitgehend störungsfreie Übertragung zu gewährleisten,

- die Sicherheit der Übertragung zu optimieren,

- das Fernmeldegeheimnis zu wahren,

- Übertragungskanäle mehrfach auszunutzen (Frequenz-, Zeit- und Codemultiplex) und

- Signale von redundanter Information zu befreien.

> Hinweis: Neben dem Begriff der Modulation wird – gerade bei den modernen digitalen Übertragungsverfahren – häufig der Begriff der Kodierung verwendet. Genau lassen sich beide Begriffe wohl nicht trennen.
> Unterschieden wird dann wiederum zwischen der *Quellenkodierung* und der *Kanalkodierung*, die aus informationstheoretischen Gründen stets getrennt ausgeführt werden sollten. Die Quellenkodierung dient der Informations-verdichtung oder Datenkompression, d. h. das Signal wird von unnützer Redundanz befreit. Die Aufgabe des Kanalkodierers ist es, trotz der auf dem Übertragungsweg auftretenden, Signal verfälschenden Störungen eine zuverlässige Signalübertra-gung sicherzustellen. Dies geschieht mithilfe von Fehler erkennenden und Fehler korrigierenden Kodierungsverfahren. Hierzu werden dem Signal Kontrollanteile hinzugefügt, wodurch die Kompression durch Quellenkodierung z. T. wieder gemindert wird.

Übertragungsmedien

Unterschieden wird zwischen der

- „drahtlosen" Übertragung (z. B. Satellitenfunk) sowie der

- „drahtgebundenen" Übertragung (z. B. über Doppeladern oder Koaxialkabel).

Als wichtiges Medium ist inzwischen der *Lichtwellenleiter LWL*, die Glasfaser, hinzu-gekommen.

Modulationsverfahren mit sinusförmigem Träger

Die klassischen Modulationsverfahren der analogen Technik arbeiten mit der kontinuierlichen Änderung eines sinusförmigen Trägers. Noch heute sind diese Verfahren Standard bei der Rundfunk- und Fernsehtechnik. Die modernen digitalen Modulations-verfahren dringen z. Z. hier vor und verdrängen die klassischen Modulationsverfahren in Zukunft immer weiter.

> *Bei einem Sinus lassen sich genau drei Größen variieren: Amplitude, Frequenz und Phase. Demnach lassen sich in einem sinusförmigen „Träger" Informationen durch eine Amplituden-, Frequenz- oder Phasenänderung oder durch eine Kombination aus diesen aufprägen.*

Hinweis:

Aus physikalischer Sicht – siehe Unschärfe–Prinzip – bedingt eine Amplituden-, Frequenz- oder Phasenänderung stets auch eine *frequenzmäßige Unschärfe* im Frequenzbereich; also auch das plötzliche Umschalten der Frequenz eines Sinus im Zeitbereich bedeutet in Wahrheit eine frequenzmäßige Unschärfe im Frequenzbereich, die sich in einem Frequenzband äußert.

Ein moduliertes Signal mit sinusförmigem Träger besitzt demnach allenfalls im Zeitbereich so etwas wie einen „momentanen Sinus" bzw. eine „Momentanfrequenz", im Spektrum werden wir stets ein Bündel von Frequenzen wahrnehmen. Dieses Frequenzbündel ist desto breiter, je kürzer diese „Momentanfrequenz" im Zeitbereich existiert ($\Delta f \geq 1 / \Delta t$).

Bei den klassischen Modulationsverfahren wird jeweils nur eine der drei Größen Amplitude, Frequenz oder Phase kontinuierlich „im Rhythmus" des Quellensignals variiert.

Klassische Modulationsverfahren sind demnach die

- Amplitudenmodulation AM,

- Frequenzmodulation FM,

- Phasenmodulation PM.

In der herkömmlichen Übertragungstechnik – z. B. Rundfunk- und Fernsehtechnik – werden derzeit noch AM und FM eingesetzt.

> *AM, FM und PM werden verwendet, um das Quellensignal in den gewünschten Frequenzbereich zu verschieben bzw. umzusetzen.*

> *Alle Modulationsverfahren stellen **nichtlineare** Prozesse dar, weil die modulierten Signale einen anderen Frequenzbereich einnehmen als das Quellensignal.*

Modulation und Demodulation nach alter Sitte

Jedes modulierte Signal muss im Empfänger wieder *demoduliert*, d. h. möglichst genau in die ursprüngliche Form des Quellensignals gebracht werden.

Bei einem Rundfunksender wird im Sender das Signal einmal moduliert, d. h. es ist nur ein einziger Modulator erforderlich. Jedoch muss in jedem der vielen Tausend Empfänger dieses Rundfunksenders ein Demodulator vorhanden sein. In den Anfängen der Rundfunktechnik kam deshalb nur ein Modulationsverfahren in Frage, welches im Empfänger einen extrem einfachen und billigen Demodulator benötigte.

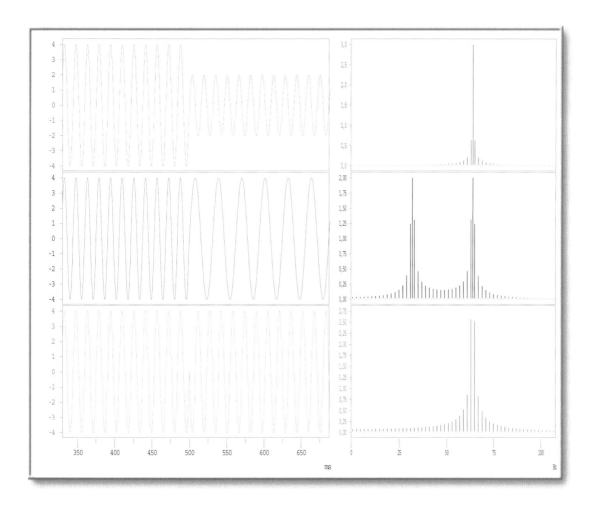

Abbildung 151:   ***Gibt es eine "Momentanfrequenz"?***

*In der oberen Reihe wird spontan die **Amplitude**, in der mittleren Reihe die **Frequenz** und in der unteren Reihe die **Phase** einer sinusförmigen Trägerschwingung geändert. Gerade bei Modulationsarten mit sinusförmigem Träger wird gerne im Zeitbereich der Begriff der „Momentanfrequenz" verwendet.*

*Die genaue Analyse im Frequenzbereich zeigt, dass es diese – aufgrund des Unschärfe–Prinzips – nicht geben kann. Jede Sinus–Schwingung dauert schließlich (theoretisch) unendlich lang! In der mittleren Reihe dürften sonst jeweils nur zwei Linien (bei 20 und 50 Hz) vorhanden sein. Wir sehen aber ein ganzes Frequenzbündel, sozusagen ein ganzes Frequenzband. **Jede** Veränderung einer Größe der Sinus–Schwingung führt – wie hier zu sehen ist – zu einer frequenzmäßigen Unschärfe. Dabei wurde in der unteren Reihe lediglich kurzfristig die Phase um π verschoben!*

Amplitudenmodulation und –demodulation AM

Die Geschichte der frühen Rundfunktechnik ist gleichzeitig auch eine Geschichte der AM. Mit aus heutiger Sicht ungeeigneten Mitteln und mit großem schaltungstechnischen Aufwand wurde umständlich versucht, einfachste signaltechnische Prozesse – z. B. die Multiplikation zweier Signale – durchzuführen. Die Mängel resultierten aus den „miserablen" Eigenschaften analoger Bauelemente (siehc Kapitel 1). Hier werden diese Versuche und der Gang der Entwicklung nicht nachgezeichnet.

Wie aus Abb. 152 ersichtlich, liegt – aus der Sicht des Zeitbereichs – die Information des Quellensignals in der Einhüllenden des AM–Signals. Welcher signaltechnische Prozess erzeugt nun das AM–Signal?

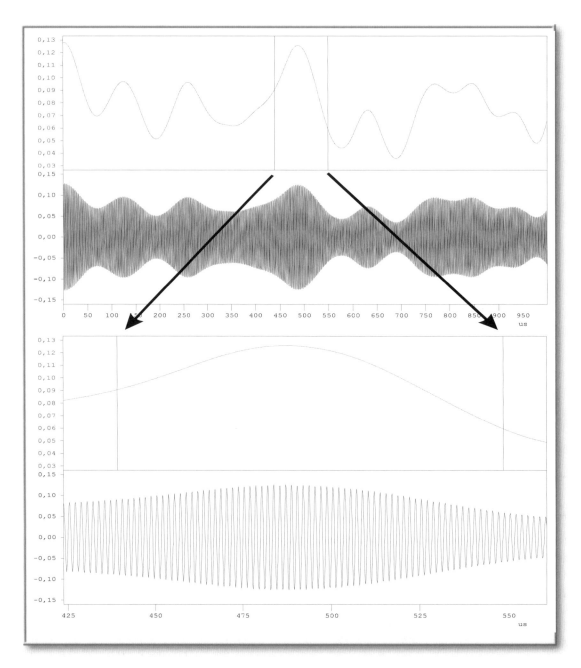

Abbildung 152:   ***Realistische Darstellung eines AM–Signals***

Nur mit sehr schnellen Speicheroszilloskopen ist es möglich, ein reales AM–Signal qualitativ in ähnlicher Weise wie hier darzustellen. Hier wurde es mit DASYLab simuliert.
Oben sehen Sie ein sprachähnliches NF–Signal – erzeugt durch gefiltertes Rauschen –, darunter das AM–Signal. In ihm ist das NF–Signal als „Hüllkurve" enthalten. Darunter ein kleiner Ausschnitt aus dem obigen Signal, in dem erst der sinusförmige Träger deutlich erkennbar wird. Siehe hierzu auch Abb. 153.

Wer sich aufmerksam noch einmal die Abb. 144 ansieht, findet die niederfrequente Sinus–Schwingung (links oben) in der Einhüllenden des multiplizierten Signals (links unten) wieder. Allerdings mit einem Unterschied: Diese Einhüllende wechselt ständig vom positiven in den negativen Bereich (und umgekehrt)! Die Multiplikation erscheint aber trotzdem als Kandidat für die Rolle der AM–Modulation. Es muss lediglich noch eine kleine Veränderung des Quellensignals vorgenommen werden.

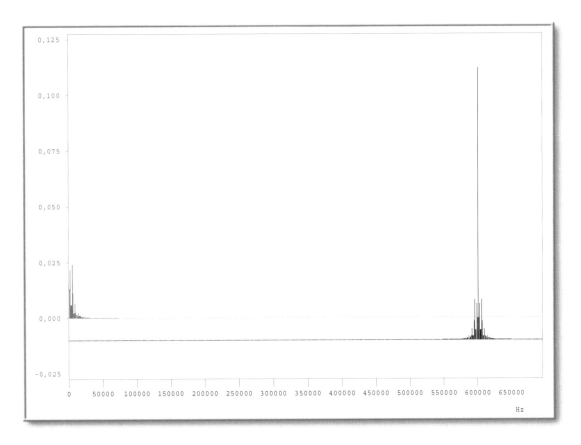

Abbildung 153:   ***Frequenzbereich eines AM–Signals***

*Auf der oberen horizontalen Linie sehen Sie links den Frequenzbereich des NF–Signals aus Abb. 152, auf der unteren Linie bei 600 kHz den des AM–Signals. Auffallend zunächst ist, dass das NF–Signal an der Trägerfrequenz doppelt erscheint, und zwar zusätzlich symmetrisch gespiegelt. Man sagt: Das NF-Spektrum wird an der Trägerfrequenz „gefaltet". Diese Faltung ist letztlich das Ergebnis jeder Multiplikation im Zeitbereich. Traditionell wird das rechte Seitenband „Regellage", das linke „Kehrlage" genannt. Aus unser Kenntnis des Symmetrie–Prinzips ist diese Bezeichnung irreführend, denn in Wahrheit ist ja bereits das NF–Signal symmetrisch zur Frequenz 0 Hz. Bestandteil des NF-Frequenzbereichs ist ja auch die spiegelbildliche Hälfte des **negativen** Frequenzbereichs. Siehe hierzu Abb. 90 und 91. Die Multiplikation eines Signals im Zeitbereich mit einem sinusförmigen Träger bzw. die AM ist also die einfachste Methode, den Frequenzbereich eines Signals an eine beliebige Stelle zu verschieben.*

Diese Veränderung zeigen die Abb. 154 und 155. Hier wird das Quellensignal jeweils mit einer (variablen) Gleichspannung – einem „Offset" – überlagert, bis das Quellensignal ganz im positiven Bereich verläuft. Wird dieses Signal nun mit einem sinusförmigen Träger multipliziert, so erhalten wir die Form eines AM–Signals nach Abb. 152. Die Einhüllende liegt dadurch ausschließlich im positiven Bereich bzw. invertiert im negativen Bereich vor.

Aus Abb. 154 ergibt sich eine Faustformel für den Offset. Die Gleichspannung U muss größer, mindestens aber gleich groß sein wie die Amplitude des niederfrequenten Sinus bzw. der (negative) Maximalwert des Quellensignals (siehe Abb. 154 unten).

Wird das Quellensignal durch Addition einer Gleichspannung U vollständig in den positiven (oder negativen) Bereich verschoben, so stellt nach der Multiplikation mit dem sinusförmigen Träger die Einhüllende des AM–Signals das ursprüngliche Quellensignal dar. Dann ist der sogenannte *Modulationsgrad* kleiner als 1 bzw. kleiner als 100 %.

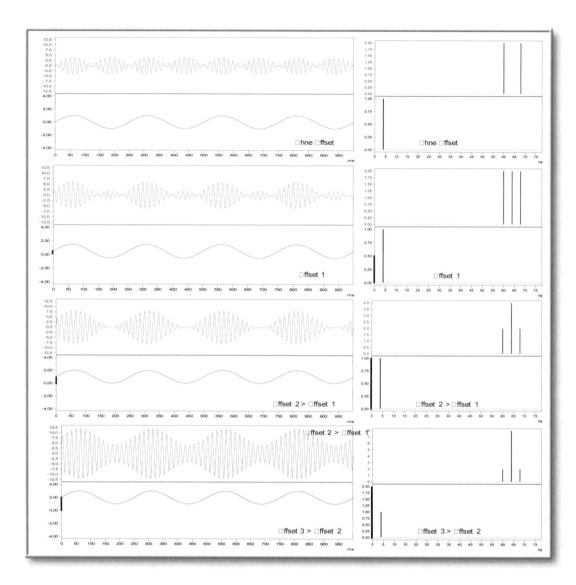

*Abbildung 154: **AM–Erzeugung: Multiplikation des Quellensignals mit einem sinusförmigen Träger***

*Als einfachste Form des Quellensignals wird hier ein niederfrequenter Sinus gewählt. Dieser wird – von oben nach unten – mit einer immer größeren Gleichspannung ("Offset") überlagert, bis der Sinus ganz im positiven Bereich verläuft. Ist dies der Fall, so liegt das ursprüngliche Quellensignal nach der Multiplikation mit dem sinusförmigen Träger in der **Einhüllenden** des AM–Signals.*

In dieser Form ist das AM–Signal mit einer einfachen Schaltung aus Diode D, Widerstand R und Kondensator C das AM–Signal demodulierbar, d. h. mit dieser Schaltung lässt sich das ursprüngliche Quellensignal wieder zurückgewinnen. Dies Verfahren besitzt jedoch Nachteile.

Hinweis:

Bei der analogen oder rechnerischen (digitalen) Multiplikation macht der oft erwähnte *Modulationsgrad m* wenig Sinn. In der Theorie wird das mathematische Modell eines AM–Signals üblicherweise durch die Formel

$$u_{AM}(t) = (1 + m\,\sin(\omega_{NF}t)) \cdot \hat{U}_{Träger}\sin(\omega_{Träger}t)$$

beschrieben. Die erste Klammer stellt dabei die mit einer Gleichspannung („1") überlagerte sinusförmige Quellensignal–Wechselspannung dar. Der letzte Term („Ausdruck") beschreibt die sinusförmige Trägerspannung.

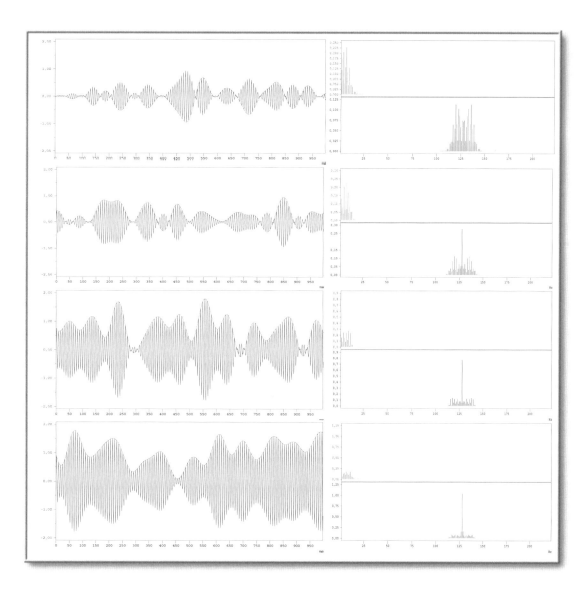

Abbildung 155:   ***AM eines niederfrequenten Signalverlaufs***

Im Prinzip wird hier das Gleiche dargestellt wie in Abb. 154, lediglich mit einem typischen niederfrequenten Signalabschnitt als Quellensignal. Auch hier wird das Quellensignal mit einer Gleichspannung überlagert, die von oben nach unten zunimmt.

Im Frequenzbereich entspricht dieser Offset dem sinusförmigen Träger, der – von oben nach unten – immer dominanter wird. Der Hauptteil der Energie des AM–Signals entfällt nämlich dadurch auf den Träger und nicht auf den informationstragenden Teil des AM–Signals.

Im Frequenzbereich ist deutlich die sogenannte Regel– und Kehrlage des ursprünglichen Quellensignals rechts und links vom Träger zu erkennen, d. h. die Information ist doppelt vorhanden. Deshalb spricht man bei dieser Art von AM von einer „Zweiseitenband–AM.

Werden nun zwei Spannungen miteinander multipliziert, so ergibt sich eigentlich die Einheit [V·V], also [V^2]. Dies ist physikalisch unkorrekt, denn am Ausgang eines Multiplizierers erscheint auch eine Spannung mit der Einheit [V]. Man greift deshalb zu einem kleinen Trick, indem der Ausdruck in der Klammer als reine Zahl ohne Einheit definiert wird. Dabei wird m als *Modulationsgrad* bezeichnet und als m = $\hat{U}_{NF}$ / $\hat{U}_{Träger}$ definiert. Jetzt kürzt sich [V] heraus und für $u_{AM}(t)$ ergibt sich insgesamt die Einheit [V].

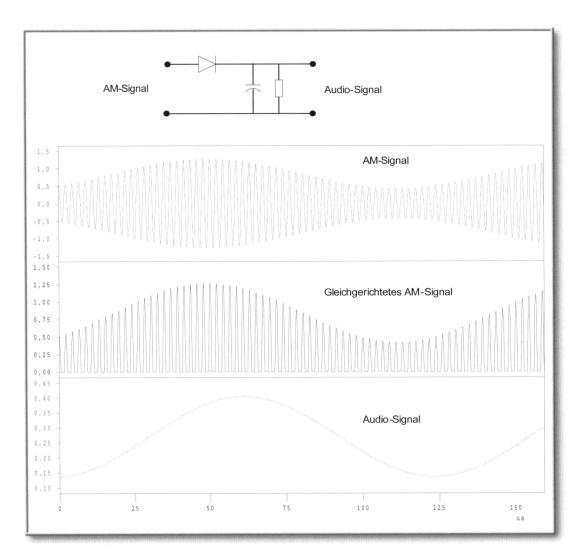

Abbildung 156:   ***Demodulation eines AM–Signals nach altem Rezept***

Oben sehen Sie das AM–Signal, dessen Einhüllende das ursprüngliche Quellensignal darstellt. Dieses Signal wird durch die Diode gleichgerichtet, d. h. der negative Teil des AM–Signals wird abgeschnitten. Das RC–Glied wirkt wie ein Tiefpass, d. h. es ist zeitlich so träge, dass es „kurzfristige" Veränderungen nicht wahrnimmt. Damit wirkt es wie ein „gleitender Mittelwertbildner".

Wenn Sie genau hinsehen, bemerken sie in dem demodulierten Quellensignal unten noch eine leichte Stufung, die von dieser (unvollkommenen) gleitenden Mittelwertbildung herrührt.

Der Ausdruck $(1 + m \sin(\omega_{NF}t)) \cdot \hat{U}_{Träger}$ kann nun sinnvoll interpretiert werden als *„zeitabhängige Amplitude", die sich im Rhythmus des NF–Signals ändert*. Ist diese zeitabhängige Amplitude stets positiv – dann muss der Klammerausdruck größer als 0, also positiv sein -, so verläuft die zeitabhängige Amplitude (Einhüllende!) ausschließlich im positiven bzw. invertiert im negativen Bereich.

Damit gilt auch für diese (althergebrachte) Form der AM die Forderung m < 1.

Ferner: Da ein reales Signal bestimmt nicht sinusförmig verläuft, kann der Modulationsgrad m gar nicht sinnvoll als das Verhältnis zweier Amplituden verschiedener sinusförmiger Spannungen beschrieben werden. Unsere obige Einstellung des AM–Signals mithilfe des Offsets ist einfach praxisnäher.

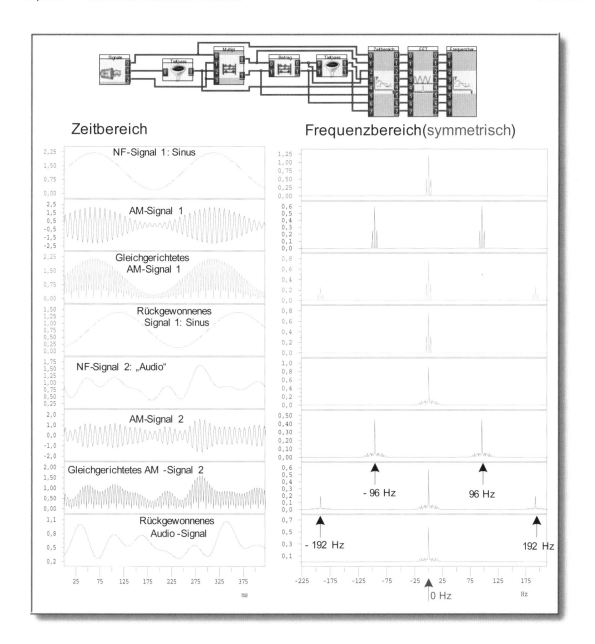

Abbildung 157:   ***Demodulation zweier AM–Signale auf herkömmliche Art***

Als Beispiele für Quellensignale werden hier (oben) ein Sinus (4 Hz) und (unten) ein realistischer Signalverlauf mit einer oberen Grenzfrequenz von 15 Hz gewählt. Der Träger liegt bei 96 Hz. Damit auf diese herkömmliche Art demoduliert werden kann, müssen beide Quellensignale ganz im positiven Bereich liegen. Dadurch stellt die Einhüllende der AM–Signale jeweils das Quellensignal dar. Durch die Betragsbildung (Gleichrichtung!) und die nachfolgende Tiefpass–Filterung (RC–Glied) werden die beiden Quellensignale zurückgewonnen. Diese sind gegenüber dem Original leicht zeitverschoben, weil halt jede Signalverarbeitung ihre Zeit braucht.

Wenn in der Einhüllenden das ursprüngliche Quellensignal eindeutig erkennbar ist, kann es nicht so schwer sein, es durch *Demodulation* wiederzugewinnen.

Seit dem Beginn der Rundfunktechnik geschieht die Demodulation bei der AM durch eine extrem einfache Schaltung, bestehend aus einer Diode D, einem Widerstand R und einem Kondensator C wie in Abb. 156 dargestellt. Das AM–Signal wird hierbei zunächst durch die Diode gleichgerichtet, d. h. der negative Bereich abgeschnitten.

Die nachfolgende R–C–Schaltung ist so etwas wie ein Tiefpass. In der Sprache des Zeitbereiches ist die Schaltung zeitlich so träge ("lahm"), dass sie die schnellen Änderungen des gleichgerichteten Sinus nicht nachvollziehen kann. Am Ausgang erscheint bei richtiger zeitlicher Dimensionierung der R–C–Schaltung ($\tau = R \cdot C$) so etwas wie ein *gleitender Mittelwert* des gleichgerichteten Signals. Dieser gleitende Mittelwert ist aber nichts anderes als das Quellensignal.

> Hinweis:
> Ein entsprechendes Beispiel liefert der Fernseher. Er liefert 50 Halbbilder bzw. 25 Vollbilder pro Sekunde. Aufgrund der zeitlichen *Trägheit* unseres Auges sowie der nachfolgenden Signalverarbeitung im Gehirn nehmen wir nicht 25 Einzelbilder pro Sekunde, sondern ein sich kontinuierlich änderndes Bild wahr. Sozusagen den *gleitenden Mittelwert* dieser Bilderfolge!

In Abb. 157 wurde nun statt einer Diode das Modul „Betrag" gewählt. Der Betrag entspricht hier einer sogenannten Doppelweg–Gleichrichtung – der negative Bereich des Sinus wird zusätzlich positiv dargestellt – und stellt ja einen *nichtlinearen* Prozess dar, den wir uns an dieser Stelle noch einmal näher anschauen sollten.

Nach Abb. 147 entsteht durch die Betragsbildung eines Sinus im Frequenzbereich eine Art Frequenzverdoppelung, *genau wie bei Multiplikation eines Sinus mit sich selbst* in Abb. 143. Da es früher noch keine analogen Multiplizierer gab, wurde die Gleichrichtung als eine Art *Ersatz–Multiplikation des AM–Signals mit einer gleichfrequenten Trägerschwingung* verwendet!

Genau wie in Abb. 143 erhalten wir hier durch die Betragsbildung im Frequenzbereich ein AM–Signal mit der doppelten Trägerfrequenz und eines mit der „Trägerfrequenz" 0 Hz, d. h. das ursprüngliche Quellensignal. Dies ist im Zeitbereich nicht erkennbar!

Nun muss nur noch das AM–Signal mit der doppelten Trägerfrequenz durch einen Tiefpass herausgefiltert werden und die Demodulation ist perfekt.

Energieverschwendung: Zweiseitenband – AM mit Träger

Das geschilderte klassische Verfahren besitzt gravierende Nachteile, die bei der Betrachtung des Amplitudenspektrums offenkundig werden. Aus den Abb. 153 und 155 ergibt sich bei näherer Betrachtung:

- Der weitaus größte Anteil der Energie des AM–Signals entfällt auf den Träger, der ja eigentlich keinerlei Information enthält. Beachten Sie bitte, dass die elektrische Energie proportional dem Quadrat der Amplitude, also $\sim \hat{U}^2$ verläuft.

- Die Information des Quellensignals scheint quasi doppelt vorhanden, einmal in der Regel–, einmal in der Kehrlage. Dadurch ist der Frequenzbereich unnötig groß.

Zunächst soll deshalb versucht werden, ein Zweiseitenband–AM–Signal ohne Träger zu erzeugen und zu demodulieren. Dies zeigt Abb. 158. Die Demodulation wird nun in Anlehnung an die vorstehenden Ausführungen über die Multiplikation mit einem sinusförmigen Träger der gleichen Frequenz durchgeführt. Wie in Abb. 144 erwarten wir zwei Bänder im Bereich der Summen- und Differenzfrequenz, also bei der doppelten Trägerfrequenz und bei 0 Hz.

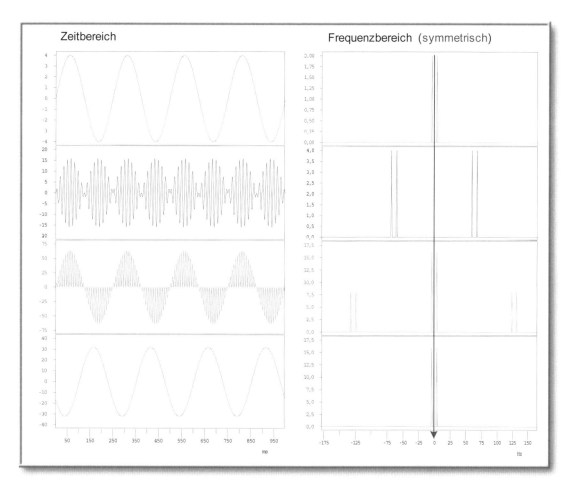

Abbildung 158:   ***Einfaches Zweiseitenband – AM – Signal ohne Träger***

Als Quellensignal dient ein Sinus von 16 Hz (erste Reihe). Dieses Quellensignal besitzt hier keinen Offset und liegt symmetrisch zur Nullachse. Die Multiplikation dieses Sinus mit der Trägerfrequenz 64 Hz ergibt das Zweiseiteinband–AM–Signal ohne Träger in der zweiten Reihe.

Die Demodulation geschieht hier (beim Empfänger) nun durch Multiplikation dieses trägerlosen AM–Signals mit einem Sinus von 64 Hz. Infolge der Multiplikation erhalten wird die Summenfrequenzen sowie die Differenzfrequenzen. Die Summenfrequenzen von 64 + (64 – 4) Hz und 64 + (64 + 4) Hz (rechts) werden durch den Tiefpass herausgefiltert, die Differenzfrequenzen von 64 – (64 + 4) und 64 – (64 – 4) bilden das rückgewonnene Quellensignal.

Dieses Signal in der dritten Reihe ist quasi die Summe aus dem Quellensignal (links bei 0 Hz im Frequenzbereich zu erkennen) und dem AM–Signal, welches nun symmetrisch zur doppelten Trägerfrequenz von 512 Hz liegt. Wird dieses AM–Signal durch einen Tiefpass herausgefiltert, so erhalten wir in der unteren Reihe das rückgewonnene, zeitverschobene Quellensignal.

Einseitenband – Modulation EM ohne Träger

Das öffentliche Leitungsnetz der Telekom dürfte einen Wert von mehreren 100 Milliarden € haben. Leitungen zu verlegen ist fast unvorstellbar teuer, müssen hierzu doch Straßen aufgerissen, Kabelschächte usw. eingerichtet werden. Es hieße Geld zum Fenster herauszuwerfen, würde nicht versucht, möglichst vicl Information pro Zeiteinheit über diese Leitungen zu transportieren.

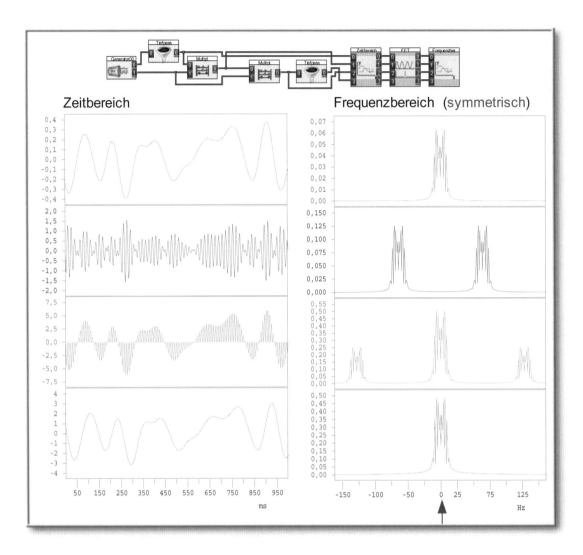

Abbildung 159:   ***AM–Signal ohne Träger: Modulation und Demodulation mit*** DASY*Lab*

Ausgangspunkt ist hier ein Quellensignal, welches durch tiefpassgefiltertes Rauschen erzeugt wurde (es enthält alle Informationen über den Tiefpass!). In der zweiten Reihe sehen Sie das entsprechende Zweiseitenband–AM–Signal ohne Träger.

Der erste Schritt der Demodulation besteht in der Multiplikation des letzteren Signals mit der „Mittenfrequenz" bzw. dem Träger von 256 Hz. In der dritten Reihe sind im Frequenzbereich links das Quellensignal und rechts das AM–Signal mit doppelter Mitten- bzw. Trägerfrequenz zu sehen. Schließlich erhalten wir nach der Tiefpass–Filterung das ursprüngliche Quellensignal zurück (untere Reihe).

Deshalb wird – wie auch im drahtlosen Bereich – größter Wert darauf gelegt, Frequenzbänder so effektiv wie möglich auszunutzen.

Zweiseitenband–AM–Modulation ist damit unwirtschaftlich, weil die vollständige Information in jedem der beiden Seitenbänder enthalten ist. Schon lange ist es technisch möglich, z. B. Tausende von Telefon–Einseitenband–Sprachkanälen dicht bei dicht auf einem Koaxialleiter zu packen, um sie besser auszunutzen.

Dieses Verfahren werden wir jetzt mit DASY*Lab* überprüfen und genau analysieren. Nachdem nun in Abb. 158 ein Zweiseitenband–AM–Signal ohne Träger erstellt wurde, wird mithilfe eines höchst präzisen Bandpasses nur das obere Seitenband (Regellage) herausgefiltert. Damit erhalten wir in der dritten Reihe ein Einseitenband–Signal (EM).

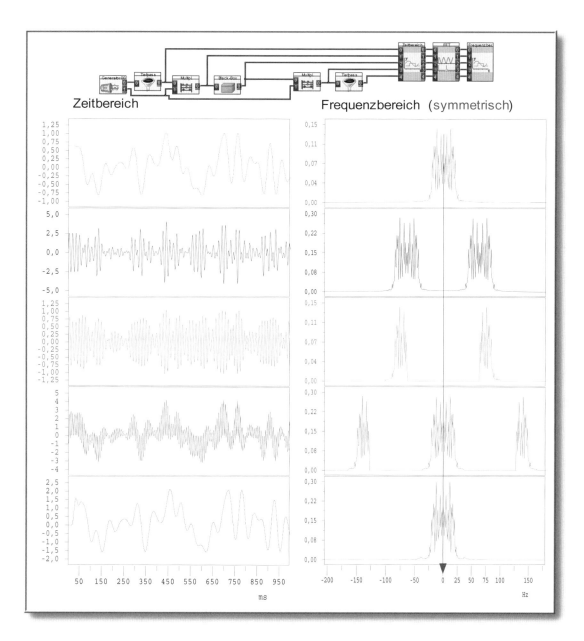

Abbildung 160:   ***Modulation und Demodulation bei Einseitenband–AM (EM)***

Zunächst wird das Quellensignal (1. Reihe) durch einfache Multiplikation mit dem Träger amplituden-moduliert. Weil das Quellensignal keinen Offset besitzt, ergibt sich ein Zweiseitenband–AM–Signal ohne Träger. Mittels eines höchst genauen Bandpasses in der „Blackbox" (siehe Abb. 95) wird nun das obere Seitenband – die Regellage – herausgefiltert (3. Reihe). Damit erhalten wir ein EM–Signal.

Zur Demodulation wir dieses mit einem Träger von 256 Hz multipliziert. Wie gehabt, erhalten wir eine Summe aus zwei Signalen (siehe Frequenzbereich 4. Reihe), dem Quellensignal sowie einem EM–Signal bei der doppelten Träger- bzw. Mittenfrequenz. Beachten Sie, dass beide Bänder die gleiche Amplitudenhöhe besitzen. Wird das obere Band mit einem Tiefpass weggefiltert, so erhalten wir in der unteren Reihe das rückgewonnene Quellensignal.

Die Einseitenband–Modulation EM ist das einzige (analoge) Modulationsverfahren, bei dem die Bandbreite nicht größer ist als die des Quellensignals. Die EM ist damit also das wirtschaftlichste analoge Übertragungsverfahren, falls es gelingt, den Störpegel auf dem Übertragungsweg klein genug zu halten.

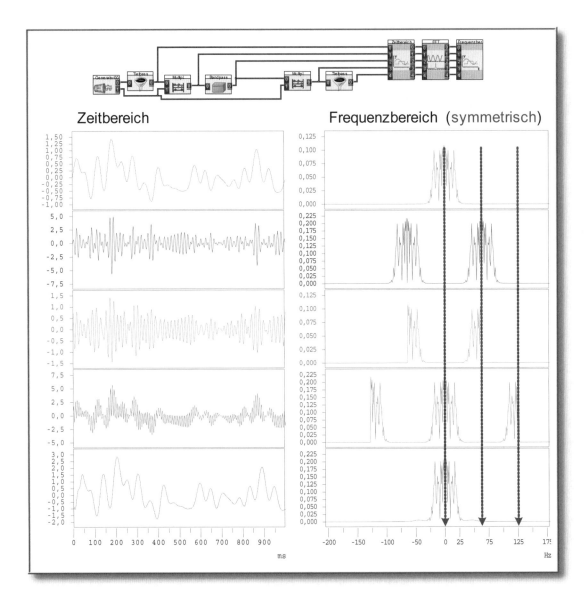

Abbildung 161:   ***EM: Einseitenband in Kehrlage***

Im Gegensatz zur Abb. 159 wird hier aus dem Zweiseitenband–AM–Signal das untere Seitenband – die Kehrlage – ausgefiltert. Der nachfolgende Prozess ist vollkommen identisch und, obwohl wir ein ganz anderes Signal verarbeitet haben als in Abb. 159, erhalten wir auf diesem Wege wieder das Quellensignal.

Die Demodulation beginnt mit der Multiplikation dieses EM–Signals mit einem sinusförmigen Träger (256 Hz), mit dem ursprünglich auch das AM–Signal erzeugt wurde.

Das Spektrum in der vierten Reihe ergibt sich aus der Summen- *und* Differenzbildung dieser Trägerfrequenz und dem EM–Frequenzband. Das EM–Summenband liegt doppelt so hoch wie ursprünglich, das Differenzband ist das Frequenzband des Quellensignals!

Diese Prozedur wird in Abb. 161 noch einmal durchgeführt, allerdings wird hierbei das untere Seitenband, die Kehrlage herausgefiltert. Seltsamerweise erhalten wir im End-ergebnis bei gleicher Vorgehensweise – Multiplikation mit einem Träger von 256 Hz – als Differenzsignal auch wieder das Quellensignal, obwohl die Differenz eigentlich im *negativen* Frequenzbereich liegen sollte.

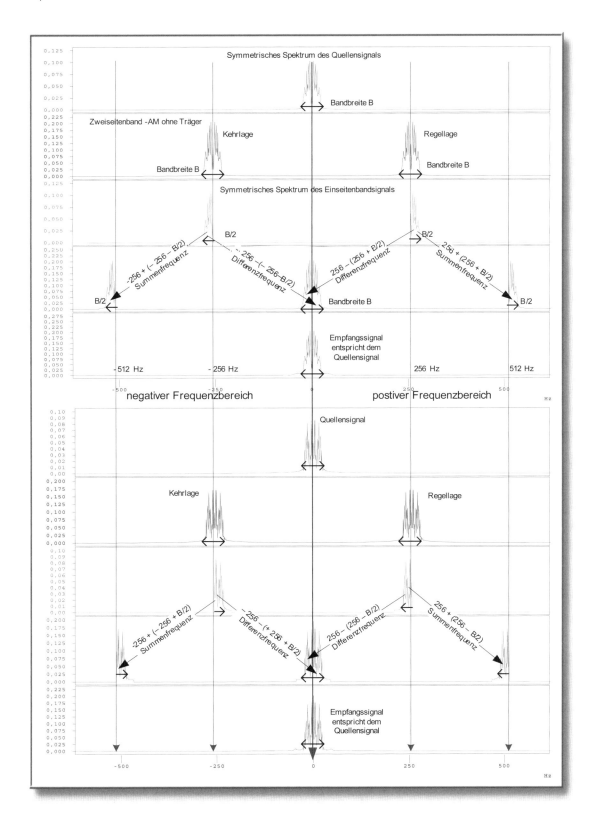

Abbildung 162:   ***Einseitenband–Modulation EM: EM-Bildung und Demodulation***

Nur über die Kenntnis des Symmetrie–Prinzips lässt sich das gleiche Ergebnis – Rückgewinnung des gleichen Quellensignals – bei der Verwendung von Regel– und Kehrlage bei sonst gleichen Bedingungen verstehen. Bei der Demodulation bzw. Rückumsetzung des unteren Seitenbandes (untere Bildhälfte) wird in Wahrheit ein Seitenband des negativen Frequenzbereiches in den positiven Frequenzbereich verschoben und umgekehrt.

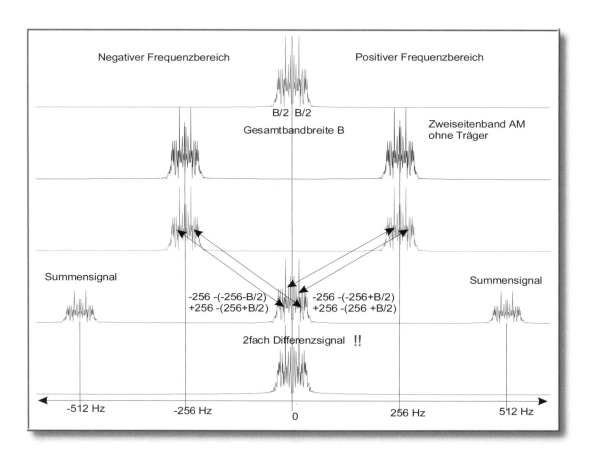

Abbildung 163:   ***Zweiseitenband–AM : Modulation und Rückgewinnung des Quellensignals***

In Abb. 161 besaß das Quellensignal-Spektrum jeweils die gleiche Höhe wie jedes Summensignal. Hier dagegen besitzt das rückgewonnene Quellensignal doppelte Höhe. Das jedoch ist gar nicht verwunderlich, weil ja beide EM-Varianten aus Abb. 161 sich hier eigentlich lediglich überlagern (addieren). Jeweils liefern positiver und negativer Frequenzbereich einen Beitrag zu jedem Seitenband des rückgewonnenen Quellensignals (unten).

Um einen weiteren Hinweis zu erhalten, betrachten wir noch einmal die Abb. 159, in der ein Zweiseitenband–AM–Signal (ohne Träger) demoduliert wurde. Es ergibt sich im Gegensatz zu den beiden letzten Fällen das Quellensignal-Spektrum in *doppelter* Stärke bzw. auch doppelt so hoch wie das Spektrum des Summensignals. Wie kommt dies zustande?

Aufklärung erhalten wir durch das *Symmetrie–Prinzip*. In Wahrheit besitzen ja Frequenzspektren generell einen positiven und einen negativen Bereich, die vollkommen spiegelsymmetrisch sind. Nur wenn dieser Sachverhalt berücksichtigt wird, lässt sich genau feststellen, wie die Summen- und Differenzbildung im Frequenzbereich als Folge einer Multiplikation im Zeitbereich funktioniert. Dies ist in Abb. 162 nun genau dargestellt. Während sich in Abb. 160 die Entstehung des Quellensignal-Frequenzbandes noch einfach berechnen lässt, ergibt sich für die Abb. 161, dass das *Spektrum des Quellensignals aus dem negativen Frequenzbereich hervorgegangen* ist!

In Abb. 162 sind die Verhältnisse zahlenmäßig aufgeführt. Als Bandbreite B des Quellensignals wird hier die Breite des *symmetrischen* Spektrums des Quellensignals verwendet. Die Pfeile kennzeichnen, wie die Summen- und Differenzfrequenzen zustande kommen.

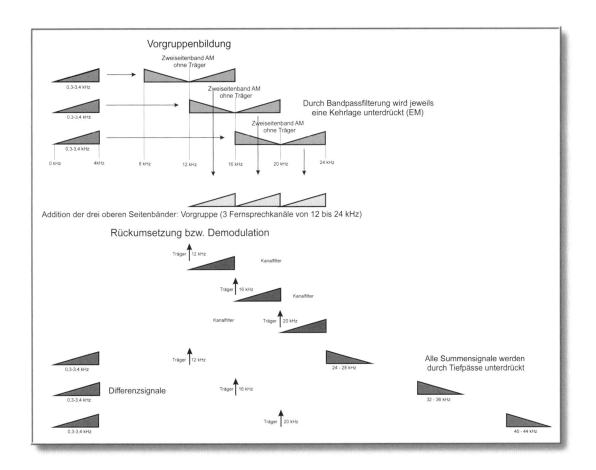

Abbildung 164:   ***Frequenzmultiplex am Beispiel der Vorgruppenbildung bei Fernsprechkanälen***

Bis über 10.000 Fernsprechkanäle lassen sich mittels EM über einen Koaxialleiter gleichzeitig übertragen. Dazu werden durch frequenzmäßige Staffelung erst kleine Gruppen, aus mehreren kleinen Gruppen größere usw. gebildet.

*Die kleinste Gruppe war früher die sogenannte **Vorgruppe**. Drei Fernsprechkanäle wurden zu einer Vorgruppe benötigt, die immer den Bereich 12 bis 24 kHz einnahm. An diesem Beispiel wird hier die frequenzmäßige Umsetzung, Verarbeitung und frequenzmäßige Staffelung der Kanäle dargestellt.*

Der spiegelbildliche negative Frequenzbereich, der zusammen mit dem positiven Frequenzbereich ein symmetrisches Spektrum bildet, ist hier nicht dargestellt.

Sowohl bei der AM als auch bei der EM ist die *Multiplikation* der zentrale signaltechnische Prozess. Durch sie lassen sich Frequenzbänder beliebig im Spektrum hin- und herschieben.

Dabei ist zu beachten, dass bei der Multiplikation stets eine Summen- und Differenzbildung stattfindet, also generell (mindestens) zwei Frequenzbänder entstehen, die mit einer „Informationsverdoppelung" einhergehen.

> Die Interpretation der entstehenden Frequenzbänder ist nur dann korrekt, falls grundsätzlich von einem *symmetrischen Spektrum mit positivem und negativem Frequenzbereich* ausgegangen wird und deshalb bei der Differenzbildung Frequenzbänder auch den Bereich wechseln können!

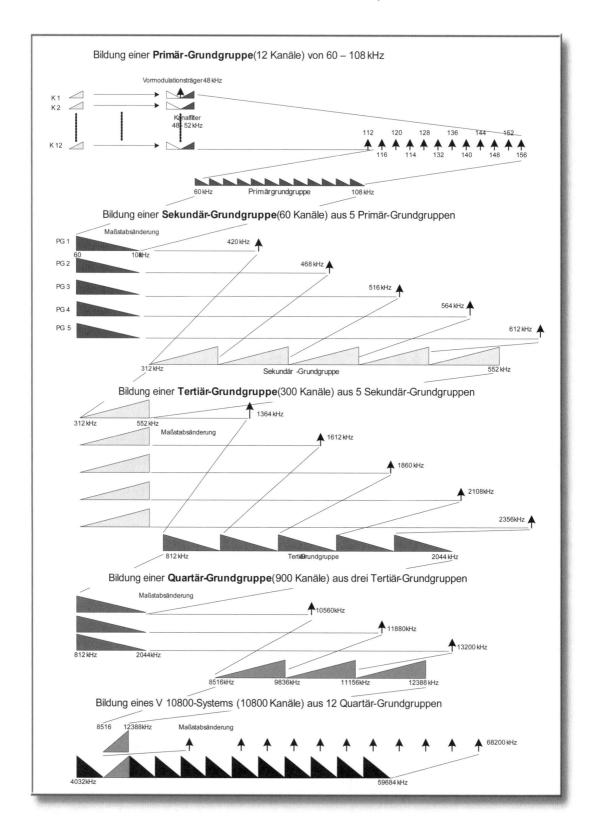

Abbildung 165: **Prinzip der frequenzmäßigen Staffelung durch Gruppenbildung bei TF-Systemen**

Diese Darstellung zeigt den Aufbau eines V10800 Systems. Es ermöglicht 10800 Fernsprechkanäle gleichzeitig über **einen** *Koaxialleiter zu übertragen und stellt gleichzeitig den Höhepunkt und Abschluss der* **analogen** *Übertragungstechnik dar. Künftige Übertragungssysteme werden ausschließlich in Digitaltechnik aufgebaut werden. Sie werden die fantastischen Möglichkeiten der digitalen Signalverarbeitung DSP nutzen, auf die noch in den nächsten Kapiteln eingegangen werden wird.*

Das eigentliche Problem bei der Einseitenband–Modulation EM sind die hochpräzisen Filter (Bandpässe), die benötigt werden, um eines der unmittelbar aneinander angrenzenden Seitenbänder herausfiltern zu können. In der Analogtechnik war und ist dies mit normalen Filtertechniken (R–L–C–Filter) kaum möglich. Hier wurden und werden u. a. Filter mit mechanischen Resonanzkreisen oder Quarzfilter eingesetzt. Im Hochfrequenzbereich bieten *Oberflächenwellen–Filter* hervorragende Lösungen. Alle diese Filtertypen nutzen akustisch-mechanische physikalische Effekte aus sowie die Tatsache, dass mechanische Schwingungen über den piezoelektrischen Effekt leicht in elektrische Schwingungen umgesetzt werden können und umgekehrt.

Frequenzmultiplex

Über eine Antenne oder ein Kabel gelangen gleichzeitig viele Rundfunk- und Fernsehsender in unser Empfangsgerät. Rundfunk und Fernsehen arbeiten bislang im Frequenzmultiplex, d. h. alle Sender sind frequenzmäßig gestaffelt bzw. liegen dicht bei dicht im Frequenzband. Beispielsweise sind im Mittelwellen-Bereich des Rundfunks alle Sender Zweiseitenband–moduliert (AM mit Träger), im UKW–Bereich frequenz-moduliert (FM).

> Bei Frequenzmultiplex–Systemen werden alle Kanäle *frequenzmäßig gestaffelt* und *gleichzeitig* übertragen.

Die Aufgabe des Empfangsgerätes (*Tuner*) ist es nun, aus dem Frequenzband jeweils genau den gewünschten Sender herauszufiltern und anschließend das gefilterte Signal zu demodulieren. Da das Antennensignal sehr schwach ist, muss es natürlich zusätzlich durch Verstärkung „hochgepäppelt" werden.

Im Fernsprechverkehr der Telekom werden die Fernsprechkanäle durch das Frequenzmultiplex–Verfahren besonders rationell frequenzmäßig gestaffelt. Hierbei wird die EM eingesetzt, deren Bandbreite ja genauso groß ist wie die Bandbreite des Quellensignals. Über einen einzigen Koaxialleiter – wie er auch als Verbindung zwischen Antenne und Tuner verwendet wird – lassen sich ohne Probleme 10.800 (Fern-) Gespräche gleichzeitig übertragen (V-10800 –System)!

Diese *Trägerfrequenztechnik* (TF–Technik) arbeitet nach folgendem Prinzip:

- 12 Fernsprechkanäle mit jeweils 300 – 3400 Hz Bandbreite werden zu einer Primär-Grundgruppe, 5 Primär–Grundgruppen zu einer Sekundär–Grundgruppe mit 60 Kanälen zusammengefasst. Dies veranschaulicht Abb. 165 .

- Nach diesem Prinzip werden dann weiter mehrere Sekundärgruppen zu einer Tertiär-Grundgruppe, mehrere Tertiär–Gruppen zu einer Quartär–Grundgruppe zusammen-gefasst, bis insgesamt 10800 Kanäle zu einem Bündel zusammengefasst worden sind. Dies zeigt ebenfalls Abb. 165.

- Früher wurden – aus filtertechnischen Gründen – zunächst Vorgruppen mit jeweils drei Kanälen gebildet (siehe Abb. 164 und 166), danach jeweils vier dieser Vorgruppen zu einer Primär-Grundgruppe zusammengefasst.

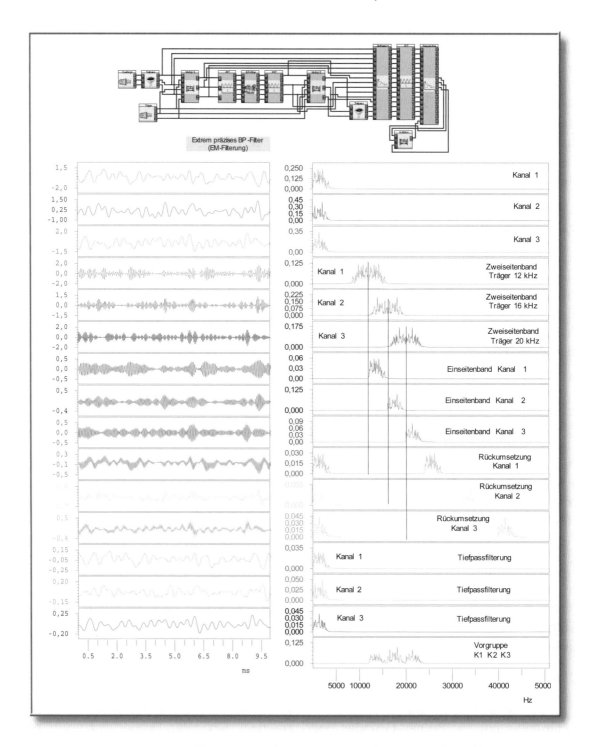

Abbildung 166: **Frequenzmultiplex am Beispiel der Vorgruppenbildung mit drei Fernsprechkanälen**

Hier wird wohl erstmalig im Zeit- und Frequenzbereich die Vorgruppenbildung dreier Fernsprechkanäle im Bereich 12 bis 24 kHz realistisch dargestellt. Das Frequenzmultiplex–Prinzip ist natürlich im Frequenzbereich am leichtesten nachzuvollziehen, interessant ist jedoch auch, sich die entsprechenden Signale im Zeitbereich näher anzusehen. Gut erkennbar in der mittleren und unteren Dreiergruppe ist die Trägerfrequenz. Sie ist jeweils verschieden und prägt natürlich den Signalverlauf im Zeitbereich, obwohl hier Zweiseitenbandbetrieb ohne Träger vorliegt. Unten rechts sehen Sie die komplette Vorgruppe.

Oben sehen Sie den Schaltungsaufbau mit DASYLab. Versuchen Sie, das System selbst aufzubauen, indem Sie es Stück für Stück zusammensetzen und sich jeweils die Signalverläufe im Zeit- und Frequenzbereich betrachten. Ein kleiner Tipp: Um beim IFFT–Modul wieder vom Frequenz- in den Zeitbereich zu gelangen, müssen Sie dort die Einstellung „FOURIER–Synthese" wählen.

Um das Frequenzmultiplex–Prinzip für die Modulation und Demodulation bei EM genau zu analysieren und zu erklären, wird die in Abb. 164 dargestellte Vorgruppenbildung über eine DASY*Lab*–Simulation zunächst eine Vorgruppe über die EM gebildet und danach wieder in drei Kanäle „demoduliert" bzw. umgesetzt (Abb. 166).

> Hinweis:
> Hierbei werden hochpräzise Bandpass-Filter in Form rein digitaler (rechnerischer) Filter verwendet. Das Signal wird über eine FT in den Frequenzbereich transformiert, wo alle unerwünschten Frequenzdaten auf null gesetzt werden. Danach findet ein Rücktransformation IFT in den Zeitbereich statt.

Mischung

Wie bei der Vorgruppen- bzw. Grund-Primärgruppenbildung erkennbar ist, werden bei der EM also höchste Anforderungen an die Filtertechnik gestellt. Dies war in der Geschichte der Rundfunktechnik auch immer ein Problem, nämlich genau einen Sender aus dem Frequenzband der dicht bei dicht liegenden Sender präzise herauszufiltern.

Eigentlich wären hierfür *durchstimmbare Filter* nötig. Diese lassen sich jedoch – auch aus theoretischen Gründen – nicht mit konstanter Bandbreite und Güte realisieren. Dies gelingt allenfalls in bestimmten Frequenzbereichen mit Filtern (Bandpässen) bei *konstantem* Durchlassbereich.

In der herkömmlichen Rundfunk- und Fernsehtechnik – mit der *Digitalen* Rundfunk- und Fernsehtechnik wird *alles* anders – wird deshalb ein Trick angewendet, welches *indirekt* zu einem durchstimmbaren Filter führt. Dieser arbeitet im Prinzip so:

- Durch eine Multiplikation (des gesamten Frequenzbandes mit allen Sendern) mit einer einstellbaren Oszillatorfrequenz (Träger) kann das Frequenzband (*Differenz*bildung!) in einen beliebigen niedrigeren Bereich (Zwischenfrequenzbereich) umgesetzt werden.

- Gleichzeitig entsteht natürlich zusätzlich durch *Summen*bildung ein zweites komplettes Frequenzband „ganz weit oben", welches nicht weiter beachtet wird.

- In diesem Zwischenfrequenzband (ZF–Bereich) ist ein relativ hochwertiger Bandpass installiert. Hierbei handelt es sich durchweg um ein Quarz- oder Keramik-Filter. Bei einer bestimmten Feinabstimmung des gesamtem Zwischenfrequenzbandes liegt der gewünschte Sender genau im Durchlassbereich dieses ZF–Filters und wird so selektiert. Anschließende wird er demoduliert und verstärkt.

- Dieses steuerbare frequenzmäßige Umsetzen in einen Zwischenfrequenzbereich wird als *Mischung* bezeichnet. Bei der Mischung handelt es sich natürlich auch um eine Multiplikation mit einem *durchstimmbaren* Träger. Die Mischung ist ein reiner Umsetzungsprozess eines modulierten Signals in einen anderen Frequenzbereich (ZF–Bereich) und hat deshalb eine eigene Bezeichnung in der Rundfunk- und Fernsehtechnik bekommen.

Abb. 167 zeigt die Simulation eines kompletten AM–Tuners, wie er im Mittelwellenbereich eingesetzt wird. Als Antennensignal wird hier vereinfachend ein Rauschsignal verwendet, indem ja alle Frequenzbereiche enthalten sind!

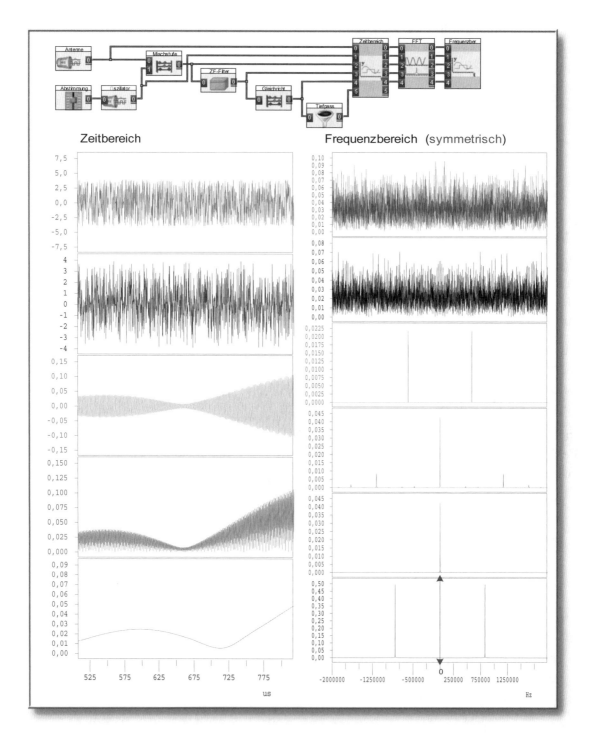

Abbildung 167:   ***Simulation eines AM–Tuners für den Mittelwellenbereich***

Als Antennensignal wird der Einfachheit halber ein Rauschsignal verwendet, welches ja alle Frequenzen, also auch den Mittelwellen-Bereich von 300 bis 3000 kHz (nach CCIR) enthält. Über einen Handregler lässt sich die Oszillatorfrequenz so wählen, dass der gesuchte Sender genau im Durchlassbereich des ZF-Filter (Blackbox) liegt. Dieses ZF-Filter ist hier wieder der trickreiche Bandpass aus Abb. 166. Das ZF-Filter liegt bei 465 kHz und wurde etwas breiter gewählt, um die Verhältnisse besser darstellen zu können. Auch der Tiefpass übersteigt die tatsächliche NF-Bandbreite eines MW-Empfängers.

Erstaunlicherweise lässt sich also auch der Hochfrequenzbereich mit DASYLab simulieren. Die Achsen sind vollkommen korrekt skaliert. In diesem Bereich können nur mithilfe sehr teurer A/D– und D/A–Karten mit DASYLab reale Signale eingelesen und ausgegeben werden. Ein Echtzeitbetrieb – wie beim normalen Rundfunkempfänger – lässt sich hiermit z. Z. kaum verwirklichen.

Frequenzmodulation

Neben der Amplitude bieten noch Frequenz und Phase die Möglichkeit, ihnen Information „aufzuprägen". Dies bedeutet, Frequenz bzw. Phase „im Rhythmus" des Quellensignals zu verändern.

Frequenzmodulation FM und Phasenmodulation PM unterscheiden sich allerdings auf den ersten Blick kaum, weil bei jeder (kontinuierlichen) Phasenverschiebung gleichzeitig auch die „Momentanfrequenz" verändert wird. Verschiebt sich nämlich der Nulldurchgang des sinusförmigen Trägers, so ändert sich auch die Periodendauer T* der Momentanfrequenz.

Bei der FM haben wir zunächst leichtes Spiel, denn bereits im Kapitel 7 „Lineare und nichtlineare Prozesse" wurde im Zusammenhang mit der Telemetrie der *Spannungs-Frequenz–Wandler* VCO (Voltage Controlled Oscillator) behandelt. Dieser VCO ist nicht anderes als ein FM–Modulator.

Wie fast generell in der Mikroelektronik gibt es auch hier analoge und digitale VCOs, und auch innerhalb dieser beiden Kategorien wiederum verschiedene Vertreter. Deshalb ein kurzer Überblick:

- *Analoge VCOs für den Bereich 0 bis 20 MHz*
  Hierbei handelt es sich um ICs mit interner spannungsgesteuerter Stromquelle. Ein (externer) Kondensator wird über eine einstellbare *Konstantstromquelle* linear auf- und anschließend wieder linear entladen, wobei insgesamt eine (fast-)periodische Dreieckspannung entsteht. Je höher dieser eingestellte Strom ist, desto schneller lädt und entlädt sich der Kondensator. Die Frequenz dieser Dreieckspannung ist also proportional dem Strom der Konstantstromquelle. Diese Dreieckspannung wird durch eine Transistor- bzw. Diodenschaltung so nichtlinear verzerrt, dass eine sinusähnliche Spannung entsteht. Bei entsprechenden Funktionsgeneratoren lässt sich dies am Ausgangssignal erkennen: Der „Sinus" enthält einen kleinen „Knick" im oberen und unteren Bereich. Letzten Endes ist der lineare Verlauf der Dreieckspannung durch nichtlineare Verzerrung abgerundet worden.

- *Analoge VCOs für den Bereich 300 kHz bis 200 MHz*
  Kapazitätsdioden besitzen die Eigenschaft, ihre Kapazität in Abhängigkeit von der angelegten Spannung geringfügig zu verändern. Diese Eigenschaft wird bei hochfrequenten analogen VCOs ausgenutzt. Eine parallel zu einem LC-Schwingkreis liegende Kapazitätsdiode wird mit einer Wechselspannung angesteuert, wodurch sich die Dioden–Kapazität im Rhythmus des Quellensignals ändert. Dadurch ändert sich geringfügig auch die Resonanzfrequenz/Eigenfrequenz des Schwingkreises. Im Klartext: Damit liegt ein FM–Signal vor.

- Digitale VCOs bzw. FM–Modulatoren mit DASY*Lab*
  DASY*Lab* besitzt zwei Module, mit denen sich auf direktem Wege FM–Signale erzeugen lassen. Über den D/A–Wandler einer Multifunktionskarte können diese Signale ausgegeben werden. Mit der mit DASY*Lab* S gekoppelten Soundkarte lassen sich lediglich im NF–Bereich FM–Signale real erzeugen. Wir benutzen hier diese Module lediglich zur Simulation, um die wesentlichen Eigenschaften von FM–Signalen herauszufinden.

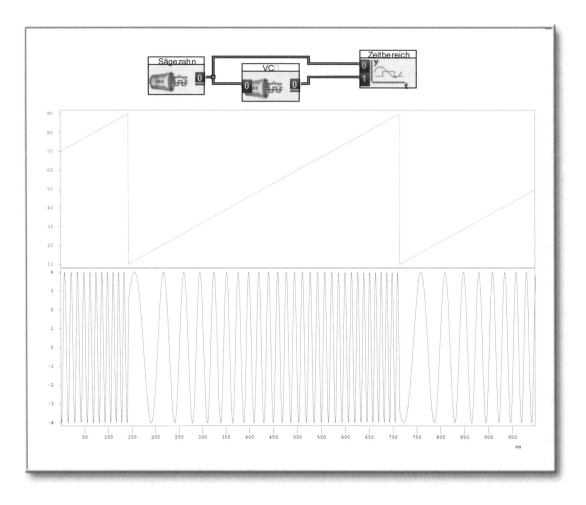

Abbildung 168:   **DASYLab–VCO als Frequenzmodulator**

Am Beispiel einer periodischen Sägezahn–Schwingung als Quellensignal wird hier die Funktion des Generator-Moduls als VCO bzw. FM–Generator dargestellt. Bei dem diesem Bild entsprechenden Versuch lässt sich mit dem Cursor die „Momentanfrequenz" nachmessen. Es ergibt sich: Die Höhe der Momentanfrequenz entspricht genau dem momentanen Wert des Sägezahns. Demnach beträgt links bei t = 0 ms die Momentanfrequenz 100 Hz, beim Höchstwert des Sägezahns 250 Hz usw.

Wie dieses Beispiel zeigt, lässt sich so auf einfachste Weise der gewünschte Frequenzbereich einstellen. Die Quellensignalwerte – hier von 0 bis 250 – entsprechen physikalisch ja nicht einer Spannung in V, vielmehr handelt es sich hier um digitale Signale, also Zahlenketten, die erst bei ihrer Übergabe an das D/A–Modul – Ausgabe über eine Multifunktionskarte – einen realistischen Wertebereich besitzen.

Das *Generator–Modul* besitzt bereits die Möglichkeit, ein FM–Signal, ein AM–Signal oder ein Mischsignal aus beiden zu erzeugen.

Eine weitere Möglichkeit der FM–Signalerzeugung gelingt mit dem *Modul „Formel-interpreter"*, allerdings sind hierfür mathematische Vorkenntnisse (mathematisches Modell eines FM–Signals) erforderlich.

- *Programmierbare Funktionsgeneratoren für den Bereich 0 bis 50 MHz*
  Mithilfe einer im Menü ausgewählten Signalfunktion wird in einem Digitalen Funktionsgenerator eine „Zahlenkette" – also ein digitales Signal – erzeugt, welches einem FM–Signal entspricht. Ein schneller D/A–Umsetzer erzeugt hieraus ein analoges FM–Signal. Letzten Endes erzeugt also ein Programm über den Signal-Prozessor eine FM–Zahlenkette.

Die höchste FM–Frequenz ist in erster Linie bestimmt durch die maximale Taktfrequenz des D/A–Wandlers. Hierbei ist zu bedenken, dass mindestens 20 „Stützstellen" (Zahlenwerte) pro Periode benötigt werden, um ein FM–Signal mit sinusähnlichem Träger zu erzeugen. Bei einer höchsten Ausgabefrequenz von 50 MHz müsste die Taktfrequenz des D/A–Wandlers bereits 1 GHz betragen! Dieser Wert ist derzeit nur mit 8-Bit-D/A–Wandlern zu realisieren.

Die beschriebene FM–Funktion ist bei *Digitalen Funktionsgeneratoren* nur eine von vielen. Digitale Funktionsgeneratoren können – programmgesteuert – durchweg *jede* Signalform erzeugen.

In Abb. 168 wird am Beispiel einer periodischen Sägzahnschwingung der einfache Zusammenhang beim DASY*Lab*–Generator–Modul zwischen dem Momentan*wert* des Quellensignals und der Momentan*frequenz* des FM–Signals dargestellt. Ab Abb. 169 werden ausschließlich sinusförmige Quellensignale verwendet, um zu klar interpretierbaren Ergebnissen zu kommen. Schließlich wird in Abb. 174 ein bandbegrenztes, „zufälliges" Quellensignal gewählt, um den Verlauf eines realistischen FM–Spektrums zu zeigen.

Bei sinusförmigem Quellensignal entsteht ein zu einer Mittenfrequenz vollkommen symmetrisches FM–Spektrum. Diese Mittenfrequenz wird beim DASY*Lab* durch eine dem Quellensignal überlagerte Gleichspannung (Offset) genau eingestellt (siehe unten).

Eine Gesetzmäßigkeit für den Amplitudenverlauf ist nicht zu erkennen. Wir sehen hier mit der FM ein Beispiel für einen typischen nichtlinearen Prozess, bei denen meist Vorhersagen über das Frequenzspektrum nur sehr begrenzt möglich sind. Bei der FM allerdings kennt man die Mathematik (Bessel–Funktionen), mit deren Hilfe sich das Spektrum für eine sinusförmige Quellenspannung – und damit für alle bandbegrenzten Signale (FOURIER–Prinzip!) – berechnen bzw. abschätzen lässt.

Reale Versuche mit FM–Signalen im UKW–Bereich sowie die Auswertung der Abb. 168 bis 174 ergeben trotzdem interessante Hinweise:

• Reale FM–Signale mit einer hochfrequenten *Mittenfrequenz* sehen im Gegensatz zu niederfrequenten VCO–Signalen (wie in Abb. 168) im Zeitbereich auf den ersten Blick alle fast gleich aus, nämlich (anscheinend) rein sinusförmig. Siehe hierzu auch Abb. 170.
  Hinweis:
  Bei einem FM–Rundfunk–Signal im UKW–Bereich um 100 MHz ändert sich Frequenz lediglich in der Größenordnung 0,1 %, d. h. 1 Promille!

• In Abb. 168 fällt auf: Das FM– bzw. VCO–Signal ändert seine Momentanfrequenz im Rhythmus des Momentanwertes des Quellensignals. Üblicherweise gilt: Je höher der Momentanwert des Quellensignals, desto höher die Momentanfrequenz des FM-Signals. Bei DASY*Lab* entspricht der Momentanwert des Steuersignals, mit dem der FM–Generator angesteuert wird, zahlenmäßig *genau* der „Momentanfrequenz" des FM– bzw. VCO–Signals.

• Um nun ein typisches FM–Signal zu erzeugen, wird das eigentliche Quellensignal mit einem *Offset* überlagert (z. B. 1000), dessen Wert dann genau der Mittenfrequenz (1000 Hz) entspricht. Siehe hierzu die Blockschaltbilder in den Abb. 170 bis 173.

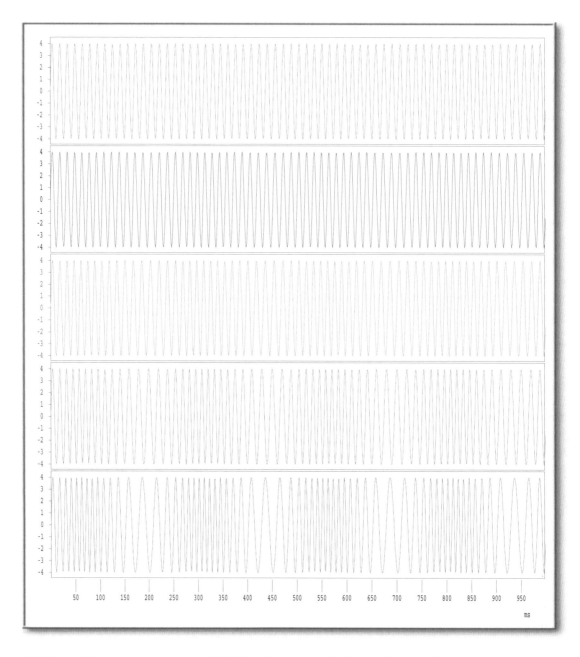

Abbildung 169:   **FM–Signale mit verschiedenem Frequenzhub**

*In der oberen Reihe besitzt das FM–Signal einen kaum erkennbaren, in der untersten Reihe schließlich einen sehr großen Frequenzhub. Der Frequenzhub entspricht der größten Abweichung der **Momentan-frequenz** des FM–Signals von der Mittenfrequenz (hier 500 Hz). Der zweifache Frequenzhub gibt jedoch nicht die exakte Bandbreite des FM–Signals an, weil die Momentanfrequenz ein unscharfer Begriff ist. Je größer jedoch der Frequenzhub, desto größer die Bandbreite des FM–Signals.*

Das Quellensignal ist hier in allen Fällen sinusförmig und entspricht genau den Quellensignalen der nachfolgenden Abb. 170!

- Die Information über die Frequenz des sinusförmigen Quellensignals ergibt sich aus dem Abstand der symmetrischen Linien des FM–Spektrums. Die FM ist ein nicht-linearer Prozess. Wie in Kapitel 7 beschrieben, treten typischerweise bei nichtlinearen Prozessen die *ganzzahlig Vielfachen der Frequenz* des Quellensignals auf. So auch hier!

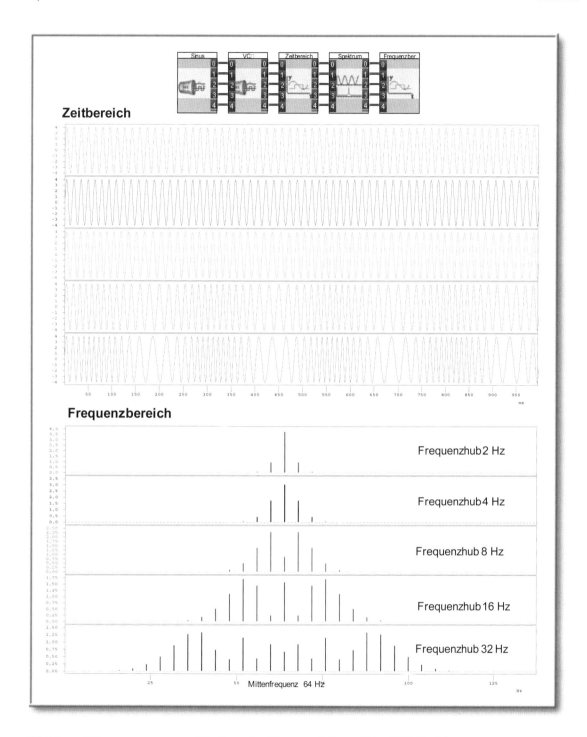

Abbildung 170: **Einfluss des Frequenzhubs auf das FM–Spektrum**

Bei dem DASYLab–Modul „Generator"(Option Frequenzmodulation) gibt es einen denkbar einfachen Zusammenhang zwischen den Zeitbereichen des Quellen- und des FM–Signals. Der im Generator beim Signal eingestellte **Offset** von 64 entspricht genau der **Mittenfrequenz**, hier also 64 Hz. Um diese Mittenfrequenz schwankt nun die Momentanfrequenz des FM–Signals, und zwar maximal um die Amplitude des hier sinusförmigen Quellensignals.

Diese maximale Frequenzänderung wird **Frequenzhub** genannt. Bei einer Amplitude von 2 V (oberer Reihe) ist damit der Frequenzhub 2 Hz, unten dagegen beträgt der Frequenzhub bei einer Amplitude von 32 V 32 Hz. Die Bandbreite der FM–Signale ist immer größer als der doppelte Frequenzhub.

Die Form der Einhüllenden des FM–Spektrums gehorcht komplizierten Gesetzmäßigkeiten (Bessel–Funktionen).

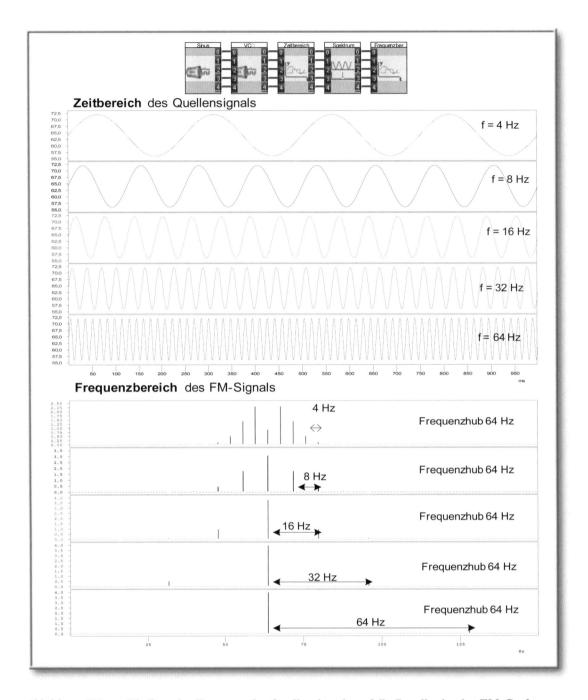

Abbildung 171: **Einfluss der Frequenz des Quellensignals auf die Bandbreite des FM–Spektrums**

Neben dem Frequenzhub Δf_T besitzt auch die Frequenz des Quellensignals f_S einen Einfluss auf den Verlauf und die Breite des FM–Spektrums. Dies wird hier bei konstantem Frequenzhub $\Delta f_T = 8$ Hz für verschiedene Frequenzen des sinusförmigen Quellensignals demonstriert.

Nun ist lediglich noch zu untersuchen, ob die Wahl der Mittenfrequenz ebenfalls Verlauf und Bandbreite des FM–Spektrums beeinflusst (Abb. 172).

- Je besser im Zeitbereich eine Änderung der Momentanfrequenz zu erkennen ist, desto breiter ist das Gesamtspektrum des FM–Signals (siehe Abb. 169 und 170).

- Eine Gesetzmäßigkeit für den Amplitudenverlauf des FM–Spektrums ist nicht ohne Weiteres zu erkennen.

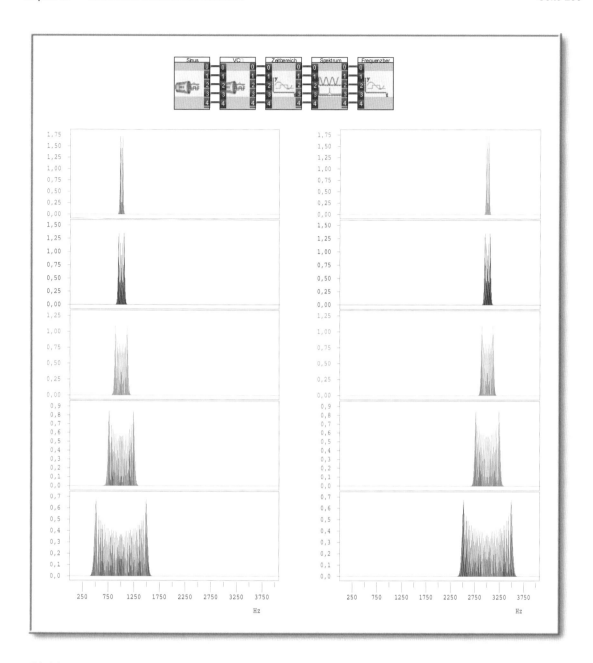

Abbildung 172: **Besitzt die Mittenfrequenz einen Einfluss auf Verlauf und Breite des FM–Spektrums?**

Wir sehen hier die gleiche Versuchsanordnung und auf der linken Seite das gleiche FM–Spektrum mit der Mittenfrequenz 1000 Hz wie in Abb. 170. Auf der rechten Seite wurde die Mittenfrequenz einfach auf 3000 Hz eingestellt, indem der Offset jeweils auf 3000 eingestellt wurde. Alle anderen Größen wie Frequenzhub und Signalfrequenz blieben unverändert.

Ergebnis: Es ist keinerlei Einfluss der Mittenfrequenz auf Verlauf und Breite des FM–Spektrums festzustellen. Damit hängen Verlauf und Breite des FM–Spektrums ausschließlich von dem Frequenzhub Δf_T sowie der Quellensignal-Frequenz f_S ab. Nun sollte es uns gelingen, eine einfache Formel zu finden, welche die Bandbreite des FM–Signals mithilfe dieser beiden Größen beschreibt. Dies zeigt Abb. 173.

- Die Untersuchung des Einflusses von Frequenzhub Δf_T, Signalfrequenz f_S und Mittenfrequenz f_T auf die Bandbreite B des FM–Signals in den Abb. 170 – 172 liefert ein eindeutiges Ergebnis. Lediglich Frequenzhub Δf_T und Signalfrequenz f_T bestimmen die Bandbreite B_{FM} des FM–Signals.

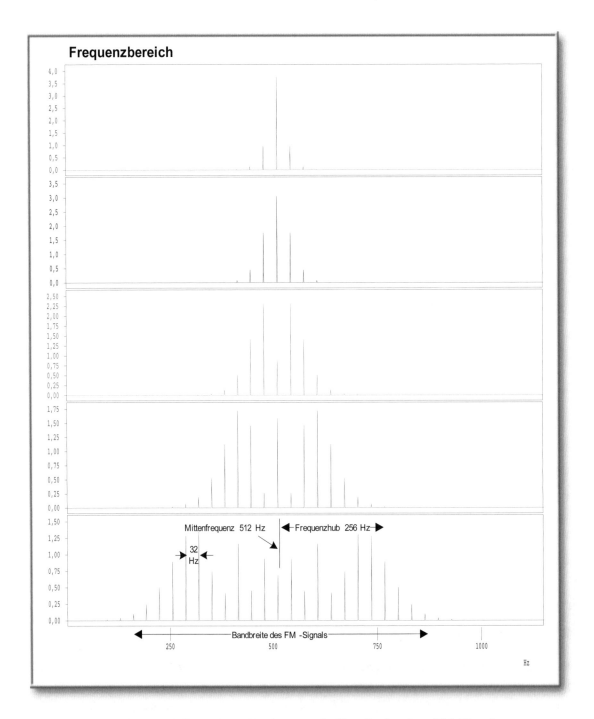

Abbildung 173:   ***Formel zur Abschätzung der Bandbreite eines FM–Signals***

Hier sind noch einmal die Spektren der Abb. 170 und 171 zu sehen. Der Abstand der Linien entspricht der Frequenz des sinusförmigen Quellensignals (hier 32 Hz). In der untersten Darstellung sind die Größen eingezeichnet, um die „wesentliche FM–Bandbreite" ermitteln zu können. Bei einem Frequenzhub von 320 – siehe Abb. 169 unten links – ergibt sich eine Hälfte des Spektrums zu (320 + 2•32) Hz. Die Gesamtbandbreite ergibt sich demnach zu 2(320 + 2•32) Hz. Für jeden anderen Fall ergibt sich ganz allgemein $B_{FM} = 2(\Delta f_T + 2f_S)$.

• Abb. 173 führt schließlich zur Formel für die Bandbreite eines FM–Signals:

$$B_{FM} = 2(\Delta f_T + 2f_S)$$

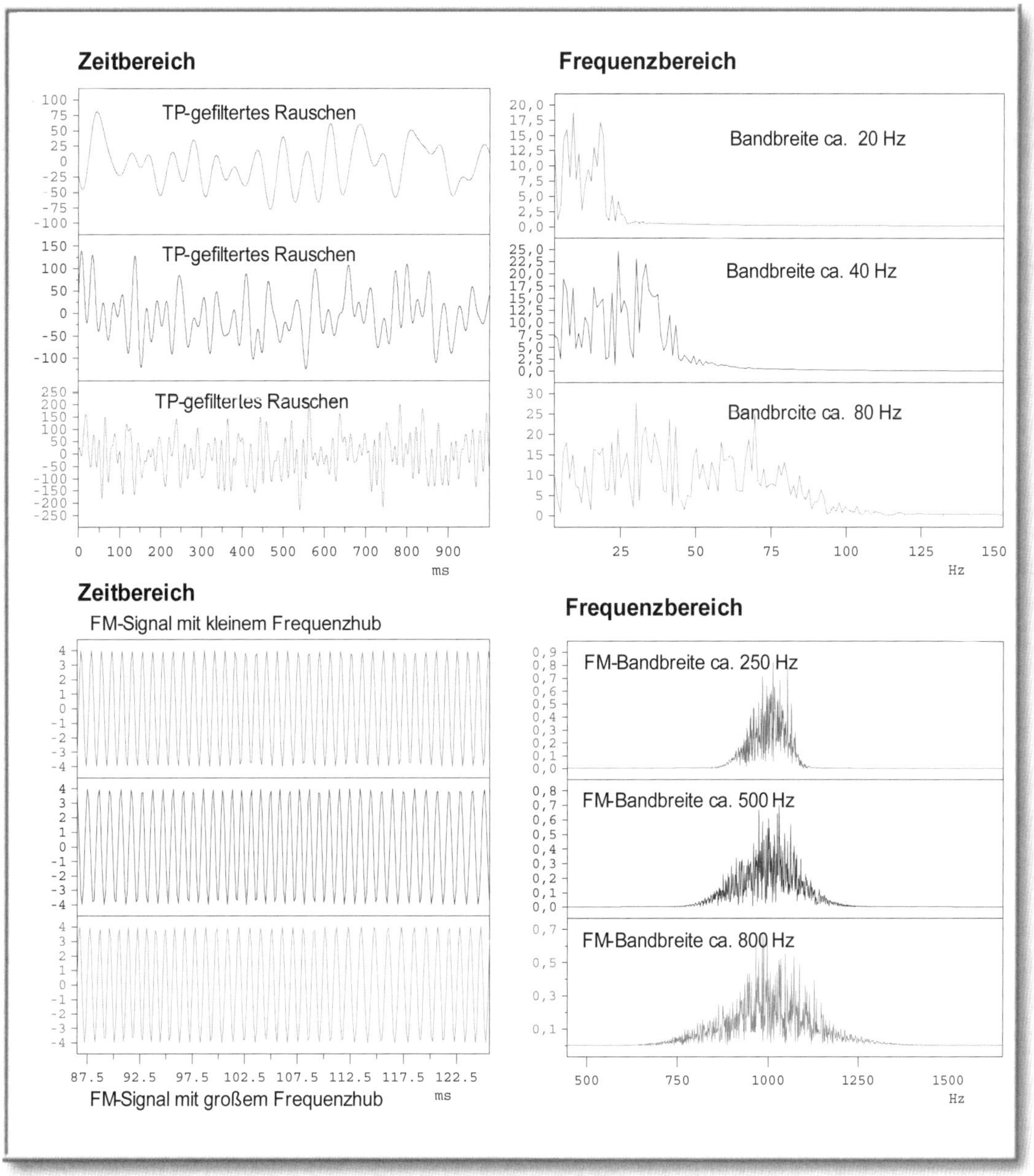

Zeitbereich

Frequenzbereich

TP-gefiltertes Rauschen

Bandbreite ca. 20 Hz

TP-gefiltertes Rauschen

Bandbreite ca. 40 Hz

TP-gefiltertes Rauschen

Bandbreite ca. 80 Hz

Zeitbereich

FM-Signal mit kleinem Frequenzhub

Frequenzbereich

FM-Bandbreite ca. 250 Hz

FM-Bandbreite ca. 500 Hz

FM-Bandbreite ca. 800 Hz

FM-Signal mit großem Frequenzhub

Abbildung 174:   ***FM–Spektrum eines realistischen Signals***

Bislang wurde weitgehend ein sinusförmiges Quellensignal verwendet, um einfache, auswertbare Verhältnisse vorzufinden. Ein realistisches Signal besitzt jedoch eine stochastische Komponente, d. h. der zukünftige Verlauf ist nicht genau vorhersagbar. Dadurch bekommt das Spektrum eine bestimmte Unregelmäßigkeit, die an ein Rauschsignal erinnert. Im Zeitbereich links ist dies nicht zu erkennen.

Hier wurde gefiltertes Rauschen verschiedener Bandbreite – siehe oben – frequenzmoduliert. Es ist gut zu sehen, dass die Bandbreite des FM–Signals von der Bandbreite des Quellensignals abhängt. Obwohl das gleiche Rauschsignal jeweils tiefpassgefiltert wurde, hängt der reale Frequenzhub von der Bandbreite des Quellensignals ab. Den Grund sehen Sie oben links im Zeitbereich: Die Maximal-Momentanwerte wachsen mit der Bandbreite des Quellensignals, weil auch die Energie mit der Bandbreite zunimmt. Je größer aber diese Werte, desto größer der Frequenzhub.

Im Gegensatz zur AM und EM ist hier die FM–Bandbreite mindestens das Zwanzigfache der Bandbreite des Quellensignals. Die FM geht also geradezu verschwenderisch mit dem Frequenzband um. Wenn trotzdem z. B. im UKW-Bereich mit FM gearbeitet wird, so muss dieses Modulationsverfahren große Vorteile gegenüber der AM und EM besitzen.

Demodulation von FM – Signalen

Die Information des Quellensignals ist bei FM gewissermaßen „frequenzverschlüsselt". Wie kommen wir im Empfänger wieder an diese Informationen wieder heran?

Im UKW-Bereich – d. h. im Bereich um 100 MHz – beträgt der Frequenzhub weniger als 0,1 % (1 Promille). Das Signal sieht auf dem Bildschirm eines schnellen Oszilloskops aus wie eine reine sinusförmige Trägerschwingung. Erst das Spektrum verrät das FM–Signal. Benötigt wird also ein *hochsensibler* Frequenz-Spannungs-Wandler (f–U–Wandler, siehe Beispiel *Telemetrie* Abb. 131), der jede noch so kleine Frequenz*änderung* als „Spannungsausschlag" registriert.

Hier scheint wieder die Physik gefragt. Ein erster Tipp dürften Filter sein. Filter besitzen eine Flanke an der Grenze zwischen Durchlass- und Sperrbereich. Nehmen wir an, diese Flanke sei ziemlich steil. Dies würde bedeuten: Läge die Bandbreite des FM–Signals vollständig in diesem Grenzbereich, so würde doch eine kleine Frequenzänderung schon entscheiden, ob das Signal durchgelassen – also am Ausgang eine größere Amplitude besitzt – oder weitgehend gesperrt wird, also am Ausgang des Filters eine sehr kleine Amplitude besitzt.

> *Die Filterflanke ist also ein Bereich, der sehr sensibel auf Frequenzänderungen reagiert.*

Abb. 175 stellt diese Verhältnisse grafisch dar und sagt damit mehr als tausend Worte. Nun stellt aber jede Filterflanke prinzipiell eine *nichtlineare* Kennlinie dar. Damit treten an Filterflanken sehr leicht unerwünschte nichtlineare Verzerrungen auf, die das ursprüngliche Quellensignal nach der Demodulation verzerrt wiedergeben (Abb. 175). Seit dem Beginn des UKW-Rundfunks in den fünfziger Jahren hatte man jedoch jahrzehntelang nichts Besseres. Die Entwicklung bestand lange darin, ein prinzipiell ungeeignetes Verfahren immer etwas mehr zu verbessern. So wurde hauptsächlich versucht, durch schaltungstechnische Tricks die Filterflanke zu linearisieren.

Für dieses Problem wurde ein neuer Denkansatz benötigt. Mit diesem Ansatz betreten wir ein hochaktuelles Gebiet der nichtlinearen Signalverarbeitung: die Rückkopplung eines Teils des Ausgangssignals auf den Eingang des Systems. Mit anderen Worten: *rückge-koppelte Systeme* bzw. die *Regelungstechnik*.

Rückgekoppelte Systeme sind eine Erfindung der Natur. Wir finden sie überall, erkennen sie aber selten als solche. Weil wir uns noch in einem späteren Kapitel noch mit dem *Rückkopplungsprinzip* beschäftigen werden, soll hier nur so viel erwähnt werden, wie wir für die Demodulation von FM–Signalen brauchen.

Der Phase – Locked – Loop PLL

Eines der Hauptprobleme der Signal-Übertragungstechnik ist die (zeitliche) *Synchronisation von Sender und Empfänger*. Läuft beispielsweise in einem defekten Fernseher das Bild durch, sodass zeitweise auf dem Bildschirm die Beine einer Person hilflos von oben herunterbaumeln und der Kopf unten am Boden erscheint, so liegt ein solcher Synchronisationsfehler vor. Wenn Sie dann am richtigen Knöpfchen drehen, „rastet" plötzlich das Bild wieder ein: Sender und Empfänger sind wieder synchronisiert.

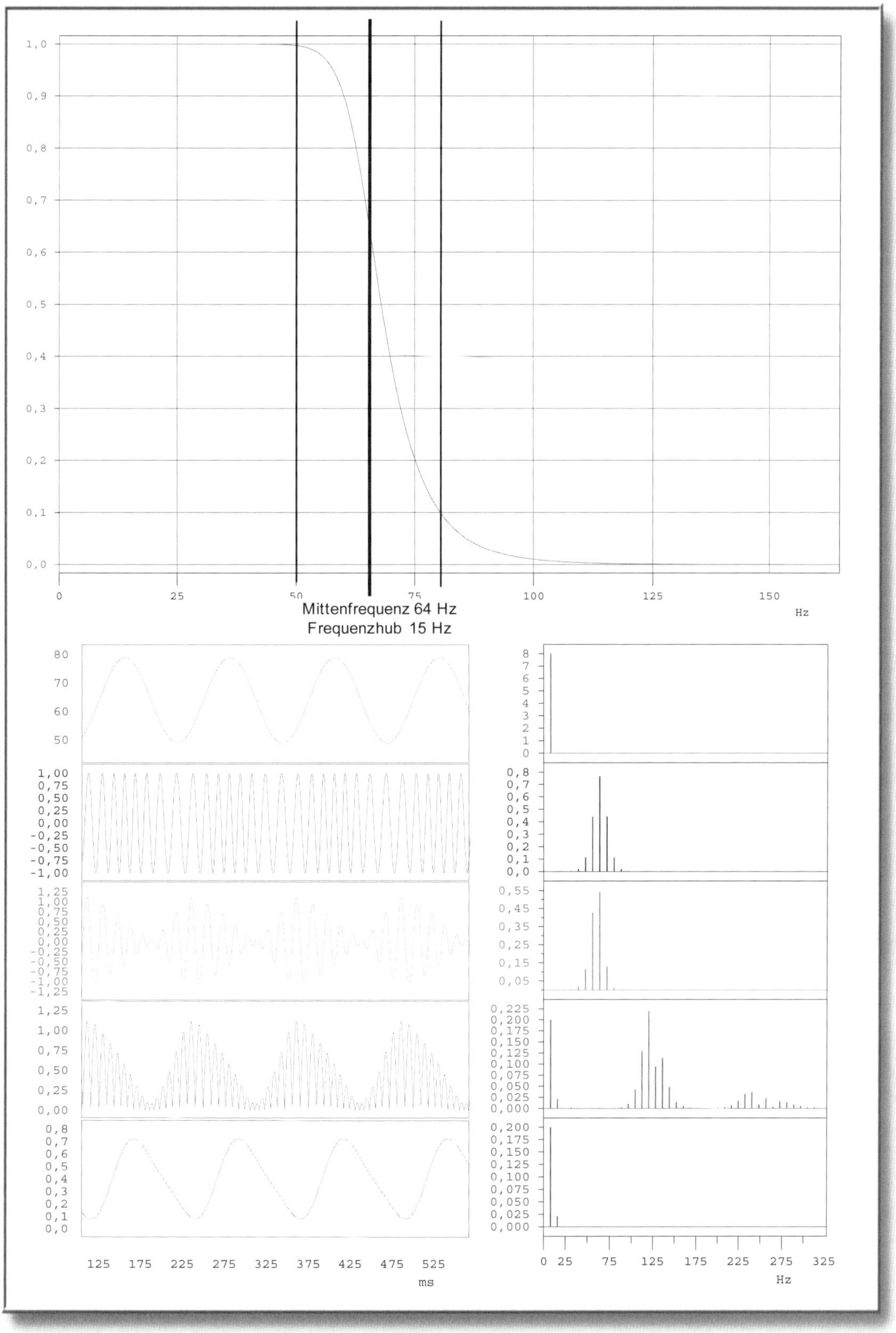

Abbildung 175:   ***Demodulation eines FM–Signals an einer Filterflanke***

Hier wird der Übergang eines Tiefpasses vom Durchlass- in den Sperrbereich als empfindlicher Frequenz-Spannungs–Wandler (f/U-Wandler) zur Demodulation des FM–Signals verwendet. Wegen der nichtlinearen Filterkennlinie ist das rückgewonnene Signal stark verzerrt (Frequenzhub zu groß!).

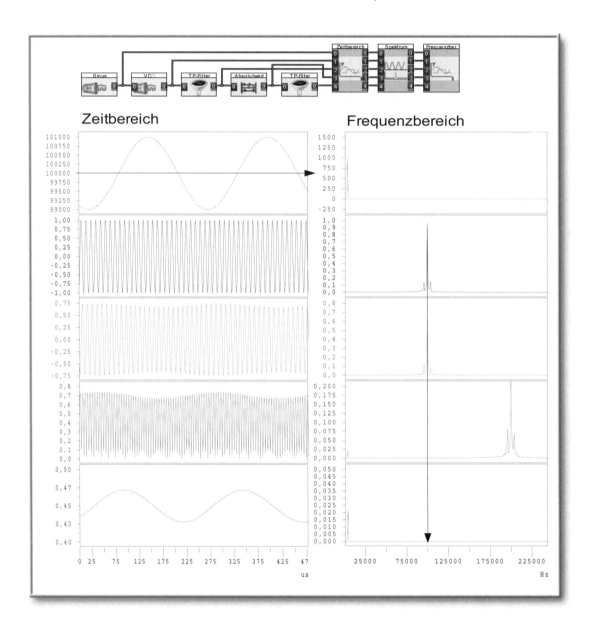

Abbildung 176:   ***Demodulation eines FM–Signals an einer Filterflanke bei kleinem Frequenzhub***

Am FM–Signal (obere Reihe), dem an der Filterflanke (gespiegelten) FM–Signal sowie am gleichgerichteten Signal ist beim genauen Vergleich mit Abb. 175 der kleinere Frequenzhub zu erkennen. Dadurch wird das FM–Signal ausschließlich am linearen Teil der Filterflanke gespiegelt. Das wiedergewonnene Quellensignal besitzt zwar eine deutlich kleinere Amplitude (ca. 0,05 V), ist aber nur wenig nichtlinear verzerrt. Man sieht lediglich eine sehr kleine 2. Harmonische rechts unten im Spektrum.

Die Nulllinie des sinusförmigen Quellensignals links oben liegt bei 100000, weil mit diesem Wert die Mittenfrequenz des FM–Generatormoduls eingestellt wird. Die Amplitude entspricht dem Frequenzhub.

Für den Fernseh–Empfänger stellt sich also die Aufgabe, aus dem Empfangssignal den richtigen Takt „herauszufischen", damit die Bildwiedergabe synchron zum Sender erfolgt. Der phasenstarre Regelkreis PLL löst diese Aufgabe perfekt!

Der PLL ist aus Bausteinen zusammengesetzt, die uns bereits alle bekannt sind: Multiplizierer, Tiefpass und VCO (spannungsgesteuerter Oszillator). Trotzdem wären Sie wahrscheinlich überfordert, müssten Sie aus dem Stand heraus die Funktion des PLLs nach Abb. 177 beschreiben.

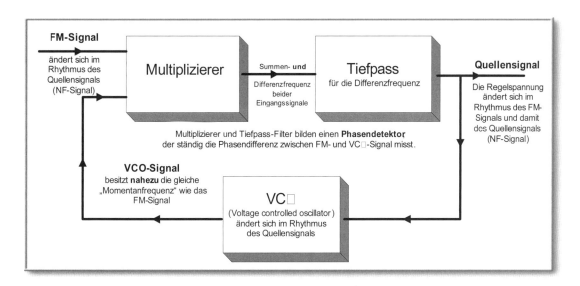

Abbildung 177:   ***Vereinfachtes Blockschaltbild eines analogen PLL***

Gehen wir einmal davon aus, das VCO–Signal besäße momentan fast die gleiche Frequenz wie das empfangene FM–Signal. Als Ergebnis der Multiplikation erscheint am Ausgang die Summen- und Differenzfrequenz $f_{FM} + f_{VCO}$ und $f_{FM} - f_{VCO}$. Der Tiefpass unterdrückt die Summenfrequenz.

Welche Frequenz hat nun das Differenzsignal, wo doch beide Frequenzen f_{FM} und f_{VCO} fast gleich groß sind? Am Ausgang des Tiefpasses erscheint demnach eine „schwankende Gleichspannung", die genau die Höhe haben sollte, um den VCO genau auf die Momentanfrequenz des FM–Signals nachzuregeln.

*Da nun aber das FM–Signal sich im Rhythmus des NF–Signals ändert, muss sich auch die Regelspannung am Ausgang des Tiefpasses in diesem Rhythmus ändern, um den VCO immer neu auf die Momentanfrequenz des FM–Signals nachregeln zu können: Das Regelsignal **ist** also das NF–Signal!*

Noch nicht ganz verstanden? Bilder sagen mehr als tausend Worte: (Abb. 178 bis 180).

Das hat zwei Gründe: Erstens wird hier der Multiplizierer für einen „Spezialzweck" eingesetzt, zweitens liegt eine Rückkopplung vor. Es ist generell schwierig, das Verhalten rückgekoppelter Systeme vorherzusagen, weil rückgekoppelte Systeme durchweg nichtlinear sind!

In Abb. 177 sollen Multiplizierer und Tiefpass zusammen einen „Phasendetektor" bilden. Ein Phasendetektor vergleicht zwei (gleichfrequente) Signale, ob sie in Phase liegen, also vollkommen synchron sind. Dies kann z. B. durch einen Vergleich der Nulldurchgänge beider Signale geschehen. Wichtig ist hierbei folgende Erkenntnis: Verschieben sich die Nulldurchgänge kontinuierlich immer mehr zueinander, so besitzen die beiden Signale nur noch *fast* die gleiche Frequenz! Hierzu Abb. 178.

Fangen wir also sehr einfach an und lassen einfach einmal die Rückkopplung weg. In Abb. 178 soll der VCO fest auf eine Frequenz eingestellt sein, die der Mittenfrequenz des FM–Signals annähernd entsprechen soll. Das FM–Signal variiert dagegen seine Frequenz im Rhythmus des oberen (sinusförmigen) NF–Signals. Im Bild werden die Nulldurchgänge verglichen. Am Ausgang des Multiplizierers erscheinen Summen- und Differenzfrequenz. Der Tiefpass unterdrückt die Summenfrequenz und die „Restspannung", die den VCO eigentlich steuern soll, entspricht mehr oder weniger (siehe Abb. 178) dem NF–Signal. Diese Spannung ist dort am größten, wo die Phasendifferenz der Nulldurchgänge am größten ist, falls man die Zeitverzögerung durch den Tiefpass einbezieht.

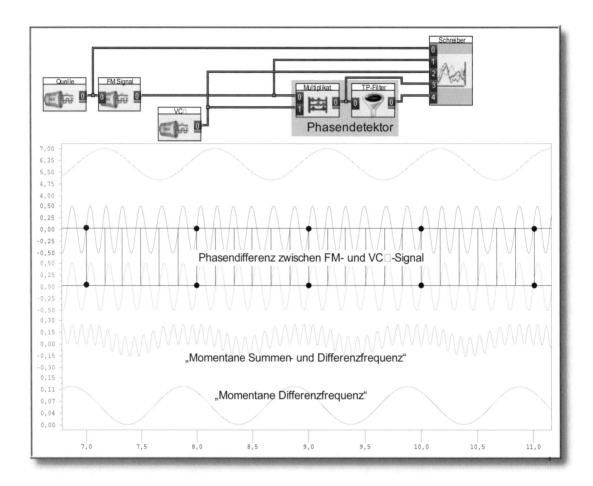

Abbildung 178:   ***Grundsätzliche Wirkungsweise des Phasendetektors***

In der zweiten und dritten Reihe ist die Phasenverschiebung zwischen dem FM– und dem hier auf eine konstante Frequenz eingestellten VCO–Signal als Differenz zwischen den Nulldurchgängen zu sehen. Diese Phasendifferenz enthält die Differenzfrequenz, die zusammen mit der Summenfrequenz am Ausgang des Multiplizierers erscheint. Der Tiefpass unterdrückt die Summenfrequenz.

Ein klein wenig wurde hierbei geschummelt. Dies zeigt Abb. 179, bei der die Regelspannung bzw. das wiedergewonnene NF–Signal doch erheblich anders aussieht als das Original! Im Frequenzbereich ist auch dargestellt, was eigentlich passiert. Die Multiplikation beider Signale im Zeitbereich ergibt eine Faltung im Frequenzbereich (Summen– und Differenz*band*!). Nach der Tiefpassfilterung bleibt halt nicht das ursprüngliche NF–Signal übrig, sondern ein zur Mittenfrequenz $f_M = 0$ liegendes FM–Signal!

Diese Regelspannung entspricht deshalb *nicht* genau dem ursprünglichen NF–Signal, weil der VCO hier auf einer festen Frequenz eingestellt ist und nicht permanent nachgeregelt wird. Ist dieser Regelkreis perfekt abgestimmt, so erscheint am Ausgang des Tiefpasses eine Regelspannung, die dem ursprünglichen NF–Signal entspricht.

> *Der PLL versucht also hier permanent, Sender (FM–Signal) und Empfänger (VCO–Signal) zu synchronisieren. Da das FM–Signal sich aber im Rhythmus des NF–Signals (Quellensignals) ändert, muss sich die Regelspannung für den VCO auch genau in diesem Rhythmus ändern.*

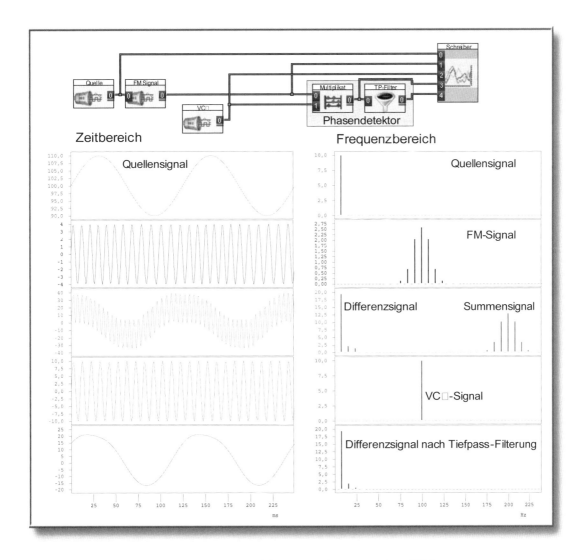

Abbildung 179:   **Defekter PLL ohne geregelten VCO**

Was passiert, falls beim PLL der eigentliche Regelkreis unterbrochen und der VCO mit einer konstanten „Trägerfrequenz" betrieben wird. Diese Analyse ist recht einfach. Denn dann haben wir es mit einer einfachen Multiplikation im Zeitbereich zu tun. Im Frequenzbereich dagegen bildet sich das Summen- und Differenzsignal. Wird das Summensignal durch den Tiefpass herausgefiltert, so bleibt nicht das ursprüngliche Quellensignal übrig; vielmehr zeigt sich im Frequenzbereich ein Seitenband des FM–Signals bei der „Mittenfrequenz" f = 0 Hz.

Erst der Regelkreis bringt also das Quellensignal wieder an den Tag, weil ja dadurch der VCO gezwungen wird, sich auf die Momentanfrequenz des FM–Signals zu synchronisieren! Da sich aber diese FM–Momentanfrequenz im Rhythmus des Quellensignals ändert, muss das auch für die Regelspannung (die Differenzspannung am Ausgang des Tiefpasses) gelten!

Die Sensibilität dieses rückgekoppelten Systems äußert sich in einer äußerst diffizilen Abstimmung der Regelspannung. Dies zeigt Abb. 180. Die Ausgangsspannung des Tiefpasses wird auf den richtigen Pegel verstärkt und mit dem richtigen Offset versehen. Schon eine winzige Veränderung dieser Größen macht den Regelkreis instabil.

Mit dem Offset wird die Mittenfrequenz und mit dem Verstärker der Frequenzhub des VCO eingestellt. Das Modul „Verzögerung" ist bei DASY*Lab* für rückgekoppelte Kreise vorgeschrieben. Erst nach einer bestimmten Zeit rastet der PLL ein.

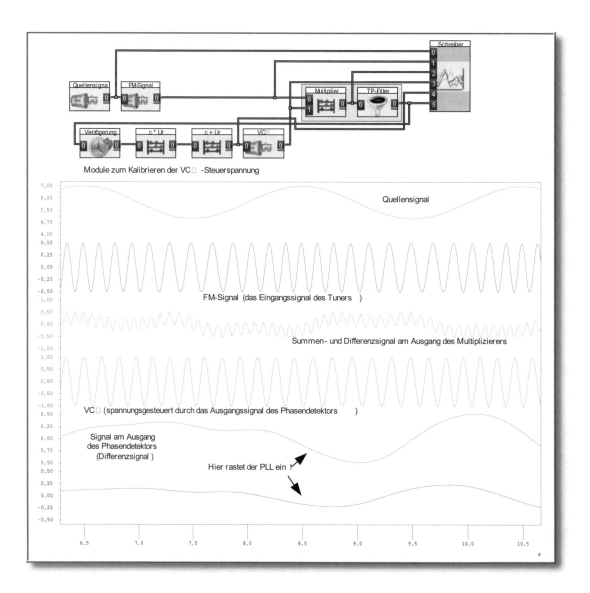

Abbildung 180:   ***Der PLL als Demodulator für FM–Signale***

In dem oberen Blockschaltbild finden Sie einige Bausteine mehr als im Prinzip-Blockschaltbild von Abb. 178. Links oben wird das FM–Signal erzeugt, welches demoduliert werden soll. Der Phasendetektor – aus dem Multiplizierer und dem Tiefpass bestehend – zeigt den jeweiligen Phasenunterschied zwischen FM– und VCO–Signal an. Dieses Ausgangssignal wird zur Nachregelung des VCO aufbereitet (Einstellung der Mittenfrequenz des VCO durch Offset $(C + U_R)$ und des Frequenzhubs $(C \cdot U_R)$. Natürlich arbeitet der Regelkreis mit einer bestimmten Verzögerung. Dies sehen Sie auch beim Vergleich von FM– und VCO– Signal. Mit DASYLab ist jedoch Rückkopplung überhaupt erst möglich unter Verwendung des Moduls „Verzögerung".

> *Der PLL besitzt eine Bedeutung, die weit über die eines FM– Demodulators hinausgeht. Er wird generell dort eingesetzt, wo es gilt, Sender und Empfänger zu synchronisieren, denn er kann gewissermaßen den Grundtakt („clock") aus dem Empfangssignal „herausfischen".*

Schon eine Änderung von jeweils der zweiten Stelle nach dem Komma der Konstanten C in den beiden Modulen lässt den PLL überhaupt nicht einrasten. Wir sehen, wie sensibel der Regelkreis auf die kleinsten Änderungen des VCO–Signals reagiert.

Würde andererseits das FM–Signal zeitweise einen höheren Frequenzhub aufweisen, so könnte der PLL ebenfalls aus dem Tritt geraten. Sender–Frequenzabstand und Frequenzhub sind deshalb im UKW-Bereich festgelegt. Der Mittenfrequenzabstand beträgt 300 kHz, der maximale Frequenzhub 75 kHz, die höchste NF–Frequenz ca. 15 kHz ("HiFi"). Aufgrund unserer Bandbreitenformel ergibt sich damit eine Sender-bandbreite von ca.

$$B_{UKW} = 2 \ (75 \ kHz + 2 \cdot 15 \ kHz) = 210 \ kHz$$

Phasenmodulation

Zwischen der *Frequenz* und der *Phase* einer Sinus–Schwingung besteht ein eindeutiger Zusammenhang, der hier noch einmal kurz dargelegt werden soll. Stellen Sic sich einmal zwei Sinus–Schwingungen vor, eine mit 10 Hz, die andere mit 100 Hz.

$Sinus_{10Hz}$ besitzt eine Periodendauer von

$$T_{10Hz} = 1/f = 1/10 = 0,1 \ s \ \ ,$$

$Sinus_{100Hz}$ eine Periodendauer

$$T_{100Hz} = \ 1/f = 1/100 = 0,01 \ s \ \ .$$

Stellen wir uns nun jeweils den rotierenden Zeiger nach Abb. 24 vor, so dreht sich dieser Zeiger bei 100 Hz 10-mal schneller als bei 10 Hz. Das heißt aber auch, der Vollwinkel (die Phase) von 2π (360^0) bei 100 Hz wird 10-mal so schnell durchlaufen wie bei 10 Hz. Demnach gilt:

> Je schneller sich (momentan) die Phase *ändert*, desto höher ist die (momentane) Frequenz einer Sinus–Schwingung.

Bei der *Differenziation* als signaltechnischer Prozess haben wir diese Art der Formulierung immer benötigt:

> Je schneller sich (momentan) das Eingangssignal ändert, desto größer ist (momentan) das differenzierte Signal.

Andererseits ist uns aus Kapitel 2 der Zusammenhang zwischen Winkelgeschwindigkeit, Phase und Frequenz bekannt:

$$\omega = \varphi \ / \ t = 2\ \pi \ /T = 2\ \pi \ f$$

Dieser Zusammenhang ist jedoch nur ganz korrekt, falls sich die Frequenz nicht ändert bzw. der Zeiger mit konstanter Winkelgeschwindigkeit ω rotiert. Bei der FM und PM gilt dies jedoch nicht. Deshalb gilt genau genommen

$$\omega = \ d\varphi \ / \ dt$$

was – siehe oben – nichts anderes ausdrückt als: Je schneller sich momentan die Phase ändert, desto höher ist die momentane Frequenz einer Sinus–Schwingung. Oder in mathematisch korrekter Form: Die Differenziation des Winkels nach der Zeit ergibt die Winkelgeschwindigkeit.

Für die Frequenz gilt damit $2\ \pi \ f = \ d\varphi \ / \ dt$

bzw. $f = (1 \ / \ 2\ \pi) \ d\varphi \ / \ dt = 0,16 \ \ d\varphi \ / \ dt$

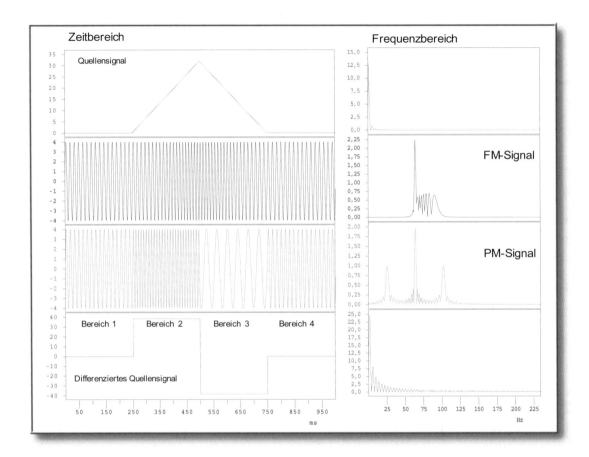

Abbildung 181:   ***Vergleich zwischen PM und FM***

Als Quellensignal wird ein Signal gewählt, welches 4 Bereiche aufweist: Im Bereich 1 ändert es sich gar nicht, in Bereich 2 steigt es linear an, in Bereich 3 fällt es wieder in sonst gleicher Weise linear ab und ändert sich schließlich wieder im Bereich 4 nicht (obere Reihe). Jeder Zeitbereich ist 250 ms lang.

In der zweiten Reihe sehen sie das entsprechende FM–Signal. So nimmt z. B. im Bereich 2 die Frequenz linear zu usw.

In der dritten Reihe sehen Sie das PM–Signal. Dazu wurde – Begründung siehe Text – das Quellensignal differenziert (untere Reihe) und auf das Modul „FM–Generator" gegeben.

Bei dem PM–Signal springt also insgesamt dreimal an den Bereichsgrenzen die Momentanfrequenz um einen Betrag, der von der Steigung bzw. dem Gefälle des Quellensignals abhängt.

Die PM reagiert also wesentlich kritischer auf Änderungen des Quellensignals, was sich eigentlich bereits aus unserer ersten Erkenntnis ergibt: Je schneller sich momentan die Phase ändert, desto höher ist die momentane Frequenz einer Sinus–Schwingung.

Dies zeigt auch der Frequenzbereich rechts. Das Spektrum des PM–Signals ist breiter als das des FM–Signals. Es ist so, als sei ein Quellensignal mit einem breiteren Frequenzband – das differenzierte Quellensignal unten – frequenzmoduliert worden, ohne gleichzeitig den Informationsdurchsatz zu steigern.

Die technische Verwirklichung einer Phasenmodulation ist nicht ganz einfach. Jedoch bietet die obige Erkenntnis einen einfachen Weg hierfür, auch falls lediglich ein Modul für die Frequenzmodulation vorhanden ist:

- Da es sich um Phasenmodulation handeln soll, muss sich der Phasenwinkel $\varphi(t)$ im Rhythmus des Quellensignals ändern.

- Wird nun $\varphi(t)$ differenziert, anschließend mit 0,16 multipliziert und dann auf das Modul „Frequenzmodulation" gegeben, so erhalten wir ein phasenmoduliertes Signal $u_{PM}(t)$.

Dies zeigt die Abb. 181. Gegenüber der FM konnte sich die PM sich nicht bei der analogen Übertragungstechnik durchsetzen. Einer der Gründe ist die schwierigere Modulationstechnik. Erst mit den modernen *Digitalen Modulationsverfahren* hat sie eine wirkliche Bedeutung erhalten.

Störfestigkeit von Modulationsverfahren am Beispiel AM , FM und PM

Die sichere Übertragung von Informationen ist *das* Optimierungskriterium in der Nachrichten- bzw. Übertragungstechnik. Auch in – durch Rauschen oder andere Störsignale – beeinträchtigten Übertragungssystemen (Leitungen, Richtfunk, Mobilfunk, Satellitenfunk usw.) muss die sichere Übertragung unter definierten Bedingungen – z. B. in einem fahrenden Pkw – gewährleistet sein. Der anschauliche Begriff der Störfestigkeit geht auf die Definition von Lange zurück (F.H. Lange: Störfestigkeit in der Nachrichten- und Messtechnik, VEB–Verlag Technik, Berlin 1983)

> Hinweis:
> Generell unterschieden wird zwischen *additiven* und *multiplikativen* Störungen. Additive Störungen lassen sich dann relativ leicht „behandeln", wenn sie auf lineare Systeme einwirken. Es entstehen dann innerhalb der Systemkomponenten keine neuen Störfrequenzen.
> Anders ist dies bei einer nichtlinearen Umsetzung (z. B. Modulation). Hierbei treten – z. B. durch die Multiplikation – Mischprodukte, d. h. multiplikative Störungen in den verschiedensten Frequenzbereichen auf. Gerade in Frequenzmultiplex–Systemen (siehe z. B. das V–10800-System in Abb. 164) können fehlerhafte nichtlineare Komponenten zu äußerst komplexen Störungen führen, die nur sehr schwer messtechnisch eingrenzbar sind.

Am Beispiel des AM–Rundfunks im MW–Bereich sowie des FM–Rundfunks im UKW-Bereich lässt sich der Unterschied an Störfestigkeit erklären.

Eigentlich scheint es eine Patentlösung zu geben: Die Signalleistung sollte möglichst groß sein gegenüber der Störleistung. Das Verhältnis von Signalleistung P_{Signal} zu Störleistung $P_{Störung}$ mausert sich damit zur Grundforderung für Störfestigkeit. Damit scheint bei jeder Modulationsart ein störungsfreier Empfang möglich!

Doch so einfach liegen die Dinge nicht. So lässt sich z. B. beim Mobilfunk die Sendeleistung eines Handys nicht einfach steigern. Außerdem wurde bei der Zwei-seitenband–AM mit Träger bereits auf die verschwendete Senderenergie hingewiesen: Auch wenn überhaupt kein Signal anliegt, wird praktisch die gesamte Senderleistung benötigt, nur ein kleiner Bruchteil der Senderenergie ist für die eigentliche Information vorgesehen (siehe Abb. 155 unten rechts).

Bereits 1936 bewies Armstrong, der Erfinder des Rundfunkempfangs mit Mischstufe (siehe Abb. 167) die gegenüber der AM erhöhte Störfestigkeit der FM, allerdings auf Kosten eines wesentlich höheren Bandbreitenaufwandes. Dieser Nachteil verhinderte zunächst eine Anwendung der FM im Mittelwellenbereich (535 – 1645 kHz), da innerhalb dieses relativ schmalen, ca. 1,1 MHz breiten Frequenzbandes die Anzahl der Rundfunk-kanäle ohnehin recht gering war. Bei einem 9 kHz-Senderabstand (!) ergaben sich für Europa 119 verschiedene Rundfunkkanäle.

Jedoch entfiel diese Schwierigkeit mit der technischen Erschließung des Höchst-
frequenzbereichs nach 1945. Im UKW–Bereich wurde direkt ein Sender–Mittenfrequenzabstand von 300 kHz vorgesehen, ausreichend für FM. Zusätzlich zu der
größeren Störfestigkeit der FM sind im Höchstfrequenzbereich geringere äußere
Störungen vorhanden. Dank der Horizontbegrenzung der Reichweite – infolge der
geradlinigen, quasioptischen Ausbreitung der elektromagnetischen Wellen im UKW–
Bereich – stören entfernte Sender nur unter extremen Bedingungen.

Theoretische Untersuchungen zeigten danach mit der Forderung nach einer möglichst
großen *Erhöhung des Nutzphasenhubs* bei der PM eine richtige Strategie zur Erhöhung
der Störfestigkeit. Nun musste geklärt werden, welcher Mehraufwand an Bandbreite bei
der PM hierfür erforderlich war, ferner die Frage, welche Verhältnisse bei der FM sich
hieraus ergeben würden.

Der Unterschied zwischen den beiden Modulationsarten FM und PM ist aus Abb. 181
ersichtlich. Bei der FM ist die NF–Amplitude bzw. der Momentanwert des Quellensignals
bzw. die momentane Lautstärke *proportional* zum Trägerfrequenzhub. Dagegen ist bei
der PM die NF–Amplitude bzw. die Lautstärke proportional zum Phasenhub, jedoch ist
der Phasenhub unabhängig von der momentanen NF–Frequenz. Bei der FM jedoch gilt
Letzteres nicht. Bei gleicher Lautstärke wird bei der FM die dem Phasenhub proportionale
Störfestigkeit umso schlechter, je höher die momentane Niederfrequenz des
Quellensignals ist. Dies bedeutet: Bei der FM ist die Störfestigkeit reziprok zur
modulierenden Niederfrequenz. Sie ist bei den niedrigsten Modulationsfrequenzen am
größten.

Diesem Mangel kann aber dadurch abgeholfen werden, dass die hohen Modulationsfrequenzen in der Amplitude durch eine Frequenzgangskorrektur mittels eines Hochpass–
Filters angehoben werden. Dies wird Preemphasis genannt. Auf der Empfängerseite wird
diese Maßnahme durch ein Tiefpass–Filter rückgängig gemacht. Dies wird als
Deemphasis bezeichnet.

Die Störfestigkeit der FM beschränkt sich auf Schmalbandsignale, insbesondere von
Fremdsendern. Aber es werden auch impulsähnliche industrielle Störungen gut
unterdrückt. Sobald jedoch die Nutzfeldstärke in der Größenordnung der Störfeldstärke
liegt, sinkt die Übertragungsqualität stark ab. Beim UKW–Rundfunk machen sich in den
dicht bebauten Städten vor allem Interferenzstörungen des Sendersignals bemerkbar.
Mehrere, an Häuserwänden reflektierte Sendersignale überlagern sich am Ort der
Autoantenne so ungünstig, dass die Nutzfeldstärke gegen null geht. An einer Ampel hilft
oft bereits ein Versetzen des Wagens um einen halben Meter, um wieder bessere
Empfangsqualität zu erhalten.

> *Bei der FM, ebenso wie bei der PM, liegt die ganze Information*
> *in den Nulldurchgängen der Trägerschwingung. Solange diese*
> *bei einer Störung erhalten bleiben, lässt sich eine vollständige*
> *Störbefreiung durchführen. Sobald aber eine Störung merklich*
> *die Nulldurchgangsverteilung der modulierten Schwingung*
> *verändert, wird der Nutzinformationsfluss zerstört. Siehe hierzu*
> *Abb. 182.*

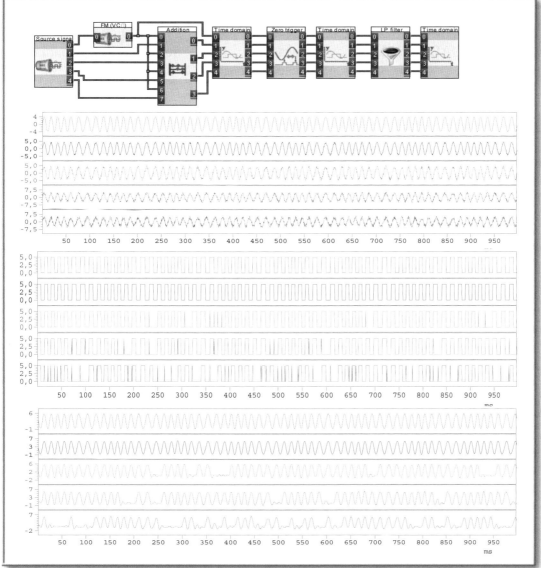

Abbildung 182: **PM und FM: Die Information liegt in den Nulldurchgängen!**

Diese These lädt direkt zu einem entsprechenden Experiment ein. Es soll bewiesen werden: Die gesamte Information liegt in den Nulldurchgängen. Ferner: Nehmen die Störungen (hier Rauschen) zu, geht immer mehr Information verloren.

Wie das Blockschaltbild sowie der obere Signalblock (Zeitbereich 1) zeigen, wird zunächst ein reines PM-bzw. FM–Signal erzeugt (um welches Signal es sich wirklich handelt, wäre erst entscheidbar, falls das Quellensignal vorläge). Zu diesem Signal wird nun auf vier weiteren Kanälen ein immer größeres Rauschen addiert.

Das Modul „Nullstellen" triggert nun auf die Nullstellen dieser fünf Signale, und zwar abwechselnd auf die ansteigende und abfallende Flanke. Damit zeigt der gesamte mittlere Signalblock nur noch die in den Nullstellen enthaltenen Informationen an! Die durch Störungen hervorgerufenen Informationsverfälschungen sind klar erkennbar.

Diese Nullstellensignale werden nun einfach tiefpassgefiltert. Im dritten Signalblock (Zeitbereich 3) ist das Ergebnis zu sehen. In der oberen Reihe wurde das ungestörte Signal (zeitverschoben) vollständig zurückgewonnen. Damit ist die These bewiesen! Bei den nächsten vier Signalen nehmen die Störungen sichtbar – wie das Störrauschen – von oben nach unten zu.

Mit intelligenteren Methoden ließen sich auch noch diese Störungen weitgehend beseitigen!

Hinweis:
Die moderne Mikroelektronik schafft mit der Digitalen Signalverarbeitung wesentlich bessere Lösungsmöglichkeiten. Mit der neuen Digitalen Rundfunktechnik (DAB Digital Audio Broadcasting) ist dank der neuartigen Modulationsverfahren – neben vielen neuen technischen Möglichkeiten – ein praktisch störungsfreier Empfang ohne Interferenzstörungen in HiFi–Qualität möglich.

Praktische Informationstheorie

Zusammenfassend ist festzustellen, dass die FM und PM ein gutes Beispiel für die Aussage der Informationstheorie ist, prinzipiell die Störfestigkeit über die Vergrößerung der Bandbreite des Sendersignals erhöhen zu können.

Gerade die Umsetzung der theoretischen Ergebnisse in die Praxis mit den Mitteln der Digitalen Signalverarbeitung hat in den letzten Jahren den Weg frei gemacht zum Mobilfunk, zum Satellitenfunk, zur Digitalen Rundfunktechnik DAB und Digitalen Fernsehtechnik DVB (Digital Video Broadcasting).

Die o. a. grundlegende Aussage der Informationstheorie ergibt sich aus sehr komplizierten mathematischen Berechnungen, die auf der Statistik und Wahrscheinlichkeitsrechnung beruhen. Letzten Endes ist aber das Ergebnis von vornherein klar, falls wir das *Symmetrie–Prinzip* **SP** (Kapitel 5) bzw. die Gleichwertigkeit von Zeit- und Frequenzbereich betrachten.

Die Störfestigkeit einer Übertragung lässt sich erhöhen, indem wir die Übertragungszeit erhöhen. Z. B. ließe sich die gleiche Information mehrfach hintereinander übertragen bzw. wiederholen. Da die Störungen durchweg stochastischer Natur sind, ließe sich durch eine Mittelwertbildung das Quellensignal recht gut regenerieren, denn der Mittelwert von (weißem) Rauschen ist null.

> *Vergrößerung der Übertragungsdauer durch mehrfache Wiederholung der Information im Zeitbereich („Zeitmultiplex") bei gleicher Übertragungsbandbreite erhöht die Störfestigkeit.*

Aufgrund des Symmetrie–Prinzips muss nun auch die Umkehrung gelten. Wir brauchen lediglich das Wort „Zeit" durch das Wort „Frequenz" zu ersetzen, dsgl. das Wort „Übertragungsdauer" durch „Übertragungsbandbreite" und umgekehrt.

> *Vergrößerung der Übertragungsbandbreite durch mehrfache Wiederholung der Information im Frequenzbereich ("Frequenzmultiplex") bei gleicher Übertragungsdauer erhöht die Störfestigkeit.*

Das hier gewählte Erklärungsmodell mit Zeit- und Frequenzmultiplex, also der zeitlichen und frequenzmäßigen Staffelung von Kanälen, ist dabei bedeutungslos. Die Störfestigkeit erhöht sich generell bei einer zeit- und frequenzmäßigen „Streckung", einmal

- weil die „Erhaltungstendenz" des informationstragenden Signals zwischen zwei benachbarten Zeit- bzw. Frequenzabschnitten hierdurch vergrößert wird (siehe „Rauschen und Information" Abb. 40), ferner

- weil die im Zeitbereich stochastisch wirkende Störung natürlich auch im Frequenzbereich stochastischer Natur ist.

Aufgaben zu Kapitel 8

Aufgabe 1   *Amplitudenmodulation AM*

(a) Entwickeln Sie die zu Abb. 151 gehörende Schaltung mithilfe des Moduls „Ausschnitt".

(b) Untersuchen Sie mit DASY*Lab* experimentell das Frequenzspektrum gemäß Abb. 151. Stellen Sie dabei alle Werte so ein, dass die erste „Momentanfrequenz" bei t = 0 s beginnt und die letzte bei t = 1 s endet. Wählen Sie deshalb f = 2, 4, 8 bzw. alle Momentanfrequenzen als Zweierpotenz. Blocklänge und Abtastrate wie gehabt mit der Standardeinstellung 1024.

(c) Erstellen Sie die Schaltung zu Abb. 152 und 153. Nehmen Sie als Quellensignal tiefpassgefiltertes Rauschen.

(d) Entwickeln Sie einen AM–Generator, mit dem sich über Handregler die Trägerfrequenz f_{TF}, die Signalamplitude $\hat{U}_{NF}$ sowie der Offset einstellen lassen.

(e) Entwickeln Sie mithilfe des Moduls „Formelinterpreter" einen AM–Generator, der die auf Seite 242 angegebene AM–Formel umsetzt und bei dem sich Modulationsgrad m, f_{NF} und f_{TF} einstellen lassen. Wählen Sie $\hat{U}_{NF} = 1$ V.

Aufgabe 2   *Demodulation eines AM–Signals*

(a) Entwickeln Sie die zu Abb. 156 gehörende Demodulationsschaltung. Die Gleichrichtung soll durch die Betragsbildung (Modul „Arithmetik") das RC–Glied durch Tiefpassfilterung dargestellt werden. Eliminieren Sie den Offset und untersuchen Sie die Spektren der modulierten Signale gemäß Abb. 154.

(b) Weshalb ist Zweiseitenband–AM mit Träger ein sehr ungünstiges Verfahren?

Aufgabe 3   *Einseitenband–Modulation EM*

(a) Entwerfen Sie selbst die Schaltung für die EM nach Abb. 160.

(b) Stellen Sie die Parameter entsprechend Abb. 160 ein. Wählen Sie wie immer Abtastrate und Blocklänge zu 1024. Der gleiche Träger wird hier zur Modulation und Rückumsetzung bzw. Demodulation verwendet.

(c) Weshalb ist das demodulierte Quellensignal zeitverschoben?

(d) Entwerfen Sie die Schaltung für die Regel– und Kehrlage nach Abb. 160 und 161.

Aufgabe 4   *Frequenzmultiplexverfahren*

(a) Entwerfen Sie die Schaltung zur Vorgruppenbildung und Rückumsetzung nach Abb. 166 und 167. Die Bandbreite des Quellensignals – gefiltertes Rauschen – entsprechend der Bandbreite eines Fernsprechsignals von 300 – 3400 Hz wählen.

(b) Machen Sie Ihre DASY*Lab*–"Meisterprüfung" und entwerfen Sie eine entsprechende Schaltung zur Primär-Grundgruppenbildung nach Abb. 164.

(c) Wo liegen die programmtechnischen Grenzen von DASY*Lab* zur Simulation in Bezug auf die Erstellung von Sekundär-, Tertiär, Quartärgruppen usw.?

Aufgabe 5   *Mischung*

(a) Entwerfen und simulieren Sie einen AM–Tuner gemäß Abb. 167. Hier müssen Sie die Abtastrate auf ca. 2 MHz einstellen! Blocklänge mindestens 1024.

(b) Erstellen Sie danach ein realistisches AM–Signal im Mittelwellenbereich von 525 bis 1645 kHz, welches Sie dem Rauschen überlagern. Versuchen Sie, das entsprechende AM–Signal zurückzugewinnen und zu demodulieren. Tipp: Achten Sie auf ein günstiges Verhältnis von Signal- zu Rauschpegel!

Aufgabe 6   *Frequenzmodulation FM*

(a) Machen Sie sich vertraut mit der Funktion des FM–Generators nach Abb. 168.

(b) Wie können Sie im Modul „Quellensignal" (d. h. ohne Handregler) FM–Mittenfrequenz und Frequenzhub einstellen? Wählen Sie bei diesen Versuchen ein sinusförmiges Quellensignal.

(c) Variieren Sie Frequenzhub und Mittenfrequenz gemäß Abb. 169 über Handregler. Erweitern Sie dazu die Schaltung.

(d) Betrachten Sie im Frequenzbereich den Zusammenhang bzw. den Einfluss von Frequenzhub, Frequenz des Quellensignals und FM–Mittenfrequenz auf die Breite des FM–Spektrums.

Aufgabe 7   *Demodulation von FM–Signalen*

(a) Versuchen Sie, ein FM–Signal an einer Tiefpass–Flanke zu demodulieren.

(b) Versuchen Sie ein FM–Signal an einer Hochpass–Flanke mit der gleichen Grenzfrequenz von (a) zu demodulieren. Wodurch unterscheiden sich die Ergebnisse?

(c) Wiederholen Sie (a) und (b) mit einem realistischen Quellensignal (gefiltertes Rauschen).

(d) Versuchen Sie den in Abb. 179 durchgeführten Versuch nachzugestalten.

(e) Entwerfen Sie selbstständig einen PLL wie in Abb. 180 und versuchen Sie, die Steuerspannung für den VCO so einzustellen, dass der PLL funktioniert.

Aufgabe 8   *Unterschied zwischen PM und FM*

(a) Entwickeln Sie die zu Abb. 181 gehörende Schaltung und führen Sie den Vergleich zwischen PM und FM selbst durch.

(b) Begründen Sie die Unterschiede bezüglich der Störfestigkeit von PM und FM.

(c) Weshalb wird die Preemphasis und Deemphasis bei FM eingesetzt?

Aufgabe 9   *FM und PM: Nulldurchgänge als Informationsträger*

Prüfen Sie experimentell genäß Abb. 182 die These, wonach die vollständige Information des PM– und FM–Signals in deren Nulldurchgängen liegt.

Aufgabe 10   *Störfestigkeit*

Begründen Sie, weshalb eine Verbreiterung des Frequenzbandes bei gleicher Übertragungsdauer generell die Störsicherheit erhöhen kann.

Kapitel 9

Digitalisierung

Aha, werden Sie denken, jetzt folgt so etwas wie eine *„Einführung in die Digitaltechnik"*. Bereits in der Unterstufe aller Ausbildungsberufe des Berufsfeldes Elektrotechnik ist dieser Themenkreis ein unverzichtbarer Bestandteil der Ausbildung.

Er ist deshalb so „dankbar", weil er ohne besondere Vorkenntnisse in Angriff genommen werden kann. Hierzu gibt es zahllose unterrichtsbegleitende Fachliteratur, Experimentalbaukästen sowie Simulationsprogramme für den PC.

Digitaltechnik ist nicht gleich Digitaltechnik

Es macht schon aus diesem Grunde wenig Sinn, sich auf diesen ausgetretenen Pfaden zu bewegen. Jedoch liegt viel gewichtigerer Grund vor, die Grenzen dieser Art Digitaltechnik zu überschreiten. Sie ist zwar für steuerungstechnische Probleme aller Art sehr wichtig, aber im Grunde genommen macht sie nur eins: Lampen oder „Relais" *ein- oder auszuschalten* oder allenfalls einen Schrittmotor anzusteuern!

Nehmen wir als Beispiel eine Ampelanlage, eine zweifellos wichtige Anwendung. Sie begnügt sich aber – wie alle im Rahmen der bisherigen schulischen Digitaltechnik behandelten Beispiele – auf Ein- und Ausschaltvorgänge, kennt also nur zwei Zustände: Ein oder Aus!

> *Ob unter Verwendung digitaler Standardbausteine (z. B. TTL–Reihe), frei programmierbarer Digitalschaltungen wie GALs bzw. FPGAs (Free Programmable Gate Arrays) oder gar von Mikrocontroller-Schaltungen: Die herkömmliche schulische Digitaltechnik beschränkte sich bislang auf Ein- und Ausschaltvorgänge!*

Im Kapitel 1 wurde ausführlich erläutert, warum unser Konzept eine ganz andere Zielrichtung besitzt:

> *In diesem Manuskript und in der aktuellen Praxis geht es um die* **computergestützte Verarbeitung realer Signale** *mithilfe virtueller Systeme" (d. h. Programme), die möglichst – wie bei* DASY*Lab – durch* **grafische Programmierung** *in Form von Blockschaltbildern erzeugt werden sollten.*

Digitale Verarbeitung analoger Signale

Reale Signale der Mess-, Steuer-, Regelungs-, Audio- oder gar Videotechnik sind zunächst immer *analoge* Signale. Der Trend geht nun vollkommen eindeutig weg von der Verarbeitung analoger Signale durch *analoge Systeme*. Wie bereits mehrfach erwähnt, besitzt die Analogtechnik bereits jetzt nur noch dort wirkliche Bedeutung, wo sie sich gar nicht vermeiden lässt.

> *Analoge Schaltungstechnik ist immer mehr nur noch dort zu finden, wo sie sich nicht vermeiden lässt: an der (analogen) Informationsquelle und –senke sowie beim Übergang zum physikalischen Medium des Übertragungsweges.*

Das beste Beispiel für diesen Trend ist das Internet, der weltweite Verbund zahlloser Computernetze. Wo finden wir dort noch Analogtechnik? Informationsquelle und –senke für reale, analoge Signale ist hier meist die Soundkarte. Sie enthält genau dieses Minimum an Analogtechnik. Ansonsten finden wir hier nur noch Analogtechnik beim Übergang zum bzw. vom Übertragungsmedium Cu–Kabel, Lichtwellenleiter, terrestrischer Richtfunk und Satellitenrichtfunk.

Dabei lässt sich jede Art von (analoger) Kommunikation sehr wohl über das Internet abwickeln. Voll im Trend liegt zur Zeit *Video–Webphoning*, also die weltweite Bildtelefonie, und zwar zum Ortstarif!

> *Mit der digitalen Signalverarbeitung realer, analoger Signale betreten wir Neuland im Bildungsbereich. Derzeit gibt es – außer an speziellen Studiengängen der Hochschulen – noch keine Richtlinien bzw. Ausbildungspläne, die konkret überschaubar das wichtigste Thema der modernen Nachrichtentechnik erwähnen würde: DSP (Digital Signal Processing), zu Deutsch **die Digitale Signalverarbeitung analoger Signale**.*

Die schulische Digitaltechnik endet derzeit am A/D– bzw. am D/A–Wandler, also dort wo analoge Signale in digitale Signale und umgekehrt gewandelt werden. Das sollte sich schleunigst ändern!

Mit DSP sind vollkommen neuartige, geradezu fantastische Signal verarbeitende Systeme möglich geworden. Ein Paradebeispiel hierzu kommt aus der medizinischen Diagnostik: Die Computer-Tomografie, speziell die NMR–Tomografie (Nuclear Magnetic Resonance: Kernspinresonanz). Der lebendige Mensch wird hier scheibchenweise messtechnisch erfasst und bildmäßig dargestellt. Durch die rechnerische Verknüpfung der Daten jeder „Scheibe" ist es bei entsprechender Rechenleistung sogar möglich, durch den Körper des (*lebendigen*) Menschen hindurchzunavigieren, Knochen- und Gewebepartien isoliert darzustellen sowie bestimmte Karzinome (Krebsgeschwülste) bildmäßig genau zu erkennen und einzugrenzen.

Es wäre absolut unmöglich, diese Bravourleistung mithilfe der analogen Schaltungstechnik bzw. Analogrechnertechnik zu erzielen. Ein weiteres Beispiel ist das von uns verwendete DASY*Lab*. Fast spielerisch lassen sich sehr komplexe, Signal verarbeitende Systeme grafisch programmieren und ebenso die Fülle von Signalen visualisieren, d. h. bildlich darstellen.

> *Die **digitale Signalverarbeitung analoger Signale** (DSP) ermöglicht neue Anwendungen der Informationstechnologie IT, die bislang auf analogem Wege nicht realisierbar waren. Auf rechnerischem Wege lassen sich Signal verarbeitende Prozesse „in Reinkultur" mit nahezu beliebiger, bis an die durch die Physik bestimmten Grenzen der Natur gehender Präzision durchführen.*

Weiterhin führt DSP zu einer *Standardisierung* signaltechnischer Prozesse. DAB und DVB (Digital Audio Broadcasting bzw. Digital Video Broadcasting), also die neue Digitale Rundfunk- und Digitale Fernsehtechnik benutzen z. B. signaltechnische Prozesse, die auch in den anderen modernen Techniken – z. B. Mobilfunk – immer eingesetzt werden. Die moderne Nachrichtentechnik wird hierdurch letztlich einfacher und überschaubarer werden.

*Standard–Chips werden die Hardware, aber auch Standard–
Prozesse die Software signalverarbeitender Systeme prägen.*

Das Tor zur digitalen Welt: A/D – Wandler

Wenn nun DSP auch noch so eindrucksvolle Perspektiven liefert, wir müssen dieses Terrain erst einmal betreten. Es gilt, aus analogen Signalen zunächst entsprechende digitale Signale – Zahlenketten – zu machen. Eingebürgert haben sich hierfür die Begriffe A/D–*Wandlung* oder A/D–*Umsetzung*.

Für diesen Wandlungs- oder Umsetzungsprozess gibt es zahlreiche verschiedene Verfahren und Varianten. An dieser Stelle geht es zunächst lediglich darum, das *Prinzip* des A/D–Wandlers zu verstehen.

> *A/D– (und auch D/A–) Wandler sind immer Hardware-
> Komponenten, auf denen eine Folge analoger und digitaler
> signaltechnischer Prozesse abläuft. Im Gegensatz zu praktisch
> allen anderen signaltechnischen Prozessen in DSP–Systemen
> kann A/D– (und auch D/A–) Wandlung demnach nicht rein
> rechnerisch durch ein virtuelles System – also ein Programm –
> durchgeführt werden.*
>
> *Am Eingang des A/D–Wandlers liegt das (reale) analoge Signal,
> am Ausgang erscheint das digitale Signal als* **Zahlenkette***. Die
> Zahlen werden im Dualen Zahlensystem ausgegeben und
> weiterverarbeitet.*
>
> *Der Wandlungs- bzw. Umsetzungsprozess geschieht in drei
> Stufen:* **Abtastung***,* **Quantisierung** *und* **Kodierung***.*

Das Prinzip eines A/D–Wandlers soll nun mit DASY*Lab* simuliert werden. Das hierbei gewählte Verfahren arbeitet nach dem „Zählkodier–Prinzip" (siehe Abb. 183). In der oberen Reihe ist ein kleiner Ausschnitt eines NF–Signals (z. B. Sprachsignal) zu sehen, darunter der Zeittakt, mit dem die „Messproben" genommen werden. Diese und zwei weitere Signale werden durch das Modul „Funktionsgenerator" geliefert. Die beiden oberen Signale werden auf das Modul „*Sample & Hold*" gegeben.

Die Eigenschaften dieses Prozesses können Sie in der dritten Reihe erkennen: Der „Messwert" zum Zeitpunkt eines Nadelimpulses (siehe Zeittakt in der zweiten Reihe) wird ermittelt und gespeichert bzw. „festgehalten", bis der nächste Messwert „gesampelt" wird. „Sample & Hold" lässt sich also mit „Signalprobe nehmen ("abtasten") und zwischenspeichern" übersetzen. Der vollständige Vorgang der *Abtastung* wird hier also durch Sample & Hold beschrieben.

Jeder dieser „Messwerte" muss nun in der Zeitspanne zwischen zwei Messwerten in eine *diskrete Zahl* umgewandelt werden! In der vierten Reihe ist ein periodischer Sägezahn-verlauf zu sehen, der synchron zum Zeittakt (Abtastfrequenz) verläuft. In dem nachfolgenden Komparator ("Vergleicher") wird nun das treppenartige Sample & Hold–Signal mit diesem periodischen Sägezahn verglichen. Am Ausgang des Komparators liegt immer so lange ein Signal der Höhe 1 ("high") an, wie diese Sägezahnspannung *kleiner* als der momentane Sample & Hold–Wert ist. Überschreitet die Sägezahnspannung den momentanen Sample & Hold–Wert, geht sprungartig das Ausgangssignal des Komparators auf 0 ("low").

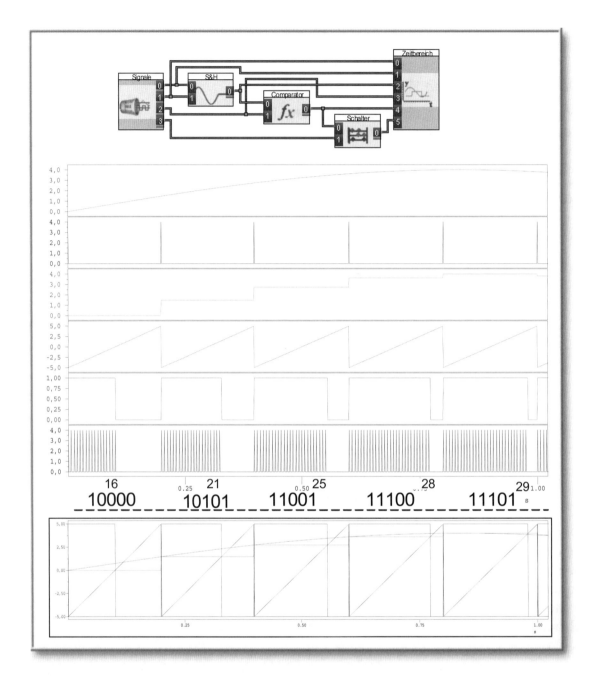

Abbildung 183:   **Prinzip eines A/D–Umsetzers**

Hier werden die Prozesse Abtastung und Quantisierung im Detail dargestellt. Um die Funktionsweise überprüfen zu können, sind unten die ersten vier Signale noch einmal überlagert dargestellt. Die Taktfrequenz des digitalen Signals beträgt letztlich das Fünffache der Abtastfrequenz (serielle Ausgabe).

In der oberen Reihe sehen Sie einen kleinen Ausschnitt aus dem analogen Eingangssignal. Die weiteren Einzelheiten finden Sie im Text. Beachten Sie, dass es sich hier um eine reine Simulation handelt.

Damit liegt nunmehr die Information über die Größe des momentanen Messwertes in der *Impulsdauer* am Ausgang des Komparators. Deutlich ist zu sehen, wie mit zunehmender Höhe der „Treppenkurve" die Impulsdauer entsprechend (linear) zunimmt. Diese Form der Informationsspeicherung wird als Pulsdauermodulation (PDM) bezeichnet. Bitte beachten Sie, dass es sich beim PDM–Signal zwar um ein wertdiskretes, jedoch *zeitkontinuierliches* Signal handelt. Die Information liegt hier noch in *analoger* Form vor!

Die Torschaltung ist ein Multiplizierer, der durch das PDM–Signal „öffnet" und „schließt". Solange der Pegel auf „high" liegt, ist das Tor offen, ansonsten geschlossen. Am Eingang des Tors liegt nun (hier) eine periodische Nadelimpulsfolge mit der 32-fachen Frequenz des obigen Abtastvorgangs. Je nach Impulsdauer passieren nun mehr oder weniger Impulse das Tor, und zwar genaugenommen zwischen (minimal) 0 und (maximal) 32. Die Anzahl der Impulse ist immer *diskret*, also z. B. 16 *oder* 17, aber niemals 16,23 ... . Damit liegt nunmehr die Information über den momentanen Messwert nicht mehr in analog–kontinuierlicher, sondern in *diskreter* Form vor. Dies ist der Vorgang der *Quantisierung*, wie er bereits in den Abb. 148 und 149 dargestellt wurde!

Im vorliegenden Fall können also maximal 32 *verschiedene* Messwerte festgestellt und ausgegeben werden. Die Impulsgruppen der unteren Reihe werden nun – hier nicht dargestellt – auf einen *Binärzähler* gegeben, der die Anzahl der Impulse als duale Zahl anzeigt. Z. B. entsprechen 13 Impulse dann der dualen Zahl 01101. Dies ist der Vorgang der *Kodierung*!

Hinweise:

- In der Praxis ist das hier beschriebene „Tor" nichts anderes als ein UND-Gatter, welches ausgangsseitig auf „high" liegt, wenn (momentan) an beiden Eingängen auch „high" anliegt.

- Bei dieser Simulation handelt es sich um einen 5–Bit–A/D–Wandler ($2^5 = 32$), denn 32 verschiedene Zahlen können durch entsprechende 5–Bit–Kombinationen kodiert werden.

- Das hier beschriebene Verfahren des „Zählkodierers" ist zwar sehr einfach, wird jedoch noch kaum in der Praxis verwendet. Bei einem 16–Bit–A/D–Wandler, wie er in der Audiotechnik verwendet wird, müsste nämlich die Impulsfrequenz $2^{16} = 65536$–mal so hoch sein wie die Abtastfrequenz!

- Es gibt beim D/A zwei Möglichkeiten, die „dualen Zahlenketten" auszugeben:
  Parallele Ausgabe: Hierbei steht für jedes Bit eine Leitung zur Verfügung. Bei einer 5-Bit-Kombination wären dies also 5 Leitungen am Ausgang.
  Die parallele Ausgabe wird ausschließlich Chip– oder systemintern verwendet, z. B. zwischen dem A/D–Wandler und dem Signalprozessor.
  Serielle Ausgabe: Über ein Schieberegister wird die Bit-Kombination auf eine einzige Leitung gegeben. Hierdurch erhöht sich die Taktfrequenz im obigen Beispiel auf das Fünffache der Abtastfrequenz!
  Für die Übertragungstechnik wird ausschließlich die serielle Ausgabe eingesetzt.

- Auf einer Audio–CD liegt das digitale Signal in serieller Form vor, d. h. die ganze Musik besteht aus einer mehr oder weniger zufällig erscheinenden Folge von 0 und 1 ("low" und „high")!

Prinzip des D/A – Wandlers

Bei einem D/A–Wandler liegt jeweils am Eingang eine duale Zahl an, die intern in einen diskreten, *analogen* Wert umgewandelt wird. Das Ausgangssignal des A/D–Wandlers ist also genaugenommen ein treppenähnliches Signal. Bei einem 5–Bit–D/A–Wandler wären also 32 verschiedene Treppenstufen möglich.

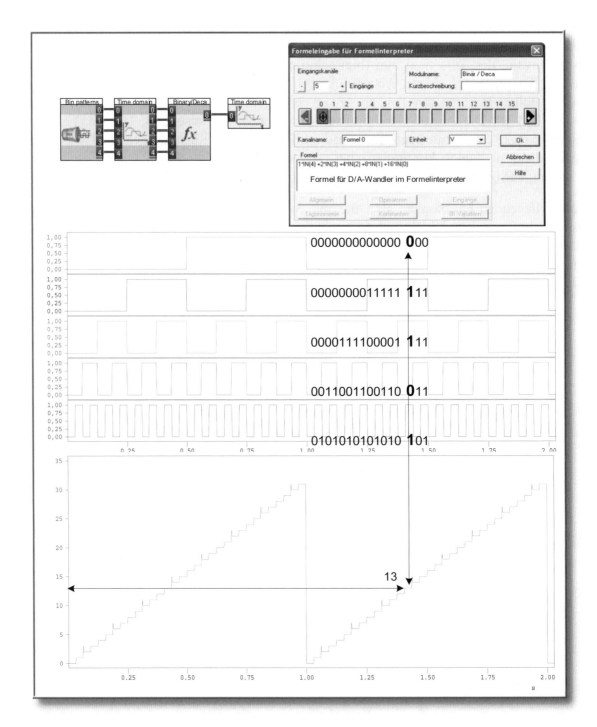

Abbildung 184:   **Prinzip eines D/A–Wandlers (DASYLab–Simulation)**

Fünf Rechtecksignale bilden bei dieser Simulation einen Binärmustergenerator, der jeweils von 00000 bis 11111 bzw. von 0 bis 31 hochzählt. Dabei wird von oben nach unten die Frequenz jeweils verdoppelt. Dies ergibt (über die Formel des Formelinterpreters) eine linear ansteigende Treppenkurve bzw. einen periodischen Sägezahn. Der D/A–Wandler ist also rein formelmäßig gestaltet, indem jedes Bit entsprechend seiner Wertigkeit mit 1, 2, 4 , 8 bzw. 16 multipliziert wird. Wie in der Praxis sind auch einige Störimpulsspitzen zu sehen.

Die „Sprunghöhe" an den Treppenkanten ist immer ein ganzzahlig Vielfaches der durch die Quantisierungsgenauigkeit festgelegten Mindestgröße (siehe hierzu auch die Abb. 148 und 149).

Zur Erinnerung: Stellenwert-Zahlensysteme

Die Babylonier hatten ein Zahlensystem mit 60 (!) verschiedenen Zahlen. Es hat sich bis heute bei der Zeitmessung erhalten: 1 h = 60 min und 1 min = 60 s

Unser **Zehner-Zahlensystem** arbeitet mit 10 verschiedenen Zahlen von 0 bis 9. Die Zahl 4096 stellt vereinbarungsgemäß eine verkürzte Schreibweise dar für

$$4 \cdot 1000 + 0 \cdot 100 + 9 \cdot 10 + 6 \cdot 1 = 4 \cdot 10^3 + 0 \cdot 10^2 + 9 \cdot 10^1 + 6 \cdot 10^0$$

Die Zahl 10 stellt also hier die **Basis** unseres Zahlensystems dar. Die Stelle, an der die Zahl steht, gibt auch ihren "Wert" an, deshalb "Stellenwertsystem"!

In der Digitaltechnik (Hardware) wird im **Dualen Zahlensystem** gerechnet. Dies hat drei Gründe:
(1) Elektronische Bauelemente und Schaltungen mit zwei Schaltzuständen ("low" und "high") lassen sich am einfachsten realisieren.
(2) Signale mit zwei Zuständen sind am störunanfälligsten, weil nur zwischen "ein" und "aus" unterschieden werden muß.
(3) Die Mathematik hierfür ist am einfachsten. Das gesamte "Einmaleins" für duale Zahlen lautet z.B.: $0 \cdot 0 = 0$; $1 \cdot 0 = 0$; $1 \cdot 1 = 1$. Wieviel Schuljahre wurden benötigt, um "unser" Einmaleins zu lernen?

Die Basis dieses Zahlensystems ist also die **2**. Die duale Zahl 101101 bedeutet ausgeschrieben also

$$1 \cdot 2^5 + 0 \cdot 2^4 + 1 \cdot 2^3 + 1 \cdot 2^2 + 0 \cdot 2^1 + 1 \cdot 2^0 =$$
$$1 \cdot 32 + 0 \cdot 16 + 1 \cdot 8 + 1 \cdot 4 + 0 \cdot 2 + 1 \cdot 1$$

Es gilt demnach : $101101_2 = 45_{10}$

    In Worten: "101101 zur Basis 2 entspricht 45 zur Basis 10"

Ein kleiner Test: Wie lautet die Zahl 45_{10} im Dreier-Zahlensystem, also zur Basis 3 ?

Abbildung 185:   **Stellenwert-Zahlensysteme**

Alles, was hier in diesem Manuskript gefordert wird, sind im Prinzip die vier Grundrechnungsarten. Die sollten allerdings auch im Dualen Zahlensystem beherrscht werden!

In Abb. 184 wird eine periodische, bei 0 beginnende und bei 31 endende duale Zahlenfolge auf einen – rein rechnerischen – D/A–Wandler gegeben. Dementsprechend ergibt sich am Ausgang des „D/A–Wandlers" ein periodischer, sägezahnförmiger und treppenartiger Signalverlauf. Für den momentanen Wert 01101_2 am Eingang ergibt sich am Ausgang der Wert 13_{10}. Siehe hierzu die Abb. 185 (Stellenwert-Zahlensysteme).

Bei dem hier simulierten D/A–Wandler handelt es sich um ein Modul, in das mathematische Formeln eingegeben werden können („Formelinterpreter"). Die in diesem Beispiel eingegebene Formel lautet

$$IN(0) \cdot 16 + IN(1) \cdot 8 + IN(2) \cdot 4 + IN(3) \cdot 2 + IN(4) \cdot 1 \ ,$$

anders geschrieben

$$IN(0) \cdot 2^4 + IN(1) \cdot 2^3 + IN(2) \cdot 2^2 + IN(3) \cdot 2^1 + IN(4) \cdot 2^0$$

Damit liegt an Eingang IN(0) das höchst wertigste Bit und an IN(4) das niederwertigste Bit an. Bitte beachten Sie, dass es sich auch hier um eine reine Simulation handelt, um das eigentliche Prinzip darzustellen.

Analoge Pulsmodulationsverfahren

Die beim A/D–Umsetzer bzw. in Abb. 183 dargestellte Pulsdauermodulation PDM besitzt eine große Bedeutung in der mikroelektronischen Mess-, Steuer- und Regelungstechnik (MSR-Technik). Neben diesem analogen Pulsmodulationsverfahren – wegen der kontinuierlich veränderbaren Pulsdauer liegt die Information in *analoger* Form vor – gibt es noch weitere, im Rahmen der MSR-Technik wichtige analoge Pulsmodulations-verfahren. Insgesamt sind hier aufzuführen:

- Pulsamplitudenmodulation PAM

- Pulsdauermodulation PDM

- Pulsfrequenzmodulation PFM

- Pulsphasenmodulation PPM

Diese Pulsmodulationsverfahren besitzen praktisch keine Bedeutung in der Übertra-gungstechnik. Sie dienen meist als Zwischenprozesse bei der Umwandlung analoger „Messwerte" in digitale Signale.

Die PAM beschreibt nichts anderes als die *Abtastung* eines analogen Signals wie in Abb. 183 dargestellt. Der Sample & Hold-Prozess ist lediglich eine Variante der PAM.

Kennzeichen der drei analogen Pulsmodulationsverfahren PDM, PFM und PPM ist die Umwandlung eines analogen Messwertes in eine analoge *Zeitdauer*. Weil in der Mikroelektronik durch die Quarztechnik sehr genaue und sehr, sehr kleine Zeiteinheiten zur Verfügung stehen, lässt sich der Vergleich von Zeiten extrem genau mit den Mitteln der Mikroelektronik durchführen.

In Abb. 186 sind die verschiedenen analogen Pulsmodulationsverfahren dargestellt. Dazu wurde die A/D–Umsetzung nach Abb. 183 verändert und ergänzt:

- Das PPM–Signal wurde gewonnen, indem auf die negative Flanke des PDM–Signals getriggert wurde. Die Pulsbreite des PPM–Signals wurde im Menü des Triggermoduls eingestellt.

- Das PFM–Signal wurde durch einen Frequenzmodulator generiert. Zu diesem Zweck wurden Offset und Amplitude des NF–Signals – Ausgang 5 des Funktionsgenerator-moduls – entsprechend verändert.

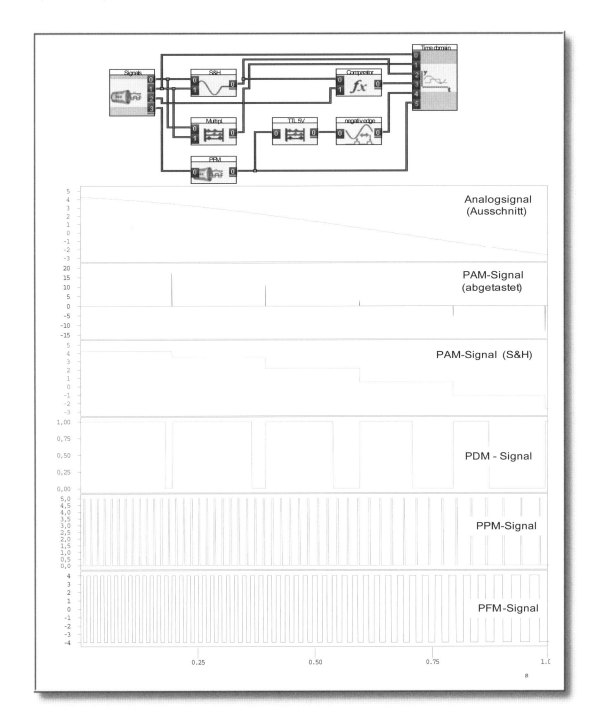

Abbildung 186:   ***Die verschiedenen analogen Pulsmodulationsverfahren***

Um die dargestellten Signale zu gewinnen, wurde die Schaltung zur Simulation der A/D–Wandlung abgeändert und ergänzt.

DASYLab und die Digitale Signalverarbeitung

Vom ersten Kapitel an wurde mit DASY*Lab* gearbeitet, also letztlich *computergestützte Signalverarbeitung* durchgeführt. In den Grundlagenkapiteln wurde dies nicht besonders erwähnt. Vielmehr sollte aus pädagogischen Gründen zunächst der Eindruck vermittelt werden, bei den Signalen handele es sich um *analoge* Signale. Fast alle Bilder scheinen dementsprechend analoge Signale darzustellen.

Nun aber schlägt gewissermaßen die Stunde der Wahrheit. Computergestützte Signalverarbeitung ist immer *Digitale Signalverarbeitung*, bedeutet immer DSP (Digital Signal Processing). Erinnern wir uns kurz noch einmal, worum es sich hierbei handelt.

Abb. 187 zeigt noch einmal beispielhaft die Situation. Ein digitalisiertes Audio–Signal werde von einer Diskette gelesen und auf einem Bildschirm dargestellt. Optisch scheint es sich wieder um ein kontinuierliches Analogsignal zu handeln. Wenn jedoch mittels der Lupenfunktion ein winziger Ausschnitt herausgezoomt wird, sind einzelne Messpunkte zu erkennen, die durch Geraden verbunden sind. Diese Geraden werden vom Programm erzeugt, um den Signalverlauf (des ursprünglich analogen Signals) besser erkennen zu können. Sie stehen signaltechnisch nicht zur Verfügung.

Diese Messpunkte lassen sich aber auf Wunsch deutlicher hervorheben. So kann jeder Messpunkt (zusätzlich) durch ein kleines Kreuz oder ein kleines Dreieck dargestellt werden. Am anschaulichsten ist wohl die Darstellung der Messpunkte als senkrechte Balken. Die Höhe des Balkens entspricht dem jeweiligen Messwert. Noch einmal sei betont:

> Ein digitales Signal besteht *bildlich* im Zeitbereich aus einer *diskreten*, äquidistanten *Folge von Messwerten*, welche den Verlauf des (ursprünglichen) kontinuierlichen analogen Signals mehr oder weniger gut wiedergibt.

> Digitale Signale sind *zeitdiskret* im Gegensatz zu den *zeitkontinuierlichen* analogen Signalen.

Weniger anschaulich-bildlich, jedoch viel exakter, stellt Abb. 188 dieses digitale Signal dar. Dazu wird das Modul „Liste" verwendet. Hier ist deutlich zu erkennen,

- in welchem zeitlichen Abstand Messwerte ("Proben") des analogen Signals genommen wurden und

- mit welcher Genauigkeit die Messwerte festgehalten wurden (Quantisierung, siehe Abb. 149).

Durch die *Quantisierung* sind die Messwerte *wertdiskret*, d. h. es können nur endlich viele verschiedene, „gestufte" Messwerte auftreten (siehe auch Abb. 148).

---

*Digitale Signale sind **zeit- und wertdiskret** im Gegensatz zu den zeit- und wertkontinuierlichen analogen Signalen. Hieraus ergeben sich besondere Forderungen, die bei der Verarbeitung digitaler Signale beachtet werden müssen. Ohne das entsprechende Hintergrundwissen sind Fehler unvermeidlich.*

Digitale Signale im Zeit- und Frequenzbereich

Ein digitales Signal besteht also nur aus Proben ("Samples") des analogen Signals, die in regelmäßigen, meist sehr kurzen Zeitabständen genommen werden. Die wichtigste Frage dürfte nun wohl lauten: Woher soll der Computer den Signalverlauf *zwischen* diesen Messpunkten wissen, besitzt doch – theoretisch – ein analoges Signal selbst zwischen zwei beliebig kleinen Zeitabschnitten doch unendlich viele Werte?

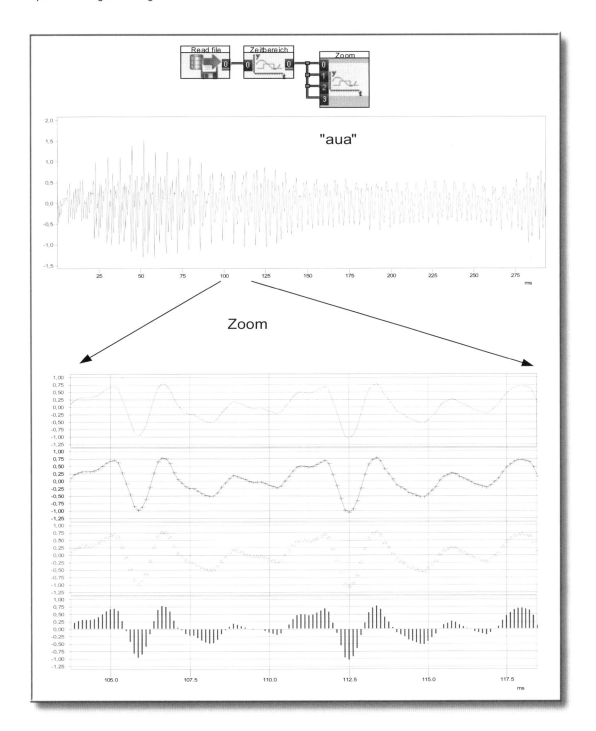

Abbildung 187: ***Darstellungsmöglichkeiten eines digitalisierten Audio–Signals mit DASYLab***

Erste Hinweise auf eine genauere Antwort liefern entsprechende Vergleiche:

- Jedes Foto oder auch jedes gedruckte Bild besteht letztlich auch nur aus endlich vielen Punkten. Die Korngröße des Films bestimmt die Auflösung des Fotos und letztlich auch dessen Informationsgehalt.

- Ein Fernsehbild oder auch jeder Film vermittelt eine kontinuierliche „analoge" Veränderung des Bewegungsablaufs, obwohl beim Fernsehen lediglich 50 einzelne (Halb-) Bilder pro Sekunde übertragen werden.

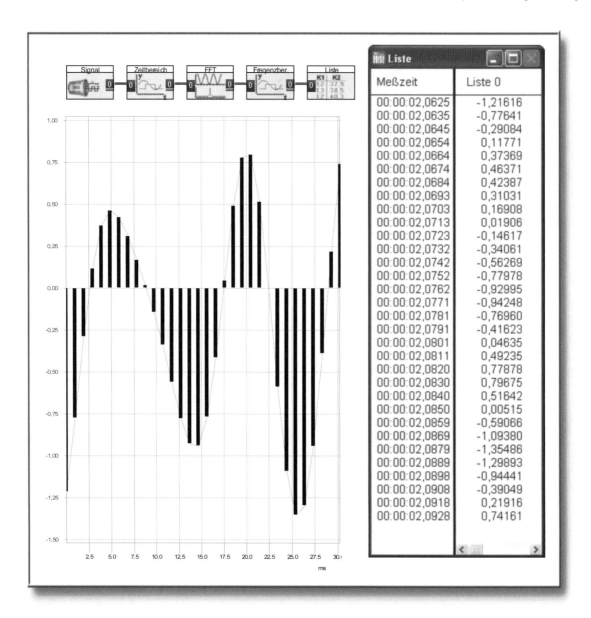

Meßzeit	Liste 0
00:00:02,0625	-1,21616
00:00:02,0635	-0,77641
00:00:02,0645	-0,29084
00:00:02,0654	0,11771
00:00:02,0664	0,37369
00:00:02,0674	0,46371
00:00:02,0684	0,42387
00:00:02,0693	0,31031
00:00:02,0703	0,16908
00:00:02,0713	0,01906
00:00:02,0723	-0,14617
00:00:02,0732	-0,34061
00:00:02,0742	-0,56269
00:00:02,0752	-0,77978
00:00:02,0762	-0,92995
00:00:02,0771	-0,94248
00:00:02,0781	-0,76960
00:00:02,0791	-0,41623
00:00:02,0801	0,04635
00:00:02,0811	0,49235
00:00:02,0820	0,77878
00:00:02,0830	0,79675
00:00:02,0840	0,51642
00:00:02,0850	0,00515
00:00:02,0859	-0,59066
00:00:02,0869	-1,09380
00:00:02,0879	-1,35486
00:00:02,0889	-1,29893
00:00:02,0898	-0,94441
00:00:02,0908	-0,39049
00:00:02,0918	0,21916
00:00:02,0928	0,74161

Abbildung 188: **Digitales Signal als Zahlenkette**

So wichtig für das (physikalische) Verständnis der Signalverarbeitung die bildliche Darstellung auch sein mag, Digitale Signalverarbeitung DSP im Zeit- und Frequenzbereich ist nichts anderes als die rechnerische Verarbeitung von Zahlenketten. Glücklicherweise präsentiert uns der Computer alle Ergebnisse seiner Berechnungen in perfekter grafischer Darstellung. Und da der Mensch in Bildern denkt, lassen sich die Vorgänge auch ohne mathematischen Formalismus verstehen und analysieren!

Gut zu sehen ist jedoch hier auch wieder auch die Präzision der Zahlenketten-Darstellung. Die zeitlichen Angaben sind bis auf vier Stellen hinter dem Komma präzise, die fünfte Stelle ist aufgerundet. Ungefähr alle 1 ms wurde eine „Probe" des analogen Audiosignals genommen. Die Messwerte selbst sind allenfalls auf vier Stellen hinter dem Komma genau, weil es sich bei der Aufnahme um einen 12-Bit-A/D–Wandler handelte, der überhaupt nur $2^{12} = 4096$ verschiedenen Messwerte zulässt. Man sollte also nicht alles glauben, was die Anzeige mit fünf Stellen hinter dem Komma anzeigt.

Wir fahren gut damit, zunächst – wie in Kapitel 2 – wieder mit *periodischen* Signalen zu beginnen. Schritt für Schritt sollen nun grundlegende Eigenschaften digitaler Signale sowie Fehlerquellen bei der computergestützten, d. h. rechnerischen Verarbeitung digitaler Signale anhand geeigneter Experimente erkannt werden.

Die Periodendauer Digitaler Signale

Wie kann der Prozessor bzw. der Computer wissen, ob das Signal tatsächlich periodisch oder nichtperiodisch ist, wo er doch nur Daten bzw. Messwerte einer bestimmten „Blocklänge" zwischenspeichert? Kann er ahnen, wie das Signal vorher aussah und wie es später ausgesehen hätte? Natürlich nicht! Deshalb soll zunächst ohne große Vorüberlegungen experimentell untersucht werden, wie der PC bzw. DASY*Lab* mit diesem Problem fertig wird.

Hinweise:

- Die Blocklänge n gibt keine Zeit, sondern lediglich die Anzahl der zwischen-gespeicherten Messwerte an.

- Erst die Hinzuziehung der Abtastfrequenz f_A ergibt so etwas wie die „Signaldauer" Δt. Ist T_A der Zeitraum zwischen zwei Abtastwerten, so gilt $f_A = 1/ T_A$. Damit folgt:

$$\text{Signaldauer } \Delta t = n \cdot T_A = n / f_A$$

- Für die Abb. 189 gilt z. B. Signaldauer $\Delta t = n \cdot T_A = n / f_A = 32 /32 = 1$ s

- Blocklänge und Abtastrate/Abtastfrequenz werden bei DASY*Lab* immer im Menüpunkt **A/D** eingestellt.

- Die Signaldauer Δt wird immer 1 s betragen, falls im Menüpunkt **A/D** Abtastfrequenz und Blocklänge gleich groß gewählt werden.

- Es fällt auf, dass im Menüpunkt **A/D** viele Blocklängen immer eine Potenz von 2 darstellen, z. B. $n = 2^4, 2^5, ... , 2^{10}, ... , 2^{13}$ bzw. $n = 16, 32, ... , 1024, ... ,$ 8192. Genau dann lässt sich das Frequenzspektrum über den FFT–Algorithmus sehr schnell berechnen (FFT: Fast FOURIER–Transformation).

- Alle Blocklängen, die keine Potenz von 2 sind, dienen bei DASY*Lab S* speziell der Synchronisation mit der Soundkarte.

In Abb. 189 wurden Blocklänge n und Abtastfrequenz f_A beide auf den Wert 32 eingestellt. Als Signal wurde ein (periodischer) Sägezahn von 1 Hz gewählt, weil dessen Spektrum aus Kapitel 2 bestens bekannt ist. Oben ist das Signal im Zeitbereich, unten im Frequenzbereich zu sehen. Die Signaldauer Δt ist also gleich der Periodendauer T.

Hier wurde extra eine kleine Blocklänge (n = 32) gewählt. Damit sind einmal die einzelnen Messwerte als „Säulen" darstellbar und damit der *zeitdiskrete* Charakter digitaler Signale besser erkennbar, zum anderen sind alle Veränderungen bzw. mögliche Fehler gegenüber der analogen Signalverarbeitung besser zu erkennen. Die Messlatte für diese Untersuchung bilden wieder die drei (einzigen) grundlegenden Phänomene, die wir bisher kennengelernt haben: FOURIER–Prinzip **FP**, Unschärfe–Prinzip **UP** sowie Symmetrie–Prinzip **SP**.

Im Zeitbereich sind zwei verschiedene Zeiten erkennbar:

- die Signaldauer Δt (= 1 s),

- der zeitliche Abstand zwischen zwei Messwerten T_A (= 1/32 s)

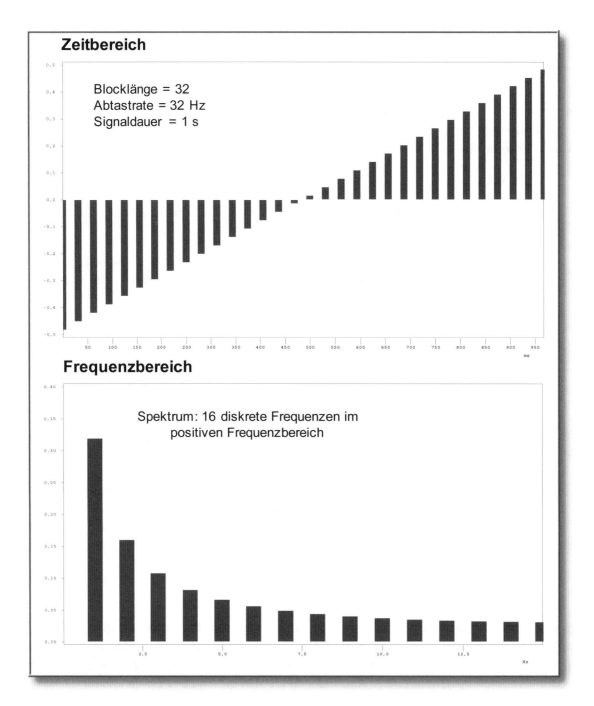

Abbildung 189:   **Digitales Signal im Zeit- und Frequenzbereich (Sägezahn 1 Hz)**

Aufgrund des Unschärfeprinzips **UP** müssen diese beiden Zeiten auch das Frequenz-spektrum prägen:

- Die Signaldauer von $\Delta t = 1$ s ergibt aufgrund des UP eine frequenzmäßige Unschärfe von (mindestens) 1 Hz. Dies erklärt bereits, warum die Linien bzw. Frequenzen des Amplitudenspektrums in Abb. 189 einen Abstand von 1 Hz haben. Der Computer „weiß" ja gar nicht, dass das Signal wirklich periodisch ist!
  Hinweis:
  DASY*Lab* veranschaulicht diese *frequenzmäßige Unschärfe* sehr schön über die Dicke der Säule. Im vorliegenden Fall ist das Linienspektrum mehr ein „Säulenspektrum".

- Der zeitliche Abstand zwischen zwei Messwerten – hier 1/32 s – gibt quasi die *kürzeste* Zeitspanne an, in der sich das Signal ändern kann. Im Amplitudenspektrum ist die höchste angezeigte Frequenz 16 Hz. Ein Sinus von 16 Hz ändert sich jedoch pro Periode zweimal. In der ersten Periodenhälfte ist er positiv, in der Zweiten negativ. Wie Abb. 190 sehr deutlich zeigt, ist damit ein Sinus von 16 Hz in der Lage, 32 mal je Sekunde vom positiven in den negativen Bereich zu wechseln. Dies ist eine erste Erklärung dafür, warum lediglich die ersten 16 Frequenzen des Sägezahns angezeigt werden.

Es ist wichtig für Sie, all diese Zahlenangaben in den vorliegenden Abbildungen (oder mithilfe der interaktiven Experimente auf der CD) nachzuprüfen. Deshalb wurden die Bilder extra großzügig gestaltet und „abzählbare" Verhältnisse geschaffen.

Die wichtigsten Fragen – siehe auch oben – sind bislang nur andeutungsweise beantwortet. Auf den nächsten Seiten werden die Ergebnisse gezielter Experimente dargestellt, die volle Klarheit darüber bringen werden, was der Computer bzw. das Programm bzw. die Digitale Signalverarbeitung DSP überhaupt von dem realen analogen Signal wahrnimmt. Die Bilder sind zusammen mit den Bildtexten eigentlich selbsterklärend. Aber dazu müssen Sie genau hinsehen! An Zusatztext erfolgen hier nur noch die Zusammenfassungen bzw. Zwischenbilanzen. Die erste wichtige Aussage in diesem Zusammenhang soll hier noch einmal erwähnt werden:

> *Im Zeitbereich unterscheidet sich das (zeit- und wertdiskrete)*
> *digitale Signal von dem (zeit- und wertkontinuierlichen) realen*
> *analogen Signal dadurch, dass es lediglich in regelmäßigen*
> *Abständen genommene „Proben" des realen Signals enthält.*

Da drängen sich doch wohl Fragen auf:

- Lässt sich aus dem Stückwerk des digitalen Signals im Nachhinein wieder das ursprüngliche reale Signal rekonstruieren?

- Ist es exakt oder nur teilweise informationsmäßig in dem digitalen Signal enthalten?

Als Erweiterung zur Abb. 189 wird in Abb. 191 die Abtastrate verdoppelt (n = 64), in Abb. 192 bei n = 64 die Sägezahnfrequenz auf 2 Hz verändert. Aus allen drei Abbildungen lässt sich folgende Zwischenbilanz ziehen:

> *Die Anzahl der im Spektrum sichtbaren (positiven) Frequenzen*
> *beträgt immer genau die Hälfte der Abtastrate n. Bedenken Sie,*
> *dass damit auch weitere 16 Informationen vorhanden sind: die*
> *der negativen Frequenzen bzw. die Phasenlage der Frequenzen*
> *(Phasenspektrum).*

> *Die Periodendauer T_D **digitaler** Signale entspricht immer der*
> *Dauer des **gesamten** Signalausschnittes, der analysiert bzw.*
> *verarbeitet wird! Dieser ergibt sich aus Blocklänge dividiert*
> *durch Abtastfrequenz (Abtastrate):*

$$\text{Signaldauer } \Delta t = n \cdot T_D = n/f_A$$

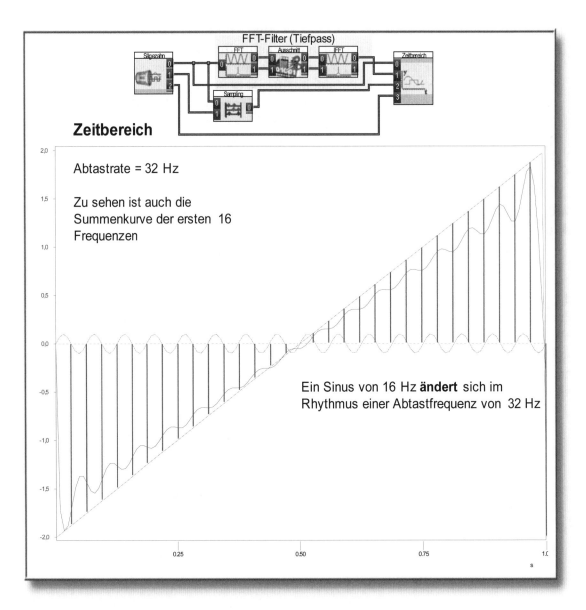

Abbildung 190:   ***Blocklänge, Abtastfrequenz und Bandbreite des angezeigten Spektrums***

Mit einer etwas trickreichen Schaltung soll angedeutet werden, warum in Abb. 189 bei einer Abtastfrequenz von 32 Hz die höchste Frequenz des angezeigten Spektrums 16 Hz beträgt.

Zu diesem Zweck wird oben im Schaltungsbild der Sägezahn auf einen fast idealen Tiefpass von 16 Hz gegeben. Am Ausgang dieses Tiefpasses ist also – wie im Spektrum – die höchste Frequenz 16 Hz. Die Summe der ersten 16 Frequenzen wird nun in einem Bild überlagert mit dem Eingangssignal (Sägezahn 1 Hz) sowie den 32 Abtastwerten dieses Sägezahns.

Deutlich ist erkennen, dass die Sinus–Schwingung von 16 Hz sehr wohl die kürzeste zeitliche Änderung des abgetasteten Signals von 1/32 s modellieren kann. Anders ausgedrückt: Weil ein Sinus sich pro Periode zweimal ändert, ändert ein Sinus von 16 Hz 32-mal pro Sekunde seine Polarität.

Aus bestimmten Gründen ist die zeitliche Übereinstimmung zwischen Abtastwerten und „Welligkeit" des Summensignals in der Mitte des Bildes am besten.

*Damit ist auch geklärt, warum digitale Signale diskrete
Linienspektren besitzen. Der Abstand der Frequenzen ist*

$$\Delta f = 1/ T_D$$

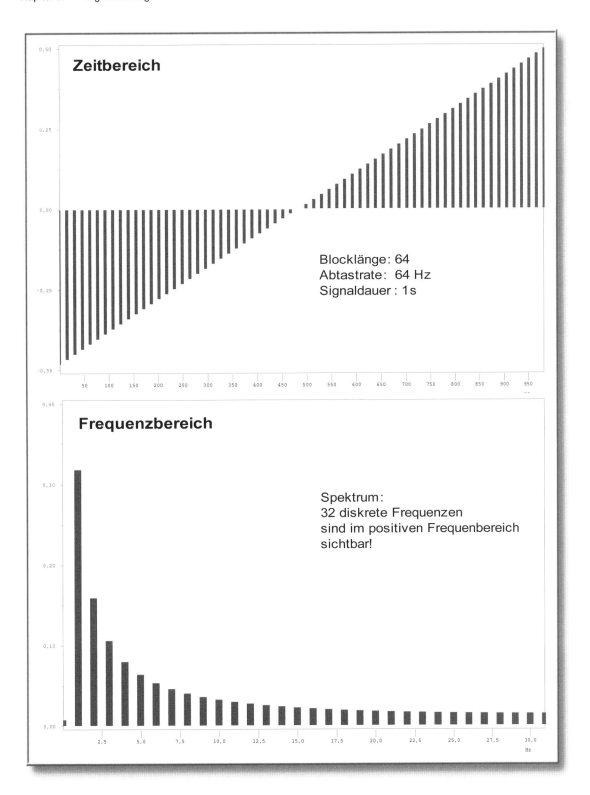

Abbildung 191:   ***Blocklänge und Anzahl der Frequenzen des Spektrums***

Verglichen mit der Abb. 189 ist die „Balkenbreite" im Frequenzbereich – die spektrale Unschärfe Δf
darstellend – unverändert geblieben, weil die Signaldauer Δt *unverändert 1 s beträgt! Der dargestelle
Frequenzbereich hat sich dagegen aufgrund der doppelten Abtastrate verdoppelt.*

Auch hier ist die Signaldauer Δt *gleich der Periodendauer* T_S *des Sägezahns gewählt, also identisch mit
der Digitalen Periodendauer* T_D *. Sowohl im Zeit- als auch Frequenzbereich finden wir äquidistante
Linien. Welche Interpretation für digitale Signale ergibt sich hieraus aufgrund des Symmetrie–Prinzips?*

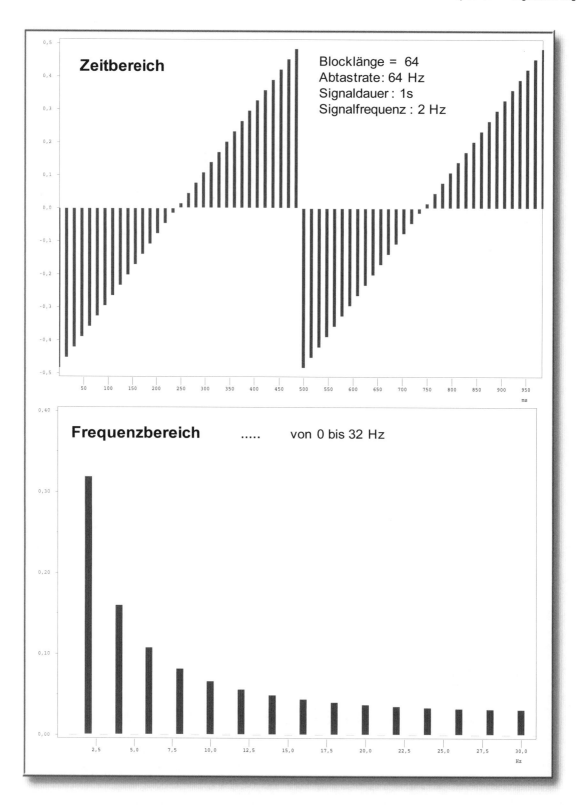

Abbildung 192:   ***Zeit- und Frequenzbereich eines über genau 1 s abgetasteten Sägezahns von 2 Hz***

Wie in Abb. 191 umfasst das Spektrum in dieser Darstellung bei n = 64 wieder 32 Frequenzen. Wieder ist die Periodendauer des Sägezahns T_S = 0,5 s so gewählt, dass dieser sich innerhalb der digitalen Periodendauer T_D = 1 s genau (zweimal) wiederholt. Das hier sichtbare Spektrum des Sägezahns ist uns seit dem Kapitel 2 bestens bekannt: für die n-te Amplitude gilt $\hat{U}_n = \hat{U}_1 / n$.

Wird das Spektrum bei gleichen Bedingungen auch für nicht ganzzahlige Frequenzen korrekt angezeigt?

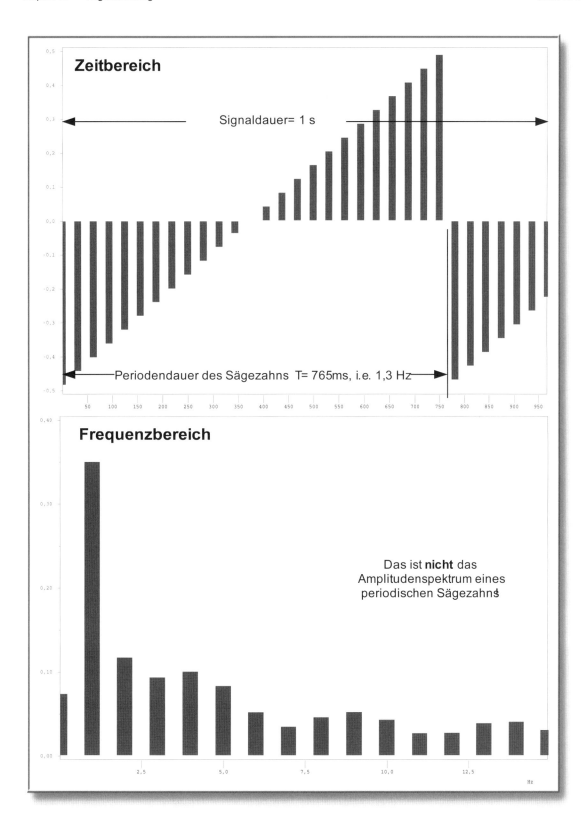

Abbildung 193:   **Digitale Nichtperiodizität**

Auch hier beträgt die Signaldauer 1 s und die Abtastfrequenz 32 Hz bei einer Blocklänge n = 32. Jedoch beträgt die Frequenz des Sägezahns hier 1,3 Hz, und damit passt sie nicht in das Zeitraster des Signalausschnittes. Das Amplitudenspektrum zeigt einen vollkommen unregelmäßigen Verlauf und ist nicht mit dem eines periodischen Sägezahn identisch. Andererseits handelt es sich um ein diskretes Linienspektrum und muss demnach zu einem periodischen Signal gehören!

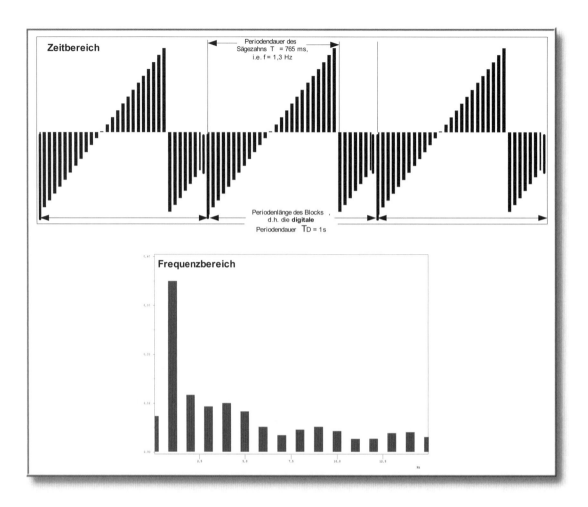

Abbildung 194:   *Die digitale Periodendauer*

Die obige Abbildung verrät, wie es zu dem „Durcheinander" im Frequenzbereich in Abb. 193 kommt. In der Digitalen Signalverarbeitung wird der zu analysierende Signalausschnitt immer als periodisch betrachtet! Die Dauer des Signalausschnitts entspricht dabei immer der digitalen Periodendauer T_D.

*Begründung: Das Spektrum ist zweifellos ein Linienspektrum . Damit muss – physikalisch betrachtet – im Zeitbereich ein periodisches Signal vorliegen. Der Abstand der Frequenzen ist 1 Hz und damit genau der Kehrwert dieser Periodendauer. Die Blockdauer ist also in der digitalen Signalverarbeitung immer die digitale Periodendauer T_D! Damit gilt: $\Delta f = 1/T_D$. Gewissermaßen nimmt der Computer an, der **Block** würde sich in gleicher Form periodisch wiederholen, auch wenn sich der Inhalt ggf. ändert.*

In den Abb. 189 bis 192 war die Signaldauer stets 1 s und damit der Abstand der Frequenzlinien bzw. „Frequenzsäulen" genau 1 Hz.

Die eigentliche Begründung ist jedoch viel einfacher:

> *Die vom Prozessor zu verarbeitenden digitalen Signale müssen generell als periodisch im Zeitbereich betrachtet werden, weil der Datensatz des Frequenzbereiches – eine Zahlenkette – aus einer begrenzten Anzahl diskreter Zahlen besteht. Aufgrund dieser Eigenschaft muss das Spektrum digitaler Signale zwangsläufig als Linienspektrum aufgefasst werden und dadurch ist der Abstand der Linien dieses Spektrums auch direkt von der Blocklänge und Abtastfrequenz abhängig.*

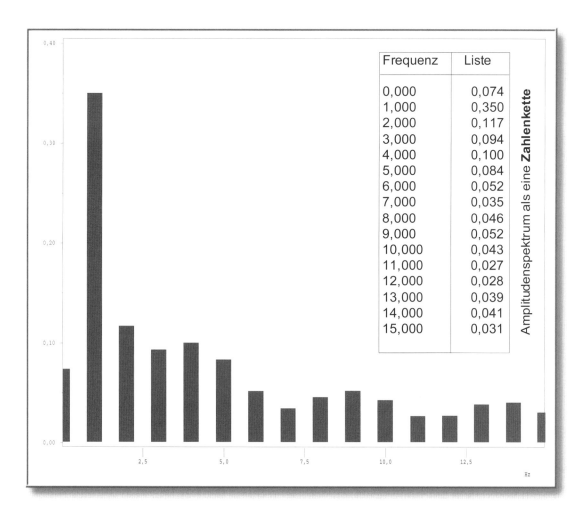

Frequenz	Liste
0,000	0,074
1,000	0,350
2,000	0,117
3,000	0,094
4,000	0,100
5,000	0,084
6,000	0,052
7,000	0,035
8,000	0,046
9,000	0,052
10,000	0,043
11,000	0,027
12,000	0,028
13,000	0,039
14,000	0,041
15,000	0,031

Abbildung 195:   ***Das Frequenzspektrum digitaler Signale als Zahlenkette***

Hier wird noch einmal das Spektrum aus Abb. 193 zusammen mit der bzw. den zugehörigen Zahlenkette(n) gezeigt, die das Modul „Liste" auf Wunsch liefert (siehe auch Abb. 188). Genaugenommen wird das Frequenzspektrum durch zwei Zahlenketten beschrieben, der Liste der Frequenzen sowie der Liste der Amplituden (der beteiligten Sinus–Schwingungen).

Für die nachfolgenden Experimente sind folgende Überlegungen wichtig:

- Sind Blocklänge n und Abtastfrequenz f_A gleich groß, so beträgt die Signaldauer 1 s.

- Bei n =   32 = f_A reicht das angezeigte positive Spektrum von 0 bis 16 Hz,
  bei n =   64 = f_A reicht das angezeigte positive Spektrum von 0 bis 32 Hz,
  bei n = 256 = f_A reicht das angezeigte positive Spektrum von 0 bis 128 Hz usw.

Das periodische Spektrum digitaler Signale

Hier wird nun auf ein wichtiges Phänomen eingegangen, welches bereits in Abb. 92 mithilfe des Symmetrie–Prinzips **SP** erläutert wurde:

Nicht nur im Zeitbereich muss jedes digitalisierte Signal als periodisch aufgefasst werden – die Periodendauer T_D ist nichts anderes als die Dauer des zwischengespeicherten Signalabschnittes –, vielmehr ist das Signal auch im Frequenzbereich periodisch! Die Begründung hierfür sei noch einmal aufgeführt:

Reale periodische Signale besitzen immer ein Linienspektrum. Der Abstand der Linien ist dabei konstant.

Aufgrund des Symmetrie–Prinzips **SP** *muss aber auch die Umkehrung gelten: Linien (gleichen Abstandes) im Zeitbereich müssen auch eine **Periodizität im Frequenzbereich** zur Folge haben!*

Da aber alle digitalen Signale im Zeitbereich durch die Abtastung aus solchen „Linien" bestehen, müssen sie auch periodische Spektren besitzen!

Diese periodischen Spektren bestehen wiederum aus Linien bzw. diskreten Werten (Zahlenkette), was schließlich wieder die Periodizität im Zeitbereich begründet.

Also: Linien (gleichen Abstandes) in dem einen Bereich bringt Periodizität für den anderen Bereich. Bestehen beide Bereiche aus Linien (gleichen Abstandes), so müssen folgerichtig auch beide Bereiche „aus der Sicht des Computers" periodisch sein!

Auf den ersten Blick erscheint dies als eine verrückte Sache, ist aber lediglich die zwangsläufige Folge einer einzigen Eigenschaft digitaler Signale: Sie sind *in beiden Bereichen wertdiskret!*

Das Abtast – Prinzip

Wir sind noch nicht am Ende des Tunnels. Denn durch die Periodizität digitaler Signale im Frequenzbereich taucht ein neues Problem auf. Wo waren in den vorangegangenen Abbildungen dieses Kapitels diese periodischen Spektren zu sehen? Durch gezielte, trickreiche Experimente soll herausgefunden werden, wie sich dieses Problem in den Griff bekommen lässt. Und damit wären wir auch am Ende des Tunnels angelangt!

Abb. 196 zeigt in der oberen Reihe einen analogen periodischen Sägezahn von 2 Hz, darunter das Abtastsignal (eine periodische δ–Impulsfolge) sowie unten jeweils das digitale Signal, oben jeweils im Zeit-, unten im Frequenzbereich.

Falls Sie genau hinsehen, werden Sie einen Frequenzbereich von 0 bis 128 Hz feststellen, im Gegensatz zu Abb. 192, wo dieser sich lediglich von 0 bis 32 Hz erstreckte.

Trotzdem stimmen die digitalen Signale aus den Abb. 192 und 196 im *Zeitbereich* überein (bis auf die Höhe der Messwerte). Vollkommen anders dagegen sehen die Spektren der digitalen Signale aus. Das Spektrum aus Abb. 192 erscheint als das erste Viertel des Spektrums aus Abb. 196 von 0 bis 32 Hz.

Nun zu dem angewandten Trick! Bei dem Versuch von Abb. 196 wurde oben im Menüpunkt A/D eine Blocklänge von n = 256 und eine Abtastfrequenz von 256 Hz gewählt. Damit ergibt sich, wie weiter oben bereits aufgeführt, ein Frequenzbereich von 0 bis 128 Hz. In der dort dargestellten Simulationsschaltung wurde aber durch die periodische δ–Impulsfolge von 64 Hz „künstlich" eine Blocklänge von $n^* = 32$ eingestellt. Mit diesem Wert wurde jedoch bislang lediglich der Frequenzbereich von 0 bis 16 Hz dargestellt.

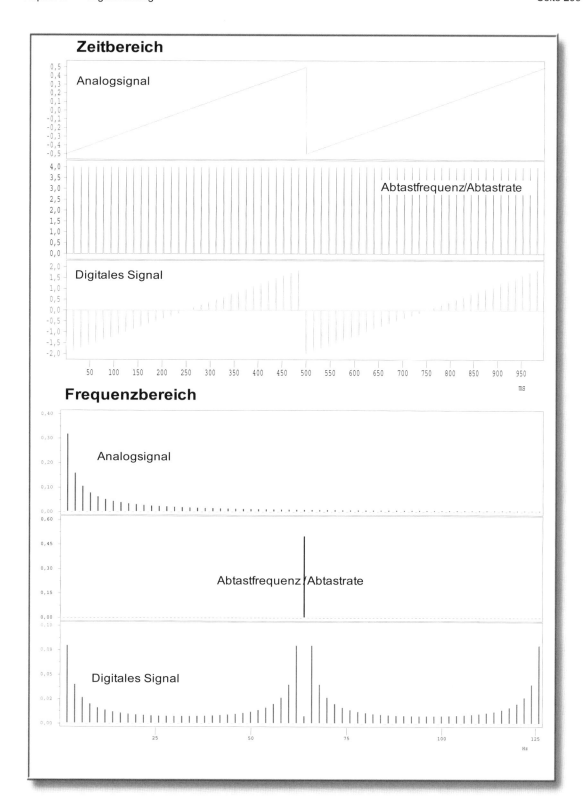

Abbildung 196:   ***Visualisierung der periodischen Spektren digitaler Signale***

Durch einen Trick – siehe Text – wird hier der Bereich oberhalb des Spektrums von Abb. 192 dargestellt. Das Spektrum des analogen Sägezahns wird an jeder Frequenz des Spektrums der Abtast–Impulsfolge „gefaltet" bzw. gespiegelt. Hier ist lediglich die Grundfrequenz der Abtast–Impulsfolge zu sehen.

Das Spektrum der Sägezahn–Schwingung geht nun theoretisch gegen unendlich. Durch die Faltung/ Spiegelung überlappen sich nun die gefalteten Spektren. Das bringt große Probleme mit sich.

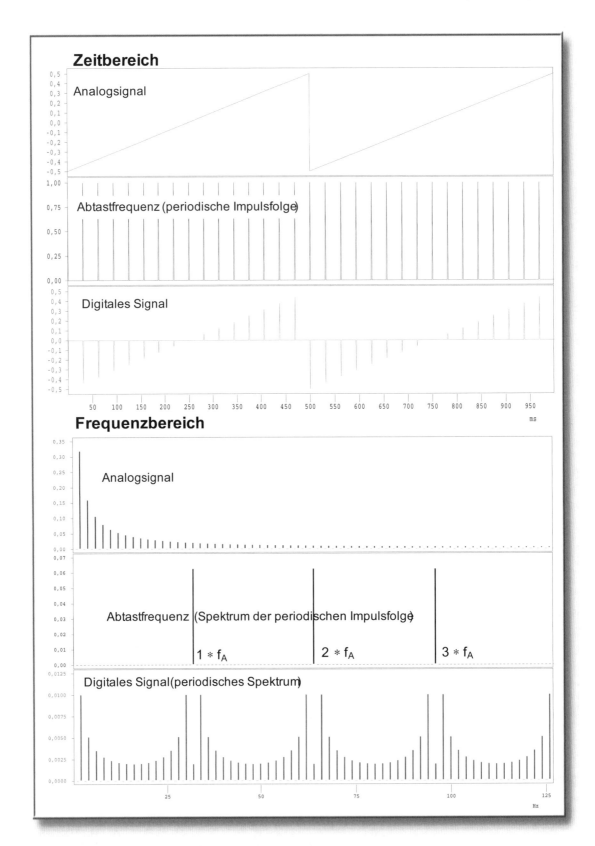

Abbildung 197:   **Überschneidung der Frequenzbänder periodischer Spektren**

Gegenüber Abb. 196 wurde die „künstliche" Abtastrate halbiert. Die Interpretation finden Sie im Text. Hier überlappen sich die Spektren nun noch deutlicher als in Abb. 196, was zu nichtlinearen Verzerrungen des ursprünglichen Sägezahns führt. Im Zeitbereich sind diese nicht direkt erkennbar.

Durch diesen Trick können wir nun sehen, was oberhalb (aber infolge des Symmetrieprinzips indirekt auch unterhalb) des Frequenzbandes von Abb. 191, d. h. oberhalb von 32 Hz vorliegt: Das Spektrum aus Abb. 192 wiederholt sich ständig, einmal in *Kehrlage*, einmal in *Regellage*, immer an den Frequenzen der periodischen δ–Impulsfolge gefaltet bzw. gespiegelt. Sehen Sie hierzu auch Abb. 146. Insgesamt ist das Spektrum aus Abb. 192 in Abb. 196 (unten) vicrmal enthalten (4 · 32 Hz = 128 Hz).

Die Sache hat aber einen Haken. Wie das Spektrum des analogen Signals zeigt, besitzt der Sägezahn ein extrem breites Spektrum. Wie aus Kapitel 2 bereits bekannt ist, geht diese Bandbreite gegen unendlich. Aus diesem Grunde überlappen (addieren) sich die Frequenzbänder alle gegenseitig, wobei der Einfluss der unmittelbar benachbarten Frequenzbänder am größten ist. Dies bedeutet jedoch, dass die Spektren in den Abb. 189 – 192 auf jeden Fall fehlerbehaftet sind. Dies bedeutet aber auch:

> *Wenn ein Signal im Frequenzbereich verfälscht wird, geschieht dies auch im Zeitbereich, weil ja beide Bereiche untrennbar miteinander verbunden sind.*

Dies ist in Abb. 196 genau zu erkennen, falls Sie das Amplitudenspektrum des Analogsignals mit den ersten 16 Frequenzen des digitalen Signals vergleichen. Unten sind die Linien bzw. Amplituden relativ zur ersten Frequenz höher ausgeprägt, vor allem in der Mitte zwischen zwei Frequenzbändern. Wie Abb. 197 zeigt, wird der Fehler um so deutlicher, je kleiner die Abtastfrequenz f_A' ist (hier die Frequenz der periodischen δ–Impulsfolge). Der Vergleich der Abb. 196 und 197 zeigt: Wird die Abtastfrequenz verdoppelt, rücken die Frequenzbänder auf doppelten Abstand. Aber nach wie vor findet eine – wenn auch geringfügigere – Überlappung statt.

Eine gute Medizin gegen solche Fehler ist also die Erhöhung der Abtastfrequenz, und zwar bei gleichzeitiger Erhöhung der Blocklänge (d. h. ohne Änderung der Signaldauer).

Jetzt kommt ein wirklich interessanter Aspekt zutage. Wie weit würden diese Frequenzbänder auseinander liegen, falls die Abtastfrequenz und auch die Blocklänge nach und nach gegen unendlich ginge? Richtig: Dann lägen sie „unendlich weit" auseinander. Dann hätten wir aber nichts anderes als ein *analoges Signal* mit kontinuierlichem Verlauf, bei dem alle Abtastwerte „dicht bei dicht" lägen. Und damit sähe das Spektrum auch genauso aus wie in beiden Abbildungen in der oberen Reihe!

> *Analoge Signale stellen aus theoretischer Sicht den Grenzfall eines digitalen Signals dar, bei dem Abtastfrequenz und Blocklänge gegen unendlich gehen.*

Welche Möglichkeit könnte es nun geben, bei der digitalen Signalverarbeitung die Verfälschung durch die Überlappung der Frequenzbänder zu umgehen? Die Lösung zeigt Abb. 198. Dort wird die (frequenzbandbegrenzte) Si–Funktion als Analogsignal verwendet. Die Bandbreite dieses dort abgebildeten Signals beträgt ca. 10 Hz (im positiven Bereich!) und die Abtastfrequenz beträgt 32 Hz. Zwischen den Frequenzbändern ist nun eine respektable Lücke festzustellen und es findet praktisch keine Überlappung statt. Jedes Frequenzband enthält damit die vollständige, unverfälschte Information über das ursprüngliche Analogsignal von 1 s Dauer. Damit lautet das nächste Zwischenergebnis:

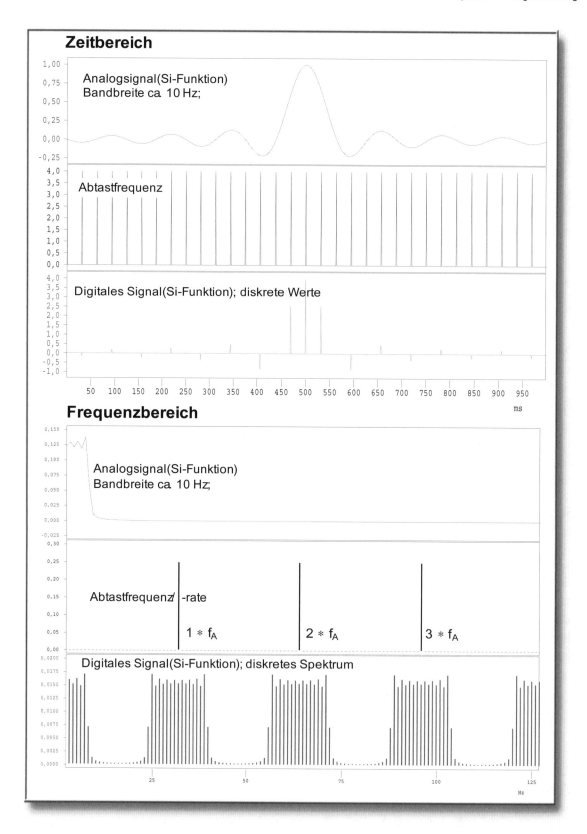

Abbildung 198:   ***Periodisches Spektrum frequenzbandbegrenzter Signale***

Oben sehen Sie ein auf etwa 10 Hz frequenzbandbegrenztes Analogsignal (Si–Funktion). Bei einer Abtastrate von 32 Hz findet hier praktisch keine Überlappung benachbarter Frequenzbänder statt. Um Verzerrungen des analogen Quellensignals zu vermeiden, muss dieses vor der Digitalisierung tiefpassgefiltert werden, um eine definierte – von der Abtastfrequenz abhängige – obere Frequenz aufzuweisen!

*Damit ein analoges Signal unverfälscht auf digitalem Wege
verarbeitet werden kann, muss sein Spektrum bandbegrenzt sein.
Anders ausgedrückt: Bevor ein analoges Signal digitalisiert wird,
muss es über ein Analogfilter bandbegrenzt werden. Dies
geschieht durch ein sogenanntes „Antialiasing–Filter", in der
Regel eine analoge Tiefpass–Schaltung.*

Ein praxisnahes Beispiel für ein solches Antialiasing–Filter ist ein Mikrofon. Die Grenzfrequenz preiswerter Mikrofone liegt praktisch immer unterhalb 20 kHz. Dadurch ist das hiermit erzeugte bzw. umgewandelte elektrische Signal direkt bandbegrenzt. Gerade für Experimente ist deshalb ein Mikrofon eine sehr günstige Signalquelle. Hochwertige Antialiasing–Filter sind nämlich sehr teuer.

*Das Antialiasing–Filter (die Schreibweise Anti–Aliasing wäre
besser) dient dazu, die Überlappung benachbarter
Frequenzbänder digitaler Signale zu verhindern.*

Abb. 199 lässt nun gewissermaßen die Katze aus dem Sack. Hier wird verdeutlicht, welche Beziehung zwischen der Abtastfrequenz f_A und der höchsten Frequenz des Analogsignals bzw. der Grenzfrequenz des Antialiasing–Filters bestehen muss, damit sich die Frequenzbänder des digitalen Signals gerade nicht überlappen. Diese Beziehung ist grundlegend für die gesamte Digitale Signalverarbeitung DSP und stellt damit das vierte Grundprinzip dieses Manuskriptes dar.

Abtast–Prinzip AP *(in der Literatur Abtast-Theorem
genannt): Die Abtastfrequenz f_A muss mindestens doppelt so
groß sein, wie die höchste im Analogsignal vorkommende
Frequenz f_{max}. Damit gilt*

$$f_A \geq 2 \cdot f_{max}$$

Die Begründung hierfür ist in den Abb. 196 – 199 klar zu erkennen. Da an jeder Frequenzlinie des Abtastsignals das Spektrum des Analogsignals in Kehr- und Regellage gefaltet wird, müssen die Frequenzlinien des Abtastsignals mindestens doppelt so weit, wie das Spektrum des Analogsignals auseinander liegen!

In Abb. 199 liegt die höchste Frequenz des Analogsignals etwa bei 30 Hz. Die Abtastfrequenz ist 64 Hz. Die benachbarten Frequenzbänder überlappen sich gerade noch nicht bzw. kaum. Nur solange sie sich nicht gegenseitig überlappen, kann das Analogsignal aus dem digitalen Signal wiedergewonnen werden.

Um das Abtast–Prinzip zu überprüfen, sollte einmal versuchsweise – als abschreckendes Beispiel – für die Abtastfrequenz f_A der gleiche Wert gewählt wie für die höchste im Analogsignal vorkommende Frequenz f_{max}. Alle Seitenbänder – bestehend aus Kehr- und Regellage – sind dann durch Überlagerung nur halb so breit, wie sie sein sollten.

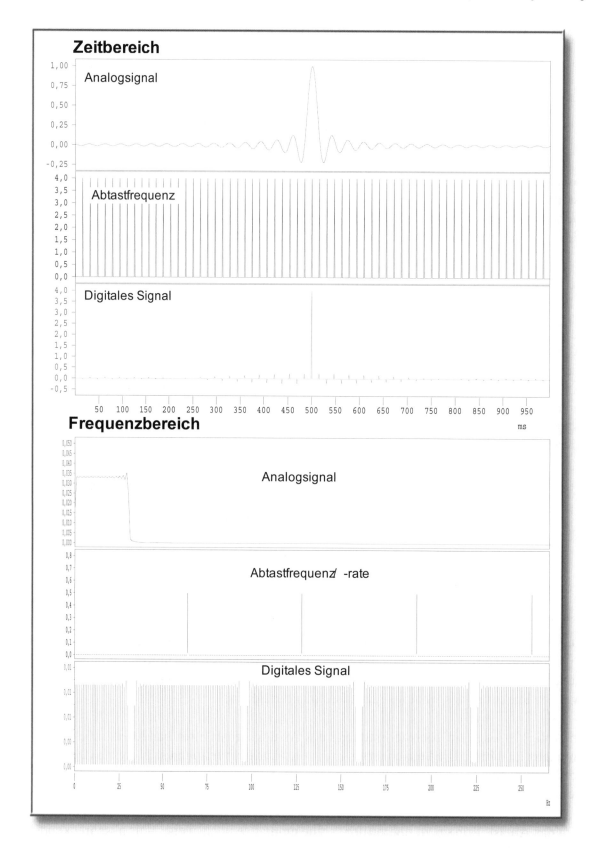

Abbildung 199:   **Abtast–Prinzip: an der Grenze der Überlappung benachbarter Frequenzbänder**

Hier beträgt die Bandbreite des Analogsignals ca. 30 Hz, die Abtastfrequenz 64 Hz. Deutlich zu sehen ist, dass der Grenzfall der „Nichtüberlappung" periodischer Spektren hier praktisch gegeben ist. Bitte beachten: Das Analogsignal kann niemals durch digitale Filterung bandbegrenzt werden! Warum nicht?

Rückgewinnung des Analogsignals

Wie das ursprüngliche Analogsignal am Ausgang des D/A–Wandlers wieder aus dem digitalen Signal zurückgewonnen werden kann – falls das Abtast–Prinzip **AP** eingehalten wurde! –, zeigt nun für den Fall der nicht frequenzbandbegrenzten periodischen Sägezahnspannung die Abb. 200. Dies geschieht auf denkbar einfache Weise. Es müssen alle Frequenzbänder außer dem untersten Frequenzband durch ein (dem Antialiasing–Filter entsprechenden) Tiefpass ausgefiltert werden. Dann bleibt lediglich das Spektrum des analogen Signals übrig und damit auch das analoge Signal im Zeitbereich.

> *Die Rückgewinnung des analogen Signals aus dem zugehörigen digitalen Signal erfolgt durch die Tiefpassfilterung, weil hierdurch das ursprüngliche Spektrum des analogen Signals und damit auch das Signal im Zeitbereich zurückgewonnen werden kann.*

> *Genaugenommen erzeugen D/A–Wandler eine treppenförmige Kurve (siehe Abb. 184), die den Verlauf des analogen Signals schon weitgehend wiedergibt. Die „Feinarbeit" macht dann der erwähnte Tiefpass.*

Nichtsynchronität

Es gibt noch weitere z. T. recht verdeckte Fallen, die zu fehlerhaften Ergebnissen führen können. Sie entstehen z. B. durch falsche Wahl der Parameter Blocklänge n und Abtastfrequenz f_A. Abb. 201 zeigt einen solchen Fall. Zunächst scheint alles in Ordnung zu sein: Das analoge Signal ist auf ca. 30 Hz bandbegrenzt, die Abtastfrequenz ist genau wie die Blocklänge auf 512 eingestellt, d. h. das Signal dauert genau 1 s. Dieses abgespeicherte Signal werde nun durch Multiplikation mit einer entsprechenden Impulsfolge mit einer (kleineren) Abtastfrequenz $f_A{'}$ von 96 Hz abtastet, was ja nach dem Abtast–Prinzip ausreichen müsste.

Aber bereits das Spektrum der periodischen δ–Impulsfolge bzw. der (virtuellen) Abtastfrequenz $f_A{'}$ weist auf Ungereimtheiten. Eigentlich sollte es lediglich die Frequenz 96 Hz und deren ganzzahlig Vielfachen enthalten. Es sind jedoch, wenn auch mit wesentlich kleineren Amplituden, die Frequenzen 32 Hz, 64 Hz usw., also alle ganzzahlig Vielfachen von 32 Hz enthalten. An jeder dieser Frequenzen wird das Spektrum des Analogsignals gefaltet bzw. gespiegelt, wobei die Amplitude dieser Frequenzen angibt, wie stark die (unerwünschten) Seitenbänder links und rechts auftreten.

Als Folge wird praktisch das Abtast–Prinzip Lügen gestraft, weil sich trotzdem hier wieder Seitenbänder überlappen. In Abb. 201 ist die Überlappung dieser kleinen Seitenbänder mit den großen gut zu sehen. Auf jeden Fall treten kaum nachvollziehbare Fehlmessungen auf, weil es sich hier um *nichtlineare* Effekte handelt.

> Hinweis:
> Es ist zunächst die Frage zu klären, woher in Abb. 201 die „Zwischenfrequenzen" 32 Hz, 64 Hz usw. kommen. Dies ist eine Folge der Nichtsynchronität zwischen der Blocklänge n (hier n = 512) und der Abtastfrequenz $f_A{'}$ von 96 Hz. Eine Impulsfrequenz von 96 Hz „passt" hier nicht in das durch die Blocklänge vorgegebene Raster von 512. Sie ist *nichtperiodisch* innerhalb dieses Rasters, weil 512 / 96 = 5 Rest 32 ergibt.

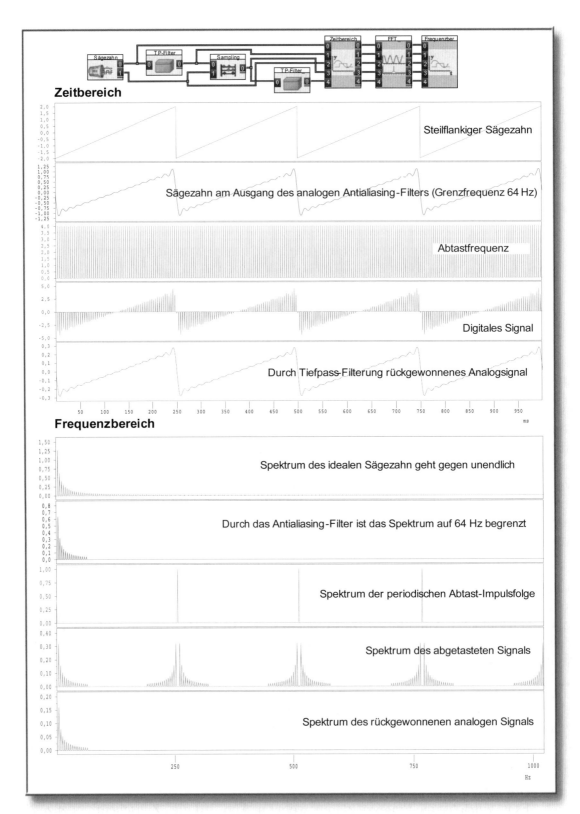

Abbildung 200:   ***Prinzip der Digitalen Signalverarbeitung mit analogen Antialiasing–Filtern***

Bei diesem Beispiel ist nun alles im Lot. Der nicht frequenzbandbegrenzte Sägezahn wurde mit einem Antialiasing–Filter auf 64 Hz begrenzt. Die (virtuelle) Abtastrate bzw. die Abtastfrequenz f_A liegt bei 256 Hz. In dieser Größenordnung sollten beide Werte in der Praxis zueinander liegen.

Statt der analogen Antialiasing–Filter wurden bei dieser Simulation digitale Filter verwendet.

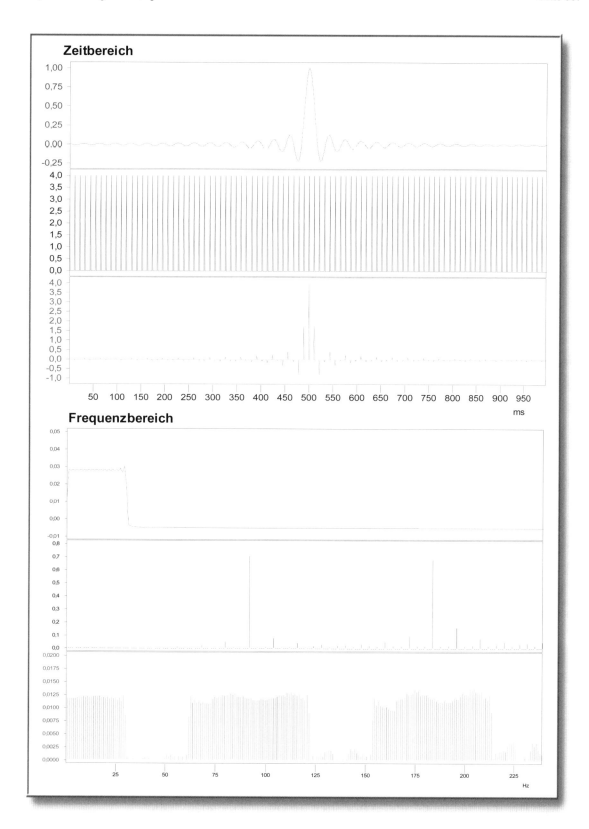

Abbildung 201:   ***Nichtsynchronität***

Nichtsynchronität entsteht, falls die Blocklänge kein ganzzahlig Vielfaches der Abtastfrequenz ist. Findet in diesem Fall eine Weiterverarbeitung des Quellensignals im Frequenzbereich statt, so treten nichtlineare Verzerrungen in Form von Kombinationsfrequenzen auf, die irreparabel sind.

Diese Nichtsynchronität oder auch Nichtperiodizität verursacht Kombinations-
frequenzen mit den eigentlich zu erwartenden Frequenzen von 96 Hz, 192 Hz usw.
Es ergeben sich Summen- und Differenzfrequenzen der Form 0 ± 32 Hz, 96 ± 32
Hz usw., aber auch der Form $(n \cdot 96 \pm m \cdot 32$ Hz$)$ mit n, m = 0, 1, 2, 3 ... .

Wie nun ließe sich verhindern, dass ein Rest bei der Division übrig bleibt? Welche Werte
sollten in diesem Fall für die Abtastfrequenz $f_A{}'$ gewählt werden. Da die Blocklänge aber
vorherbestimmt und immer eine Potenz von 2 ist, also 32, ..., 512 , 1024 usw., kommen
für die Abtastfrequenz auch nur Potenzwerte von 2 in Frage.

Beispiel: Bei einem entsprechend bandbegrenzten Signal und einer Blocklänge
von 1024 sollten nur folgende Abtastraten gewählt werden: ... 32 ($= 2^5$), 64, 128,
256, 512, 1024, 2048, 4096 usw.

*Die Abtastrate/Abtastfrequenz f_A sollte (wegen der **FFT**) auch
eine Potenz von 2 sein, damit sie immer in das Zeitraster der
digitalen Periodendauer passt .*

Signalverfälschung durch Signalfensterung (Windowing)

Abschließend soll an dieser Stelle noch einmal auf die digitale Signalverarbeitung lang
andauernder analoger Signale – z. B. eines Audio–Signals – eingegangen werden.

*Die digitale Signalverarbeitung lang andauernder realer
Analogsignale im **Frequenzbereich** bedeutet – ähnlich dem
Hörvorgang – die signalmäßige Verarbeitung gleichlanger, sich
überlappender Signalabschnitte!*

In Anlehnung an die Schilderungen in Kapitel 3 (siehe Abb. 51 – 53) und in Kapitel 4
(siehe Abb. 69 – 73) hier eine kurze Zusammenfassung:

- Lang andauernde Signale müssen im Frequenzbereich abschnittsweise in Blöcken
  analysiert bzw. verarbeitet werden. Diese Blocklänge muss immer als Zweierpotenz
  darstellbar sein (z. B. $1024 = 2^{10}$), weil nur für diese Blocklängen die FFT optimiert ist.

- Blocklänge und Abtastrate – in Übereinstimmung mit dem Abtast–Prinzip **AP** – sollten
  möglichst zueinander „synchronisiert" sein, um nicht in den Konflikt mit der
  Periodendauer T_D des digitalen Signals zu kommen. Dies gilt immer dann, falls die
  Signalverarbeitung den Frequenzbereich mit einbezieht. Bedenken Sie, dass nur
  ganzzahlig Vielfache der Grundfrequenz $f_G = 1 / T_D$ im Spektrum dargestellt werden
  können. Wählen Sie deshalb möglichst auch die Abtastrate f_A als Zweierpotenz!

- Die Fenster („Windows") müssen sich stark überlappen, weil sonst Information
  verloren gehen kann, die in den nun getrennten zeitlichen Teilabschnitten enthalten
  war. Die Informationen sind schließlich im Gesamtsignal enthalten.

- Das Problem lässt sich wieder über unsere fundamentalen Grundlagen in den Griff
  bekommen: Wie Sie wissen, können die informationstragenden Signale nach dem
  FOURIER–Prinzip so aufgefasst werden, als seien sie aus lauter Sinus–Schwingungen
  einer bestimmten Bandbreite zusammengesetzt. Wird also die Übertragung dieser
  Sinus–Schwingungen sichergestellt, gilt dies auch für die Information!

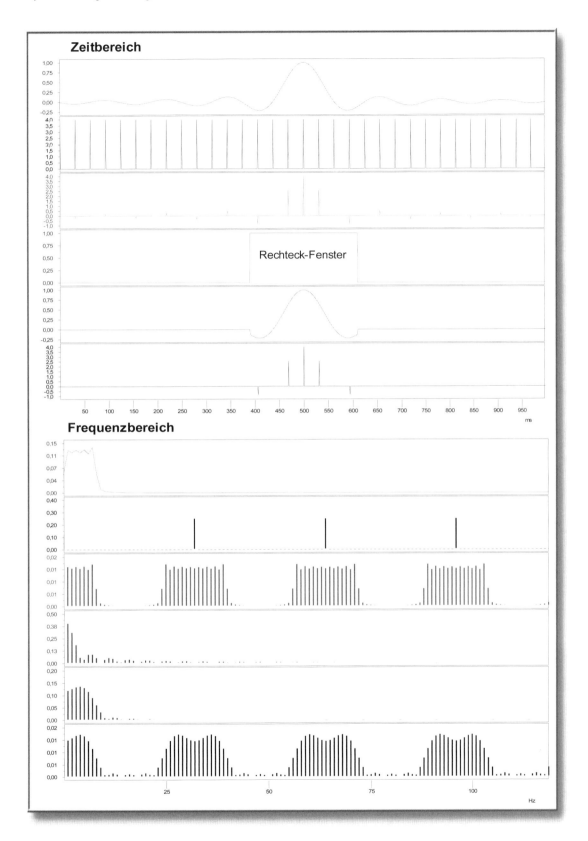

Abbildung 202: **Signalverfälschung durch Signalfensterung (Windowing)**

Bei längeren Signalen muss das Signal abschnittsweise verarbeitet werden. Dadurch entstehen Fehler, wie sie bereits in der Abb. 51 dargestellt wurden. Am Beispiel des Rechteckfensters wird hier noch einmal gezeigt, wie das Spektrum verändert bzw. verfälscht werden kann. Typisch für Rechteckfenster ist die „Welligkeit" des Spektrums (unten) gegenüber dem korrekten Spektrum in der dritten Reihe unten.

- Für lang andauernde Signale kommt nur eine Fensterfunktion in Frage, bei der das gefensterte Signal sanft beginnt und sanft endet. Rechteckfenster erzeugen hier Signalsprünge, die mit dem ursprünglichen Verlauf nichts zu tun haben (siehe Abb. 202). Ein geeignetes Beispiel hierfür sind GAUSS–Fenster.

- Die erforderliche Überlappung kann über eine Frequenz–Zeit–Landschaft visualisiert bzw. abgeschätzt werden. So ist aus Abb. 73 ersichtlich, dass eine noch kürzere Überlappung der Windows nicht mehr Informationen über die „Frequenzlandschaft" bringen würde. In Abb. 72 dagegen besteht doch noch Informationsbedarf. Hier liegt die Überlappung der Windows wohl etwas zu weit auseinander.

- Präziser kann jedoch die erforderliche Überlappung über das Unschärfe–Prinzip UP abgeschätzt werden:

  - Ein Fenster der Dauer Δt ergibt zwangsläufig eine frequenzmäßige Unschärfe $\Delta f \geq 1 / \Delta t$. Durch die Wahl der „Fensterdauer" ist also die frequenzmäßige Auflösung – unabhängig von der Bandbreite B des Signals – bestimmt!

  - Durch die Festlegung der Bandbreite B ist die höchste Frequenz f_{max} festgelegt, die informationsmäßig erfasst werden soll. Über sie ist wiederum die *schnellste zeitliche Änderung* festgelegt, die in dem Signal enthalten sein kann. Die schnellste zeitliche Änderung liegt aufgrund des **UP** damit im Bereich $\tau \geq 1 / B$, da B von 0 bis f_{max} reicht. Die Überlappung der Windows muss daher im Abstand τ erfolgen!
    Beispiel:
    Ein Fenster habe die Dauer $\Delta t = 100$ ms. Dann beträgt die frequenzmäßige Unschärfe Δf mindestens 10 Hz. Beträgt die Bandbreite des Signals 20 kHz, sollten die Überlappungen im zeitlichen Abstand $\tau \approx 1 / 20000$ s = 50 μs durchgeführt werden.

  - Überlappungen in noch kürzeren Abständen würden keine zusätzliche Information bedeuten, weil die Signaldauer (des Windows) wegen des **UP** einfach nicht mehr hergibt. Längere Abstände würden (bei der angenommen Bandbreite B des Signals) Informationsverlust bedeuten.

> *Nur die Bandbreite B des Signals bestimmt den Abstand τ, mit dem sich die Fenster überlappen sollten. Die gewünschte frequenzmäßige Auflösung Δf bestimmt allein die Signaldauer Δt des Windows.*

Checkliste

Vielleicht haben Sie angesichts der vielen Fehlermöglichkeiten bei der digitalen Signalverarbeitung von realen, also analogen Signalen etwas den Überblick verloren. Abschließend deshalb so etwas wie eine übersichtliche Checkliste. Diese sollten Sie bei praktischen Anwendungen durchgehen.

- Versuchen Sie zunächst die *Bandbreite B* des Ihnen vorliegenden analogen Signals festzustellen. Dies gelingt auf verschiedenen Wegen:

- Bereits über die Physik der Signalerzeugung lassen sich Rückschlüsse auf die Bandbreite ziehen. Das setzt jedoch viel Erfahrung und physikalisches Verständnis voraus.

- Vielleicht ist Ihnen die Bandbreite B des Signals durch die Signalquelle – z. B. Mikrofon – bekannt.

- Über die schnellste *momentane* zeitliche Änderung des Signals lässt sich die höchste Frequenz f_{max} abschätzen.

- Stellen Sie im DASY*Lab*–Menü die höchstmögliche Abtastrate Ihrer Multifunktionskarte ein – um das Abtast–Prinzip **AP** auf jeden Fall zu erfüllen – und stellen Sie dann den Frequenzbereich mithilfe einer FFT dar.

- Wenn dies alles keine absolute Sicherheit bringt, schalten Sie zwischen Signalquelle und Multifunktionskarte ein (analoges) Antialiasing–Filter, d. h. praktisch immer einen analogen Tiefpass.

- Dessen Grenzfrequenz sollte so niedrig wie möglich, jedoch so hoch wie nötig (um Informationsverluste zu vermeiden) eingestellt werden.

- Vielleicht finden Sie in dieser Hinsicht in der Literatur (z. B. Fachaufsätzen) Erfahrungswerte zu Ihrem speziellen Problem.

- Die Übertragungsfunktion des Antialiasing–Filters beeinflusst bzw. verändert auf jeden Fall Ihr Signal. Je hochwertiger – d. h. „rechteckiger" – dieses Filter ist, desto geringer wird die Beeinflussung sein.

  - Wählen Sie die Abtastrate möglichst so hoch, dass das Abtast–Prinzip *übererfüllt* wird.Dadurch liegen die Seitenbänder wie in Abb. 200 im Spektrum weit auseinander.

  - Sie benötigen in diesem Fall nun nicht ein Antialiasing–Filter höchster Güte mit nahezu rechteckigen Flanken (teuer!), sondern können ggf. ein minderwertiges Filter – z. B. ein RC–Glied – verwenden. Die abfallende Flanke des Filters liegt bei entsprechender Wahl der Grenzfrequenz dann nämlich außerhalb der Bandbreite des (analogen) Signals.

- Liegen lang andauernde Signale vor, die Sie abschnittsweise verarbeiten müssen, so gelten folgende Regeln:

  - Mit der „Fensterdauer" Δt legen Sie die frequenzmäßige Auflösung Δf ("Unschärfe") eindeutig fest.

$$Es\ gilt\ \Delta t \geq 1\ /\ \Delta f$$

  - Die Bandbreite B des analogen Signals bzw. des Antialiasing–Filters legt den zeitlichen Abstand τ fest, mit dem sich die Windows überlappen müssen.

$$Es\ gilt\ \ \tau = 1\ /\ B$$

Hinweis:
Bei einer Soundkarte mit je zwei Analogeingängen und Analogausgängen ist die Abtastfrequenz konstant und liegt bei ca. 44 kHz. Da selbst bei hochwertigen Mikrofonen der Frequenzbereich lediglich bis 20 kHz reicht, ist das Abtast–Prinzip auf jeden Fall gesichert.

Mit einer Soundkarte steht also ein qualitativ hochwertiges, dabei äußerst preiswertes System zur Aufnahme, Verarbeitung und Wiedergabe analoger, realer Signale für den Audiobereich zur Verfügung. Um dieses System zusammen mit DASY*Lab* einzusetzen, gibt es zwei Möglichkeiten:

- Ihnen steht die DASY*Lab* S–Version zur Verfügung. Für diese gibt es einen speziellen Treiber für Soundkarten. Dadurch können dann Signale über ein Mikrofon im Audiobereich direkt in DASY*Lab* eingelesen, verarbeitet und ausgegeben werden.

- Alles, was Sie über einen Player auf Ihrem PC hörbar machen können – z. B. Wave- oder MP3-Dateien – können Sie über das Modul „Analog Eingang" signaltechnisch erfassen, verarbeiten, analysieren und abspeichern (z. B. als DDF- oder ASCII-Datei, dagegen nicht als Wave-Datei).

Aufgaben zum Kapitel 9

Aufgabe 1

(a) Warum kann es keine softwaremäßige – d. h. rechnerische Umwandlung realer, analoger Signale in digitale Signale geben?

(b) Was beinhaltet die Datei eines solchen digitalen Signals und wie lässt sich deren Information bildlich darstellen?

Aufgabe 2

(a) Wandeln Sie die Schaltungssimulation eines A/D–Umsetzers in Abb. 183 mithilfe von DASY*Lab* so um, dass die Genauigkeit statt 5 Bit ($2^5 = 32$) 4 Bit bzw. 6 Bit beträgt.

(b) Verwenden Sie statt des Moduls „Relais" ein UND-Gatter.

(c) Wie ließe sich die Zahlenkette im Dualen Zahlensystem mithilfe von DASY*Lab* darstellen? Was müsste der Schaltung in Abb. 183 hinzugefügt werden?

Aufgabe 3

(a) Erklären Sie das Prinzip eines D/A–Umsetzers in Abb. 184, d. h. den Term bzw. die Formel im Mathematik-Modul.

(b) Erklären Sie anhand der Abb. 185 die Umwandlung von Zahlen des Zehnersystems in die Zahlen eines anderen Systems mit der Basis 2, 3 und 4.

Aufgabe 4

(a) Wo werden analoge Pulsmodulationsverfahren in der Praxis eingesetzt?

(b) Weshalb besitzen diese Verfahren in der Messtechnik eine größere Bedeutung?

(c) Vergleichen Sie die Pulsmodulationssignale der Abb. 186 bezüglich ihrer Bandbreite.

Aufgabe 5

(a) Erklären Sie den generellen Unterschied zwischen einem analogen und digitalen Signal für den Zeitbereich.

(b) Welche anschaulichen Möglichkeiten bietet DASY*Lab* für digitale Signale (siehe Abb. 187 und 188)?

(c) Digitale Signale können generell nur abschnittsweise analysiert werden. Welche Probleme ergeben sich hieraus?

(d) Erklären Sie den Einfluss der beiden Größen Blocklänge n und Abtastrate/ Abtastfrequenz f_A auf die Darstellung eines digitalen Signals im Zeitbereich. Wie sollten diese Größen gewählt werden, damit das digitale Signal auf dem Bildschirm dem analogen Eingangssignal möglichst ähnlich sieht?

(e) Erklären Sie den Begriff der digitalen Periodendauer T_D.

(f) Wann wird das Spektrum eines periodischen, analogen Signals über eine digitale Signalverarbeitung mittels FFT korrekt wiedergegeben?

Aufgabe 6

(a) Weshalb ist es generell nicht möglich, Signale mit Sprungstellen – z. B. einen Säge-zahn – digital korrekt zu verarbeiten bzw.

(b) Weshalb müssen analoge Signale *vor* ihrer digitalen Signalverarbeitung bandbegrenzt werden?

(c) Wie wirkt sich die Bandbreite eines analogen Signals auf die erforderliche Abtast-frequenz aus?

(d) Formulieren Sie das Abtast–Prinzip für bandbegrenzte, analoge Signale, die digital weiterverarbeitet werden sollen.

Aufgabe 7

(a) Begründen Sie, weshalb ein digitales Signal ein periodisches Spektrum besitzen *muss*?

(b) Weshalb muss jedes – über eine Blocklänge n abgespeichertes – digitale Signal so aufgefasst werden, als sei es auch im Zeitbereich über die Blocklänge n periodisch?

(c) Analoge Signale lassen sich als Grenzfall eines digitalen Signals deuten. Wie sieht dieser Grenzfall aus?

(d) Durch welchen Trick mit DASY*Lab* wurde in den Abb. 196 – 202 der Frequenz-bereich gegenüber den Abb. 189 – 195 so ausgeweitet, dass die Periodizität der Spektren erkennbar wird?

Aufgabe 8

(e) Welche Fehlerquellen können sich bemerkbar machen, falls Blocklänge und Abtast-frequenz nicht in einem ganzzahligen Verhältnis zueinander stehen?

(f) Schneiden Sie aus einem längeren Sprachsignal einen kurzen Ausschnitt von z. B. 0,07 s Dauer aus und bandbegrenzen Sie diesen Ausschnitt (Abtast–Prinzip). Analy-sieren Sie den Frequenzbereich dieses Signals mit verschiedenen Abtastraten und Blocklängen. Diskutieren Sie Unterschiede in den spektralen Darstellungen. Welche von diesen weisen offensichtlich Fehler auf? Was steckt dahinter?

Aufgabe 9

Sie wollen ein lang andauerndes (bandbegrenztes) Audio–Signal ohne irgendeinen Informationsverlust über eine Zeit–Frequenz–Landschaft spektral analysieren.

(a) Wodurch legen Sie die frequenzmäßige Auflösung dieser Zeit–Frequenz–Landschaft fest?

(b) Wodurch wird die Bandbreite des Signals in dieser Darstellung garantiert?

(c) Begründen Sie die Wahl der von Ihnen bevorzugten Fensterfunktion (Window).

Kapitel 10

Digitale Filter

Filter besitzen in der Signalverarbeitung eine überragende Bedeutung. Die gesamte Nachrichtentechnik wäre ohne sie nicht möglich. Im Kapitel 7 wurden Filter – als Bcispicl für lineare Prozesse – bereits behandelt. Im Vordergrund standen zwar analoge Filter, jedoch wurde auch bereits grundsätzlich auf digitale Filter eingegangen. Gerade am Beispiel *digitaler* Filter lassen sich die Vorteile der digitalen gegenüber der analogen Signalverarbeitung demonstrieren.

Filter – gleich ob analoge oder digitale – gelten aus theoretischer Sicht als recht kompliziert. Praktiker greifen lieber gleich zu Tabellenbüchern, um für ihr gcwünschtes Analogfilter die Schaltung und die Dimensionierung der dort verwendeten Bauteile (z. B. Widerstände und Kondensatoren) samt der zulässigen Toleranzen herauszusuchen. Bei digitalen Filtern ist dies auf den ersten Blick ähnlich: Hier werden – je nach Filtertyp – die geeigneten *Filterkoeffizienten* benötigt.

Ziel dieses Kapitels ist es, für Sie diese Schwierigkeiten speziell für digitale Filter aus dem Weg zu räumen, deren Wirkungsweise anschaulich darzustellen und Ihnen die rechnerische Verarbeitung zu verdeutlichen. Denn wie für jeden anderen Prozess der Digitalen Signalverarbeitung gilt auch für digitale Filter: Das Signal – in Gestalt einer Zahlenkette – wird *rechnerisch* verarbeitet! Sie sollen in der Lage sein, digitale Filter höchster Güte mit DASY*Lab* zu entwerfen und einzusetzen.

Hardware versus Software

Sowohl vom Ansatz als auch von der Gestalt unterscheiden sich Analogfilter von digitalen Filtern völlig, obwohl sie doch das Gleiche sollen: Einen bestimmten Frequenzbereich „herausfiltern" und alles andere möglichst wirkungsvoll unterdrücken.

Ein Unterschied fällt direkt ins Auge:

> *Ein **analoges** Filter ist eine – meist mit Operationsverstärkern sowie diskreten Bauelementen wie Widerständen, Kondensatoren – aufgebaute Schaltung („Hardware").*
>
> *Demgegenüber ist ein **digitales** Filter durchweg virtueller Natur, nämlich ein Programm („Software"), welches aus der dem Eingangssignal entsprechenden Zahlenkette eine andere Zahlenkette berechnet, die dem gefilterten Signal entspricht.*

> Hinweis: Spezielle Filtertypen wie Oberflächenwellenfilter, Quarz- und Keramik-Filter sowie Filter mit mechanischen Resonatoren (wie sie in der Trägerfrequenz-technik verwendet werden) sollen hier nicht betrachtet werden.

Wie analoge Filter arbeiten

Die Funktion analogcr Filter beruht auf dem frequenzabhängigen Verhalten der verwendeten Bauelemente Kondensator C und Induktivität L (Spule).

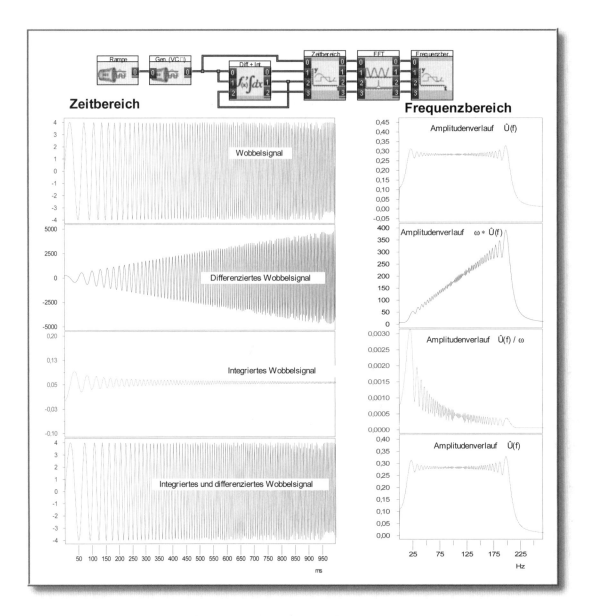

Abbildung 203: **Analoge Filter: Differenziation und Integration als frequenzabhängige Prozesse**

Bei Differenziation eines Wobbelsignals nimmt die Amplitude linear (proportional) mit der Frequenz zu, bei der Integration verläuft sie umgekehrt proportional mit der Frequenz. Dies ist sowohl im Zeitbereich als auch im Frequenzbereich in der Abbildung zu sehen. Beachten Sie auch den Effekt des Unschärfe–Prinzips im Frequenzbereich (siehe hierzu auch Abb. 104).

Bei einem aus Spule und Kondensator bestehenden analogen Schwingkreis bzw. analogen Bandpass sind Spannung u und Strom i durch diese beiden Prozesse Differenziation und Integration verknüpft. Nur so lässt sich die Schwingkreiswirkung erzielen.

Aus mathematischer Sicht wird der Zusammenhang zwischen der Spannung u und dem hindurchfließenden Strom i an diesen beiden Bauelementen durch eine Differenziation bzw. eine Integration beschrieben. Einfach und verständlich lässt sich besser das physikalische Verhalten so beschreiben:

- Je schneller sich die Spannung u(t) an einem Kondensator *ändert*, desto größer ist der Strom, der den Kondensator entlädt oder lädt (Kapazitätsgesetz).

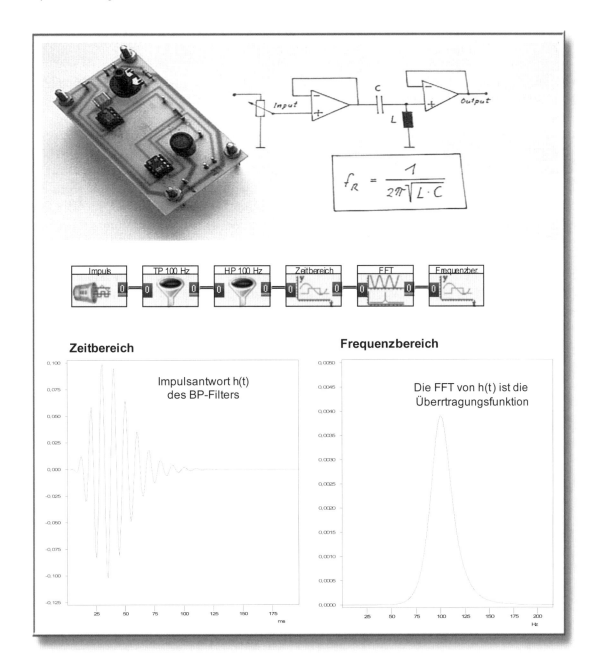

Abbildung 204: ***Analoger Bandpass (Resonanzfilter) und seine Darstellung mit DASYLab***

Oben sehen Sie eine analoge Bandpass-Schaltung (Resonanzfilter), bei dem ein L–C–Reihenschwingkreis und zwei Operationsverstärker das Filter bilden. Die Operationsverstärker sind als „Impedanzwandler" geschaltet. Hierbei geht jeweils der Eingangswiderstand gegen unendlich (dadurch „merkt" die Spule nicht, dass ihr Signal „abgezapft" wird) und der Ausgangswiderstand gegen null (dadurch wird praktisch kein Widerstand zusätzlich in Reihe geschaltet). Bei der Resonanzfrequenz f_R ist der Widerstand (bzw. die „Impedanz") am kleinsten, dadurch der Strom am größten und der Spannungsabfall erreicht sowohl an der Spule als auch am Kondensator seinen Maximalwert, der viel größer sein kann als die Eingangsspannung. Diese wird über den Eingangsspannungsteiler so klein gewählt, dass der Operationsverstärker nicht übersteuert wird.

Alles Probleme, die es mit DASYLab bzw. bei der digitalen Signalverarbeitung nicht gibt! Unten sehen Sie eine dem analogen Resonanzfilter gleichwertige DASYLab–Schaltung. Das Resonanzfilter wird hier durch eine Hintereinanderschaltung von Tiefpass und Hochpass mit der Grenzfrequenz 100 Hz dargestellt. Die Impulsantwort h(t) ist eine „kurze Sinus–Schwingung" von 100 Hz, welche aufgrund des Unschärfe–Prinzips mit der „spektralen Unschärfe" der Filterkurve um 100 Hz einhergeht.

- Je schneller sich der Strom i(t) in einer Spule ändert, desto größer ist die momentan induzierte Spannung u(t) (Induktionsgesetz).

Wie in Kapitel 7 bereits ausführlich behandelt (siehe Abb. 130), erscheint bei sinusförmigem Eingangssignal am Ausgang eines Differenzierers ein Sinus, dessen *Amplitude proportional zur Frequenz* ist. Bei der Integration – als Umkehrung der Differenziation – ist die *Amplitude umgekehrt proportional zur Frequenz*.

Besonders frequenzselektiv (d. h. „empfindlich" gegenüber einer Frequenzänderung) ist ein einfacher Schwingkreis. Hierbei handelt es sich um eine Reihen- oder Parallel-schaltung von Spule und Kondensator bzw. Induktivität L und Kapazität C. In Abb. 204 ist ein brauchbares analoges Resonanzfilter (Bandpass) in Verbindung mit zwei Operationsverstärkern dargestellt.

Und damit kommen wir zum eigentlichen Problem: Es gibt keine guten Analogfilter! Allenfalls sind sie in *einer* Hinsicht gut genug bzw. stellen einen generellen Kompromiss dar zwischen Flankensteilheit, Welligkeit im Durchlassbereich und (nicht-)linearem Phasenverlauf im Durchlassbereich dar. Die Gründe hierfür wurden bereits ausführlich in Kapitel 1 („Zielaufklärung", und dort unter *Analoge Bauelemente*) erläutert, u. a. gilt:

- Reale Widerstände, Kondensatoren und insbesondere Spulen besitzen ein Misch-verhalten. So besteht eine Spule rein physikalisch aus einer Reihenschaltung von Induktivität L und dem OHMschen Widerstand R des Spulendrahtes. Bei sehr hohen Frequenzen macht sich sogar noch eine Kapazität C zwischen den parallelen Spulenwindungen bemerkbar.

- Analoge Bauelemente lassen sich nur mit begrenzter Genauigkeit herstellen, zudem sind sie temperaturabhängig usw.

Zusammenfassend machen *analoge* Filter nicht das, was theoretisch möglich sein sollte, weil „Dreckeffekte" dies verhindern. So hängt z. B. das Resonanzverhalten des Bandpasses in Abb. 204 überwiegend von der „Güte" der Spule ab. Je kleiner der Spulenwiderstand, desto schärfer die Frequenzselektion.

Für analoge Filter haben sich drei Typen durchgesetzt, deren spezielle Vor- und Nachteile bereits im Kapitel 7, speziell in Abb. 141 und 142 beschrieben wurden. Diese Filter sind nicht der Weisheit letzter Schluss und sie werden zukünftig auch nur noch dort eingesetzt werden, wo sie unvermeidbar sind:

- Auf immer und ewig werden Analogfilter verwendet werden, um das analoge Signal *vor* der digitalen Signalverarbeitung frequenzmäßig zu begrenzen.
  Achtung: Diese Frequenzbegrenzung kann jedoch auch durch einen „natürlichen" Tiefpass, zum Beispiel durch ein Mikrofon geschehen. Schon die menschliche Stimme ist eindeutig frequenzmäßig begrenzt.

- Hoch- und höchstfrequente Signale können aufgrund der begrenzten Geschwindigkeit von A/D–Wandlern nicht direkt digital gefiltert werden.

FFT – Filter

Den ersten Typ eines rein digitalen – d. h. rechnerischen – Filters haben wir bereits des Öfteren unter DASY*Lab* eingesetzt (Abb. 25, 26, 27,119, 160, 161, 166, 167, 190, 200).

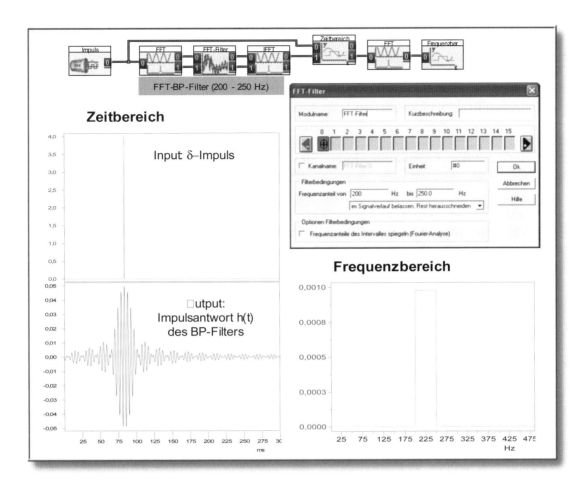

Abbildung 205:   ***Bandpass als FFT–Filter***

Wie hochwertig FFT–Filter sein können, sehen sie hier am Beispiel eines Bandpass-Filters. Bereits im Zeitbereich lässt sich das Kriterium für ein sehr gutes, d. h. nahezu rechteckiges Filter erkennen: Die Impulsantwort sieht in etwa aus wie eine – beim Bandpass mit der Mittenfrequenz des Filters multiplizierte – Si–Funktion!

Die Flankensteilheit wird nur noch durch das Unschärfe–Prinzip begrenzt, d. h. durch die Dauer des Eingangssignals (Zahlenkette bzw. Datenblock) im Zeitbereich. Sie betrug hier 1 s (das obige Bild zeigt nur einen zeitlichen Ausschnitt von 300 ms).

Statt des „Ausschnitt"-Moduls wird hier das neue Modul „FFT–Filter" verwendet. Es vereinfacht die Einstellungen und liefert das Ergebnis korrekt unter Berücksichtigung des positiven und negativen Frequenzbereichs (siehe Hinweis im Haupttext).

*Hier scheint die Impulsantwort h(t) bereits **vor** dem Eintreffen des δ–Impulses am Eingang vorhanden zu sein. Eine Verletzung des Kausalprinzips („Erst die Ursache, dann die Wirkung")? Nein, die Lösung ergibt sich aus den Ergebnissen des vorherigen Kapitels „Digitalisierung": Digitale Signale bestehen im Zeit- **und** Frequenzbereich aus äquidistanten Linien; sie sind also aufgrund des Symmetrie–Prinzips im jeweils anderen Bereich **periodisch**! Aus physikalischer Sicht sehen wir also nur **eine** Periodendauer eines periodischen Signals!*

Das verständnismäßig einfache, aber rechnerisch aufwendige Prinzip wird in Abb. 205 noch einmal dargestellt: Das Signal bzw. ein Datenblock wird über eine **FFT** in den Frequenzbereich transformiert. Hierbei ist über die Menüwahl die *Komplexe FFT eines reellen Signals* auszuwählen. Der FFT–Baustein besitzt nun einen Eingang, aber *zwei* Ausgänge. Die beiden Ausgänge liefern den Real- und den Imaginärteil des Spektrums (siehe Kapitel 5 unter „Inverse FOURIER–Transformation IFT und GAUSSsche Zahlenebene"). Physikalisch bedeutet dies, dass zu jeder Frequenz bzw. zu jeder Sinus–Schwingung *zwei* Angaben gehören: Amplitude und Phase!

Anschließend werden die Frequenzen hier erstmalig mithilfe des Moduls „FFT–Filter" ausgeschnitten (d. h. werden auf null gesetzt), die nicht passieren sollen. Hierbei müssen auf beiden Kanälen (Real- und Imaginärteil) die gleichen Werte eingestellt werden!

> Hinweis: Im „Ausschnitt–Modul" ließ sich bislang der gewünschte Frequenz-bereich nur einfach einstellen, falls Abtastrate und Blocklänge gleich groß gewählt wurden. In diesem Fall betrug die Zeitdauer des Datenblocks genau eine Sekunde und dadurch waren die Verhältnisse am einfachsten. Andernfalls musste höllisch aufgepasst werden. So war z. B. eine Verletzung des Abtast–Prinzips möglich, die zu einer falschen Darstellung des Frequenzbereichs führte. Außerdem wurden hierbei lediglich die positiven Frequenzen berücksichtigt, die negativen (normalerweise) auf null gesetzt. Dadurch wurde nur die Hälfte des korrekten Amplitudenwertes angezeigt.

> Dieses Problem wurde mit dem FFT–Filter-Modul beseitigt. Die Einstellungen sind nun sehr einfach und liefern vor allem korrekte Ergebnisse, falls Sie auf beiden Kanälen des FFT–Filters die gleichen Werte einstellen.

Anschließend geht es über eine **IFFT** (Inverse **FFT**) zurück in den Zeitbereich. Hierbei ist über die Menüauswahl die *„Komplexe FFT eines komplexen Signals"* auszuwählen. Zusätzlich müssen Sie noch angeben, dass Sie in den Zeitbereich zurück wollen. Schließlich soll ja aus den durchgelassenen Frequenzen (Sinus–Schwingungen) das Signal zusammengesetzt, also eine *FOURIER–**Synthese*** durchgeführt werden. Klicken Sie deshalb zusätzlich auf „FOURIER–Synthese". Nur jeweils am oberen Ausgang liegt das gefilterte Signal in seiner richtigen Form vor.

Vorteile von FFT–Filtern:

• Wie gut ein solches FFT–Filter arbeitet, erkennen Sie auch an Abb. 120: Hier werden aus einem Rauschsignal einzelne Frequenzen herausgefiltert, die Bandbreite ist also bei einer Zeitdauer des Datenblocks von 1 Sekunde 1 Hz, stellt also die absolute, durch das Unschärfe–Prinzip **UP** gegebene physikalische Grenze dar! Die Flankensteilheit des Filters hängt also lediglich von der Zeitdauer des Signals bzw. Datenblocks ab!

• Ein weiterer Vorteil ist die absolute Phasenlinearität, d. h. die Form bzw. Symmetrie der Signale im Zeitbereich wird nicht verändert. Vergleichen Sie hierzu die Eigenschaften analoger Filter in Abb. 142 mit denen der FFT–Filter in Abb. 205.

Nachteile von FFT–Filtern:

• Hoher Rechenaufwand für die **FFT** und **IFFT**.
  FFT bedeutet zwar „Fast FOURIER–Transformation". Der entsprechende Algorith-mus wurde 1965 veröffentlicht und ist bereits wesentlich schneller als die normale DFT (Digital FOURIER–Transformation), indem das Symmetrie–Prinzip **SP** ausge-nutzt wird. **FFT** und – zusätzlich – **IFFT** sind trotzdem noch rechenintensiv im Vergleich zu anderen signaltechnischen Prozessen.

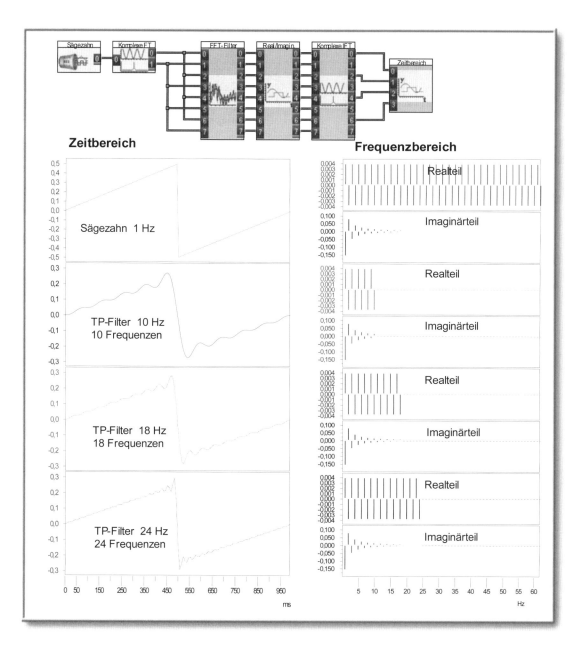

Abbildung 206:   **FFT–Filterung eines Sägezahns**

Hier wird anschaulich gezeigt, wie simpel FFT–Filter im Prinzip arbeiten: Mit dem FFT–Filter-Modul wird der interessierende Frequenzbereich förmlich ausgeschnitten. Nach der Rücktransformation in den Zeitbereich mittels einer IFFT zeigt sich das gefilterte Signal. Noch einmal: Das FFT–Filter-Modul ist kein komplettes Filter, sondern vielmehr ein spezielles „Ausschnitt"-Modul, welches positive und negative Frequenzen berücksichtigt sowie bei verschiedenen Werten von Abtastrate und Blocklänge korrekt filtert.

- *Ungeeignet für lang andauernde Signale!!!*
  Wie im Kapitel 3 unter „Frequenzmessungen bei *nichtperiodischen* Signalen" und im Kapitel 4 „Sprache als Informationsträger" beschrieben, müssten diese ja abschnittsweise mit einem geeigneten „Window" zerlegt und außerdem überlappend aufbereitet und dann gefiltert werden. Dies wäre einmal für die Filterung eines lang andauernden Signals viel zu fehlerträchtig und rechenaufwändig. Außerdem ließe sich bei der Rücktransformation in den Zeitbereich mittels der **IFFT** das Zeitsignal nur schwerlich wieder rekonstruieren.

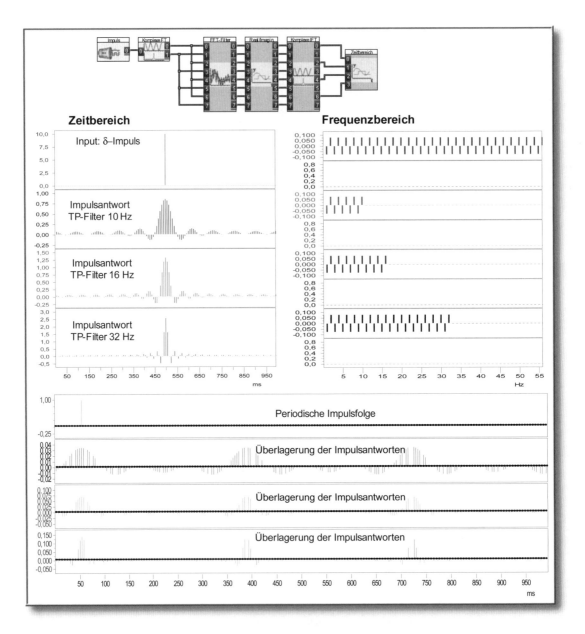

Abbildung 207: **Impulsantwort h(t) von FFT–Tiefpass–Filtern**

Deutlich zu sehen ist hier wiederum, wie sich bei „rechteckähnlichen" Filtern eine der Si–Funktion ähnliche Impulsantwort h(t) ergibt. Die „Welligkeit" der Si–Funktion entspricht der höchsten Frequenz, welches das Filter durchlässt!

Da wir es hier mit digitalen Signalen zu tun haben, die ja immer im Zeit- und Frequenzbereich diskret sind und damit auch periodisch (siehe Kapitel 9), handelt es sich beim „Ausschnitt" aus einer Si–Funktion in Wahrheit um den Ausschnitt aus einer periodischen Si–Funktion. Sie sehen also als Impulsantwort genau genommen eine Periodendauer der vollständigen Impulsantwort!

Auf eine (scheinbare) Ungereimtheit beim FFT–Filter sollte noch eingegangen werden. In Abb. 205 erscheint das Filter aufgrund der Darstellung als „nicht kausal": Das Ausgangssignal ist auf dem Bildschirm bereits vorhanden, bevor das Eingangssignal überhaupt an den Eingang gelangt! Der Grund hierfür ist im Kapitel 9 unter „Das periodische Spektrum digitaler Signale" beschrieben. Ein digitales Signal besteht im Zeit- und Frequenzbereich aus „Linien", ist also zeit- *und* frequenzdiskret. Aufgrund des

Symmetrie–Prinzips wird das momentan verarbeitete Signal deshalb als periodisch im Zeit- *und* Frequenzbereich betrachtet und dargestellt. Genau genommen wird also etwas anderes gefiltert, als der analoge Signalausschnitt am Eingang des Messsystems, nämlich ein periodisches, in die Vergangenheit hineinragendes Signal. Unter diesem Aspekt ist das Filter kausal.

Digitale Filterung im Zeitbereich

Vielleicht und hoffentlich haben Sie das Staunen noch nicht verlernt. Sie werden nämlich jetzt digitale Filter kennenlernen, die

- mit geringem Rechenaufwand auskommen,

- den Weg über den Frequenzbereich (**FFT** – **IFFT**) vermeiden,

- im Prinzip bzw. in der Praxis keine festgelegte Blockdauer/Signaldauer kennen,

- deshalb beliebig lange Signale direkt filtern können,

- vollkommen phasenlinear sind,

- beliebig steilflankig gestaltet werden können (physikalische Grenze ist lediglich das Unschärfe–Prinzip) und

- mit den drei elementarsten (linearen) signaltechnischen Prozessen auskommen: *Addition, Multiplikation mit einer Konstanten* sowie die *Verzögerung.*

Vielleicht ahnen Sie bereits, wie das möglich sein könnte: Das Eingangssignal müsste bei einer Tiefpass–Charakteristik lediglich im Zeitbereich so „verformt" werden, dass es eine „Welligkeit" besitzt, die z. B. bei einem Tiefpass–Filter der höchsten (Grenz-) Frequenz dieses Tiefpasses entspricht (siehe hierzu z. B. Abb. 49 und 200). Alle Voraussetzungen hierfür sind natürlich bereits behandelt worden. Diese sollen hier kurz noch einmal zusammengefasst werden:

- Alle digitalen Signale stellen eine diskrete Folge von (gewichteten) δ–Impulsen dar (siehe z. B. Abb. 187 und 188).

- Die Impulsantwort eines nahezu idealen, d. h. rechteckförmigen Tiefpass–Filters muss in etwa immer wie die Si–Funktion aussehen (siehe z. B. Abb. 48 und 49).

- Die Impulsantwort eines nahezu idealen, d. h. rechteckigen Bandpass-Filters ist immer in etwa eine amplitudenmodulierte Si–Funktion (siehe hierzu Abb. 119 und 205). Die Mittenfrequenz dieses Bandpasses entspricht hierbei der Trägerfrequenz aus Kapitel 8, hier unter „Amplitudenmodulation".

- Eine abgetastete Si–Funktion kann als Impulsantwort eines digitalen Tiefpasses (mit periodischen, nahezu „rechteckigen" Spektren!) aufgefasst werden (siehe Abb. 214 und 215). Damit sich diese Spektren nicht überlappen, muss das Abtast–Prinzip eingehalten werden.

Als Folgerung hieraus ergibt sich:

> *Weil ein digitales Signal aus lauter gewichteten δ–Impulsen besteht, wird deshalb ein signaltechnischer Prozess benötigt, der aus **jedem** dieser δ–Impulse eine der Si–Funktion möglichst ähnliche, diskrete, jedoch **zeitbegrenzte** δ–Impulsfolge erzeugt!*

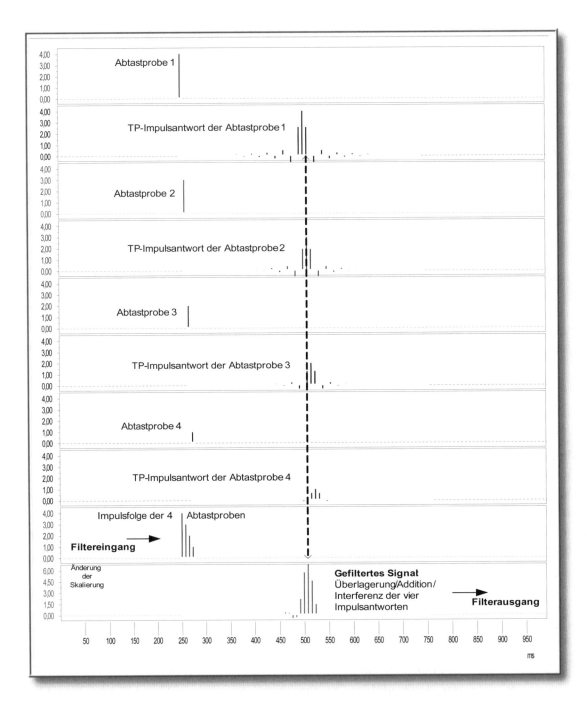

Abbildung 208:   **Digitale Filterung im Zeitbereich durch Überlagerung der Impulsantworten**

Das digitale Signal bzw. die Zahlenkette besteht aus diskreten „Messwerten", die den momentanen Verlauf des Signals wiedergeben. Jeder Messwert ist ein gewichteter δ–Impuls, dessen Impulsantwort bei einem rechteckähnlichen Filterverlauf einen Si–förmigen Verlauf besitzt. Da die Überlagerung (Addition) der diskreten Messwerte dem momentanen Signalverlauf entspricht, muss die Überlagerung aller Impulsantworten den momentanen Verlauf des gefilterten Signals ergeben!

Das zeigt in besonders einfacher Weise Abb. 208. Hier sind vier zeitlich verschobene, gewichtete δ–Impulse verschiedener Amplitude und – jeweils darunter – die diskreten Si–förmigen Impulsantworten zu sehen. Erstere sollen drei „Messwerte" des momentanen Signals am Eingang eines digitalen Tiefpasses mit ihren diskreten Impulsantworten am Ausgang darstellen.

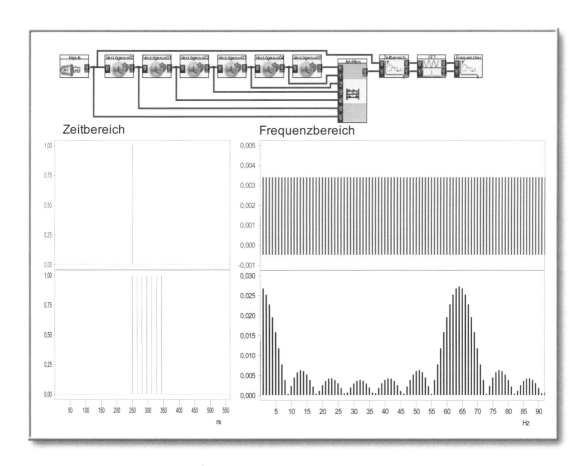

Abbildung 209:   ***Erzeugung einer länger andauernden Impulsantwort***

*Mithilfe einer extrem einfachen Schaltung mit den beiden elementaren Signalprozessen **Verzögerung** und
Addition lässt sich ein beliebig langes digitales Signal aus einem einzelnen δ–Impuls erzeugen. Der letzte
Impuls hat alle 6 Verzögerungsprozesse durchlaufen usw. Die Addition der 7 zeitversetzten Impulse ergibt
das untere Signal.*

*Bei einem rechteckförmigen Ausgangssignal im Zeitbereich verwundert der (periodische!) Si–förmige
Verlauf im Frequenzbereich nicht. Aber eigentlich wollten wir es ja umgekehrt: einen rechteckähnlichen
Verlauf im Frequenzbereich (Filter!). Wie muss aus Symmetriegründen dann die Impulsantwort aussehen
und wie müssten wir die Schaltung ergänzen?*

Unten sehen Sie die Summe (als Überlagerung) dieser drei Impulsantworten. Sie ergibt
den gefilterten momentanen Kurvenverlauf des Eingangssignals. Aus dessen
„Welligkeit" lässt sich auf die Grenzfrequenz des Tiefpasses schließen.

> *Die Überlagerung (Addition bzw. Summe) der – zeitlich*
> *zueinander verschobenen – Si–förmigen Impulsantworten des*
> *jeweiligen Filtertyps ergibt das gefilterte Ausgangssignal!*

Übrigens: Ein digitales Filter spezieller Art („Kammfilter") haben Sie bereits mit der Abb.
126, dsgl. auch Abb. 88 sowie Abb. 89 kennengelernt. Dort sehen Sie auch, welche Rolle
der Verzögerungsprozess bei digitalen Filtern spielt. Statt des konstanten Amplitudenspektrums eines einzelnen δ–Impulses ist das Spektrum bei zwei δ–Impulsen kosinusförmig. Die Erklärung dafür finden Sie im Text von Abb. 89. Bestimmte Frequenzen in
regelmäßigem Abstand („kammartige" Struktur) werden gar nicht durchgelassen.

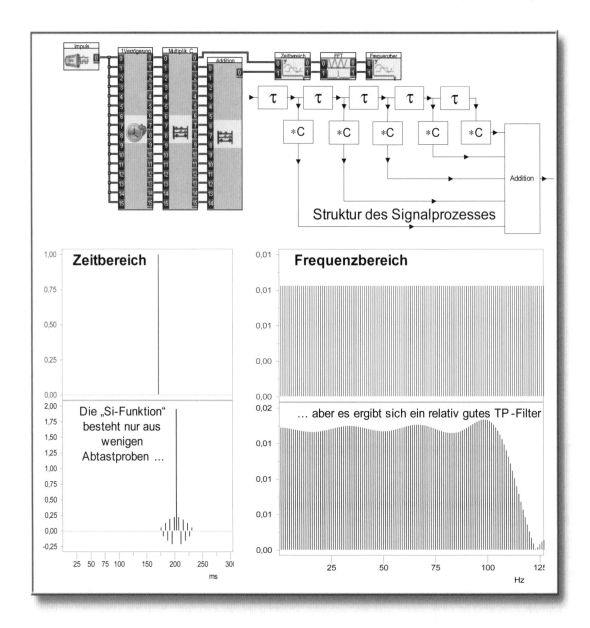

Abbilding 210:   ***Impulsantwort auf Si–Funktion trimmen***

Oben sehen Sie die Schaltung, welche aus einem δ–Impuls so etwas wie eine (diskrete) Si–Funktion macht, einmal als DASYLab–Schaltung und einmal als Prinzipschaltbild rechts daneben. Darunter sehen Sie die „Si–Funktion" im Zeitbereich und daneben ihr Spektrum, welches schon ganz passable Tiefpass–Eigenschaften andeutet.

Mit anderen Worten: Die Prinzip–Schaltung oben rechts stellt die schaltungstechnische Struktur eines digitalen Filters dar und kommt mit den drei elementaren (linearen) Prozessen Addition, Multiplikation mit einer Konstanten sowie Verzögerung aus. Welcher Filtertyp, welche Filtergüte und welcher Durchlassbereich dabei herauskommt, hängt nur von der Anzahl der Verzögerungen und Multiplikationen ab (hier n=5) sowie von den Filterkoeffizienten, welche den verschiedenen Werten der Konstanten C entsprechen.

Auch digitale Filter gehorchen dem Unschärfe–Prinzip **UP**: Je kleiner die Bandbreite des Filters und dessen Steilheit, desto länger dauert die Impulsantwort und umgekehrt. Bei einem Filter ist die Impulsantwort zwangsläufig immer länger als das Signal am Eingang. Dies muss schaltungstechnisch sichergestellt werden. Zunächst soll eine ganz einfache

Schaltung entwickelt werden, die aus einem δ–Impuls mehrere δ–Impulse gleicher Höhe, d. h. aus einem einzelnen Impuls eine längere Impulsantwort macht und deshalb wie ein Filter wirken muss? Diese zeigt Abb. 209.

Ihnen wird der Verlauf des Amplitudenspektrums bekannt vorkommen. Es verläuft nach dem Betrag einer Si–Funktion wie bei zahlreichen Beispielen in Kapitel 2 (z. B. Abb. 35), ist hier aber periodisch, weil diskret im Zeitbereich.

Das Symmetrie–Prinzip **SP** sagt uns nun: Eine Impulsantwort, die fast wie eine Si–Funktion aussieht, müsste nun einen rechteckartigen Filterverlauf ergeben! Aber wie lässt sich mit einer im Vergleich zu Abb. 209 abgewandelten Schaltung eine Si–förmige Impulsantwort erzielen? Dies zeigt im Prinzip Abb. 210. Durch die Multiplikation der einzelnen δ–Impulse mit bestimmten Konstanten („Filterkoeffizienten") wird die Impulsantwort möglichst gut auf Si–Form getrimmt.

Diese Schaltung ist von der Struktur her sehr einfach und kommt mit drei elementaren (linearen) Signalprozessen aus: *Addition*, *Multiplikation mit einer Konstanten* und die *Verzögerung*.

Wie gelangen wir aber an die richtigen Koeffizienten? Eine prinzipielle, aber umständliche Möglichkeit wäre – wie in den Abb. 198 und 199 dargestellt – eine Si–Funktion mit einer periodischen δ–Impulsfolge abzutasten und sich diese Werte als Liste ausgeben zu lassen. Danach könnte recht mühsam für jedes Modul die richtige Konstante eingegeben werden.

Bitte beachten Sie hierbei in den Abb. 210 und 211, dass am Ausgang des Addierers (Summierers) der gewichtete δ–Impuls am untersten Eingang als Erster am Ausgang erscheint und der oberste δ–Impuls, welcher alle Verzögerungen durchläuft, zuletzt.

Die Faltung

5 oder 15 gewichtete δ–Impulse nach Abb. 209 bzw. 210 reichen kaum aus, so etwas wie einen Si–förmigen Verlauf zu erzielen. 256 δ–Impulse wären da z. B. schon besser. Dann wiederum wäre die Schaltung so umfangreich, dass sie nicht auf den Bildschirm passen würde. Und 256 Koeffizienten mit der Hand einzustellen wäre Sklavenarbeit.

Das ist aber auch gar nicht nötig, denn die Prinzipschaltung nach Abb. 211 verkörpert einen wichtigen signaltechnischen Prozess – die *Faltung* – welcher bei DASY*Lab* als Sondermodul – auch in der S–Version – verfügbar ist.

Die Faltung als signaltechnischer Prozess wurde bereits im Kapitel 7 im Abschnitt „Multiplikation als nichtlinearer Prozess" erwähnt. Siehe hierzu vor allem Abb. 146 sowie den dortigen Text. Hierbei drehte es sich jedoch um eine Faltung im Frequenzbereich als Folge einer Multiplikation im Zeitbereich. Hier handelt es sich um eine Multiplikation im Frequenzbereich („rechteckiges Filter") und – aufgrund des Symmetrie–Prinzips – dann um eine Faltung im Zeitbereich:

Als Ergebnis ist festzuhalten:

> *Eine Multiplikation im Zeitbereich ergibt eine Faltung im Frequenzbereich*

Wichtiges Beispiel: die Abtastung eines analogen Signals mit einer periodischen δ–Impulsfolge wie in Abb. 146! Hier wird besonders anschaulich das Spektrum des Analogsignals an jeder Frequenz der δ–Impulsfolge „gefaltet" (Analogie: Flügel eines Falters)

Aus Symmetriegründen muss gelten:

> *Eine Multiplikation im Frequenzbereich (wie beim Filter!) ergibt*
> *eine Faltung im Zeitbereich*

Wichtiges Beispiel: Ein gutes Filter zu erstellen bedeutet aus mathematischer Sicht die Multiplikation des Frequenzspektrums mit einer *rechteckähnlichen* Funktion. Dies bedeutet jedoch, dass im Zeitbereich mit einer *angenäherten* (in erster Linie zeitlich begrenzten) Si–Funktion *gefaltet* werden muss, weil Rechteck und Si–Funktion über eine FOURIER–Transformation untrennbar miteinander verbunden sind (siehe z. B. Abb. 91).

Während die Multiplikation eine uns vertraute Rechenoperation ist, gilt dies nicht für die *Faltung*. Deshalb ist es wichtig, sie durch geeignete Verfahren der Visualisierung zu „veranschaulichen". Ausgangspunkt hierbei ist die Kombination der drei grundlegenden linearen Prozesse *Verzögerung*, *Addition* sowie die *Multiplikation mit einer Konstanten*. Der Signalfluss bei der Faltung führt zu einem sehr einfach strukturierten Blockschaltbild, wie ihn die Abb. 211 noch einmal hervorhebt.

Beachten Sie die Verzögerung zwischen Eingangs- und gefiltertem Ausgangssignal (siehe Kennzeichnung A,B, ... , E). Erkennbar ist weiterhin, wie alle schnellen Änderungen des Eingangssignals vom Filter „verschluckt" werden bzw. über die gewichtete Mittelwertbildung verschwinden.

Im Gegensatz zum FFT–Filter ist das Ausgangssignal hier streng *kausal*, d. h. am Ausgang erscheint erst etwas, *nachdem* am Eingang ein Signal angelegt wurde. Insgesamt ergeben sich gegenüber dem FFT–Filter folgende Vorteile:

- Der Filterprozess geschieht im Zeitbereich und ist aufgrund der elementaren Prozesse nicht sehr rechenintensiv. Dadurch ist eine Echtzeit-Filterung im Audiobereich inzwischen ohne Weiteres möglich. Der Rechenaufwand wächst „linear" mit der Blocklänge der Si–Funktion bzw. mit der Präzision oder Güte des Filters.

- Es kann kontinuierlich – also nicht blockweise – gefiltert werden. Dadurch entfallen alle Probleme, die sich mit der „überlappenden Fensterung" (siehe Kapitel 4: „Zeit–Frequenz–Landschaften") von Signalabschnitten auftraten.

- Das Filter arbeitet *kausal* wie ein analoges Filter.

Hinweis: Der hier beschriebene Filtertyp wird in der Literatur FIR-Filter („Finite Impulse Response") genannt. Dieser Filtertyp erzeugt eine Impulsantwort endlicher Länge (z. B. bei einer Blocklänge von $n = 64$ oder $n = 256$).
Weiterhin eingesetzt werden auch sogenannte IIR–Filter („Infinite Impulse Response"). Hierbei werden die gleichen elementaren Prozesse verwendet, jedoch werden durch *Rückkopplungswege* insgesamt weniger Prozesse – d. h. auch weniger Rechenaufwand – für den Filterentwurf erforderlich. Allerdings ist damit der Phasenverlauf nicht mehr linear. IIR–Filter werden hier nicht behandelt.

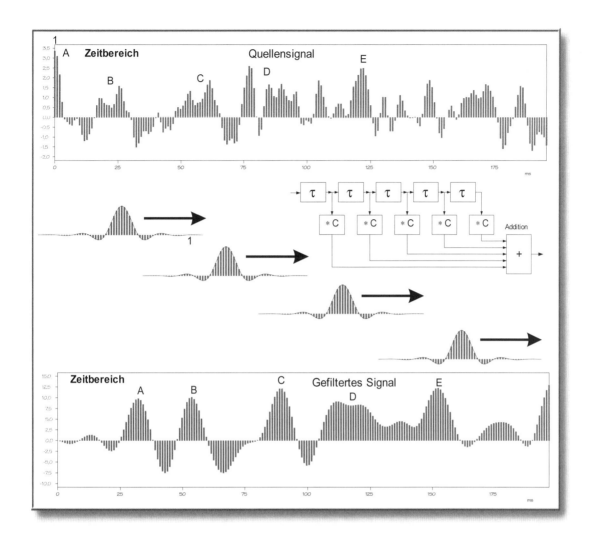

Abbildung 211:   **Veranschaulichung des Faltungsvorgangs im Zeitbereich**

Das Blockschaltbild zeigt zwar den Ablauf des Faltungsprozesses, jedoch lässt dieser sich nur schwer bildlich „verinnerlichen". Stellen Sie deshalb die (diskrete) angenäherte Si–Funktion als eine Schablone vor, die von ganz links bis ganz rechts am oberen Signal vorbeigleitet, jedoch kurz auf jedem Schritt von Messwert zu Messwert haltmacht. Bei jeder Stellung der Schablone wird dann die durch das Blockschaltbild dargestellte Faltungsoperation durchgeführt.

Zunächst überlappen sich lediglich die ersten beiden Werte von Signal und „Schablone", in der Darstellung mit jeweils „1" gekennzeichnet. Dann beim jeweils nächsten Schritt 2,3 ... bis maximal 64 Werte (Länge der Schablone hier n = 64). Bei jedem Schritt wird – im Zeitbereich – so etwas wie eine „gewichtete Mittelwertbildung" durchgeführt, d. h. – im Frequenzbereich – eine Tiefpassfilterung. Maximal werden also hier jeweils 64 verschiedene „Messwerte" zur Mittelwertbildung herangezogen, d. h. 64 verschiedene „Messwerte" befinden sich gleichzeitig innerhalb des Blockschaltbildes!

Die Buchstaben kennzeichnen die vergleichbaren Abschnitte beider Signale.

Fallstudie: Entwurf und Einsatz digitaler Filter

Mit dem Faltungs–Modul scheint das richtige Instrumentarium vorhanden zu sein, leistungsfähige digitale Filter einzusetzen: Da die Filterung einer Multiplikation im Frequenzbereich entspricht, stellt die entsprechende Operation im Zeitbereich die *Faltung* dar. Beide Verfahren sind hinsichtlich der Wirkung vollkommen gleichwertig, falls die Faltungsfunktion die **IFFT** der Filterfunktion ist.

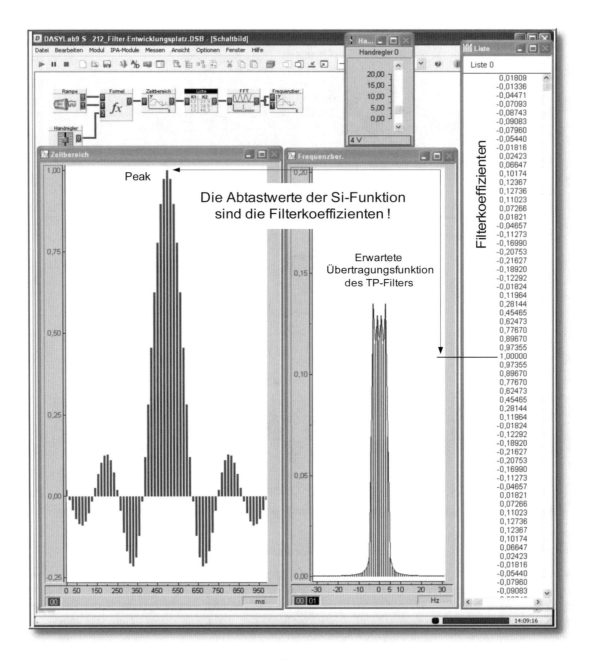

Abbildung 212:   **Ein "Filter–Entwicklungsplatz"**

*Die maximale Anzahl der Filterkoeffizienten beträgt n = 1024. Die gewünschte Anzahl muss oben im Menü unter A/D eingestellt werden. Hier wurde lediglich n = 64 gewählt, um die Liste nicht zu lang werden zu lassen und um zu zeigen, dass auch bei dieser geringen Anzahl sich das Ergebnis (bei einem relativ breitbandigen TP–Filter!) sehen lassen kann. Die hier 64 Filterkoeffizienten sehen sie unten im Bild als eine nur vage angedeutete Si–Funktion. Die **FFT** zeigt im mittleren Bildteil die Eigenschaften dieses Tiefpasses im Frequenzbereich.*

*Empfohlen werden Werte ab n = 64 für einen guten Tiefpass bzw. ab 256 für einen Bandpass. Je schmaler der Frequenzbereich des Filters und dessen Steilheit, desto länger muss nach dem Unschärfe–Prinzip **UP** die Si–förmige Impulsantwort dauern, desto mehr Koeffizienten werden normalerweise benötigt.*

Besonders wichtig sind die beiden folgenden Punkte:
*Wählen Sie **nie** die Bandbreite des Filters höher als die Hälfte der endgültigen Abtastfrequenz (siehe Text), sonst verletzen sie das Abtast–Prinzip!*

Je weiter die einzelnen Bänder des periodischen Gesamtspektrums voneinander entfernt sein sollen, desto höher muss die Abtastfrequenz gewählt werden!

Der Vielfalt der Gestaltungsmöglichkeiten bei DASY*Lab* lassen den Wunsch wach werden, ein komfortables Entwicklungswerkzeug für Digitale Filter zu entwerfen, bei dem der Filterbereich am Bildschirm eingestellt werden kann und auf Knopfdruck die Filterkoeffizienten der Si–förmigen Impulsantwort erscheinen.

Lösung:

- Mithilfe des Mathematik–Moduls wird ein Si–Funktionsgenerator erzeugt, bei dem über Handregler an den Eingängen des Moduls die Si–Funktion „beliebig" gewählt werden kann.

- Für die Bandpass-Filterkoeffizienten ist die Möglichkeit vorzusehen, die Si–Funktion mit der Mittenfrequenz des Bandpasses zu multiplizieren. Am Ausgang des Mathematik–Moduls wird das Modul „Liste" angeschlossen. Es zeigt die eingestellten Filterkoeffizienten an. Diese lassen sich aus der Liste heraus in die Zwischenablage kopieren.

- Da es schwierig ist, jeder Si–Funktion den zugehörigen Frequenzbereich zuzuordnen, wird am Ausgang der Liste eine **FFT** mit nachfolgender Anzeige des Frequenzbereiches vorgenommen. Nun ist im Frequenzbereich genau erkennbar, wie sich eine per Handregler eingestellte Änderung der Si–Funktion bemerkbar macht (siehe Abb. 212)!

Für das Faltungsmodul muss die Zahlenkette der Filterkoeffizienten in einer bestimmten Form als „Vektor–Datei" dargestellt werden. Hierzu wird ein *Editor* verwendet, wie unter *Zubehör* unter *Programme* im *Start–Menü* zu finden ist.

1. Schritt: Die Liste wird über das Menü (mit der rechten Maustaste ins Listenfeld klicken) *Bearbeiten* und *Liste in Zwischenablage* in die Zwischenablage gebracht.

2. Schritt: Den Editor – unter Zubehör in der Windows–Programmübersicht – starten.

3. Schritt: Rufen Sie das Menü des Faltungs–Moduls und dann die *Hilfe* auf. Dort wird die Gestaltung der Vektor–Datei beschrieben. Betrachten Sie das *Beispiel* und merken Sie sich die Struktur der Vektor–Datei.

4. Schritt: Schreiben Sie den Kopf der Datei (siehe Abb. 213), laden Sie aus der Zwischenablage die Filterkoeffizienten, löschen Sie alles bis auf die „Zahlenkette" und fügen Sie am Schluss *EOF* (End Of File) hinzu.

5. Schritt: Speichern Sie die Vektor–Datei zunächst als *.txt-Datei in einem Filterordner ab. Ändern Sie danach im Explorer die Datei–Endung „txt" in „vec" um.

6. Schritt: Nun laden Sie diese vec-Datei noch ins Faltungsmodul und fertig ist das digitale Filter.

Von grundlegender Bedeutung beim Filterentwurf sind nun folgende Sachverhalte, die sich aus dem Unschärfe–Prinzip sowie dem Abtast–Prinzip ergeben:

- Wählen Sie beispielsweise eine Blocklänge und Abtastrate von n = 128 für die Impulsantwort des geplanten Filters (n = 128 Filterkoeffizienten), so dürfen und können Sie zunächst (!) lediglich wegen des Abtast–Prinzips seine maximale Filterbandbreite von 64 Hz (genauer von –64 bis +64 Hz) wählen. Da Blocklänge und Abtastrate beim „Filterentwurfsplatz" immer *gleich groß* gewählt werden sollten, dauert dann die Impulsantwort genau 1 Sekunde.

- Wird nun das System, in dem sich das Faltungsmodul befindet, mit einer Abtastrate (Abtastfrequenz) von z. B. 8192 abgespielt, verkürzt sich die Zeit für die für die Faltung verwendete Impulsantwort um 128/8192 = 1/64 s. Nach dem Unschärfe–Prinzip verbreitert sich damit das Frequenzband maximal auf 64 • 32 Hz = 2048 Hz! Die Filterbandbreite digitaler Filter hängt (also) von der endgültigen Abtastfrequenz des Systems ab!

- Die Vektor–Datei wird dem Faltungs–Modul über dessen Menü zugeordnet.

Die Anzahl der Filterkoeffizienten liegt sinnvoll zwischen 16 und 1024. Je höher die Anzahl, desto größer die Filtergüte und/oder der Abstand zwischen den Bändern des periodischen Spektrums, aber auch desto größer der Rechenaufwand. Wählen Sie hierbei zunächst beim Entwurf Abtastrate und Blocklänge immer gleich groß.

> *Beim Entwurf digitaler Filter muss zunächst bekannt sein, wie groß die endgültige Abtastfrequenz des Systems sein wird! Falls die Abtastrate des Systems, in dem das digitale Filter eingesetzt werden soll, n mal größer ist als die Abtastrate bei der Bestimmung der Filter–Koeffizienten, wird die durch die Filter–Koeffizienten dargestellte Si–Funktion auch n-mal schneller abgespielt. Damit erweitert sich die Bandbreite B des Filters um den Faktor n.*

Welligkeit im Durchlassbereich vermeiden

Die vorstehenden Abbildungen zeigen recht deutlich eine *Welligkeit im Durchlassbereich der Filter*. Dieser Effekt ist z. B. bereits in Abb. 49 recht deutlich zu sehen. Seine Ursache ist unschwer zu erraten. Zwar wird versucht mithilfe der Filterkoeffizienten die Si–Funktion möglichst genau nachzubilden, jedoch gelingt dies ja lediglich für einen zeitlich begrenzten Teilausschnitt der Si–Funktion. Theoretisch reicht die Si–Funktion ja „unendlich weit" in Vergangenheit und Zukunft. Durch diesen Teilausschnitt wird die wahre Si–Funktion wie mit einem Rechteckfenster (siehe auch Abb. 51) ausgeschnitten. Dadurch entstehen kleine Sprungstellen. Unsere spezielle Si–Funktion müsste sanft bei null beginnen und am Ende des Teilausschnittes auch dort enden.

Kein Problem dies zu erreichen! Hierzu wird in Abb. 215 zusätzlich in den „Filter–Entwicklungsplatz" ein geeignetes Zeitfenster eingebaut, welches genau diesen Null–Anfang und dieses Null–Ende ermöglicht. Der Erfolg gibt der Maßnahme recht. Nun lässt sich ein sehr glatter Verlauf im Durchlassbereich erzielen. Allerdings sind die Filterflanken jetzt ein klein weniger steil.

Insgesamt besteht die Möglichkeit, mithilfe dieses „Filter–Entwicklungsplatzes" digitale Tiefpässe und Bandpässe beliebiger Güte (durch entsprechend große Koeffizientenzahl und entsprechendem Rechenaufwand!) zu entwickeln. Der Einsatz dieser digitalen Filter ist mithilfe des Faltungs–Moduls in DASY*Lab* direkt möglich.

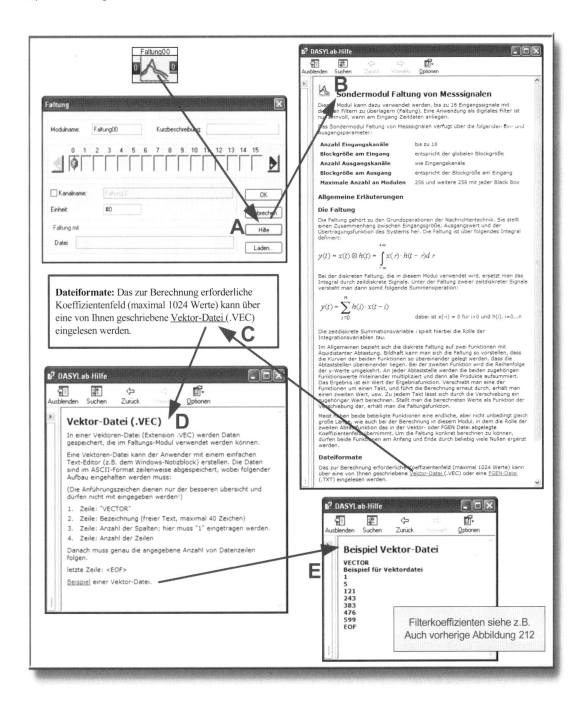

Abbildung 213:   ***Erstellen der Vektor-Datei der Filterkoeffizienten***

Wie bei jedem DASYLab–Modul liefert die Hilfe–Funktion auch hier die Beschreibung der Vorgehensweise zum Erstellen der Filter–„Vektordatei". Machen Sie sich mit Funktionsweise des Editors vertraut und wie sich im Explorer die Datei von *.txt in *.vec umbenennen lässt.

Falls diese Hinweise noch nicht ausreichen, schauen Sie sich das entsprechende Kurz-Video an. Hier wird alles in der richtigen Reihenfolge vorgeführt und das Ergebnis direkt am Beispiel eines TP-gefilterten Rauschens demonstriert.

Genau genommen lassen sich diese Filterkoeffizienten bzw. diese digitalen Filter auf jedem Rechnersystem verwenden. Dazu muss das Prinzip–Schaltbild des digitalen Filters bzw. Faltungsmoduls lediglich in ein kleines Programm in der jeweiligen Programmiersprache umgesetzt werden.

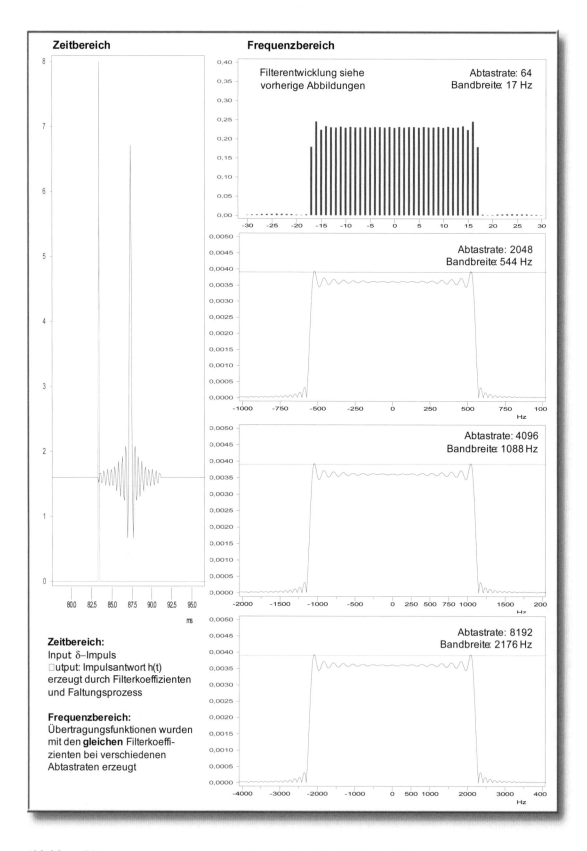

Abbildung 214:   **Bandbreite eines Digitalen Filters**

Beim „Filter–Entwicklungsplatz" entsprechen Blocklänge und Abtastfrequenz der Anzahl der Filterkoeffizienten. Dagegen liegt die Abtastfrequenz des Faltungs–Moduls in der Praxis wesentlich höher. Die reale Bandbreite des Filters ergibt sich aus dem Verhältnis beider Frequenzen, hier 1024/64.

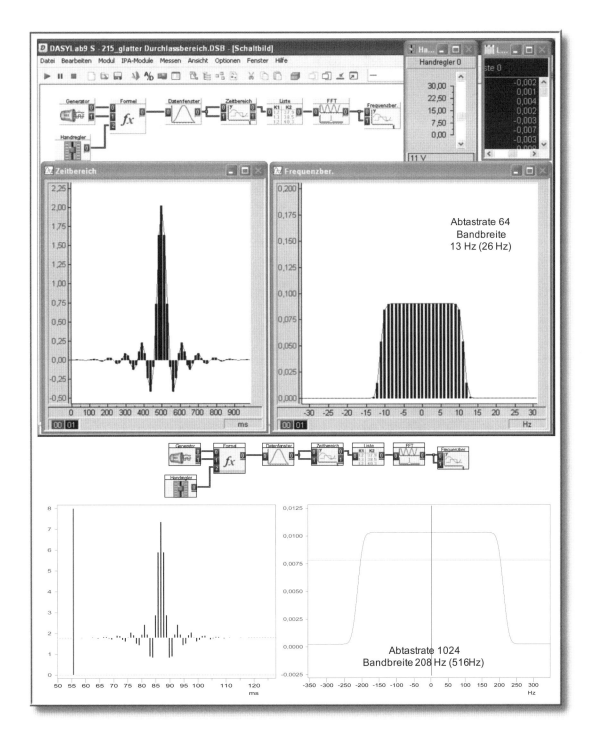

Abbildung 215:   **Digitales Filter mit „glattem" Durchlassbereich**

Durch Hinzufügen eines geeigneten Fensters (z. B. HAMMING–Fenster) beginnt die Si–Funktion „sanft" und endet auch so, besitzt also keinerlei Sprungstelle am Anfang und Ende des Zeitabschnittes von (hier) 1 s. Insgesamt ändert sich hierdurch aber auch der Verlauf der Si–Funktion, da der gesamte Signalabschnitt mit ihr „gewichtet" wird. Als Effekt wird der Verlauf im Durchlassbereich geradliniger, allerdings nimmt die Flankensteilheit etwas ab.

Während oben die Bandbreite des Tiefpasses 13 Hz beträgt, liegt sie bei der Schaltung in der Mitte bei 208 Hz, obwohl die gleichen Filterkoeffizienten verwendet wurden. Der Grund ist die wesentlich höhere Abtastrate von 1024 gegenüber 64 (oben). Die Impulsantwort des Filters (Si–Funktion) wird dadurch 16-mal schneller abgespielt, sie dauert also nur 1/16 der ursprünglichen Zeit. Nach dem Unschärfe–Prinzip muss dann die Bandbreite 16-mal so groß sein: 16 • 13 = 208 Hz.

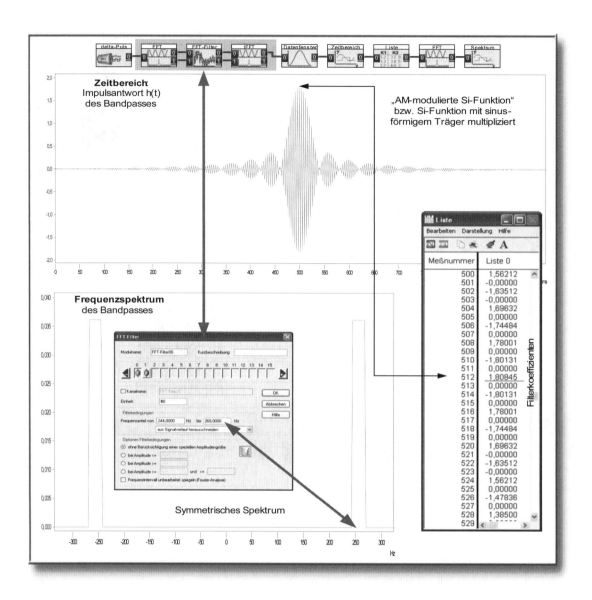

Abbildung 216:   ***Entwicklung eines digitalen Bandpass-Filters***

Hier ist dargestellt, wie sich die Impulsantwort eines Bandpasses von der eines Tiefpasses unterscheidet. Es handelt sich letzten Endes um die Impulsantwort eines (symmetrischen) Tiefpasses, die mit der Mittenfrequenz des Bandpasses multipliziert wird.

Zunächst erstellen Sie also die Impulsantwort für einen Tiefpass, der die gleiche Bandbreite wie der Bandpass besitzen sollte. Die Bandbreite geht im obigen Fall von ca. -6,5 Hz bis +6,5 Hz! Hier zeigt sich, wie wichtig beim „Filterentwicklungsplatz" die symmetrische Darstellung des Frequenzbereichs ist.

Danach wählen Sie auf Kanal 2 des Generators (Abb. 217) statt eines Offsets von 1 ein sinusförmiges Signal mit der Mittenfrequenz des Bandpasses (hier 64 Hz) und der Amplitude 1. Dann sehen Sie die Verhältnisse wie oben dargestellt. Abb. 218 zeigt diese Gemeinsamkeiten noch näher.

Voraussetzung für die erfolgreiche Entwicklung digitaler Filter sind die richtigen „Rahmenbedingungen":

- Stellen Sie zunächst fest, wie hoch die Abtastfrequenz in dem geplanten DSP–System gewählt werden kann. Je höher, desto besser! Sie haben dann die Chance, die Abstände zwischen den *periodischen* Filterspektren des digitalen Filters möglichst groß zu machen.

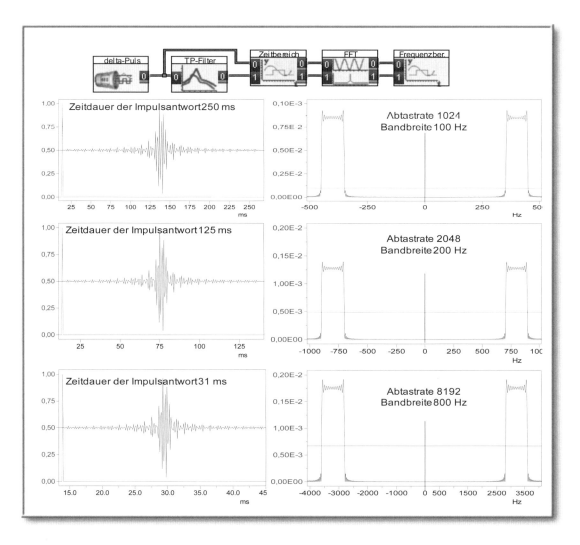

Abbildung 217:   ***Abtastrate und Filterverlauf beim Bandpass***

Am Beispiel eines Bandpasses werden hier die Zusammenhänge noch einmal verdeutlicht. In der obigen Schaltung wurde im Faltungsmodul bzw. digitalen Filter immer die gleichen Koeffizientendatei für einen Bandpass verwendet. Die obere Impulsantwort bzw. der obere Filterverlauf entspricht den Verhältnissen beim „Filter–Entwicklungsplatz". Bei einem Bandpass sollte mindestens eine Blocklänge von 256 gewählt werden, weil sich die Si–förmige Impulsantwort im Rhythmus der ggf. wesentlich höheren Mittenfrequenz ändert.

Wird nun in der obigen Schaltung die Abtastrate auf 1024 (gegenüber 256) erhöht, so vergrößern sich Bandbreite und Mittenfrequenz um den Faktor 4. Die „Filterform" ändert sich dagegen nicht, weil sie einzig und allein durch die Filterkoeffizienten festgelegt ist.

- Die Anzahl der Filterkoeffizienten ist ein Maß für die Güte des Filters. Bei DASY*Lab* sind maximal 1024 Filterkoeffizienten im Faltungsmodul möglich. Mit höherer Anzahl wird jedoch der Rechenaufwand auch größer. Dadurch kann es ggf. zu Schwierigkeit bei der Echtzeit–Verarbeitung kommen.

- Auch bei digitalen Bandpässen muss die Abtastfrequenz *mindestens* doppelt so groß sein, wie die höchste Grenzfrequenz des Bandpasses. Das Abtast–Prinzip gilt natürlich auch hier. Entscheidend ist also nicht die Bandbreite, sondern die höchste Signal-frequenz, die den Bandpass passiert.

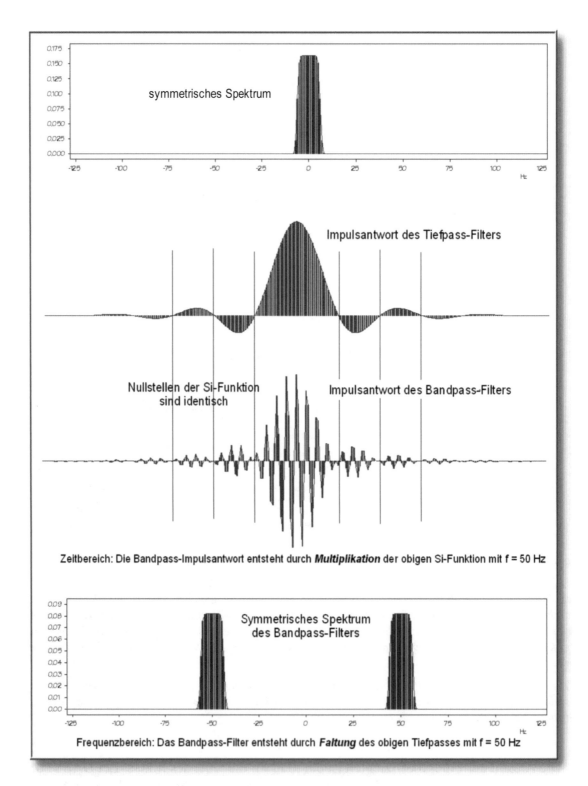

Abbildung 218:   ***Vom Tiefpass zum Bandpass***

Aus dem obigen Tiefpass wurde ein entsprechender Bandpass – d. h. von gleicher „Filterform" – realisiert, indem die Impulsantwort des Tiefpasses mit der Mittenfrequenz des Bandpasses multipliziert wurde. An der Impulsantwort des Bandpasses ist dieser Zusammenhang zu erkennen. Die Einhüllende dieser Impulsantwort ist die obige Si–Funktion.

Die Mittenfrequenz des Bandpasses stellen Sie auf Kanal 1 des Generators ein. Wählen Sie dort statt der Konstanten c = 1 eine sinusförmige Spannung entsprechender Mittenfrequenz. Empfohlen wird hierbei eine Amplitude von 1, damit der Bandpass das gefilterte Signal nicht verstärkt.

Die Übertragungsfunktion digitaler Filter

Grundsätzlich werden hier die gleichen Darstellungsformen gewählt wie bei analogen Filtern (siehe Kapitel 6 „Systemanalyse"):

* Übertragungsfunktion, in *zwei* Bildern dargestellt: Amplituden – *und* Phasenverlauf.

* Übertragungsfunktion in *einer* Darstellung: Ortskurvenverlauf in der GAUSSschen Ebene.

In Abb. 219 wird die Übertragungsfunktion eines Bandpasses in beiden Darstellungsformen abgebildet:

(a) Der *Sperrbereich* des Bandpasses ist durch zahlreiche „unregelmäßige" Phasensprünge von jeweils 180^0 bzw. π rad an den Nullstellen der Filterkurve gekennzeichnet. Aufgrund der winzigen Amplituden erscheint der gesamte Sperrbereich im Mittelpunkt der Ortskurve konzentriert (siehe „Zoom–Ausschnitt").

(b) Innerhalb des welligen *Durchlassbereiches* liegt ein vollkommen regelmäßiger, *linearer* Phasenverlauf vor, ein wichtiger Vorteil digitaler FIR–Filter. Innerhalb des Durchlassbereiches dreht sich der Phasenverlauf ca. 24-mal um den Vollwinkel 360^0 bzw. 2π rad. Die „Sprünge" rechts oben im Phasenverlauf sind also darstellungsbedingt und nicht physikalisch real, weil die Werte -180^0 bzw. $-\pi$ rad und 180^0 bzw. π rad identisch sind!

(c) Der Abstand der Messpunkte bzw. Messkreuze in der Ortskurve unten beträgt hier genau 1 Hz, weil die Werte für Abtastrate und Blocklänge identisch gewählt wurden (8192).

(d) Die kreisförmigen Bahnen der Ortskurve überlappen sich nicht genau, weil der Amplitudenverlauf im Durchlassbereich *wellig* ist. Die Breite des „Schlauches" ist also ein Maß für die Welligkeit.

(e) Im Durchlassbereich ist der Abstand zwischen den einzelnen Messpunkten am größten, an den Filterflanken etwas kleiner und schließlich im Sperrbereich winzig. Es ist typisch für Ortskurven, den eigentlich interessierenden Bereich wie mit einer Lupe vergrößert darzustellen!

Der Vergleich der Übertragungsfunktion „schlechter" Analogfilter mit „hochwertigen" digitalen Filtern liefert insgesamt folgende Ergebnisse:

Qualitativ hochwertige Filter besitzen zwangsläufig wegen der Flankensteilheit eine lang andauernde Impulsantwort h(t) (Unschärfe–Prinzip!). Dieser „zeitlichen Streckung" entspricht in der Sprache der Sinus-Schwingungen eine „riesige" Phasenverschiebung von $n \cdot 2\pi$ rad.

Ein exzellentes digitales Filter – steilflankig und ohne Welligkeit – besitzt demnach eine schmal ausgeprägte ringförmige Ortskurve für den Durchlassbereich sowie kleinem Mittelpunktsbereich (für den Sperrbereich). Die Filterflanken bilden die relativ kurzen, symmetrischen Verbindungslinien zwischen Ring und Mittelpunkt.

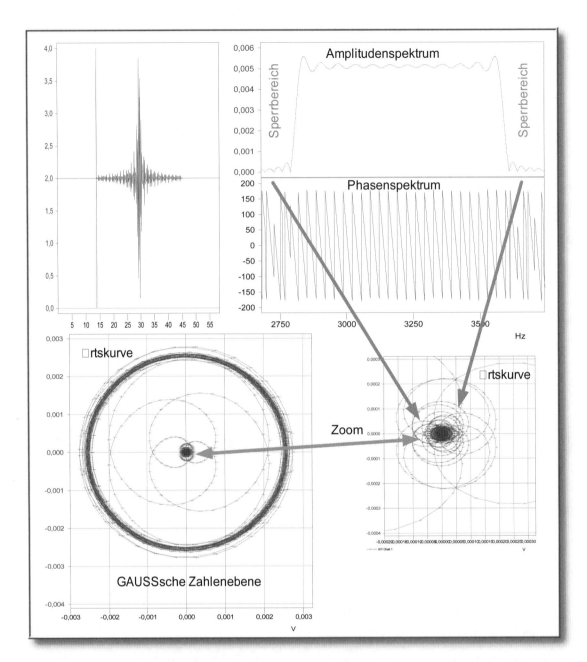

Abbildung 219:   ***Darstellungsformen der Übertragungsfunktion digitaler Filter***

Links oben sehen Sie zunächst den am Filtereingang liegenden δ–Impuls sowie die Impulsantwort des Bandpasses. Oben rechts den Amplituden- und Phasenverlauf der Übertragungsfunktion. Diese beiden Darstellungen enthalten die gleichen Informationen wie die Darstellung der Übertragungsfunktion als Ortskurve (unten), vorausgesetzt, dass die Frequenz jedes einzelnen Messpunktes bekannt ist.

Innerhalb des Filter–Durchlassbereiches wird ca. 24-mal der Vollwinkel 360^0 bzw. 2π durchlaufen. Dies ist aus dem Phasenverlauf rechts oben ersichtlich, wo entsprechend viele „Sprünge" von 180^0 nach -180^0 bzw. von π nach $-\pi$ erkennbar sind (beide Winkel sind identisch!). Demnach durchläuft die Ortskurve 24-mal diesen Vollwinkel. Wegen der Welligkeit der Filterkurve ist der Kurvenverlauf nicht genau kreisförmig, sondern schwankt etwas. Die Breite dieses „Schlauches" weist auf die Welligkeit der Filterkurve hin.

*Die Ortskurve stellt immer den positiven **und** negativen Frequenzbereich dar, was die (horizonzale) Achsen–Symmetrie widerspiegelt! Weitere detaillierte Informationen zu dieser Abbildung finden Sie im Text.*

Aufgaben zum Kapitel 10

Aufgabe 1

Welcher Unterschied zwischen einem Analogfilter und einem digitalen Filter fällt direkt auf?

Aufgabe 2

(a) Welche Bauelemente bestimmen bei einem Analogfilter das frequenzabhängige Verhalten und wie lässt sich dies jeweils beschreiben?

(b) Warum gibt es keine hochwertigen Analogfilter?

(c) Wo werden mit Sicherheit auch in Zukunft noch Analogfilter verwendet werden?

Aufgabe 3

(a) Beschreiben Sie Aufbau und Wirkungsweise des aus drei Bausteinen (Modulen) bestehenden FFT–Filters.

(b) Worauf ist beim FFT–Filter zu achten, damit der gewünschte Durchlassbereich des Filters richtig eingestellt ist?

(c) Warum geht die „Trennschärfe" bzw. Flankensteilheit des FFT–Filters bis an die durch das Unschärfe–Prinzip vorgegebene physikalische Grenze?

(d) Welche Vorteile besitzen FFT–Filter, welche Nachteile?

Aufgabe 4

Experimentieren Sie mit der Bandpass-Schaltung nach Abb. 205 und stellen Sie fest, wie sich bei der Impulsantwort die „Einhüllende" (Si–Funktion) und die Mittenfrequenz ändern. Wie lassen sich die Filtereigenschaften des Bandpasses präzise direkt aus der Impulsantwort im Zeitbereich erkennen?

Aufgabe 5

Auf den ersten Blick scheinen FFT–Filter nicht „kausal" zu sein, denn das Ausgangssignal – die Impulsantwort – scheint schon *vor* dem Eingangssignal – dem δ–Impuls – am Ausgang zu erscheinen. Weshalb kann der Computer nicht anders?

Aufgabe 6

(a) Welche Idee führt zum digitalen Filter, welches direkt im Zeitbereich filtert und somit die Hin- und Zurücktransformation in den Frequenzbereich mittels **FFT** vermeidet?

(b) Erklären Sie das Prinzip digitaler Filter aufgrund der „Überlagerung" der Si–förmigen Impulsantworten aller diskreten Messwerte (siehe Abb. 208).

(c) Ein Filter engt die Bandbreite ein, deshalb ergibt sich auch beim digitalen Filter eine entsprechend lang andauernde *diskrete* Impulsantwort. Welche signaltechnischen Prozesse werden benötigt, um „künstlich" aus einem δ–Impuls eine länger andauernde diskrete Impulsantwort zu erzeugen?

Aufgabe 7

(a) Zeichnen Sie das Prinzipschaltbild eines digitalen Filters (FIR).

(b) Wie lässt sich mithilfe der Prinzipschaltung (a) eine Si–förmige Impulsantwort „hintrimmen"?

(c) Welche Rolle spielen die Filterkoeffizienten eines digitalen Filters (FIR)?

Aufgabe 8

(a) Weshalb ist die Faltung ein so wichtiger signaltechnischer Prozess? Warum wird durch ihn eine Filterung im Zeitbereich möglich?

(b) Wie lässt sich die digitale Filterung eines länger andauernden Signals durch Faltung anschaulich beschreiben (siehe Abb. 211)?

Aufgabe 9

(a) Schildern Sie die Konzeption eines „Entwicklungsplatzes" für digitale Filter.

(b) Wie wird bei DASY*Lab* mithilfe des Faltungsmoduls ein hochwertiges digitales Filter erstellt?

(c) Die Filterkoeffizienten sagen noch nichts über die reale Bandbreite des digitalen Filters aus. Welche Angabe ist hierfür entscheidend?

Aufgabe 10

(a) Wie kommt die Welligkeit im Durchlassbereich des digitalen Filters zustande und wie lässt sie sich vermeiden?

(b) Wie lassen sich digitale Bandpässe mithilfe des „Entwicklungsplatzes" für digitale Filter realisieren?

(c) Warum ist die Realisierung digitaler Hochpässe mit DASY*Lab* kritisch?

Aufgabe 11

Schildern Sie, welche generellen Rahmenbedingungen bei der Entwicklung digitaler Filter gelten?

Kapitel 11

Digitale Übertragungstechnik I: Quellenkodierung

Die moderne Mikroelektronik liefert uns mit der Digitalen Signalverarbeitung DSP (*Digital Signal Processing*) Anwendungen, die vor einigen Jahren noch nicht für möglich gehalten wurden. Das Handy bzw. der Mobilfunk ist nur ein Beispiel, das globale Internet ein anderes. Die faszinierenden Anwendungen der Medizintechnik liegen nicht so im Blickfeld der Öffentlichkeit, ähnlich wie die Rundfunk- und Fernsehtechnik der Zukunft: DAB (*Digital Audio Broadcasting*) und DVB (*Digital Video Broadcasting*).

Eine einzige derartige Neuentwicklung kann den gesamten Markt umkrempeln, Konzerne auslöschen oder nach oben katapultieren. Nehmen wir als Beispiel ADSL.

ADSL (*Asymmetric Digital Subscriber Line*) ist eine solche Neuentwicklung, die aus jeder alten „Kupferdoppelader" eines Erdkabels eine Datenautobahn macht. ADSL transportiert über jede herkömmliche Telefonleitung bis zum 125-fachen eines ISDN–Kanals, teils bis zu 16 MBit/s vom Netz zum Teilnehmer und ca. 1,12 MBit/s vom Teilnehmer in Richtung Netz. Der ursprüngliche ISDN–Kanal auf dieser Leitung bleibt erhalten und kann zusätzlich genutzt werden. Das reicht z. B. für 4 digitale Fernsehkanäle, die in Echtzeit zum Teilnehmer gleichzeitig gelangen können. VDSL übertrifft das inzwischen mit 100MBit/s noch bei weitem.

Dabei hatte man die gute, alte Telefonleitung der Telekom schon lange totgesagt. Investitionen der Telekom in der Größenordnung von 300 Milliarden € waren absehbar, um die Glasfaser als Übertragungsmedium in jeden Haushalt zu bringen. ADSL macht diese gewaltige Investitionssumme auf absehbare Zeit überflüssig. Es sei denn, die drahtlose Breitband-Technik WLAN (Wireless Local Area Network) – z.B. die neue Mobilfunktechnologie LTE (Long Term Evolution/4G) – entwickelt sich zum ernsthaften Konkurrenten.

Abb. 220 zeigt den Heißhunger multimedialer Anwendungen auf Übertragungskapazität, bei denen neben Text auch Bilder, Animationen, Sprache, Musik und Videos zum Einsatz kommen. Den größten Hunger haben hierbei Video–Anwendungen. Ein sogenanntes CCIR–601–Video–Signal benötigt für den reinen Video–Datenstrom bereits 250 Mbit/s. Die hierfür erforderliche Bandbreite überfordert sogar Hochgeschwindigkeitsnetze. Die zurzeit überwiegend eingesetzte ATM–Technologie – hierbei werden die Daten der Sender in kleine Datenpakete von je 53 Byte zerlegt und in der Reihenfolge ihres Eintreffens auf einen Übertragungskanal gegeben (Asynchron Transfer Modus) – bietet normalerweise lediglich 155 Mbit/s.

Als rettender Engel erscheint DSP (Digital Signal Processing), die digitale Signalverarbeitung. Die (mathematische) Signaltheorie hat Verfahren geschaffen, welche die wirksame Komprimierung bzw. Kompression von Daten erlaubt. Ferner liefert sie Lösungen dafür, wie sich Daten gegen Störungen wie Rauschen recht effizient schützen lassen. Beide Verfahren – Komprimierungs- und Fehlerschutzkodierung – lassen sich computergestützt auf reale Signale anwenden. Sie haben beispielsweise die Übertragung gestochen scharfer Video–Bilder von den entferntesten Gestirnen unseres Sonnensystems über viele Millionen Kilometer möglich gemacht. Der Sender der Weltraumsonde leistete dabei ganze 6 W!

Speicherbedarf verschiedener Medien
(bei einer Auflösung von 640 * 480 Pixel)

Text : Ein Zeichen entspricht einem 8 * 8 Pixelmuster
(kodiert über die ASCII-Tabelle sind das 2 Bytes)

Speicher je Bildschirmseite = 2 Byte * 640 * 480 / (8 * 8) = <u>9,4 kByte</u>

Pixelbild : Ein Bild wird z.B. mit 256 Farben dargestellt, d.h. 1 Byte pro Pixel

Speicherbedarf pro Bild: 640 * 480 * 1 Byte = <u>300 kByte</u>

Sprache :   Sprache in Telefonqualität wird mit 8 kHz abgetastet und mit 8 Bit quantisiert. Dies ergibt einen Datenstrom von 64 kBit/s. Das ergibt einen

Speicherplatz pro Sekunde von   <u>8 kByte</u>

Stereo-Audio-Signal :   Ein Stereo-Audio-Signal wird mit <u>44,1 kHz</u> abgetastet und mit 16 Bit quantisiert.

Es ergibt sich eine Datenrate von 2 * 44100 * 16 Bit /8 = <u>176,4 kByte</u>
(1kByte sind 1024 Byte).

Daraus folgt ein Speicherbedarf pro Sekunde von <u>172 kByte</u>

Videosequenz : Ein Videofilm betsteht aus 25 Vollbildern pro Sekunde. Die Luminanz und Chrominanz (Helligkeits- und Farbinformation) jedes Pixels seien zusammen in 24 Bit bzw. 3 Bytes kodiert. Die Luminanz wird mit 13,5 MHz und die Chrominanz mit 6,75 MHz abgetastet.

Eine 8 Bit Kodierung ergibt (13,5MHz + 6,75 MHz) * 8 Bit = <u>216 MBit/s</u>

Datenrate: 640 * 480 * 25 * 3 Byte = <u>23,04 MByte</u>

Damit ergibt sich ein Speicherbedarf pro Sekunde zu:

23,04 Mbyte * /1,024 = <u>22,5 MByte</u>

Quelle: http://www-is.informatik.uni-oldenburg.de/

Abbildung 220:   ***Übertragungsraten wichtiger Multimedia-Anwendungen***

Sprache, Musik und Video entpuppen sich als äußerst speicher- und bandbreitenhungrig. Wie sollen sich aber reale Signale komprimieren lassen? Wie könnte es gelingen, die Redundanz (Weitschweifigkeit) realer Signale festzustellen und zu beseitigen, die wichtigen Informationen jedoch zu erhalten? Die Antwort hierauf ist vielschichtig und die nachfolgenden Ausführungen beschäftigen sich mit den „Strategien" bzw. einem Teil der Verfahren, die heute in der modernen Übertragungstechnik zum Einsatz kommen.

Kodierung und Dekodierung digitaler Signale bzw. Daten

Der allgemeine Ausdruck für die zahlenmäßige Darstellung von Symbolen (z. B. Buchstaben oder auch Messwerten) sowie für die gezielte Veränderung *digitaler* Signale bzw. Daten ist *Kodierung*. Abb. 221 zeigt ein wichtiges Beispiel für Kodierung. Bei dieser „ASCII–Kodierung" wird allen im Schriftverkehr wichtigen Zeichen („Symbolen") eine Zahl zwischen 0 und 127 zugeordnet 128 ($= 2^7$). Verschiedene Zeichen lassen sich nur damit kodieren. Dazu reicht ein 7– Bit–Code aus. Diese Art der Kodierung ist seit 1963 ein weltweiter Standard für Computer.

> *Hinweis*: Mehr als diese 128 verschiedenen Zeichen lassen sich im Prinzip bis heute nicht über das Internet und alle anderen Computernetze schicken. Beispielsweise sind unsere Umlaute „ä", „ü", „ö" und auch das „ß" nicht hierin enthalten. Hätte man seinerzeit nur 1 Bit mehr genommen (8 Bit = 1 Byte), so wäre die mögliche Zeichenzahl doppelt so groß gewesen. Und mit einem 2 Byte (16 Bit) breiten Code (65536 Zeichen) wäre wohl ein wirklich universaler Code für die elektronische Vernetzung der ganzen Welt gelungen. Was sich seinen Weg durch die Netze sucht, ist jedoch nach wie vor das gute alte 7–Bit–ASCII.

Das kodierte (digitale) Signal kann im Empfänger ganz oder teilweise wieder in seine ursprüngliche Form zurückverwandelt werden. Diese beiden Prozesse werden oft als *Enkodierung* und *Dekodierung* (englisch: encoding and decoding) bezeichnet. Durchgesetzt hat sich auch im Deutschen das englische Wort *Code* für den „Schlüssel" bzw. das eigentliche Kodierungsverfahren.

In der Digitalen Übertragungstechnik wird der Begriff der *Kodierung* vor allem im Zusammenhang mit folgenden Prozessen verwendet:

- A/D und D/A–Wandler (also eigentlich A/D–Kodierer),

- Komprimierung,

- Fehlerschutzkodierung sowie

- Verschlüsselung digitaler Daten.

Komprimierung

Die Komprimierung bzw. Kompression digitaler Signale ist der generelle Ausdruck für Verfahren (Algorithmen) bzw. Programme, ein einfaches Datenformat in ein auf Kompaktheit optimiertes Datenformat umzuwandeln. Letzten Endes sollen aus vielen Bits und Bytes möglichst wenige gemacht werden. Dekomprimierung macht diesen Vorgang rückgängig.

In diesem Sinne ist die ASCII–Kodierung – siehe Abb. 221 – schlecht kodiert. Jedes der vielen Symbole besitzt die gleiche Länge von 7 Bit, egal ob es sehr oft oder ganz, ganz selten vorkommt. So kommt bei Text weitaus am häufigsten der Zwischenraum („space") als Trennung zwischen zwei Wörtern vor. Kleine Buchstaben sind häufiger als große. Der Buchstabe „e" sicherlich öfter als „x".

ASCII - Code

0	null	32	space	64	@	96	`
1	start heading	33	!	65	A	97	a
2	start of text	34	"	66	B	98	b
3	end of texte	35	#	67	C	99	c
4	end of xmit	36	$	68	D	100	d
5	enquiry	37	%	69	E	101	e
6	acknowledge	38	&	70	F	102	f
7	bell, beep	39	´	71	G	103	g
8	backspace	40	(	72	H	104	h
9	horz. table	41	)	73	I	105	i
10	line feed	42	*	74	J	106	j
11	vert. tab, home	43	+	75	K	107	k
12	form feed,cls	44	,	76	L	108	l
13	carriage return	45	-	77	M	109	m
14	shift out	46	.	78	N	110	n
15	shift in	47	/	79	□	111	o
16	data line esc	48	0	80	P	112	p
17	device control 1	49	1	81	Q	113	q
18	device control 2	50	2	82	R	114	r
19	device control 3	51	3	83	S	115	t
20	device control 4	52	4	84	T	116	t
21	negative ack	53	5	85	U	117	u
22	synck idle	54	6	86	V	118	v
23	end xmit block	55	7	87	W	119	w
24	cancel	56	8	88	X	120	x
25	end of medium	57	9	89	Y	121	y
26	substitute	58	:	90	Z	122	z
27	escape	59	;	91	[	123	{
28	file separator	60	<	92		124		
29	group separator	61	=	93	]	125	}
30	record separator	62	>	94	^	126	
31	unit separator	63	?	95	_	127	del

Abbildung 221:   ***ASCII–Kodierung***

Hierbei handelt es sich um einen lang etablierten Standard, Sonderzeichen, Buchstaben und Zahlen in einer digitalen Form (als Zahl bzw. Bitmuster) darzustellen. Jedem druckbaren Symbol ist eine Zahl zwischen 32 und 127 zugeordnet, während die Zahlen von 0 bis 31 Steuerzeichen für eine veraltete Kommunikationstechnik darstellen und praktisch nicht mehr benötigt werden.
Gewöhnlich werden inzwischen alle ASCII-Zeichen mit jeweils 1 Byte (8 Bit) abgespeichert. Die nicht standardisierten Werte von 128 bis 255 werden oft für griechische Buchstaben, mathematische Symbole und verschiedenen geometrische Muster verwendet.

Ein gutes Komprimierungsprogramm für *Text* sollte zunächst die Häufigkeit der vorkommenden Symbole feststellen und diese nach der „Wahrscheinlichkeit" ihres Auftretens sortieren. In dieser Reihenfolge sollten den am häufigsten vorkommenden Symbolen die kürzesten Bitmuster (d. h. die kürzesten Zahlen) zugeordnet werden, den Seltenen die längsten. Ohne jeden Informationsverlust würde die Gesamtdatei wesentlich kleiner ausfallen.

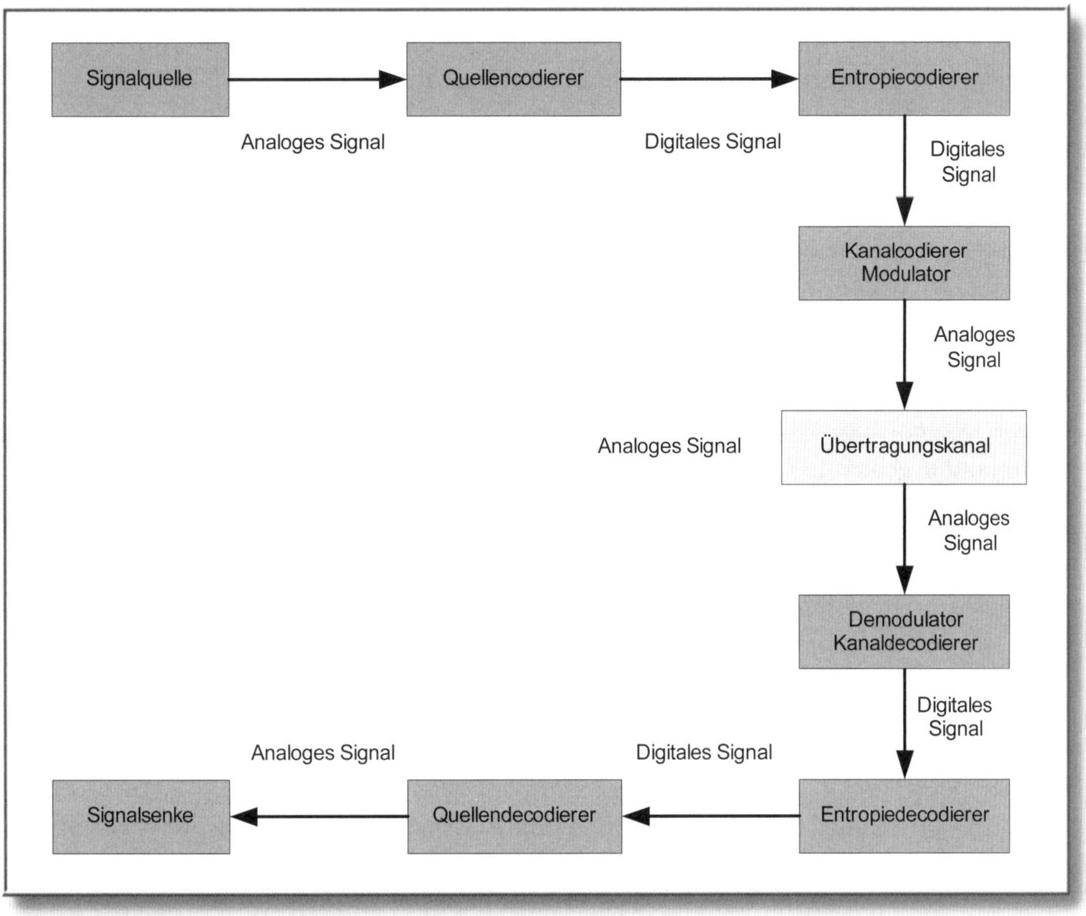

Abbildung 222: **Der Übertragungsweg aus Sicht der Kodierung**

Das Blockschaltbild zeigt drei verschiedene Kodierer und Dekodierer. Der Quellenkodierer könnte ein A/D–Wandler sein, dessen Ausgangscode auch schon „besonders effizient" ist (siehe Delta- und Sigma-Delta–Wandler(-Kodierer)). Der Entropiekodierer (siehe HUFFMAN–Kodierung) versucht den Code des Quellenkodierers in puncto Kompaktheit verlustfrei zu optimieren. Durch den Kanalkodierer wird diese Kompaktheit wieder (etwas) verringert, indem Redundanz in Form zusätzlicher Bits hinzugefügt wird. Ziel ist es, einen Fehlerschutz für das Signal zu erhalten. Der Empfänger soll ein falsches Zeichen erkennen und selbstständig korrigieren können.

Verlustfreie und verlustbehaftete Komprimierung

Angesichts der großen Zahl von Komprimierungsverfahren, die derzeit eingesetzt werden, verwundert es nicht, daß es kein universell-optimales Komprimierungsverfahren geben kann. Das jeweils günstigste Verfahren hängt von der Signal- bzw. Datenart ab!

Bestimmte Signale bzw. Daten müssen auch absolut verlustfrei komprimiert werden, d. h. das beim Empfänger wiedergewonnene Signal muß absolut identisch mit dem Original sein. Nicht ein Bit darf sich verändert haben. Das gilt z. B. für Programm- und Textdateien.

Andererseits kann z. B. bei Audio– und Video–Signalen ein gewisser Qualitäts- und damit auch Informationsverlust hingenommen werden. Hierbei wird auch von Datenreduktion gesprochen. So sind z. B. im Audio–Signal auch Informationen enthalten, die wir gar nicht wahrnehmen können. Sie sind *irrelevant* (belanglos, unerheblich).

In diesem Zusammenhang wird deshalb von *Irrelevanzreduktion* gesprochen. Und auch an „schlechte" Fernsehbilder haben wir uns geradezu gewöhnt. Hier kommen *verlustbehaftete* Komprimierungsverfahren zum Einsatz.

Die Unterscheidung zwischen diesen beiden Arten von Komprimierung ist also wichtig. Verlustbehaftete Verfahren komprimieren natürlich wesentlich effizienter als verlustfreie. Aus signaltechnischer und -theoretischer Sicht macht sich ein höhere verlustbehaftete Komprimierung durch einen größeren Rauschanteil bemerkbar. Das Rauschen verkörpert hierbei die „Desinformation", d. h. den in Kauf genommenen Verlust an Information.

Auch die A/D–Wandlung mit ihren Teilprozessen *Abtastung*, *Quantisierung* und *KodierungKodierung* kann als verlustbehaftete Komprimierungsmethode aufgefasst werden (siehe Abb. 148, 149 und 183). Die Wahl der Abtastrate, die Anzahl der Quantisierungsstufen sowie die KodierungKodierungsart haben einen großen Einfluss auf Qualität und Kompaktheit des digitalisierten Signals.

Um zu wissen, für welche Signal- bzw. Datenart welches Komprimierungsverfahren von Vorteil ist, sollen anhand von Beispielen einige *Komprimierungsstrategien* erläutert werden.

RLE – Komprimierung

Die Lauflängen-Kodierung RLE (Run Lenght Encoding) ist wohl das einfachste, manchmal aber auch das optimale Komprimierungsverfahren.

Prinzip: Mehr als drei identische aufeinanderfolgende Bytes werden über ihre Anzahl kodiert.

Beispiel: „A-Byte" A; AAAAAA wird als MA6 kodiert. M ist ein Markierungsbyte und kennzeichnet eine solche „Verkürzung". In diesem Beispiel ergibt sich eine Reduktion von 50%. Das Markierungsbyte darf nicht im Quelltext als Zeichen vorhanden sein.

Anwendung: RLE eignet sich besonders für Dateien mit langen Folgen gleicher Zeichen, z. B. Schwarz–Weiss–Grafiken. Deshalb wird sie häufig auch für FAX–Formate verwendet, in denen sehr große weiße Flächen nur gelegentlich von schwarzen Buchstaben unterbrochen werden.

Hinweis: Dateien mit häufig wechselden Bytes sind für dieses Verfahren denkbar ungeeignet.

HUFFMAN–Komprimierung

Prinzip: Ihr liegt das Morse–Alphabet–Prinzip zugrunde. Den am häufigsten vorkommenden Symbolen (z. B. Buchstaben) werden die kürzesten Codes zugeordnet, den seltensten die längsten Codes. Kodiert werden also nicht die zu übertragenden Daten, sondern *die Symbole der Quelle*. Man spricht hier von Entropiekodierung. Sie arbeiten verlustfrei.

Vorgehensweise: Zunächst muß festgestellt werden, welche Symbole (z. B. im Text) es überhaupt gibt; danach, mit welcher Häufigkeit (genauer *Wahrscheinlichkeit*) sie vorkommen. Der HUFFMAN–Algorithmus erzeugt einen „Code-Baum". Er ergibt sich aus der Wahrscheinlichkeit der einzelnen Symbole. Mithilfe des Code–Baums werden die Codewörter für die einzelnen Symbole ermittelt. In Abb. 223 wird das Verfahren genau beschrieben.

Dekodierung: Damit der Empfänger die Originaldaten aus der Byte-Folge erkennen kann, muß zusätzlich der HUFFMAN–Baum übertragen werden. Beim „Abstieg von oben" landet man immer bei einem der in Abb. 223 gewählten 7 verschiedenen Symbole. Dann muß sofort wieder nach oben gesprungen und wieder links-rechts verzweigt werden bis zum Erreichen des nächsten Symbols.

Hinweis: Je länger z. B. der Text ist, desto weniger fällt die zusätzliche Übertragung des HUFFMAN–Baums ins Gewicht.

LZW – Kodierung

Dieses Verfahren ist nach seinen Entwicklern Lempel, Ziv und (später) Welch benannt. Es stellt wohl das gängigste Verfahren für eine „Allzweck–Komprimierung" dar. So wird es sowohl bei der ZIP–Komprimierung von (beliebigen) Dateien als auch von vielen Grafikformaten (z. B. GIF) verwendet. Komprimierungsfaktoren von 5:1 sind durchaus üblich.

Abb. 224 zeigt links oben jeweils den Inhalt der Zeichenkette (String) vor und nach jedem Schritt der Kodierung. Im ersten Schritt wird das längste gefundene Muster zwangsläufig nur ein einziger Buchstabe sein, welcher im Standardwörterbuch enthalten ist. Dies ist in unserem Beispiel „L". Im gleichen Schritt wird noch das nächstfolgende Zeichen „Z" betrachtet und an das L angehängt. Die so erzeugte Zeichenkette ist auch garantiert noch nicht im Wörterbuch enthalten und wird unter dem Index (256) neu eingetragen. Danach wird die im letzten Schritt gefundene „längste" Zeichenkette – also das „L" – entfernt und gleichzeitig ausgegeben (siehe „Erkanntes Muster". Damit wird „Z" zum ersten Zeichen des nächsten Strings.

Hier beginnt das gleiche Spiel von vorne. „Z" ist nun das längste bekannte Muster. „ZW" wird unter dem Index (257) im Wörterbuch abgespeichert. „Z" wird von der Eingabe entfernt, ausgegeben und eine neuer Durchlauf begonnen. „W" ist nun längste bislang im Wörterbuch eingetragene Zeichenkette, „WL" wird mit der Indexnummer (258) neu aufgenommen, das „W" aus der Eingabe gestrichen und ausgegeben.

Erst jetzt passiert etwas Interessantes im Hinblick auf die angestrebte Komprimierung. Das längste bekannte Muster ist nun eine Zeichenfolge, die vorher *neu* ins Wörterbuch eingetragen wurde („LZ" mit der Indexnummer (256)). Jetzt werden im nachfolgenden Schritt nicht zwei Einzelzeichen ausgegeben, sondern der Index des Musters aus dem Wörterbuch.

Da das Wörterbuch insgesamt 4096 $(= 2^{12})$ Worte umfassen kann, werden bei einem sehr langen, geeigneten Eingabe-String (das ist die Datei, welche komprimiert werden soll) die Einträge ins Wörterbuch immer länger. Zu den höheren Indizes gehören also immer öfter längere Zeichenfolgen, für die dann kurze Indizes übertragen werden. Erst dann wird die Komprimierung wirklich effizient!

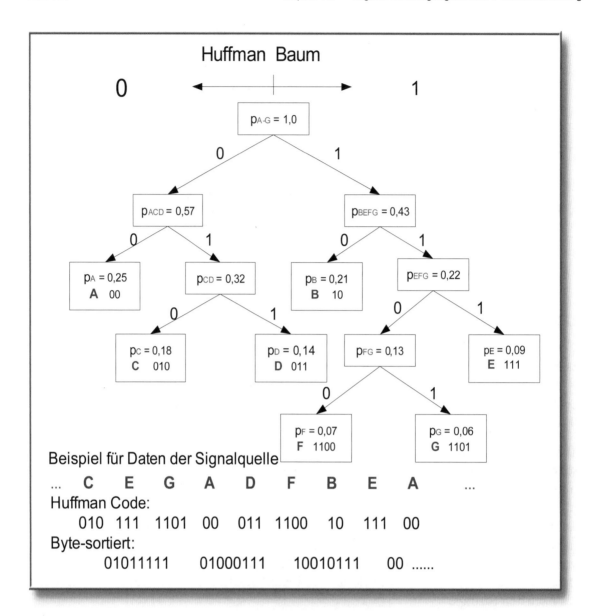

Abbildung 223:   ***HUFFMAN–Kodierung***

In einer Datei sollen 7 verschiedene Symbole, hier mit den Buchstaben A bis G bezeichnet, vorkommen. Dabei trete nun A mit einer Wahrscheinlichkeit von 25% bzw. 0,25 am häufigsten auf. Es folgen B mit 0,21, C mit 0,18, D mit 0,14, E mit 0,09, F mit 0,07 und G mit 0,06. Die Idee ist nun, A den kürzesten und schließlich G den relativ längsten Code zuzuordnen. Da A und B nahezu gleichwahrscheinlich sind macht es Sinn, gleiche Codelänge vorzusehen.

Der HUFFMAN–Algorithmus erzeugt nun den HUFFMAN–Baum. In den „Blättern" des HUFFMAN–Baumes ist hier jeweils die Wahrscheinlichkeit p für das betreffende Symbol eingetragen. An den Verzweigungsknoten sehen Sie die Summe der Wahrscheinlichkeiten eingetragen. Ganz oben ist die Wahrscheinlichkeit p = 1 bzw. 100%, weil ja immer eins der 7 Symbole gezogen werden muss!

Wird – von oben nach unten – nach links verzweigt, ergibt sich eine 0, nach rechts jeweils eine 1. Durch die Sortierung der Symbole nach der Wahrscheinlichkeit ihres Auftretens weiß der Algorithmus, in welcher Reihenfolge die Verzweigungen zu den Symbolen A bis G führen.

Nach Bytes sortiert gelangt das komprimierte Signal zum Empfänger. Dort erfolgt die Dekodierung, jeweils von oben beginnend. Nach 00 wird A erreicht. Der Zeiger springt direkt wieder nach oben, nach 111 wird E erreicht usw. Voraussetzung ist die Übertragung des HUFFMAN–Baums zusätzlich zur komprimierten Datei.

LZW-Codierung

Das Standardwörterbuch enthält die 256 verschiedenen Byte-Muster. Jedes hier in der Eingabe vorkommende Sysmbol entspricht einem ganz bestimmten dieser Byte-Muster

Standardwörterbuch

```
0
1
.
.
254
255
```

Eingabe	Erkanntes Muster	Neuer Wörterbucheintrag	
LZWLZ78LZ77LZCLZMWLZAP	L	LZ	(=256)
ZWLZ78LZ77LZCLZMWLZAP	Z	ZW	(=257)
WLZ78LZ77LZCLZMWLZAP	W	WL	(=258)
LZ78LZ77LZCLZMWLZAP	LZ	LZ7	(=259)
78LZ77LZCLZMWLZAP	7	78	(=260)
8LZ77LZCLZMWLZAP	8	8L	(=261)
LZ77LZCLZMWLZAP	LZ7	LZ77	(=262)
7LZCLZMWLZAP	7	7L	(=263)
LZCLZMWLZAP	LZ	LZC	(=264)
CLZMWLZAP	C	CL	(=265)
LZMWLZAP	LZ	LZM	(=266)
MWLZAP	M	MW	(=267)
WLZAP	WL	WLZ	(=268)
ZAP	Z	ZA	(=269)
AP	A	AP	(=270)
P	P		

Ausgabe   LZW(256)78(259)7(256)C(256)M(258)ZAP

LZW-Decodierung

Eingabezeichen	C	Neuer Wörterbucheintrag		P
L				L
Z	Z	LZ	(=256)	Z
W	W	ZW	(=257)	W
(256)	L	WL	(=258)	LZ
7	7	LZ7	(=259)	7
8	8	78	(=260)	8
(259)	L	8L	(=261)	LZ7
7	7	LZ77	(=262)	7
(256)	L	7L	(=263)	LZ
C	C	LZC	(=264)	C
(256)	L	CL	(=265)	LZ
M	M	LZM	(=266)	M
(258)	W	MW	(=267)	WL
Z	Z	WLZ	(=268)	Z
A	A	ZA	(=269)	A
P	P	AP	(=270)	P

Abbildung 224:   ***LZW–Kodierung***

Die LZW–Kodierung und ihre Spielarten haben für die Komprimierung digitaler Signale bzw. Daten eine so große Bedeutung erlangt, dass sie hier in bildhafter Weise näher erläutert werden sollen. Ohne überhaupt die Nachricht zu kennen, die komprimiert werden soll, wird die Komprimierung sehr effizient verlustfrei durchgeführt. Der Dekomprimierungs–Algorithmus erkennt automatisch den Code, erstellt ein neues, identisches „Wörterbuch" und rekonstruiert damit das Quellensignal. Wer sich lange genug die Abbildung ansieht, versteht oft intuitiv den Vorgang.

Die *Dekodierung* startet ebenfalls mit dem beschriebenen Standardwörterbuch. In ihm sind wieder die Einträge von 0 bis 255 enthalten. In unserem Beispiel ist „L" wieder die längste bekannte „Zeichenkette". Sie wird deshalb auch ausgegeben und in der Variablen P (wie „Präfix", d. h. Vorsilbe) festgehalten. Die nächste Eingabe ist ebenfalls ein bekanntes Zeichen („Z"). Dieses wird zunächst als Variable C gespeichert. Jetzt wird der Inhalt von P und C „geklammert" und das Ergebnis „LZ" ins Wörterbuch unter der Indexnummer (256) aufgenommen. So geht es weiter und so entsteht durch den Dekodier-Algorithmus das Wörterbuch und die ursprüngliche Eingabe-Zeichenkette aufs neue (siehe unter C).

Versuchen Sie nach diesem Prinzip selbst einmal eine andere Eingabe-Zeichenkette nach dem LZW–Prinzip zu kodieren und anschließend zu dekodieren. Dann erst werden Sie merken, daß die Eingabe–Zeichenfolge schon eine „besondere Form" haben muß, damit schnell eine effiziente Komprimierung erfolgt („the rain in Spain falls mainly on the plain").

Quellenkodierung von Audio – Signalen

Die A/D– und D/A–Umsetzung wurde bereits im Kapitel 7 (Abschnitt „Quantisierung"), vor allem aber im Kapitel 9 behandelt. Abb. 183 zeigt das Prinzip eines A/D–Umsetzers (-Kodierers), welcher die „Messwerte" seriell als Folge von 5 Bit-Zahlenketten ausgibt. Technisch üblich sind derzeit 8 Bit- bis 24–Bit–A/D und –D/A–Umsetzer. Dieses Verfahren wird allgemein als *PCM (Pulse Code Modulation)* bezeichnet. Jedem Messwert wird – ähnlich wie bei der ASCII–Kodierung – unabhängig von der Häufigkeit des Auftretens ein Code gleicher Länge zugeordnet. Laut Abb. 220 ergibt sich dann für ein Audio–Stereo–Signal eine Übertragungsrate von 172 kByte/s (ca. 620 Mbyte pro Stunde!).

Die bisher beschriebenen Komprimierungsstrategien müssten sich eigentlich auch auf Audio–Signale anwenden lassen, schließlich liegen diese als Folge von Bitmustern vor. Meist werden bereits bei der A/D–Umsetzung Verfahren eingesetzt, die selbst schon einen „Komprimierungseffekt" aufweisen. Zusätzlich nimmt bei diesen Verfahren der „analoge Schaltungsanteil" ab und wird durch DSP (Digital Signal Processing) ersetzt.

Delta – Kodierung bzw. Delta – Modulation

Sogenannte *Screencam–Videos* sind sehr beliebt, um z. B. die Installation oder Handhabung eines Programms in Form eines Bildschirm-Videos festzuhalten. Auch auf der zu diesem Manuskript zugehörigen DVD wird hiervon reger Gebrauch gemacht. Die meiste Zeit bewegt sich hierbei lediglich der Cursor auf dem Bildschirm, mit dem bestimmte Menüpunkte angeklickt werden.

Es wäre nun sehr unsinnig, in diesem Fall 25–mal pro Sekunde den gesamten Bildschirminhalt abzuspeichern. Hier ist Δ–*Kodierung* angesagt.

> *Hinweis*: In der Mathematik sowie im technisch-wissenschaftlichen Bereich wird der große griechische Buchstabe Delta (Δ) verwendet, um eine *Differenz* oder *Änderung* zu beschreiben. So ist z. B. Δt die Zeitdifferenz zwischen zwei Zeitpunkte t_1 und t_2

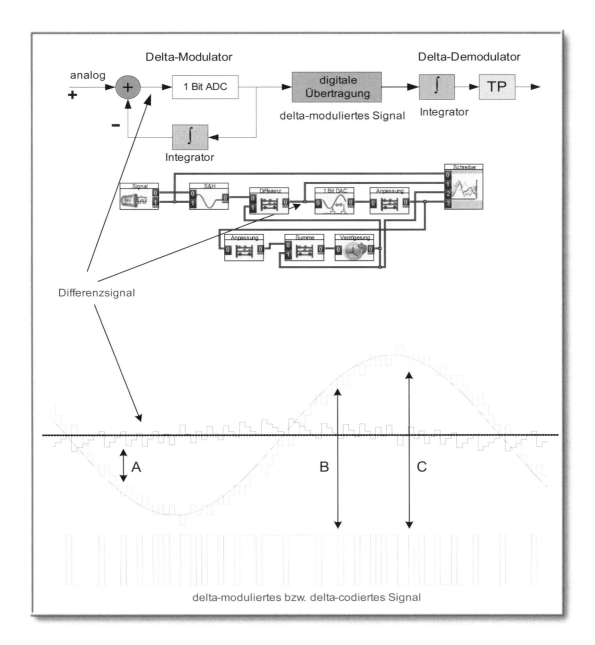

Abbildung 225:   **Prinzip–Blockschaltbild, DASYLab–Schaltung und Signale bei der Δ–Kodierung**

Bei dieser Form der Kodierung bzw. Modulation wird vom Audio–Signal lediglich dessen Änderung übertragen. In gewisser Weise wird das Originalsignal digital differenziert, d. h. es wird die Steigung gemessen. Die Wirkungsweise der Schaltung wird im Text detailliert erklärt.

Die (digitale) Differenziation muß im Empfänger wieder durch eine (digitale) Integration rückgängig gemacht werden. Sie erinnern sich: Integration macht die Differenziation rückgängig und umgekehrt (siehe Abb. 133 und 134).

Bei Screencam–Video genügt es deshalb, lediglich die *Änderung* des Bildes – d. h. die Cursorbewegung und Bildwechsel – festzuhalten. Hierfür reicht ein Bruchteil des Speicherbedarfs im Vergleich zum Festhalten aller einzelnen Bilder aus.

Generell lässt sich die Δ–Kodierung effizient anwenden, falls sich das Signal zwischen zwei Messwerten bzw. innerhalb des Zeitabschnittes $\Delta t = T_A = 1/f_A$ (f_A ist die Abtastfrequenz) nur geringfügig ändert. Genau dann besitzt das deltakodierte Signal eine *kleinere* Amplitude als das Originalsignal. Mit anderen Worten: Die Wahrscheinlichkeit steigt damit für *um null herumliegende* Messwerte an. Viel weniger Messwerte werden weit von null wegliegen.

Das wiederum sind günstige Voraussetzungen für die bereits beschriebene HUFFMAN–Kodierung. Falls sich z. B. das Originalsignal nicht ändert oder linear ansteigt, besitzt das deltakodierte Signal eine Folge von gleichen Bitmustern. Sie treten also am häufigsten auf. Typische Vorgehensweise ist es deshalb, nach einer (verlustbehafteten) Δ–Kodierung die HUFFMAN– oder RLE–Kodierung als verlustfreie Entropiekodierung einzusetzen.

Abb. 225 zeigt oben das Prinzip–Blockschaltbild des Δ–Kodierers (oft auch Δ-Modulator genannt), den Übertragungsweg sowie den Δ–Dekodierer. Der Δ–Kodierer besteht aus einem Regelkreis. Der 1–Bit–ADC (Analog–Digital–Converter („–Umsetzer") kennt nur zwei Zustände: + und – . Ist das am Eingang des 1 Bit ADCs liegende Differenzsignal größer null, so steht am Ausgang z. B. eine +1, sonst eine –1 (entsprechend „low" und „high). Letzten Endes ist der 1-Bit-ADC nichts anderes als ein spezieller Vergleicher (Komparator).

In der Abb. 225 ist die gestrichelte „Null–Entscheidungslinie" sichtbar, um die das Differenzsignal schwankt. Deutlich ist zu erkennen (siehe Pfeile A, B und C): Sobald das Differenzsignal oberhalb der Nulllinie liegt, ist das Δ-kodierte Signal „high", sonst „low".

Womit wird nun das – hier sinusförmige – Eingangssignal verglichen? Dazu sollten Sie rekapitulieren, was ein *Integrator* macht (siehe Abb. 135 und 137). Ist am Eingang des Integrators – hier rechts – ein positiver Signalabschnitt, so läuft der Integrator hoch, andernfalls nach unten. Dies ist auch gut in der Abbildung zu erkennen: Wo das Δ-kodierte Signal den Wert +1 besitzt, geht eine Treppe nach oben, bei –1 nach unten!

In der Mitte ist die Realisierung des Prinzip–Blockschaltbildes mit DASY*Lab* zu sehen. Der „digitale Integrator" ist ein rückgekoppelter Summierer. Damit wird zum letzten Ausgangswert eine +1 addiert oder –1 abgezogen. Dies ergibt den treppenförmigen Verlauf. Bei DASY*Lab* und ähnlichen Programmen gehört zu jeder Regelkreisschaltung eine Verzögerung. Sie sorgt für die Einhaltung des Kausalprinzips: Die Reaktion eines Prozesses am Ausgang kann nur verzögert auf dessen Eingang gegengekoppelt werden („erst die Ursache, dann die Wirkung"!).

Vor dem Summierer wird hier durch eine multiplikative und eine additive Konstante sichergestellt, dass Eingangssignal und Differenzsignal immer in etwa im gleichen Bereich verlaufen. Der eigentliche 1–Bit–ADC ist der Trigger bzw. Komparator, der nachfolgende Baustein dient der korrekten Signaleinstellung des Δ–Kodierers.

Da das Ausgangssignal nur zwei Zustände einnehmen kann, erfolgt eine Art Pulsdauermodulation. Der hierbei auftretende Quantisierungsfehler lässt sich durch *Überabtastung* nahezu beliebig verkleinern. Je kleiner nämlich der Abstand zwischen zwei Abtastwerten ist, desto kleiner ist auch die Differenz.

Ein Kennzeichen von Δ–Modulation bzw. Δ–Kodierung ist die Überabtastung. Es wird der Faktor n angegeben, um den die Abtastfrequenz über der durch das *Abtast–Prinzip* gegebenen Grenze liegt. Da heute z. T. bei diesen Δ–Verfahren Abtastfrequenzen von 1 MHz und darüber verwendet werden, kann n Werte um 25 annehmen. Durch die Überabtastung verteilt sich das Rauschen auf einen größeren Frequenzbereich (Abb. 230).

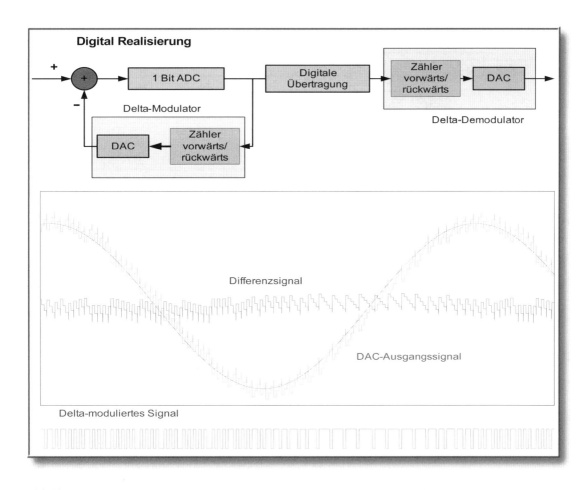

*Abbildung 226: **Digitale Realisierung des Δ–Kodierers und Signalverlauf bei höherer Abtastfrequenz***

In dieser Darstellung des digitalen Prinzip–Blockschaltbildes ist deutlich zu erkennen, wo überhaupt noch Analogtechnik vorhanden ist: Am Sender–Eingang, Empfänger–Ausgang und – dies gilt immer – auf der Übertragungsstrecke. Der zeit- und wertdiskrete digitale Integrator wird durch einen Vorwärts/ Rückwärts–Zähler mit einem nachfolgenden DAC (Digital–Analog–Converter (–Umsetzer)) realisiert. Beachten Sie bitte für die nachfolgende Abbildung die schaltungstechnische Übereinstimmung von Gegenkopplungs-zweig und Empfängerschaltung: Beides sind Δ–Kodierer bzw. –Modulatoren. Das dem Differenzbildner · zugeführte Vergleichssignal enspricht also vollkommen dem im Empfänger wiedergewonnen zeit- und wertdiskreten (hier sinusförmigem) Eingangssignal. Die Differenz zwischen beiden, d. h. das Differenz–Signal entspricht dem „Quantisierungsrauschen".

Bei dem unten dargestellten Signalverlauf wurde eine höhere Abtastrate gewählt. Besonders deutlich ist hierbei die Δ–Kodierung zu erkennen: Die Maximal- und Minimalwerte des deltamodulierten Signals liegen dort, wo die Steigung bzw. das Gefälle am größten sind. Die „gleitende Mittelwertbildung" würde den Steigungsverlauf des Originalsignals wiedergeben, also das differenzierte Eingangssignal.

Das Δ–kodierte Signal unten entspricht etwas einem pulsdauermodulierten Signal (PDM–Signal siehe Abb. 186). Im Gegensatz zu dem dortigen zeitkontinuierlichen PDM–Signal liegt hier eine Art zeitdiskretes PDM–Signal vor.

Sigma – Delta – Modulation bzw. –Kodierung

Ein Nachteil des Δ–Modulators ist, dass die bei der Übertragung auftretenden Bit-Fehler im Empfänger zu einem „Offset", d. h. zu einer störenden additiven Größe im Empfangssignal führen. Abhilfe schafft hier die sogenannte Sigma-Delta-Modulation (Σ–Δ–Modulation), bei der durch eine geschickte Vertauschung von Bausteinen bedeutende Verbesserungen erzielbar sind.

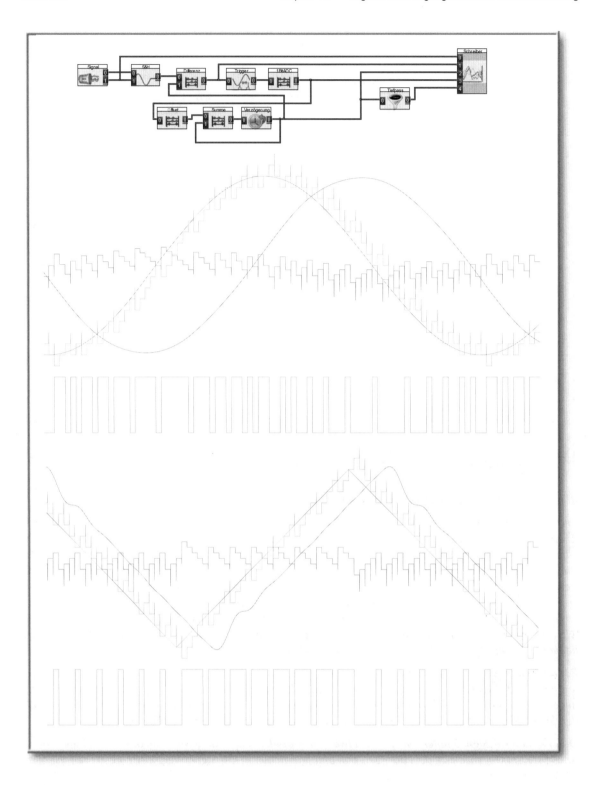

Abbildung 227:   **Δ–Demodulation bzw. Δ–Dekodierung**

Hier sehen Sie zusätzlich zu den im Δ–Modulator vorhandenen Signalen auch das endgültige, im Empfänger rückgewonnene Analogsignal. Wie im Text der Abb. 226 beschrieben, müssen das Ausgangs–Signal des digitalen Integrators und das im Empfänger rückgewonnene zeit- und wertdiskrete Signal übereinstimmen. Deshalb ist im DASYLab–Schaltbild kein Empfänger zu sehen. Letzteres Signal muss nur noch einem analogen Tiefpass zugeführt werden.

Beachten Sie: Das dreieckförmige Eingangssignal müsste eigentlich so aussehen wie das wieder-gewonnene (gefilterte) Signal. Es hätte nämlich auch bandbegrenzt sein müssen (Abtast–Prinzip)!

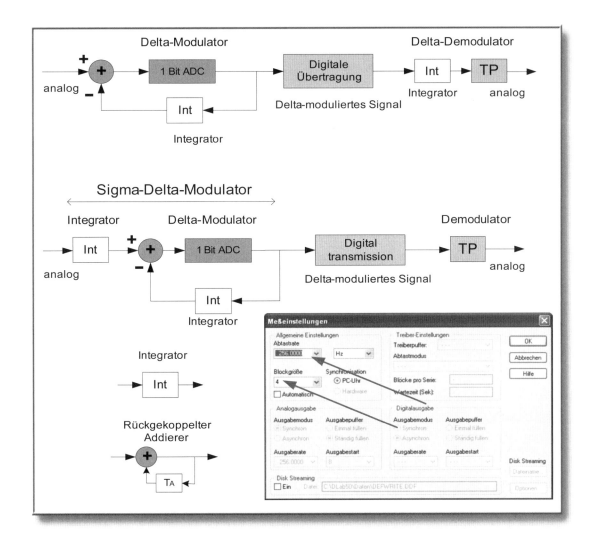

Abbildung 228:   ***Vom Delta–Modulator zum Sigma-Delta-Modulator***

Oben ist das Blockschaltbild der Übertragungskette eines Delta-Modulators und –Demodulators dargestellt. Darunter wurde lediglich der Integrator vom Demodulator an den Anfang der Übertragungskette gesetzt. Das kann kaum Auswirkung auf das Ausgangssignal haben, da lineare Prozesse – wie die Integration – in ihrer Reihenfolge vertauscht werden können (siehe hierzu Kapitel 7 ab Abb. 133).

Da jedoch Störungen auf dem Übertragungsweg hinzukommen können, ergeben sich hierdurch Vorteile, die im Text näher erläutert werden.

Die beiden Integratoren können nun durch einen einzigen Integrator hinter dem Differenzbildner ersetzt werden (siehe Aufgabe 10 des Kapitels 7). Damit ist der sogenannte Sigma–Delta–Modulator/–Kodierer komplett. Der Demodulator besteht jetzt lediglich aus dem analogen Tiefpass. Dieser arbeitet wie ein „gleitender Mittelwertbildner" und gewinnt aus dem digitalen sigma-delta-modulierten Signal das analoge Eingangssignal zurück.

Der Integrator durch einen rückgekoppelten Addierer realisiert (siehe unten), d. h. der Ausgangswert wird zum darauffolgenden Eingangswert (verzögert) addiert. Diese Schaltungsvariante wird auch in der DASYLab–Simulation in Abb. 229 verwendet.

Die Simulation stößt hier an die Grenze der Möglichkeiten von DASYLab. Rückkopplungen mit DASYLab sind generell etwas problematisch, da unter Windows kein wirklicher Echtzeitbetrieb möglich ist. Außerdem läuft hier - siehe auch Abb. 229 - eine mehrfache, ineinander geschachtelte Rückkopplung ab, denn auch der Integrator stellt einen einen rückgekoppelten Addierer dar. Gewählt wurde deshalb nach längeren Experimenten mit den verschiedensten Verzögerungen eine Blocklänge von 3 oder 4 (!) bei einer Abtastrate von 256. Sie sollten versuchen, die Schaltung in Abb. 229 zu verbessern.

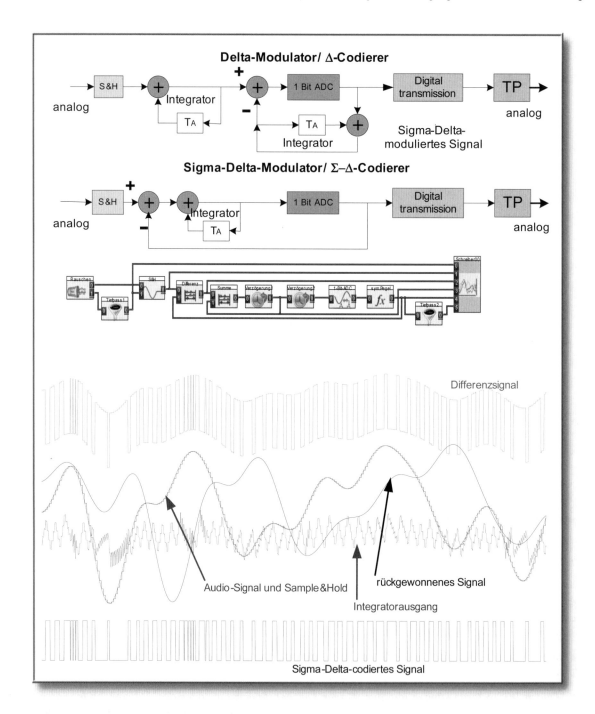

Abbildung 229:   ***Vom Delta–Modulator zum Sigma–Delta–Modulator***

*Aus dem DASYLab–Schaltbild in Abb. 227 ergibt sich die hier verwendete Form des Integrators: Ein Summierer (kein Differenzbildner wie beim Delta-Modulator/Kodierer), der jeweils den letzten Ausgangswert des 1–Bit–ADCs zum nächsten Eingangswert addiert. Wird nun noch **vor** dem Delta– Modulator zusätzlich ein solcher Integrator geschaltet, so kann dieser im Empfänger eingespart werden! Gleichwertig ist dann die darunter befindliche Schaltung, in der die beiden Integratoren (eigentlich also „Summierer", hierfür wird das griechische Σ–Zeichen („Sigma") verwendet) durch einen einzigen Integrator vor dem 1–Bit–ADC ersetzt werden. Diese Schaltung wird deshalb als Σ–Δ–Modulator/ - Kodierer bezeichnet.*

Durch diesen Vertauschungsvorgang vom Empfänger zum Sender werden jedoch zahlreiche zusätzliche Vorteile erzielt, die näher im Text beschrieben werden. Durch diese ist der Σ–Δ–Modulator/ Σ–Δ–Kodierer inzwischen zu einer Art Standard–ADC für hochwertige A/D–Wandlung geworden (Audio, Messtechnik).

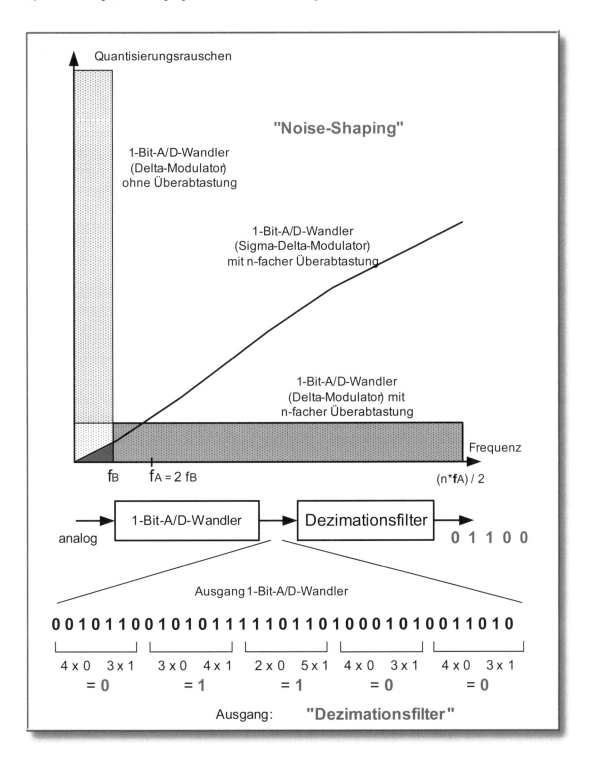

Abbildung 230:   **„Noise–Shaping" und „Dezimationsfilter"**

In der oberen Bildhälfte wird für verschiedene Fälle die Verteilung des Quantisierungsrauschen über den Frequenzbereich dargestellt. Die Frequenz f_B kennzeichnet die Bandbreite des ursprünglichen und rückgewonnenen Signals, f_A die Mindestabtastfrequenz des Quellensignals. Bei der $\Sigma\!-\!\Delta\!-\!$Modulation wird lediglich das durch das Dreieck gekennzeichnete Quantisierungsrauschen wirksam.

Das Dezimationsfilter „dezimiert" die Anzahl der Bit/s am Ausgang des 1–Bit–A/D–Wandlers um einen ungeradzahligen Faktor. Innerhalb eines Blockes wird dabei lediglich festgestellt, welches der beiden Symbole 0 oder 1 häufiger vorkommt, dieses erscheint dann am Ausgang. „Gewinnt" die 1, so steigt innerhalb des Blocks das Signal momentan „im Mittel" insgesamt an, bei der 0 fällt es.

Das Prinzipschaltbild des Δ–Kodierers und Δ–Dekodierers mit den beiden Integratoren lässt sich vereinfachen. Am Ausgangssignal beim Empfänger wird sich (fast) nichts ändern, falls der Integrator am Ende der Übertragungskette an deren Anfang noch vor den Δ–Kodierer geschaltet wird. Lineare Prozesse lassen sich nämlich, wie in Kapitel 7 beschrieben, in ihrer Reihenfolge vertauschen.

Warum nun diese Maßnahme? Hierdurch können zunächst die beiden Integratoren im Δ–Kodierer durch einen einzigen Integrator direkt vor dem 1-Bit-ADC ersetzt werden (siehe Aufgabe 10 im 7. Kapitel). Nun haben wir den sogenannten Sigma-Delta-Modulator/ –Kodierer mit Demodulator/Dekodierer wie in Abb. 228 dargestellt. Dort wird der Integrator auch als rückgekoppelter Addierer bzw. Summierer dargestellt. Das grosse griechische Sigma (Σ) ist im technisch–wissenschaftlichen Bereich das Symbol für „Summe“. Die Schaltungsvariante wird deshalb als Σ–Δ–Modulator/ Σ–Δ–Kodierer bezeichnet.

Der Demodulator besteht nun nur noch aus einem analogen TP. Dieser gewinnt aus dem digitalen Σ–Δ–modulierten Signal das analoge Eingangssignal zurück. Er arbeitet wie ein „gleitender Mittelwertbildner“.

„Noise – Shaping“ und „Dezimationsfilter“

Je höher die Überabtastung, desto kleiner ist auch der Quantisierungsfehler. Dies zeigen sowohl Abb. 226 als auch Abb. 230. Durch die n–fache Überabtastung verteilt sich das Quantisierungsrauschen auf einen n-fach höheren Frequenzbereich, wie der horizontale Balken in Abb. 230 zeigt.

Mit dem Σ–Δ–Modulator gelingt noch eine weitere Verminderung dieses Störpegels. Dieser als „Noise Shaping“ bezeichnete Formgebungseffekt entsteht durch die veränderte Gruppierung des Integrators am Anfang des 1-Bit-A/D–Wandlers. Hierdurch werden die langsamen Änderungen des Signals bevorzugt, denn schließlich ist der Integrator eine Art Mittelwertbildner. Der *Quantisierungsfehler* nimmt nun in etwa linear mit der Frequenz zu, besitzt also Hochpass–Filter–Charakteristik. Hierdurch kommt nach der Rückgewinnung des Signals im Demodulator nur noch der Störpegel zum Tragen, welcher der (pinkfarbenen) Dreiecksfläche entspricht.

Die Abtastfrequenz f_A des Audio–Signals sollte bei diesem Verfahren also möglichst hoch gewählt werden, andererseits ist die Übertragungsrate meist fest vorgegeben und kann wesentlich niedriger liegen als die Abtastfrequenz. Diese „Anpassung“ leisten sogenannte „Dezimationsfilter“ (siehe Abb. 230). Sie unterteilen die Bitfolge des 1-Bit-A/D–Wandlers in Blöcke mit ungeradzahliger Bitzahl (z. B. n = 7). Jetzt wird festgestellt, ob innerhalb des Blockes mehr „0“- oder „1“–Symbole vorkommen. Das häufiger vorkommende Symbol wird dann am Ausgang des Dezimationsfilters ausgegeben. Natürlich handelt es sich auch hier um eine Art Mittelwertbildung mit Tiefpass–Charakteristik.

Frequenzband–Kodierung und Mehrfachauflösung

Eine weitere Strategie der Quellenkodierung besteht darin, mithilfe geeigneter Filter das (digitalisierte) Quellensignal in mehrere, meist gleichgroße Frequenzbereiche zu unterteilen und anschließend diese Teilsignale effizient zu kodieren. In Fachkreisen wird diese Methode als *Subband Coding* (Frequenzband–Kodierung) bezeichnet.

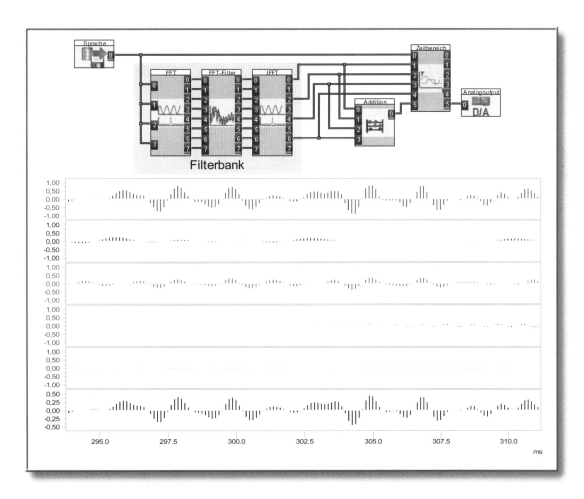

Abbildung 231:   ***Beweis des „Subband"–Prinzips***

Wie in diesem Versuch physikalisch bewiesen, ergibt die Summe der Ausgangssignale der n Filter wieder das ursprüngliche Signal. Hierzu müssen die verwendeten Subband–Filter jedoch bestimmten Kriterien genügen, die für das Unwort „Quadrature Mirror Filter QMF" stehen.

Welche Idee steckt dahinter? Reale (physikalische) Signale besitzen meist die Eigenschaft „frequenzbewertet" zu sein, d. h. das Signal ist zeitweise wesentlich auf ein oder mehrere Frequenzbereiche energiemäßig konzentriert. Beispielsweise ist dies bei Audio–Sprachsignalen wie in den Abb. 67 und Abb. 71 schon im Zeitbereich erkennbar: Vokale besitzen eine ganz andere frequenzmäßige Charakteristik als Konsonanten. Auch dauert in vielen Fällen der tieffrequente Anteil solcher Signale länger als der hochfrequente (z. B. beim Burst–Impuls).

Zeitweise dürften die diskreten Werte des Quellensignals in einem Subband (Teilband) also gleich null sein. Diese Nullfolge ließe sich dann z. B. mittels RLE–Kodierung hervorragend komprimieren.

Zunächst ist jedoch die folgende Problematik erkennbar: Wird das Frequenzband des mit f_A abgetasteten Quellensignals z. B. in n gleichgroße Frequenzbänder unterteilt, so enthält zunächst jedes dieser n gefilterten Ausgangssignale die gleiche Anzahl diskreter Werte (je Zeiteinheit) wie das ursprüngliche Quellensignal. Jedes dieser n Signale an den n Filter-ausgängen ist also zunächst mit f_A abgetastet. Die Gesamtzahl der abgetasteten (diskreten) Werte dieser n Signale wäre damit das n–fache der Abtastwerte des Quellensignals.

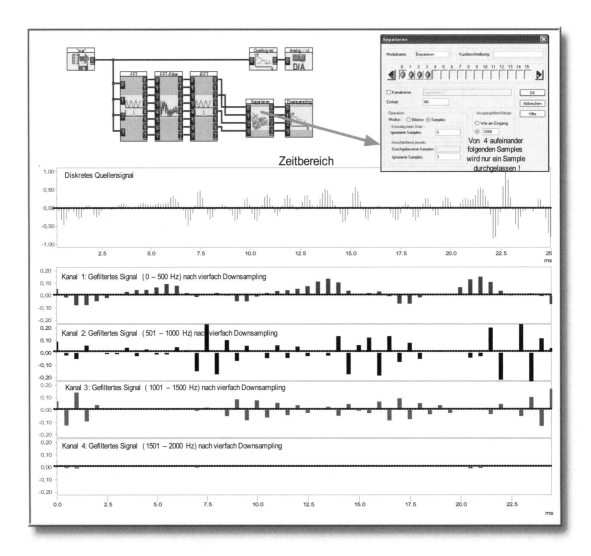

Abbildung 232:   ***Vierfach Subband–Filterung und Downsampling im Zeitbereich***

Wie in der Abbildung sowie im Versuch deutlich zu sehen ist, beträgt die Abtastrate der Subband–Kanäle ein Viertel der Abtastrate f_A des diskreten Quellensignals. Die verwendeten Filter müssen jedoch strengen Kriterien genügen (siehe Quadrature Mirror Filter). Hier wurden zunächst FFT–Filter verwendet, die ja nur blockweise filtern können.

Hier hilft nun die *allgemeine* Form des Abtast–Prinzips **AP** weiter. Bislang wurde es quasi für tiefpassgefilterte Signale definiert, die ein Frequenzband B von $0 - f_{max}$ aufweisen. Dann muss die Abtastfrequenz f_A *mindestens* doppelt so groß sein wie f_{max}.

Entscheidend ist jedoch die *absolute* Bandbreite B des Quellensignals, denn nur sie bildet den Rahmen für die „Informationskapazität" des Kanals (Kanalkapazität siehe S. 403). Damit lautet die

> *Allgemeine Form des Abtast–Prinzips **AP**:*
> *Bei einem Quellensignal der Bandbreite B von f_1 bis f_2 muss die Abtastrate f_A **mindestens** $2B = 2(f_2 - f_1)$ betragen!*

Dies erscheint zunächst deshalb verwunderlich, weil ein hochfrequentes Signal der Bandbreite B zwischen f_1 und f_2 sich offensichtlich viel schneller ändern als die Abtastrate f_A selbst darstellen kann. Wie ist dieser scheinbare Widerspruch zu erklären?

Die eigentliche Information des Signals steckt jedoch nicht in der momentanen „Trägerfrequenz" zwischen f_1 und f_2 selbst, sondern vielmehr in der *Änderung* von z. B. Amplitude, Phase oder Frequenz. Ferner lässt sich ja – wie bei der Amplituden-demodulation in den Abb. 162 und Abb. 163 dargestellt – dieses hochfrequente Band *ohne Informationsverlust* in den Bereich 0 bis (f_2-f_1) demodulieren! Hierfür gilt dann wieder das Abtast–Prinzip **AP** in seiner ursprünglichen Form.

Die Bandbreite der n Kanäle betrage nun B/n. Damit folgt aus dem allgemeinen Abtast–Prinzip **AP**, dass eigentlich für jeden dieser n Kanäle die Abtastrate $f^*_A = f_A/n$ ausreicht. Bei dieser Subband–Kodierung wird deshalb jedes der n gefilterten „Teilband"–Signale einem *Downsampling* genannten Prozess unterworfen: Nur jeder n-te Abtastwert wird zwischengespeichert, die anderen entfallen.

Insgesamt entspricht damit die Abtastrate aller n Kanäle nach Filterung und Downsampling der Abtastrate $f_A = f^*_A \cdot n = (f_A/n) \cdot n$, falls alle Kanäle die gleiche Bandbreite besitzen (siehe Abb. 231).

Je mehr Teilbänder vorhanden sind, desto effizienter lässt sich meist die nachfolgende Kodierung durchführen. Hiermit wächst offensichtlich die Wahrscheinlichkeit, in einem Kanal momentan gleiche Werte vorzufinden. Diese lassen sich dann sehr effizient kodieren.

Quadrature Mirror Filter (QMF)

Durch dieses „Unwort" wird der Filtertyp beschrieben, welcher für Subband–Kodierung unerlässlich ist.

Die Summe der gefilterten Signale wird auf jeden Fall dann von dem diskreten Quellensignal abweichen, falls

- qualitativ verschiedene Filtertypen verwendet werden,

- die Überlagerung der Subbandspektren nicht nach Betrag und Phase das Spektrum des ursprünglichen Quellensignals (annähernd) ergibt bzw.

- Antialiasing–Effekte auftreten, bedingt durch Nichtbeachtung des Abtast–Prinzips **AP**.

Solche qualitativ anspruchsvollen Filter lassen sich nur als Digitale Filter konzipieren. Wie in Kapitel 10 ausführlich erläutert, arbeiten Digitale Filter im *Zeitbereich*. Filterung bedeutet im Frequenzbereich (!) *Multiplikation* der Übertragungsfunktion **H**(f) mit dem Spektrum des Signals. Dies entspricht aber aufgrund des Symmetrieprinzips (siehe Abb. 211) einer *Faltung* des Signals im Zeitbereich mit der Impulsantwort h(t) des Filters.

Vielversprechend erscheint deshalb der Versuch, eine Art *Grundmuster* der Impulsantwort h(t) für alle diese verwendeten Filter herauszufinden. Wie bereits im Kapitel 10 praktisch ausgeführt, erscheint uns die (gefensterte) Si–Funktion als erste Wahl.

Besonders wichtig ist in diesem Zusammenhang, stets das Spektrum in *symmetrischer* Darstellung zu betrachten. Danach ist – siehe Abb. 90– ein Tiefpass nichts anderes als ein Bandpass mit der Mittenfrequenz f = 0 Hz. Die wahre Bandbreite geht also von -f bis +f. Das „unterste" Subband–Filter ist demnach ein Tiefpass mit dieser wahren Bandbreite.

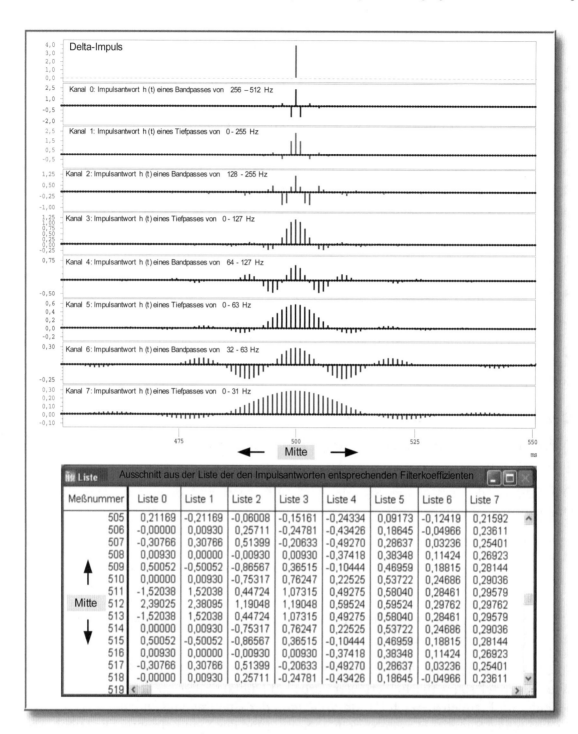

Abbildung 233:   ***Der „innere Zusammenhang" der Impulsantworten digitaler Subband–Filter***

*Hier sind 8 Impulsantworten von 8 Digitalen Filtern aufgetragen, deren Bandbreite in einer bestimmten Beziehung zueinander stehen. Die Impulsantworten der drei oberen **Tiefpässe** – und damit auch die Filterkoeffizienten dieser digitalen Filter (!) – ergeben sich aus dem unteren Tiefpass, indem – von unten nach oben – jeweils jeder zweite Wert weggelassen wird („Downsampling"!). Damit **halbiert** sich jeweils die Zeitdauer der Impulsantwort. Nach dem Unschärfe–Prinzip **UP** bedeutet dies eine **Verdopplung** der Filterbandbreite. Entsprechendes gilt für die Impulsantworten der vier Bandpässe.*

Auch „benachbarte" Hoch- und Tiefpässe – z. B. Kanal 0 und Kanal 1 -, die gemeinsam einen bestimmten Frequenzbereich abdecken, zeigen diese „innere Verwandschaft" sehr deutlich. Vergleichen Sie hierzu auch die entsprechenden Listen (unten). Kleiner Test: Welche Beziehung gilt zwischen der „Mittenfrequenz" der Bandpässe und der Bandbreite des zugehörigen Tiefpasses?

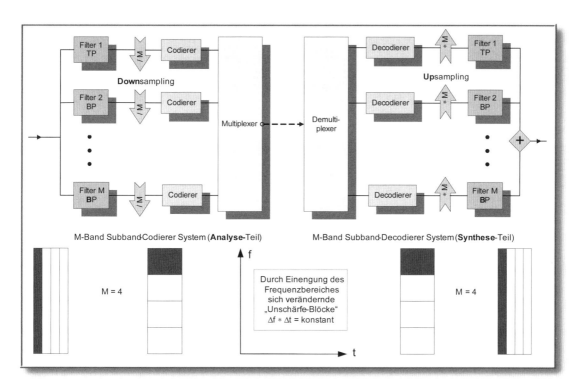

Abbildung 234:   ***Blockschaltbild eines Subband–Kodierung-Systems***

Links ist der senderseitige, rechts der empfängerseitige Teil der Subband–Kodierung zu sehen. Wie im Subband–Kodierer–Signale werden durch den Multiplexer zu einem Kanal zusammengefasst (Parallel–Seriell– Wandlung) und im Empfänger wieder durch den Demultiplexer auf M Kanäle aufgeteilt (Seriell–Parallel– Wandlung).

*Für das Verständnis dieses Verfahrens unabdingbar ist wiederum das Unschärfe–Prinzip **UP**. Der untere Teil der Abbildung gibt dies wieder. Das Signalverhalten wird entscheidend durch die Änderung der „Unschärfe–Blöcke" bestimmt. Durch die hier auf ein Viertel reduzierte Signalbandbreite steigt die zeitliche Unschärfe auf den vierfachen Wert, was sich u. a. entsprechend auf die Dauer der Impulsantwort h(t) auswirkt. Dies stellt auch Abb. 233 im Detail dar.*

Der Name „Quadrature Mirror Filter"(QMF) deutet auf symmetrische Eigenschaften der Filter hin. Die Übertragungsfunktion der benachbarten, aneinandergereihten Bandpässe entsteht durch die Spiegelung von Tiefpass–Übertragungsfunktion der „Mutterfunktion" an genau definierten „Trägerfrequenzen" (siehe Abb. 235). Dies ähnelt auf den ersten Blick der Abb. 199 unten, wo es um den Grenzfall des Abtast–Prinzips ging. Beim Subband–Verfahren wird deshalb auch versucht, den Durchlassbereich benachbarter Filter möglichst genau voneinander zu trennen (siehe Abb. 235). Dies kann – weil es keine idealen rechteckigen Filter gibt – nur unvollkommen angenähert gelingen. Die linearphasigen FIR–Filter sind hierbei erste Wahl.

Die Impulsantworten h(t) – das sind die FIR–Filterkoeffizienten – in Abb. 233 zeigen die „innere Verwandschaft" solcher QM–Filter. Durch Downsampling der Impulsantwort h(t) unten des Tiefpasses von 0 – 31 Hz bzw. -31 bis +31 Hz ergeben sich die Filter-koeffizienten für einen Tiefpass von -63 bis + 63 Hz, -127 bis +127 Hz sowie -255 bis +255 Hz. Die zu jedem Tiefpass „nahtlos" anschließende Bandpass–Impulsantwort gleicher Bandbreite ergibt sich aus der Multiplikation der Si–Funktion (Tiefpass) mit der Mittenfrequenz dieses Bandpasses.

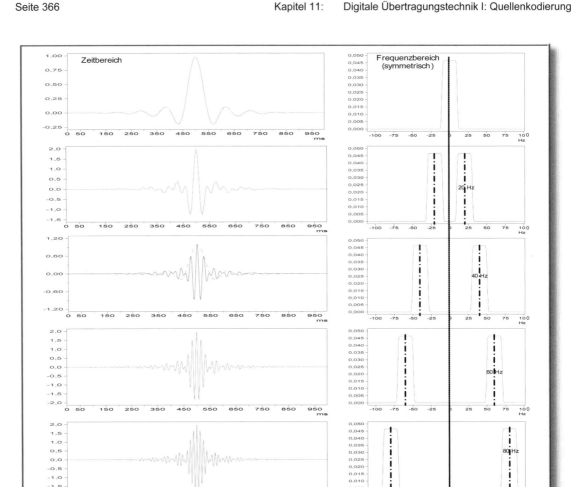

Abbildung 235: ***Subband–Kodierung aus Sicht der Filter bzw. Impulsantworten bzw. Wavelets***

*Quadrature Mirror Filter QMF sollen Verzerrungen bzw. Aliasing durch Überlappung benachbarter Frequenzbänder verhindern. Auf den ersten Blick scheint (!) dies mittels hochwertiger Filter mit „rechteckähnlicher" Übertragungsfunktion **H(f)** am besten realisierbar. Dann wäre die **Grundform** aller Impulsantworten vorgegeben. Wie bereits in Abb. 233 dargestellt, ist damit die Si–Funktion die „Mutterfunktion", auch Skalierungsfunktion genannt. Alle anderen Impulsantworten ergeben sich durch Multiplikation der oberen Si–Funktion mit der Mittenfrequenz der Bandpässe. In der mittleren Abbildung ist deshalb die Si–Funktion als Einhüllende einmal eingezeichnet. Die Si–Funktion wurden hier mit einem Blackman-Fenster lokal begrenzt bzw. links und rechts auf null gebracht.*

Zum besseren Verständnis der physikalischen Zusammenhänge sind diese Impulsantworten hier „analog" dargestellt. Was könnte dieses Bild mit der Wavelet–Transformation verbinden?!

Dies ist besonders gut in Abb. 235 zu erkennen. Die „Mutterfunktion" oder Skalierungsfunktion ist die obige Si–Funktion. Die Impulsantworten $h(t)_{BP}$ der vier Bandpässe ergeben sich durch Multiplikation der obigen Si–Funktion mit den Mittenfrequenzen 20, 40, 60 und 80 Hz. Die Si–Funktion ist deshalb stets die *Einhüllende* dieser Impulsantworten.

Besonders interessant sind in Abb. 233 die beiden oberen Impulsantworten $h(t)_{TP(0-255Hz)}$ und $h(t)_{BP(256-512Hz)}$. Hier entspricht die beschriebene Multiplikation mit der Mittenfrequenz genau der *Vorzeichenumkehr* jedes zweiten Wertes (siehe hierzu auch die Listen 0 und 1 in Abb. 233 unten).

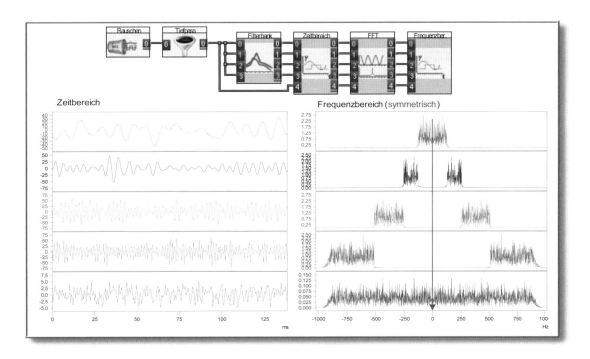

Abbildung 236:   **Simulation eines Subband–Systems im Zeit- und Frequenzbereich**

In der unteren Reihe ist das Quellensignal zu sehen. Von oben nach unten wird das Quellensignal in vier jeweils gleich große Frequenzbereiche aufgeteilt. Durch die Verwendung hochwertiger FIR–Filter (mit bis zu 512 Koeffizienten) findet keine nennenswerte Überlappung der Frequenzbänder statt. Die Bandpass–Signale im Zeitbereich verraten bereits die Mittenfrequenz dieser Filter.

Aus der Sicht der Mustererkennung geschieht in den Abb. 235 und Abb. 236 folgendes: Das Quellensignal wird mittels Faltung auf *Ähnlichkeit* mit diesen vier bzw. fünf Imulsantworten untersucht. Jedes gefilterte Signal kann sich z. B. nicht schneller ändern als die jeweilige Impulsantwort h(t). Hier wurden nun Impulsantworten als Referenzmuster gewählt, deren „Mutterfunktion" die Si–Funktion ist. Nur hierdurch wurde eine klare *frequenzmäßige* Trennung erreicht. Sie ermöglicht es – wie bereits in Abb. 231 bewiesen – nach Downsampling, Kodierung, Multiplexing und Übertragung bzw. Speicherung, aus dem komprimierten Signal nach Demultiplexing, Dekodierkodierung, Upsampling und Filterung das Quellensignal vollständig wieder zu rekonstruieren.

Abb. 237 zeigt ein aus mehreren Zweikanal-Systemen zusammengesetztes „Kaskaden"-System mit Baumstruktur. Zunächst erscheint diese Art der Anordnung aus filter-technischer Sicht kritisch. Bei der Verwendung paralleler Filter wie in Abb. 234 sind die (linearen) Verzerrungen der realen Filter vernachlässigbar. Hier jedoch überlappen bzw. addieren sie sich bei der Hintereinanderschaltung mehrerer Filter. Deshalb müssen auch hier wieder Quadrature Mirror Filter verwendet werden, die in besonderer Weise aufeinander abgestimmt sind.

Um diese Abstimmung besser verstehen zu können, zeigt Abb. 238 oben die Impulsantwort h(t) bzw. die Filterkoeffizienten eines Tiefpasses (gefensterte Si–Funktion). In der Mitte wurde über Downsampling jeder zweite Wert von h(t) unterdrückt. Hierdurch sinkt die Zeitdauer Δt von h(t) auf die Hälfte, was nach dem Unschärfe–Prinzip **UP** eine Verdopplung der Bandbreite verursacht. In der unteren Reihe wurde das Downsampling wiederholt. Ergebnis: Die Bandbreite vervierfacht sich hierbei.

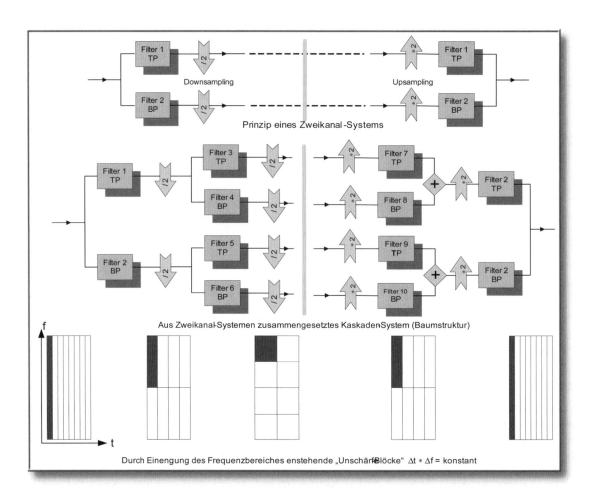

Abbildung 237:   ***Subband–System mit Kaskaden- bzw. Baumstruktur***

Das obige Zweikanal–System bildet den Grundbaustein des Subband–Kaskaden–Systems. Der Nachteil der Hintereinanderschaltung von Filtern wird kompensiert durch die einfache Filterstruktur. Während bisher bei der Subband–Kodierung lauter unterschiedliche parallele Filter benötigt wurden, reichen für den Analyse–Teil links als auch entsprechend für den Synthese–Teil rechts zwei „Grundfilter" für den gesamten Frequenzbereich und jede frequenzmäßige Auflösung bzw. Skalierung aus, unabhängig von der Anzahl der Stufen! Auf jeder Stufe von links nach rechts wird das ankommende Frequenzband wieder in zwei gleichgroße Frequenzbänder, einem HP– und einem TP–Teil, aufgeteilt. All dies wird durch das wiederholte Downsampling möglich. Nähere Ausführungen finden Sie im Haupttext sowie in den Abb. 239 und Abb. 240.

Durch *Skalierung* der Impulsantwort wird also die frequenzmäßige Unschärfe bzw. Auflösung gesteuert.

Kehren wir nun zur Abb. 237 zurück. Statt nun die Impulsantwort durch Downsampling zeitlich zu verkürzen, geschieht das hier jeweils mit dem gefilterten Signal. Werden nun nach dem Downsampling die gleichen TP– und HP–Filter verwendet wie vorher, erscheinen relativ zum zeitlich halbierten Signal die Impulsantworten der beiden Filter doppelt so lang, was (automatisch) eine *Halbierung* des Frequenzbereiches der Filter bewirkt.

Durch das wiederholte Downsampling wird die frequenzmäßige Auflösung bzw. Skalierung von Stufe zu Stufe verändert. Damit liegt eine (stufige) *Skalierung der Auflösung* vor, wie sie bereits von der kontinuierlichen Wavelet–Transformation CWT am Ende des 3. Kapitels her bekannt ist.

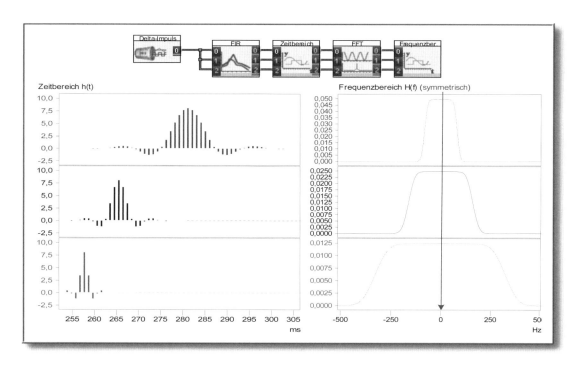

Abbildung 238:   ***Veränderung der Filtereigenschaften durch Subsampling der Impulsantwort h(t)***

Downsampling um den Faktor 2 bedeutet eine zeitliche Verkürzung des Signals bzw. der Impulsantwort. Aufgrund des Unschärfe–Prinzips UP verdoppelt sich deshalb die Bandbreite des neuen FIR–Filters. Wird das Downsampling auf das neue FIR–Filter angewendet, ergibt sich ein weiteres FIR–Filter mit der vierfachen Bandbreite.

Fazit: Auf jeder Stufe des Kaskaden–Systems kann das gleiche HP–TP–Filterset wie zu Beginn verwendet werden. Das Downsampling auf jeder Stufe wirkt wie eine (zusätzliche) Lupe. Während die erste Stufe die Bandbreite des Quellsignals in zwei gleichgroße HP– und TP–Bereiche unterteilt, teilt die zweite Stufe jedes dieser beiden Bänder wiederum in einen HP– und TP–Bereich auf usw.

Um im Bilde zu bleiben: Während das ursprüngliche Bild einen Wald in seiner Kompaktheit zeigt, löst die stufenweise Skalierung nach und nach die einzelnen Bäume, Äste und schließlich Blätter auf.

Diskrete Wavelet – Transformation und Multi – Skalen – Analyse MSA

Ende des Kapitels 3 wurde bereits die Wavelet–Transformation im Anschluss an die (gefensterte) Kurzzeit-**FFT** (GABOR–Transformation) beschrieben. Durch die Wavelet–Transformation ist hiernach möglich, das Unschärfe–Phänomen nicht nur auf die Zeit–Frequenz–Problematik, sondern auch auf andere Muster auszudehnen, die im Mutter–Wavelet enthalten sind, z. B. Sprünge und Unstetigkeiten. Sie ist darauf spezialisiert, fast beliebige Formen der *Veränderung* effizienter zu analysieren, auszufiltern und abzuspeichern.

Abb. 65 stellt diese Ergebnisse bildlich dar. Bei der hier verwendeten kontinuierlichen Wavelet–Transformation CWT wird ein Wavelet kontinuierlich gestaucht, d. h. seine Skalierung kontinuierlich verändert. Für einige Skalierungen ist dort die *momentane* CWT dargestellt. Alle diese CWTs werden unten zu einem Gesamtbild zusammengefasst, welches die Struktur des Testsignals wesentlich detaillierter wiedergibt als die FOURIER–Transformation.

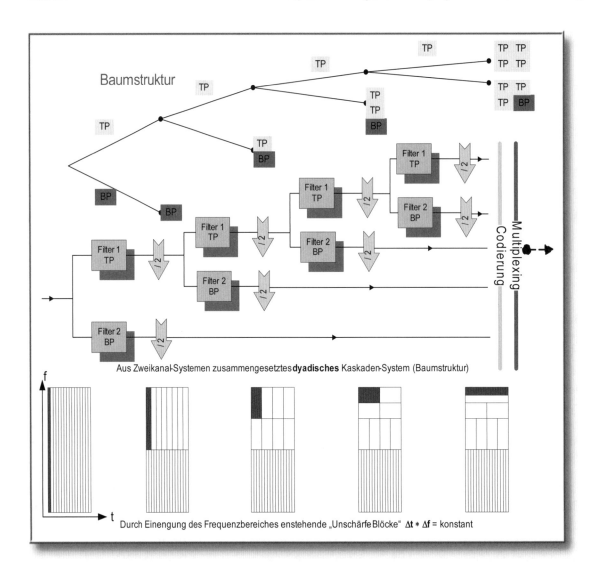

Abbildung 239: **Diskrete Wavelet–Transformation mit einem dyadischen Kaskaden–Subband–System**

*Diese Schaltung wird üblicherweise zur DWT verwendet. Die diskreten Wavelet–Transformationen entstehen durch Faltung der BP–Impulsantworten bzw. **Wavelets** mit dem jeweiligen Eingangssignals. Nur das TP–gefilterte Signal wird wieder aufgesplittet und einer neuen Stufe zugeführt. Durch Downsampling um den Faktor 2 („dyadisch") wird der Datensatz jeweils um die Hälfte reduziert. Theoretisch könnte dies so weitergehen, bis nur zuletzt nur noch ein einzelner Wert übrig ist. In der Praxis wird dann der letzte TP–gefilterte Teil belassen, sobald die Auflösung genügend hoch ist.*

Jedoch enthält das untere Gesamtbild der Abb. 65 ein hohes Maß an Redundanz. Alles wird gewissermaßen zehnmal gesagt. Hieraus ergibt sich das Problem, die *Mindestzahl* der Wavelet–Skalierungen zu finden, deren CWTs alle Informationen der Wavelet–Transformation *ohne* Redundanz enthalten.

Das Problem dieser *diskreten* Form der Wavelet–Transformation DWT ist glücklicher-weise bereits gelöst. Wie so oft in der Wissenschaft wurde nachträglich festgestellt, dass andere, aus der Signal- bzw. Bildverarbeitung wohlbekannte Verfahren nichts anderes als spezielle Formen der DWT darstellen. Hierzu gehört auch das in Abb. 239 dargestellte dyadische Kaskaden–Subband–System. Die Impulsantworten der Bandpässe sind die diskreten Wavelets, die mit dem jeweiligen Signal gefaltet werden.

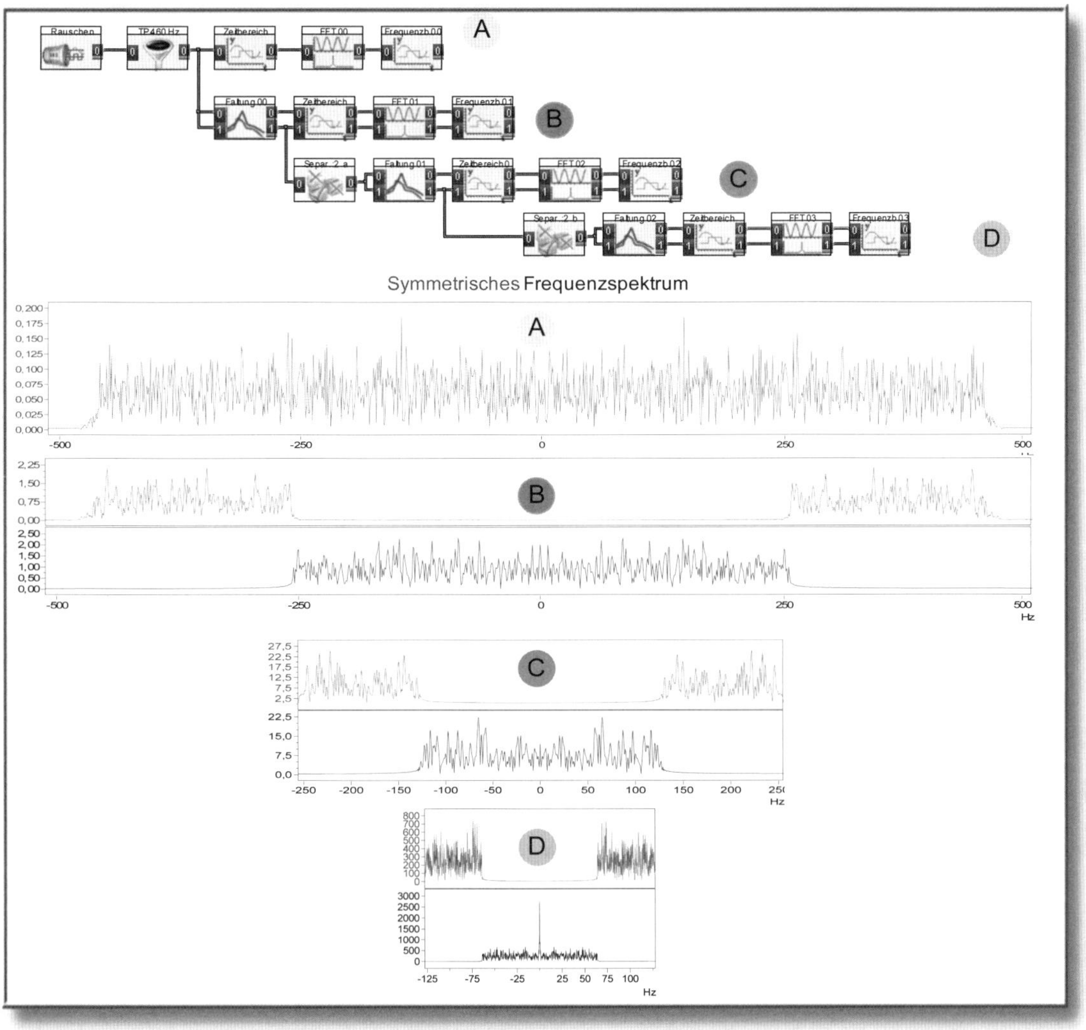

Abbildung 240:   ***Dreistufige Diskrete Wavelet–Transformation***

Im Experiment wird hier die DWT vorgeführt. Wie aus der Darstellung hervorgeht, deckt die Summe der BP-gefilterten Signale aus (B), (C) und (D) mit dem TP-gefilterten aus (D) das gesamte Spektrum des Quellensignals (A) ab. Der nächsten Stufe zugeführt wird jeweils nur das TP-gefilterte Signal.
Genau zu erkennen ist der Downsampling-Effekt. Mit jeder Stufe verringert sich die Signaldauer um die Hälfte, damit sinkt auch jeweils die Bandbreite auf die Hälfte.

Da bei der Wavelet–Transformation theoretisch unendlich viele verschiedene „Grundmuster–Wavelets" vewendet werden können, stellt diese Transformation wohl das universellste Mustererkennungsverfahren dar.

Wavelets müssen allerdings ganz bestimmten mathematischen Kriterien genügen, die auch für kurzzeitige Wellenpakete gelten. U. a. muss ihr zeitlicher Mittelwert gleich null sein. Alle diese mathematischen Kriterien werden z. B. nun auch durch die Impulsantworten von Bandpässen erfüllt, die ja nichts anderes als kurze Wellenpakete sind. Dies ist in Abb. 235 deutlich zu erkennen. Das in ihnen enthaltene Grundmuster ist hier die gefensterte Si–Funktion, die in ihrer puren Form als Impulsantwort des Tiefpasses vorliegt. Sie ist die eigentliche *Skalierungsfunktion*. Die Skalierung erfolgt jedoch nicht durch Stauchen der Si–Funktion sondern *indirekt* durch Subsampling des gefilterten Signals um den Faktor 2 (dyadisches System)!

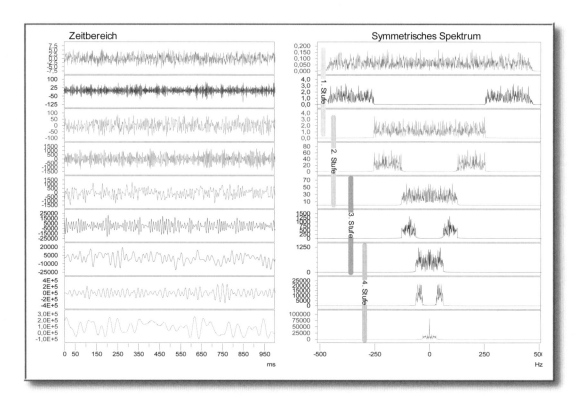

Abbildung 241: **Simulation eines vierstufigen DWT-Systems im Zeit- und Frequenzbereich**

*Diese Simulation mit DASYLab wurde auf direktem Wege über spezielle Filter und nicht über ein konkretes DWT-System erstellt, um alle Signale im Zeit- und Frequenzbereich in **einer** Darstellung abzubilden. Aufgeführt sind auch die drei TP–Signale, die jeweils wieder in ein (halb so großes) TP– und ein BP– Signal aufgesplittet werden. Schon im Zeitbereich ist zu erkennen, ob es sich um ein TP– oder ein BP– Signal handelt.*

Die Kaskaden–Subband–Systeme der Abb. 237 und Abb. 239 stellen demnach je ein vollständiges DWT–System dar. Es erfasst zwangsläufig alle Informationen des Quellensignals, weil der gesamte Frequenzbereich lückenlos erfasst wird. Ferner stellt es indirekt auch den Grenzfall des Abtast–Prinzips dar.

Um die Signalinformation möglichst redundanzfrei und kompakt durch die DWT darzustellen, müssen Skalierungsfunktion und die hiermit verknüpften Wavelets dieser Signalinformation von vornherein möglichst gut angepasst werden. Das klingt so, als bräuchte man eine Schablone, die in gewisser Beziehung bereits ein möglichst gutes Abbild des Originals ist. Für die Praxis ergibt sich die Notwendigkeit, jenseits aller theoretischen Kenntnisse der DWT auch ein physikalisches Gespür für Form und Dauer des informationsprägenden Signalinhalts zu entwickeln. Genau dies ist die hohe Schule der CWT und DWT.

Wie sieht die optimale Lösung aus? Das ist leicht zu beantworten. Die Koeffizienten der diskreten Wavelet–Transformierten – das sind die gefilterten BP–Signale bzw. ihre Zahlenketten – sollten an *möglichst wenigen* Stellen markante, von null abweichende Werte besitzen! Physikalisch bedeutet dies, dass sich die Energie auf wenige dieser Koeffizienten konzentriert. Dies ist nämlich dann der Fall, wenn das „Grundmuster" optimal ausgewählt wurde. Dann ist es z. B. in der Praxis einfach, ein Signal stark zu komprimieren oder ein verrauschtes Signal weitgehend vom Rauschen zu befreien.

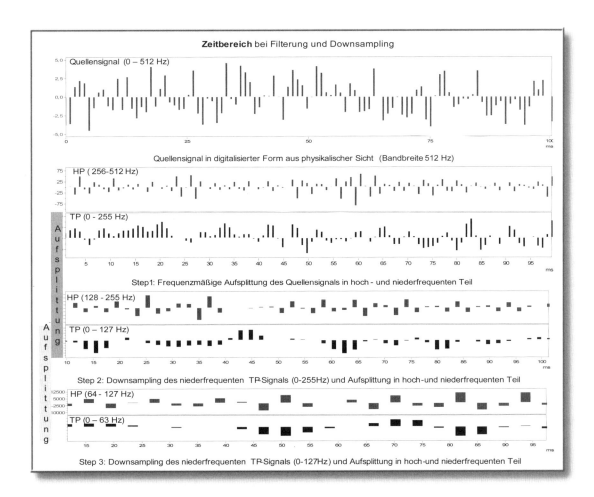

Abbildung 242:   **Signale im Zeitbereich bei einer dreistufigen Diskreten Wavelet–Transformation**

Hier sind die diskreten Koeffizienten der DWT nach Abb. 240 im Zeitbereich dargestellt. Die TP-Werte werden durch die Faltung mit der Skalierungsfunktion, die BP-Werte durch die Faltung mit den Wavelets erzeugt. Auch ohne Beschriftung ist zu erkennen, welches die TP- und welches die BP-Koeffizienten sind.

Trotzdem gibt die Theorie die Rahmenbedingungen an, die für optimale Ergebnisse bindend sind. Sie gelten insbesondere für die Möglichkeit, aus den (möglichst wenigen) Koeffizienten der Wavelet–Transformierten das ursprüngliche Signal wieder rekonstruieren zu können.

So ermöglichen erst *orthogonale* Wavelets, indirekt den Grenzfall des Abtasttheorems zu erreichen, bei dem möglichst wenig Skalierungsstufen gewählt werden müssen. Diese ermöglichen einerseits eine originalgetreue Rekonstruktion und vermeiden andererseits Redundanz.

Der Begriff der *Orthogonalität* von Funktionen wird durch Abb. 270 erläutert. Hierbei handelt es sich um Funktionen, die – geometrisch interpretiert – paarweise *senkrecht* aufeinander stehen. So lässt sich jeder Punkt des Raumes durch 3 orthogonale Basisvektoren beschreiben; z. B. durch „Gehe 3 Schritte in x–, 4 Schritte in y– und 2,5 Schritte in z–Richtung". Die Basisvektoren von x, y und z sollen hier paarweise senkrecht aufeinander stehen. Eine Angabe wie „Gehe 3 Schritte in x–, 5 Schritte in y–, 2 Schritte in z– sowie 5 Schritte in u–Richtung" wäre redundant, da sich die u–Richtung in einem dreidimensionalen Raum durch x, y und/oder z ausdrücken lassen muss.

Quellensignal (16 Proben (Samples))

	x_1	x_2	x_3	x_4	x_5	x_6	x_7	x_8	x_9	x_{10}	x_{11}	x_{12}
x_n	10	14	10	12	14	8	14	12	10	8	10	12

Gleitender Mittelwert aus zwei benachbarten Proben: $y_n = (x_n + x_{n-1})/2$ Dies entspricht einem 2-tap FIR-**Tief**pass mit Impulsantwort $h_{TP}(n) = h_1x_n + h_2x_{n-1}$

y_n	10	12	12	11	13	11	11	13	11	9	9	11

Differenz zwischen zwei benachbarten Proben: $z_n = (x_n - x_{n-1})/2$. Dies entspricht einem 2-tap FIR **Hoch**pass mit Impulsantwort $h_{HP}(n) = h_1x_n - h_2x_{n-1}$

z_n	0	2	-2	1	1	-3	3	-1	-1	-1	1	1

Nun müssen TP- und HP-Proben dezimiert werden (Downsampling). Dazu werden die geraden Stellen von y_n und z_n einfach weggelassen und dann hintereinander laut Tabelle angeordnet Damit enthält die Folge w genau soviel Proben wie das Quellensignal!

	y_2	y_4	y_6	y_8	y_{10}	y_{12}	z_2	z_4	z_6	z_8	z_{10}	z_{12}
w	10	12	13	11	11	9	0	-2	1	3	-1	1

Tiefpass-Proben nach Filterung und Downsampling   Hochpass-Proben nach Filterung und Downsampling

Das Quellensignal lässt aus der Folge w wieder **vollständig** rekonstruieren, denn es gilt

$$y_{2n} + z_{2n} = (x_{2n} + x_{2n-1})/2 + (x_{2n} - x_{2n-1})/2 = x_{2n} (!)$$
$$y_{2n} - z_{2n} = (x_{2n} + x_{2n-1})/2 - (x_{2n} - x_{2n-1})/2 = x_{2n-1} (!)$$

Dieser Prozess der TP- und HP-Filterung mit anschließendem Downsampling lässt sich nun mit den (reduzierten) TP-Daten wiederholen. Insgesamt entspricht dies der dyadischen Subband-Kodierung bzw. der Diskreten Wavelet-Transformation. Der Kodierungsprozess wurde hier nicht betrachtet

Abbildung 243:   ***Vollständige Rekonstruktion eines Signals mit 2–tap–FIR–Filter***

Das Signal wird hier durch 12 Proben bzw. konkrete Zahlenwerte x_n repräsentiert. Gewählt wird der einfachste Tiefpass, der sich vorstellen lässt: Ein gleitender Mittelwertbildner, der jeweils den Mittelwert y_n aus zwei benachbarten Werten bildet: $y_n = (x_n + x_{n-1})/2$. Beachten Sie, dass dieser Tiefpass wirklich „träge" ist, weil die Zahlenwerte von y_n sich weniger abrupt ändern als die von x_n! Signaltechnisch ist die Impulsantwort dieses Tiefpasses bzw. die Skalierungsfunktion demnach $h(n) = 0{,}5\,x_n + 0{,}5x_{n-1}$. Nun fehlt noch der zugehörige Bandpass, der die schnellen Veränderungen repräsentiert. Diese werden durch die Differenz z_n zwischen zwei benachbarten Werten von x_n gebildet, also gilt $z_n = (x_n - x_{n-1})/2 = 0{,}5x_n - 0{,}5x_{n-1}$. Durch Downsampling werden beide Datensätze y_n und z_n halbiert und zu einem neuen Datensatz zusammengefasst, der auch wieder 12 Proben enthält. Entscheidend ist: Aus diesen 12 Proben in w lässt sich das ursprüngliche Signal wieder vollständig rekonstruieren!

Die Tatsache, dass in den letzten 10 Jahren Tausende wissenschaftlicher Arbeiten zum Problem optimaler Skalierungsfunktionen und Wavelets verfasst worden sind, zeigt, wie schwierig es ist, für ein konkretes Anwendungsproblem – z. B. in der Medizin einen bestimmten Herzklappenfehler anhand des EKG–Signalverlaufs zu erkennen – das optimale „Grundmuster" zu finden.

Ein extrem einfaches Beispiel: Häuser sind beispielsweise meist rechteckig. Deshalb kann man den rechteckigen Ziegelstein als ein mögliches Grundmuster betrachten. Nahezu jedes Haus lässt sich hieraus bauen. Zu simpel für die Signalverarbeitung? Weit gefehlt! Das erste Wavelet überhaupt – die nach seinem Entdecker genannte HAAR–Funktion – hat genau das Rechteck als Grundmuster. Betrachten Sie hierzu das Beispiel in Abb. 243. Hier wird ein 2–tap–FIR–Filter verwendet, ein Filter also, dessen Impulsantwort h(t) bzw. h(n) nur zwei Werte umfasst. Dies ist in Abb. 244 im konkreten Versuch bildlich dargestellt. Die Skalierungsfunktion $h(n)_{TP}$ ist ein „Rechteck", das Wavelet ist $h(n)_{BP}$.

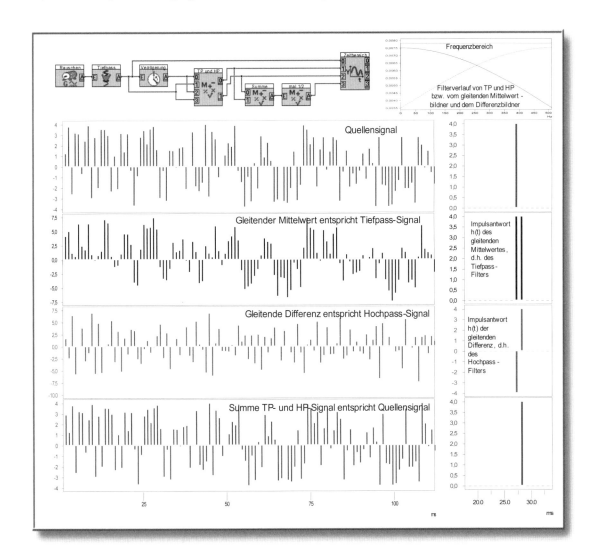

Abbildung 244:   ***TP- und BP–Signalaufsplittung mit 2–tap–FIR–Filter im Zeitbereich***

Bislang wurden in den meisten Fällen Impulsantworten bzw. Wavelets und Skalierungsfunktionen gewählt mit „taps" zwischen 256 und 1024 diskreten Stützwerten. Von einem 2–tap–FIR-Filter erwartet man deshalb nichts Gutes. Das Ergebnis ist hier überraschend: Obwohl sich die Frequenzbereich von TP und BP stark überlappen (oben rechts), ist das Quellensignal aus den gefilterten Signalen wieder vollkommen rekonstruierbar! Hätte wir ein mehrstufiges System gewählt, wäre das Ergebnis nicht anders, denn auf jeder nächsten Stufe passiert ja nichts anderes als auf der ersten! Nicht nur formelmäßig (Abb. 243) sondern auch experimentell wird dies hier bewiesen (siehe untere Reihe).

Bislang wurde durch Wahl der gefensterten Si–Funktion als Skalierungsfunktion verhindert, dass sich die Frequenzbereiche benachbarter Filter überlappen. Dadurch wurde Verzerrungen durch Aliasing vermieden und gleichzeitig der gesamte Frequenzbereich erfasst, was uns Fehlerfreiheit und zugleich vollständige Erfassung der enthaltenen Information garantierte.

In Abb. 244 nun überlappen sich wegen der 2–tap–Filter die Frequenzbänder extrem stark (rechts oben). Trotzdem ist eine vollständige Rekonstruktion des Quellensignals aus den gefilterten TP– und BP–Signalen möglich, und zwar unabhängig von der Anzahl der DWT–Stufen. Dies weist auf die orthogonale Struktur der sogenannten HAAR–Wavelets. Nun scheint die HAAR–Funktionen wegen ihrer Einfachheit nur von akademischen

Interesse zu sein. Denn wo gibt es schon in der Praxis rechteckige Muster? Weit gefehlt: Welches Wavelet würden Sie denn wählen, um auf einem Foto eine blass, zerkratzt und verschwommen dargestellte Hauswand aus Ziegelsteinen wieder bildlich zu rekonstruieren?

Zusammenfassend lässt sich festhalten:

> *Die Wavelet–Transformation erscheint als das universellste Verfahren, Muster verschiedenster Art aus einem Datenhintergrund herauszufiltern.*
>
> *Die Kontinuierliche Wavelet–Transformation CWT liefert ein sehr ausführliches und aussagekräftiges Bild, enthält jedoch ein hohes Maß an Redundanz. Es gibt viele Anwendungen, bei denen dies jedoch gewünscht und in Kauf genommen wird.*
>
> *Die Diskrete Wavelet–Transformation DWT stellt ein Verfahren dar, diese Redundanz zu vermeiden, und zwar auch ohne jeglichen Informationsverlust.*
>
> *Beide Verfahren versuchen, die Ähnlichkeit zwischen einem Muster und einem Signal bzw. Datensatz auf verschiedenen Skalen über eine sogenannte **Kreuzkorrelation** – eine Korrelation zwischen zwei verschiedenen Signalen – zu ermitteln.*
>
> *Nur mithilfe eines geeigneten Grundmusters lässt sich ein Signal bzw. ein Datensatz effizient transformieren. Dies bedeutet, in der Wavelet–Transformierten nur möglichst wenige markante, von null abweichende Werte vorzufinden. Dies ist z. B. die Voraussetzung für eine effiziente Kompression oder für eine Rauschbefreiung des Quellensignals.*

Die sogenannte *Wavelet–Kompression* setzt sich zusammen aus der DWT und der nachfolgenden Kompression mithilfe eines geeigneten Kodierverfahrens, wie sie z. T. in diesem Kapitel bereits erläutert wurden. Die DWT komprimiert also keineswegs, sondern schafft durch die Transformation eine günstige Ausgangslage für die Kompression.

Ausnutzung psychoakustischer Effekte (MPEG)

Die Einbeziehung des Frequenzbereiches bei der Kodierung und Komprimierung ist inzwischen durch Subband–Kodierung und Wavelet–Transformation mit nachfolgender Kodierung aufgezeigt worden. Es wurde von der Schwierigkeit berichtet, für bestimmte Signale erst einmal das optimale Grundmuster zu finden.

Schon Audio–Signale zeigen diese Schwierigkeit auf. Welches optimale Grundmuster soll z. B. für ein ganz bestimmtes Sprachsignal gelten, wo doch schon kein Mensch auch nur in identischer Weise in größerem zeitlichem Abstand einen Satz physikalisch identisch wiederholen kann.

Weil unser Ohr bzw. Gehirn lediglich Sinus-Schwingungen verschiedener Frequenz wahrnehmen kann (FOURIER–Analysator!), erscheint in diesem Falle die FOURIER–Transformation nach wie vor als erste Wahl (siehe auch Kapitel 4).

Audio–Signale wie Sprache und Musik enthalten auch keine typisch redundanten Eigenschaften wie zum Beispiel Text, in dem der Buchstabe „e" deutlich häufiger vorkommt als das „y". Dadurch ist es kaum möglich, einem Laut oder Klang einen kürzeren Code zuzuordnen als einem anderen.

Jedoch lassen sich sehr gut akustisch-physikalische Phänomene ausnutzen, die etwas mit der „Unschärfe" unseres Gehörorgans samt Gehirn zu tun haben:

> *Bei Audio–Signalen können im Kodierer zumindest diejenigen Signalanteile weggelassen werden, die das menschliche Gehör aufgrund seines begrenzten Auflösungsvermögens im Zusammenspiel von Zeit- und Frequenzbereich sowie Lautstärke (Amplitude) nicht wahrnehmen kann. Man spricht hier von einer* **Irrelevanzreduktion** *von Signalen bzw. Daten, d. h.* **überflüssige** *Informationen können ohne Qualitätsverlust weggelassen werden.*

Ein Komprimierungsverfahren, welches dies leistet, muss demnach die *psycho-akustischen* Eigenschaften unseres Gehörorgans bei der Wahrnehmung von Audio–Signalen berücksichtigen. Im Hinblick auf die Erkennung von irrelevanten Informationen handelt es sich hierbei um

- den *Frequenzgang* bzw. die sogenannte Ruhehörschwelle und Hörfläche (siehe Abb. 245) sowie um

- die *Verdeckungseffekte*, welche die „Unschärfe" unseres Gehörorgans beschreiben (siehe Abb. 247).

Die Hörfläche in Abb. 245 zeigt die frequenzabhängige Lautstärkenempfindung. Dies gilt auch für die sogenannte *Ruhehörschwelle*. Hiernach ist unser Ohr um die 4 kHz am empfindlichsten. Sie wird bestimmt, indem für viele verschiedene Frequenzen messtechnisch ermittelt wird, von welcher Lautstärke an jeweils eine Frequenz hörbar erscheint.

> Hinweis: Die Lautstärke L ist ein logarithmisches Maß, welches in dB (Dezibel) angegeben wird. Wächst die Lautstärke um jeweils 20 dB, so ist die Amplitude gegenüber einer Bezugsgröße um den Faktor 10 größer geworden, bei 40 dB also um den Faktor 100 usw.
> Üblicherweise wird in der Akustik auch die Frequenzskala logarithmisch gewählt. Logarithmenrechnung ist *Exponenten*rechnung. Dadurch sind die Abstände auf der Frequenzachse zwischen $0,1 = 10^{-1}$ und $1 = 10^{0}$, $10 = 10^{1}$, $100 = 10^{2}$, $1000 = 10^{3}$ usw. jeweils gleich groß.

Abb. 246 beschreibt den sogenannten Verdeckungseffekt. Stellen Sie sich vor, Sie sind in einer Disco. Aus riesigen Boxen dröhnt laute Musik. Für das Gehör bedeutet das Schwerstarbeit, da Schallpegel von 110 dB und mehr erreicht werden. Aufgrund der extremen Lautstärke ist es nahezu unmöglich, sich zu unterhalten, es sei denn, man schreit sich geradezu an. In der Akustik spricht man dabei von Maskierung. Um die Maskierung aufzuheben, muss der Sprachschallpegel so weit angehoben werden, dass das Störsignal (in diesem Falle laute Musik) ihn nicht mehr verdeckt.

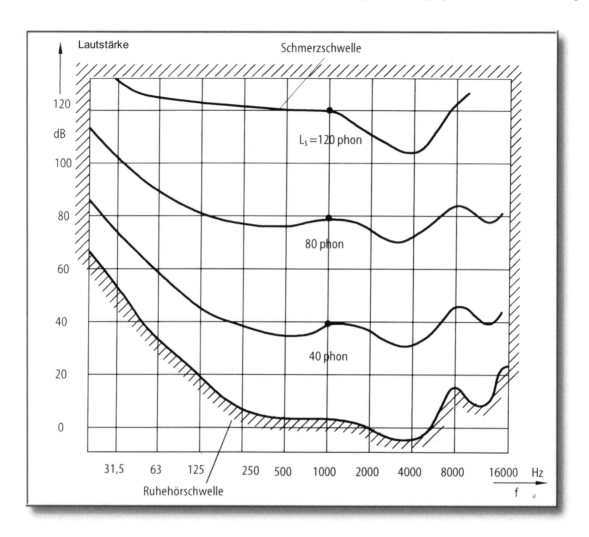

Abbildung 245:   ***Hörfläche mit Ruhehörschwelle***

Die sogenannte Hörfläche ist hier schraffiert begrenzt. Beachten Sie die logarithmische Skalierung an beiden Achsen. Ein Steigerung von 20 dB bedeutet jeweils eine 10-fache Zunahme der Signalhöhe. In der Akustik ist es üblich und zweckmäßig, auch für die Frequenzachse ein logarithmisches Maß zu verwenden: hier verdoppelt sich von Markierung zu Markierung jeweils die Frequenz.

Wichtig im Zusammenhang mit der Kodierung/Komprimierung ist die Frequenzabhängigkeit der Empfindlichkeit unseres Gehörorgans. Um 4 kHz ist sie am größten.

Im Prinzip wird hiermit die Eigenschaft des Ohres beschrieben, schwache Töne in der frequenzmäßigen Umgebung eines starken Tons nicht wahrnehmen zu können. Diese Verdeckung ist desto breitbandiger, je größer die Lautstärke des betreffenden Tons ist.

> *Fazit*: Schwache Töne in der unmittelbaren Nachbarschaft lauter Töne brauchen gar nicht erst übertragen zu werden, weil sie sowieso nicht gehört werden.

Abb. 247 zäumt die Verdeckung von einer anderen Seite auf. Je ungenauer bei der A/D–Wandlung quantisiert wird, desto unangenehm lauter ist das Quantisierungs-rauschen. In der unmittelbaren Umgebung lauter Töne könnte demnach „grober"– d. h. mit weniger Bits – quantisiert werden, als außerhalb von Verdeckungsbereichen. Somit könnte innerhalb von Verdeckungsbereichen erheblich mehr Quantisierungsrauschen auftreten als außerhalb.

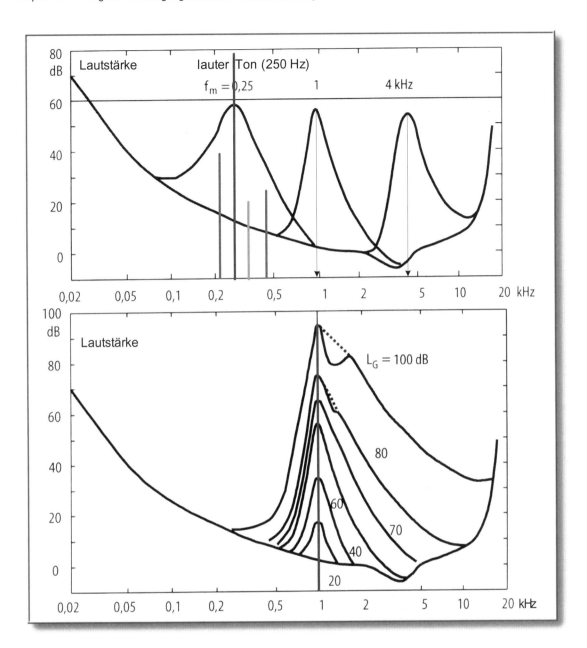

Abbildung 246:   ***Verdeckung und Mithörschwellen***

Oberes Bild: Ein lauter 250 Hz-Ton verursacht einen Verdeckungsbereich bzw. „maskiert" einen Bereich, sodass die benachbarten leiseren Töne nicht wahrgenommen werden können.

Unteres Bild: Die Höhe und Breite des Verdeckungs- bzw. Maskierungsbereiches nimmt mit der Lautstärke erheblich zu; an der Schmerzgrenze von 100 dB reicht er von ca. 200 bis 20000 Hz.

Bei der aktuellen MPEG–Audio–Kodierung (MPEG: Moving Pictures Expert Group: Sie ist verantwortlich für die Komprimierungsverfahren von digitalem Audio und Video; ihre Standards gelten weltweit) wird aus den beiden genannten Gründen das Frequenzband des Audio–Signals in 32 gleich große Frequenzbänder aufgeteilt. Jedes dieser Frequenz-bänder enthält nun einen schmalbandigen gefilterten Teil des ursprünglichen Audio–Signals. Für jedes dieser Bänder werden nun die o. a. Verdeckungseigenschaften ausgenutzt. Schwache Töne (Frequenzen) werden eliminiert, falls laute vorhanden sind, gleichzeitig die Grobheit der Quantisierung der Verdeckung angepasst.

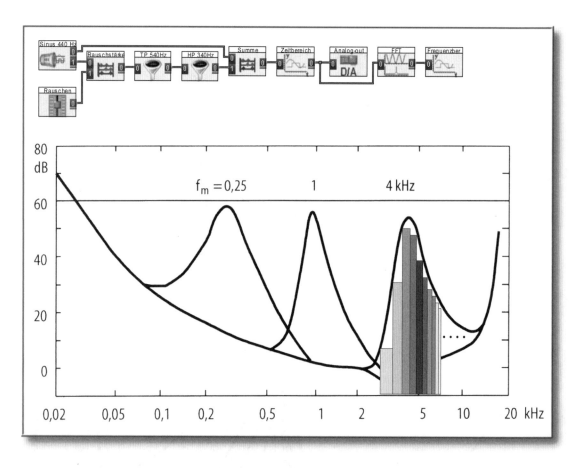

Abbildung 247:   ***Maskierungsschwellen und Quantisierungsgeräusch***

Die Verdeckungsbereiche sind einmal frequenz-, zum anderen lautstärkenabhängig. Bei hohen Frequenzen sind die Verdeckungsbereiche wesentlich breiter als bei tiefen; dies wird hier durch die logarithmische Frequenzskala verschleiert.

In dem Verdeckungsbereich eines lauten 4 kHz–Tons sind 7 der 32 gleich breiten (!) Frequenzbänder eingetragen. Dadurch ist nun erkennbar, wie stark momentan in diesem Bereich jeweils das Quantisierungsrauschen sein darf, ohne akustisch wahrgenommen zu werden.

Oben ist eine einfache Versuchsschaltung hierzu dargestellt. Einem lauten 440 Hz–Ton wird über einen Handregler ein Schmalbandrauschen – es entspricht dem Quantisierungsrauschen innerhalb des Verdeckungsbereiches – zugeführt. Erst ab einer bestimmten Stärke wird das Schmalbandrauschen neben dem Sinuston überhaupt wahrgenommen. Vorher ist es schon deutlich auf dem Bildschirm im Zeit- und Frequenzbereich erkennbar.

Wie Abb. 248 zeigt, arbeitet ein MPEG–Kodierer mit einem psychoakustischen Modell, welches die Abb. 245 – 247 berücksichtigt. Um optimal kodieren/komprimieren zu können, muss auch das jeweils „momentan" optimale psychoakustische Modell verwendet werden; dieses hängt also von dem jeweiligen Audio–Signal ab. Hierfür werden das Ausgangssignal und die Signale der 32 Kanäle ausgewertet. Als Ergebnis liefert dieses Modell für jedes Teilband – unter Berücksichtigung der jeweiligen Verdeckungseffekte – die gerade noch zulässige Quantisierung.

Durch die nachfolgende Bitstromformatierung werden die Bitmuster der quantisierten Abtastwerte aller 32 Kanäle sowie weitere Zusatzdaten (für die Rekonstruktion des Audio–Signals im Dekodierer) zu einem Bitstrom formatiert und (optional) durch eine Fehlerschutzkodierung weitgehend unempfindlich gegen Störungen gemacht.

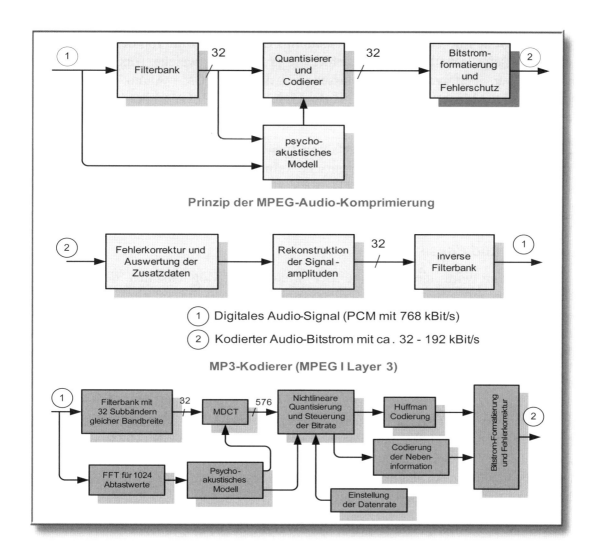

Prinzip der MPEG-Audio-Komprimierung

(1) Digitales Audio-Signal (PCM mit 768 kBit/s)

(2) Kodierter Audio-Bitstrom mit ca. 32 - 192 kBit/s

MP3-Kodierer (MPEG I Layer 3)

Abbildung 248:   ***Datenreduktion nach MPEG***

Die obere Hälfte zeigt das Prinzip–Blockschaltbild von MPEG-Kodierer und –Dekodierer. Das PCM-Audio–Signal wird durch die Filterbank in 32 gleichbreite Teilbänder zerlegt. Die Quantisierung und Kodierung wird über das „psychoakustische Modell" gesteuert; dieses berücksichtigt die Eigenschaften des momentan anliegenden Audio–Signals bzw. ermittelt die momentane „Verdeckung" innerhalb der 32 Subbänder. Entsprechend grob oder fein verläuft die Quantisierung. Danach werden die 32 Kanäle zu einem einzigen Bitstrom formatiert und mit einem Fehlerschutz versehen (siehe nachfolgend den Abschnitt „Fehlerschutz–Kodierung" im nächsten Kapitel).

*Unten sind Details der derzeit wichtigsten Audio–Komprimierung nach MP3 dargestellt. Die **FFT** am Eingang verrät dem psychoakustischen Modell, in welchen Frequenzbändern starke oder auch schwache Verdeckungseigenschaften auftreten. Um es „auf die Spitze zu treiben" werden die 32 Frequenzbänder über eine MDCT (Modifizierte Diskrete Kosinus–Transformation, eine vereinfachte **FFT**) in insgesamt 576 (!) Subbänder unterteilt. Diese Bänder sind nun so schmal, dass es Probleme mit dem Unschärfe–Prinzip gibt: Die Einschwing- und Ausschwingzeiten bzw. die Impulsantwort werden hierdurch groß und damit die Auflösung des Kodierers im Zeitbereich zu klein. Deshalb wird signalabhängig nach Bedarf zwischen Zeit- und Frequenzbereichsauflösung umgeschaltet.*

Der ganze Aufwand dient dazu, die Datenrate des MP3–Signals so niedrig wie möglich zu machen. Dabei wird bis an die Grenzen der Physik gegangen und ein gewaltiger Rechenaufwand für den Kodierer in Kauf genommen. Der Dekodiervorgang ist erheblich weniger rechenintensiv. Insgesamt wird auch an diesem Beispiel deutlich: Die Rechenleistung der Prozessoren multimediafähiger PCs kann nicht hoch genug sein!

Die Komprimierungsraten werden in erster Linie durch die Festlegung der Quantisierungsschwellen in jedem Teilband bestimmt. Diese wiederum von den momentanen Verdeckungseigenschaften der 32 Kanäle, die ja festlegen, welche Töne (Frequenzen) überhaupt nur übertragen werden müssen. Ein digitales PCM– Audio–Signal in CD-Qualität und für Mono benötigt 768 kBit/s. Mithilfe der MPEG–Audio–Kodierung lässt sich das Signal auf z. T. unter 100 kBit/s komprimieren.

Besonders populär ist das MP3–Verfahren (genauer: MPEG I Layer 3) zur Audio–Komprimierung. Durch zahlreiche technische Rafinessen – siehe Abb. 248 – lässt sich die Komprimierungsrate auf weniger als 10% (!) des PCM–Audio–Signals steigern. Demnach passen auf eine MP3–CD mindestens 10 normale Audio–CDs.

Kodierung und Physik

Die *Kodierung* wird hier als eine der wichtigsten Möglichkeiten der modernen Nachrichtentechnik geschildert. Auffallend ist jedoch, dass – bis auf die Komprimierung von Audio–Daten – die grundlegenden physikalischen Phänomene der ersten Kapitel – FOURIER–, Unschärfe – und Symmetrie–Prinzip – hiervon weitgehend losgelöst erscheinen. Sie wurden in diesem Kapitel bei der eigentlichen Kodierung kaum verwertet.

Dies hängt mit der geschichtlichen Entwicklung der „Informationstheorie" zusammen. Alle *physikalisch fundierten Informationstheorien* (mit Namen wie HARTLEY, GABOR, CLAVIER und KÜPFMÜLLER verbunden) gerieten in den Hintergrund durch die grandiosen Erfolge der Informationstheorie von Claude SHANNON (1948), die auf rein mathematischen Säulen (Statistik und Wahrscheinlichkeitsrechnung) ruht. Sie erst machte die modernen Anwendungen der Digitalen Signalverarbeitung wie Satelliten- und Mobilfunk möglich.

Bis heute ist es schwierig, den Begriff der *Information* aus physikalischer Sicht sauber in den Griff zu bekommen. Nach wie vor klafft eine Lücke zwischen der anerkannten Theorie von SHANNON und der Physik, der sich alle Techniken beugen müssen.

Am Ende des nächsten Kapitels wird näher auf SHANNONs Theorie eingegangen.

Aufgaben zu Kapitel 11

Aufgabe 1

Erläutern Sie anhand konkreter Beispiele den „Heißhunger" multimedialer Anwendungen auf Übertragungskapazität. Welche Bedeutung könnte ADSL als „mittelfristige" Lösung zukommen?

Aufgabe 2

Der Begriff „Kodierung" existiert nicht in der Analogtechnik. Grenzen Sie diesen Begriff sinnvoll ein.

Aufgabe 3

Die ASCII–Kodierung ist ein seit Langem etablierter Standard. Fassen Sie zusammen, weshalb er als veraltet gilt und welche Qualitäten ein neuer Kodierungsstandard haben sollte.

Aufgabe 4

Audio– und Video–Signale werden durchweg verlustbehaftet komprimiert, Programm- und Textdateien dagegen nicht. Versuchen Sie, die „Grenze zwischen beiden Komprimierungsarten zu verdeutlichen. Weshalb wird nicht immer verlustfrei komprimiert?

Aufgabe 5

Überprüfen Sie am Beispiel der Abb. 223, ob dieser HUFFMAN–Code ein „optimaler" Code ist, indem Sie einen alternativen HUFFMAN–Baum erzeugen (z. B. für A den Code „0" statt „00").

Aufgabe 6

Führen Sie die LZW–Kodierung durch für „the rain in Spain falls mainly on the plain".

Aufgabe 7

Erläutern Sie die Vorzüge der Delta- bzw. Sigma-Delta–Kodierung. Unter welchen Voraussetzungen macht diese Kodierung bei Audio–Signalen gegenüber dem herkömmlichen PCM–Verfahren Sinn? Warum setzen sich die „1–Bit–Wandler" immer mehr durch?

Aufgabe 8

Beschreiben Sie den Aufbau und Zweck eines „Dezimationsfilters" am Ausgang eines Sigma–Delta–Kodierers.

Aufgabe 9

Welche Idee steckt hinter der sogenannten Subband–Kodierung und worauf ist hierbei zu achten, um Informationsverluste und Verzerrungen zu vermeiden?

Aufgabe 10

Formulieren Sie das Abtast–Prinzip in seiner allgemeinsten Form für beliebige, zusammenhängende Frequenzbänder. Wie lässt sich dessen Geltung beweisen?

Aufgabe 11

a) Welchen „inneren Zusammenhang" müssen die beim Subband–Verfahren verwendeten Filter (QMF) besitzen und warum sind hierbei FIR–Filter erste Wahl?

(b) In welcher Weise spielt das Unschärfe–Prinzip **UP** beim Subband–Verfahren eine wesentliche Rolle?

Aufgabe 12

Erklären Sie den Zusammenhang zwischen folgenden Begriffen: Impulsantworten von Tiefpass und Bandpass, Filterkoeffizienten, Skalarfunktion und Wavelet.

Aufgabe 13

(a) Welche Vor- und Nachteile bietet das Subband–System mit Kaskadenstruktur?

(b) Aus welchen Einheiten ist es zusammengesetzt?

(c) Warum bildet es ein DWT–System?

Aufgabe 14

Wodurch unterscheiden sich CWT und DWT?

Aufgabe 15

Die Wavelet–Transformation gilt als das universellste Verfahren zur Mustererkennung. Wie kann dies begründet werden?

Aufgabe 16

Theoretisch gibt es unendlich viele Formen für Wavelets. Worin besteht die „hohe Kunst" bei der praktischen Anwendung?

Aufgabe 17

Erläutern Sie psycho–Wavelet–akustische Effekte, die bei der MPEG–Kodierung von Audio–Signalen ausgenutzt werden (Irrelevanzreduktion).

Aufgabe 18

Bei der MPEG–Audio–Komprimierung wird das Eingangssignal auf 32 gleich große Frequenzbänder verteilt. Was soll hierüber ermöglicht werden?

Aufgabe 19

Die Verdeckungs- bzw. Maskierungseffekte benachbarter Frequenzen und Frequenzbereiche wurde im Manuskript erläutert. Nach dem Symmetrie–Prinzip müsste es nun auch Verdeckungseffekte im Zeitbereich geben (was auch der Fall ist). Wie stellen sich diese dar?

Aufgabe 20

Audio–und Video–MPEG–Kodierung und –Dekodierung am PC kann per Software oder Hardware ausgeführt werden. Welche Anforderungen sind in beiden Fällen an den Rechner zu stellen?

Kapitel 12

Digitale Übertragungstechnik II: Kanalkodierung

Sendet ein Gerät einen kontinuierlichen Strom von Bitmustern, so soll dieser unverfälscht beim Empfänger ankommen. Dies gilt auch für den Abruf von Daten von einem Speichermedium. Das Maß schlechthin für die Qualität der Übertragung oder Speicherung ist die sogenannte *Bitfehlerwahrscheinlichkeit*.

Fehlerschutz–Kodierung zur Reduzierung der Bitfehlerwahrscheinlichkeit

Auf welche Weise lässt sich ein Signal über einen verrauschten bzw. gestörten Kanal möglichst sicher übertragen? Hierauf versucht die *Theorie der fehlerkorrigierenden Kodierung* Antworten zu geben. Die Erforschung dieses Problems hat viele direkte Auswirkungen auf die Kommunikations- und Computertechnik.

Während dies für die *Kommunikationstechnik* wahrscheinlich direkt einleuchtet, ist das für die eigentliche *Computertechnik* vielleicht nicht so klar. Aber denken Sie beispielsweise an das Abspeichern und auch Komprimieren von Daten. Abspeichern kann als eine Art *Datenübertragung auf Zeit* aufgefasst werden. Das Senden von Daten entspricht hierbei dem Schreiben auf ein Speichermedium, und das Empfangen entspricht dem Lesen. Dazwischen vergeht Zeit, in der das Speichermedium zerkratzt oder auf eine andere Art verändert werden könnte. Fehlerschutzkodierung kann also auch für das Speichern von Nutzen sein.

Rückblickend hat es in der Vergangenheit immer Übertragungsfehler gegeben, die sich mit den zur Verfügung stehenden Mitteln kaum vermeiden ließen. Bei einem Telefongespräch über eine rauschende und knisternde Telefonleitung können Sie die Botschaft Ihres Gesprächspartners oft noch verstehen, falls Sie nur die Hälfte hören. Und wenn nicht, können Sie ihn ja um Wiederholung des Gesagten bitten. Offensichtlich ist jedoch Sprache in hohem Maße redundant, und hier scheint auch die eigentliche Quelle zur Fehlerkorrektur zu liegen.

Auch für das Abspeichern einer längeren einfachen Textdatei wären also kaum Sicherheitsvorkehrungen zu treffen. Sind einige Bytes falsch, so machen sie sich lediglich als eine Art „Schreibfehler" bemerkbar. Aus dem Sinnzusammenhang lässt sich aufgrund der Redundanz dann meist die Fehlerkorrektur durchführen.

Ganz anders sieht das beispielsweise bei einer gepackten Zip–Datei aus. Die Komprimierung läuft ja über die Beseitigung redundanter Daten, und plötzlich könnte ein einziges Fehlerzeichen die gesamte Datei völlig unbrauchbar machen. Denken Sie z. B. hierbei an eine gepackte *.exe Datei eines Programms.

Wie schon bereits erwähnt, sieht die Strategie der modernen Übertragungstechnik insgesamt so aus (siehe Abb. 222):

- Bei der *Quellenkodierung* werden Daten über die Beseitigung von Redundanz komprimiert.

- Bei der *Entropiekodierung* wird unabhängig von der Art des Quellensignals versucht, den Code des Quellenkodierers in puncto Kompaktheit verlustfrei zu optimieren.

- Bei der *Kanalkodierung* wird nach einem bestimmten Schema gezielt wieder Redundanz in Form zusätzlicher Bits („Prüfdaten") hinzugefügt, um Fehler besser erkennen und beseitigen zu können.

Hinweis: Die Entwicklung von professionellen *Speichermedien* stellt ein besonderes Problem dar, weil die Fehlergenauigkeit im Vergleich zu den (fehlerschutzkodierten) Audio–CD–Platten um mindestens das Tausendfache verbessert werden musste. Auf einem Audio–CD-Spieler stellt ein Sektor die Daten für 1/75 Sekunde des Musikstückes zur Verfügung. Sollte einer dieser Sektoren bzw. Blöcke defekt sein, so könnte einfach der vorherige Sektor noch einmal genommen werden, ohne dass der Hörer dies merken würde.

Von professionellen Speichermedien müssen die Daten praktisch fehlerfrei an den Rechner geliefert werden. In der Praxis werden für derartige Speichermedien Fehlerraten von einem Fehlerbyte pro 10^{12} (!) Datenbytes akzeptiert. Anders ausgedrückt: Für 2000 CD-ROM-Platten wird nur mit einem Fehler gerechnet! Das ist bei den gegebenen Materialien und Verfahren nur mit einem wesentlich wirksameren Verfahren zur Fehlerschutzkodierung möglich als bei Audio.

Greifen wir nun den Gedanken der Signalwiederholung auf, um bei der Übertragung auf Nummer sicher zu gehen. Statt der „1" senden wir besser „11" und statt der „0" besser „00". Bei einem hohen Rauschpegel kann am Ende ab und zu ein Fehler auftreten, z. B. wird „01" empfangen. Damit muss das Signal fehlerhaft empfangen worden sein (Fehlererkennung). Was aber war gesendet worden: „00" oder"11"? Wurde das erste Symbol verfälscht oder das zweite?

Um die Übertragungssicherheit zu erhöhen, wird noch mehr Redundanz gewählt: „000" und „111". Dann wäre bei sonst gleichen Bedingungen bei einem empfangenen „101" der ursprüngliche Wert „111" *wahrscheinlicher* als „000". Durch eine Art „Stimmenmehrheit" lässt sich hier die empfangene Zeichenkette („Vektor") dekodieren und das korrekte „1" wiederherstellen. Folglich kann dieser Code nicht nur Fehler erkennen, sondern auch beheben (Fehlerkorrektur)!

Distanz

Die Fehlerbehebung ist bei „101" möglich, weil diese Folge *näher* an „111" liegt als an „000". Der Begriff des *Abstandes* bzw. der *Distanz* ist der Schlüssel zur Fehlererkennung und –korrektur.

> *Einen Fehler erkennenden und -korrigierenden Code zu konstruieren bedeutet, genau so viel Redundanz hinzuzufügen, dass die zum **Symbolvorrat** gehörenden Codeworte „so weit wie möglich auseinander liegen", ohne die Zeichenkette länger als notwendig zu machen.*

An dieser Stelle ist nun auch die formale *Definition eines Codes* sinnvoll:

> *Ein Code der Länge n (z. B. n = 5) ist eine Teilmenge aller möglichen Zeichenketten oder „Vektoren", die aus d Symbolen (z. B. Buchstaben eines Alphabets) gebildet werden können. Zwei beliebige Codeworte dieser Teilmenge unterscheiden sich mindestens an einer der n Stellen der Zeichenkette. In der digitalen Signalverarbeitung ist d = 2, d. h. wir verwenden stets binäre Codes, die aus Zeichenketten von „0" und „1" gebildet werden.*

Gegeben sei eine Quelle mit vier verschiedenen Symbolen (z.B. bei der Steuerung eines Gabelstaplers "rechts", "links", "unten" und "oben". Sie werden binär codiert:

00 für rechts
01 für unten
10 für links
11 für oben

Hinzufügen eines **Paritätsbit**s zur Fehlererkennung: Ist (oben) die Anzahl der Einsen gerade so wird eine **0** angehängt, sonst eine **1**:

000 für rechts
011 für unten
101 für links
110 für oben

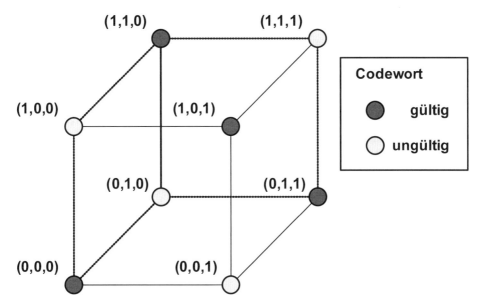

Verallgemeinerung:
Ein binäres Codewort der Länge n lässt sich als ein Eckpunkt eines Würfels im "n-dimensionalen Raum" darstellen. Dann ergeben sich 2^n verschiedene Eckpunkte des Würfels.
Für n = 3 ergeben sich im Bild 2^3 = 8 Eckpunkte. Die **Distanz** zwischen den benachbarten gültigen Codewörtern ist größer als zwischen gültigen und nichtgültigen.

Abbildung 249:   ***Binäre Codes aus geometrischer Sicht***

*Ein binäres Codewort der Länge n lässt sich aus mathematischer Sicht als Eckpunkt eines n-dimensionalen Würfels auffassen, auch wenn dies für n > 3 nicht räumlich vorstellbar ist. Über diese Betrachtungsweise erhalten Begriffe wie die **HAMMING–Distanz** bzw. die Bedeutung der **minimalen HAMMING–Distanz eines Codes**, die **HAMMING–Kugel** (sie stellt eine Umgebung um einen bestimmten Codewort-Punkt dar) sowie die **HAMMING–Grenze** (sie gibt an, wie viele Prüfbits mindestens nötig sind, um eine bestimmte Anzahl von Fehlern sicher korrigieren zu können) eine gewisse Veranschaulichung, zumindest im dreidimensionalen Bereich.*

R.W. HAMMING fand dieses Kodierungsverfahren 1950. Er ist neben Claude Shannon, dem eigentlichen Begründer der Informationstheorie, eine der herausragenden Persönlichkeiten dieses Fachgebietes.

Je größer die (Mindest-) Anzahl der Stellen ist, mit denen sich die Codeworte unterscheiden, desto sicherer lassen sich Fehler erkennen und korrigieren. Genau diese Anzahl gibt die (minimale) Distanz an.

HAMMING – Codes und HAMMING – Distanz

In unserem Beispiel wurde ein Code der Länge 3 mit 2 Datenbits und einem Prüfbit gewählt. Mit einem Prüfbit lassen sich jedoch lediglich $2^1 = 2$ Zustände unterscheiden. Werden statt dessen mehr, z. B. k Prüfbits gewählt, so lassen sich 2^k Zustände darstellen. Liegt ein binäres Codewort der Länge n vor, so sollte bei der Fehlerkorrektur möglichst festgestellt werden können, an welcher der n Stellen der Fehler auftrat *oder* ob kein Fehler aufgetreten ist. Damit werden n + 1 verschiedene Zustände betrachtet.

Die k Prüfbits müssen mindestens die n verschiedenen Stellen darstellen können, an denen ein Fehler auftrat und ebenso dass kein Fehler auftrat. Damit ergibt sich eine sinnvolle Bedingung für Fehlerkorrektur in Form einer Ungleichung:

$$2^k \geq n+1$$

Für k = 3 und n = 7 wird diese Ungleichung zur Gleichung; damit liegen für diese Werte optimale Verhältnisse vor. Abb. 250 veranschaulicht diese Zusammenhänge.

Die k Prüfbits bilden eine Binärzahl. Zusätzlich soll bei dieser nach R.W. HAMMING benannte Kodierungsart durch diese Binärzahl auch der Ort des Fehlers angegeben werden. Wenn kein Fehler auftrat, sollen alle Prüfbits den Wert 0 aufweisen.

Aus Geschwindigkeitsgründen hätte man gerne einen *kurzen* Code, n also möglichst klein. Die Anzahl M der Codeworte sollte aus Effizienzgründen möglichst groß sein. Das gilt auch für deren *minimale Distanz D*. Natürlich widersprechen sich diese Ziele. Die Kodierungstheorie versucht einen optimalen Kompromiss zwischen n, M und D zu finden. Ein (n,M,D)-Code verrät also bereits durch diese drei Zahlenangaben, wie gut er ist.

Wird ein Codewort auf dem Übertragungsweg verstümmelt, dann ist die Anzahl der Fehler exakt die HAMMING–Distanz zwischen dem empfangenen und dem ursprünglichen Codewort. Soll der Fehler erkannt werden, darf aber das empfangene (falsche) Codewort nicht einem anderen Codewort zugeordnet werden. Deshalb ist eine möglichst große minimale Distanz D so wichtig:

> *Falls weniger als D Fehler auftreten, lässt sich mindestens der Fehler feststellen.*

> *Falls weniger als D/2 Fehler auftreten, liegt das empfangene Codewort „näher" am ursprünglichen Codewort als an allen anderen.*

Nachdem ein Code benutzt wurde, um die Botschaft zu übertragen, müssen wir das Codewort im Empfänger wieder dekodieren. Unsere Intuition flüstert uns zu, nach dem Codewort Ausschau zu halten, welches dem empfangenen „Vektor" am nächsten ist. Solange der Übertragungsweg mehr als 50 % Empfangssicherheit für jedes gesendete Bit liefert, gilt als beste Wette das Codewort, welches nur am wenigsten vom empfangenen Vektor abweicht, also das Codewort mit der kleinsten HAMMING–Distanz.

Der **Hamming-Code** ist ein binärer fehlerkorrigierender Code , der in der Lage ist , 1-Bit-Fehler in einen 4-Bit Datenwort zu korrigieren . Dieser Code erfordert drei Korrekturbits , die vor der Speicherung berechnet werden müssen . Die Datenbits seien a_1, a_2, a_3 und a_4, die Korrektur bits c_1, c_2 und c_3. Es ergibt sich also ein **7-Bit-Code**:
Beispiel:

a_1	a_2	a_3	a_4	c_1	c_2	c_3
1	0	0	1	?	?	?

Die Korrekturbits im Sender sollen folgendermaßen berechnet werden :

$c_1 = a_1 + a_2 + a_3$ $\qquad$ $c_1 = 1 + 0 + 0$
$c_2 = a_1 + a_3 + a_4$ $\qquad$ $c_2 = 1 + 0 + 1$
$c_3 = a_1 + a_2 + a_4$ $\qquad$ $c_3 = 1 + 0 + 1$

Es gilt die "modulo 2-Addition":
Sie entspricht genau der
Exclusiv-□der-Funktion (EX□R)

$0 + 0 = 0$
$0 + 1 = 1$
$1 + 1 = 0$

Damit ergibt sich $\qquad$ $c_1 = 1$, $c_2 = 0$ und $c_3 = 0$

a_1	a_2	a_3	a_4	c_1	c_2	c_3
1	0	0	1	1	0	0

Nun ein Fehler im Datenwort auf dem Übertragungsweg :

a_1	a_2	a_3	a_4	c_1	c_2	c_3
1	0	0	0	1	0	0

Im Empfänger wird nun ein Paritätstest nach folgendem Muster durchgeführt :
$e_1 = (a_1 + a_2 + a_3) + c_1$
$e_2 = (a_1 + a_3 + a_4) + c_2$
$e_3 = (a_1 + a_2 + a_4) + c_3$

e_1, e_2 und e_3 sind neue Prüfbits , die bei fehlerloser Übertragung immer 0 ergeben müssen

$e_1 = (1 + 0 + 0) + 1 = 0$
$e_2 = (1 + 0 + 0) + 0 = 1$
$e_3 = (1 + 0 + 0) + 0 = 1$

2. und 3. Gleichung sind falsch . Beide Gleichungen haben a_2 und a_4 gemeinsam . Da a_2 aber auch 1. Gleichung falsch machen würde , muss a_4 falsch sein!

Nun ein Korrekturbit auf dem Übertragungsweg verfälscht :

a_1	a_2	a_3	a_4	c_1	c_2	c_3
1	0	0	1	1	1	0

$e_1 = (1 + 0 + 0) + 1 = 0$
$e_2 = (1 + 0 + 1) + 1 = 1$
$e_3 = (1 + 0 + 1) + 0 = 0$

Nur die 2. Gleichung ist falsch. Da c_2 nur in dieser und keiner anderen Gleichung vorkommt, muss c_2 falsch sein!

Abbildung 250: $\qquad$ ***Fehler entdeckende und fehlerkorrigierende Codes***

Einzelbitfehler werden durch den HAMMING–Code mit hundertprozentiger Sicherheit entdeckt und korrigiert. Sollten allerdings mehrere Bits falsch übertragen oder gelesen worden sein, so versagt dieser Code. Jedoch gibt es auch fehlerkorrigierende Codes, die mehr als ein Bit zu korrigieren erlauben, natürlich auf der Grundlage zusätzlicher Prüfbits bzw. Redundanz. Praktisch alle diese Fehler korrigierenden Codes folgen im Wesentlichen dem beschriebenen Beispiel: Eine „Rückinformation" wird nach einem vorgegebenen Rechenschema berechnet und die Daten gespeichert. Diese Information wird verwendet, um die Prüfbits nach dem Lesen neu zu berechnen. Das Prüfbitmuster ermöglicht es, den Ort der Fehler und den ursprünglichen korrekten Wert zu erkennen.

Diese Strategie wird als *Maximum–Likehood–Methode* bezeichnet, also als *Methode der größten Wahrscheinlichkeit*.

In Anlehnung an den oben beschriebenen Fall mit D/2 Fehler lässt sich nun die Fehlerkorrektur genau definieren:

> *Ein Code mit einer minimalen Distanz von D kann bis zu (D – 1)/2 Fehler sicher korrigieren.*

Den empfangenen Vektor mit jedem möglichen Codewort zu vergleichen, um das „nächstliegende" Codewort herauszufinden, ist theoretisch der vielversprechendste Weg, bei umfangreichen Codes aber viel zu rechenintensiv. Deshalb beschäftigt sich ein großer Teil der Kodierungstheorie damit Codes zu finden, die effizient – also schnell – dekodiert werden können und diese Dekodierungsverfahren anzugeben.

Das alles hier könnte etwas theoretisch und wenig praktisch erscheinen. Das Gegenteil aber ist der Fall. Der nachfolgende Text stammt aus einer Laudatio für R.W. HAMMING und würdigt die Bedeutung seines Lebenswerkes:

„Im täglichen Leben misst man eine Distanz durch Abzählen der Meter, die man mindestens braucht, um von einem Ort zu einem anderen zu gelangen.

In der digitalen Welt der Folge von Nullen und Einsen, also der „Bits", ist entsprechend die „HAMMING–Distanz" die Anzahl der Bits, die man mindestens ändern muss, um von einer Bitfolge zu einer anderen zu gelangen. Diese Distanz wurde Anfang der 50er Jahre von R. W. HAMMING eingeführt, sie wird seitdem von der Informationstechnik bis zur Informatik ausgiebig angewendet. So kann man beispielsweise bei der für die „künstliche Intelligenz" typischen Aufgabe der Gesichtserkennung die Ähnlichkeit zweier Gesichter über ihre HAMMING–Distanz messen.

Die erste Anwendung, für die HAMMING dieses Distanzmaß einführte, betraf aber die Sicherung gegen Fehler bei der Übertragung, Speicherung oder Verarbeitung von Bitfolgen. Je größer die Anzahl der Übertragungsfehler ist, desto größer wird auch die HAMMING–Distanz zwischen gesendeter und fehlerhaft empfangener Bitfolge. HAMMING benutzte daher zur Übertragung nur solche Bitfolgen, die untereinander eine mehr als doppelt so große HAMMING–Distanz aufweisen, wie sie durch Übertragungsfehler entstehen können. So lässt sich ein Fehler erkennen und sogar korrigieren. Mehrere Bitfolgen mit großer HAMMING–Distanz bilden einen „HAMMING–Code". Diese, mit der Informationstheorie Shannons zeitgleichen Arbeiten HAMMINGs bilden das Fundament der allgemeinen Theorie fehlerkorrigierender Systeme und Codes. Ihre Bedeutung liegt vor allem darin, dass sich beliebig komplexe Systeme mit vorgebbarer Zuverlässigkeit auch aus unzuverlässigeren Teilsystemen aufbauen lassen. Der dazu notwendige Aufwand kann dabei exakt berechnet werden.

Ihre unverzichtbare Anwendung findet die auch mathematisch höchst anspruchsvolle *Theorie der fehlerkorrigierenden Kodierung* heute in jedem CD-Spieler und jedem Handy sowie auch in jedem Großrechner und in den weltumspannenden Nachrichtennetzen. Nur durch solche Codes lassen sich die unvermeidbaren Fehler bei der Übertragung, Speicherung und Verarbeitung von Informationen korrigieren."

Faltungskodierung

Bei der Fehlerschutzkodierung werden zwei Kodierungsarten unterschieden: *Block-* und *Faltungs*kodierung. Bislang wurden ausschließlich Codes fester Blocklänge behandelt. Die Information wird hierbei blockweise übertragen.

Bei der Faltungskodierung dagegen werden die Eingangsdaten – ähnlich wie bei Digitalen Filtern – in einem faltungsähnlichen Prozess über mehrere Ausgangsdaten „verschmiert". Abb. 251 zeigt den Aufbau eines einfachen Faltungskodierers. Das Eingangssignal – z. B. in lang andauerndes digitalisiertes Audio–Signal – in Form eines Bitmusters wird Bit für Bit in ein zweistufiges Schieberegister eingespeist. Gleichzeitig wird das Eingangssignal über eine „Addition" (EXOR) mit den Bits des Schieberegisters an den Abgriffen verknüpft. Das Schieberegister kann hier insgesamt vier verschiedene Zustände (00, 01, 10 und 11) annehmen. Damit diese Zustände (das nächste Bit erscheint hier als rechtes Bit im Schieberegister) bildlich auch den Zuständen im Schieberegister entsprechen, ist beim Faltungskodierer der Eingang rechts und sind die Ausgänge links gezeichnet.

Die *beiden* Ausgänge enthalten die gleiche Taktrate wie das Eingangssignal, die Redundanz des *gesamten* Ausgangssignals ist also 50 % höher als die des Eingangs–Signals, Voraussetzung für eine Fehlerschutzkodierung.

Es soll nun nach Möglichkeiten Ausschau gehalten werden, den Signalfluss am Ausgang in Abhängigkeit vom Eingangssignal und den Zuständen des Schieberegisters zu visualisieren. Dafür haben sich zwei Methoden bewährt:

- *Zustandsdiagramm:*
  Das in Abb. 251 dargestellte Zustandsdiagramm beschreibt vollständig das „Regelwerk" des dort abgebildeten Faltungskodierers. In den vier Kreisen stehen die vier verschiedenen Zustände des Schieberegisters („Zustandskreise"). Am Eingang des Faltungskodierers kann jeweils eine „0" oder eine „1" liegen; deshalb führen von jedem Zustandskreis zwei Pfeile weg.
  Nehmen wir den Anfangszustand „00" an. Wird nun eine „1" auf den Eingang gegeben, erscheint an den Ausgängen eine „11" (alle Verknüpfungen an den Abgriffen laufen hier auf $1 + 0 = 1$ hinaus). Der nächste Zustand ist dann „01". An dem Pfeil dorthin steht 1/11, die linke 1 ist das Eingangssignal, die rechte 11 das Ausgangssignal. Wird eine „0" auf den Eingang gegeben, so ist auch der nächste Zustand eine „00"; deshalb beginnt und endet der Pfeil auf dem Zustand „00". An dem Pfeil steht deshalb auch 0/00.

- *Netzdiagramm*
  In der Fachliteratur meist als Trellisdiagramm bezeichnet (trellis (engl.) bedeutet Gitter). Hier kommt zusätzlich der zeitliche Ablauf mit ins Spiel. Die vier möglichen Zustände des Schieberegisters sind hierbei senkrecht angeordnet. Jedes weitere Bit am Eingang bedeutet einen weiteren Schritt nach rechts.
  Beginnen wir links oben mit dem Zustand „00". Ein dicker Strich bedeutet hier eine „0" am Eingang, ein dünner eine „1". Von jedem Gitterpunkt, der erreicht wurde, geht ein dicker und ein dünner Strich – entsprechend „0" und „1" – zu einem anderen Zustand. Die Ein- und Ausgangssignale sind jeweils an den dünnen und dicken Linien vermerkt.

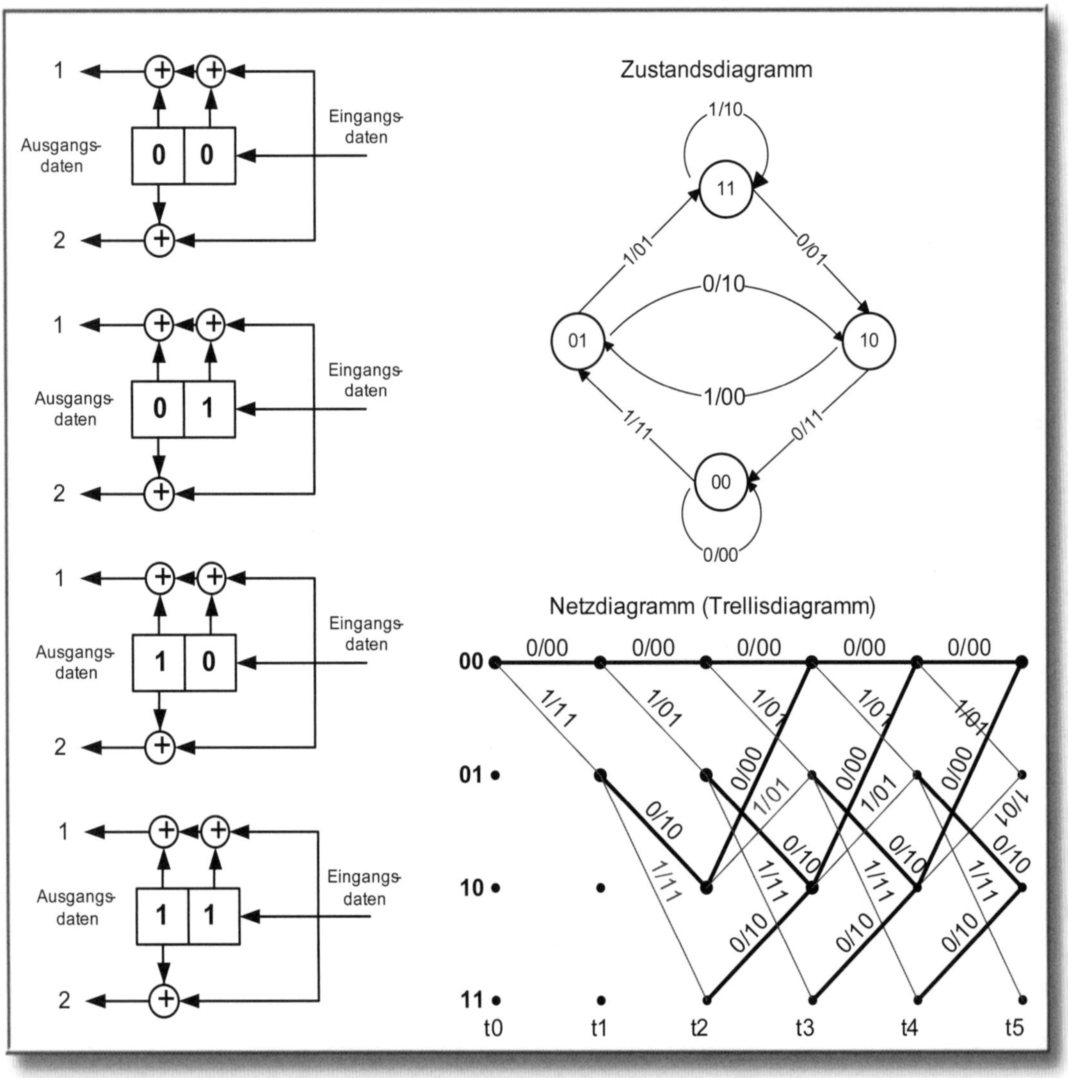

Abbildung 251:   ***Beispiel für Faltungskodierer, Zustandsdiagramm und Trellisdiagramm***

Links ist jeweils der gleiche Faltungskodierer mit seinen insgesamt 4 „inneren" Zuständen (des Schieberegisters) dargestellt. Die „+"-Verknüpfungen an den Abgriffen führen eine „modula-2" oder EXOR-Operation durch (siehe Abb. 250).

Das Zustandsdiagramm stellt das „Regelwerk" des Faltungskodierers auf sehr einfache Weise dar. In den vier Kreisen stehen die vier verschiedenen Zustände des Schieberegisters („Zustandskreise"). Am Eingang des Faltungskodierers kann jeweils eine „0" oder eine „1" liegen; deshalb führen von jedem Zustandskreis zwei Pfeile weg. Entsprechend „landen" immer 2 Pfeile an jedem Zustand, dabei kann der Pfeil auf dem gleichen Zustandskreis beginnen und enden! Von einem Zustand in einen anderen zu wechseln geht also nur auf ganz bestimmte Weise; z. B. ist der Wechsel von „11" in den Zustand „01" nicht in einem Schritt möglich.

Das Trellisdiagramm zeigt die möglichen Wechsel von Zustand zu Zustand im zeitlichen Verlauf in, hier vom Zustand „00" ausgehend. Die Zustände des Schieberegisters sind senkrecht angeordnet. Vom Zustand „00" ausgehend kommen nur zwei andere Zustände („00" und „01") in Frage, je nachdem eine „1" am Eingang liegt (dünne rote Linie) oder eine „0" (dicke blaue Linie). Von jedem erreichten Gitterpunkt sind also prinzipiell zwei Wege möglich, ein „0"-Weg und ein „1"-Weg. An den Linien steht jeweils das Eingangssignal und hinter dem Querstrich das Ausgangssignal (z. B. 0/10). Unter den hier aufgeführten möglichen „Wegen" ist auch der Weg für ein bestimmtes Bitmuster (siehe Abb. 252) und auch der „höchstwahrscheinliche Weg" für die VITERBI-Dekodierung eines auf dem Übertragungsweg oder auf dem Speichermedium veränderten Signals bzw. veränderte Bitfolge (siehe Abb. 253).

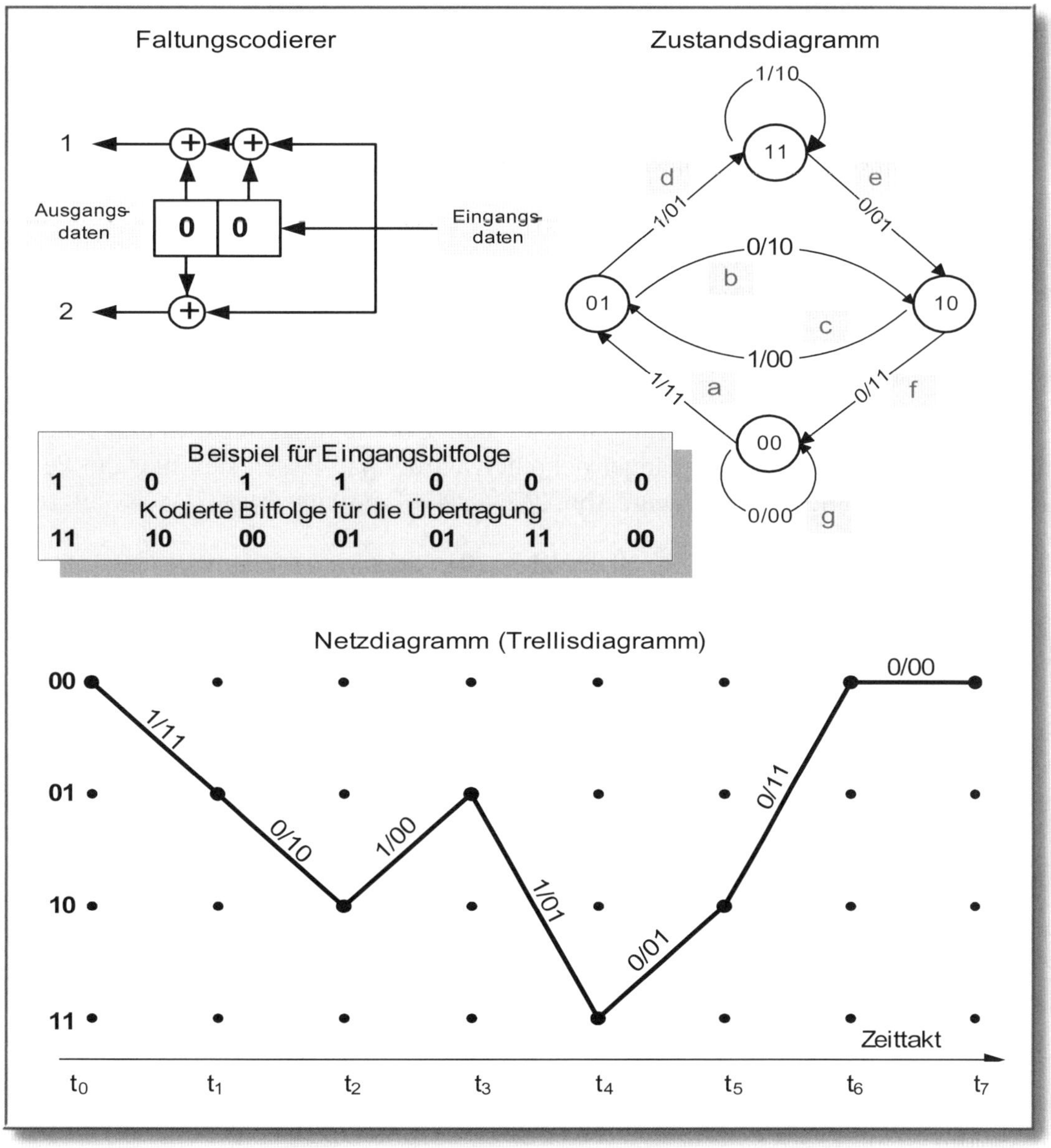

Abbildung 252: **Trellisdiagramm für eine bestimmte Eingangsbitfolge**

Das Zustandsdiagramm gilt für alle möglichen Eingangs-Bitmusterfolgen und nicht für eine bestimmte. Dagegen ist das Trellisdiagramm in der Lage, den zeitlichen Verlauf der Zustandsfolge sowie der Ausgangssignale für eine bestimmte Eingangs–Bitfolge zu beschreiben.

Das obige Beispiel führt zu einer bestimmten kodierten Bitfolge am Ausgang. Das Trellisdiagramm zeigt den Weg für dieses Signal. Damit Sie den Verlauf, die Zustandswechsel, Eingangs- und Ausgangsdaten besser verfolgen können, ist der Weg im Zustandsdiagramm mit der Buchstabenfolge a,b,c ... gekennzeichnet.

Bei der Dekodierung wartet nun folgendes Problem auf uns: Wie lässt sich dieser Weg rekonstruieren, falls auf dem Übertragungsweg oder durch das Speichermedium die Bitfolge des Ausgangssignals an einer oder mehreren Stellen verfälscht wurde? Die Antwort darauf liefert die VITERBI-Dekodierung (siehe Abb. 253).

Während das Zustandsdiagramm das „Regelwerk" für den Faltungskodierer bildet, lässt sich mit dem Trellisdiagramm die Kodierung eines bestimmten Eingangssignal-Bitmusters genau verfolgen.

Beispiel: Das Bitmuster am Eingang bestehe aus der Folge

1   0   1   1   0   0   0

An den Ausgängen ergibt sich die kodierte Bitfolge, die sich anhand des Zustandsdiagramms kontrollieren lässt:

11   10   00   01   01   11   00

Das zugehörige Trellisdiagramm zeigt Abb. 211

VITERBI – Dekodierung

Was aber passiert bei der Dekodierung, falls auf dem Übertragungsweg die obige kodierte Bitfolge verfälscht und im Empfänger dekodiert wird? Wie lassen sich hier die Fehler erkennen und korrigieren? Dies zeigt Abb. 253 für die Empfangsfolge

1<u>0</u>   10   <u>1</u>0   01   01   11   00

Die unterstrichenen Werte stellen die Fehler auf dem Übertragungsweg bzw. des Speichermediums dar. Nun wird das Trellisdiagramm im Dekodierer Schritt für Schritt entwickelt, und zwar mithilfe des Zustandsdiagramms, welches ja das gesamte „Regelwerk" des Faltungskodierers enthält.

Der Dekodierungsprozess, nach seinem Erfinder *VITERBI–Dekodierung* genannt, schlägt mehrere Wege ein und versucht, den wahrscheinlichsten Weg bzw. die wahrscheinlichste kodierte Bitfolge des Senders zu finden (*Maximum–Likehood–Methode*).

Nun zur Dekodierung:

- Der Dekoder sei im Zustand „00" und empfängt die Bitfolge „1<u>0</u>". Ein Blick aufs Zustandsdiagramm zeigt: Der Kodierer kann diese Bitfolge überhaupt nicht erzeugt haben, denn ausgehend vom Zustand „00" gibt es nur zwei Alternativen:

  - Aussendung von „00" und Beibehaltung des Zustands „00". Allerdings „weiß" ja der Dekodierer bereits, dass in diesem Falle nur 1 Bit richtig übertragen wurde. Als „*Summe der richtigen Bits*" wird die „1" am Gitterpunkt oben vermerkt.

  - Aussendung einer „11" und Übergang in den Zustand „01" (im Trellis-diagramm die diagonale Linie von oben links). Auch hier wurde nur ein richtiges Bit empfangen, also eine „1" an den Gitterpunkt.

- Der Dekoder empfängt nochmals die Bitfolge „10"

  - Ausgehend vom Zustand „00" wiederholt sich die gleiche Prozedur noch einmal. Wäre in Wahrheit „00" gesendet worden, wären die Zustände „00" und „01" möglich; in beiden Fällen wurde dann nur 1 Bit richtig übertragen. Die Summe der richtigen Bits hat sich nun dadurch auf „2" erhöht (bei insgesamt 4 Bit) und dies an den Gitterpunkten eingetragen.

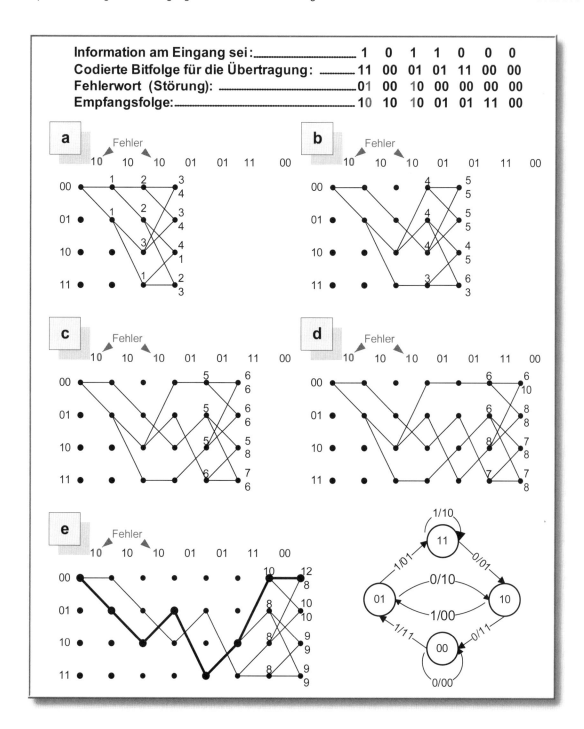

Information am Eingang sei : 1 0 1 1 0 0 0
Codierte Bitfolge für die Übertragung : 11 00 01 01 11 00 00
Fehlerwort (Störung): 01 00 10 00 00 00 00
Empfangsfolge: 10 10 10 01 01 11 00

Abbildung 253: **VITERBI–Dekodierung**

Achtung: Ausgabe und Eingabe erscheinen nun im Schieberegister gegenüber der Enkodierung vertauscht. Für eine fehlerhafte Bitmuster-Empfangsfolge wird hier die VITERBI–Dekodierung durchgeführt. Das Zustandsdiagramm verrät, dass das Bitmuster in dieser Reihenfolge nicht durch den Faltungskodierer erzeugt worden sein kann, erkennt also sofort, dass in diesem Fall jeweils ein Bit falsch sein muss. Da aber nicht feststeht, welches der beiden Bits falsch ist, werden beide Möglichkeiten untersucht. Die Wege verzweigen sich daraufhin. An den Gitterpunkten wird jeweils die „Summe der richtigen Bits" auf dem betreffenden Weg notiert.

Zwei verschiedene Wege können sich an einem Gitterpunkt kreuzen. Derjenige Weg mit der kleineren „Summe der richtigen Bits" wird gestrichen. Damit schält sich langsam der Weg der größten Wahrscheinlichkeit heraus. Er stimmt tatsächlich mit dem Weg für die korrekte Bitfolge in Abb. 252 überein. Die Details sind im Text näher beschrieben.

- Ausgehend vom Zustand „01" führt der Empfang einer „01" in den Zustand „11". Dann aber wären beide Bits gegenüber „10" falsch und die Summe der richtigen Bits bleibt bei „1". Der alternative Empfang einer „10" mit Übergang in den Zustand „10" bringt 2 richtige Bits, also insgesamt bislang auf diesem Pfad 3 richtige Bits. Dieser Weg ist nach 2 Schritten der wahrscheinlichste.

- Die dritte Bitfolge „10" wird nun entsprechend mithilfe des Zustandsdiagramms ausgewertet, die Summe der richtigen Bits eingetragen. Dabei münden nun jeweils 2 Übergänge in jedem Zustandspunkt. Im Zustand „00" finden wir z. B. zwei Übergänge mit verschiedenen Summen der richtigen Bits (3 und 4). Die VITERBI–Dekodierung beruht nun darauf, jeweils den Übergang mit der niederen Anzahl der richtigen Bits zu streichen, denn das ist der unwahrscheinlichere Weg durch das Trellisdiagramm. Ist in dem Zustandspunkt bei beiden Wegen die Summe der richtigen Bits gleich groß, wird kein Weg gestrichen, sondern beide Alternativen weiterverfolgt.

- Durch Auswertung der weiteren empfangenen Bitfolgen „01", „01" und „11" und ständiges Löschen der unwahrscheinlicheren Übergänge, bildet sich im Trellis-diagramm nun ein „höchstwahrscheinlicher Weg" heraus.

- Die letzte empfangene Bitfolge „00" bringt sozusagen die Entscheidung. Der höchst-wahrscheinliche Weg des Trellis-Diagramms für den VITERBI–Dekodierer stimmt mit dem richtigen Weg des Kodierers im Trellis-Diagramm in Abb. 252 überein!

Die Fehler in der Empfangsfolge sind damit korrigiert worden. Durch den Vergleich der jeweils rechts notierten Summe der richtigen Bits ist sogar noch die Anzahl der aufge-tretenen Fehler abschätzbar $(14 - 12 = 2)$

Hard- und Softdecision

Nach der Kodierung der Signale im Senderbereich folgt die Modulation, um die Übertragung zu ermöglichen. Im Empfänger wird das Signal demoduliert. Als Folge von Störungen der verschiedensten Art während der Übertragung lassen sich die „0"- und „1"-Zustände nicht mehr so genau unterscheiden wie im Sender.

Neben Störungen durch Rauschen oder andere Signale beeinflussen auch die Eigenschaften des Übertragungsmediums die Signalform. Bei drahtloser Übertragung sind das z. B. die Mehrfachreflexionen des Sendesignals an den verschiedensten Hindernissen, die zu Echo- und Auslöschungseffekten führen können.

Bei Kabel machen sich dessen *dispersiven* Eigenschaften (siehe Abb. 116). Die Übertragungsgeschwindigkeit in einem Kabel ist immer frequenzabhängig. Dadurch breiten sich Sinusschwingungen verschiedener Frequenz unterschiedlich schnell aus, was eine Änderung des Phasenspektrums bedeutet. Dies bringt eine Änderung der Signalform mit sich.

Die empfangenen Signale bzw. Bitfolgen sind also mehr oder weniger verrauscht und verformt. Wird hier mit einer festen Entscheiderschwelle („Harddecision") gearbeitet, so wird im Dekodierer die Möglichkeit, den höchstwahrscheinlichen Weg im Trellis-diagramm zu finden, erheblich geschmälert oder gar verspielt. Vielmehr sollten verfeinerte Möglichkeiten zur Entscheidung angeboten werden („Softdecision").

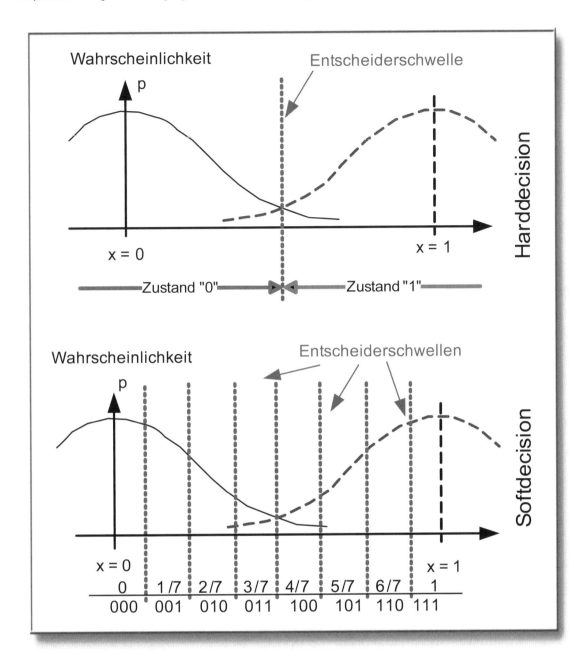

Abbildung 254:   ***Hard- und Softdecision***

Die hier dargestellten Kurvenformen lassen sich folgendermaßen interpretieren: Das Signal für den Zustand „1" (oder „0") kommt meist recht ordentlich an, jedoch ist der Streubereich so groß, dass sie manchmal mit dem anderen Zustand verwechselt und falsch interpretiert werden (die Streubereiche überlappen sich in der Mitte).   Da jedoch manche Bitmuster dem „Regelwerk" des Faltungskodierers widersprechen, sollte die Entscheidung ob „0" oder „1" in Verbindung mit dem VITERBI–Dekodierer getroffen werden.

Es ist hierbei die Aufgabe des Demodulators (siehe Abb. 222), dem Dekodierer Hilfestellung zu leisten. Der Demodulator gibt deshalb einen 3-Bit-Wert an den Dekodierer, der von „000" (hohe Wahrscheinlichkeit für den Empfang von"0") bis zu „111" (hohe Wahrscheinlichkeit für den Empfang von „1") reicht; er wählt den Wert in Abhängigkeit von der Stufe, die dem Signal zugeordnet wurde. Die einfachste Stufeneinteilung ist hier unten im Bild dargestellt. Sie hat sich in vielen Fällen bewährt.

Bei Softdecision sind also nicht nur ganzzahlige Werte für die „Summe der richtigen Bits" möglich. Das führt zu einer wesentlich genaueren Abschätzung der Wahrscheinlichkeit für einen ganz bestimmten Weg durch das Trellisdiagramm. Der typische Kodierungsgewinn liegt in der Größenordnung von 2 dB.

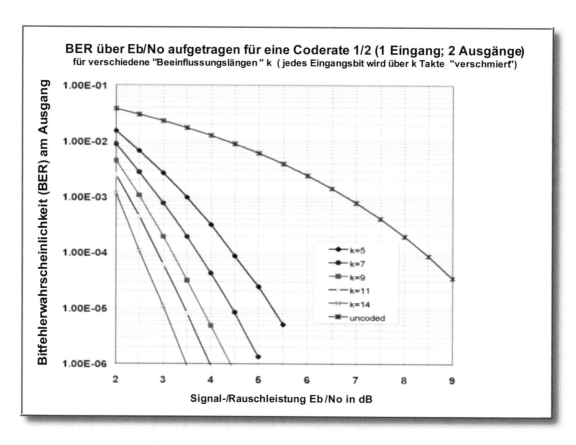

Abbildung 255:   ***Leistungsfähigkeit von Faltungscodes***

Die Leistungsfähigkeit der Fehlerkorrektur steigt erwartungsgemäß mit zunehmender Beeinflussungslänge des verwendeten Kodierers. Sie wird durch die Speichertiefe des Schieberegisters bestimmt. Je größer diese ist, desto länger wirkt ein Eingangsbit auf seine Vorgänger und Nachfolger. Die Eingangsinformation wird breiter „verschmiert" und damit gegen einzelne Bitfehler besser gesichert.

Bereits bei k = 5 wird ein beachtlicher Fehlerschutz bzw. eine wesentlich niedrigere Bitfehlerwahrscheinlichkeit (BER: Bit Error Rate) gegenüber dem nichtkodierten Signal erreicht. Allerdings steigt auch der Rechenaufwand für den VITERBI–Dekodierer mit zunehmender Beeinflussungslänge stark an.

Für eine optimale Entscheidungsstrategie sollte die Wahrscheinlichkeit bekannt sein, mit der ein verfälschtes Signal empfangen wird (siehe Abb. 254). Bewährt hat sich in der Praxis die Wahl von 8 Entscheidungsstufen.

Kanalkapazität

Die Informationstheorie hat ein Geburtsdatum, begründet durch die berühmten „Kodiertheoreme" von Claude Shannon aus dem Jahre 1948. Bevor überhaupt jemand die derzeitige Entwicklung der *Digitalen* Signalverarbeitung DSP erahnen konnte, erkannte er die grundlegenden Probleme und lieferte brillante, ja endgültige Lösungen gleich mit! Es dauerte Jahrzehnte, bis seine Arbeiten einigermaßen richtig verstanden und praktisch genutzt werden konnten. Seine Beiträge gehören zu den wichtigsten wissenschaftlichen Erkenntnissen dieses Jahrhunderts, was aber kaum gewürdigt wird. Aus der gesellschafts-politischen, technisch-wissenschaftlichen und wirtschaftlichen Perspektive stellen sie sehr wahrscheinlich alles andere in den Schatten! Deshalb gebührt es sich, an dieser Stelle kurz auf seine grundlegenden Gedankengänge einzugehen, soweit sie den Nachrichtenkanal betreffen.

Die von der Nachrichtenquelle bei der „Erzeugung" der Nachricht getroffene Auswahl an Symbolen stellt zunächst beim Empfänger eine *Ungewissheit* im Sinne einer Nichtvorhersagbarkeit dar. Sie wird erst beseitigt, wenn der Empfänger die Nachricht erkennt.

> *Damit ist die **Auflösung der Ungewissheit** Ziel und Ergebnis von Kommunikationsvorgängen*

Um nun die Informationsmenge zu messen, ist ein Maß nötig, welches mit dem Umfang der Entscheidungsfreiheit der *Quelle* wächst. Dadurch steigt nämlich auch die Ungewissheit des Empfängers darüber, welche Nachricht die Quelle hervorbringen und übertragen wird. Dieses Maß für die Informationsmenge wird als *Entropie* H bezeichnet. Sie wird in Bits gemessen. Der *Informationsfluss* R ist dann die Anzahl der Bits/s.

Wie lässt sich nun die Übertragungskapazität eines gestörten bzw. unvollkommenen Kanals beschreiben? Man sollte die Nachrichtenquelle so wählen, dass der Informationsfluss für einen gegebenen Kanal so groß wie möglich wird. Diesen größtmöglichen Informationsfluss bezeichnet Shannon als *Kanalkapazität* C. Shannons Hauptsatz vom gestörten Übertragungskanal lautet:

> *Ein (diskreter) Kanal besitze eine Kanalkapazität C und angeschlossen sei eine (diskrete) Quelle mit der Entropie H. Ist H kleiner als C, so gibt es ein Kodiersystem, mit dessen Hilfe die Nachrichten der Quelle mit beliebig kleiner Fehlerhäufigkeit (Bitfehlerwahrscheinlichkeit!) über den Kanal übertragen werden können.*

Von anderen Wissenschaftlern und Ingenieuren wurde dieses Ergebnis mit Erstaunen aufgenommen: *Über gestörte Kanäle lassen sich Informationen beliebig sicher übertragen!?* Wenn die Wahrscheinlichkeit der Übertragungsfehler wächst, also häufiger Fehler auftreten, wird die von Shannon definierte Kanalkapazität C kleiner. Sie sinkt, je häufiger Fehler auftreten. Also muss der Informationsfluss R so weit verringert werden, dass er kleiner oder höchstens gleich der Kanalkapazität C ist!

Wie ist dieses Ziel zu erreichen? Das hat Shannon nicht gesagt, sondern „lediglich" die Existenz dieses Grenzwertes bewiesen. Moderne Kodierungsverfahren nähern sich immer mehr diesem Ideal. Dies lässt schon die bisherige Entwicklung der Modem-Technik erkennen: Lag vor 20 Jahren noch die über einen 3 kHz breiten Fernsprechkanal erzielbare Datenrate bei 2,4 kBit/s, so liegt sie heute bei 56 kBit/s und höher!

Es erscheint jetzt auch einleuchtend, warum die *Quellen*kodierung (inklusive Entropie–Kodierung) als Methode der Komprimierung vollkommen getrennt von der *Kanalkodierung* (Fehlerschutzkodierung!) gehandhabt werden sollte: Bei der Quellenkomprimierung sollte dem Signal so viel Redundanz wie möglich entzogen werden, um der Kanalkapazität C des *ungestörten* Signals so nah wie möglich kommen zu können. Ist der Kanal nun gestört, so kann genau nur das Maß an Redundanz hinzugefügt werden, um der (kleineren) Kanalkapazität C des *gestörten* Kanals wiederum möglichst nahe zu kommen!

Aufgaben zu Kapitel 12

Aufgabe 1

Stellen Sie zusammen, welche Dateiarten besonders gegen fehlerhafte Übertragung geschützt werden müssen. In welchem Zusammenhang erscheint hierbei der Begriff der Redundanz?

Aufgabe 2

Definieren Sie den Begriff der (HAMMING–) Distanz eines Codes und beschreiben Sie deren Bedeutung für Fehlererkennung und –korrektur. Welche Bedeutung besitzt die Ungleichung $2^k \geq n + 1$ (k Prüfbits; n ist die Länge des Codewortes).

Aufgabe 3

Erläutern Sie die *Strategie der größten Wahrscheinlichkeit* (Maximum-Likehood-Methode) zur Erkennung und Korrektur von Übertragungsfehlern.

Aufgabe 4

Bilden Sie ein Beispiel (wie in Abb. 250) und ermitteln Sie Korrektur- und Prüfbits über die „modula 2-Addition".

Aufgabe 5

Beschreiben Sie im Vergleich zur *Blockkodierung* das Prinzip der *Faltungskodierung*.

Aufgabe 6

Erläutern Sie im Zusammenhang mit der Faltungskodierung die Darstellung des Signal-flusses als *Zustandsdiagramm* bzw. als *Netzdiagramm*.

Aufgabe 7

Beschreiben Sie die Strategie der *VITERBI–Dekodierung* einer fehlerhaften Bitmuster-Empfangsfolge im Netzdiagramm mithilfe des Zustandsdiagramms.

Aufgabe 8

Softdecision bringt meist Vorteile gegenüber der *Harddecision*. Versuchen Sie dies zu erläutern.

Aufgabe 9

Formulieren und interpretieren Sie den *Shannon`schen Hauptsatz* der Kodierungstheorie.

Kapitel 13

Digitale Übertragungstechnik III: Modulation

Auch die digitalen Signale am Ausgang eines Kodierers sind „Zahlenketten" in Form eines Bitstroms. Für die Übertragung solcher Bitmuster über ein physikalisches Medium (Kabel oder der freie Raum) müssen diese in ein zeitkontinuierliches, letztlich *analoges*, moduliertes Signal umgesetzt werden.

Als Signalform scheinen Bitmuster aus einer meist zufälligen Folge von Rechteck–Impulsen zu bestehen. Diese enthalten in schneller Folge Sprungstellen, und dadurch ist ihre Bandbreite sehr groß. Deshalb muss die Bandbreite vor dem Übertragungsweg durch Filter begrenzt werden. Nach dem Unschärfe–Prinzip führt dies jedoch zu einer zeitlichen Ausdehnung jedes „Bit–Impulses", wodurch sich benachbarte Bits überlagern können (ISI Intersymbol Interference).

Ein rechteckähnlicher Impuls besitzt immer ein Si–ähnliches Spektrum. Dies zeigt auch Abb. 256. Eine „Black–Box" liefert hier eine Zufallsfolge binärer Impulse. Das Spektrum zeigt den Si–förmigen Verlauf. Durch Filter wird versucht, die Bandbreite optimal so einzuschränken, dass der Empfänger das Bitmuster noch rekonstruieren kann.

> Hinweis: *Augendiagramme*
> Das *Augendiagramm* in Abb. 256 liefert einen qualitativen Überblick der „Güte" eines digitalen Signals. Dazu wird die Horizontalablenkung des Bildschirms mit dem Grundtakt (clock) des (zufälligen) Bitmusters synchronisiert. Eine genauere, vergleichende Betrachtung der Bilder ergibt:
>
> - Die Rundungen der „Augen" entstehen durch die Rundungen der Impulsflanken.
>
> - Die oben und unten durchgehenden horizontalen Linien sind ein Maß für die Existenz von rechteckartigen Impulsen.
>
> - Verschwinden die Augenöffnungen, so lässt die Verformung des Bitmusters kaum noch die Rekonstruktion des ursprünglichen Sendersignals im Empfänger zu.
>
> - Rein qualitativ abschätzen über Augendiagramme lassen sich die ISI, aber auch sogenannter *Phasenjitter* (unregelmäßige Phasenschwankungen durch instabile Oszillatoren) sowie überlagertes Rauschen.

Die ISI hängt wesentlich ab vom Filtertyp, insbesondere von dessen Flankensteilheit. Dies zeigt Abb. 256 für vier verschiedene Filtertypen, bei denen die Grenzfrequenz des Filters übereinstimmt mit der sogenannten NYQUIST–Frequenz (das ist die *Mindestfrequenz*, mit dem ein bandbegrenztes Signal nach dem Abtast–Prinzip abgetastet werden muss: $f_N = 2 \cdot f_{max}$, siehe Abb. 199). Abb. 256 zeigt zwei Filtertypen, bei denen rechts die Augendiagramme geschlossen sind. BUTTERWORTH– und TSCHEBYCHEFF–Filter besitzen zwar eine größere Flankensteilheit als das Bessel–Filter (bei gleicher Grenzfrequenz und „Güte"), dafür jedoch einen ausgeprägt nichtlinearen Phasenverlauf. Die Sinus–Schwingungen am Ausgang des Filters haben also eine andere Phasenlage zueinander als am Filtereingang. Dadurch „verschmiert" die Impulsform und benachbarte „Bits" überlagern sich. Es dürfte kaum möglich sein, in diesen beiden Fällen das ursprüngliche Bitmuster im Empfänger zu rekonstruieren.

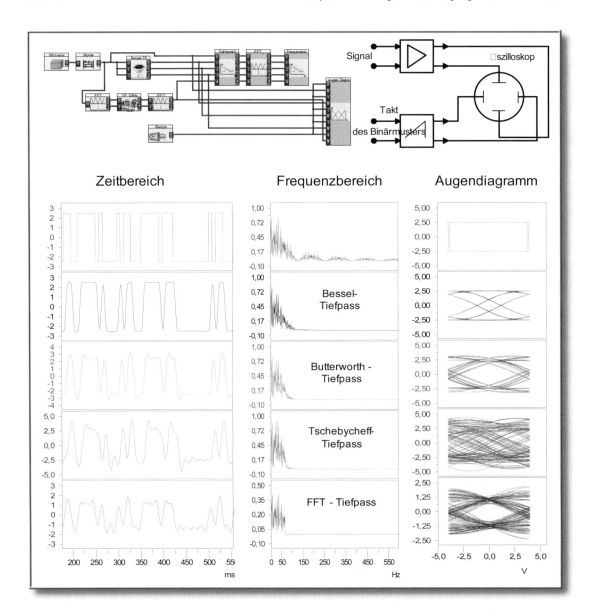

Abbildung 256: **Tiefpass–Filterung des Bitstroms zur Einschränkung der Übertragungsbandbreite**

Oben links ist das durch den Kodierer momentan erzeugte Bitmuster zu sehen, in der Mitte das zugehörige Si–förmige Spektrum. Die Frequenz des Grundtaktes ist hier 200 Hz. Wegen der großen Bandbreite kann das Signal so nicht moduliert werden. Es gilt, ein möglichst optimales Filter zu finden, bei dem das ursprüngliche Bitmuster im Empfänger noch rekonstruiert werden kann bei möglichst kleiner Bandbreite. Bei einer „Abtastfrequenz" von 200 Hz kann günstigstenfalls ein Signal von 100 Hz herausgefiltert werden. Dies wird mit vier verschiedenen Filtertypen (bei gleicher Grenzfrequenz 100 Hz und jeweils 10. Ordnung) versucht.

Zunächst mit einem Bessel-, darunter mit einem Butterworth-, dann mit einem Tschebycheff-Tiefpassfilter (siehe Abb. 141) und schließlich unten mit einem FFT–Filter (siehe Abb. 205 ff.). Das Bessel–Filter besitzt eine ausgedehnte Filterflanke, dafür aber einen fast linearen Phasengang. Butterworth– und Tschebycheff– Filter besitzen recht steile Filterflanken, jedoch nichtlineare Phasenverläufe. Das „ideale" FFT–Filter dagegen fällt sprunghaft steil ab bei vollkommener Phasenlinearität.

*Das **Augendiagramm** ist eine Standardmethode messtechnisch qualitativ festzustellen, ob ein Bitmuster rekonstruierbar ist oder nicht. Je größer die freie „Augenfläche", desto besser. Danach dürfte das Bessel- sowie das FFT–Filter den Anforderungen genügen. Die Nichtlinearität des Phasengangs verformt offensichtlich die Impulsform der beiden anderen Filter extrem. Dies ist auch jeweils im Zeitbereich erkennbar.*

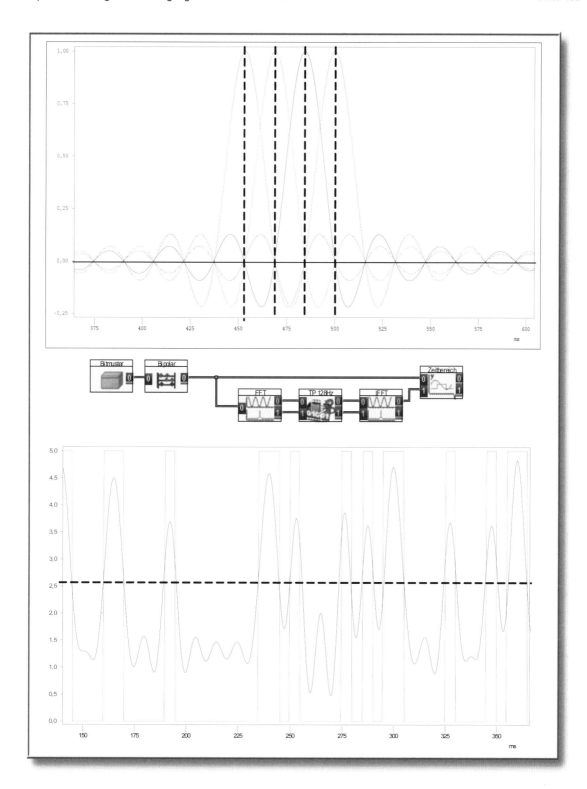

Abbildung 257:   ***Ideal–Filterung und Grenzfall***

*In Abb. 256 unten wird der Grenzfall – minimale Bandbreite bei vollkommener Rekonstruktion – erreicht. Bei der Grenzfrequenz von 100 Hz und idealer, d. h. rechteckförmiger Bandbegrenzung ist die Impulsantwort Si–förmig. Bei diesem Sonderfall überlappen sich jedoch die Si–Funktionen so wie oben im Bild dargestellt: Das Summensignal aus den einzelnen Impulsantworten ist jedoch in den Abtastzeitpunkten frei von Interferenzen, da die Si–Funktionen aller Nachbarimpulse zu diesem Zeitpunkten **Nulldurchgänge** aufweisen! Im unteren Bild ist ersichtlich, dass in diesem Fall bei einer Entscheiderschwelle von 50 % sicher die „0"- und „1"-Werte des Bitmusters rekonstruierbar sind.*

Der interessanteste Fall ist das FFT–Filter. Eigentlich müsste ja hier das schlechteste Augendiagramm vorzufinden sein, denn es handelt sich ja um eine „ideale" Filterung mit nahezu rechteckiger Filterflanke. Die Impulsantwort bzw. der Einschwingvorgang dieses Filters dauert nach dem Unschärfe–Prinzip extrem lange und ähnelt einer Si–Funktion. Alle diese Si–Funktionen überlagern sich extrem stark. Weshalb ist dann das Augendiagramm relativ „offen"?

Die Erklärung liefert Abb. 257. Bei der NYQUIST–Frequenz ist das Summensignal aus den einzelnen Impulsantworten zum Zeitpunkt des Abtastens frei von Interferenzen, da die   Si–Funktionen aller Nachbarimpulse zu diesem Zeitpunkt Nulldurchgänge aufweisen! Das untere Bild zeigt, wie gut sich das ursprüngliche Bitmuster rekonstruieren *ließe*. Jedoch gibt es keine *analogen* FFT–Filter mit diesen Eigenschaften.

Tastung diskreter Zustände

Wie bei den klassischen Modulationsverfahren stehen auch den Digitalen Modulations-verfahren nur ganz bestimmte Frequenzbereiche zur Verfügung. Auch hier werden direkt und indirekt Sinusschwingungen als „Träger" verwendet. Der eigentliche Unterschied zwischen den analogen und digitalen Modulationsverfahren besteht zunächst in der Modulation *diskreter* Zustände.

> *Eine Sinusschwingung lässt sich allenfalls in Amplitude, Phase und Frequenz ändern. Digitale Modulationsverfahren ändern also „sprunghaft" bzw. diskret Amplitude und Phase (oder eine Kombination aus beiden) an einer oder an mehreren (benachbarten) Sinusschwingungen.*

Amplitudentastung (2 – ASK)

In Abb. 258 wird die Tastung einer sinusförmigen Trägerschwingung durch ein unipolares Bitmuster dargestellt. Die Tastung stellt hier also die Multiplikation beider Signale dar und die Information liegt wie bei der AM in der Einhüllenden. Das modulierte Signal nimmt zwei Zustände ein (ASK: Amplitude Shift Keying: „Amplitudentastung").

In dieser Form wird die ASK heute kaum noch verwendet: Stehen Taktfrequenz und die Frequenz des Trägers nicht in einem ganzzahligen Verhältnis, so treten sporadisch Sprungstellen auf, welche die Bandbreite vergrößern. Ein Abschalten des Senders könnte beim Empfänger den Eindruck erwecken, es würden laufend „0"-Zustände übertragen. Außerdem erscheint die Synchronisation zwischen Sender und Empfänger nicht unproblematisch.

Phasentastung (2 – PSK)

Es erscheint aus den genannten Gründen sinnvoller, ein bipolares, symmetrisch zu null liegendes Bitmuster für die Modulation zu verwenden (NRZ–Signal: No Return to Zero). Dabei wird der sinusförmige Träger abwechselnd mit einem positiven und einem negativen Wert multipliziert, z. B. mit +1 und -1.

Damit ändert sich jedoch nicht mehr die Amplitude, vielmehr entspricht dies einer Phasentastung zwischen 0 und π rad (PSK: „Phase Shift Keying"). Die Phasentastung kann auch als „Amplituden-Umtastverfahren" interpretiert werden, bei der die Amplitude nicht an- und ausgeschaltet, sondern „invertiert" wird.

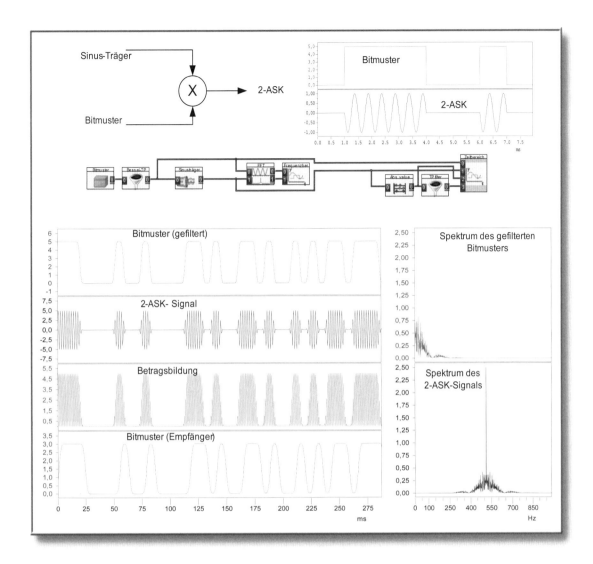

Abbildung 258:   ***Amplitudentastung 2–ASK***

Bild oben: Im Prinzip unterscheidet sich die 2–ASK schaltungsmäßig nicht von der klassischen Amplitudenmodulation AM. Statt eines kontinuierlichen Signals wird hier ein (diskretes) Bitmuster moduliert, welches also lediglich zwischen 2 Zuständen wählt.

Bild unten: Wesentlich praxisnäher ist diese Darstellung. Zunächst wird das Bitmuster durch ein geeignetes (Bessel-) Filter bandbegrenzt. Dieses Signal besitzt keine Sprungstellen mehr und kann sich nicht schneller ändern als die höchste in ihm enthaltene Frequenz. Das modulierte bzw. „getastete" Signal weist einen kontinuierlichen Verlauf auf. Es handelt sich bei der 2–ASK-Tastung um eine Zweiseitenband–AM (siehe unten rechts).

Hier wird die Demodulation nach herkömmlicher Methode über eine Gleichrichtung (bzw. Betragsbildung) mit nachfolgender Bessel-Tiefpassfilterung durchgeführt. Durch die Phasenlinearität des Filters wird die Impulsform – das Bitmuster – kaum verformt. Das ursprüngliche Bitmuster lässt sich wieder gut rekonstruieren. Dazu muss aus dem Empfangssignal der Grundtakt des Binärmusters gewonnen werden. Die erforderlichen Komponenten sind ein PLL (Phase-Locked Loop, siehe Abb. 180), ein Komparator (auf „Entscheider"–Potenzial) und eine Sample&Hold-Schaltung.

Ein wesentlicher Anteil der Sendeenergie entfällt hier auf den Träger, der ja keine Information enthält. Die Anfälligkeit der zu übertragenden Information gegen Störungen ist also relativ hoch. Wie die nächste Abbildung zeigt, ist die Phasentastung 2–PSK vorzuziehen. Auch sie findet aber kaum noch Verwendung, weil es mit der „Quadratur–Phasenumtastung" ein effizienteres Verfahren gibt, welches eine wesentlich höhere Übertragungsrate garantiert.

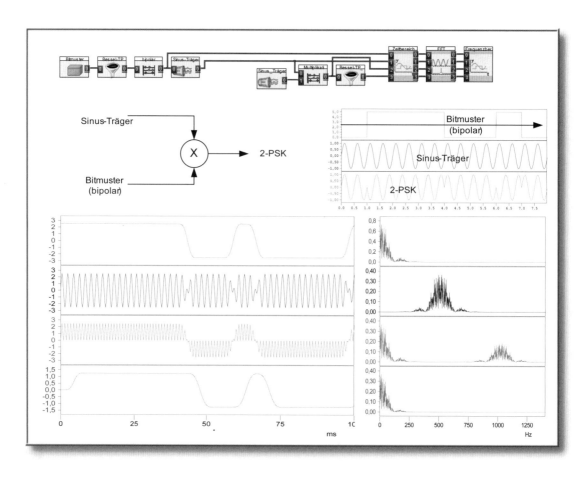

Abbildung 259:   ***Phasentastung 2–PSK***

Die Phasentastung lässt sich durch die Multiplikation eines bipolaren Signals mit dem Sinusträger erreichen. Dies führt automatisch – wie oben rechts deutlich zu sehen ist – zu der Phasentastung.

In der Mitte ist eine Modulations- und Demodulationsschaltung für die Phasentastung mit DASYLab aufgebaut. Eine zufällige Bitmusterfolge wird durch einen Tiefpass bandbegrenzt, in ein bipolares Signal verwandelt und mit dem Träger multipliziert. Deutlich sind auch bei dem vorgefilterten Signal die Phasensprünge zu erkennen.

Im Gegensatz zur 2–ASK ist im Spektrum kein Träger erkennbar, die volle Sendeenergie bezieht sich auf den informationstragenden Teil des Signals.

Die Demodulation erfolgt hier durch die Multiplikation des ankommenden Signals mit dem Sinusträger, der über einen PLL bzw. über eine „Costas–Schleife" zurückgewonnen werden muss. Wie bei der AM ergeben sich Summen- und Differenzsignal im Spektrum. Durch Tiefpass–Filterung wird das Quellensignal wiedergewonnen.

Frequenztastung (2 – FSK)

Hierbei werden den beiden Zuständen des Bitmusters zwei verschiedene Frequenzen zugeordnet. Abb. 260 zeigt Signale, Blockschaltbild und DASY*Lab*–System (2–FSK: „Frequency Shift Keying" mit 2 Zuständen).

Das Eingangsbitmuster wird zusätzlich invertiert. Durch diese Aufsplittung ist jeweils nur ein Signal „high", das andere in diesem Moment stets „low". Beide Bitmuster werden nun gefiltert und anschließend mit den Frequenzen f_1 und f_2 multipliziert. Damit ist jeweils – entsprechend dem Bitmuster – nur eine Frequenz „angeschaltet". Die Summe ergibt dann das 2–FSK–Signal.

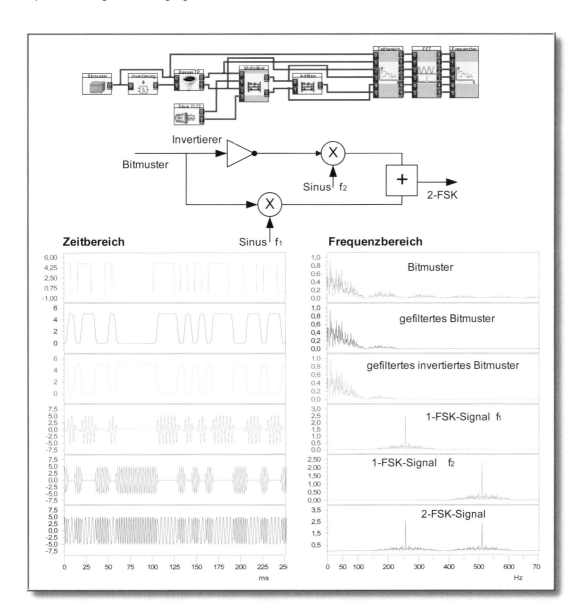

Abbildung 260:   ***Frequenzumtastung (2–FSK)***

Die DASYLab–Schaltung invertiert zusätzlich das ankommende Bitmuster. Beide Signale – das invertierte und das ursprüngliche Bitmuster – werden nun tiefpassgefiltert. Jeweils nur eins der beiden Signale ist von null verschieden. Durch die Multiplikation jedes Signals mit der Frequenz f_1 bzw. f_2 erhält man zwei ASK–Signale verschiedener Frequenz, von denen momentan jeweils nur ein Signal vorhanden ist. Sie Summe beider Signale ergibt das 2–FSK–Signal.

Im Frequenzbereich (unten) ist erkennbar, dass die beiden Frequenzen relativ weit auseinander liegen müssen, damit sich beide Signale nicht überlappen. Dieses Verfahren wird deshalb nicht dort angewendet, wo es auf eine besonders effiziente Übertragung auf einem bandbegrenzten Kanal ankommt.

Der Signalraum

Den diskreten Zuständen des Bitmusters werden also diskrete Zustände von Sinus–Schwingungen nach Amplitude, Phase und Frequenz zugeordnet. Wie wir noch sehen werden, sind bei den besonders effizienten digitalen Modulationsverfahren Kombinationen aus allen drei Möglichkeiten üblich, also eine Art „APFSK" (Amplitude-Phase–Frequency–Shift Keying).

Für eine übersichtliche Darstellung dieser möglichen Signalzustände digital-modulierter Signale bietet sich die in Kapitel 5 eingeführte GAUSSsche Zahlenebene an (siehe Abb. 97 ff.). In Abwandlung zu der dort dargestellten frequenzmäßigen Symmetrie – jede Sinusschwingung besteht aus zwei Frequenzen +f und -f – reicht es hier aus, nur *einen* Zeiger („Vektor") +f zu verwenden.

Im Signalraum werden die verschiedenen diskreten Zustände der Trägerschwingung nach Amplitude und Phase als Zeiger („Vektor") dargestellt. Jedoch werden üblicherweise nur die *Eckpunkte* der Zeiger dargestellt. Ferner wird als Träger bei 2–ASK– und 2–PSK– Modulation bzw. als Referenzträger üblicherweise eine kosinusförmige Träger– Schwingung gewählt, damit hierbei die Endpunkte in der GAUSSschen Zahlenebene auf der horizontalen Achse liegen.

In Abb. 261 liegen die Endpunkte für 2–ASK und 2–PSK auf einer Linie, d. h. aus mathematischer Sicht in einem *eindimensionalen Raum*. Warum ist nun überhaupt diese Darstellung in der GAUSSschen Ebene (*zweidimensional!*) als *Signalraum* so wichtig? Versuchen Sie, folgenden Überlegungen zu folgen:

- Zunächst lässt sich nun genau ein *Bereich* – eine Fläche (!) – angeben, in dem auf einem gestörten Kanal der (diskrete) Zustand liegen darf, um eindeutig im Empfänger identifiziert werden zu können.

  - Da zeigt sich bereits der Vorteil von 2–PSK, bei der die Endpunkte den doppelten Abstand gegenüber 2–ASK besitzen (gleiche Amplitude der Trägerschwingung vorausgesetzt).

  - Bei einem gestörten Kanal werden die Endpunkte nicht ständig dort liegen, wo er im ungestörten Idealzustand liegt. Ist der Kanal beispielsweise verrauscht, so liegt der Endpunkt bei jedem Durchgang zufällig innerhalb eines Bereiches verteilt (siehe Abb. 261).

- Der eindimensionale Raum kann leicht zu einem *zweidimensionalen Raum* erweitert werden, falls nicht nur die Phasenwinkel 0 und 180^0 (π rad), sondern auch *andere Phasenwinkel und Amplituden* zugelassen würden.

  - Je mehr verschiedene (diskrete) Zustände einer Trägerschwingung (konstanter Frequenz) zugelassen werden, desto *besser* dürfte die Bandbreitenausnutzung der Übertragung sein. Es ist zu untersuchen, ob dies beliebig fortgesetzt werden kann.

  - Andererseits: Je kleiner die Distanz zwischen diesen verschiedenen Endpunkten des Signalraums, desto empfindlicher wäre das Signal gegenüber Störungen. Vielleicht ließe sich dies wiederum durch eine geschickte Verknüpfung von Kanalkodierung und –modulation vermeiden!?

- Die Kardinalfrage – die versuchsmäßig genau überprüft werden muss – ist also, wie sich mit der Zunahme der Anzahl der diskreten Zustände (Amplitude und Phase) der Trägerschwingung sich die *Bandbreite* des Signals ändert.

Weitere denkbare Alternativen wären:

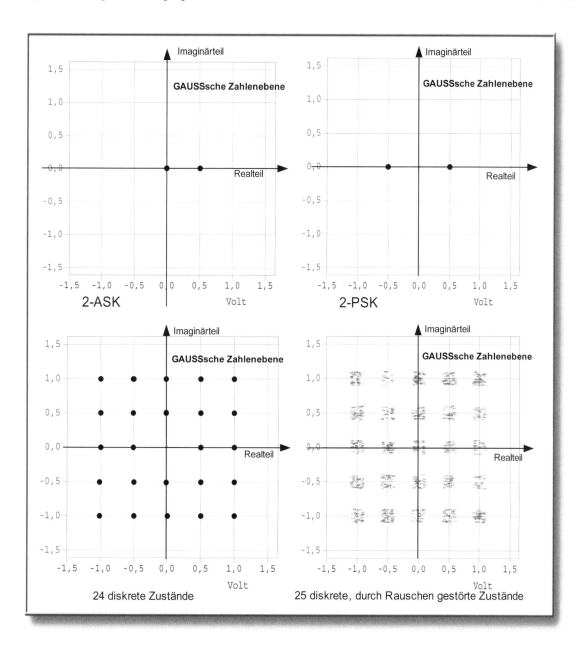

Abbildung 261:   ***Diskrete Signalzustände und Signalraum***

Hier wird die GAUSSsche Zahlenebene als zweidimensionaler Signalraum für amplituden- und phasendiskrete Zustände einer Trägerschwingung dargestellt. 2–ASK und 2–PSK liegen auf der horizontalen Achse. Es ist naheliegend, die Anzahl möglicher diskreter Signalzustände in vertikaler Richtung zu einem zweidimensionalen Signalraum zu erweitern.
Dies gelingt – wie in den Abb. 96 ff dargestellt – durch die Aufsplittung einer phasenverschobenen Sinusschwingung in einen Sinus- und einen Kosinus-Anteil. Der einfachste Fall hierzu wird in Abb. 262 und im nachfolgenden Text mit der Quadratur-Phasenumtastung QPSK dargestellt.

- So ist Klärung erforderlich im Hinblick auf die Verwendung mehrerer benachbarter Trägerfrequenzen (Frequenzmultiplex), jede jeweils mit einer bestimmten Anzahl diskreter Zustände. Für verschiedene Frequenzen bräuchte man eigentlich auch verschiedene GAUSSsche Ebenen. In diese Richtung gedacht ist der Signalraum wirklich *dreidimensional*, wobei die Frequenz die dritte Dimension darstellt!

Also: Ist es etwa besser, nur mit *einer* Trägerfrequenz bei *vielen* diskreten Zuständen oder mit *vielen* Trägerfrequenzen mit jeweils *wenigen* diskreten Zuständen zu arbeiten?

• Das Vorstellungsvermögen geht noch einen Schritt weiter: Ist nicht beispielsweise ein Mobilfunknetz möglich, in dem alle Teilnehmer *gleichzeitig* den *gleichen Frequenz-bereich* nutzen, wobei die Trennung der Kanäle durch eine spezielle Kodierung erreicht wird?
  In diesem Fall müssten sich alle anderen Kanäle als *zusätzliche Störung* des eigenen benutzten Kanals bemerkbar machen!

Hier liegt eine Wechselbeziehung zwischen ganz verschiedenen diskreten Zuständen (Amplitude, Phase, Frequenz) eines Signals im Hinblick auf die optimale Nutzung der begrenzten Bandbreite eines Übertragungsmediums vor. Als vierte „Dimension" kommt die *Kodierung* hinzu!

Damit schwebt Claude Shannons Informationstheorie über der ganzen Problematik und uns bleiben nur zwei Möglichkeiten, tiefere Einblicke zu gewinnen:

• Gezielte Versuche mit DASY*Lab*, d. h. gezielte Fragen an die Signal–Physik nach dem Motto: Die Ergebnisse physikalisch begründbarer Experimente sind die Richter über wissenschaftliche Wahrheit. In der Technik ist nichts möglich, was den Naturgesetzen widerspricht!

• Interpretation der fundamentalen Aussagen von Shannons Informationstheorie. Welche Ergebnisse dieser Theorie betreffen unsere Fragestellungen? Inwieweit tragen sie zur Problemklärung bei?

Die Vierphasentastung („Quadraturphasentastung" QPSK)

Mit der QPSK machen wir den ersten Schritt in den zweidimensionalen Signalraum. Ziel ist es, über einen Trick die doppelte Datenmenge (pro Zeiteinheit) bei gleicher Bandbreite zu übertragen.

Hierzu wird die Eingangs-Bitfolge in *zwei* Bitfolgen halber Taktfrequenz umgewandelt (siehe Abb. 262 oben rechts). Zwei aufeinanderfolgende serielle Bits mit der Frequenz f_{Bit} werden in ein „paralleles Dibit" mit der Frequenz f_{Dibit} umgeformt. Dabei ist f_{Dibit} nur halb so groß wie f_{Bit}!

Diese Aufgabe übernimmt der sogenannte Demultiplexer (Multiplexer fassen mehrere Kanäle zu einem einzigen zusammen, Demultiplexer machen dies rückgängig, splitten also einen Empfangskanal in mehrere Ausgangskanäle auf).

Ein Teil dieses Dibits soll den horizontalen, der andere den vertikalen Anteil des Zustands im Signalraum kennzeichnen. Für diesen Fall sind also $2^2 = 4$ verschiedene Zustände möglich.

Damit dies gelingt (siehe Abb. 97 ff) wird ein *Realteil* – der hat etwas mit einer kosinusförmigen Schwingung zu tun – sowie ein *Imaginärteil* – der hat etwas mit einer sinusförmigen Schwingung zu tun – benötigt. Beide sind lediglich um 90^0 ($\pi/2$ rad) zueinander phasenverschoben.

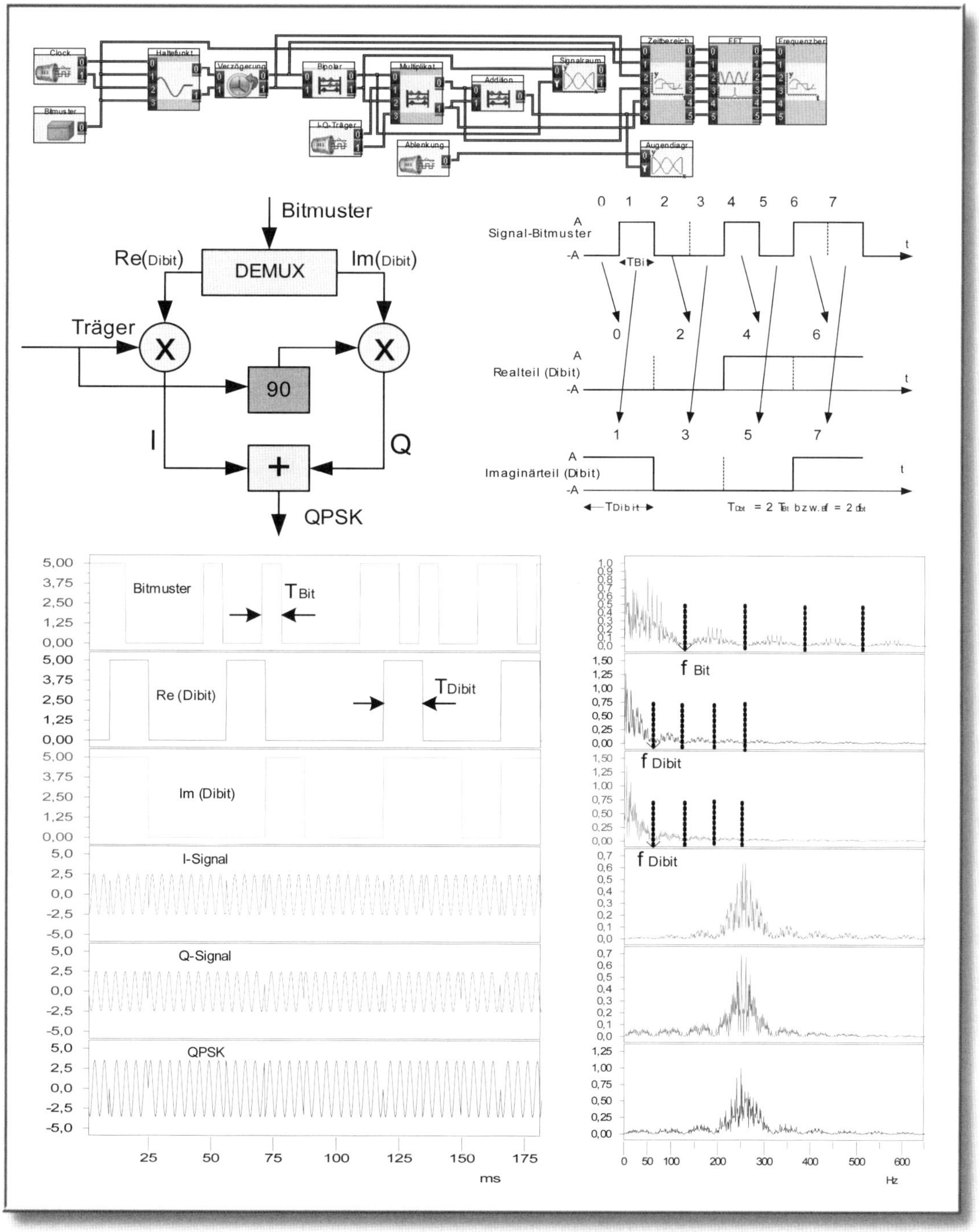

Abbildung 262:   ***Vierphasentastung (QPSK)***

Die Funktionsweise der QPSK–Schaltung wird im Text näher beschrieben. Um alle Signale realistisch darzustellen, musste eine recht umfangreiche DASYLab–Schaltung erstellt werden. Die Verzögerungsschaltung dient dazu, die beiden Dibit-Kanäle genau miteinander zu synchronisieren. Um die Darstellung übersichtlicher zu machen, wurde hier auf eine Filterung der Bitfolgen verzichtet.

Den Beweis für den Transport der doppelten Datenmeng–ASK und 2–PSK liefert der Frequenzbereich. Deutlich ist zu sehen, dass der Nullstellenabstand des Si–förmigen Spektrums beim QPSK–Signal nur halb so groß ist wie beim obigen Eingangs–Bitmuster.

Damit ist auch schon die Richtung vorgegeben, wie sich die Datenmenge pro Zeiteinheit weiter steigern lässt. Statt vier diskreter Zustände eventuell 16 (= 4 • 4), 64 (= 8 • 8) oder gar 256 (= 16 • 16)!?

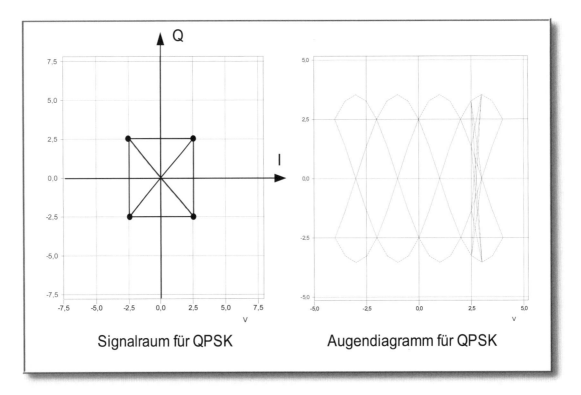

Signalraum für QPSK   Augendiagramm für QPSK

Abbildung 263:   ***Signalraum und Augendiagramm für die Vierphasentastung (QPSK)***

Im Signalraum links sind die vier diskreten Zustände als Punkte dargestellt. Die Verbindungslinien zwischen ihnen zeigen die möglichen Übergänge von einem in den anderen Zustand.

In diesem speziellen Augendiagramm ist die Phasenverschiebung von 90^0 ($\pi/2$ rad) zwischen den vier verschiedenen Sinusschwingungen – die den vier Signalraumpunkten entsprechen – deutlich zu erkennen.

Dies erklärt den Aufbau der QPSK–Schaltung. Real- und Imaginärteil müssen nun noch addiert werden. Erinnern Sie sich daran (siehe Abb. 98), dass die Summe einer reinen Kosinus- und einer reinen Sinusschwingung immer eine um einen bestimmten Phasenwinkel verschobene Sinusschwingung ergibt.

> *Durch die gezielte Addition zweier Sinusschwingungen, die zueinander um 90^0 phasenverschoben sind (Sinus und Kosinus), lassen sich Sinusschwingungen **beliebiger** Phasenverschiebung erzeugen, falls das Verhältnis der Amplituden zueinander beliebig gewählt werden kann.*
>
> *Durch die entsprechende Wahl der beiden Amplituden kann also **jeder** Punkt der GAUSSschen Zahlenebene erreicht werden.*

Da jeder Dibit-Kanal nur zwei Zustände A und –A enthält (bipolar), ergeben sich also vier Phasenwinkel. Abb. 263 zeigt die vier Zustände und die möglichen Übergänge von einem Zustand in den nächsten als Verbindungslinien zwischen den Punkten.

Das Augendiagramm zeigt nicht nur die vier zueinander jeweils um 90^0 ($\pi/2$ rad) verschobenen Sinusschwingungen (die den vier Punkten des Signalraums entsprechen), sondern auch den 45^0–Winkel der Diagonalen.

Digitale Quadratur-Amplitudenmodulation (QAM)

Nachdem mit QPSK die Bandbreitenausnutzung verdoppelt wurde, ist die Richtung vorgegeben, wie diese noch wesentlich erhöht werden kann: statt vier diskreter Zustände eventuell 16, d. h. 4 • 4 gitterförmig angeordnete Zustände, 64 (= 8 • 8) oder gar 256 (= 16 • 16).

Wie lassen sich nun solche „Gitter" in der GAUSSschen Zahlenebene erzeugen? Dies zeigt Abb. 264. Das Prinzipschaltbild zeigt einen *Mapper* („Abbildner"), der aus dem ankommenden seriellen Bitstrom zwei Signale mit jeweils 4 verschiedenen Amplituden-stufen erzeugt. In der Blackbox der DASY*Lab*–Schaltung entpuppt sich dieser Mapper als recht komplexes Gebilde. Zunächst erstellt ein Seriell–Parallel–Wandler bzw. Demulti-plexer aus dem seriellen Bitstrom eine 4–kanalige Bitmusterfolge. Deren Taktfrequenz ist um den Faktor 4 niedriger als die des seriellen Bitstroms.

Dieses „4–Bit–Signal" kann momentan demnach 2^4 = 16 verschiedene Zustände annehmen. Der zugehörige Signalraum muss also 16 verschiedene diskrete Zustände aufweisen. Der Mapper ordnet nun jedem 4–Bit–Muster auf zwei Ausgängen je ein 4-stufiges Signal zu, eins für das I–Signal, das andere für das Q–Signal! Durch die Addition der I– und Q–Anteile entsteht das 16–QAM–Signal mit insgesamt 4 • 4 = 16 gitterartig angeordneten Signalzuständen.

> *Mathematisch gesprochen bildet der Mapper ein 4–Bit–Muster*
> *auf 16 Punkte im Signalraum ab.*

Das wichtigste Ergebnis zeigt der Frequenzbereich. Die Bandbreite verringert sich um den Faktor 4, wie der Vergleich des Nullstellenabstandes der Si–förmigen Spektren von seriellem Bitstrom und dem 16–QAM–Signal zeigt.

Abb. 265 zeigt Signalraum, Augendiagramm und einen Signalausschnitt, um die Gesetzmäßigkeiten besser überprüfen zu können:

• Der Signalraum zeigt 10 (insgesamt gibt es 16) Signalzustände, die innerhalb eines kurzen Zeitabschnittes eingenommen wurden, ferner, welche Übergänge zu anderen Signalzuständen stattfanden.

• Das Augendiagramm zeigt angesichts der vielen möglichen Signalzustände eine große Komplexität. Von den herkömmlichen Augendiagrammen der Signaltechnik unter-scheiden sich die hier dargestellten dadurch, dass für die Horizontal-Ablenkung kein periodischer Sägezahn mit ansteigender Rampe, sondern eine periodische Dreieckschwingung mit ansteigender und abfallender Rampe verwendet wird. Der Rücksprung des Sägezahns kann hier nicht – wie beim Oszilloskop – unterdrückt werden. Dadurch weisen die hier dargestellten Augendiagramme eine etwas andere Symmetrie auf.

• Der Signalausschnitt erlaubt eine bessere Betrachtung des Zusammenhangs zwischen I–Signal, Q–Signal und 16–QAM–Signal. Sehr schön ist hier bei genauem Hinsehen an der Stelle des senkrechten Striches zu erkennen, dass die Summe eines Sinus und eines Kosinus ein sinusförmiges Signal anderer Phasenlage und Amplitude ergeben kann.

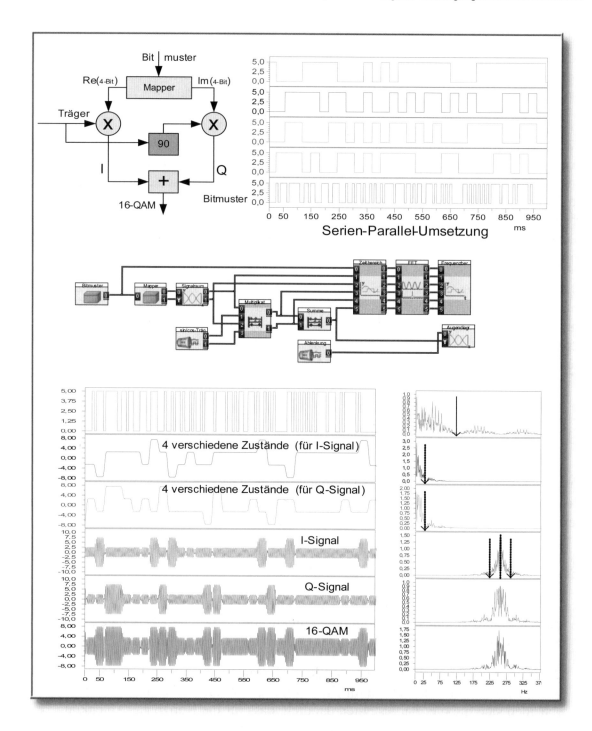

Abbildung 264:   ***16-QAM: Serien–Parallel–Umsetzung, Mapper, Signalbildung***

Das Blockschaltbild oben links zeigt den prinzipiellen Aufbau. Dieser wurde möglichst realistisch mithilfe von DASYLab modelliert. Um die Darstellung nicht zu unübersichtlich zu machen, wurde der sogenannte Mapper – er bildet letztlich den ankommenden Bitstrom auf 16 Gitterpunkte des Signalraums ab – als Blackbox dargestellt. In dieser Blackbox befindet sich ein Demultiplexer mit 4 Ausgangskanälen. Aus einen seriellen Bitstrom wird durch Seriell-Parallel-Wandlung ein 4 Bit breites Signal geformt.

Momentan besitzt ein 4 Bit breites Signal $2^4 = 16$ mögliche Signalzustände, die sich im Signalraum wiederfinden müssen. Der Mapper erstellt über eine mathematische Vorschrift („Abbildung“) aus diesem 4 Bit breiten Signal 2 bipolare, 4-stufige Signale für X- und Y-Auslenkung im Signalraum.

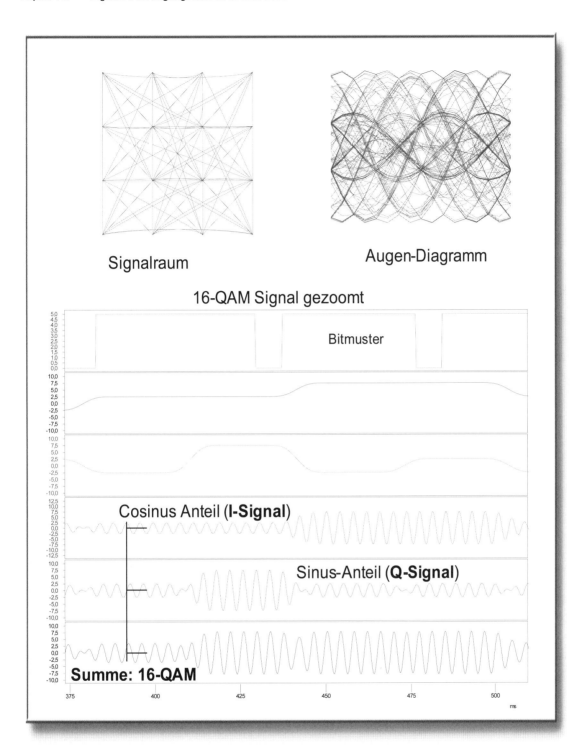

Abbildung 265:   **16–QAM: Signalraum, Augendiagramm und Signalausschnitt**

Der Signalraum zeigt 10 (insgesamt gibt es 16) Signalzustände, die innerhalb eines kurzen Zeitabschnittes eingenommen wurden, ferner die Übergänge zu anderen Signalzuständen.

Das Augendiagramm weist angesichts der vielen Signalzustände ein Bild hoher Komplexität auf. Die Interpretation ist nur im Zusammenhang mit den anderen Darstellungen möglich.

Der Signalausschnitt erlaubt eine bessere Betrachtung des Zusammenhangs zwischen I–Signal, Q–Signal und 16–QAM–Signal. Sehr schön ist hier an der Stelle des senkrechten Striches zu sehen, dass die Summe eines Sinus und eines Kosinus ein sinusförmiges Signal anderer Phasenlage und Amplitude ergeben muss!

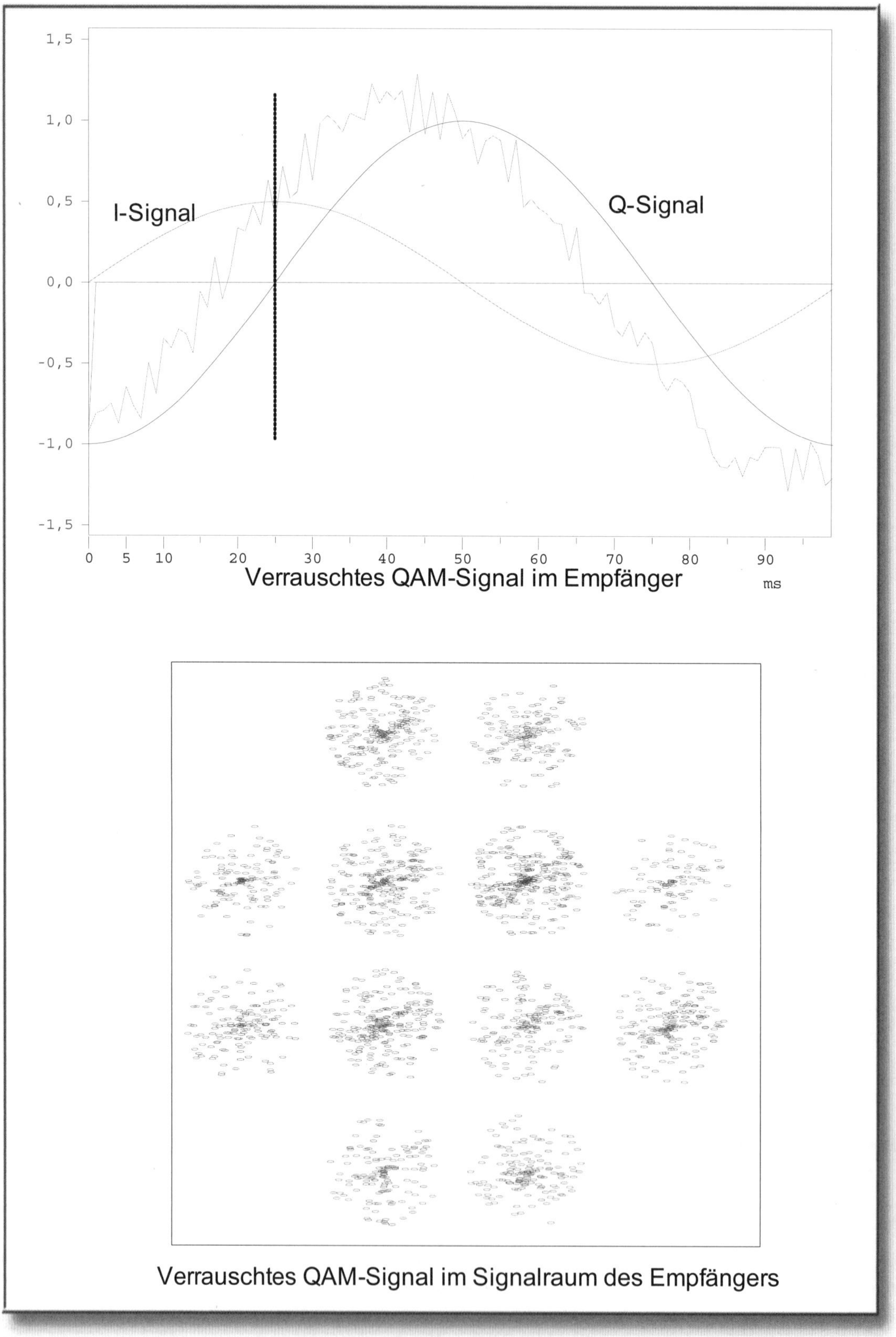

Verrauschtes QAM-Signal im Empfänger

Verrauschtes QAM-Signal im Signalraum des Empfängers

Abbildung 266:   ***Empfangssicherheit eines QAM–Signals***

Die Simulation zeigt den Ausschnitt eines verrauschten 16–QAM–Empfangssignals. Der Signalraum zeigt zwischen den – momentan – 12 Bereichen noch freie Korridore. Das Signal ist demnach vollständig (auch ohne Fehlerkorrektur) rekonstruierbar.

Vielfach – Zugriff

Die ersten Lektionen von Shannons Informationstheorie haben wir mit den Aussagen zur *Quellen- und Kanalkodierung* bereits kennengelernt. Sie lassen sich zusammengefasst so formulieren:

> *Lektion 1*: Niemals voreilig die Informationen eines Signals beschneiden, bis wirklich alle Entscheidungen hinsichtlich der weiteren Signalverarbeitung getroffen worden sind.

> *Lektion 2*: Stets sollte die *Quellenkodierung* (welche das Signal komprimiert, indem sie Redundanz beseitigt) vollständig getrennt werden von der *Kanalkodierung* (welche die Übertragung über gestörte Kanäle sicherer macht, indem sie gezielt Redundanz hinzufügt).

Diese zweite Lektion wird noch immer gelernt, d. h. nach wie vor finden aufwendige Forschungen auf dem Gebiet statt, die durch Shannons Theorie vorgegebene Grenze der Übertragungsrate – die *Kanalkapazität C* – auch nur annähernd zu erreichen.

Es gibt aber eine immer mehr an Bedeutung zunehmende dritte Lektion, die bis heute noch nicht in ihrem gesamten Umfang verstanden und abgeschätzt werden kann, obwohl die Theorie schon vor über 50 Jahren veröffentlicht wurde! Jedenfalls streitet sich die Fachwelt noch darüber. Diese Lektion hat größte wirtschaftliche Auswirkungen und entscheidet über Investitionen von mehreren Hundert Milliarden Euro bzw. Dollar. Ihr Inhalt kann etwas abstrakt so formuliert werden:

> *Lektion 3*: *Wird ein Kanal durch Interferenzen (Überlagerungen) gestört, so lassen sich die Schutzmaßnahmen dagegen selbst unter der Annahme optimieren, dass die Störung in seiner schlimmsten Form, nämlich in Form von weißem (breitbandigen) „GAUSSschen" Rauschen vorliegt.*

Bevor nun neueste Modulationstechniken beschrieben werden, soll diese Aussage erläutert und konkret nutzbar gemacht werden.

Das lukrativste und zukunftsreichste Geschäft beruht wohl darin, die technische Kommunikation für alle weltweit möglichst perfekt, effizient und wirtschaftlich anzubieten. Jede falsche Entscheidung für oder gegen ein bestimmtes Übertragungsverfahren kann Sieg oder Aufgabe bedeuten. Die Rede ist hier vom „Vielfach-Zugriff" (*Multiple Access*) auf ein Übertragungsmedium.

Als recht unproblematisch erscheinen auf den ersten Blick die „klassischen" Techniken *Frequenzmultiplex* und *Zeitmultiplex*. Die klassische Frequenzmultiplextechnik wurde hinreichend im Kapitel 8 beschrieben und bildlich dargestellt (siehe z. B. Abb. 166). Sie findet auf (abgeschirmten) Kabeln, aber auch in der Richtfunk-, Rundfunk- und Fernsehtechnik nach wie vor Verwendung.

> *Bei Frequenzmultiplex–Systemen werden alle Kanäle*
> *frequenzmäßig gestaffelt und gleichzeitig übertragen.*

Jeder von Ihnen kennt die Schwächen, die sich bei diesem Verfahren bemerkbar machen. Solange das Übertragungsmedium ein (abgeschirmtes) Kabel, ein Lichtwellenleiter oder eine Richtfunkstrecke ist, hat man die Probleme weitgehend im Griff. Beim UKW-

Empfang im Auto dagegen treten durch Mehrfachreflexionen des Sendersignals an Hindernissen *Interferenzen* auf, die das Gesamtsignal lokal auslöschen können, z. B. vor einer Ampel. Zieht man ein Stück vor, ist oft das Signal wieder da. Das Sendersignal stört sich selbst durch Interferenz, falls am Empfangsort die Phasenverschiebung zwischen dem Träger des direkten Sendersignals und dem des reflektierten Sendersignals 180^0 bzw. π rad beträgt.

Aus Symmetriegründen – Frequenz und Zeit sind austauschbar – muss auch ein Zeitmultiplex-Verfahren möglich sein:

> *Bei Zeitmultiplex–Systemen werden alle Kanäle zeitmäßig gestaffelt und im gleichen Frequenzbereich übertragen.*

Das Zeitmultiplex–System (Time Division Multiple Access TDMA) war das erste volldigitale Übertragungsverfahren. Das Schema zeigt Abb. 267. Auch sie sind in hohem Maße empfindlich gegen Interferenzen z. B. durch Mehrfachreflexionen beim Mobilfunk), falls nicht besondere Schutzmaßnahmen getroffen werden.

Solche Interferenzprobleme treten naturgemäß am heftigsten bei der mobilen, drahtlosen, zellulären Kommunikation (Mobilfunk!) auf. Hierbei können schlimmstenfalls folgende „Vielfach–Effekte" auftreten:

- Vielfach-Interferenz bei gleichzeitigem Zugriff vieler Nutzer.
- Vielfach-Interferenz durch Mehrwege–Empfang bei Mehrfachreflexionen an Hindernissen.
- Vielfach-Interferenz durch mehrere benachbarte Zellen, die gleichzeitig im gleichen Frequenzband senden und empfangen (Mobilfunknetz).

Während bislang der Übertragungskanal als „eindimensionales" Gebilde betrachtet wurde, wird hier der *Einfluss des Raumes* sowie *der Einfluss der Bewegung zwischen Sender und Empfänger* mit einbezogen.

Kehren wir zurück zu Shannons 3. Lektion. Sie sagt aus, dass sich Interferenzstörungen aller Art – z. B. durch Vielfach–Zugriff – in den Griff bekommen lassen, selbst falls diese „Störungen" sich ähnlich verhalten wie weißes (GAUSSsches) Rauschen. Die möglichen Strategien lassen sich z. T. bereits aus Shannons Gesetzmäßigkeit für die Kanalkapazität C erkennen:

$$C = W \log_2 (1 + S/N)$$

Hierbei sind: C:= Kanalkapazität in Bit/s   W:= Bandbreite des Signals
                 S:= Signalleistung   N:= Rauschleistung

Wer Probleme mit „Logarithmen" hat, für den lässt sich dieser Zusammenhang auch anders beschreiben (Logarithmenrechnung ist Exponentenrechnung!):

$$1 + S/N = 2^{C/W} \quad \text{bzw.} \quad S/N = 2^{C/W} - 1$$

> Beispiel: Die Rauschleistung N sei so groß wie die Signalleistung S, d. h. das Signal verschwinde fast im Rauschen.
> Dann gilt $S/N = 1$ bzw. $1 = 2^{C/W} - 1$ bzw. $2^1 = 2^{C/W}$ und damit $C = W$.
> Ergebnis: Die theoretische Grenze für die Übertragungsrate C ist gleich der Bandbreite, falls Signal- und Rauschleistung gleich groß sind; z. B. bei W = 1 MHz ergibt sich C = 1 Mbit/s.

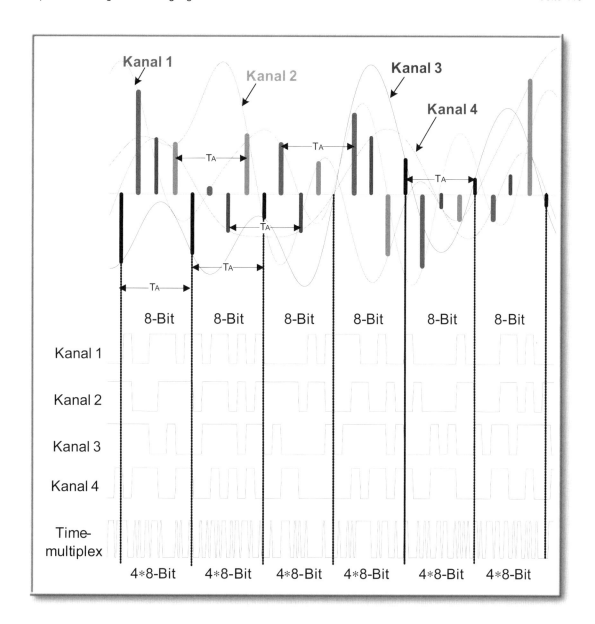

Abbildung 267:   ***Zeitmultiplex–Verfahren***

Die Digitalisierung analoger Signale enthält hier vier Phasen, die an vier Analogsignalen schematisch dargestellt werden: Abtastung, Quantisierung, Kodierung und Zeit-Multiplexing.

Die vier (parallelen) Kanäle werden alle mit der gleichen Abtastrate (z. B. $f_A = 8\ kHz$ bzw. $T_A = 125\ \mu s$) abgetastet. Jedoch geschieht dies jeweils um 90^0 phasenverschoben bzw. $T_A /4$ zeitverschoben. Für vier Kanäle ergibt sich so eine Gesamtabtastrate von $4 * 8\ kHz = 32\ kHz$.

Quantisierung und Kodierung geschehen in einem Durchgang. Das Ergebnis liegt hier in Form von 4 digitalen, also zeit- und wertdiskreten (hier) 8-Bit-breiten Signalen vor. Der Grundtakt jedes einzelnen Digitalsignals liegt bei 32 kHz.

Das Zeit–Multiplexing ist eine Parallel–Seriell–Umsetzung, bei der sich die Übertragungsrate von 32 kBit/s noch einmal vervierfacht, also auf 128 kBit/s steigt.

Auf der Empfängerseite laufen dann die Vorgänge in umgekehrter Reihenfolge ab: erst Demultiplexing, also Seriell-Parallel-Umsetzung und dann D/A–Wandlung.

In der Telekommunikation werden mindestens 30 Kanäle über Zeitmultiplex-Technik zusammengefasst (PCM 30). Ähnlich wie bei Frequenzmultiplex lassen sich wiederum mehrere kleine Gruppen zu größeren (z. B. PCM 120 usw.) zusammenfassen.

Damit ergeben sich folgende Möglichkeiten:

- Es ist im Prinzip möglich, das Signal vollkommen im Rauschen verschwinden zu lassen. Dies erweckte bereits das Interesse der Militärs. Was im Rauschen verschwindet, lässt sich auch kaum abhören und auch kaum orten! Voraussetzung hierfür allerdings ist hierbei auch eine „Pseudo-Zufallskodierung". Das Signal muss hierfür nicht nur breitbandig sein, sondern nach außen hin auch möglichst zufällig aussehen.

- Sind bei einem Vielfach–Zugriff alle Signale breitbandig und zueinander pseudo-zufällig, so können – das richtige Verfahren vorausgesetzt – alle Nutzer gleichzeitig auf den gleichen Frequenzbereich zugreifen!

Und damit kommt neben dem Zeit- und dem Frequenzbereich die *Kodierung* mit ins Spiel. Claude Shannon ist seinerzeit – was kaum bekannt – über die Kryptografie, d. h. über die für Unbefugte nicht entschlüsselbaren Codes zu seinen Erkenntnissen gekommen. Ein nicht entschlüsselbarer Code bzw. das hiermit kodierte Signal weist für den Betrachter keine auswertbare Regelmäßigkeit oder „Erhaltungstendenz" auf, stellt also – physikalisch betrachtet – so etwas wie Rauschen dar.

> *Shannons 3. Lektion zeigt die Möglichkeit auf, durch eine*
> *Kombination von Signalbandbreite, Zeitdauer **und** Kodierung*
> *das Problem des Vielfach-Zugriffs bzw. der gegenseitigen*
> *Störung zu meistern.*

Abb. 268 zeigt plakativ die neue Dimension der Kodierung (*Codemultiplex* bzw. Code Division Multiple Access *CDMA*) im Vergleich zu Zeitmultiplex (Time Division Multiple Access TDMA) und Frequenzmultiplex (Frequency Division Multiple Access FDMA).

> *CDMA gilt heute als die intelligenteste, effizienteste und*
> *allgemeingültigste Lösung für den weitgehend störungsfreien*
> *Vielfach-Zugriff in all seinen Variationen.*
> *Bei CDMA ist ein Vielfach–Zugriff zur gleichen Zeit im gleichen*
> *Frequenzbereich möglich. Die Kodierung markiert die*
> *Einzelverbindung.*

Die modernen und wahrscheinlich auch alle kommenden digitalen Übertragungssysteme werden mit CDMA alle drei „Dimensionen" ausnutzen. Dabei darf der Zusatz nicht fehlen, dass es nicht *das* CDMA–Verfahren schlechthin geben kann, genau so wenig, wie nur *eine* Zufallsfolge existiert!

> *CDMA kann gleichzeitig FDMA und TDMA mit einbeziehen. Es*
> *sind vielfältige Kombinationen denkbar. Die Kanalkodierung*
> *kann optimal mit „eingebaut" werden (kodierte Modulation).*

Diskrete Multiträgersysteme

DMT (Discrete Multitone) ermöglicht die Übertragung großer Datenmengen in kritischen Übertragungsmedien. Dabei wird das Frequenzband „kammartig" in viele äquidistante Teilbänder eingeteilt. Jedes Teilband besitzt einen Träger, der individuell mit QPSK bzw. mehrstufigen QAM moduliert werden kann.

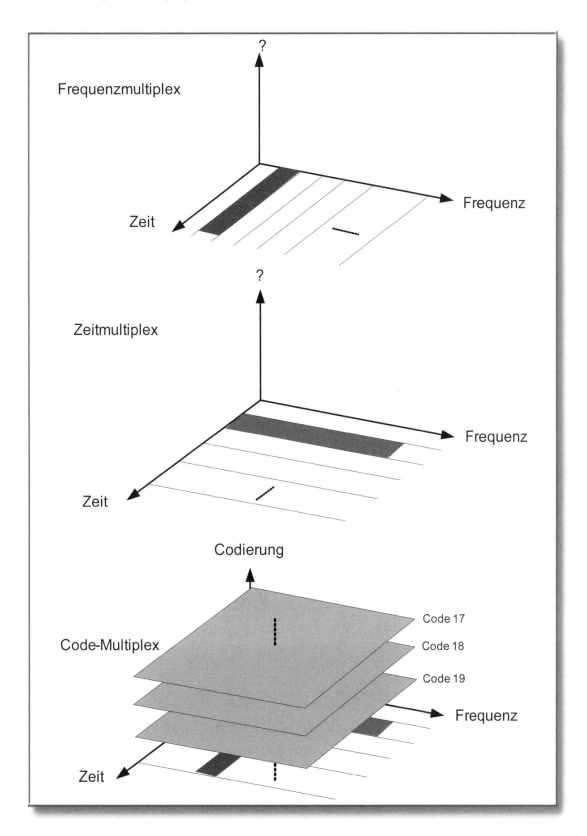

Abbildung 268:   *Frequenz–, Zeit– und Code–Multiplex (FDMA, TDMA und CDMA)*

Zeitmultiplex: Alle Kanäle sind zeitmäßig gestaffelt und werden im gleichen Frequenzband übertragen.
Frequenzmultiplex: Alle Kanäle sind frequenzmäßig gestaffelt und werden gleichzeitig übertragen.
Code–Multiplex: Durch CDMA–Verfahren ist es grundsätzlich möglich, im Vielfachzugriff **gleichzeitig im**
gleichen Frequenzband *zu arbeiten. Die Trennung der Kanäle erfolgt durch den Code.*

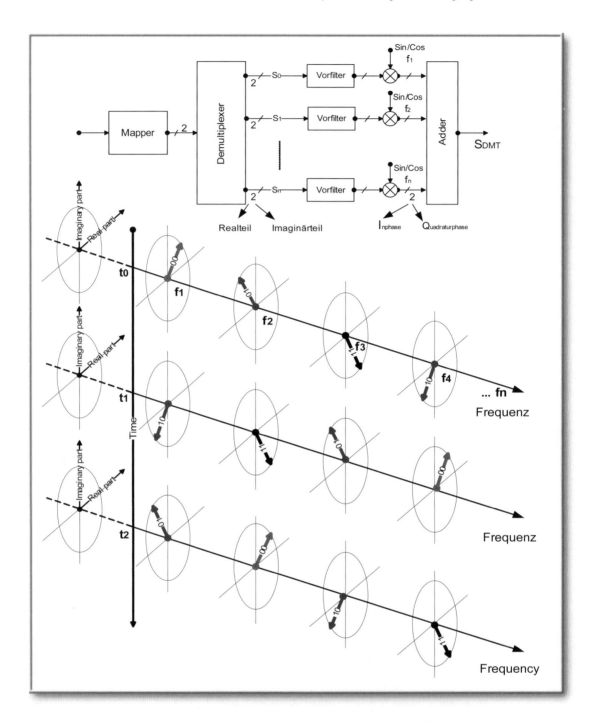

Abbildung 269:   **Diskretes Multiträgersystem am Beispiel einer 4–PSK–DMT**

Das Blockschaltbild oben zeigt den (hier sehr einfachen) Mapper, der vom eingehenden Bitstrom je zwei aufeinanderfolgende Bits „parallelisiert"(Real- und Imaginärteil), d. h. mit doppelter Symboldauer auf 2 Leitungen gibt (Real- und Imaginärteil). Der Demultiplexer verteilt diese Bits nun auf z. B. 1000 Kanäle mit je 2 Leitungen, was die Symboldauer nochmals um den Faktor 1000 erhöht. Damit diese Bits zeitsynchron sind, müssen sie auch im Demultiplexer zwischengespeichert und synchron weitergereicht werden. Je Kanal wird danach der Realteil mit einer Kosinus-, der Imaginärteil mit einer Sinusschwingung der Frequenz f_k (0<k<1000) multipliziert. Im Addierer werden alle Signale addiert; s_{DMT} setzt sich hier zusammen aus 1000 Frequenzen gleicher Amplitude, welche je nur vier Phasenlagen einnehmen können: 45^0, 135^0, 225^0 und 315^0 (4–PSK).

Die untere Bildhälfte zeigt für 4 dieser 1000 Trägerfrequenzen die momentane Phasenlage für 3 aufeinanderfolgende Zeitpunkte. Die Vertikale bildet die Zeitachse, die Horizontale die Frequenzachse.

Hinweis: Kritische Übertragungsmedien sind *linear verzerrende* Kanäle, d. h. das Medium verursacht beim Signal eine Veränderung des Amplituden- und Phasenspektrums.
Physikalische Ursache sind die frequenzabhängige Absorption (Dämpfung) sowie die Dispersion (Sinuswellen verschiedener Frequenz breiten sich unterschiedlich schnell aus), ferner die Mehrwegeausbreitung durch Reflexion an Hindernissen, die indirekt die gleichen Effekte bewirkt.

DMT–Verfahren finden Anwendung in der

* Sprachband–Modemtechnik (300 – 3400 Hz),

* schnellen digitalen Übertragung auf metallischen Leiterpaaren. Hier sind HDSL (High Speed Digital Subscriber Line) und ADSL (Asymmetric Digital Subscriber Line; „Subscriber" bedeutet „Teilnehmer") zu nennen sowie in der

* Funkübertragung über Kanäle mit Mehrwegeausbreitung (Mobile Kommunikation bzw. „Mobilfunk") einschließlich DAB (Digital Audio Broadcasting: Digitaler Rundfunk).

DMT überträgt mehrstufige PSK und QAM auf vielen äquidistanten Trägerfrequenzen. Dies zeigt auch Abb. 269. Hier wird für einen besonders einfachen Fall (4–PSK) ein DMT–System beschrieben. Ein sehr einfacher Mapper verteilt den Bitstrom auf 2 Kanäle (Seriell-Parallel-Wandlung). Der eine Kanal stellt den Real-, der andere den Imaginärteil dar. Die Symboldauer („Bitdauer") verdoppelt sich dadurch.

Der Demultiplexer macht im Prinzip nichts anderes. Er führt eine Seriell-Parallel-Wandlung durch, indem er jeden der beiden Eingangskanäle auf z. B. 1000 parallele Kanäle aufteilt. Dadurch wird die Symboldauer abermals um den Faktor 1000 größer. Allerdings müssen die 2 mal 1000 Ausgangssignale synchron sein. Der Demultiplexer muss die 2-mal 1000 Kanäle deshalb zwischenspeichern und *gleichzeitig* ausgeben. Außerdem müssen die Ausgangssignale bipolar sein.

Nach der Vorfilterung zur Reduzierung der Bandbreite der Rechteckfolgen wird jeweils jedes Realteil–Bitmuster mit einem kosinusförmigen, das Imaginärteil–Bitmuster mit einem sinusförmigen Träger einer bestimmten Frequenz f_k (0 < k < 1001) multipliziert. Da bei PSK die Amplituden aller Trägerschwingungen immer gleich groß sind, liegen die Verhältnisse hier sehr einfach.

Kosinus- und Sinusanteil *einer* Trägerschwingung addieren sich – je nach 2-Bit-Muster – zu einer Trägerschwingung mit den Phasenverschiebungen 45^0, 135^0, 225^0 und 315^0. Insgesamt enthält dann das Ausgangssignal s_{DMT} des Addierers 1000 Trägerfrequenzen, deren Phasen sich mit der Rate der Symboldauer zwischen diesen 4 Werten ändern. Dies zeigt Abb. 269 unten.

Im Empfänger muss dieser Prozess wieder rückgängig gemacht werden, indem das Empfangssignal wieder in den (dreidimensionalen) Signalraum „projiziert" wird. Wie in Abb. 266 dargestellt, dürfen bestimmte Bereiche um die Signalpunkte des nicht gestörten Signals eigentlich nicht überschritten werden. Durch eine wirkungsvolle Kanalkodierung lassen sich auch dann noch Fehler erkennen, solange sie nicht zu häufig auftreten.

Vom Aufwand her erscheint ein DMT–System geradezu unvorstellbar. 1000 und mehr Trägerfrequenzen, Multiplizierer, Vorfilter, ein hoch komplizierter Demultiplexer usw.! Allerdings sind wir es gewohnt, uns solche Systeme zunächst immer einmal *analog* vorzustellen. Ein solches analoges System, wäre es früher gebaut worden, hätte ganze Räume gefüllt. Das Zauberwort jedoch lautet hier: DSP (Digital Signal Processing), also Digitale Signalverarbeitung macht's möglich. Hierfür wird in erster Linie *Rechenleistung* benötigt, denn das DMT–System ist ja weitgehend ein *Programm*, also *virtueller* Natur. Die *Echtzeitverarbeitung* so vieler Signale im DMT–System stellt höchste Anforderungen an die Prozessoren. Seit Kurzem ist es möglich Chips herzustellen, welche den Bitstrom am Eingang aufnehmen und am Ausgang direkt das DMT–*Basisband*–Signal ausgeben. Sie beinhalten also alle Prozesse, die vorstehend beschrieben worden sind, einschließlich der Kanalkodierung.

Dieses Basisband kann dann durch einen einzigen hochfrequenten Träger in einen beliebigen Frequenzbereich „verschoben" werden. Das wiederum geschieht durch Analogtechnik.

Welche Alternativen gibt es zu breitbandigen DMT–Systemen im Sinne der 3. Lektion von Shannon? Wäre es beispielsweise nicht einfacher, den Eingangs-Bitstrom über QAM direkt mit einem *einzigen* Träger zu modulieren? Darüber haben Fachleute lange gestritten, aber der Streit scheint entschieden. CAP (Carrierless Amplitude/Phase Modulation) ist eine spezielle vielstufige Form von QAM, bei der die vielen Zustände des Signalraums *einer einzigen Trägerschwingung* durch diskrete Amplituden- und Phasenänderungen zugeordnet werden. Die 16–QAM in Abb. 264 zeigt auch das Prinzip von CAP.

Die Unterschiede zwischen DMT und CAP zeigen die feinen Unterschiede bezüglich der 3. Lektion Shannons:

- DMT arbeitet mehr im Frequenzbereich, CAP mehr im Zeitbereich. Die QAM/CAP–Technik arbeitet mit relativ hoher Symbolrate. Jedes Symbol dauert nur kurz und besitzt deshalb ein breiteres Frequenzband. DMT besitzt eine wesentlich längere Symboldauer bzw. eine Vielzahl entsprechend schmaler Frequenzbänder.

- DMT ist deshalb *wesentlich unempfindlicher gegen Mehrwege–Empfang* beim Mobilfunk oder Digitalen Rundfunk DAB. Solange die zahlreichen Reflexionen an Hindernissen noch während der Symboldauer eintreffen, lässt sich das Sendersignal rekonstruieren.

- DMT lässt sich viel flexibler an die physikalischen Eigenschaften des Kanals (z. B. Kabel) anpassen. In den Frequenzbereichen mit hoher Dämpfung oder/und Störungen können die dort liegenden Trägerfrequenzen niederstufig PSK–moduliert werden. Dadurch vergrößert sich die Distanz zwischen den Punkten im Signalraum, wodurch die Störsicherheit zunimmt bzw. die Bitfehlerwahrscheinlichkeit abnimmt. Hierdurch kann DMT wesentlich besser an die störungsabhängige Kanalkapazität angepasst werden.

- Gab es noch vor einiger Zeit infolge des einfacheren Prinzips Vorteile für das QAM/CAP–Konzept hinsichtlich der technischen Realisierung, so gilt dies nun nicht mehr. Im Gegensatz: DMT ist inzwischen akzeptierter Standard und es gibt hierfür Chips zahlreicher Hersteller. CAP dagegen ist nicht standardisiert und es gibt keine Chips hierfür, weil DMT Shannons 3. Lektion intelligenter angeht!

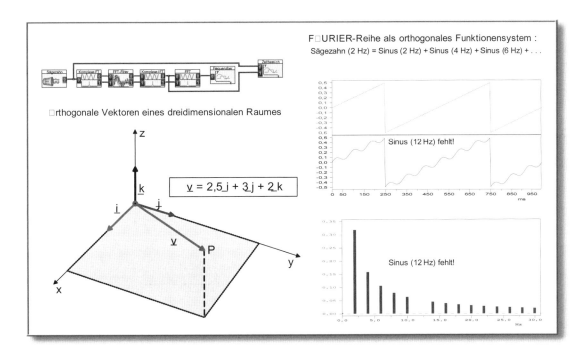

FⵔURIER-Reihe als orthogonales Funktionensystem :
Sägezahn (2 Hz) = Sinus (2 Hz) + Sinus (4 Hz) + Sinus (6 Hz) + . . .

Abbildung 270:   ***Orthogonalität***

*Wie gelangt man zu einem Raumpunkt P? Ganz einfach z. B. nach folgender Anweisung: Gehe 2,5 Einheitsschritte (der Länge 1) in x-Richtung (2,5 **i**) plus 3 Einheitsschritte in y-Richtung (3 **j**) plus 2 Einheitsschritte in z-Richtung (2 **k**). Der zu P führende Vektor kann also beschrieben werden durch* **v** = 2,5 **i**+ 3 **j** + 2 **k** *. Vektoren werden hier unterstrichen und fett gedruckt dargestellt und stellen gewissermaßen Zahlenwerte mit Richtungsangaben dar.*

i *,* **j** *und* **k** *sind* **linear unabhängig**, *weil sie senkrecht aufeinander, also* **orthogonal** *zueinanderstehen. Dies bedeutet: Der Punkt P ließe sich niemals unter Verzicht eines der drei Einheitsvektoren* **i** *und* **k** *erreichen!Z. B. wäre falsch* **v** = 2,5 **i** + 3 **j**+ 2 (**i** +**j**)*.* **i** *,* **j** *und* **k** *sind in diesem Sinne unersetzbar und gleichzeitig die Mindestanzahl von Vektoren, um einen dreidimensionalen Raum „aufzuspannen", d. h. jeden beliebigen Punkt des Raumes zu erreichen!*

Orthogonale Funktionensysteme: *Ein periodischer Sägezahn von 2 Hz enthält – wie bekannt – alle ganzzahlig vielfachen Frequenzen von 2 Hz, also Sinusschwingungen von 2, 4, 6, ... Hz bis hin zu „unendlich hohen" Frequenzen.*

Diese unendlich vielen diskreten Frequenzen bilden im obigen Sinne einen „unendlich dimensionalen Vektorraum". Der Grund: Fehlt nur eine einzige dieser Frequenzen – in der Abbildung oben ist es die Sinusschwingung von 12 Hz – so lässt sich ohne diese 12 Hz die Sägezahnschwingung auf keinen Fall mehr aus Sinusschwingungen rekonstruieren! In diesem Sinne sind alle dieser unendlich vielen Frequenzen unersetzlich und stellen die Mindestanzahl dar, diesen Sägezahn zusammenzusetzen. In der Sprache der Mathematik bedeutet dies: Alle diese unendlich vielen Sinusschwingungen sind zueinander orthogonal!

Orthogonal Frequency Division Multiplex (OFDM)

Der neue europäische Digitale Rundfunkstandard DAB arbeitet mit einem speziellen DMT–Verfahren: OFDM (Orthogonal Frequency Division Multiplex). „Orthogonal" bedeutet eigentlich „senkrecht stehend auf" und ist ein Grundbegriff der Mathematik, speziell der Vektorraum-Mathematik. Abb. 270 versucht, diesen Zusammenhang anschaulich mit der Modulationstechnik in Verbindung zu bringen.

Die bei der OFDM verwendeten Trägerfrequenzen sind stets die ganzzahlig Vielfachen einer Grundfrequenz!

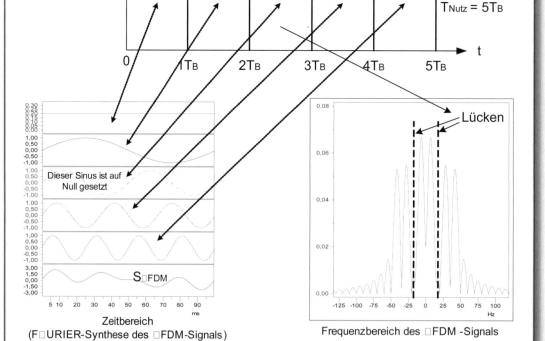

Abbildung 271:   ***Blockschaltbild und vereinfachte Darstellung der OFDM***

In Abb. 269 liegen am Eingang des Addierers lauter Sinusschwingungen. Handelt es sich hierbei um ganzzahlige Vielfache einer Grundfrequenz, so lässt sich deren Summe als FOURIER–Synthese begreifen. Die FOURIER–Synthese ist aber das Ergebnis einer Inversen FOURIER–Transformation IFT (siehe Abb. 95) bzw. hier einer IDFT (Inverse Diskrete FOURIER–Transformation). Demnach lassen sich die Bitmuster am Ausgang des Demultiplexers als diskretes Spektrum (nach Real- und Imaginärteil) auffassen, welches über eine IDFT durch FOURIER–Synthese zu einem DMT–Signal im Zeitbereich verwandelt wird.

Statt der vielen Multiplizierer und Oszillatoren in Abb. 269 wird deshalb bei OFDM–Systemen ein IDFT-Block verwendet. Zu jedem Bit an den vielen Eingängen des IDFT–Blocks gehört am Ausgang eine ganz diskrete Frequenz mit diskreter Amplituden- und Phasenlage.

Genau genommen besteht jeder Eingang/Ausgang demnach aus 2 Leitungen (Real- und Imaginärteil)!

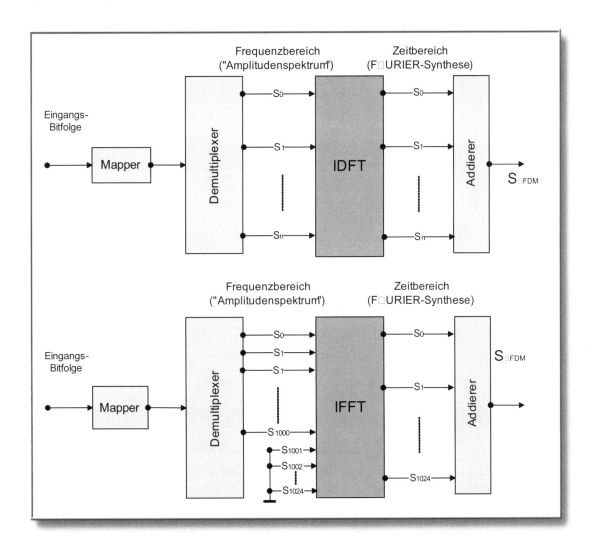

Abbildung 272:   ***IDFT und IFFT***

*Die Diskrete FOURIER–Transformation **DFT** als auch die Inverse Diskrete FOURIER–Transformation **IDFT** erlauben eine variable Blocklänge, d. h. sie können individuell an die Anzahl der Ausgänge des Demultiplexers angepasst werden. Allerdings sind beide Algorithmen bei hoher Anzahl der Ausgänge sehr rechenintensiv.*

*Die **FFT** ist eine auf Geschwindigkeit optimierte **DFT** wie auch entsprechend die **IFFT**. Sie nutzen übrigens das Symmetrie–Prinzip im Algorithmus aus! **FFT** und **IFFT** benötigen jedoch immer eine Blocklänge, die sich als Potenz von 2 ergibt, z. B. $2^{10} = 1024$.*

*Im vorliegenden Falle benötigt eine 1024-**IFFT** wesentlich weniger Zeit als eine 1000-**IDFT**. Deshalb ist es möglich, die 24 fehlenden Eingangswerte einfach als Null anzunehmen. Die Informationen über alle Eingangs-Bitmuster bleiben dabei erhalten.*

Dies hat überraschende Konsequenzen und bringt ungeahnte Vorteile. Betrachten Sie bitte noch einmal genau Abb. 269 oben. Am Ausgang des Demultiplexers erscheint momentan ein breiter Bitcode. Jedes Bit hiervon wird anschließend mit einem sin- bzw. kosinusförmigen Träger multipliziert und dadurch liegen am Eingang des Addierers z. B. 1000 (äquidistante) Sinusschwingungen mit variabler Phasenlage, die zusammen am Ausgang des Addierers das DMT–Signal im *Zeitbereich* ergeben. Das könnte etwas mit FOURIER–Synthese zu tun haben, d. h. mit der *Signalerzeugung im Zeitbereich* durch die Addition geeigneter Sinusschwingungen.

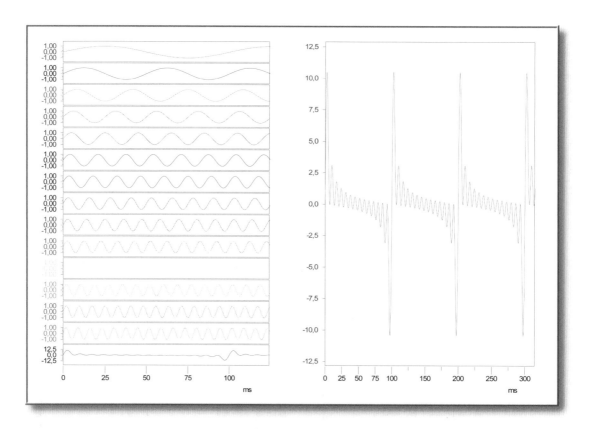

Abbildung 273:   ***OFDM–Signal mit Nullphasen (ASK-OFDM)***

Dies Bild zeigt, warum es eine reine ASK–OFDM nicht geben sollte. Dann hätten alle Trägerschwingungen die gleiche Phase. Das hätte gravierende Folgen am Ausgang des Addierers. Die Summe aller Trägerschwingungen könnte lokal hohe Spitzen („Nadelimpulse") aufweisen. Damit aber wären die Übertragungseinrichtungen – z. B. Verstärker -überfordert.

Soll das gesamt OFDM–Signal im Frequenzbereich etwa die Form von weißem Rauschen besitzen, so erscheint die pseudo-zufällige Phasentastung (als Abbild des anliegenden Bitmusters) von Trägerschwingungen gleicher Amplitude als geeignete Wahl.

Aber welche Sinusschwingungen sind hierfür geeignet? Wie wir wissen, kommen als Sinusschwingungen bei (periodischen) Signalen nur die ganzzahlig Vielfachen der Grundfrequenz in Frage (ein digitales Signal einer bestimmten Blocklänge wird ja als periodisch aufgefasst; siehe Kapitel 9 „Digitalisierung"). Eine FOURIER–Synthese erhält man jedoch auf dem Weg vom Frequenz- in den Zeitbereich, d. h. über eine Inverse FOURIER–Transformation IFT bzw. hier über eine IDFT (Inverse Diskrete FOURIER– Transformation).

Demnach lässt sich der Bitcode am Ausgang des Demultiplexers als Frequenzspektrum interpretieren und die riesige Anzahl von Multiplizierern und Oszillatoren lässt sich durch *einen* IDFT–Block ersetzen! Durch die Orthogonalität der Trägerfrequenzen ergibt sich also ein vereinfachtes Verfahren mit IDFT.

Wie nun Abb. 271 in vereinfachter Weise zeigt, entspricht die Symboldauer bei OFDM der Periodendauer der Grundschwingung. In jedes OFDM–Symbol passt also ein ganzzahliges Vielfaches der Periodendauer aller Trägerschwingungen.

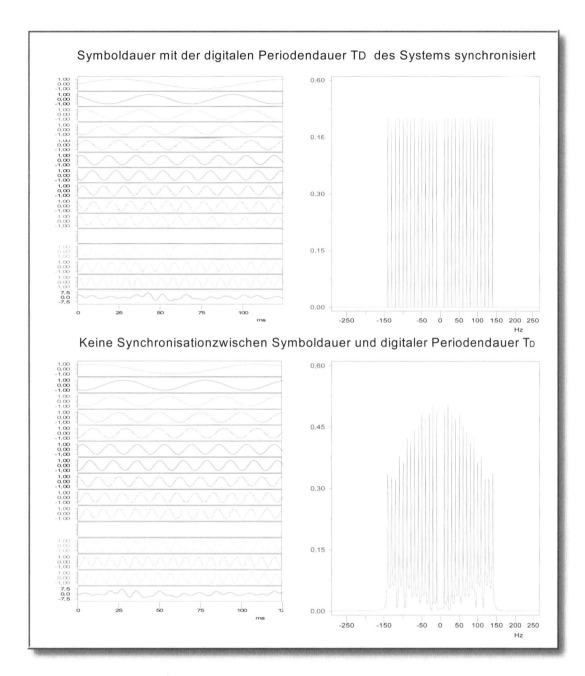

Abbildung 274:   ***OFDM und digitale Periodendauer T_D***

Bei OFDM gilt die Symboldauer gewissermaßen als Zeitreferenz. Von besonderer Bedeutung ist zusätzlich aber deren Synchronität mit der digitalen Periodendauer T_D des Signal verarbeitenden Gesamtsystems.

Nur dann wird das Spektrum – die Summe aller Trägerschwingungen – richtig wiedergegeben bzw. rekonstruiert. Im vorliegenden Bild wurden die 4 möglichen Phasen der einzelnen Träger zufällig ausgewählt.

In der unteren Bildhälfte sind die Folgen der Nichtsynchronität der Symboldauer mit der digitalen Periodendauer T_D des Gesamtsystems mit DASYLab simuliert. Dabei stimmt die Blocklänge (hier 2048) nicht ganz mit der Abtastrate (hier 2040) überein.

Symboldauer und digitale Periodendauer T_D des Gesamtsystems müssen also in einem ganzzahligen Verhältnis zueinanderstehen.

Ein besonderes Problem bei OFDM–Systemen ist deshalb die präzise zeitliche Synchronisation aller Sender im Hinblick auf Interferenz und Gleichwellenempfang benachbarter Sender.

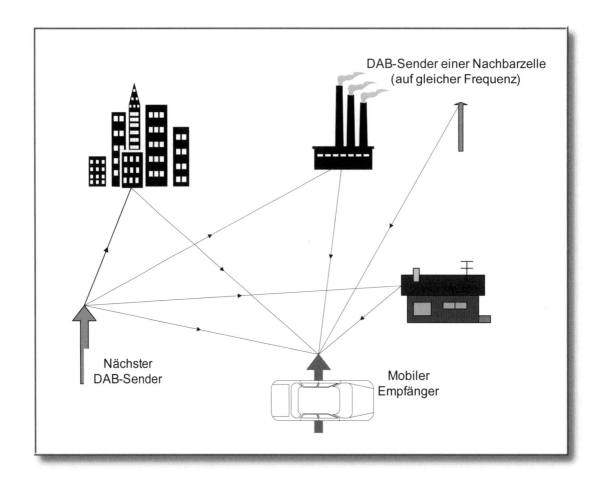

Abbildung 275:   ***Mehrwege– und Gleichwellen–Empfang bei DAB***

Coded OFDM (COFDM) und Digital Audio Broadcasting (DAB)

Der Digitale Rundfunk DAB ist eine gemeinsame Entwicklung mehrerer europäischer Länder. Kennzeichnen von DAB sind verschiedene Übertragungsmodi, welche die Anpassung je nach Bedarf für Audio, Text, Bilder und auch mobiles TV erlaubt. In diesem Sinne ist DAB nicht nur ein besserer Nachfolger für den UKW–Rundfunk, sondern Teil eines vollkommen neuartigen Übertragungssystems für digitale Daten, in dem allerdings Rundfunk und TV dominieren.

Abgestrahlt vom Sender werden 1536 Sinusträger im Abstand 1 kHz (Modus I). Während jeder Symboldauer T_S von 1,246 ms kann jeder Träger 4 verschiedene diskrete Phasenzustände einnehmen (4–DPSK). Dies entspricht 2 Bit ($2^2 = 4$). Während eines DAB–Zeitrahmens von 76 Symbolen (94,7 ms) können demnach $76 \cdot 2 \cdot 1536 = 233.472$ Bit übertragen werden. Pro Sekunde ergeben sich dann 2,4 MBit, d. h. die Übertragungsrate bei DAB ist 2,4 Mbit/s.

Abb. 275 zeigt den Mehrwege- und Gleichwellenempfang beim Mobilfunk. Die hieraus resultierenden Probleme wie Interferenzen („Fading", Schwund) usw. waren durch analoge Verfahren nicht lösbar. Durch eine einzigartige Kombination von Schutzmaßnahmen sind diese mehr oder weniger bei DAB gelöst worden. Deshalb spricht man bei DAB von COFDM (Coded Orthogonal Frequency Division Multiplex, also *kodierte OFDM*).

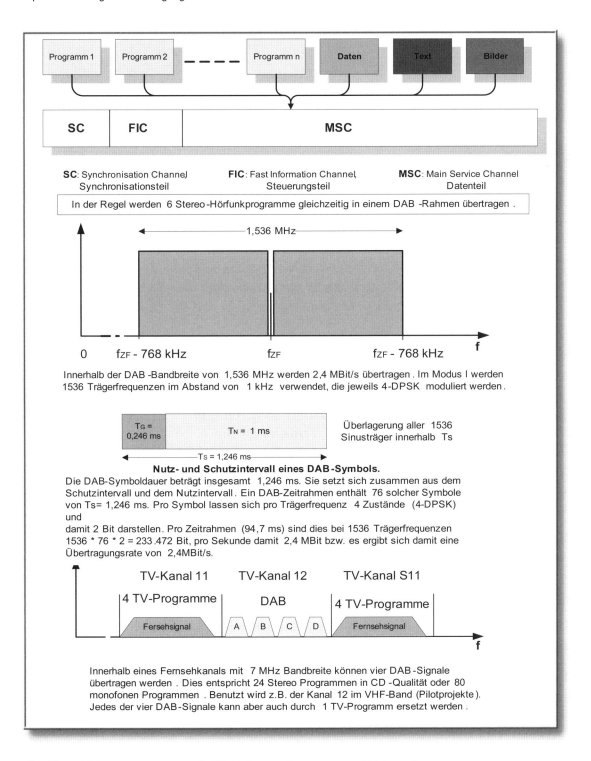

Abbildung 276:   ***DAB–Rahmen, Frequenz- und Zeitstruktur***

Im Synchronisationsteil SC ist ein Nullsymbol enthalten, das dem Empfänger zur groben Synchronisation der Rahmen und Symbolstruktur dient. Zur genauen Synchronisation wird das dort ebenfalls vorhandene Phasenreferenzsymbol verwendet. Im Steuerungsteil FIC werden Daten zur Steuerung und Dekodierung des DAB–Multiplex–Signals übertragen. Da diese Daten fehlerfrei empfangen werden müssen, sind sie besonders fehlergeschützt kodiert.

Das empfangene Signal wird nur während der Nutzintervalldauer T_N ausgewertet. Durch das Schutzintervall der Dauer T_G werden (lineare) Verzerrungseinflüsse aufgrund von Mehrwegeausbreitung und Gleichwellenempfang vermindert. Der Datenteil MSC enthält die eigentlichen Nutzdaten.

Die Audio–Signale werden einmal fehlerschutzkodiert (Faltungskodierung und Viterbi-Dekodierung. Eine weitere wirkungsvolle Schutzmaßnahme stellt Interleaving („Verschachtelung") dar. Durch Zeit–Interleaving können ursprünglich aufeinander folgende Bits eines Programms durch Umsortierung nach einem festgelegten Schema so verschachtelt werden, dass sie zeitlich weit auseinander liegen. Durch Frequenz–Interleaving werden die Daten der verschiedenen Programme ebenfalls durch Umsortierung auf die 1536 Trägerfrequenzen so verteilt, dass die Daten eines Programms im Spektrum weit auseinander liegen.

> *Die Audio–Signale usw. eines DAB–Signals werden im Zeit- und Frequenzbereich förmlich „zerpflückt". Das DAB–Signal und seine Nachbarn erscheinen so äußerlich fast wie breitbandiges weißes Rauschen.*
> *Wird durch Schwundverluste ein schmaler Frequenzbereich gestört, so ist meist nur ein winziger Teil der Signale verfälscht, der bei der Dekodierung erkannt und korrigiert werden kann.*

Global System for Mobile Communications (GSM)

Bei GSM handelt es sich auch um eine gemeinschaftliche europäische Entwicklung, hier für den Telefon–Mobilfunk. GSM verwendet beim D–Netz den Bereich 890 – 915 MHz für den *Uplink* (Verbindung vom Teilnehmer zum Netz) und 925 – 960 MHz für den *Downlink* (Verbindung vom Netz zum Teilnehmer). Im E–Netz liegt der Uplink von 1760,2 – 1775 MHz, der Downlink von 1855,2 – 1870 MHz. Diese Bänder werden jeweils in 200 kHz breite Kanäle eingeteilt. Wegen Uplink und Downlink korrespondieren jeweils immer zwei Frequenzen bzw. Kanäle miteinander (Duplex). GSM verwendet also auch FDMA (siehe Abb. 277).

Die Ziele von GSM waren u. a. Schutz gegen Missbrauch und Abhören (Kryptologie), hohe Teilnehmerkapazität, hohe Bandbreitenausnutzung, Übergänge zu den Festnetzen, Optimierung der Telefondienste, hohe Datengüte bzw. geringe Bitfehlerwahrscheinlichkeit sowie integrierte Daten- und Zusatzdienste.

GSM verwendet TDMA, um die Teilnehmer einer (lokalen) Zelle zu trennen. Hierbei teilen sich 8 Teilnehmer einer Basisstation eine Trägerfrequenz.

Die Kombination von TDMA und FDMA ergibt im D–Netz bei 50 Duplex–Kanälen mit je 200 kHz und 8 Teilnehmern je Kanal 400 Übertragungswege. Die Bitrate eines Kanals ist 271 kBit/s bei 200 kHz Bandbreite. Für die Modulation wird wieder das 4–DPSK–Verfahren verwendet. Die Bitrate pro Gespräch liegt bei 13 kBit/s. Die restliche Übertragungskapazität dient der Datensicherung. Zur Datensicherung kommt Faltungs–Kodierung und Interleaving zum Einsatz.

Asymmetric Digital Subscriber Line (ADSL)

ADSL (Asymmetric Digital Subscriber Line) Verfahren wurde bereits zu Beginn des Kapitels 11 beschrieben. Hierbei handelt es sich um eine spezielle Variante von DMT für Kabelstrecken. Durch eine Optimierung aller bislang beschriebenen Verfahren der Kodierung und Modulation ist es möglich, über eine normale 0,6 mm Cu-Doppelader für Telefonverkehr neben ISDN noch bis zu 8 Mbit/s zu transportieren.

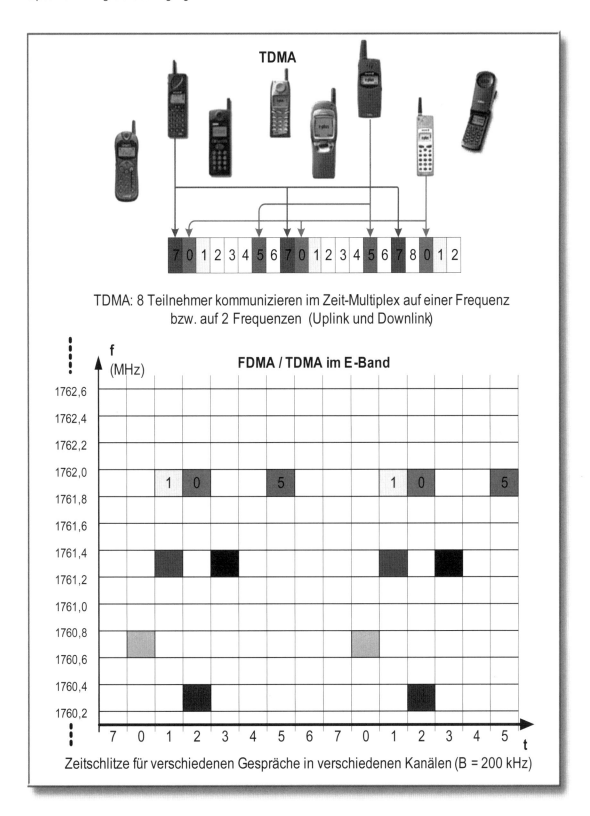

Abbildung 277:   *Frequenz- und Zeitmultiplex beim GSM-Verfahren*

Modernere ADSL-Systeme arbeiten oberhalb des Frequenzbandes von ISDN und nutzen den Frequenzbereich bis ca. 1,1 MHz aus. Insgesamt werden 256 Trägerfrequenzen im Abstand von 4 kHz (für die Richtung vom Netz zum Teilnehmer) verwendet. Jeder Träger kann üblicherweise bis zu 32 Zustände im Signalraum einnehmen.

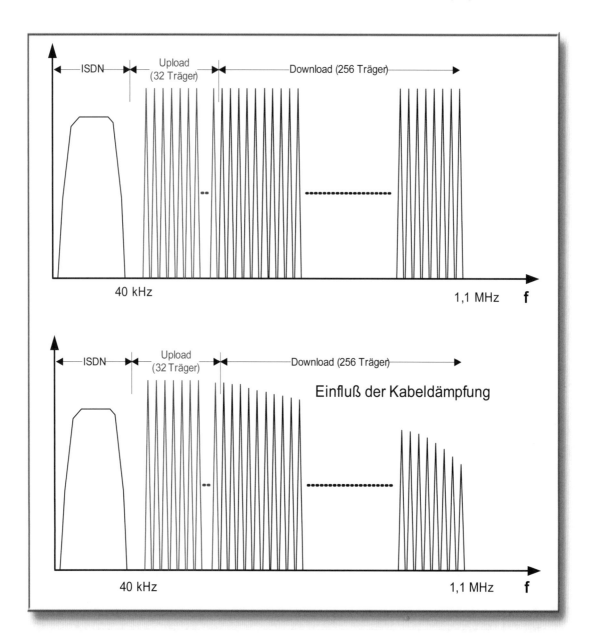

Abbildung 278:   **ADSL als spezielles – asymmetrisches – DMT–Verfahren**

Allerdings wird das System über eine automatische Messung des Signal-Rausch-Abstandes an die Eigenschaften des Übertragungsweges angepasst. Auf normalen Cu-Leitungen nimmt die Dämpfung um 1 MHz stark zu. Entsprechend werden die möglichen Zustände der dort liegenden Träger reduziert, sodass z. B. statt 32–QAM lediglich 4–QAM zum Tragen kommt. Liegen in diesem Bereich starke schmalbandige Störungen – z. B. durch Rundfunk – vor, so werden die Träger „abgeschaltet".

> *Mit steigender Kabellänge steigt auch die Leitungsdämpfung*
> *proportional. Deshalb ist bei ADSL die Übertragungsrate direkt*
> *proportional zur Leitungslänge. Die Herstellerangaben für ADSL*
> *beziehen sich meist auf Längen zwischen 2 bis 3 km.*

Da ADSL für die schnellere Internet–Kommunikation gedacht ist, fällt der „Downstream" (vom Netz zum Teilnehmer) mit bis zu 8 Mbit/s wesentlich größer aus als der „Upstream" (bis zu 768 kBit/s). Der Datentransport vom Internet zum Teilnehmer ist üblicherweise viel umfangreicher als umgekehrt.

Die Modulation und Demodulation erfolgt als OFDM, d. h. im Sender wird eine **IDFT** bzw. **IFFT** verwendet, um die diskreten Amplitudenstufen an den Ausgängen des Demultiplexers in den Zeitbereich zu transformieren (siehe Abb. 271 und 272). Dieser Vorgang wird im Empfänger durch eine **FFT** wieder rückgängig gemacht. 256 (= 2^8) Träger für den Downstream und 32 (= 2^5) für den Upstream deuten schon auf die Verwendung von **IFFT** und **FFT** hin! Da im netzseitigen Sender das komplexe Signal aus je 256 Real- und 256 Imaginärteilen gebildet wird, muss eine 512-Punkte **IFFT** verwendet werden.

Die Deutsche Telekom bietet zurzeit T–DSL an, eine Variante mit erheblich niedrigerer Rate. Dadurch ist es nicht nötig, bis hin zur letzten Digitalen Vermittlungsstelle Internet-verbindungen mit sehr hoher Übertragungsrate installieren zu müssen.

Für kurze Verbindungen wird ein symmetrisches HDSL–Verfahren mit bis zu 50 Mbit/s angeboten.

Frequenzbandspreizung: Spread–Spectrum

Oft wird CDMA (Coded Division Multiple Access) gleichgesetzt mit dem „Spreizband-Verfahren". Es ist aus der Sicht von Shannons „Lektionen" vielleicht sogar das interessanteste Übertragungsverfahren überhaupt. Das „natürliche" Frequenzband eines Signals wird hier absichtlich gespreizt, sodass es wesentlich breitbandiger übertragen wird. Wozu sollte das gut sein?

Zunächst ist zu klären, wie man aus einem schmalbandigen überhaupt ein breitbandiges Signal machen kann. Die einfachste Möglichkeit wäre, kürzere Impulse zu verwenden, denn im Grenzfall erzeugt ja ein Nadelimpuls ein unendlich breites Spektrum. Das wäre vergleichbar mit dem Zeitmultiplex–Verfahren (z. B. bei GSM, siehe auch Abb. 277), wo 8 Teilnehmer sich das Signal teilen, wodurch sich die Datenrate um den Faktor 8 erhöht. Jedem der Teilnehmer steht nur noch ein Achtel der Zeit zur Verfügung. Allerdings ist die Verwendung kurzer Impulse meist technisch schwierig, da der Sender die Sendeleistung schnell verändern muss.

Günstiger ist da schon die Spreizung der schmalbandigen Bitfolge durch Impulsfolgen, die sich wie weißes Rauschen verhalten (Pseudo Noise– (*pn*)– *Sequenzen*). Allerdings müssen diese Spreizsequenzen sich wie „nachvollziehbares Rauschen" verhalten, denn im Empfänger muss ja alles rückgängig gemacht werden können. Dieses „Pseudo-Rauschen wird mithilfe rückgekoppelter Schieberegister erzeugt und wiederholt sich nach einiger Zeit. Im Gegensatz zu weißem Rauschen besitzt Pseudo-Rauschen auch eine feste Taktrate

Jede Fehlerschutzkodierung hat ja auch eine Spreizung des Frequenzbandes zur Folge, denn auch hier wird ja ein längerer Code verwendet. So ist einzusehen, dass diese Spreizung in Form einer Kodierung durchgeführt wird, die das Signal wesentlich unempfindlicher gegen Störungen macht.

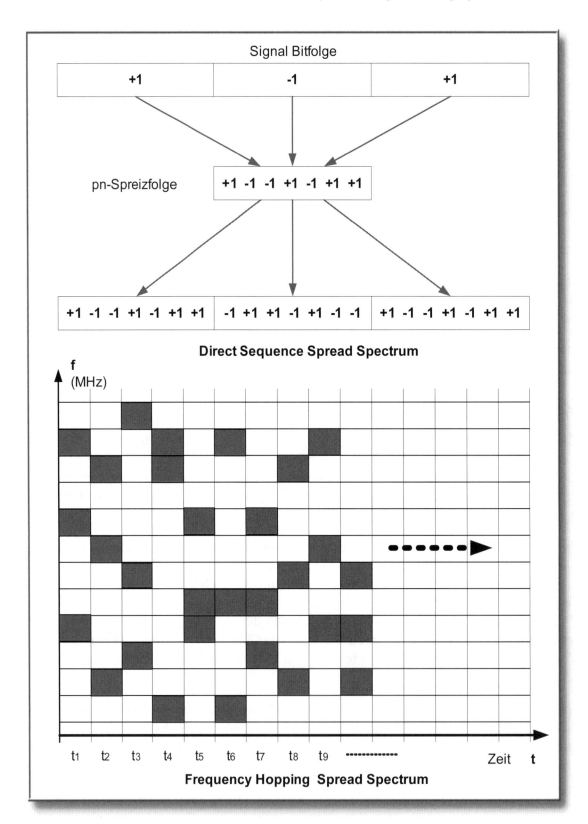

Abbildung 279:   ***Direct Sequence und Frequency Hopping bei Spread Spectrum***

Vom Prinzip her erscheint das Direct–Sequence–Verfahren am einfachsten. Das gespreizte Signal kann über einfache logische Operationen erzeugt werden.

Nicht ganz leicht dürfte es sein, für das „Frequenzhüpfen" einen Satz von sehr schnell durchstimmbaren Frequenzsynthesizern herzustellen. Das „Zeithüpfen" als dritte Methode dürfte wiederum einfacher sein.

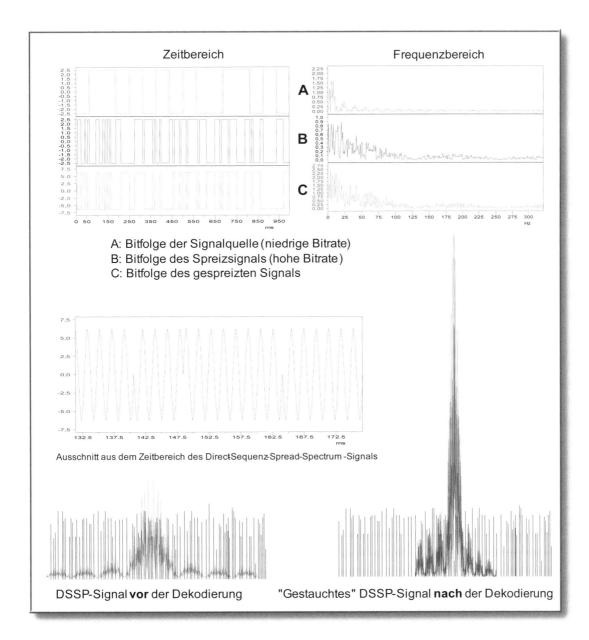

A: Bitfolge der Signalquelle (niedrige Bitrate)
B: Bitfolge des Spreizsignals (hohe Bitrate)
C: Bitfolge des gespreizten Signals

Ausschnitt aus dem Zeitbereich des Direct-Sequenz-Spread-Spectrum-Signals

DSSP-Signal **vor** der Dekodierung   "Gestauchtes" DSSP-Signal **nach** der Dekodierung

Abbildung 280:   ***Direct Sequence Spread Spectrum DSSS***

Oben: Deutlich ist zu sehen, wie sich das Spektrum durch die Spreizsequenz verbreitert. Die Bandbreite ergibt sich aus der Spreizsequenz, die hier nicht ganz korrekt dargestellt ist. Sie müsste sich eigentlich periodisch mit dem Takt der niedrigratigen Bitfolge wiederholen. Das ist jedoch ohne Einfluss auf den spektralen Verlauf.

Mitte: Für die Übertragung wird die gespreizte Bitfolge mit einem Träger moduliert. Das Bild zeigt einen kleinen Ausschnitt im Zeitbereich aus dem modulierten Spread–Spectrum–Signal. Hier liegt offensichtlich ein PSK-moduliertes Signal vor.

Unten: Kennt der Empfänger den Code, so kann das Empfangssignal in gestauchter Form rekonstruiert werden. Dieses gestauchte Signal ragt aus dem Rauschen heraus und enthält die Information über die ursprüngliche Bitfolge niedriger Rate (siehe oben).

Bei Spread–Spectrum–Signalen ist die Bandbreite – im Gegensatz zu allen bisher beschriebenen Digitalen Übertragungsverfahren – viel größer als die Informationsrate.

Durch die Verbreiterung des Spektrums nimmt die Störsicherheit (auch) gegen schmalbandige Störer zu. Das kann von Vorteil sein, falls jemand z. B. absichtlich versucht das Signal zu stören.

Vom Prinzip her recht einfach ist *Direct Sequence Spread Spectrum*. Im Prinzip handelt es sich hierbei um die Multiplikation einer niedrigratigen bipolaren Bitfolge mit einer hochratigen bipolaren pn-Bitfolge (siehe Abb. 280), sonst aber im Prinzip wie bei AM.

Eine andere Möglichkeit ist *Frequency Hopping Spread Spectrum*. Das Frequenzhüpfen wird durch eine *pn–Sequenz* gesteuert. Dieses System besteht hauptsächlich aus dem Codegenerator und einem schnell steuerbaren Frequenzsynthesizer, der durch den Codegenerator gesteuert wird. Im Unterschied zu FSK (siehe Abb. 260) beträgt die Anzahl der möglichen Frequenzen nicht nur 2, sondern kann sehr groß sein.

Aus Symmetriegründen muss es dann auch *Time–Hopping–Spread–Spectrum* geben. Hierbei hüpft der Impuls zwischen möglichen Sendezeiten zufällig hin und her, so als würde es ein Zeitmultiplex–System für nur ein Signal geben.

Wird im Sender das Signal frequenzmäßig gespreizt, so wird es im Empfänger entsprechend gestaucht. Da die Energie des Signals sich nicht verändert, muss der Amplitudenverlauf um den Spreizfaktor höher ausfallen: Das Signal ragt aus dem Rauschen heraus. Dies verdeutlicht Abb. 280.

Im Empfänger kann das Signal nur frequenzmäßig gestaucht werden, falls der Code bekannt ist. Da für jedes Signal der Code anders aussieht, können *viele Signale den gleichen Frequenzbereich nutzen*, sodass sich der Nachteil der Frequenzbandspreizung mehr oder weniger aufhebt. Das Signal wird durch eine *Korrelation* wiedergewonnen (siehe Abb. 84 und 85). Hierdurch wird die Ähnlichkeit bzw. Erhaltungstendenz des ursprünglichen Signals „herausgefiltert".

Spread Spectrum kann vor allem dort eingesetzt werden, wo schwächste – im Rauschen verschwundene – Signale wiedergewonnen werden sollen. Dieses Verfahren findet u. a. Verwendung beim GPS (Global–Positioning–System) oder auch bei drahtlosen Mikrofonen. Spread Spectrum könnte vielleicht *die* Lösung für ein breitbandiges, drahtloses Kommunikationsnetz im Höchstfrequenzbereich werden!

Aufgaben zu Kapitel 13

Aufgabe 1

(a) Beschreiben sie die Möglichkeiten, ein digitales Signal – also ein Bitmuster – vor der Modulation bzw. Übertragung frequenzbandmäßig zu begrenzen.

(b) Wie lässt sich hierbei die Überlagerung (Interferenz) benachbarter Impulse in Grenzen halten?

(c) Wie lässt sich bei einem empfangenen Signal messtechnisch in qualitativer Weise feststellen, ob die Information noch rekonstruierbar ist?

(d) Weshalb sind manche Filtertypen überhaupt nicht zur Filterung von „rechteckförmigen" Bitfolgen geeignet?

Aufgabe 2

Fassen Sie die generellen Unterschiede zwischen den klassischen und den digitalen Modulationsverfahren zusammen.

Aufgabe 3

Vergleich Sie Amplituden-, Phasen- und Frequenztastung miteinander.

(e) Welche Vor- und Nachteile sehen Sie jeweils?

(f) Wie lässt sich auf einfachste Weise eine ASK in eine PSK verwandeln?

Aufgabe 4

Beschreiben Sie die Idee, welche hinter dem (zweidimensionalen) Signalraum in der GAUSSschen Ebene steckt.

Aufgabe 5

Beschreiben Sie anhand der Vierphasentastung QPSK, wie sich praktisch jeder Punkt im Signalraum erreichen lässt.

Aufgabe 6

Bei der Digitalen Quadratur–Amplitudenmodulation QAM lassen sich mithilfe eines *Mappers* beliebig viele, gitterartig angeordnete Punkte im Signalraum erreichen.

(a) Beschreiben Sie dessen grundsätzlichen Aufbau.

(b) Wie viele Signalzustände (Punkte im Signalraum) werden für ein 4–Bit–Signal am Eingang benötigt?

(c) Wie lässt sich dies schaltungsmäßig im Mapper realisieren?

(d) Wie viele diskrete Amplitudenstufen benötigt Realteil- und Imaginärteil–Signal?

Aufgabe 7

Durch die Darstellung des QAM–Empfangssignals lässt sich exakt feststellen, ob das Quellensignal wieder rekonstruierbar ist.

(a) Wie ist dies erkennbar?

(b) Nach welchem Prinzip arbeitet demnach ein QAM–Empfänger?

Aufgabe 8

Fassen Sie die drei „Lektionen" der Informationstheorie Shannons zusammen!

Aufgabe 9

Das PCM–30–System wendet das Zeitmultiplex–Verfahren TDMA an. 30 Teilnehmer können hierbei den gleichen Übertragungskanal benutzen. Wie groß ist mindestens die Bitrate des PCM-30-Systems bei einer NF–Bandbreite von 4 kHz und der Verwendung von 8–Bit–A/D–Wandlern?

Aufgabe 10

DMT–Verfahren sind derzeit in der modernen Digitalen Übertragungstechnik aktueller Stand.

(a) Welchen Vorteil verspricht man sich durch DMT trotz deren komplexen Struktur?

(b) Für welche Übertragungsmedien erscheinen DMT–Verfahren besonders geeignet? Begründen Sie dies.

(c) Welche Besonderheit weist OFDM auf?

(d) Durch welche digitalen Signalprozesse lässt sich der Aufwand stark reduzieren?

(e) Inwieweit ist ein DMT–System virtueller Art, also ein Programm?

(f) Welche „Standard-Chips" werden in erster Linie für diese digitale Signalverarbeitung DSP benötigt?

(g) Welche Anwendungen arbeiten auf der Basis von DMT?

Aufgabe 11

Beschreiben Sie den Aufbau eines OFDM-Senders und Empfängers.

Aufgabe 12

Was steckt hinter der Frequenzbandspreizung und CDMA?

Kapitel 14

Neuronale Netze

Alle bisher behandelten Verfahren und Systeme zur Signalverarbeitung haben etwas gemeinsam: In ihrem Verhalten sind sie nicht anpassungsfähig, sondern festgezurrt durch Regeln und mathematische Modelle. Ihr Eigenschaften sind *statischer* Natur. Sie sind nicht lernfähig.

Damit unterscheiden sie sich wesentlich von den *natürlichen* „Signal verarbeitenden Systemen" im Bereich der lebendigen Natur. Hier sind Anpassungs- und Lernfähigkeit wesentliche Instrumente, sich gegen Konkurrenz oder Bedrohung durchzusetzen mit dem Ziel zu überleben.

Die Struktur und Signalverarbeitung natürlicher, biologischer Systeme zu ergründen ist das Ziel der *Neurophysiologie*. So besteht beispielsweise das menschliche Gehirn aus einer gigantischen Zahl (um die 100 Milliarden) weitgehend gleichartiger „Standard-Module" – den *Neuronen* – , die auf unglaublich komplexe Art und Weise miteinander vernetzt sind (die Anzahl der Verbindungen zwischen den Neuronen ist noch um mehrere Zehnerpotenzen größer!). In Abb. 281 sind hierzu einige Skizzen und Angaben zu finden. Jedes empfangene Signal bzw. jeder Lernvorgang verändert das Gehirn. Also auch jede geistige Aktivität, soziale Kontakte und körperliche Bewegung lassen neue Neuronen und deren Verbindungen sprießen.

Schon immer war die Natur der große Lehrmeister der Wissenschaften und der Technik. Die *Neuroinformatik* versucht, dieses Erfolgsrezept der Natur auf den Bereich der Mikroelektronik zu übertragen. In diesem Zusammenhang konkurrieren zwei Begriffe: *Künstliche Intelligenz* und *Neuronale Netze*. Eine genaue Abgrenzung erscheint kaum möglich. Der Versuch, Künstliche Intelligenz (KI) in die Mikroelektronik zu implementieren, scheint nach vielen Jahren aktiver Forschung derzeit etwas in die Ferne gerückt zu sein. Einer der Gründe könnte sein, dass *Intelligenz* eine zu komplexe Begrifflichkeit darstellt, um sie derzeit auf die Mikroelektronik zu projizieren. Derzeit – so die gängige Kritik – versuchen KI-Forscher Computer so zu programmieren, dass sie partiell wie Menschen agieren, ohne zunächst einmal klarzustellen, was menschliche Intelligenz eigentlich ist, wie sie zustande kommt und was es überhaupt heißt „zu verstehen". Dagegen haben *künstliche Neuronale Netze* bereits das Gebiet der Grundlagenforschung überschritten und die konkrete Realisierung innovativer Anwendungen ermöglicht.

Künstliche Neuronale Netze arbeiten mit einem stark vereinfachten Modell *natürlicher* neuronaler Netze. Sie bestehen in der Regel – geometrisch betrachtet – aus mehreren Schichten von Neuronen, wobei im einfachsten Fall nur benachbarte Schichten unidirektional von der Eingangsschicht in Richtung Ausgangsschicht miteinander kommunizieren. Siehe hierzu Abb. 281.

Es gibt hierzu eine Fülle von Fachliteratur. An dieser Stelle sollen die Grundlagen nur in Wort und Bild angedeutet werden. Vielmehr erscheint es viel reizvoller, dem selbsterforschenden Lernen Priorität einzuräumen, d. h. anhand *praktischer* Versuche ein „Feeling" für die Entwicklung interessanter Anwendungen zu vermitteln.

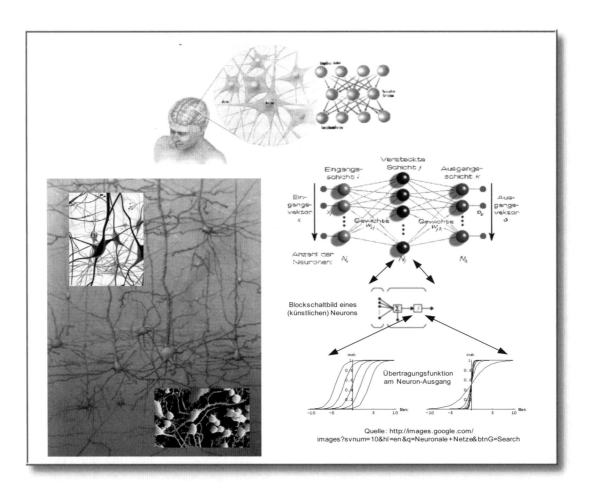

Abbildung 281: ***Visualisierung natürlicher bzw. „biologischer" und künstlicher neuronaler Netze***

*In der linken Bildhälfte wird versucht, einen winzigen Ausschnitt eines biologischen neuronalen Netzes in seiner räumlichen Komplexität zu visualisieren. Künstliche neuronale Netze besitzen – siehe rechte Bildhälfte – dagegen meist eine recht einfache zweidimensionale Struktur, bestehend aus einer **Eingangs- schicht**, einer oder mehrerer **„verdeckter" Schichten** sowie einer **Ausgangsschicht**. Üblicherweise kommunizieren hier nur benachbarte Schichten in einer Richtung miteinander. Jedes Neuron stellt hierbei – in Anlehnung an das biologische Vorbild – ein signaltechnisch relativ einfaches „Modul" dar: Die gewichteten ankommenden Signal werden aufsummiert und meist durch eine **nichtlineare** Übertragungs– Funktion größenmäßig begrenzt. Diese Begrenzung macht das Neuronale Netz „stabiler", indem es den Einfluss dominierender Summen verringert. Als Folge werden mehr Trainingseinheiten benötigt, bis sich das Neuronale Netz optimiert hat. Durch die „massiv parallele" Signalverarbeitung gelingt es – wiederum wie beim biologischen Vorbild – selbst bei langsamen Einzelprozessen eine komplexe Mustererkennung blitzschnell durchzuführen. Im Gegensatz zum Computer ist stets das **gesamte** Neuronale Netz an der Mustererkennung beteiligt. Beim Neuronalen Netz gibt es hier keine Trennung zwischen Hard- und Software; das Neuronale Netz ist beides zugleich. In der Gewichtung der einzelnen Verbindungen sowie der Netzstruktur des **trainierten** Neuronalen Netzes sind die Fähigkeiten zur Mustererkennung verborgen!*

Bemerkung: Dieses Kapitel konnte erst in Angriff genommen werden, nachdem die DASY*Lab*–Module um eine zusätzliche Prozessmodellierungsgruppe zur Generie- rung Neuronaler Netze erweitert wurden. Das ist das Verdienst von Wissen- schaftlern bzw. Ingenieuren des FRAUNHOFER Instituts für Produktionstechnik und Automatisierung (IPA) in Stuttgart. Hier wurde seinerzeit nach einem neuen Ansatz gesucht, durch Überwachung und Optimierung der Produktionsprozesse jeglichen Ausschuss an produzierten Gütern zu vermeiden („Null–Fehler– Produktion"!).

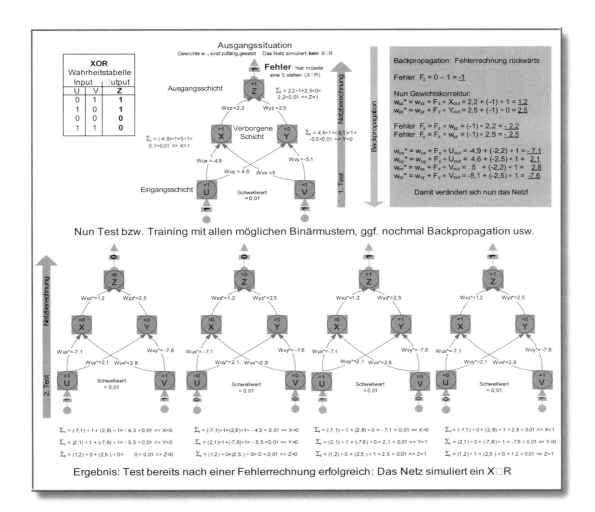

Abbildung 282:   ***Wie ein Neuronales Netz lernt***

... lässt sich wohl am ehesten anhand eines „minimalen" Neuronalen Netzes mit einfachsten Moduleigenschaften des Neurons erklären. Es gibt hier eine Eingangsschicht mit zwei Neuronen, eine verdeckte Schicht mit zwei Neuronen sowie eine Ausgangsschicht mit nur einem Neuron. Dieses Neuronale Netz soll lernen, sich wie ein logisches XOR-Modul zu verhalten. Allen Neuronen ist hier gemeinsam, bei Überschreitung eines Schwellwertes von 0,01 ausgangsseitig eine 1 zu liefern, andernfalls eine 0. Zunächst werden die Gewichte zufällig gewählt (siehe oben). An beiden Eingängen liegt jeweils eine 1. Die Rechnung ergibt aber am Ausgang eine 1 statt einer 0 (XOR): Fehler! Die Korrektur der Gewichtungen geschieht nun durch eine rückwärts gerichtete Fehlerrechnung (Backpropagation). Mit den neuen Gewichtungen (untere Bildhälfte) werden nun alle 4 binären Möglichkeiten überprüft. Ergebnis: Dieses Neuronale Netz arbeitet wie ein XOR-Modul! Dieses Beispiel beweist insbesondere: Mit „lernenden" Neuronalen Netzen lassen sich sogar regelbasierte (logische) Systeme realisieren!

Diese IPA–Module wurden für dieses Lernsystem zur Verfügung gestellt und hierfür sogar noch erweitert und verändert.

Die gute Nachricht ist: Um Neuronale Netze anzuwenden, muss man nicht unbedingt wissen, wie sie funktionieren! Dies ist ein weiterer Unterschied zu den herkömmlichen Signal verarbeitenden Systemen, wie sie in den vorstehenden Kapiteln behandelt wurden:

Ohne Detailkenntnis jedes einzelnen Bausteins/Moduls kann das „regelbasierte" Gesamtsystem nicht sinnvoll generiert werden. Nichts kann „dem Zufall überlassen" werden.

Dagegen gilt für Neuronale Netze:

> *Neuronale Netze werden für eine bestimmte Mustererkennung optimiert, indem sie mit geeigneten Daten trainiert werden. Dies geschieht so lange, bis sich aufgrund der Eingangs–Trainingsdaten das gewünschte Ausgangsverhalten eingestellt hat. Neuronale Netze **lernen** in einem gewissen Sinne durch Training!*

> *Diese Fähigkeit ergibt sich aus dem den natürlichen Neuronalen Netzen entlehnten strukturellen Aufbau von Neuronen und Netz. Die hieraus resultierenden Möglichkeiten stellen geradezu einen **Paradigmenwechsel** in der Signalverarbeitung dar.*

In der einführenden Fachliteratur sind oft Aussagen zu finden wie „Neuronale Netze erfordern nicht den Gebrauch von Regeln oder Mathematik. Sie benötigen lediglich Beispiele, von denen sie lernen können". Das ist allerdings meist nur im Prinzip richtig bzw. die halbe Wahrheit:

> *Generell ist wohl eine **Signalvorverarbeitung** sinnvoll, welche aus den Trainingsdaten die wesentlichen Informationen selektiert, die zu einer möglichst einfachen, robusten und erfolgreichen Lösung für das Neuronale Netz führen.*

> *Eine optimale Signalvorverarbeitung im technisch-naturwissenschaftlichen Bereich erfordert meist eine genaue Analyse der physikalischen Zusammenhänge und mündet schließlich in einer Anzahl von **Kenngrößen**, die sich auf den zeitlichen Verlauf, das frequenzmäßige Verhalten oder z. B. auch auf die Häufigkeit des Auftretens beziehen. Erst die mittels geeigneter Kenngrößen selektierten Informationen werden üblicherweise dem Neuronalen Netz zugeführt.*

> Beispiel: Ein (einfaches) Neuronales Netz soll erkennen, ob am Eingang ein Signal (z. B. Dreieck-, Sägezahn-, Rechteck- oder Sinussignal) anliegt. Das Ergebnis soll angezeigt werden.

Auch beim Einsatz Neuronaler Netze ist zumindest im technisch-naturwissenschaftlichen Bereich die herkömmliche Signalverarbeitung, unter Berücksichtigung des Zeit- und Frequenzbereiches sowie ggf. der Statistik unverzichtbar. Das zeigt bereits das o. a. „einfache" Beispiel: Ist hierbei eine Lösungsstrategie im Zeit- oder im Frequenzbereich zu bevorzugen? Wie könnte eine optimale Lösung aussehen, falls sich Frequenz und Amplitude der genannten Signale innerhalb gewisser Grenzen ändern können und/oder das Eingangssignal verrauscht ist?

Wenn nachfolgend von Neuronalen Netzen gesprochen wird, sind damit stets *künstliche* Neuronale Netze gemeint, andernfalls ist von *biologischen* Neuronalen Netzen die Rede.

Welche Anwendungen gibt es für Neuronale Netze?

Neuronale Netze bilden ein mächtiges, neuartiges Instrumentarium zur Problemlösung auf allen Gebieten, bei denen es um *Mustererkennung* im weitesten Sinne geht. Wie beim biologischen Vorbild ist die Vielfalt der Einsatzmöglichkeiten Neuronaler Netze, die es jetzt gibt bzw. zukünftig geben wird, kaum übersehbar.

Um einen intensives Verständnis für diese Vielfalt zu entwickeln scheint es angemessen, statt abstrakter Kategorien für den Einsatz dieser Neuronalen Netze erst einmal einfachere und komplexere Anwendungsbeispiele aus den verschiedensten Bereichen *unsortiert* aufzulisten:

Neuronale Netze können bereits

- Immobilien bewerten,
- Krebszellen erkennen und klassifizieren,
- die Ursache eines Staus bestimmen,
- Sonarsignale – z. B. von U-Booten – klassifizieren und selbst Boote der gleichen Klasse unterscheiden,
- Sonneneruptionen vorhersagen,
- Darlehensvergaben überprüfen,
- Vorschläge zur Herstellung eines besser schmeckenden Bieres machen,
- Wahrscheinlichkeiten des plötzlichen Kindstodes (Sudden–Infant–Death–Syndrom) vorhersagen,
- die Aktienkurse bei Börsenschließung vorhersagen,
- die Fehler bei Produktionsprozessen ausmerzen,
- die Bewegung von Roboterarmen optimieren,
- feindliche Flugzeuge erkennen,
- einen Computer dazu bringen, ihm unbekannte Texte laut und deutlich vorzulesen oder gesprochenen Text in die Textverarbeitung zu übergeben,
- Personen und Gegenstände in einer Umgebung erkennen bzw. herauszufiltern und identifizieren usw. usw.

Vielleicht hat Sie bereits diese Aufzählung neugierig gemacht. Sie brauchen sich nur die vorkommenden *Verben* anzuschauen und schon erkennen Sie in erster Annäherung, wozu Neuronale Netze *im Allgemeinen* fähig sind:

> *Neuronale Netze können Muster der verschiedensten Art* ***erkennen, bestimmen, identifizieren, vorhersagen, überprüfen, optimieren, bewerten, ausmerzen, klassifizieren*** *und* ***herausfiltern.***

> *Die Anwendung Neuronaler Netze beschränkt sich demnach überhaupt nicht auf den technisch-naturwissenschaftlichen Bereich – auch wenn er in diesem Kapitel dominieren wird –, sondern Neuronale Netze stehen bereits jetzt und erst recht zukünftig für die Mustererkennung in (nahezu) allen Bereichen, die für das biologische Vorbild gelten.*

Wie die vorstehenden Beispiele sowie die Eingrenzung/Verallgemeinerung der Fähigkeiten Neuronaler Netze zeigen, handelt es sich bei dem Begriff der *Mustererkennung* um einen recht abstrakten Begriff, der eine riesige Vielfalt von Phänomenen beschreiben kann. Schließlich ist *Mustererkennung* der Schlüsselbegriff für jede Form von Kommunikation!

Um die Realisierung bzw. den praktischen Einsatz Neuronaler Netze besser abschätzen zu können, wird nachfolgend der Versuch einer (abstrakten) Untergliederung dieses Begriffes versucht.

Generalisierung
Hierunter soll die Fähigkeit verstanden werden, Schlüsse bezüglich unbekannter Dinge zu ziehen. Dies jedoch unter der Bedingung, dass die vorliegende unbekannte Information von der bekannten Information zwar verschieden, dieser aber doch *ähnlich* ist. Klingt kompliziert, wird aber sofort durch Beispiele klar:

- Spracherkennung,
- Bewertung von Immobilien (Lage, Verkehrsanbindung, Dämmung usw.).

Trendvorhersage
Aufgrund der im Datenmaterial vorhandenen Zeitachse lässt sich das künftige Verhalten interpolieren. Beispiele:

- Rechtzeitiges Auswechseln von Verschleißteilen,
- Vorhersage von Naturkatastrophen.

Bewertung
Es gibt ein *Sollverhalten* bzw. eine Bewertungsnorm. Durch die Abweichung zwischen *Ist* und *Soll* lässt sich die Bewertung ermitteln. Beispiele:

- Qualitätsunterschiede in der Produktion,
- Akzeptierung/Ablehnung eines Darlehens.

Toleranz
Bei vergleichbaren *realen* Daten treten praktisch immer Toleranzen auf. Hier bezieht sich der Toleranzbegriff auf unsaubere, unkorrekte und unvollständige Daten. Beispiele:

- Fehlende Symbole, Texte oder Bildteile sinnvoll ergänzen oder ersetzen,
- Entscheidung, ob Eingriff in das System oder Stopp eines Produktionsprozesses.

Filterung
Auswählen relevanter Information – zur Vermeidung von Redundanz – zwecks Minimierung des Aufwandes zur Mustererkennung. Beispiele:

- Signal- bzw. Datenbefreiung von „Rauschen" im weitesten Sinne,
- Segmentierung wichtiger Bildinhalte bei modernen bildgebenden Verfahren (z. B. Ultraschall und NMR–Tomographie).

Optimierung

Bestreben, mit minimalem Aufwand optimale Ergebnisse zu erzielen (z. B. auch bei Entwurf Neuronaler Netze). Beispiele:

- Bewegungsoptimierung von Robotern,

- Erstellung von Flugplänen,

- medizinische Expertensysteme.

Extrapolation

Datenanalyse zum Zwecke der Klassifizierung

- Diagnose von Produktionsfehlern,

- Klassifizierung komplexer Muster wie *Fingerabdrücke*, um in einer riesigen Datenbank in kürzester Zeit das ähnlichste Datenmuster zu finden.

Dass sich diese Gliederungspunkte/Kategorien inhaltlich überlappen, macht bereits folgendes Beispiel klar:

Spracherkennung: Diese macht *Vorhersagen*, *bewertet* und zeigt eine gewisse *Toleranz* (z. B. unterscheiden sich die Spektren ein und desselben mehrfach gesprochenen Wortes immer mehr oder weniger, unter anderem bei Erkältung). Die Spracherkennung läuft über *Filterung* bestimmter, meist spektraler Kenngrößen (Frequenzbänder). Durch das Training des Neuronalen Netzes wird eine *Optimierung* versucht und bei der riesigen Auswahl von Sprachproben hilft die *Extrapolation*, durch Klassifizierung schneller den Weg innerhalb der Datenbank zum ähnlichsten Lösungswort zu finden.

Die vorstehenden Ausführungen zeigen bereits recht deutlich die eigentliche Problematik beim Entwurf und der Realisierung Neuronaler Netze:

Entscheidend ist die **Qualität des Datenmaterials***, mit dem das Neuronale Netz trainiert werden soll.*

Je besser der Anwender das Datenmaterial „durchschaut" bzw. versteht, desto besser wird es ihm gelingen, informationsmäßig „die Spreu vom Weizen zu trennen" und die Anzahl der Kenngrößen zu minimieren. Dadurch wird auch die Struktur des Netzes optimiert bzw. verkleinert. Das Neuronale Netz wird nicht durch unnötigen Ballast überdimensioniert.

Backpropagation als Fehlerminimierung: die Suche nach dem tiefsten Tal

In Abb. 270 wird ein bestimmter Vektor eines dreidimensionalen Raumes durch

$$\mathbf{v} = (\, x \, ; \, y \, ; \, z \,) = (\, 2,5 \, ; \, 3 \, ; \, 2 \,)$$

dargestellt. Dies entspricht der Anweisung. „Gehe 2,5 Einheitsschritte in die x-Richtung, dann 3 Schritte in die y-Richtung und abschließend 2 Schritte in die z-Richtung um zum Endpunkt P des Vektors $\mathbf{v}$ zu gelangen". In der Mathematik wird dieser Vektorgedanke durchweg auf beliebige Dimensionen erweitert; so wäre der Vektor

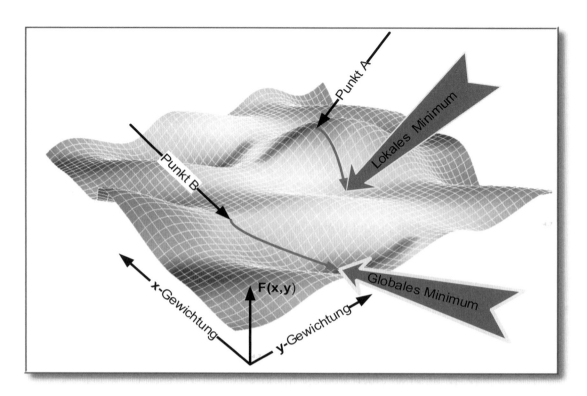

Abbildung 283: ***Backpropagation als Weg des größten Gefälles: Potenzialgebirge der Fehlerfunktion***

Der Ausgangspunkt entscheidet, ob ein **lokales** *Minimum oder sogar das* **globale***, d. h. das am tiefsten gelegene Minimum der gesamten „Landschaft" durch Backpropagation erreicht wird. Die Abbildung veranschaulicht den Vorgang für den Grenzfall (lediglich) zweier variabler Gewichte.*

$$\mathbf{u} = (\ 7\ ;\ \text{-}5\ ;\ 2{,}2\ ;\ 0{,}5\ ;\ 27\ )$$

eines 5-dimensionalen Vektorraumes, den man sich leider nicht mehr *räumlich*, sondern nur *strukturell* vorstellen kann. So bilden in der gleichen Abbildung die Frequenzen eines periodischen Sägezahns von der mathematischen Struktur der sogenannten FOURIER– Reihe her – sie beschreibt die Summe aller Sinus-Schwingungen eines periodischen Signals – einen *unendlich*-dimensionalen (orthogonalen) Vektorraum.

Diese Vektor–Idee wird nun auch auf Neuronale Netze angewandt. Falls beispielsweise 6 Neuronen die Eingangsschicht bilden, prägen die 6 Eingangssignale insgesamt einen 6-dimensionalen Vektorraum, und auch die Anzahl n der Ausgangsneuronen bzw. die dort austretenden Signale besitzen n-Dimensionen. Werden hierbei die 6 Kenngrößen so gewählt, dass deren Information nicht in den 5 anderen Kenngrößen enthalten ist, so sind diese jeweils (linear) *unabhängig* voneinander oder zusätzlich sogar *orthogonal*, d. h. senkrecht aufeinander stehend wie in Abb. 270 in Kapitel 13.

Backpropagation als Fehlerkorrekturverfahren, bei dem die Gewichte verändert werden, lässt sich demnach auch geometrisch als Rechnung in einem mehrdimensionalen Raum interpretieren. Für den 2-dimensionalen Fall ergibt sich bei *verschiedenen* Gewichten (!) eine meist mehrfach gewölbte Fläche mit mehreren Bergen und Tälern (siehe Abb. 283).

Bei näherer Betrachtung stellt Backpropagation damit ein sogenanntes *Gradienten-Abstiegsverfahren* in einer Landschaft dar, dessen Höhen und Tiefen durch den Fehler bzw. die Fehler gebildet werden. Durch Backpropagation wird dann anschaulich vom

Ausgangspunkt der steilste Weg zum benachbarten Tal gesucht (der Gradient bestimmt genau den Weg, den Wasser oder eine rollende Kugel vom Berg ins Tal wählen würde).

Bei jedem Backpropagation-Durchgang verändert sich die Landschaft (durch die Änderung der Gewichte und Fehler) in dem Sinne, dass die Senke näher rückt bzw. die nächste Umgebung quasi „vergrößert" dargestellt wird. In der Talsohle wird dann der *stabile* Zustand, d. h. der Zustand des geringsten Potenzials erreicht.

Neuronale Netze mit DASYLab entwickeln

DASY*Lab* ist ein Programm zur *Datenacquisition*. Über Schnittstellen oder Dateien werden DASY*Lab* Daten bzw. Signale zugeführt, die durch das *virtuelle System*, welches DASY*Lab* darstellt, verarbeitet, analysiert, ausgewertet, visualisiert, ausgegeben usw. werden.

In den meisten Fällen handelt es sich hierbei um *zeitabhängige* Daten/Signale, die innerhalb eines definierten Wertebereiches einen bestimmten Kurvenverlauf aufweisen. In diesem zeitabhängigen Kurvenverlauf stecken die Informationen, Klassifizierungs-merkmale bzw. Muster, die den Zielgrößen am Ausgang des Neuronalen Netzes entsprechen.

Die aus diesen Signalen extrahierten Kenngrößen können sowohl dem *Zeitbereich* als auch dem *Frequenzbereich* zugeordnet sein. Für die Signalvorverarbeitung werden deshalb auch zwei Kenngrößen-Module angeboten. Das eine Modul wertet bei den folgenden Anwendungen den zeitlichen Verlauf, das andere Modul die spektralen Eigenschaften aus.

> Bemerkung: Erinnert sei daran, dass Neuronale Netze auch außerhalb des technisch-naturwissenschaftlichen Bereiches eingesetzt werden (siehe Beispiele). Das Datenmaterial muss dann nicht unbedingt eine Zeitachse enthalten und damit auch keine spektralen Eigenschaften im physikalischen Sinne besitzen!

Das Modul „Kenngrößen berechnen"

Das eigentliche Ziel der Signalvorverarbeitung ist die *Datenreduktion*. Aus den Daten/ dem Signal sollen signifikante Kenngrößen extrahiert werden, die typisch für die *Unterscheidungsmerkmale* der verschiedenen Zielgrößen des Neuronalen Netzes sind. Das Kenngrößenmodul bietet hierzu eine Sammlung mathematischer Funktionen an.

Abb. 284 erläutert den Vorgang der Kenngrößenauswahl näher. Der Generator liefert hier einen (periodischen) Sägezahn, bestehend aus 256 diskreten Werten. Im Menü werden nun verschiedene Kenngrößen ausgewählt, hier insgesamt 7. Am Ausgang des Kenngrößenmoduls erscheinen nun in der durch die Auswahl vorgegebenen Reihenfolge die aus dem Sägezahn–Signal berechneten diskreten Kennwerte (siehe Kenngrößen-fenster). Deutlich ist durch den Vergleich des Kenngrößen–Signals mit dem Sägezahnsignal zu erkennen, dass hier die Datenmenge um den Faktor 36 (256/7) reduziert wurde!

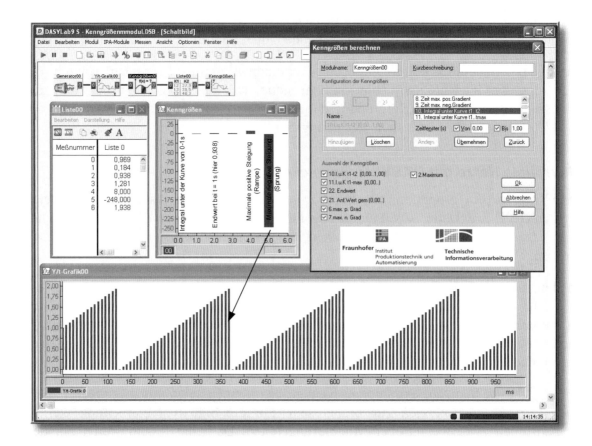

Abbildung 284:   **Das Kenngrößen–Modul für den Zeitbereich**

Mit der oben links gezeigten Schaltung lässt sich die Funktionsweise des Kenngrößenmoduls erproben. Die Grafik unten zeigt das Eingangssignal, den Sägezahn. Im Menü dieses Moduls ist sind mathematische Funktionen aufgelistet, die als Kenngrößen zur Verfügung stehen und eine nach der anderen ausgewählt werden können. In der Hilfe sind diese Funktionen aufgelistet und näher erklärt.

In der Reihenfolge der Auswahl erscheinen dann die berechneten Größen am Modulausgang (siehe die als Säulen dargestellten Signalkenngrößen). Der Verlauf dieses Signals hängt nur von der Reihenfolge der gewählten Kenngrößen ab, besitzt also keinerlei physikalische Bedeutung! Aufgrund der „Sprungfunktion" des Sägezahns ergibt sich hier eine mit dem „maximalen negativen Gradienten"– dem größten Gefälle – ein dominanter Wert von -248.

> *Datenreduktion ist das eigentliche Ziel der Signalvorverarbeitung. Je kleiner die Anzahl der Zielgrößen am Ausgang des Neuronalen Netzes, desto kleiner kann die Anzahl der Kenngrößen sinnvoll gewählt werden.*
>
> *Die gewählten Kenngrößen sollten alle Zielgrößen **unterscheidbar** machen. Es gibt mindestens zwei Erfolg versprechende Wege, dies zu erreichen:*
>
> *(1) Berücksichtigung bzw. Auswertung der verschiedenen mathematisch-physikalischen Zusammenhänge der Zielgrößen.*
>
> *(2) Grafische Überprüfung der **grafischen** Unterscheidbarkeit der Zielgrößen über eine „Wasserfalldarstellung" wie in Abb. 291.*

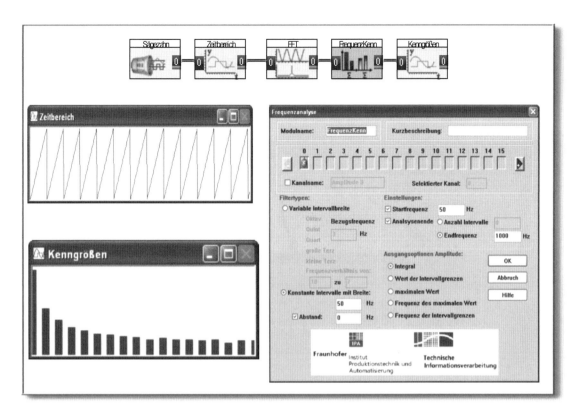

Abbildung 285:   ***Frequenzkenngrößen auswählen und einstellen***

Dies ist eine einfache Versuchsschaltung, um das Frequenzkenngrößenmodul näher kennen zu lernen. Am Eingang liegt eine periodische Sägezahnschwingung von 52 Hz. Nun müssen im Menü bestimmte Frequenzbereiche ausgewählt werden. Hier werden, bei 50 Hz beginnend, Frequenzintervalle konstanter Bandbreite (50 Hz) ohne Abstand eingestellt, bei 1000 Hz Grenzfrequenz also 18 Frequenzbänder. Jedes Frequenzband enthält also einen bestimmten Signalanteil. Von diesem Frequenzband–Amplitudenspektrum wird nun eine der Ausgangsoptionen gewählt, z. B. „Integral" oder" maximaler Wert".

Datenreduktion: Im vorliegenden Falle ist praktisch die gesamte frequenzmäßige Information in den 18 diskreten Werten enthalten, da bei der Intervallbreite von 50 Hz liegt praktisch nur 1 Frequenz in jedem Intervall liegt. Das normale Spektrum hätte 1024 diskrete Werte, das Frequenzkenngrößenmodul bzw. das Integral für jeden der 18 definierten Frequenzbereiche liefert nur 18 diskrete Werte.

Das Modul Frequenzkenngrößen

Um dieses Modul zu nutzen, muss das Signal erst über eine **FFT** in den Frequenzbereich transformiert werden. Generell wird bei der Wahl der Frequenzintervalle unterschieden zwischen *variabler* und *konstanter* Intervallbreite. Bei einer variablen Intervallbreite werden die Intervalle von unten bis zur Grenzfrequenz immer breiter, deren Skalierung erfolgt über „Oktave", „Quint", „Quart" usw. Hierbei liefert das Frequenzkenngrößen-Modul jeweils *einen* diskreten Wert am Ausgang für jedes Intervall.

Obwohl nahezu unverzichtbar bei der Realisierung Neuronaler Netze, ist dieses Modul auch bei vielen sonstigen Anwendungen einsetzbar, welche die Selektion bestimmter Frequenzbänder beinhalten.

Mit dem neuen Modul „Sammeln" lassen sich die Kenngrößen von Zeit- und Frequenzbereich zusammenfassen und hintereinander ausgeben. Dadurch können hier Neuronale Netze *gleichzeitig* Kenngrößen des Zeit- *und* Frequenzbereiches ausnutzen.

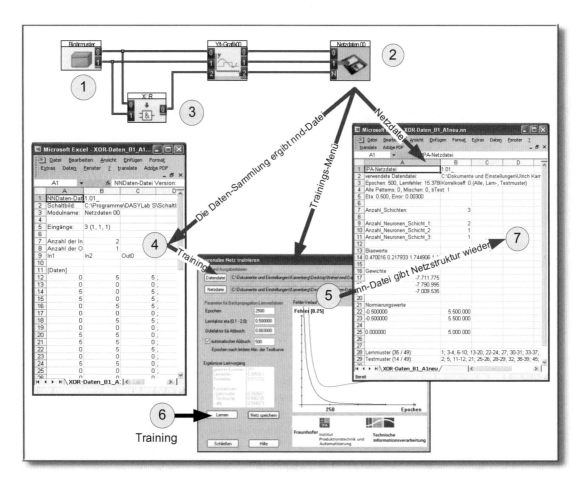

Abbildung 286:   **Das Modul „Netzdaten sammeln"**

Dieses Modul empfängt die Trainingsdaten, wertet sie aus und trainiert hieraus das Neuronale Netz. Es ist damit das entscheidende Modul schlechthin. Hier wurde wiederum das einfache Beispiel eines XOR-Netzes aufgegriffen, um die internen Daten dieses Moduls möglichst übersichtlich zu gestalten.

*Der gesamte Vorgang lässt sich so beschreiben: (1) Ein Binärmustergenerator („Black–Box–Modul) liefert ein zweikanaliges stochastisches Binärsignal mit den beiden Werten 0 und 5 (TTL-Pegel). Dieses Binärmuster gelangt auf das „Netzdaten sammeln"–Modul (2) sowie auf ein XOR–Gatter (3). Letzteres liefert das korrekte XOR-Ausgangssignal. Dieses wird auf den Eingang N des „Netzdaten sammeln"-Moduls gegeben. Dieser Eingang empfängt die Signale, die später am **Ausgang** des Neuronalen Netzes bei der gerade anliegenden binären Eingangs-Kombination angezeigt werden sollen, in diesem Falle 0 oder 5.*

*Die Eingangs- und Ausgangsdaten des späteren Neuronalen Netzes werden zunächst sauber strukturiert in einer **nnd–Datei** abgelegt (4), hier als EXCEL–Datei abgebildet. Nun muss hieraus die gesamt neuronale Netzstruktur berechnet werden („Lernen"-Button (6)). Ein Unterprogramm verändert die Gewichte und minimiert über Backpropagation die Fehler, bis diese unterhalb einer vorgegebene Grenze liegen. Die Ergebnisse dieser Rechnung werden als Netzdatei (**nn–Datei**) abgelegt (5). Diese Netzdatei (7) beschreibt das spätere Neuronale Netz vollständig. Siehe hierzu auch Abb. 287.*

Das Modul „Netzdaten sammeln"

Wie Abb. 286 zeigt, sammelt dieses Modul nicht nur Daten, sondern ist gewissermaßen die eigentliche Basis zur Herstellung des Neuronalen Netzes. Die Anzahl der Neuronen der Eingangsschicht des späteren Neuronalen Netzes ergibt sich ganz einfach aus der Anzahl der Kenngrößen, die am Ausgangs des Kenngrößenmoduls oder/und des Frequenzkenngrößenmoduls erscheinen. Die Anzahl der Ausgangsneuronen

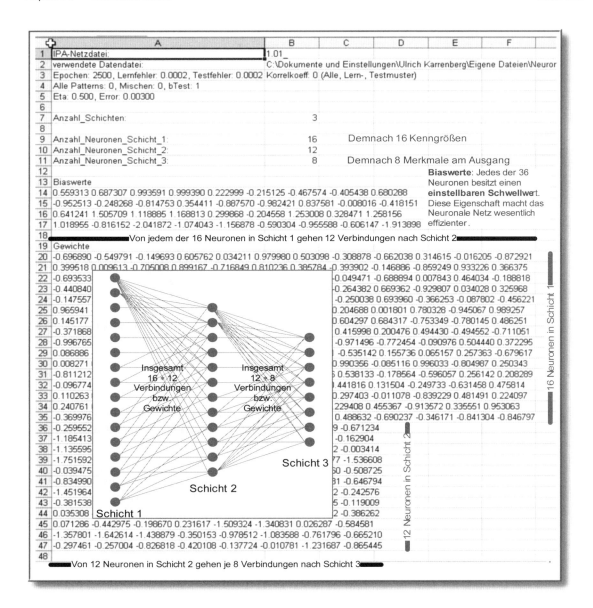

Abbildung 287:   ***Struktur und Netzdaten in einer nn–Datei***

Das aus dieser nn-Datei generierte Neuronale Netz wird 16 Eingangsneuronen in der Schicht 1 und 8 Ausgangsneuronen in der Schicht 3 besitzen. Die verborgene Schicht enthält hier aufgrund der automatisierten Berechnung des Netzes 12 Neuronen. Jedes Neuron ist mit jedem Neuron der nächsten Schicht verbunden. Zwischen Schicht 1 und Schicht 2 gibt es demnach 16 • 12 = 172 Verbindungen bzw. Gewichte, dsgl. zwischen Schicht 2 und Schicht 3 12 • 8 = 96 Verbindungen bzw. Gewichte. Die Abbildung enthält weitere Erklärungen.

ergibt sich direkt aus der Anzahl der Zielgrößen, die auf den Eingang N des „Netzdaten-sammeln"–Moduls gegeben werden. Ein XOR–Netz besitzt demnach immer zwei Eingangsneuronen sowie ein Ausgangsneuron.

Ein Blick hinter die Kulissen des Netzentwurfes

Das Menü des „Netzdaten sammeln"-Moduls enthält noch weitere einstellbare Parameter und Darstellungen zum Backpropagation–Verfahren. Der entscheidende Vorgang ist insgesamt die Überführung einer *.nnd-Datei mittels Training in eine *.nn-Netzdatei. Hierzu einige Informationen:

- Die in der *.nnd-Datei enthaltenen Daten werden im Verhältnis 2 : 1 aufgeteilt in *Trainings-* und *Testdaten*. Letztere dienen der *Verifikation* und *Bewertung* der Netzgüte. Bei hintereinander aufgenommenen Mess-reihen kommt es oft zu einer Häufung von Testreihen mit kleineren Werten der Lernmuster gefolgt von einer Häufung der Testreihen mit größeren Werten oder umgekehrt. Um zu verhindern, dass mit andersartigen Daten trainiert als getestet wird, findet vorab eine „Verwürfelung" der Daten statt, indem die Daten vorab in ca. 10 bis 20 Klassen aufgeteilt werden und diese dann klassenweise im Verhältnis 2 : 1 aufgeteilt werden. Somit sind kleine als auch große Werte sowohl in den Trainings- als auch in den Testdaten mit hoher Wahrscheinlichkeit zu finden.

- Die Anzahl der Epochen gibt an, wie oft der Backpropagation-Prozess mit den Lernmustern der *Trainingsdaten* durchlaufen wird. Die *Testdaten* durchlaufen nicht den Backpropagation–Prozess, da sie eine Kontroll–Funktion besitzen. Um *reale* Test-Bedingungen zu schaffen, sollte nicht auf die Daten zurückgegriffen werden, die bereits zur Konfiguration des Neuronalen Netzes führten.

- Für die im Menü enthaltene grafische Fehler–Darstellung von Lernmuster und Testmuster wird alle 5 Epochen der Lern- und Testfehler ermittelt. So werden bei z. B. 5000 Epochen zur Visualisierung nicht mehr Punkte für den Kurvenverlauf ermittelt als nötig, z. B. bei einer Monitorauflösung von $1024 \cdot 768$ (XGA).

- Der *Lernfaktor* ist jener Gewichtsfaktor, mit dem der momentane „Fehler" eines Neurons in die nächste Gewichtsveränderung einfließt. Logischerweise ist die Anzahl der Lernepochen direkt abhängig vom Lernfaktor, dieser wiederum auch auf komplexe Weise von der Netzstruktur und den Trainingsdaten. Bei kleinem Lernfaktor – d. h. bei geringerer Veränderung der Gewichte von Epoche zu Epoche – vergrößert sich die Zeit bis zu endgültigen Ausgestaltung des Netzes durch die größere Anzahl der Durchläufe.

- *Korrelation* beschreibt die *Ähnlichkeit* zwischen Mustern. Der Korrela-tionsfaktor ist hier ein Maß für die Übereinstimmung von Zielgröße (Sollwert) und Prognosewert. Im Menü „Neuronales Netz trainieren" werden nun die Korrelationsfaktoren zwischen den Zielgrößen und den vom Netz prognostizierten Werten einmal für Lernmuster, Testmuster und die Gesamtheit aller Muster berechnet und angezeigt. Aus diesen Korrela-tionen lassen sich Rückschlüsse auf die jeweilige Fehlergröße ziehen. Der Kurvenverlauf im Menü zeigt, bei welcher Anzahl von Epochen die Fehlergrößen minimal sind.

- *Normierungswerte*: Durch die Normierung (auf den Bereich 0 ... 1) der Eingangsdaten und Kenngrößen am Ausgang soll generell der eventuell dominierende Einfluss einer Input– oder Output–Größe „abgefedert" werden. Allen Eingangsgrößen wird dadurch beim Training in etwa die gleiche Chance eingeräumt, Einfluss auf die Netzgestaltung zu nehmen. Die absolute Größe der Daten am Eingang sagt ja gar nichts aus über deren

Bedeutung für die Mustererkennung ausgangsseitig, weil die Kenngrößen am Eingang ja in keiner Beziehung zueinander stehen brauchen!

- Irgendwann muss der Lernvorgang abgebrochen werden. Dafür gibt es zwei Schranken: einmal die Anzahl der im Menü angegebenen Epochen und die Unterschreitung eines *Gütefaktors*. Der Fehler nach jeder Epoche ist die Summe der Abweichungen zwischen Netzausgang und Sollwert. Ist diese Summe bzw. die pro Ausgangsneuron gemittelte Summe kleiner als diese Gütefaktor–Schranke, wird das Training beendet.
Durch die Normierung sowie die starke Abhängigkeit von den Trainingsdaten ist es sehr schwierig oder kaum möglich, einen sinnvollen Gütefaktor anzugeben. Sicherheitshalber wird in der Grundeinstellung immer ein sehr kleiner Wert vorgegeben (0,003). Zudem erfolgt ein Abbruch nach Erreichen eines Testfehler-Minimums (siehe unten).

Welcher Testmusterverlauf ist ideal?

Um es kurz zu machen: *den* idealen Testverlauf gibt es nicht! Der Lern- und Testmusterverlauf sollte – über einen größeren Bereich betrachtet – ständig fallen.

Sind die (voreingestellten) 2.500 Epochen erreicht, wird das Training abgebrochen. Werden 10.000 Epochen zugelassen, wird sich in der Regel der Kurvenverlauf der *Lernmuster*-Fehler nicht weiter unterscheiden, bis auf die Tatsache, dass der Fehler über alle Lernmuster ggf. noch kleiner wird.

Der Kurvenverlauf der *Testmuster*–Fehler – aufgrund der Validierung mit den Testmustern – ist zunächst auch immer fallend. Dann gibt es – abhängig in erster Linie von der Qualität der Trainingsdaten – jedoch ein Minimum (siehe Abb. 286), ab dem der Kurvenverlauf wieder ansteigt.

> *Der nach dem Minimum wieder ansteigende Kurvenverlauf des Testmuster–Fehlers lässt sich interpretieren als **Abnahme der Generalisierungsfähigkeit des Netzes**.*

Die relativ beste Netzkonfiguration mit der vorliegenden Startinitialisierung und den zufällig gewählten Testdaten liegt demnach im Verlaufs**minimum** des Testmuster–Fehlers. Damit dieses Minimum objektiv erkennbar ist, wird laut Voreinstellung – sofern nicht ein weiteres Minimum auftritt – 500 Epochen nach diesem Minimum das Training beendet und die im Minimum vorhandene Netz–Konfiguration gespeichert.

Projekt : Mustererkennung der Signale eines Funktionsgenerators

Um die einzelnen Projektschritte vollkommen transparent zu gestalten, wird eine zunächst äußerst einfache erscheinende Mustererkennung gewählt. Es soll zwischen 4 *periodischen* Signalen – Sinus, Dreieck, Rechteck und Sägezahn – *gleicher Frequenz und Amplitude* des Generator-Moduls unterschieden werden.

Diese Aufgabenstellung liefert vor allem zunächst fast ideale Trainingsdaten. Abb. 288 zeigt deren Erfassung sowie Ausschnitte der *.nnd- und *.nn-Datei. Die genauere Betrachtung zeigt eine auffällige Eigenschaft: Sinus- und Dreieck–Signal sind sich relativ ähnlich, sowohl im *Zeitbereich* wie auch im *Frequenzbereich* (Abb. 31 im Kapitel 2; die ungeradzahligen Amplituden der höheren Harmonischen des Dreiecks gehen mit $1/n^2$).

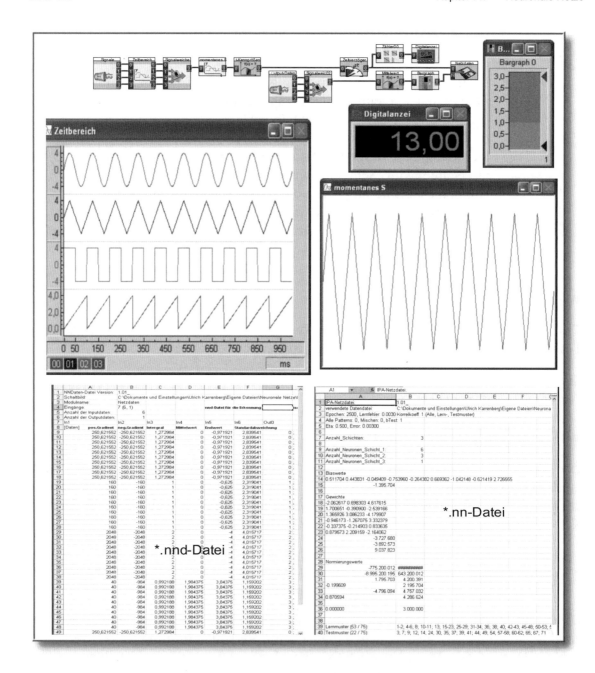

Abbildung 288: **Neuronales Netz zur Erkennung von 4 verschiedenen periodischen Signalen**

Die Abbildung zeigt die wesentlichen Vorgänge Trainingsdaten sammeln, Netzstruktur ermitteln und Netztraining. Mithilfe des Blockschaltbildes wird ersichtlich: Zunächst werden die 4 Signale mit dem Generator-Modul erzeugt, über einen Schalter nacheinander selektiert, dem Kenngrößenmodul zugeführt und die 6 Kenngrößen (max. pos. Gradient, max. neg. Gradient, Integral, Mittelwert, Endwert und Standardabweichung) in der *.nnd–Datei abgespeichert. Jedes einzelne Signal bekommt einen „Zielwert" zugeordnet, z. B. Dreieck = 1, Sinus = 2 usw. Momentan wird das Dreieck–Signal mit dem Zielwert 1 (am Ausgang des Neuronalen Netzes) verarbeitet.

Ein Blick auf die linke *.nnd–Datei zeigt, wie sinnvoll die Kenngrößen ausgewählt wurden: Sie machen die 4 Signale (nur) auf den ersten Blick perfekt unterscheidbar! Jedes der vier Signale wurde jeweils 10-mal eingelesen. Die Zielgrößen stehen jeweils rechts und stellen kodiert den Signaltyp dar.

*Die sehr übersichtliche *.nn–(Netz–)Datei liefert alle Daten über Netzstruktur und Netzgrößen. An diesem Beispiel zeigt sich sehr deutlich, wie die Netzgröße direkt von der Anzahl der Zielgrößen abhängt. Nicht direkt erkennbar ist, wie **ähnlich** sich doch Sinus und Dreieck sind. Das zeigt die nächste Abb. 289.*

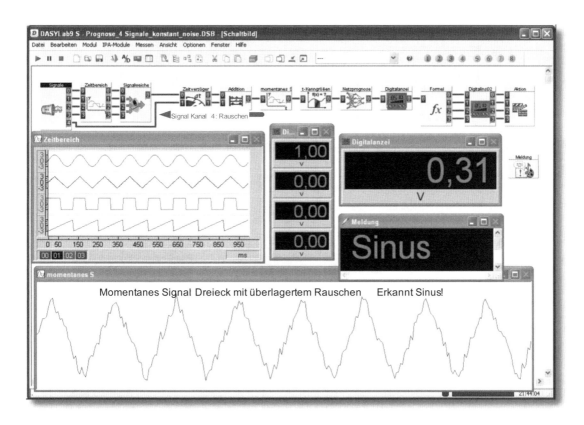

Abbildung 289:   ***Fehlerhafte Erkennung bei überlagertem Rauschen***

Die gewählten Kenngrößen des Zeitbereichs reagieren sehr empfindlich auf Störungen des Signalverlaufs durch Rauschen. Beispielsweise schwanken dadurch die beiden Kenngrößen „maximaler positiver Gradient" sowie „maximaler negativer Gradient" erheblich, also die maximale Steigung sowie das maximale Gefälle. Die Kenngrößen wurden gegenüber Abb. 288 nicht verändert.

Aus mehreren Gründen ist jedoch die korrekte Signalerkennung in den Abb. 289 und Abb. 290 gar nicht so einfach. Da alle vier Signale die gleiche (Grund-)Frequenz besitzen, scheidet ein wichtiges Unterscheidungsmerkmal aus. Und bei allen vier periodischen Signalen ist das Integral über den gesamten Verlauf gleich null. Anfangs- und Endwert ähneln sich auch teilweise.

Wird das Trainingsmaterial – *.nnd–Datei siehe Abb. 287 – näher betrachtet, so stimmen diese bei allen Durchläufen bis auf die Stellen hinter dem Komma weitgehend überein. Daraus lässt sich folgern: Die Trainingsdaten sind also alles andere als ideal, weil hierfür praktisch immer die *gleichen* Daten verwendet wurden!

> *Die **Robustheit** eines neuronalen Netzes entsteht auch dadurch, dass die Trainingsdaten **gewissen Schwankungen** unterliegen.*
>
> *Erst hierdurch findet der eigentliche „Lernprozess" statt. Die in den Trainingsdaten enthaltenen Schwankungen gehen direkt ein in die **Toleranz** des neuronalen Netzes gegenüber geringfügigen Änderungen*
>
> *Existieren **keine** Schwankungen, so ist sogar fragwürdig, ob ein neuronales Netz überhaupt die angemessene Lösung ist.*

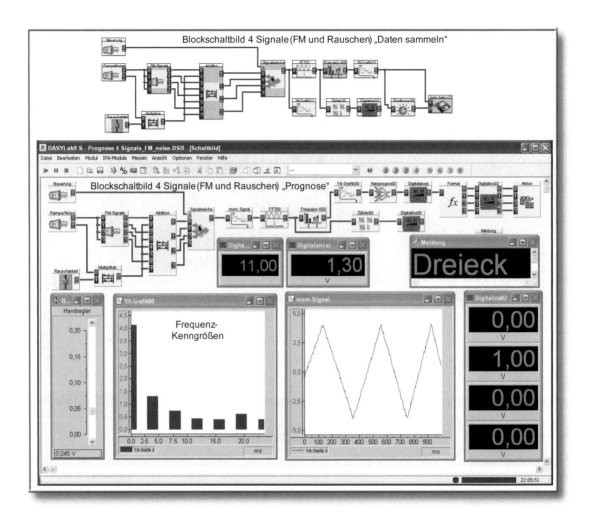

Abbildung 290: **Variable Trainingsdaten: Verrauschte und frequenzmodulierte Signale**

Die beiden Blockschaltbilder für „Daten sammeln" und „Prognose" sind praktisch identisch bis auf die Module auf der rechten Seite. Die Trainings- sowie die unteren Testdaten sind mit einem Rauschsignal von 0,045 V überlagert und frequenzmoduliert, sodass sich die Frequenz mehr als verdoppeln kann. Erfasst werden Kenngrößen des Frequenzbereiches!

Trotzdem werden die Signale sicherer erkannt als im „einfachen Fall" der Abb. 289! Das stützt die vorstehenden Thesen erheblich.

Der in Abb. 288 beschriebene Versuch lässt sich nun so variieren, dass beim „Daten sammeln" bzw. Training geringfügig verrauschte Signale verwendet werden. Zusätzlich wird aber noch eine ständige Veränderung der *Grundfrequenz* (innerhalb eines bestimmten Bereiches) der vier Signale vorgenommen. Genau genommen werden die 4 Signale in Abb. 290 zusätzlich frequenzmoduliert.

Weiterhin werden nun *Kenngrößen des Frequenzbereiches* verwendet. Dies hat aus physikalischer Sicht im vorliegenden Fall gewisse Vorteile. Einmal macht sich innerhalb der verwendeten Frequenzbänder das Rauschen weniger bemerkbar, weil sich das Rauschen gleichmäßig über das gesamte Frequenzband verteilt und pro Frequenzband nur sehr wenig übrig bleibt. Weiterhin stellen die Spektrallinien der 4 periodischen Signale quasi *Singularitäten* dar, die leicht zu erkennen und auszuwerten sind. Trotz erheblich schwierigerer Erkennungsmerkmale erkennt das Neuronale Netz die Signale besser als zuvor (Rauschspannung 0,045V).

Spracherkennung als Beispiel für hochkomplexe, reale Mustererkennung

Die Mustererkennung von 4 periodischen Signalen war in gewisser Weise etwas „synthetisch", weil die Muster formal beschreibbar (Theorie!) und dadurch auch regelbasiert ohne weiteres erkennbar wären. Außerdem unterlag das Trainingsmaterial vor allem keinen Schwankungen.

In diesem Sinne stellen Sprachsignale das genaue Gegenteil dar. Sie lassen sich *nicht* formal beschreiben und sind *immer* großen Schwankungen unterworfen. Jedes wiederholte Wort unterscheidet sich erheblich aus zeitlicher und spektraler Sicht von seinem Vorgänger. Aber eine *Ähnlichkeit* ist trotzdem vorhanden, sonst würden wir es ja nicht erkennen!

Über die möglichen Methoden der Spracherkennung nachzudenken, erfordert in erster Linie darüber zu sinnieren, wie der Lehrmeister Natur – am Beispiel des menschlichen Gehörs – diese Mustererkennung hervorragend leistet.

> Bemerkung: Nach wie vor ist der genaue Vorgang akustischer Signalerkennung durch Ohr und Gehirn nicht restlos aufgeklärt. Es ist bekannt, dass wir lediglich „Frequenzen" hören, das akustische Signal also im Ohr immer einer Art *FOURIER–Transformation* unterworfen wird. Aus physikalischer Sicht gibt es keinen Hinweis auf ein grundsätzlich anderes Verfahren. Diese muss jedoch ständig auf kurze zeitliche Sprach- und/oder Musikausschnitte angewandt werden, sonst würden wir ja die Musik erst am Ende einer Symphonie hören können. Wir hören diese aber ständig während des Musikstückes.
>
> Andererseits lässt sich ein solches akustisches Signal nicht einfach in *zeitliche* Teilabschnitte zerstückeln, denn bei diesem Zerlegungsprozess würde auch Information zerstückelt werden, also verloren gehen. Um dies zu verhindern müssen sich informationsmäßig demnach diese Teilabschnitte überlappen. Das *Unschärfe–Prinzip* (Kapitel 3) bedingt hierbei ein „sanftes" Überlappen mithilfe einer geeigneten Fensterfunktion, weil abrupte Änderungen des zeitlichen Signalverlaufs zu zusätzlichen Frequenzen führen würden, die in dem ursprünglichen akustischen Signal gar nicht vorhanden waren.
>
> Äquivalent hierzu nach dem *Symmetrie–Prinzip* (Kapitel 5) ist eine Zerlegung des Frequenzbandes in *frequenzmäßige* Teilabschnitte. Je schmaler diese sind, desto länger andauernd müssen die hierzu komplementären zeitlichen Teilabschnitte sein (*Unschärfe–Prinzip*), was wiederum zu einer Überlappung im zeitlichen Bereich führen muss.
>
> Die Natur scheint letzteres Verfahren zu bevorzugen, was sich aus der Physik der Cochlea (Schnecke) in unserem Gehörorgan ergibt (siehe Abb. 79 im Kapitel 4). Die Einschwingvorgänge dieser frequenzselektiven Bereiche (Filter) führen letztlich zu einer Überlagerung vieler zeitlicher Verläufe zu einem Ganzen.
>
> Während also im Zeitbereich sich bei der Überlagerung der Signalabschnitte ein ziemliches „Gewusel" ergibt, stellt sich die Situation im Frequenzbereich ganz anders dar. Aufgrund der die Sprache prägenden *Vokale* und den *Klängen* der Musik ergeben diese *fastperiodischen* Anteile in einer Frequenz–Zeit–Landschaft eine Art *Nagelbrettmuster*, in dem die eigentliche Sprachinformation enthalten ist.

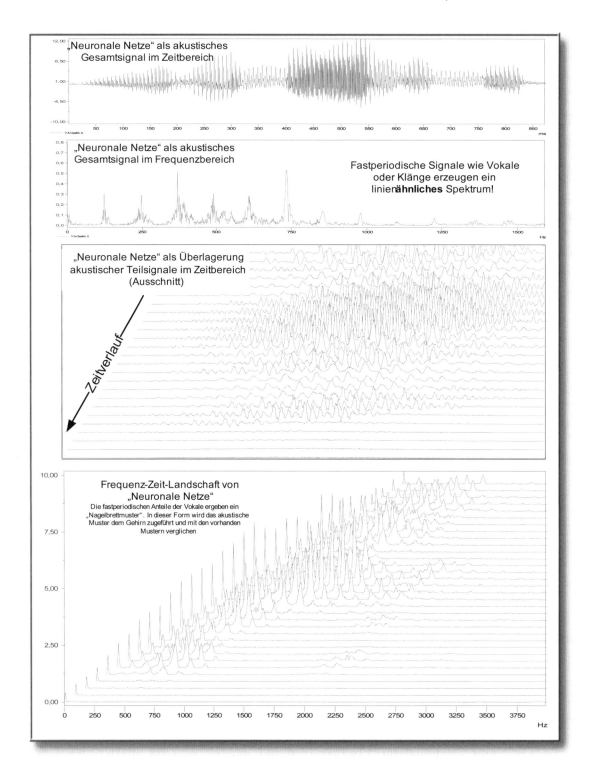

Abbildung 291:   **Zu den physikalischen Grundlagen und Problemen der Spracherkennung**

Über ein Mikrofon wurde der Begriff „Neuronale Netze" als akustisches Signal in einer Datei gespeichert. Oben ist dieses Signal in seiner Gesamtheit im Zeit- und Frequenzbereich abgebildet. Aus den geschilderten Gründen muß zwecks akustischer Signalerkennung das Gesamtsignal in zeitliche oder frequenzmäßige Teilabschnitte zerlegt werden. Siehe hierzu auch Kapitel 4.

Wegen der fastperiodischen Anteile bei Sprache (Vokale) oder Musik (Klänge) ergibt sich im Frequenzbereich insgesamt eine Art „Nagelbrettmuster". Die Identifikation bzw. Assoziation dieses akustischen Signals im Gehirn lässt sich näherungsweise als Mustererkennung solcher „Nagelbretter" erklären. Dies gilt vor allem auch für die elektronische Spracherkennung mittels Computer.

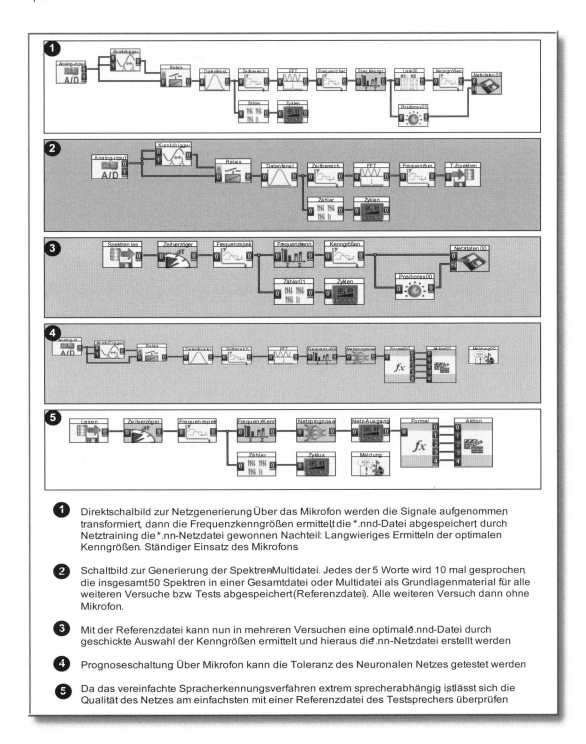

① Direktschalbild zur Netzgenerierung Über das Mikrofon werden die Signale aufgenommen transformiert, dann die Frequenzkenngrößen ermittelt die *.nnd-Datei abgespeichert durch Netztraining die *.nn-Netzdatei gewonnen Nachteil: Langwieriges Ermitteln der optimalen Kenngrößen Ständiger Einsatz des Mikrofons

② Schaltbild zur Generierung der Spektren Multidatei. Jedes der 5 Worte wird 10 mal gesprochen, die insgesamt 50 Spektren in einer Gesamtdatei oder Multidatei als Grundlagenmaterial für alle weiteren Versuche bzw. Tests abgespeichert (Referenzdatei). Alle weiteren Versuch dann ohne Mikrofon.

③ Mit der Referenzdatei kann nun in mehreren Versuchen eine optimale .nnd-Datei durch geschickte Auswahl der Kenngrößen ermittelt und hieraus die .nn-Netzdatei erstellt werden

④ Prognoseschaltung Über Mikrofon kann die Toleranz des Neuronalen Netzes getestet werden

⑤ Da das vereinfachte Spracherkennungsverfahren extrem sprecherabhängig ist lässt sich die Qualität des Netzes am einfachsten mit einer Referenzdatei des Testsprechers überprüfen

Abbildung 292: **Die verwendeten Blockschaltbilder des Spracherkennungsprojektes**

Im elektronischen Dokument können die 5 Schaltungen durch Anklicken der farbigen Flächen aufgerufen werden.

Leider ist es mit DASY*Lab* (noch) nicht möglich, komplette „Nagelbrettmuster" in der Form zweidimensionaler Arrays direkt zu verarbeiten. Aus diesem Grund muss wie in Kapitel 4 auf „akustische Muster" zurückgegriffen werden, die jeweils genau 1 s lang dauern. Aufgegriffen wird auch wieder das Beispiel aus Kapitel 4 in Gestalt der akustischen Steuerung eines Gabelstaplers mithilfe der Worte „hoch", „tief", „stopp", „links" und „rechts".

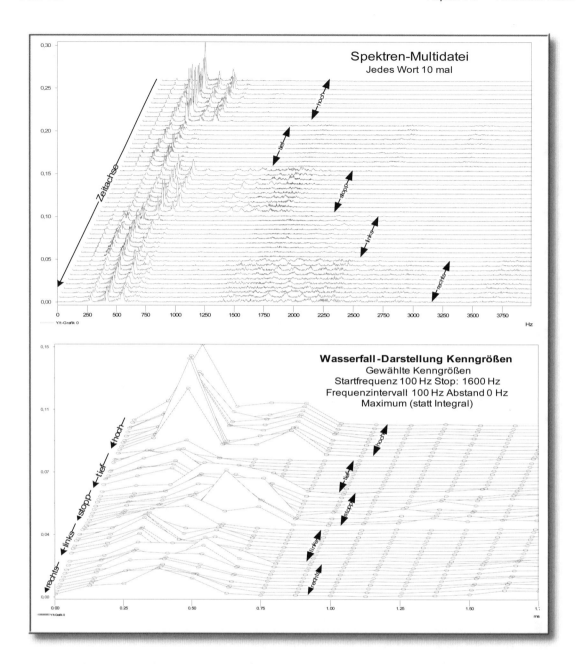

Abbildung 293:   ***Visualisierung der Unterscheidungsmerkmale der Zielgrößen***

Die Frequenz–Zeit–Landschaft in der oberen Bildhälfte zeigt deutliche spektrale Unterschiede der einzelnen Worte. Dies ist bereits ein wichtiger Hinweis zur Qualität des Referenzmaterials. Das Neuronale Netz wird aber mit den Kenngrößen gefüttert, die sich ebenfalls durch eine Wasserfall–Darstellung veranschaulichen lassen. Auch hierbei zeigen sich für alle 5 Worte deutliche Unterscheidungsmerkmale.

Das Trainingsmaterial kann also vorbereitet werden, indem jedes der 5 Worte z. B. 10-mal wiederholt wird und diese als insgesamt 50 *Spektren* in einer einzigen *.ddf-Datei bzw. *.nnd-Datei verwendet. Dazu wird vorher im Menü des Frequenz-Kenngrößen-Moduls eine bestimmte Konstellation eingestellt (z. B. Startfrequenz 50 Hz, Frequenz-verhältnis 12 zu 9, Anzahl der Intervalle: 8).

Sobald die *.nnd-Datei vorliegt kann nun das *Netztraining* beginnen. Als Ergebnis des Lernvorgangs liegt dann die *.nn-Netzdatei vor.

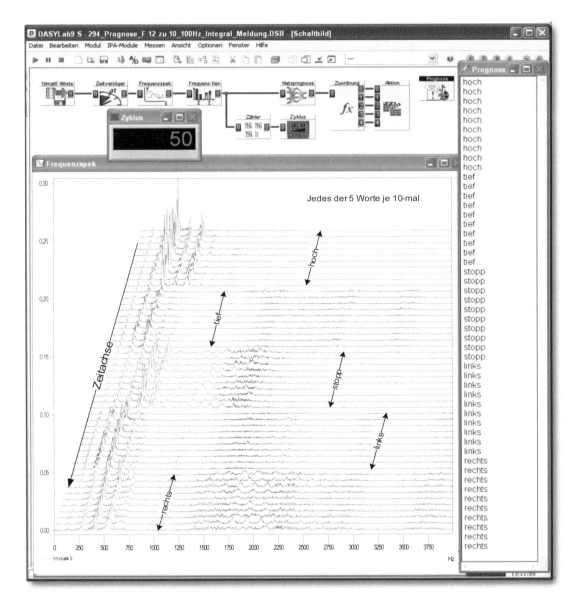

Abbildung 294:   **Prognose Spracherkennung**

Hier zeigt sich die erfolgreiche Prognose des erstellten Neuronalen Netzes. Alle 50 Sprachproben wurden fehlerfrei erkannt. Nach wie vor ist die Toleranz dieses Neuronalen Netzes nicht hoch, sie ist in starkem Maße sprecherabhängig. Das liegt vor allem am physikalischen Hintergrund. Professionelle Anwendungen greifen auf das gesamte zweidimensionale „Nagelbrettmuster" jedes einzelnen Wortes zurück, hier dagegen wird lediglich das eindimensionale Spektrum ausgewertet. 4096 Spektralwerte pro Wort werden durch die Signalvorverarbeitung auf 8 Frequenzkenngrößen reduziert!

Nun kann die korrekte Netzprognose entweder direkt mit einem vorgeschalteten Mikrofon oder durch Einlesen einer entsprechenden Multidatei getestet werden. Ist das Ergebnis nicht zufriedenstellend, muss die Konstellation für das Frequenz–Kenngrößen–Modul geändert werden und die nachfolgenden Schritte wiederholt werden.

Als wesentliches Merkmal eines erfolgreichen Einsatzes Neuronaler Netze war bereits die *Unterscheidbarkeit* der Trainingsdaten in Bezug auf die zu erkennenden Zielgrößen genannt worden. Im vorliegenden Fall zeigt zunächst schon die Darstellung der Spektren in einer Frequenz–Zeit–Landschaft diese Unterscheidbarkeit und damit auch, ob das Trainingsmaterial für eine weitere Verarbeitung geeignet ist. Ist bereits hier visuell keine

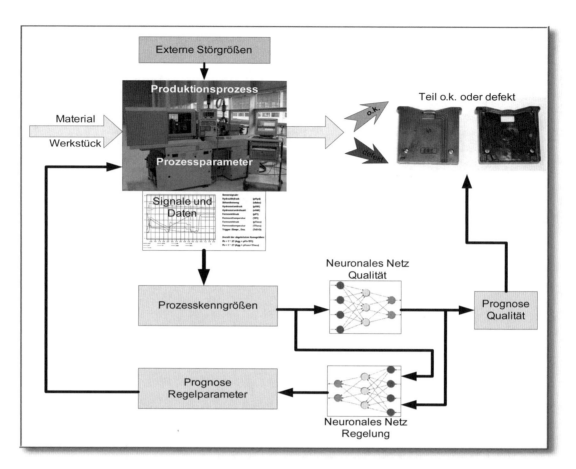

Abbildung 295:   ***NEPRES im industriellen Einsatz: schematische Übersicht***

Das hier angestrebte Ziel, eine Produktion mit möglichst geringer Fehlerrate zu realisieren, erfordert Methoden, die praktisch ohne Zeitversatz zyklussynchron eine Qualitätsaussage ermöglichen. Durch die prozessintegrierte Überwachung der Qualitätsschwankungen und eine darauf aufbauende Nachführung (Regelung) der Einstellparameter wird diese schnelle Reaktion bei Prozess- bzw. Qualitätsabweichungen möglich. Erzielt wird dies mittels einer modellhaften Überwachung von Prozessdaten bzw. -kenngrößen, bei der mittels Neuronaler Netze auf Abweichungen in der Produktionsqualität geschlossen wird. (Quelle: FRAUNHOFER IPA).

oder eine unsichere Unterscheidbarkeit festzustellen, so sollte bereits zu diesem Zeitpunkt neues Referenzmaterial aufgenommen werden. Noch effizienter ist die entsprechende WasserfallWasserfall–Darstellung der *Kenngrößen*. Ist hier die klare Unterscheidbarkeit gegeben, so wird das hieraus gewonnene *trainierte* Neuronale Netz mit hoher Wahrscheinlichkeit erfolgreich arbeiten. Siehe hierzu Abb. 293.

Neuronale Netze im industriellen Einsatz

Die Zusammenhänge zwischen Ursache und Wirkung bei realen Vorgängen wie industriellen Produktionsprozessen sind oft hochkomplex. Diese hohe Komplexität ist auch eine Folge der vielen gleichzeitig wechselwirkenden Parameter. Zudem spielen die Vielzahl an Einflussgrößen ebenso wie stets vorhandene zufällige Störungen eine weitere große Rolle. All dies führt bei realen Prozessen dazu, dass sich diese einer analytischen und exakt formalen Beschreibung der Zusammenhänge weitestgehend entziehen.

Bislang geschieht die Qualitätsüberwachung von gefertigten Produkten meist durch nachträgliche Prüfung anhand von Stichproben oder sogar durch 100%-Prüfungen.

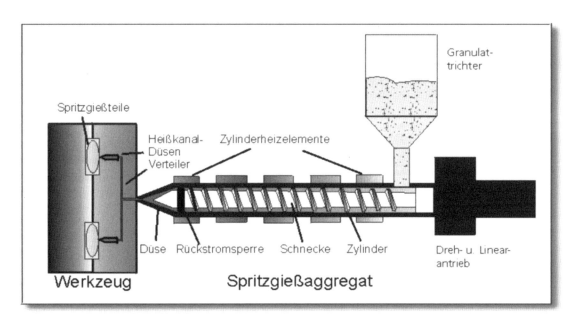

Abbildung 296:   ***Prinzip des Kunststoffspritzgießprozesses***

Das Kunststoffspritzgießen ist ein Urformprozess, bei welchem aus Kunststoffgranulat nahezu beliebige Teile gefertigt werden können. Dazu wird das Granulat zuerst bei ca. 160 – 300 Grad (werkstoffabhängig) aufgeschmolzen und unter Hochdruck von mehreren Hundert Bar in die entsprechenden Hohlformen, genannt Kavität, im Werkzeug gespritzt. Nach einer entsprechenden Abkühlzeit wird das Werkzeug geöffnet und die gefertigten Teile entnommen. Die meisten Informationen über Vorgänge im Prozess sowie auftretende Schwankungen sind in Signalen enthalten, die direkt in der Kavität – also dort, wo das Teil entsteht – gewonnen werden. Aufgrund dessen werden beim Kunststoffspritzgießen überwiegend Druck- und Temperatursignale aus dem Werkzeug für die Prozessüberwachung verwendet.

Letztere werden vermehrt bei sicherheitskritischen Bauteilen oder auch einfachen (kostengünstigen) Produkten, z. B. Gewindestiften, gefordert, die später in größeren Baugruppen verbaut und durch Defekte zu aufwändiger Nacharbeit oder komplettem Ausfall der Baugruppe führen würden. Auch wenn immer mehr Prüfungen beispielsweise durch den Einsatz von industrieller Bildverarbeitung automatisiert werden, erfolgen viele Prüfvorgänge von (teils) speziell geschultem Personal in der Fertigung.

Teile am Ende der Produktion zu prüfen, ist stets sehr kostenintensiv. Werden bei der Teileprüfung gehäuft fehlerhafte Produkte entdeckt, führt dies meist zum Abschalten des Produktionsprozesses und folglich zu einem weiteren Produktionsausfall. Die notwendigen „Korrekturen" am Produktionsprozess erfordern meist mehrfache Versuche und Überprüfungen, die durchaus einige Stunden dauern können. Nicht entdeckte und somit ausgelieferte Fehler können gar zu Kundenreklamationen führen, die schlimmsten Falles zu Unfällen mit Personenschaden, Schadensersatzforderungen oder teuren Rückrufaktionen führen können.

> *Ziel eines jeden Herstellers muss es somit sein, Qualität zu produzieren ohne sie teuer zu erprüfen!*
>
> *Der beste Weg dorthin führt über die direkte Überwachung der Fertigungsprozesse.*

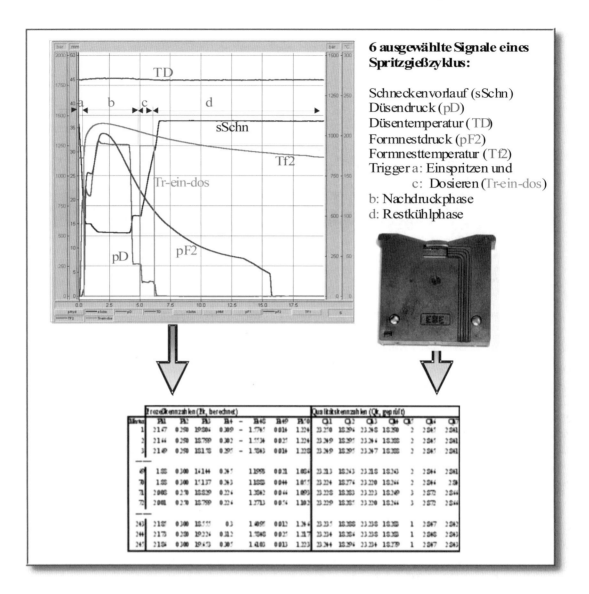

Abbildung 297:   ***Sensorsignale, erzeugen der Trainingsdaten***

Grundsätzlich kann gesagt werden, je mehr Informationen direkt aus dem Prozess verfügbar sind – in den allermeisten Fällen als Messdaten verschiedener Sensoren – desto besser kann der Prozess überwacht werden, eine entsprechende (automatische) Signalverarbeitung und -interpretation vorausgesetzt. Viele Tools beschränken sich auf die Grenzwertüberwachung einzelner Signalkenngrößen, wie Maxima oder Integrale, oder die Einhaltung von Toleranzbändern der Signale. Alternativ wurde im Laufe der letzten Jahre am FRAUNHOFER-Institut für Produktionstechnik und Automatisierung ein leistungsfähiges System entwickelt, welches auf der Basis von künstlichen Neuronalen Netzen eine Qualitätsprognose für jedes produzierte Teil und somit eine 100%ige Überwachung von Fertigungsprozessen ermöglicht.

> *Neben der Überwachung bietet dieses NEPRES getaufte System*
> *(Fussnote: NEPRES = Neuronales Prozess Regelungs System)*
> *auch die Möglichkeit, bei Qualitätsabweichungen mittels einer*
> *Rückkopplung über weitere neuronale Netze regelnd in den*
> *Prozess einzugreifen.*

Abbildung 298: ***Produktion eines Präzisions–Spritzgussgehäuses für digitale Uhren (Quelle: Fa. PKT)***

Das Prinzip des Systems ist in Abb. 295 dargestellt. Ursprünglich wurde NEPRES für die Überwachung von Kunststoff–Spritzgießprozessen entwickelt und kann dort aufgrund der prozessspezifisch vorhandenen Vorverarbeitung und des darin gebündelten Prozess-Know-hows sein volles Leistungspotenzial entfalten. Aufgrund der Allgemeingültigkeit des implementierten Ansatzes und des modularen Aufbaus – die gesamte Funktionalität ist in Modulen, die in DASY*Lab* integriert wurden, enthalten – ist NEPRES jedoch prinzipiell auf verschiedenste Prozesse anwendbar.

Vor dem Einsatz zur Prozessüberwachung muss das System auf den jeweiligen Zielprozess adaptiert werden, d. h. es muss unter anderem das „Generieren" von Musterdaten sowie das Training der neuronalen Netze erfolgen. Dabei hat sich in der Praxis das folgende systematische Vorgehen als erfolgreich herausgestellt:

- Erster Schritt bei jedem Prozess ist eine detaillierte Analyse des geplanten Zielprozesses unter intensiver Einbindung des Fertigungspersonals als wichtigem Know–how–Träger. Bei der Analyse wird eruiert, welches die kritischen Qualitätsmerkmale der Produkte - und somit die zu überwachenden - sind und welche Prozessparameter maßgeblich für die Steuerung des Prozesses sind. Darauf aufbauend wird die notwendige Sensorik abgeleitet.

- Nach erfolgter Ausrüstung des Prozesses mit den zuvor festgelegten Sensoren sowie der Kopplung der gesamten Messwerterfassung werden systematische Versuche gefahren. Diese sind notwendig, um die Musterdaten, die später für das Training der Neuronalen Netze benötigt werden, möglichst optimal zu erzeugen.

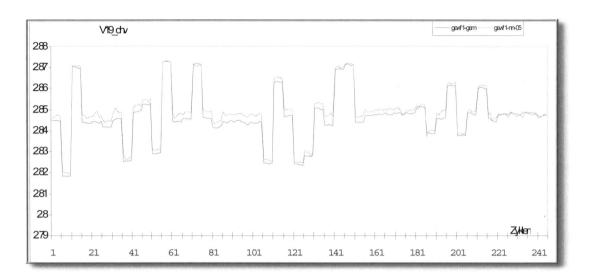

Abbildung 299:   ***Prognose und Produktdaten***

Die von NEPRES prognostizierten und nachgemessenen Gewichte der Uhrenplatinen (245 Zyklen, Min bis Max ca. 0,05 Gramm)

- Die Versuchsparameter werden anhand eines statistischen Versuchsplans, der speziell für das Spritzgießen optimiert wurde, bestimmt. Damit ist ein maximaler Informationsgehalt auch über Wechselwirkungen bei vergleichsweise geringem Versuchsumfang möglich. Dies ist notwendig, damit die Neuronalen Netze den Parameterraum um den Arbeitspunkt des Prozesses gut abbilden können und verlässliche Prognosen möglich werden, welche die wesentliche Basis für die Prozessüberwachung bilden.

- Von allen Produktionszyklen der Versuchsteile werden die Signale der Sensoren aufgezeichnet und dienen später als Ausgangsbasis für die Kenngrößenbildung. Im Anschluss an die Versuche muss für jedes produzierte Teil die Qualität ermittelt werden.

- Die aus den Signalen automatisch bestimmten Kenngrößen zusammen mit den ermittelten Qualitäten bzw. den Maschinenparametern dienen nun als Trainingsdaten für die Überwachungs- bzw. Regelungsnetze (Abb. 295).

Nach erfolgtem Training und einer obligatorischen Verifikation steht nunmehr zu jedem gefertigten Teil direkt nach der Herstellung eine prognostizierte Qualitätsaussage zur Verfügung. Ein wichtiges und erfolgreich durchgeführtes Anwendungsprojekt ist das Kunststoffspritzgießen einer hochpräzisen Uhrenplatine (siehe Abb. 298). In einem mehrwöchigen Dauertest wurde das NEPRES–System zur Überwachung und Nach-regelung des Prozesses eingesetzt. Dabei wurde eine sehr hohe Prognosegenauigkeit erzielt (Abb. 299). Schwankungen im 3–Schicht–Betrieb wurden kontinuierlich ausge-regelt. Im Endergebnis wurde mit dem NEPRES–System laut Anwender in diesem Falle eine Null–Fehler–Produktion erfolgreich realisiert!

Neuronale Netze: Ausblick und Grenzen

Neuronale Netze sind in einem gewissen Sinne lernfähig. Allein diese Tatsache stellt einen Paradigmenwechsel in der technischen Signalverarbeitung dar. Hieraus resultieren die neuartigen Anwendungen, wie sie selbst durch relativ kleine, unidirektional arbeitende Netze mit Backpropagation möglich geworden sind.

Es erhebt sich nun die Frage, ob wesentlich größere Neuronale Netze dieses Typs grundsätzlich neuartige Anwendungen generieren könnten, die sie näherungsweise vergleichbar mit *biologischen* Neuronalen Netzen erscheinen ließen. Mit großer Wahrscheinlichkeit lässt sich dies wohl verneinen, denn dazu fehlen zu viele *strukturelle* Eigenschaften biologischer Neuronaler Netze, also des großen Vorbildes Gehirn.

Für die nähere Zukunft wird es also darauf ankommen, diese fehlenden strukturellen Eigenschaften zu verstehen und nach und nach in die künstlichen Neuronalen Netze zu implementieren. Für diesen Fall lassen sich glänzende Aussichten für diese Technologie prognostizieren. Es sei erlaubt, eine mögliche Entwicklungsrichtung zu skizzieren.

Rückkopplung (Feedback) spielt eine wohl entscheidende Rolle bei biologischen Neuronalen Netzen, insbesondere im sogenannten Neocortex (der stammesgeschichtlich jüngste, am meisten differenzierte Teil der Großhirnrinde, d. h. ca 90 % der menschlichen Großhirnrinde), dem Sitz der Intelligenz. Hier werden die meisten „Schaltkreise" geradezu von Feedback–Mechanismen dominiert. Es besteht kein Zweifel, dass gerade dieser Feedback *das* Erfolgsrezept der Natur in Bezug auf das Gehirn darstellt. Jedoch gibt es nach wie vor keine anerkannte Theorie, warum das so ist.

> Hinweis: In diesem Zusammenhang sei erwähnt, dass Backpropagation *kein* echtes Feedback darstellt. Backpropagation findet lediglich in der *Lernphase* statt, nicht während der Arbeitsphase. Alle Informationen fließen hier nur in einer Richtung vom Eingang zum Ausgang.

Ferner besitzt unser Neuronales Netz keinen *Zeitsinn*. Biologische Neuronale Netze verarbeiten sich rasch ändernde Informationsströme. Dagegen verarbeitet das hier verwendete Neuronale Netz ein *statisches* Eingabemuster und verwandelt dieses in ein *statisches* Ausgabemuster. Danach wird ein neues Eingabemuster präsentiert.

> *In dem hier verwendeten unidirektional arbeitenden Neuronalen Netz mit Backpropagation gibt es keine Vorgeschichte oder Aufzeichnung dessen, was kurze Zeit vorher geschehen ist. Es ist also nicht möglich, ein neues Muster oder ein Teilmuster mit einem vorher abgespeicherten Muster zu vergleichen, eine tiefgreifende, systembestimmende Eigenschaft des* **biologischen** *Neuronalen Netzes. Dies lässt sich im Prinzip mittels Feedback organisieren.*

Eine in dieser Hinsicht interessante Alternative eines Neuronalen Netzes ist der *autoassioziative Speicher*. Von dem hier verwendeten Neuronalen Netz unterscheidet er sich dadurch, dass der Output eines Neurons wieder auf den Input zurückgekoppelt wird. Das mag zunächst seltsam erscheinen, aber diese Rückkopplungsschleife führt zu einigen interessanten Eigenschaften. Wird diesen Neuronen ein Aktivitätsmuster auferlegt, speichern sie dieses durch Feedback ab. Gewissermaßen assoziiert das autoassoziierte Netz Muster mit sich selbst, daher der Name.

Wichtig sind zwei hieraus resultierende Eigenschaften:

- Auch eine veränderte, ungeordnete Musterversion oder eine Teilmenge hiervon davon kann zum Abruf des korrekten gespeicherten Musters führen.

- Wird die Rückkopplung zeitlich verzögert, so lassen sich Musterfolgen oder zeitliche Muster speichern.

Dies ist aber die Art, wie Menschen nahezu alles lernen, nämlich als zeitliche Folge von Mustern. *Rückkopplung* und *zeitliche Verzögerung* sind mit hoher Wahrscheinlichkeit Bestandteil des „Erfolgsprinzips der Natur" und damit auf technischer Ebene eine vielversprechende Variante Neuronaler Netze. Seltsamerweise werden von vielen Kognitions-, KI-, Netzwerkforscherforschern und Neurowissenschaftlern *Rückkopplungsmechanismen in Kombination mit variablem zeitlichem Verhalten* wenig ausgelotet. Dort, wo ansatzweise Rückkopplung implementiert wurde, traten meist Stabilitätsprobleme – z. B. Oszillationen – auf.

Mit den modernen bildgebende Verfahren der Medizintechnik – insbesondere der Kernspinresonanz–Tomografie – ist es gelungen, messtechnisch nachzuweisen, welches Areal des Cortex und anderer Teile des Gehirns bei bestimmten motorischen Tätigkeiten, bzw. beim Hören, Sehen, Sprechen usw. aktiv ist. Mit anderen Worten: Das Gehirn und vor allem der Cortex ist bestens kartografiert und aus dieser Sicht vergleichbar mit einem Flickenteppich. Dies verleitet jedoch zu der Annahme, die „Signalverarbeitung" im Cortex sei von Areal zu Areal verschieden. Andererseits ergibt die anatomische Analyse, dass der gesamte Cortex weitgehend gleich aufgebaut ist und aus sechs schmalen übereinanderliegenden Schichten besteht. Dies gilt auch für den Cortex aller Säugetiere.

Ein Computer verarbeitet „Daten" jeder Form: Texte, Bilder, akustische Signale usw. Die Verarbeitung ist im Prinzip immer die gleiche, unabhängig von der speziellen Datenform. Aus physiologischer Sicht muss dies aber auch beim Gehirn so sein, denn Neuronen sind Neuronen. Es ist auch hier unwahrscheinlich, dass sie z. B. zwischen motorisch bedingten physikalischen Impulsformen und solchen von irgendwelchen Sinnesorganen unterscheiden. Vielmehr scheint eine innere Organisation festzulegen, welches Areal *üblicherweise* für etwas zuständig ist.

Die sechs Schichten deuten nun auf eine *hierarchisches* Modell der Signalverarbeitung hin, zumindest eine oft geäußerte Vermutung. Dieses Modell besitzt wiederum den Vorteil, bestimmte Eigenschaften des Gehirns plausibel erklären zu können. Eine dieser Eigenschaften ist die Abspeicherung von Mustern in ihrer *invarianten* Form. So erkennen wir problemlos das Gesicht eines Bekannten, unabhängig davon, ob er weiter entfernt ist, auf dem Boden liegt oder einen Hut trägt. Das Muster scheint in einer zunehmend abstrakten Form abgespeichert zu werden, nachdem es verschiedene Bearbeitungsstufen – hierarchische Schichten – durchlaufen hat.

Inzwischen gibt es viele verschiedene Formen Neuronaler Netze, die z. T. auch bereits Feedback-Strukturen ermöglichen. Die Weiterentwicklung Neuronaler Netze scheint vielleicht derzeit darunter zu leiden, dass zu wenig die grundsätzlichen Verfahren der

Signalverarbeitung beim großen Vorbild, dem menschlichen Gehirn – speziell dem Cortex – , Berücksichtigung finden.

Der Blick am Ende dieses Kapitels auf die Eigenschaften des Neocortex soll also nochmals darauf hinweisen, welche glänzende Aussichten Neuronale Netze haben könnten, falls die vermuteten Fähigkeiten und Eigenschaften des Cortex bestätigt oder besser verstanden und in die künftige Entwicklung Neuronaler Netze implementiert werden.

Bei dieser Abschätzung der zukünftigen Entwicklung der Hirnforschung – gerade auch im Hinblick auf künstliche Intelligenz – gibt es bis heute, wie so oft, zwei Gruppen: die Pessimisten und die Optimisten. Beide bringen grundsätzliche Bedenken und Hoffnungen in die Diskussion, die ernst genommen werden können.

Die skeptischen Pessimisten weisen auf das hochkomplexe Gehirn mit seinen -zig-Milliarden Neuronen und den -zig-Billionen Synapsen hin. Dieses gigantische System könne unmöglich in Gänze verstanden werden (siehe z. B. Der Spiegel Nr. 1, 2001 „Das Universum im Kopf", „Die Demut vor den letzten Rätseln"). Es geht hier auch um die grundsätzliche Klärung der Frage: Ist das Gehirn des Menschen mit seinen -zig-Milliarden Zellen *fähig, sich selbst zu erkennen*?

Die kleinere Gruppe der Optimisten weist darauf hin, die Geschichte der Wissenschaft sei ein Beweis dafür, dass einfache „Patentrezepte" der Natur hochkomplexe Systeme generieren könnten. Selbst hochkomplexe chaotische Systeme ließen sich über simple (nichtlineare) Funktionen generieren. Es gelte, das substanziell Gemeinsame solcher Systeme herauszufinden und zu modellieren. Riesige Fachgebiete mit ihrer Anwendungsvielfalt wie Elektromagnetismus und Quantenphysik ließen sich ja auch in ihrem Kern durch wenige Formeln beschreiben (MAXWELLsche Gleichungen bzw. SCHRÖDINGER-Gleichung).

Es sieht so aus, als könne der Umstieg vom herkömmlichen Computer mit seinem „Flaschenhals" hin zu den auf *„natürlichen Prinzipien"* basierenden Signal- bzw. Datensystemen wieder einmal eine technische Neuorientierung bewirken.

Aufgaben zu Kapitel 14

Aufgabe 1

Der Einsatz Neuronaler Netze in der (computergestützten) digitalen Signalverarbeitung wird oft als *Paradigmenwechsel* bezeichnet. Welche Gründe lassen sich hierfür im Vergleich zur „herkömmlichen" analogen und digitalen Signalverarbeitung aufführen?

Aufgabe 2

(a) Weshalb erscheint beim Einsatz Neuronaler Netze eine „herkömmliche" *Signalvorverarbeitung* sinnvoll? Was wird letztlich dadurch erreicht?

(b) Welche Kenntnisse sind erforderlich, welche Hilfen sinnvoll, um eine *bestmögliche* Signalvorverarbeitung durchzuführen?

Aufgabe 3

Die IPA-Module stellen jeweils ein Kenngrößen-Modul für den *Zeitbereich* sowie für den *Frequenzbereich* (Frequenzanalyse) zur Verfügung.

(a) Für den *Zeitbereich* beinhaltet das Kenngrößen–Modul zahlreiche, spezielle mathematische Funktionen. Hier ist das *mathematische* Verständnis des Anwenders besonders gefragt, wenn es um die Auswahl von Funktionen geht, die bei einem praktischen Fall zum Einsatz kommen könnten.
Bei welchem praktischen Problem bzw. Beispiel würden Sie z. B. die Funktionen „Standardabweichung" oder „Median" verwenden?
Spricht etwas dagegen, generell möglichst viele Funktionen auszuwählen, um auch die Ihnen möglicherweise nicht direkt ersichtlichen Muster-Informationen ebenfalls herauszufiltern?

(b) Der Einsatz des Kenngrößen-Moduls für den *Frequenzbereich* erfordert einen besonderen *physikalischen* Durchblick bei der praktischen Anwendung. Nennen Sie hierzu einige Fallbeispiele und versuchen Sie, eine generalisierende Aussage für dessen Einsatz zu finden!

Aufgabe 4

Für die Realisierung Neuronaler Netze sind genau 2 Module vorhanden: *Netzdaten sammeln* (bzw. Trainingsdaten sammeln) sowie *Netzprognose*.

(a) Mithilfe des Moduls *Netzdaten sammeln* wird zunächst die *.nnd-Datei erstellt. Hierbei werden die Eingangs-(Kenngrößen–)Muster bestimmten Zielmustern zugeordnet. Wie lassen sich in der Praxis diese Eingangsmuster schaltungstechnisch mit den Zielmustern in der *.nnd–Datei verknüpfen?

(b) Das Neuronale Netz ist in der *.nn-Datei enthalten, welche über das Menü der *.nnd-Datei gewonnen wird („Lernen"). Erläutern Sie die Strategie, mit der aus den Eingangsdaten die Netzstruktur ermittelt wird!

(c) Das Menü „Netztraining" sieht für das Neuronale Netz eine 3-schichtige *Standardeinstellung* vor. Welche Möglichkeiten bleiben (z. B. beim „XOR–Netz"), falls diese kein richtig funktionierendes Netz liefert?

Aufgabe 5

In Abb. 282 ist ein XOR–Modul in Form eines Neuronales Netz dargestellt. Zunächst werden die Gewichte zufällig gewählt, hier mit $w_{ux} = -3$, $w_{uy} = 3,2$, $w_{vx} = 4$, $w_{vy} = -2$, $w_{xz} = -3,2$ und $w_{yz} = 4$.

Vollziehen Sie die Fehlerrechnung schriftlich rückwärts (Backpropagation) so lange, bis ein XOR-Gatter simuliert wird!

Aufgabe 6

Projekt „*Akustischer Münzautomat*". In der industriellen Praxis wird die akustische Mustererkennung häufig eingesetzt, von der Spracherkennung abgesehen z. B. bei der Gläser-, Fliesen- oder Dachziegelherstellung. Hierbei sollen defekte Stücke ausgesondert werden, hervorgerufen durch Risse oder Lunker. So klingt ein defektes Glas anders als ein einwandfreies Glas.

(a) Stellen Sie konstruktive Überlegungen an zum mechanischen Aufbau eines solchen Gerätes. Nach einer bestimmten Fallstrecke (Fallhöhe z. B. 40 – 50 cm) soll die Münze auf eine Stein- bzw. Marmorplatte fallen. Das Aufprallgeräusch (Klang!) soll mit einem Mikrofon aufgezeichnet werden. Anhand der akustischen Muster ist der Wert der Münze zu erkennen (2 €, 1 €, 50 c, 20 c, 10 c)!

(b) Warum dürfte lediglich die Mustererkennung im Frequenzbereich erfolgreich sein?

(c) Nehmen sie entprechende Testreihen für alle Münzen auf. Vergleichen Sie die Spektren verschiedener Münzen miteinander. Warum sind auffällig viele übereinstimmende Frequenzwerte in den Spektren aller Münzen enthalten?

(d) Setzen Sie nun sinnvoll das Kenngrößen–Modul ein, um die *unterschiedlichen* Anteile der Münzspektren herauszufiltern.

(e) Erstellen Sie nun das Neuronale Netz in Analogie zu „Spracherkennung"

Aufgabe 7

Laden Sie sich aus dem Internet ca. zwanzig verschiedene Vogelstimmen herunter und entwerfen Sie ein Neuronales Netz, welches die verschiedenen Klänge den jeweiligen Vögeln zuordnet.

Alternativ: Nehmen Sie den Kammerton a (440 Hz) verschiedener Musikinstrumente auf und erstellen Sie ein Neuronales Netz zur Instrumentenerkennung.

Aufgabe 8

Biologische Nervenzellen: Informieren Sie sich mithilfe von Fachliteratur – z. B. im Internet – über

(a) den Aufbau einer Nervenzelle, speziell der Zellmembran,

(b) die Fortpflanzung des Nervensignals entlang des Axons,

(c) die Weiterleitung des Nervensignals über eine Synapse sowie

(d) Anzahl und physikalische Daten der Neuronen, Synapsen usw. eines Gehirns

Aufgabe 9

Backpropagation: Informieren Sie sich und analysieren Sie mithilfe von Fachliteratur –
z. B. im Internet – über

(a) das Prinzip des Lernverfahrens Backpropagation,

(b) das Prinzip der Gradientenverfahren neuronaler Netze,

(c) die Herleitung der Delta-Regel sowie

(d) die Herleitung der Backpropagation-Regel.

Kapitel 15

Komplexe dynamische Systeme, Entropie und Selbstorganisation

Signale – Prozesse – Systeme beschreiben in der Wissenschaft eine übergeordnete Struktur, die sich – wie bereits mehrfach angeführt – nicht nur auf Technik beschränkt. Inzwischen dienen diese Begriffe in nahezu *allen* Wissenschaften als Instrumentarium, einen „Blick hinter die Kulissen" zu werfen bzw. das Gemeinsame vieler zunächst höchst unterschiedlich erscheinender Phänomene aus den unterschiedlichsten Fachgebieten herauszufiltern.

Alles, was sich in der belebten und unbelebten Natur, in der Gesellschaft, letztlich sogar im Universum abspielt, läuft nach bestimmten *Gesetzmäßigkeiten* ab, so „komplex" diese auch erscheinen mögen. Nun impliziert das Wort „Gesetzmäßigkeit" etwas Strenges, Berechenbares, Vorhersagbares. Jedoch ändert sich genau genommen in jedem Zeitraum *alles* um uns herum und genau genommen lässt sich nur das Wenigste präzise vorhersagen. Vieles davon erscheint uns zufällig (und ist es teilweise auch). Einige kritische Fragen sollen skizzieren, welche Dimensionen die Problematik besitzt:

- Weshalb zerbrach 1989 innerhalb kurzer Zeit die Vorherrschaft der Sowjetunion in Osteuropa, die vorher über 40 Jahre bestand?

- Warum lässt sich das Wetter längerfristig nicht vorhersagen, desgleichen ein Erdbeben?

- Wie entstanden nach 4 Milliarden Jahren Erdgeschichte die ersten lebenden Zellen?

- Haben Epidemien und Börsencrashs vergleichbare Ursachen?

Intuitiv könnte man bereits jetzt der Kapitelüberschrift zustimmen; die Fragestellungen sind „komplex" (hier im Sinne von Kompliziertheit und Undurchschaubarkeit), ferner sind sie dynamisch bzw. zeitveränderlich. Irgendwie scheint die geheimnisvolle Möglichkeit gegeben, dass sich Abläufe ändern können und Systeme sich dabei auf neue Art organisieren.

Es scheint unumgänglich, gemeinsame Erklärungsmuster für dieses vielleicht „letzte große Geheimnis der Wissenschaft" zu finden und diese formal und experimentell zu analysieren.

Entropie und der 2. Hauptsatz der Thermodynamik

Physik genießt den Ruf einer exakten Wissenschaft, die letztlich die Erklärungsmuster liefert für das Verhalten der Natur. Alles, was sich in der Natur (und auch allen anderen Bereichen!) *ändert*, geschieht in Verbindung mit Energie. Hier sollte also ein Ansatzpunkt für Erklärungsmuster zu finden sein, welche auch für die obigen Fragestellungen gelten könnten.

Eine Säule der Physik ist hierzu der 1. Hauptsatz der Thermodynamik:

> *In einem isolierten System bleibt die Energie erhalten. Energie kann nicht vernichtet oder erzeugt, sondern lediglich in eine andere Form umgewandelt werden.*

Nun gibt es unendlich viele Phänomene, die *irreversibel* sind. Ihr unter Energieaufwand erreichter neuer Zustand lässt sich nicht mehr ohne Weiteres – z. B. durch den Entzug des gleichen Energiebetrages – in den alten Zustand zurücksetzen: Auch dein Auto verwandelt sich nach und nach in einen Rosthaufen, die Umkehrung des Vorgangs ist unmöglich.

Der 1. Hauptsatz reicht nicht aus, diese Phänomene zu erklären. Die Praxis zeigt beipielsweise deutlich das Unvermögen, thermische Energie vollständig in mechanische Energie umzuwandeln. Energie scheint eine bestimmte *Wertigkeit* zu besitzen.

Rudolf CLAUSIUS führte Mitte des 19. Jahrhunderts die *Entropie* als thermodynamische Größe ein und definierte diese als makroskopisches Maß für eine Eigenschaft, welche die *Nutzbarkeit von Energie* begrenzt.

Der sogenannte *2. Hauptsatz der Thermodynamik* lautet:

> *In einem isolierten System nimmt die Entropie niemals ab.*
>
> *Wärme verteilt sich hierbei so, dass die Entropie zunimmt und schließlich konstant bleibt, wenn das thermische Gleichgewicht erreicht worden ist.*

Entropie als *makroskopisches* Maß bedingt eine *mikroskopische* Interpretation, die durch Ludwig BOLTZMANN erfolgte. Bei einem Stück Eis ist offensichtlich die Zahl der möglichen Mikrozustände der Moleküle kleiner als in der geschmolzenen Form von Wasser, denn beim Eis besitzen die Moleküle eine geordnete, z.T. periodische Struktur. Beim Wasser ist diese verschwunden, der mikroskopische Zustand ist jetzt unübersichtlicher, ungeordneter bzw. „unordentlicher".

> *Entropie ist ein Maß für die Ordnung bzw. Unordnung der Mikrozustände.*
>
> *Die Zunahme von Entropie entspricht hierbei dem Zerfall der Systemeigenschaften.*

> Hinweis: Eine geordnete Struktur lässt sich mit weniger Information beschreiben als eine ungeordnete Struktur. Die Entropie fand wegen dieses Sachverhaltes durch SHANNON Eingang in die Informationstheorie (siehe Kanalkapazität S. 401).

Aus der Sicht des 2. Hauptsatzes der Thermodynamik nimmt die Entropie in realen Systemen – selbst im ganzen „System" Universum – ständig zu. Diese Erkenntnis hat die Spekulation über den „Wärmetod" des Universums forciert.

> Hinweis: Das große Missverständnis am 2. Hauptsatz ist die Annahme, es gäbe irgendeine Triebkraft, die als Ziel eine immer größere Unordnung anstrebt. So ist es keinesfalls. Es gibt einfach *nur mehr Formen der Unordnung als Formen der Ordnung*. Es gibt also keinen „Sog" eines Zustandes hoher Entropie. Vielmehr ist die Wahrscheinlichkeit größer, dass Änderungen am System die Ordnung vermindert.
> Der Biologe Richard DAWKINS nennt als anschauliches Erklärungsmodell eine (zunächst) wohlgeordnete Bibliothek. Es werden nun Bücher ausgeliehen. Werden diese Bücher nach der Rückgabe „ohne Ordnung" wieder inventarisiert, so dürfte nach einiger Zeit die Unübersichtlichkeit zunehmen. Es kostet Energie und Zeit, die alte Ordnung zu stabilisieren.

- **Ordnung** heißt: Jedes Ding ist an seinem Platz.
  Es gibt nur **einen** Platz für jedes Ding.
- Folglich: Es gibt nur eine einzige Möglichkeit, perfekte Ordnung herzustellen!
- Es gibt aber damit auch viele Möglichkeiten der **Unordnung**

Thermodynamik: Entropie S nach Ludwig BOLTZMANN: S = k ln W

W ist die Anzahl der möglichen Konfigurationen
$k = 1,3805 \cdot 10^{-23}$ J $\cdot$ K^{-1} (BOLTZMANN-Konstante)

Beispiel:
- 4 Moleküle verteilen sich über eine durchlässige Membran auf zwei Behälter eines abgeschlossenen Systems.
- Perfekter Ordnungszustand links oben (blaue Umrandung),
- ... aber insgesamt 16 verschiedene mögliche Verteilungen der 4 Moleküle.

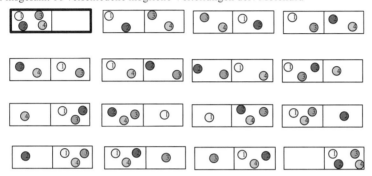

- Entropie des **Ordnung**szustandes: $S_1 = k \cdot \ln W = k \cdot \ln 1 = \mathbf{0}$ ($e^0 = 1$ d.h. $\ln 1 = 0$)
- Entropie des sich selbst überlassenen, abgeschlossenen Systems im thermodynamischen Gleichgewicht
  $S_{16} = k \cdot \ln 16 = k \cdot 2,7725 > 0$ d.h. $S_{16} > S_1$

Informationstheorie: Entropie H nach Claude SHANNON

Entropie ist ein Maß für den mittleren Informationsgehalt pro Zeichen einer
Quelle, die ein System oder eine Informationsfolge darstellt.

$$H_n = -\sum_{i=1}^{n} p_i \log_2 p_i$$

Beispiel:
- Gegeben sei die Zeichenkette **ABBCAADA**   d.h. n = 4 verschiedene Symbole (siehe auch Entropiekodierung Seite 349).
- Hieraus folgt die Buchstaben-Wahrscheinlichkeit $p_A = 4/8 = 0,5$; $p_B = 0,25$; $p_C = p_D = 1/8 = 0,125$
- $H_4 = -(0,5 \cdot \log_2 0,5 + 0,25 \cdot \log_2 0,25 + 2 \cdot (0,125 \cdot \log_2 0,125)) = \mathbf{1,75}$
- **Maximalentropie** (alle Ereignisse gleichwahrscheinlich $p_A = p_B = p_C = p_D = 0,25$):
  $H_{max} = -4 \cdot (0,25 \cdot \log_2 0,25) = -\log_2 4^{-1} = \log_2 4 = \mathbf{2}$

Abbildung 300:   ***Veranschaulichung des Entropie-Begriffs***

Entropie erscheint als eine schwierig zu vermittelnde Größe. Sie scheint sich der direkten Anschauung zu entziehen. Nähert man sich diesem Begriff jedoch von einer informationstheoretischen Seite, werden die Zusammenhänge leichter verständlich.

Der thermodynamische Entropiebegriff nach BOLTZMANN beleuchtete erstmalig mikrophysikalische Zustände als Ursache für makroskopisches Verhalten, z.B. die „Wertigkeit" von Energie.

Die Abstrahierung des Zustandsbegriffs als Anordnung bestimmter Muster und deren Wahrscheinlichkeit des Auftretens führte SHANNON zu seiner Definition von Informations-Entropie.

Folgende Eigenschaften der thermodynamischen Entropie S sind in unserem Zusammenhang wichtig: In einem abgeschlossenen System kann die mittlere Entropie nicht abnehmen; dann sind die Systeme reversibel. Die meisten physikalischen Erscheinungen sind nicht reversibel. Diese irreversiblen Vorgänge sind fast immer mit einer Zunahme von Entropie verbunden. Ausnahme: „Dissipative Systeme".

Ein isoliertes System ist ein idealisierter Begriff, denn es ist kaum möglich, ein makroskopisches System physikalisch vollkommen von der Außenwelt abzuschotten. Aus klassischer Sicht galt:

> *Reversibel (umkehrbar) wäre ein Prozess nur dann, wenn die*
> *Entropie konstant bliebe. Das ist aber lediglich theoretisch*
> *möglich. Praktisch alle sich selbst überlassenen realen Prozesse*
> *scheinen irreversibel.*

Das scheint jeglicher Möglichkeit zu widersprechen, neue Ordnungen aus einem „Chaos" (im Sinne von Unordnung) zu kreieren bzw. *lokal* und *zeitlich* die Entropie zu verringern. Jedoch hat die Natur offensichtlich doch diese Möglichkeit, und zwar in einer unendlichen Vielfalt.

Dissipative Systeme und Selbstorganisation

Ein *isoliertes* System ist demnach zu keinem anderen Verhalten fähig, als der Einnahme des thermischen Gleichgewichtszustandes.

> *Im thermischen Gleichgewicht ist die maximale Unbestimmtheit*
> *bezüglich der Verteilung der Mikrozustände eines komplexen*
> *Systems erreicht. Messtechnisch betrachtet befindet sich das*
> *isolierte System dann in einem Zustand, in dem alle Korrelationen*
> *zwischen Systemelementen gegen null gehen, übrigens eine feine*
> *Definition von Unordnung! Dies bedeutet demnach abnehmende*
> *Information über die einzelnen Systemelemente.*
>
> *Kennzeichen eines **offenen** Systems ist die Aufnahme und Abgabe*
> *von Energie, wobei der momentane Zustand des Systems weitab*
> *vom thermodynamischen Gleichgewicht liegen kann.*

Hinweis: In der Physik werden konservative und nichtkonservative („dissipative") Systeme unterschieden. In einem konservativen System bleibt die mechanische Energie als Summe von potentieller und mechanischer Energie erhalten bzw. längs eines Weges wird keine Arbeit verrichtet. Alle Systeme, für die das nicht gilt, sind nichtkonservativ und werden als *dissipative Systeme* bezeichnet. Beispielhaft sei hier eine gedämpfte Schwingung genannt, die durch Reibung nach und nach zum Stillstand kommt. Jedoch ist eine Uhr ebenfalls immer ein dissipatives System, bei der durch ständige Energiezufuhr „Ordnung" – Periodizität des Systems – geschaffen wird. Dissipation („Zerstreuung") wurde ursprünglich nur makroskopisch im Verbund mit Wärmeerzeugung durch Reibung in irgendeiner Form verstanden.

Wie ist es nun – wie bei allen lebendigen „Systemen" – möglich, dem durch den 2. Hauptsatz der Thermodynamik vorgegebenen ständigen Zuwachs an Entropie durch Aufnahme und Abgabe von Energie in gewisser Weise zu entkommen und „stabile" bzw. dauerhafte Systeme/Strukturen zu bilden, wie es die Natur uns vormacht?

Der Chemiker Ilya PRIGOGINE entwickelte in den siebziger Jahren eine neue Sicht der Nichtgleichgewichtsthermodynamik (Nobelpreis 1977). Kernpunkt seiner Forschung war die aus der Natur bekannte *Stabilität offener Systeme* bzw. dissipativer Strukturen weitab vom thermodynamischen Gleichgewicht, die einem ständigen Energiefluss unterliegen. Diese neue Theorie widerspricht der Annahme, dass Unordnung zwangsweise zu Zerfall und Chaos führt.

> Hinweis: Chaostheorie ist der populäre Name für die Theorie komplexer dissipativer (nichtlinearer) Systeme.

Wie die Theorie dissipativer Systeme zeigt, neigt jedes offene (nichtlineare) System zur Verringerung seiner Entropie durch *Selbstorganisation*, sobald die Energiezufuhr hoch genug ist und die Dissipation einsctzt. Jedes dieser Systeme bildet bei meist mehreren gegebenen Parameterkonstellationen eine ihm eigene *stabile* Prozessstruktur aus, die auch gegen kleine Fluktuationen aus der Umwelt immun bleiben kann. Diese hängt nicht direkt von der Energiezufuhr ab; vielmehr prüfen diese Fluktuationen ständig die momentane innere Struktur des Systems auf Stabilität und Ordnung.

Jede *Abnahme* der Entropie durch Selbstorganisation wird hierbei mehr als kompensiert durch eine *Zunahme* der Entropie durch andere Prozesse, sodass zu keinem Zeitpunkt gegen den 2. Hauptsatz der Thermodynamik verstoßen wird.

> *Nur offene (nichtlineare) Systeme, die kontinuierlich mit Energie niedriger Entropie versorgt werden und die von ihnen erzeugte Entropie an die Umwelt abgeben können sind zur spontanen Selbstorganisation fähig.*

Deterministisches Chaos

Ziel der wissenschaftlichen Analyse komplexer, dissipativer Systeme ist es eigentlich, das weitere Verhalten eines solchen Systems vorherzusagen. Dabei wird in erster Linie berücksichtigt, dass der Zustand im nächsten Augenblick vom Zustand kurz vorher abhängt. Konkret bedeutet das festzustellen, wovon die Änderung – *Differenz* – z.B. pro Zeiteinheit abhängt.

Für die mathematische Simulation dieses Sachverhaltes werden deshalb Differenzial-gleichungen oder Differenzengleichungen benötigt, die idealisiert das Systemverhalten beschreiben. Damit ist hierbei gemeint: Generell sollte versucht werden, die Anzahl der Parameter und Einflussgrößen möglichst klein zu halten, d.h. ein auf die wesentlichen „Wirkungen" reduziertes, *idealisiertes* System zu untersuchen.

Exponentielles Wachstum

Betrachtet werden soll zunächst eine Bakterienpopulation in einer Nährlösung, die exponentiell anwächst. Jedes Bakterium vermehrt sich nach einer bestimmten Zeit durch Zellteilung. Da scheint sich ein diskretes dynamisches Modell anzubieten.

Falls $x(t)$ die Anzahl der Bakterien zum Zeitpunkt t und Δt die Zeitdauer, nach der sich jede Zelle in zwei Neue teilt, so gilt für die dynamische Entwicklung

$$x(t + \Delta t) = 2x(t)$$

Beginnt man zum Zeitpunkt $t = 0$ mit einem Bakterium, so sind nach der Zeit Δt 2 Bakterien, nach $x(t)$ dann 4 Bakterien usw. vorhanden. Der exponentielle Wachstums-anstieg hängt nun davon ab, wie groß Δt gewählt wird.

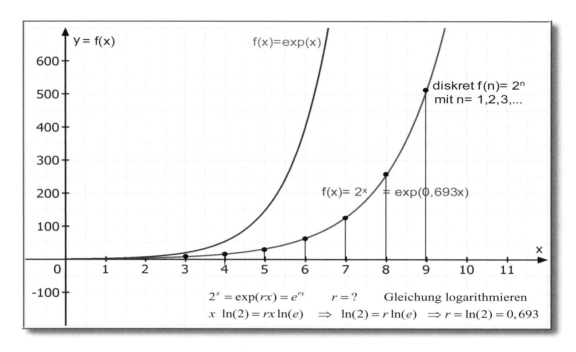

Abbildung 301:   ***Exponentielles Wachstum***

Diskretes Wachstum bedeutet hier: Zu vorgegebenen Zeiten verdoppelt sich die Population (schwarze Punkte, rechter Funktionsverlauf). „Natürliches" exponentielles Wachstum ist kontinuierlich und wird mit exp(x) modelliert. Vorstellbar ist jedoch auch ein langsameres natürliches Wachstum, welches kontinuierlich verläuft, jedoch sonst dem diskreten Verlauf entspricht. Dann muss der Exponent um den Faktor r = 0.693 verkleinert werden (siehe Herleitung).

> *In der Theorie der dynamischen Systeme bezeichnet man die wiederholte Anwendung derselben Funktion als **Iteration**.*
> *Formal gilt hierbei die Folge $x_0, f(x_0), f(f(x_0)), f(f(f(x_0))), ...$*

Diese diskrete, iterative Beschreibung wäre eigentlich nur dann korrekt, falls sich die Bakterien alle jeweils nach der Zeit Δt synchron teilen. Bakterienpopulationen können nun ungeheuer groß werden, wobei die gemeinsame, sprunghafte synchrone Teilung noch nie beobachtet wurde. Da erscheint es doch ratsam, modellmäßig auf eine kontinuierliche Differenzialgleichung (Dgl) zurückzugreifen:

$$\frac{dx}{dt} = \dot{x} = rx(t) \quad \text{mit } r > 0$$

In Worten bedeutet dies: Die momentane Änderung hängt nur vom Momentanwert $x(t)$ selbst ab. Die analytische Lösung dieser Dgl 1. Ordnung ist *exp(rx)*, denn *exp(x)* ist die einzige Funktion, bei der der Momentanwert genau der momentanen Änderung entspricht.

> Hinweis: Je kürzer die Zeit Δt bei der Iteration, desto besser kann die Dgl approximiert werden. Allerdings gibt es hierbei zahlreiche Fehlerquellen, dies deutet sich bereits in Abb. 301 an. Bei der Herleitung des Algorithmus ist deshalb große Sorgfalt angebracht. Das iterative Verfahren kommt vor allem dann zum Einsatz, falls keine analytische Lösung der Dgl bekannt ist.

Schwankung und Gleichgewicht

Nun ist in der Populationsdynamik ein exponentielles Wachstum gegen unendlich nicht real. Es muss stets ein entgegen gerichteter Einfluss vorhanden sein, der direkt oder grenzwertig wirksam wird. Bei Lebewesen aller Art bietet sich modellmäßig die Sterblichkeit – Mortalität – an, wobei Wachstum und Sterblichkeit beide eine Funktion der momentanen Populationsgröße sind:

$$\dot{x}(t) = rx(t) - sx(t) = \quad \text{Geburten} \quad - \quad \text{Sterbefälle} \quad r > 0, \ s > 0$$

Ein Gleichgewicht würde sich einstellen, falls Geburten und Sterbefälle gleich groß sind, momentan also keine Änderung vorhanden wäre. In Anlehnung an die Begriffe der Schwingungsphysik wird dieser Zustand als *stationär* bezeichnet und steht hier für das in vielen technischen Prozessen geforderte stabile Verhalten. Allerdings wird *periodisches* Verhalten durchweg auch als stationär und stabil bezeichnet.

Nicht-Stationarität steht in der Populationsdynamik in diesem Zusammenhang auch für Instabilität, Zerstörung, Aussterben, Epidemie, Plage. Auch der *Übergang* zum stationären Verhalten ist nichtstationär, siehe Einschwingvorgang (Abb. 122).

Sättigung und Grenzwert

Die obige Dgl könnte allerdings nach wie vor zu einer unendlich großen Population führen. Nimmt die Population überhand, werden z. B. viele Individuen durch Nahrungsmangel sterben. Um das formale Modell besser an die Realität anzupassen, sollte deshalb berücksichtigt werden, dass s keine Konstante sein kann, sondern ebenfalls eine Funktion der Zeit, also $s(t)$. Vereinfachend lässt sich eine Proportionalität zwischen s und der momentanen Populationszahl $x(t)$ annehmen. Es gilt dann $s = s_0 x(t)$, wobei s_0 eine Konstante ist.

$$\dot{x}(t) = rx(t) - sx(t) = rx(t) - s_0 x^2(t) = rx(t)(1 - \frac{s_0}{r}x(t)) \ \text{mit } s_0 > 0, \ r > 0$$

Üblicherweise wird in der Literatur die Schreibweise durch $K = r/s_0$ ersetzt. Damit gilt:

$$\dot{x}(t) = rx(t) - sx(t) = rx(t) - s_0 x^2(t) = rx(t)(1 - \frac{x(t)}{K}) \ \text{mit } r > 0, \ K > 0$$

Dies ist eine *nichtlineare* Dgl 1. Ordnung. Hierbei stellt x(t) = K einen stabilen Zustand dar.

Die Logistische Gleichung nach VERHULST

Die obige Dgl in ihrer diskreten bzw. iterativen Form

$$x(t + \Delta t) = rx(t)\left(1 - \frac{x(t)}{K}\right) \ \text{bzw.} \ \boxed{x_{n+1} = rx_n\left(1 - \frac{x_n}{K}\right) \ \text{mit } r > 0, K > 0}$$

wurde ursprünglich bereits 1837 von Pierre François VERHULST als demographisches mathematisches Modell eingeführt. Die Gleichung ist ein geeignetes Beispiel dafür, wie komplexes, auch chaotisches Verhalten aus einfachen nichtlinearen Gleichungen entstehen kann.

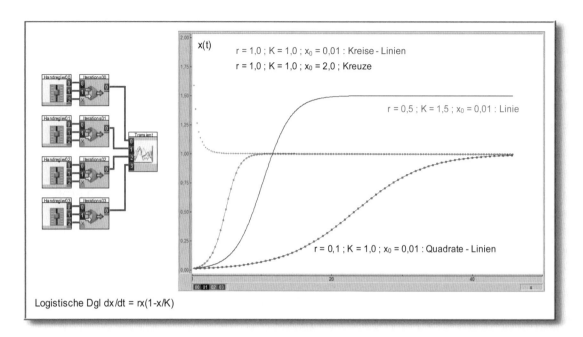

Logistische Dgl dx/dt = rx(1-x/K)

Abbildung 302:   **Logistische Wachstumsdynamik der Dgl und stabile Fixpunkte bei x = K**

Es werden vier Funktionsverläufe dargestellt mit r < 2. Davon beginnen drei mit dem sehr kleinen Startwert x_0 von jeweils 0,01. Für diese Verläufe ist in der Dgl zunächst praktisch nur der Teil dx/dt = rx(t) wirksam. Damit verläuft der Startbereich exponentiell. Nähert sich x gegen K, geht die Änderung der Population langsam gegen null und stagniert bei x = K, seinem Fixpunkt.
Die untere Kurve startet mit kleinem r = 0,1; deshalb verläuft die exponentielle Phase recht flach und nähert sich erst nach 80 Iterationen dem Fixpunktbereich.
Ein überhöhter Startwert - hier $x_0 = 2$ - wird sofort reduziert in Richtung Fixpunkt K=1.

Beim logistischen Wachstum handelt es sich um eine sehr einfache mathematische Simulation. Nachwievor gilt diese jedoch noch als Paradebeispiel mit hohem Realitätsbezug. Noch einmal: Im Gegensatz zum kontinuierlichen Dgl-Modell, in dem man sich im Idealfall in infinitesimalen kleinen Zeitschritten asymptotisch an den Fixpunkt $x(t) = K$ anschmiegt, gibt hier das Programm (und auch generell der PC!) endlich große diskrete Zeitschritte vor. Deshalb sind in Abb. 302 auch zur besseren Übersicht die Punkte – momentane Zustände – durch Linien miteinander verbunden.

Abb. 303 zeigt verschiedene Zustände der logistischen Abbildung in Abhängigkeit des Parameters r. Hiermit lassen sich offensichtlich alle möglichen Zustände dieses nichtlinearen Systems darstellen. Damit bietet sich auch an, $x(t)$ als Funktion von r darzustellen. Dies geschieht in Abb. 5. Es ergibt sich das berühmte FEIGENBAUM-Diagramm, welches in grandioser Weise einen Einblick in das Wechselspiel von Ordnung und Chaos vermittelt.

*Das FEIGENBAUM-Diagramm gibt in anschaulicher und hochinformativer Weise alle möglichen Zustände des logistischen Wachstums an. Es zeigt sich, dass dieses Diagramm universellen Charakter besitzt, denn praktisch alle **nichtlinearen** dynamischen Systeme zeigen gleiches oder ähnliches Verhalten.*

r wird oft als Kontrollparameter bezeichnet. Aus physikalischer Sicht bestimmt er meist den Energiedurchsatz des Systems.

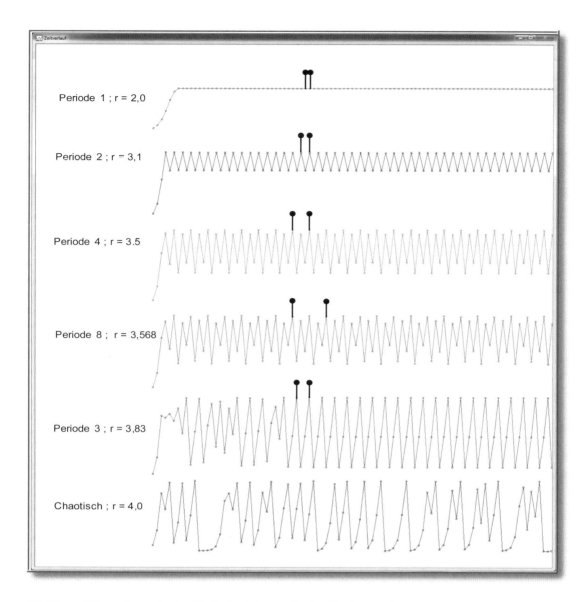

Abbildung 303:   ***Logistische (Verhulst-) Dynamik: Oszillationen als Funktion des Parameters r***

Der Systemzustand bzw. Signalverlauf hängt lediglich von zwei Parametern ab: dem Anfangswert x_0 sowie dem Faktor r. x_0 wird zu Beginn der Iteration vorgegeben, Die Folge der Oszillationen Periode 1,2,4,8 usw. bis hin zum Chaos geschieht durch die Zunahme von r. Bei winzigen Anfangswerten x_0 zeigt sich am besten das „Einschwingverhalten" des Systems.

Auf der Abszisse der Abb. 304 ist der Kontrollparameter r im Intervall von 2,4 bis 4,0 aufgetragen, auf der Ordinate die jeweils dazugehörigen Werte der Populationsgröße x. Zur besseren Übersicht werden Zeitreihen aus Abb. 303 den jeweiligen Verläufen des FEIGENBAUM-Diagramms zugeordnet. Jedem Wert von r ist eine Zeitreihe wie in Abb. 4 zugeordnet, die aus Präzisionsgründen ca. 200 Zeitabschnitte – z. B. Jahre, Minuten, Sekunden – umfassen sollte.

Es zeigt sich dann, dass für einen bestimmten Wertebereich von r ($2,4 \leq r \leq 3,0$), die gesamten 200 Zeitabschnitte über – bis auf einige Anfangswerte! – bei den Zeitreihen (!) jeweils exakt die gleichen Populationsgrößen auftreten. Wird r allmählich erhöht, so treten in immer kürzeren Abständen so genannte *Bifurkationspunkte* auf.

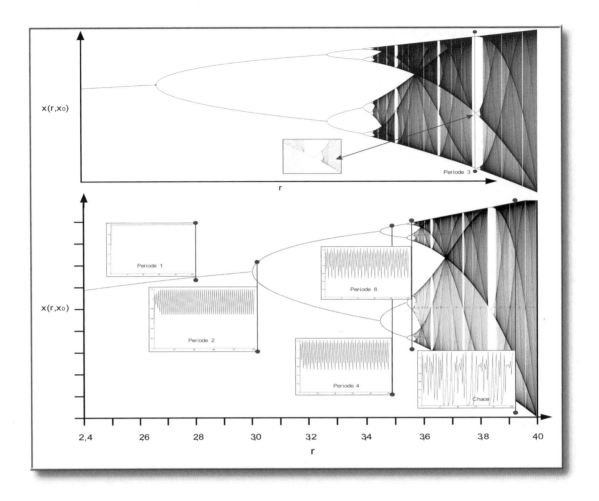

Abbildung 304:   **FEIGENBAUM-Diagramm mit Bifurkationen, Periodizität, Chaos, Intermittenzen**

Zwischen dem ersten (bei r = 3,0) und dem zweiten Bifurkationspunkt (bei r = 3,449490...) schwankt das System zunächst von einem Zeitabschnitt zum darauf folgenden zwischen zwei Populationsgrößen.

In dem Punkt, in dem der Parameter r den Bifurkationspunkt gerade überschreitet, kann nicht vorhergesagt werden, mit welcher der möglichen Populationsgrößen das System seinen alternierenden Rhythmus beginnen wird. Im Bifurkationspunkt befindet sich das System in einem gänzlich unbestimmten Zustand. Das System verhält sich wie eine Kugel auf einer Bergspitze, der zwei Täler zur Verfügung stehen. Kleinste Fluktuationen führen zum Kippen in eines der beiden.

Bei jeder Bifurkation verdoppelt sich die Periode der Alternierungen. Zudem folgen die Bifurkationspunkte immer schneller aufeinander. r_∞ bezeichnet den Parameterwert, ab dem chaotisches Verhalten auftritt ($r_\infty > 3,569946...$). Der Index ∞ erklärt sich dadurch, dass *vor* dieser kritischen Grenze eine theoretisch unendliche Kaskade von immer kürzeren Periodenverdopplungen liegt.

> *Die hier vorliegende Geometrie wird als **fraktal** bezeichnet. Sie ist gekennzeichnet durch selbstähnliche Strukturen, die bei jeder Vergrößerung stets wieder ähnliche Strukturen – z. B. Bifurkationen – zeigen.*

Erstaunlicher Weise finden sich aber „Fenster der Ordnung" (sog. Intermittenzen) im chaotischen Wertebereich von r, in denen das Chaos unvermittelt abbricht. Für das größte „Fenster der Ordnung" wird erkennbar, wie das System dort zunächst zwischen drei (nicht zwei und nicht vier) Werten alterniert.

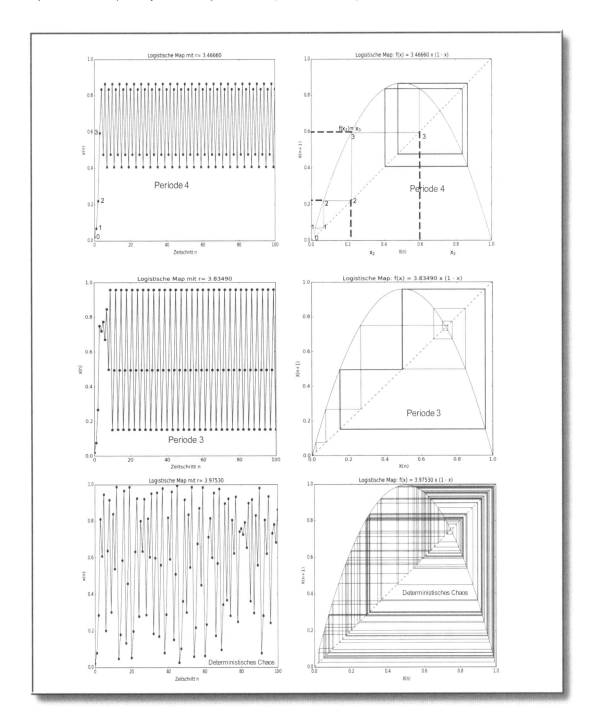

Abbildung 305:   **Geometrische Deutung des durch Iteration erzeugten Signalverlaufs**

Die logistische Funktion f(x) beschreibt eine Parabel, die nach unten geöffnet ist. Die rechte Seite zeigt nun über die entsprechende Parabeldarstellung, welche Signalfolge sich zwangsläufig ergibt. Der Scheitel liegt bei x=0,5. Die x-Achse wird bei 0 und 1 geschnitten. Neben der Parabel ist die Winkelhalbierende eingezeichnet. Sie wird benötigt aufgrund der Tatsache, dass $x_{n+1} = f(x_n)$, d.h. jeder Wert an der y-Achse entspricht aufgrund der Iteration dem nächsten Wert an der x-Achse! Damit x das Intervall [0,1] nicht verlässt, muss der Ordnungsparameter r zwischen 0 und 4 liegen.

Die Beispiele beginnen mit einer sehr kleinen Population, z. B. wenigen Bakterien, Mäusen usw. Das FEIGENBAUM-Diagramm zeigt eine ungeheure Vielfalt des Systemverhaltens als Folge der Iteration, obwohl eine simple (quadratische) Funktion angewendet wurde. Hier zeigt sich anschaulich, was nichtlineares Verhalten bewirken kann! Aus physikalischer Sicht verursacht eine Energiezufuhr das von einem kleinen Anfangswert sich hochschaukelnde Systemverhalten.

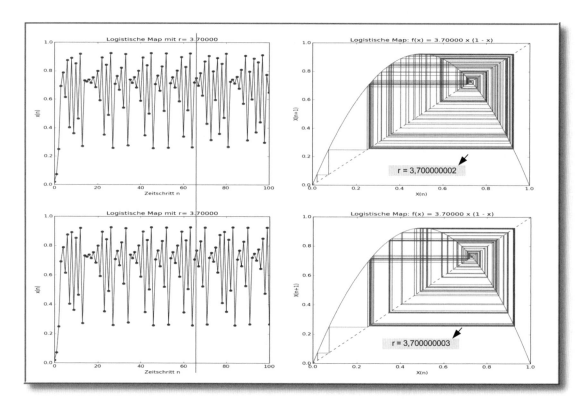

Abbildung 306:   **Die extrem empfindliche Abhängigkeit von den Anfangsbedingungen**

Winzige Abweichungen von den Anfangsdaten führen zu völlig verschiedenen zukünftigen Ergebnissen. Daher können die zukünftigen Entwicklungen in einem chaotischen System langfristig nicht vorausberechnet werden, obwohl sie mathematisch exakt definiert und determiniert sind.
Im vorliegenden Fall wurde der Parameter r von 3,700000002 auf lediglich 3,700000003 erhöht, also um weniger als 1 Milliardstel verändert. Deutlich ist die veränderte Entwicklung ab dem senkrechten Strich zu erkennen.

Der chaotische Bereich erscheint hier im FEIGENBAUM-Diagramm grau, besteht jedoch aus „zahllosen", dicht beieinander liegenden Punkten, die dem Signalverlauf entsprechen. Bestimmte Bereiche erscheinen dunkler als andere. Je dunkler desto dichter die Punktmenge und desto häufiger entsprechende Signalwerte. Der Verlauf der Grauzonen zeigt eindeutig den mathematischen Hintergrund und ist ein Beweis für deterministisches Chaos.

*Das FEIGENBAUM-Diagramm und der dahinter liegende quadratische Formalismus im Zusammenhang mit der Iteration zeigen, welche Komplexität selbst einfache **nichtlineare** Systeme aufweisen können.*

*Die im Diagramm auftretenden chaotischen Abschnitte sind nicht zufällig, sondern streng **deterministisch**, denn sie lassen sich formelmäßig reproduzieren.*

*Das **deterministische Chaos** ist zu unterscheiden gegenüber dem Chaos, welches durch puren Zufall verursacht wird. Es zeigt sich, dass lediglich **nichtlineare** Systeme deterministisches Chaos generieren können.*

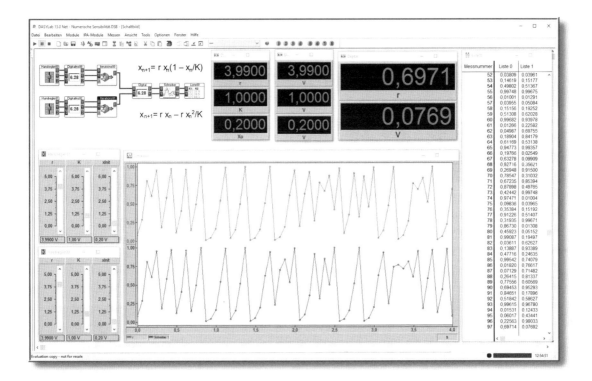

Abbildung 307:   ***Grenzen der Rechengenauigkeit***

Im vorliegenden Fall wird scheinbar zweimal der gleiche Formalismus bei der Iteration verwendet. Im zweiten Fall ist lediglich die Klammer ausmultipliziert. Alle Parameter sind gleich gewählt. Trotzdem verläuft die Entwicklung nach ca. 1,5 Sekunden vollkommen verschieden. Hier scheinen es winzige Rundungsfehler zu sein, die sich bei einer veränderten Reihenfolge der Zwischenrechnungen auf diese Weise bemerkbar machen.

Die Abb. 306 und 307 zeigen den extremen Einfluss der Anfangsbedingungen auf die weitere Entwicklung des Systemverhaltens. Dies impliziert höchst folgenreiche Auswirkungen technisch-physikalischer Art als auch in philosophischer Hinsicht! So glaubt man z. B. bislang, die Wettervorhersage durch die Vermehrung von Messstationen pro Flächeneinheit optimieren zu können. Aufgrund der begrenzten Messgenauigkeit der Parameter Druck, Temperatur usw. wird diese These zumindest fragwürdig, denn diese beeinflusst ja auch das nichtlineare mathematische Modell der Wettervorhersage, welches uns bildlich jeden Abend im Fernsehen geboten wird. Können also *mehr* (nichtlineare) Systeme mit absolut ungewisser Entwicklung eine qualitativ präzisere Vorhersage garantieren?

Noch aufregender ist vielleicht dieser Aspekt: Als Mutter aller Religionen erscheint die Angst der Menschen vor den nicht vorhersehbaren, *zufälligen* Ereignissen aller Art. Die Hoffnung auf ein göttliches Wesen, welches uns behütet und beschützt, ist aus naturwissenschaftlicher Sicht nicht haltbar. So muss der *pure Zufall* herhalten. Den gibt es nach derzeitigem Stand jedoch nur in der Quanten-, also Mikrophysik. Hier liegen auch die eigentlichen Grenzen der Messgenauigkeit (siehe auch Kapitel 3).

Andererseits leben wir umgeben von Erscheinungen, die von deterministischem Chaos bzw. „deterministischen Zufall" bestimmt sind, weil sich die Natur nach bestimmten nichtlinearen Gesetzmäßigkeiten entwickelt. Welcher Zufall dominiert uns? Wirken beide „Hand in Hand"? Tiefer lässt sich an dieser Stelle nicht schürfen.

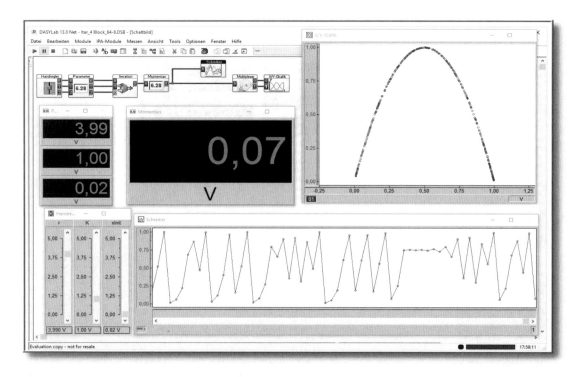

Abbildung 308:   ***Deterministisches Chaos***

Wie der Zeitbereich des Schreibers zeigt, befinden wir uns mit r=3,99 im chaotischen Bereich. Über einen Multiplexer werden nun aufeinanderfolgende Werte abwechselnd auf den x- bzw. y-Bereich gegeben. Hierdurch wird der funktionale Zusammenhang zwischen benachbarten Werten sichtbar gemacht: Die statistische Auswertung ergibt die bekannte Parabel!

Siehe Abb. 5: Bei r = 2,8 wäre nur 1 Punkt der Parabel vorhanden, d.h. 1 Fixpunkt, bei r=3,4 zwei Fixpunkte, bei r=3,5 vier Fixpunkte usw. Außerdem hängt ja die Höhe der Parabel direkt von r ab.

Darstellung dynamischer, nichtlinearer Systeme im Phasenraum

In der Realität lassen sich Prozesse nur in den seltendsten Fällen mit lediglich einer einzigen Variablen – wie bei der Logistischen Gleichung – darstellen. Normalerweise sind mehrere miteinander vernetzte Variablen erforderlich, um das Phänomen eines nichtlinearen Systems abzubilden. Sind 2 Variablen x und y vorhanden, so läßt sich noch ein dreidimensionaler Raum aufspannen, der auch den zeitlichen Verlauf dieser beiden Größen bildlich darstellt. Allerdings lässt sich auch eine aussagekräftige *zwei*dimensionale Darstellung verwenden, welche ebenfalls den zeitlichen Verlauf beinhaltet. Beides leistet der sogenannte *Phasenraum*.

> *Im Phasenraum werden die Informationen verschiedener zeitveränderliche Variablen eines dynamischen Systems in einer linienförmigen Bahnkurve (Trajektorie) zusammengefasst, egal, wieviele Dimensionen der Phasenraum besitzt.*

In Abb. 308 rechts oben wird der Zusammenhang zwischen den beiden Variablen x_n und x_{n+1} für die verschiedensten Werte – Chaos! – in der Ebene dargestellt. Die Parabel beweist und liefert die Logistische Gleichung bzw. die Funktion des Entstehungsprozesses für das deterministische Chaos! Die Ebene wird als *Phasenraum* bezeichnet, der entstehende funktionale Verlauf als *Trajektorie*. Wäre die zeitliche Reihenfolge der Punkte mit aufgeführt, ließe sich der Zeitverlauf unten rekonstruieren.

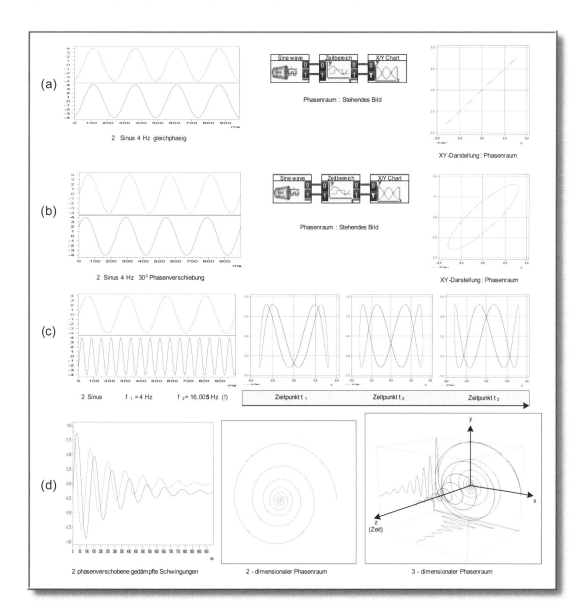

Abbildung 309:   **Trajektorie, Attraktor und Fixpunkte im Phasenraum**

Unter einer **Phasen**verschiebung wurde ursprünglich die **zeitliche** Verschiebung zwischen zwei gleichfrequenten sinusförmigen Signalen verstanden, z. B. der Vergleich solcher Signale am Eingang und Ausgang eines Filters. Der Begriff des Phasenraums lässt sich an diesem Beispiel am einfachsten veranschaulichen:

(a) Zwei gleichphasige Sinus-Schwingungen gleicher Frequenz ergeben in der x-y-Ebene bzw. im Phasenraum eine konstante, geradlinige, schräge Linie bzw. Trajektorie. Würde der Prozess stark verlangsamt, sähe man einen Punkt, der sich periodisch mit 4 Hz auf der Linie hin- und her bewegt.

(b) Bei einer Phasenverschiebung von 30 Grad - dies entspricht bei 4 Hz einer Zeitverschiebung von ca. 41,66 ms - ergibt sich entsprechend eine schräg verlaufende Ellipse, deren Form sich nicht verändert. Beschreibt die Trajektorie wie bei (a) und (b) ein zeitlich stabiles Systemverhalten, so spricht man von einem **Attraktor**. Der Kreis als Sonderfall der Ellipse ergibt sich bei einer Phasenverschiebung von 90^0.

(c) Bei einem **nicht** ganzzahligen Frequenzverhältnis (hier 4 Hz und 16,005 Hz) verändert sich ständig die Form der Trajektorie. Aus deren genauen Analyse lässt sich das Frequenzverhältnis genau bestimmen (siehe auch Abb. 20 in Kapitel 1)

(d) Bei den beiden phasenverschobenen Einschwingvorgängen kann der Phasenraum 2- oder 3-dimensional gestaltet werden. Die Projektion der Trajektorie im x-y-z- Phasenraum auf die x-y-Ebene ergibt eine Trajektorie in einem 2-dimensionalen Phasenraum.

Das Wettermodell von Edward LORENZ

Eins der wichtigsten Beispiele für ein chaotisches System ist das Wetter. Der Traum von Meteorologen wäre es, das Wetter exakt vorherzusagen. Kaum vorstellbar, was das für unsere Existenz bedeuten würde. Allerdings ist dieser Traum auch mit den besten technischen und physikalischen Vorbedingungen unerfüllbar.

Edward LORENZ war ein Meteorologe, der seit 1963 mit Wettermodellen experimentierte. Auf Grundlagen der Strömungstheorie aufbauend, arbeitete er mit einem idealisierten einfachen Modell; einer dünnen Schicht Flüssigkeit oder Luft zwischen zwei horizontalen Platten, wobei die untere Platte gleichmäßig erwärmt wurde. Dies sollte einer Situation entsprechen, bei der die Sonne die Erdoberfläche erwärmt, die Schicht über den Wolken aber deutlich kälter ist. Die Theorie liefert hier als Ergebnis zwischen den Platten rollenförmige Konvektionszellen, wie sie tatsächlich oft als Wolkengebilde am Himmel sichtbar sind.

Schließlich reduzierte er das idealisierte mathematische Modell auf 3 nichtlineare Differentialgleichungen 1. Ordnung:

$$\frac{dx}{dt} = -\sigma x + \sigma y \qquad \frac{dy}{dt} = rx - y - xz \qquad \frac{dz}{dt} = -bz + xy \quad \text{für } \sigma, r, b > 0$$

Die physikalische Bedeutung der drei Größen σ, r und b soll lediglich erwähnt werden. σ definiert den Zusammenhang zwischen Viskosität (Zähigkeit) der Flüssigkeit und Temperaturleitfähigkeit, r die Art der Wärmeübertragung; übersteigt sie einen kritischen Wert, so ist die Wärmeübertragung primär durch Konvektion gegeben, unterhalb dieses Wertes primär durch Wärmeleitung. b ist ein geometrisches Maß, welches die Abmessungen der Konvektionszellen beschreibt.

In diesen drei Differenzialgleichungen steckt also die Physik des idealisierten Systems. Hier interessiert jedoch vor allem dessen Dynamik. Diese lässt sich genau in einem dreidimensionalen x-y-z-Phasenraum verfolgen. Das Ergebnis zeigt Abb. 11. Der dort aufgeführte Versuch zeigt, wie die Trajektorie sich in einem begrenzten Teil des Phasenraums nach und nach ausbreitet. Hierbei soll die Bedeutung des Phasenraums noch einmal konkretisiert werden:

> *Der Phasenraum ermöglicht es, komplizierte Datensätze von Systemen in Bilder umzuwandeln, indem er wesentliche Informationen über das System abstrakt zusammenfasst.*

> *Dabei fällt der vollständige **momentane** Wissensstand über das Systemverhalten in einem einzigen Punkt zusammen!*

> *Im nächsten Augenblick wird sich jedoch das System wieder etwas verändern. Entsprechend bewegt sich der Punkt. So ergibt sich insgesamt der zeitliche Verlauf der Trajektorie.*

Der seltsame Attraktor

Die LORENZ-Trajektorie im 3-dimensionalen Phasenraum in Abb. 310 ähnelt auf den ersten Blick zwei Flügeln eines Schmetterlings.

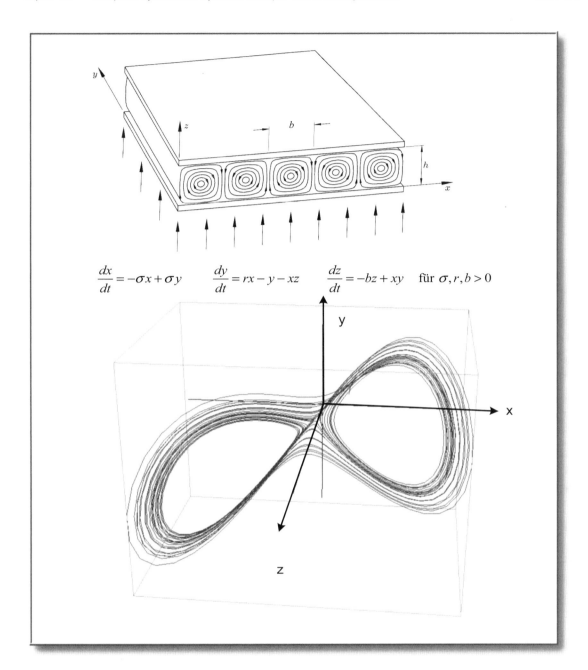

$$\frac{dx}{dt} = -\sigma x + \sigma y \qquad \frac{dy}{dt} = rx - y - xz \qquad \frac{dz}{dt} = -bz + xy \qquad \text{für } \sigma, r, b > 0$$

*Abbildung 310:   **Idealisiertes, auf 3 Variablen reduziertes Wettermodell und LORENZ-Trajektorie***

Bei einer bestimmten Konstellation der Parameter geschieht der Wärmetransport von unten nach oben durch Konvektion, d.h. es stellt sich eine bestimmte, aus benachbarten Schichten bestehende „Rollenverteilung" ein, wobei benachbarte Rollen jeweils entgegengesetzt rotieren.

Die LORENTZ-Trajektorie im Phasenraum hat einen seltsamen Verlauf. Es scheint zwei Attraktoren zu geben, die vollkommen unregelmäßig umrundet werden. Der Wechsel von einem zum anderen Attraktor ist nicht vorhersagbar bzw. zeigt keinerlei Gesetzmäßigkeit. Die Kurven, die dieses System erzeugt, besitzen unendliche Komplexität, da sich der Verlauf innerhalb des begrenzten Phasenraums nie wiederholt.
Deshalb können sich die Kurven im dreidimensionalen Phasenraum niemals schneiden oder berühren. Das hätte eine komplizierte Schleife zur Folge, die immer wieder durchlaufen würde, also einen periodischen Verlauf ergäbe.

Aus seinen numerischen Betrachtungen zog LORENZ den Schluss, dass die Trajektorie sich einer komplizierten Menge annähert, die man heute als seltsamen Attraktor bezeichnet. Dieses Gebilde ist weder ein Punkt noch eine Kurve oder eine Fläche: Es ist der "klassische" LORENZ-Attraktor.

Bei näherer Beobachtung der zeitlichen Entwicklung der LORENZ-Trajektorie in Abb. 310 lassen sich folgende Phänomene beobachten:

- Es scheint zunächst auf den ersten Blick 2 Attraktoren zu geben. Der Wechsel vom einen zum anderen Attraktor ist nicht vorhersagbar bzw. zeigt keinerlei Gesetzmäßigkeit, scheint jedoch von der Wahl der Parameter abhängig zu sein.

- Die Trajektorie, die dieses System erzeugt, ist von unendlicher Komplexität, da sich der Verlauf innerhalb des begrenzten Phasenraums nie wiederholt.

- Der Kurvenverlauf bleibt auf einen bestimmten Bereich des Phasenraums beschränkt, egal, wie lang die Trajektorie insgesamt wird.

- Die Kurven im dreidimensionalen Phasenraum können sich niemals schneiden oder berühren. Das hätte eine komplizierte Schleife zur Folge, die immer wieder durchlaufen würde, also einen periodischen Verlauf ergäbe.

Dies fand LORENZ bereits 1963, als er das später nach ihm benannte System näher untersuchte. Für den Parameterbereich $r > 24.74$ stellte er stets vollkommen unregelmäßige – also nichtperiodische – Oszillationen fest. Um zu verhindern, dass es zu Überschneidungen oder Berührungen kommt, hätte sich die Trajektorie eigentlich immer weiter nach außen ausbreiten müssen. Aus seinen numerischen Betrachtungen zog LORENZ letztlich den Schluss, dass die Trajektorie sich stetig einer komplizierten Menge annähert, die später als *seltsamer Attraktor* bezeichnet wurden. Diese Menge schien aus geometrischer Sicht weder ein Punkt noch eine (eindimensionale) Kurve oder eine Fläche. Dieses Gebilde ist der LORENZ-Attraktor.

Divergenz und Konvergenz sind generell bewährte Begriffe, den Verlauf bzw. das Verhalten benachbarter Kurvenscharen zu untersuchen. Dies gilt praktisch auch für alle anderen nichtlinearen, chaotischen Systeme:

(e) *Exponentielle Divergenz*
In chaotischen Systemen streben nahe benachbarte Kurven der Trajektorie nicht wahllos und beliebig auseinander. Sie divergieren zwar exponentiell, wodurch sich eine kleine Störung lawinenartig vergrößern kann. Andererseits wirkt sich dies aber nicht zufällig, sondern deterministisch aus. Das System macht deshalb keine Sprünge und springt im Phasenraum nicht wahllos hin und her,

(f) *Divergenz bedingt Konvergenz*
Tatsächlich ist es ein Merkmal einer chaotischen Systemdynamik, dass sich der Phasenraum trotz exponentieller Divergenz mit der Zeit nicht vergrößert, da die exponentielle Divergenz auf der einen Seite durch konvergente Entwicklungen auf der anderen wieder aufgehoben wird.

Gerade dieses konvergente Verhalten erfordert auch ein mathematisch nachvollziehbares Erklärungsmuster. Eine bildhafte Erklärung bietet Abb. 13. Ebenso wie ein Bäcker seinen Teig zunächst auswalzt und dehnt, um ihn danach wieder zusammenzufalten, dehnt und faltet sich auch ein chaotischer Attraktor.

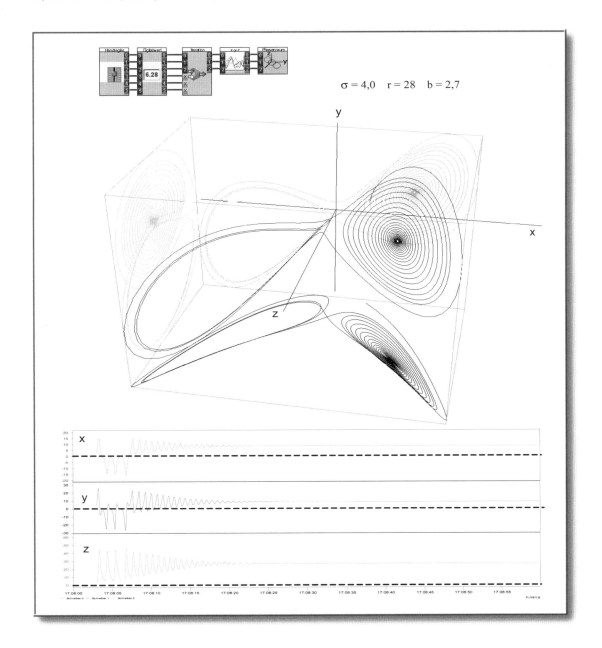

Abbildung 311:   ***LORENZ -Trajektorie mit (seltsamem) Fixpunkt-Attraktor***

Die Abbildung zeigt die Empfindlickeit gegenüber Parameteränderungen. r = 28 liegt nahe der Grenze von r = 24,71, an der das System von einem reinen Punktattraktor zum chaotischen System mutiert. Hier stellt sich zunächst ein „unregelmäßiger" Bereich ein, der noch kaum als chaotisch bezeichnet werden kann. Anschließend wirkt der Punktattraktor.
Außerdem sind hier die Projektionen der LORENZ-Trajektorie auf die drei Ebenen dargestellt. Nur im dreidimensionalen Phasenraum schneidet sich der Kurvenverlauf nicht. Unten sind die Signale der Koordinaten x, y und z dargestellt.

Durch diesen Vorgang findet eine Mischung statt. Zwei zunächst beieinander liegende Punkte – z.B. Rosinen – werden sich nach jedem Auswalzen und Dehnen des Teigs in immer anderem räumlichen Abstand zueinander befinden. Werden zunächst viele Rosinen auf die ursprüngliche Oberfläche des Teigs gestreut, so werden diese schließlich wie zufällig über das gesamte Teigvolumen verstreut sein, obwohl der Vorgang deterministisch ist. Und insgesamt bleibt der Phasenraum – Teigvolumen – unverändert!

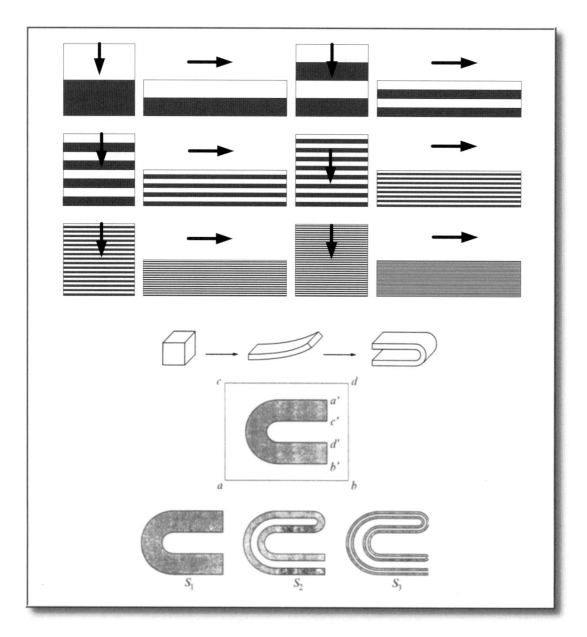

Abbildung 312:　　**Anschauliche Beschreibung der Bäcker-Transformation**

Die obere Hälfte der Abbildung zeigt, wie durch einfachste Prozesse aneinandergrenzende Bereiche immer weiter verfeinert werden können, ohne sich je zu berühren.

Noch anschaulicher gelingt dies in der unteren Hälfte mit einer Hufeisen- bzw. U-Form. Die beiden Prozesse Strecken und Falten führen schließlich zu einer „unendlich" langen Trajektorie, wie sie auch beim LORENZ-Modell zu beobachten ist (Quelle: Strogatz: Nonlinear Dynamics and Chaos)

Für den Biochemiker Otto E. RÖSSLER waren Seltsame Attraktoren gar Gebilde von philosophischem Interesse. Im Sinne des Griechen ANAXAGORAS schien Chaos das Ergebnis von Rühren und Mischen zu sein. RÖSSLER fand ein besonders einfaches und anschauliches Modell, welches nach ihm benannt wurde. Wahrscheinlich ist es die elementarste geometrische Konstrution von Chaos in kontinuierlichen, also durch Differentialgleichungen beschriebenen Systemen. Das hiermit erzeugte Modell im Phasenraum zeigt gut erkennbar, wie die nichtlinearen Faltungs- und Streckvorgänge im System verborgen sind.

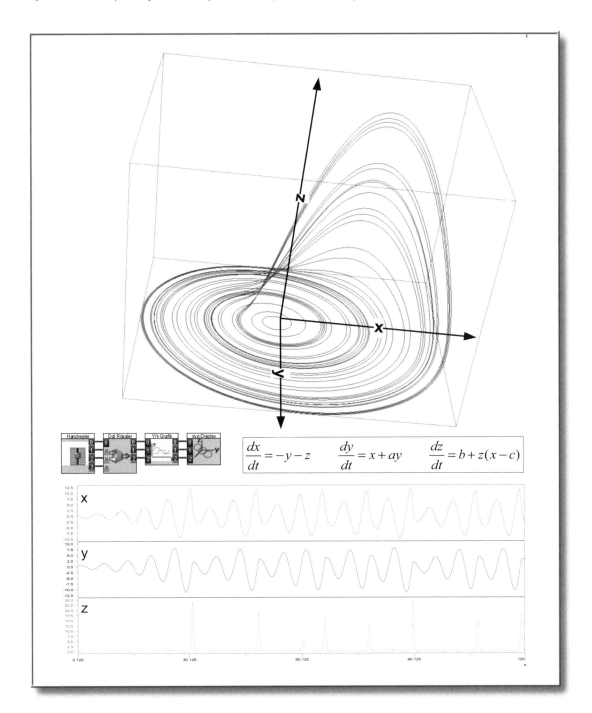

$$\frac{dx}{dt} = -y - z \qquad \frac{dy}{dt} = x + ay \qquad \frac{dz}{dt} = b + z(x - c)$$

Abbildung 313:   ***Der RÖSSLER-Attraktor als einfaches Modell des Streckens und Faltens***

Die RÖSSLER-Gleichungen sowie der dynamischer Verlauf zeigen, wie die nichtlinearen Faltungs- und Streckvorgänge im System verborgen sind. Das RÖSSLER-System ist ein künstliches System, mit dem Ziel, ein vergleichsweise vereinfachtes Modell der Vorgänge beim LORENZ-Attraktor darzustellen. Die Entstehung von Chaos kann geometrisch aus Prozessen des Drehens und des Faltens heraus erklärt werden.

Bei nichtlinearen, durch (kontinuierliche) Differentialgleichungen beschriebenen Systemen gilt, dass sie über mindestens drei Variablen verfügen müssen, um chaosfähig zu sein. Für iterative nichtlineare Systeme genügt eine Variable, wie die VERHULST-Dynamik beweist.

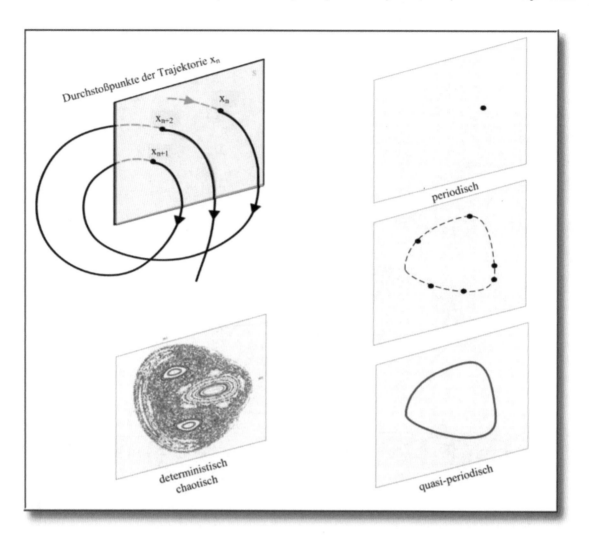

Abbildung 314:   ***Durchstoßpunkte der Trajektorie in einer Ebene: POINCARÉ-Schnitt***

Nachdem eine ausreichende Menge an Punkten vorhanden ist, lassen sich verschiedene Strukturen erkennen:
- *Ein einziger Punkt: das System ist periodisch*
- *Eine kleine Menge Punkte: das System ist periodisch mit einer komplizierten Schleifenform*
- *Eine geschlossene Kurve: Das System ist quasi-periodisch*
- *Eine Punktwolke : Das System ist deterministisch chaotisch*

POINCARÉ-Schnitt

Anstatt die gesamten Trajektorie eines Systems im Phasenraum zu betrachten, lassen sich wichtige Informationen über deren qualitatives Verhalten dadurch gewinnen, dass lediglich die Durchstoßpunkte der Trajektorie durch eine gegebene „Hyperebene" betrachtet werden. Diese Abbildungsform wird POINCARÉ-Schnitt genannt. Sie reduziert die Dimension des zu untersuchenden Problems um eins und ist deshalb erheblich einfacher zu handhaben als die vollständige Abbildung der Trajektorie im Phasenraum.

Andererseits verliert man durch den Übergang vom Phasenraum auf die POINCARÉ-Fläche nicht wesentlich an Information über das System, denn die entscheidenden Strukturen des Flusses im Phasenraum lassen sich in der Struktur der POINCARÉ-Abbildung wiederfinden.

Eine Übersicht über wesentliche Formen des POINCARÉ-Schnittes ist in Abb. 314 zu finden. Diese demonstriert die Möglichkeit, qualitativ verschiedene Formen von Trajektorien zu unterscheiden.

Komplexe Datenanalyse

Messdaten stellen die einzige Verbindung dar zu jeder bislang nicht erklärbaren Realität. Die Datenanalyse ist der einzige Weg, die zugrunde liegenden Prozesse eines Phänomens herauszufinden. Sie gilt daher als sensibler und kritischer Aspekt der wichtigsten Zielsetzung jeder wissenschaftlichen Forschung: die Natur zu verstehen.

Bislang wurden lediglich idealisierte nichtlineare *Modelle* beschrieben, die für einige Klassen von Phänomenen in der Natur usw. generell typisch scheinen, aber explizit nicht real existieren. Unsere Zielsetzung lautet deshalb nun, *reale* nichtlineare Systeme messtechnisch möglichst so zu erfassen, dass ihre bestimmenden Parameter sichtbar werden. Idealerweise könnte hiermit sogar die mathematische Beschreibung des realen Systemverhaltens möglich sein.

Typisch für reale komplexe Systeme sind anregende und dämpfende Einflüsse, wobei sich die normale Funktionsweise durch Schwankungen um den Gleichgewichtszustand zeigt. Bei nichtlinearen Systemen kann es darüber hinaus zu Übergängen und vollkommen anderen Verhaltensweisen kommen, siehe FEIGENBAUM-Szenario. Ein weiteres, vertrautes Beispiel sind sich abwechselnde laminare, periodische und turbulente Phasen bei Wasserströmungen.

Der plötzliche Herztod

An dieser Stelle soll ein wichtiges Beispiel aus der Medizin gewählt werden: Das plötzliche Auftreten von tödlichen Arhythmien des Herzens. Allein in Deutschland sterben pro Jahr ca. 100.000 Menschen am plötzlichen Herztod.

Die Variabilität der Herzfrequenz ist Ausdruck des nichtlinearen dynamischen Systems Herz. Die gängige Messmethode, vorzeitig Warnsignale des Herzens hierfür zu erfassen, ist das durch verschiedene Belastungsphasen definierte Langzeit-EKG (Elektro-Kardiogramm).

Das Langzeit-EKG wird über zwei bis sechs auf den Brustkorb geklebte Elektroden kontinuierlich auf einen kleinen Recorder übertragen, der am Gürtel oder um den Hals getragen wird. Die Messzeit beträt üblicherweise 24 Stunden. Moderne Geräte speichern digital auf CompactFlash-Speicherkarten oder vergleichbaren Speichermedien. Nach Ende der Aufzeichnung werden die Daten ausgewertet, wobei durchschnittlich etwa 100.000 Herzaktionen pro 24 Stunden analysiert werden.

Für den Facharzt langwierig und für den Patienten undurchsichtig wäre die Interpretation dieses sehr langen Kurvenverlaufs. Bei dem heutigen Stand der kommunikativen, rechnerischen und grafischen Möglichkeiten der Mikroelektronik sollte es möglich sein, ein Expertensystem zu entwickeln, welches dem Arzt und dem Patienten auf den ersten Blick eine relativ genaue Diagnose ermöglicht. Zwei Elektroden am Brustkorb mit einem USB- oder Bluetooth-Adapter sowie eine geeignete App für ein Smartphone sollten dafür ausreichen, ggf. die Daten sogar direkt zum Facharzt zu übertragen.

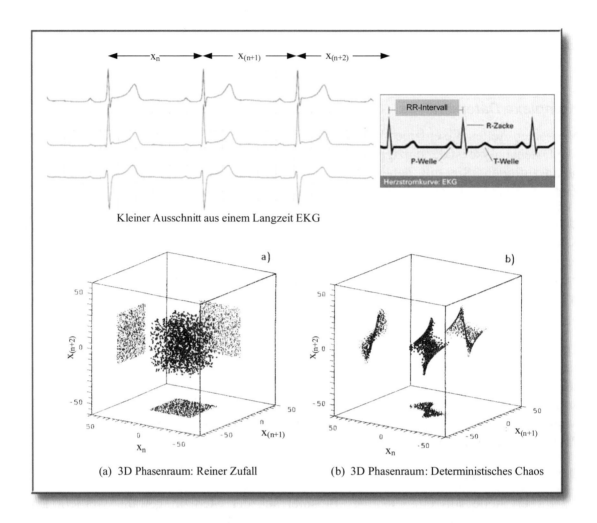

Abbildung 315:   ***Auswertung der RR-Intervalle eines Langzeit-EKGs in einem 3D-Phasenraum***

Besonders die Änderung der RR-Intervalle verrät viel über die Art der Herzrhythmusstörung. Dazu werden zunächst jeweils die Maxima der R-Zacken ermittelt. Drei aufeinanderfolgende RR-Intervalle x_n, x_{n+1} und x_{n+2} werden über einen Demultiplexer auf die Koordinaten des Phasenraums gegeben. Für diese drei aufeinander folgenden Intervalle ergibt sich genau ein Punkt im Phasenraum.

Für rein zufällige RR-Intervalle ergäbe sich das Schaubild (a), für deterministisches Chaos von Herzrhythmusstörungen ein von Fall zu Fall verschiedenes Schaubild wie (b). (Quelle: Morfill/ Scheingraber: Chaos ist überall ... und es funktioniert; Ullstein).

Trotz vieler Erfolge auf dem Gebiet der Kardiologie – z. B. durch Echokardiografie mit Ultraschall – gibt das komplexe, nichtlineare Herzsystem noch viele Rätsel auf. Nachfolgend soll jedoch gezeigt werden, wie einfach und elegant eine Teillösung aussehen könnte.

Wie Abb. 315 beschreibt, werden jeweils 3 aufeinander folgende RR-Intervalle informationsmäßig durch *einen* Punkt im 3D-Phasenraum beschrieben. Jedes Herz variiert seinen Rhythmus aufgrund verschiedener Belastungen. Ein vollkommen periodischer Verlauf wäre absolut tödlich! Real handelt es sich also hierbei um ein *nichtlineares* System, bei welchem die Gefahr besteht, das selbst gewisse marginale Änderungen der – z.T. unbekannten – Parameter sprunghaft zu verändertem Verhalten des Gesamtsystems Herz-Kreislauf führen kann, siehe plötzlicher Herztod.

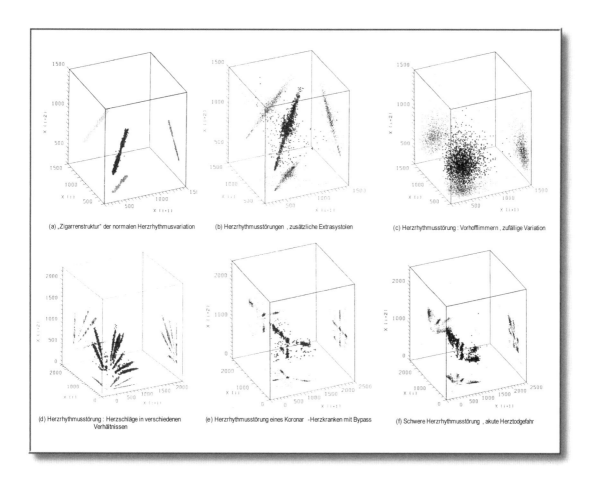

Abbildung 316:   ***Reale Ergebnisse der Auswertung von Langzeit-EKGs im 3D-Phasenraum***

Die normale Herzrhythmusvariation links oben in (a) zeigt die große Anpassungsfähigkeit des Herzrhythmus beim gesunden Herzen an alle körperlichen Belastungen. Alle anderen Bilder (b) bis (f) zeigen kritische Zustände des Herzens, die sich stark unterscheiden und aufgrund ihrer Punktverteilungen verschiedenen physiologischen Defekten des Herzens und des Kreislaufs zugeordnet werden können.

Diese Form der statistischen Auswertung eines umfangreichen Datensatzes liefert bereits auf einen Blick plakativ wichtige Informationen über den Zustand des Herz-Kreislaufsystems (Quelle: Morfill, Scheingraber: Chaos ist überall ... und es funktioniert; Ullstein).

Durch diese Phasenraumdarstellung findet also eine verlustfreie informelle „Verdichtung" der ca. 100.000 RR-Intervalle statt! Die statistische Auswertung dieses neuartigen, aber einfach zu realisierenden bildgebenden Verfahrens könnte es kostengünstig jedem Patienten erlauben, jede auffälligen Änderung des Gesamtbildes als Frühwarnsystem zu werten, um sich direkt mit dem Arzt in Verbindung zu setzen.

Die realen Beispiele in Abb. 316 zeigen in überzeugender Weise, dass Arzt und Patient auf einen Blick krankhaftes Fehlverhalten erkennen können. Als Referenz dient die Abbildung (a) des gesunden Herzens. Hier zeigt sich durch die schmale, zigarrenförmige dichte Punktwolke in der räumlichen Diagonale, dass sich aufeinander folgende RR-Intervalle bei verschiedenen Formen der Belastung immer gleichartig verändern. Bei (b) sind leicht zeitlich unregelmäßige „Zwischenimpulse" (Extrasystolen) auszumachen. Programmtechnisch recht einfach realisierbar wäre es, durch Anklicken abnormer Punkte sich den entsprechenden Ausschnitt des Langzeit-EKGs auf den Bildschirm zu holen.

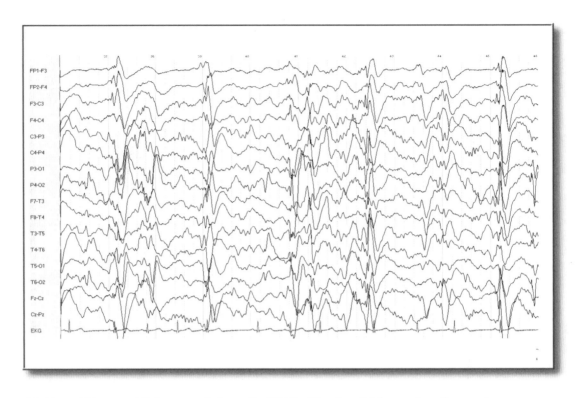

Abbildung 317:   ***Elektroenzephalografie (EEG): Was das Gehirn nach außen sendet***

Das Elektroenzephalogramm (EEG) ergibt sich aus der Messung der (summierten) elektrischen Aktivität des Gehirns durch Aufzeichnung der Spannungsschwankungen an der Kopfoberfläche mithilfe zahlreicher Elektroden.

Schließlich zeigen die weiteren Bilder die Vielschichtigkeit koronaler Störungen. Sie reichen von fast zufällig variierenden RR-Intervallen bei Vorhofflimmern bis hin zu Phasen völlig verschiedener Punktwolken, bei denen ganze Salven von aufeinander folgenden RR-Intervallmustern seltsame Strukturen erzeugen. Der Facharzt kann diese mit Hilfe vorliegender Referenzbibliotheken zum Teil eindeutig bestimmten Herz-Kreislaufdefekten zuordnen.

Das EEG als chaotischer Prozeß

Es gibt wohl kaum eine komplexeres System als unser Gehirn. Mit konventionellen Methoden der Physik ließ sich bislang die Gehirnfunktion nur annäherungsweise beschreiben, geschweige denn befriedigend erklären.

Das EEG ist ein Summensignal von Spannungsschwankungen, gemessen an verschiedenen Punkten der Kopfhaut (kortikale Feldpotenziale). Empfangen werden dabei in erster Linie die Potenzialschwankungen des Kortex direkt unter der Schädeldecke in der Nachbarschaft der Sensoren. Diese ergeben sich jeweils aus der Summe der darunter fließenden Gehirnströme. Allerdings besteht eine Wechselwirkung des Kortex mit den tiefer liegenden Strukturen, inbesondere des Thalamus.

Das EEG hat eine unregelmäßige, nicht vorhersehbare, scheinbar zufällige Struktur, was zunächst dazu führte, es als stochastisches Rauschen zu interpretieren. Aus dieser Sicht wäre die von Außen messbare Aktivität des Gehirns ein Rauschprozeß, der alle anderen Signale als Störanteil überlagert. Viele Phänomene der Gehirnfunktion waren aber mit diesem Modell nicht zu erklären.

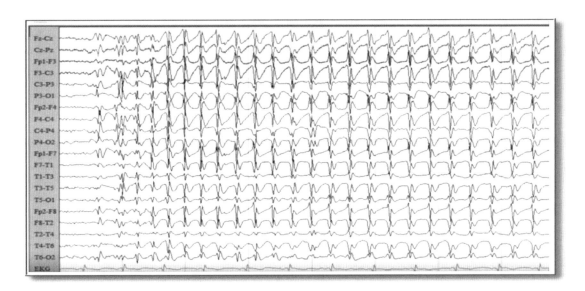

Abbildung 318:   ***EEG-Signalverlauf bei epileptischem Anfall***

Der Signalverlauf zeigt fastperiodische Spitzen (Spikes). Der fastperiodische Verlauf ergibt sich aus einem hypersynchronen Verlauf ganzer Gehirnpartien.

Nun wissen wir, dass solch ein zufällig oder "chaotisch" wirkendes Bild wie in Abb. 18 das Ergebnis eines komplex-dynamischen Systems sein kann. Und es spricht viel für die Annahme, dass weder das EEG mit der Spontanaktivität des Gehirns, die darin abgebildet ist, bloß störendes Hintergrundrauschen und somit ein stochastischer Prozeß ist, sondern dass es sich hierbei um einen organisierten Prozeß bzw. um ein determiniertes, chaotisches, dynamisches System mit endlich vielen Freiheitsgraden handelt. Das EEG-Signal wird üblicherweise in verschiedene Frequenzbänder aufgesplittet bzw. gefiltert oder gemittelt, wobei der Zeitverlauf der Signale verschiedener Frequenzbänder als (Delta-, Theta-, Alpha -, ...) Welle bezeichnet wird. Diesen frequenzbegrenzten Signalen lassen sich erfahrungsgemäß bestimmte Zustände zuordnen, wie Tiefschlaf, Hektik, Aufmerksamkeit usw.

Wesentlich wichtiger erscheint die Möglichkeit, schwere Gehirnstörungen wie bei Epilepsie oder Schizophrenie zu dokumentieren. Die nichtlineare Dynamik soll helfen, epileptische Anfälle vorherzusagen und das Erregerzentrum zu lokalisieren. Der epileptische Prozess äußert sich im EEG nicht nur während eines Anfalls; charakteristische Signalformen im EEG treten auch in anfallsfreien Intervallen auf.

Die HILBERT-HUANG-Transformation

Die FOURIER-Transformation **FT** hat sich bislang als mächtiges Hilfsmittel der Datenanalyse bewährt, jedenfalls für lineare und stationäre Prozesse. Die reale Welt, die wir in diesem Kapitel betrachten, ist jedoch weder linear, noch stationär. Bei der **FT** findet jede Zerlegung immer nach dem gleichen Grundmuster statt, egal um welche Signalform bzw. um welchen Prozess es sich handelt. Es handelt sich ausschließlich um die Zerlegung mit Hilfe von Sinusschwingungen! Gerade bei kurzzeitigen (nichtstationären) Einschwingvorgängen in nichtlinearen Systemen ist die **FT** deshalb sehr problematisch. Wie bereits Abb. 122 zeigt, „erzählt" das System beim Einschwingvorgang etwas über sich selbst; dieser ist deshalb für die Datenanalyse von besonderer Bedeutung.

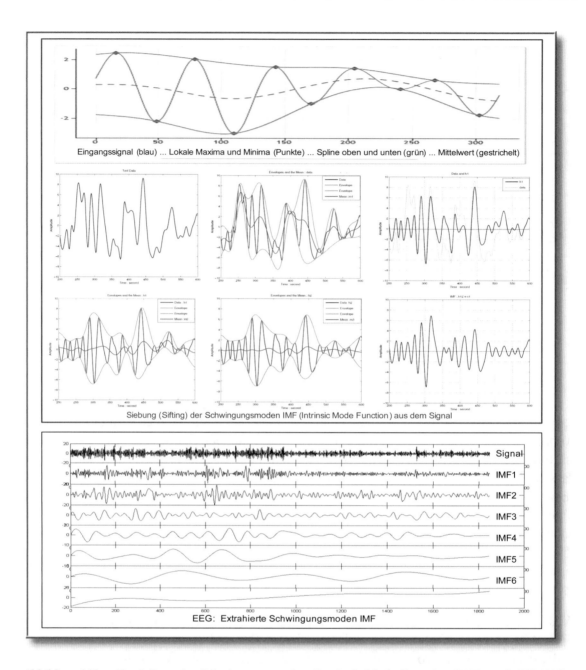

Abbildung 319:   ***Ermittlung der Schwingungsmoden (Intrinsic Mode Function IMF) nach HUANG***

EMD (Empirical Mode Decomposition) wird das Verfahren genannt, die physikalisch relevanten Schwingungsmoden IMF (Intrinsic Mode Function) des (nichtlinearen und nichtstationären) Signals individuell adaptiv zu ermitteln.

Oberes Bild*: Zunächst werden die lokalen Maxima und Minima des Testsignals ermittelt. Anschließend erfolgt eine Spline-Interpolation, welche jeweils oben und unten die entsprechende Einhüllende liefert. Aus diesen beiden Einhüllenden wird der momentane Verlauf des Mittelwerts m(t) berechnet.*

Mittlerer Bildbereich*: Vom Testsignal x(t) wird m(t) subtrahiert. Mit dem Restsignal (Residuum) wird nun die gleiche Prozesskette (Maxima, Einhüllende, Mittelwert) mehrfach durchlaufen, bis sich schließlich ein Signalverlauf mit dem Mittelwert $m_n = 0$ ergibt. Dieser ist dann der erste Schwingungsmodus IMF1. Vom Testsignal wird dann IMF1 subtrahiert und mit dem neuen Residuum die Prozesskette immer wieder durchlaufen.(Quelle: HUANG: A Review on HILBERT-HUANG-Transformation)*

Unterer Bildbereich*: Ein reales EEG-Signal und die daraus gewonnenen IMF1 bis IMF6. Alle IMF sind sehr schmalbandig, wobei die Mittenfrequenz von oben nach unten abnimmt. Das Signal ganz unten ist kein IFM, weil es die Kriterien hierfür (m=0 ; Anzahl der lokalen Minima etwa gleich Anzahl der lokalen Maxima) nicht erfüllt.*

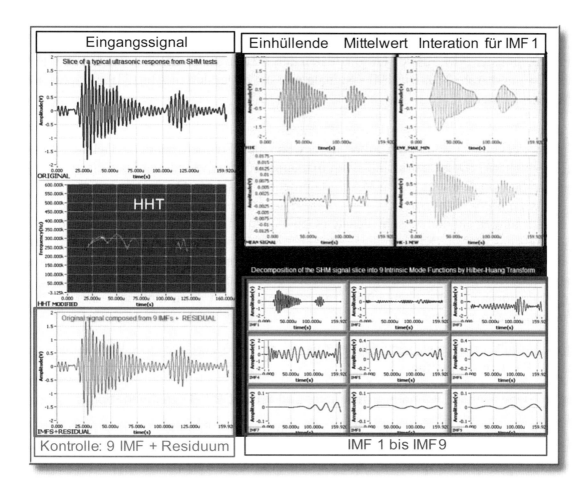

Abbildung 320: **Alle Phasen des Entstehungsprozesses der HILBERT-HUANG-Transformation**

Diese Abbildung ist Teil eines Videos (Bild anklicken), welches die in Abb. 20 beschriebenen Prozesse veranschaulicht.

Links oben *ist das Ultraschall-SHM-Signal (Structural Health Monitoring) wie es beispielsweise bei einer zertörungsfreien Werkstoffprüfung oder bei einer Prüfung auf Schadstellen auftritt.*

Rechts oben *lassen sich alle aufeinander folgenden Phasen der IFM-Gewinnung beobachten.*

Rechts unten *entstehen nacheinander IMF1 bis IMF9.*

Links unten *wird die Summe aus IMF1 bis IMF9 und dem letzten Rest (Residuum) gebildet. Dieses Summensignal entspricht dem SMH-Signal am Eingang!*

Links Mitte *erscheint als Gesamtergebnis das Spektrum der HHT. Es zeigt als Folge der HILBERT-Transformation den zeitlichen Verlauf bzw. Veränderung der „IMF-Momentanfrequenz" als relativ scharfe Linie auf einem Bildschirm. Dies wird nachfolgend noch näher veranschaulicht.*

Um die in den Daten verborgenen physikalischen Grundmuster (Schwingungsmoden) besser zu erfassen, sollten die Daten „selbst für sich sprechen". Dies bedeutet eine Anpassung der Datenanalyse an die Natur der jeweiligen Daten. Die verwendeten Grundmuster sollten in geeigneter Weise aus den Originaldaten extrahiert werden. Anders als bei der Fourier- oder der Wavelet-Transformation erfolgt die Zerlegung nicht in eine a priori definierte Basis von Funktionen, sondern geschieht adaptiv am Signal, wodurch sich diese Art der Zerlegung als sehr effizient erweist.

> *Das ultimative Ziel der Datenanalyse bei EKG und EEG sind nicht die mathematischen Strukturen, sondern ist vielmehr die Erkenntnis, welche **physikalischen** Einsichten und Folgerungen sich aus ihr ergeben.*

Die HILBERT-HUANG-Transformation stellt nun das aktuelle und wohl einzig derzeit anerkannte Verfahren zur Analyse nichtstationärer *und* nichtlinearer Prozesse dar. Wie die Grundmuster IFM$_i$ aus den Originaldaten durch Zerlegung extrahiert werden erläutern Abb. 319 und Abb. 320. Die IMF- Signale müssen dabei den in Abb. 319 aufgeführten Kriterien genügen.

Welchen Vorteile bringen nun diese schmalbandigen, durch Adaption ermittelten IMF-Verläufe gegenüber den durch Filterung gewonnenen Frequenzbändern (Delta-, Theta-, Alpha-Wellen)? Dies lässt sich bislang mathematisch analytisch nicht beweisen. Es gilt jedoch die von Richard FEYNMAN stammende Aussage: *Der einzige Richter über wissenschaftliche Wahrheit ist das Experiment.* Und zahlreiche wissenschaftliche Untersuchungen auf den verschiedensten Gebieten mit nichtlinearen und nichtstationären Systemeigenschaften (Klimazyklen, Erdbebenforschung, Erkennung von Bauschäden, Zerstörungsfreie Prüfung, Wirtschaftsdatenanalyse, Turbulente Strömungen, Satelliten-datenanalysen, Rauschbefreiung, Nutzsignalverstärkung, Blutdruckänderungen, Herz-rhythmusstörungen und eben auch Untersuchungen von Hirnrhythmen) haben klare Vorteile erkennen lassen.

Diese Vorteile ergeben sich erst aus der Analyse der IMF-Verläufe unter Verwendung der HILBERT-Transformation.

Analytische Signale, Momentanfrequenz und HILBERT-Transformation

Bislang untersuchten wir ausschließlich rein reelle (eindimensionale) Signale im Zeitbereich. Wie aus dem 5. Kapitel „Das Symmetrie-Prinzip" bekannt, besitzen diese jedoch ein komplexes Spektrum. Wie dort die Abb. 97 ff zeigen, wird jeder Sinus bzw. jede Frequenz in der komplexen Ebene durch zwei – symmetrisch zur Zeitachse – gleichlange, entgegengesetzt rotierende Zeiger gebildet, wobei sich die beiden Imaginäranteile zu jedem Zeitpunkt gegenseitig aufheben. Nur dann ist das Zeitsignal immer rein reell!

> *Anwendung des Symmetrie-Prinzips: Zu rein reellen Zeitsignalen mit komplexen Spektrum muss es auch die Umkehrung geben, nämlich ein rein reelles Spektrum und ein komplexes Zeitsignal! Komplexe Signale im Zeitbereich bezeichnet man als* **analytische** *Signale.*

Falls nun lediglich *ein* Zeiger rotiert, ist das Ergebnis bereits ein analytisches Signal, denn es besitzt zu jedem Zeitpunkt eine reelle und einen imaginäre Komponente. Es handelt sich dann um einen „komplexen sinusförmigen" Verlauf. Abb. 321 veranschaulicht dies in einer dreidimensionalen Darstellung. Der Frequenzvektor beschreibt um die Zeitachse einen regelmäßigen wendelförmigen Verlauf.

Da dieser Vektor sich nur in eine (positive) Richtung dreht, ergibt sich ein rein positives Spektrum! An diesem Beispiel lässt sich auch sehr gut der Begriff der *Momentanfrequenz* definieren, der ja im Widerspruch steht bezüglich des Unschärfe-Prinzips in Kapitel 3. Denn um eine Frequenz sehr präzise zu messen, muss die Messung über einen entsprechend langen Zeitraum durchgeführt werden. Es gilt schließlich

$$\Delta f \cdot \Delta t \geq 1 \quad \text{bzw.} \quad \Delta f \geq \frac{1}{\Delta t}$$

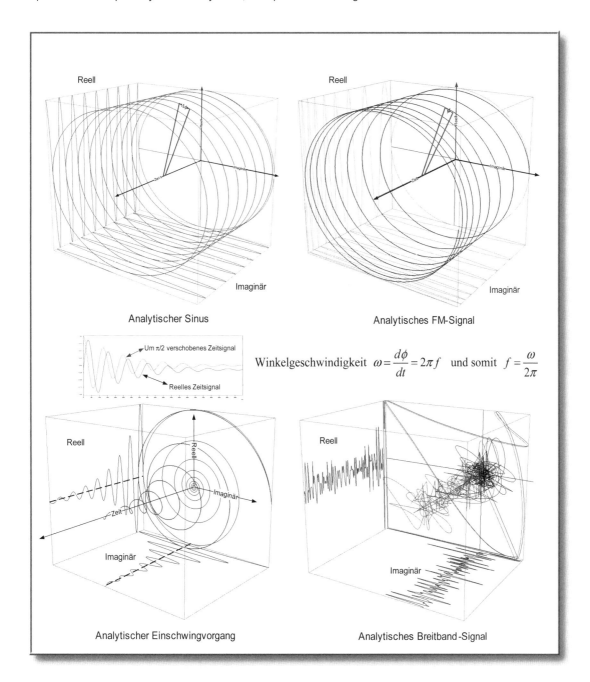

Winkelgeschwindigkeit $\omega = \dfrac{d\phi}{dt} = 2\pi f$ und somit $f = \dfrac{\omega}{2\pi}$

Abbildung 321:   ***Analytische Signale und Momentanfrequenz***

Beim analytischen Sinus links oben rotiert der Vektor exp(iwt) in - angenommen - positive Richtung. Längs der Zeitachse hinterlässt er eine wendelförmige Spur wie auf einer Zylinderoberfläche. Die Spurabstände sind konstant. Über eine Winkelmessung pro Zeiteinheit kann die Momentanfrequenz exakt bestimmt werden. Die Winkelgeschindigkeit ist hier konstant.

Beim analytischen FM-Signal rechts oben nimmt die Winkelgeschwindigkeit von hinten nach vorn zu, d. h. die Momentanfrequenz nimmt entsprechend zu.

Der analytische Einschwingvorgang zeigt den generellen Weg, aus einem reellen Zeitsignal ein analytisches Zeitsignal zu generieren. Die fehlende imaginäre Komponente entsteht durch einen Phasenschieber, der alle Frequenzen des reellen Signals um 90^0 oder $\pi/2$ verschiebt. Die Momentanfrequenz ist nicht konstant und kann für jeden noch so kleinen Zeitraum über die Winkelgeschwindigkeit ω bestimmt werden!

Schließlich zeigt sich beim analytischen Breitbandsignal links unten intuitiv, dass die Momentanfrequez hier nicht sinnvoll bestimmt werden kann. Der theoretische Hintergrund wird hier vernachlässigt.

Die Bestimmung der Momentanfrequenz erfolgt über eine Winkelmessung df pro Zeit dt.

$$\text{Winkelgeschwindigkeit}\quad \omega = \frac{d\phi}{dt} = 2\pi f\quad \text{und somit}\quad f = \frac{\omega}{2\pi}$$

Das ist ein hochinteressantes, fast geheimnisvolles Verfahren, über das *analytische* Signal diese Momentanfrequenz f über eine *infinitesimal kurzzeitige* Messung bestimmen zu können. Es handelt sich hier um einen rein analytischen Begriff, und die physikalische Sinngebung liegt nicht auf der Hand. Trotzdem spielt diese Momentanfrequenz in der Präzisionsmessung und auch bei der HILBERT-HUANG-Transformation eine wichtige Rolle.

Wie lässt sich nun ein (schmalbandiges) *beliebiges*, rein reelles Signal in das entsprechende komplexe Signal umwandeln, bei dem dann das Spektrum rein reell ist? Das deutet der analytische Einschwingvorgang in Abb. 321 links unten bereits an. Die fehlende imaginäre Komponente $y(t)$ wird mittels eines Phasenschiebers aus $x(t)$ generiert.

Dabei hilft uns nun die HILBERT-Transformation. Eine mathematische Darstellungsform der HILBERT-Transformation finden Sie im nächsten Kapitel. Hier wählen wir die physikalische Anschauung in Abb. 321 und Abb. 322.

Für das (komplexe) analytische Signal $z(t)$ gilt dann

$$z(t) = x(t) + iy(t) = a(t)e^{i\phi(t)} \text{ mit } a(t) = \sqrt{x(t)^2 + y^2(t)} \text{ und } \phi(t) = \arctan\left(\frac{y(t)}{x(t)}\right)$$

$y(t)$ ist dabei die HILBERT-Transformierte von $x(t)$ und entpuppt sich als komplex Konjugierte von $x(t)$ (Phasenschieber!).

$$y(t) = \boldsymbol{H}\big[x(t)\big] = \frac{1}{\pi}\left[x(t) * \left(\frac{1}{t}\right)\right] = \frac{1}{\pi}\big(X(\omega)\cdot sign(\omega)\big)$$

Jede Faltung im Zeitbereich ist eine Multiplikation im Frequenzbereich. $1/t$ ist die inverse FOURIER-Transformierte der Signum-Funktion $sign(\omega)$ (Phasenschieber!). Wie Abb. 322 zeigt, bewirkt die Signum-Funktion nichts anderes, als den negativen Spektralbereich phasenmäßig zu verschieben. Die bildliche Veranschaulichung erfolgt deshalb im Frequenzbereich.

Die HILBERT-Transformation macht nur für schmalbandige Signale Sinn. Genau das aber ist bei allen IMF-Signalen nach HUANG der Fall.

Das EEG des Gehirns beinhaltet die nichtlineare und nichtstationäre Wechselwirkung unglaublich vieler System-Parameter. Es gibt wohl kaum ein anderes vergleichbares System. Unwahrscheinlich in der Zukunft ist deshalb eine vollständige Erfassung bzw. Erkennung aller beteiligten System-Parameter. Die Vorhersagemöglichkeiten für krankhafte Zustände wird wohl nur in einigen Extremfällen möglich sein.

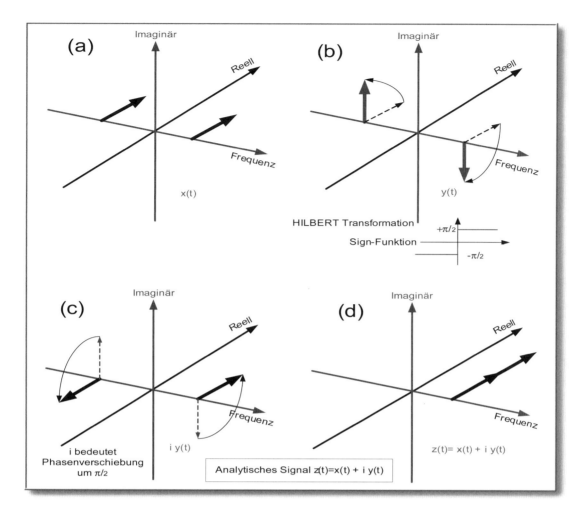

Abbildung 322: **Analytisches Signal und HILBERT-Transformation**

Aus x(t) ergibt sich über die HILBERT-Transformation y(t). Nach der Multiplikation mit i erfolgt die Addition von x(t) und iy(t). Das Ergebnis ist ein reales Spektrum für z(t) = x(t) + iy(t).

> *Insgesamt haben wir gelernt, dass deterministische Systeme keineswegs vorhersagbar sein müssen. Unsere Vorhersagefähigkeit ist nach wie vor generell beschränkt. Neben den beiden bisher bekannten Einschränkungen, dem störendem* **Rauschen** *und der messtechnischen und quantenmechanischen* **Unschärfe**, *haben wir uns in diesem Kapitel mit einer dritten prinzipiellen* **Begrenzung der Vorhersagbarkeit** *abzufinden. Als weiteres Hindernis erkennen wir die Überlagung zahlreicher, schwach korrelierter Parameter hochkomplexer Systeme wie beim Gehirn.*

Das ist ein Glück! Wie langweilig wäre das Leben, wenn wir mit Supercomputern bzw. Quantencomputern das Ergebnis schon vorausberechnen könnten?

Aufgaben zu Kapitel 15

Aufgabe 1

Welche Voraussetzungen müssen erfüllt sein, damit in Systemen der Natur Selbstorganisation stattfindet, sich also die Entropie des Systems verringert?

Aufgabe 2

Interpretieren Sie Aufbau, Strukturen, Bedeutung und Universalität des FEIGENBAUM-Diagramms.

Aufgabe 3

Welche Voraussetzungen müssen erfüllt sein, damit deterministisches Chaos auftreten kann?

Aufgabe 4

Welche Vorteile besitzt die Darstellung des Systemverhaltens im Phasenraum?

Aufgabe 5

Erläutern Sie am Beispiel des LORENZ-Wettermodells die geometrischen Eigenschaften der Trajektorie im Phasenraum? Welche Eigenschaften hat ein Seltsamer Attraktor?

Aufgabe 6

Verfolgen Sie den Aufbau der RÖSSLER-Trajektorie auf dem Bildschirm. Welche Prozesse können diesen Verlauf erklären?

Aufgabe 7

Was soll durch POINCARÉ-Schnitte erreicht werden. Welche Strukturen sind typisch für periodische, quasiperiodische und deterministisch-chaotische Vorgänge?

Aufgabe 8

Mit welchen Mitteln wird in der Forschung versucht, das Verhalten komplexer nichtlinearer Systeme zu verstehen?

Aufgabe 9

Für welche Systeme und Signale ist die FOURIER-Transformation optimal einsetzbar, was begrenzt ihren Einsatz?

Aufgabe 10

Geben Sie Beispiele an für nichtstationäre Prozesse sowie für nichtstationäre *und* nichtlineare Prozesse. Welche Bedeutung haben sie für die Praxis?

Aufgabe 11

Bechreiben Sie den Ansatz der HILBERT-HUANG-Transformation.

Aufgabe 12

Beschreiben Sie den Komplex HILBERT-Transformation, analytisches Signal sowie Momentanfrequenz.

Kapitel 16

Mathematische Modellierung von Signalen – Prozessen – Systemen

Dieses Kapitel soll ein Bindeglied darstellen zwischen dem interaktiven und multimedialen Lernsystem "Signale – Prozesse – Systeme" und der üblichen, auf hohem mathematischen Niveau daherkommenden Fachliteratur zu diesem Thema.

In den zurückliegenden Kapiteln wurde alles versucht, diese recht abstrakte Mathematik konsequent zu vermeiden. Dies geschah durch den Rückgriff auf die physikalischen Grundlagen dieser Fachwissenschaft. Es scheint so, als habe es noch nicht genügend herumgesprochen, dass für *jede* technische Fachwissenschaft die eigentlichen Wurzeln nicht in der Mathematik und ihren Strukturen liegt, sondern vielmehr in der Physik.

Es gilt die folgende Feststellung:

> *Mathematik macht (auch) Aussagen, Berechnungen und Modelle möglich, die nichts, aber auch gar nichts mit der Natur und den sie beschreibenden Phänomenen zu tun haben. Jede Technik dagegen **kann** gegen kein Naturgesetz verstoßen, denn sie würde einfach sonst nicht funktionieren. Also liegen die eigentlichen Wurzeln jeder Technik nicht in der Mathematik – diesen Eindruck könnte man bei den meisten dieser Fachbücher gewinnen (und, in denen oft das Wort Physik nicht einmal vorkommt!) – sondern eindeutig und unzweifelhaft in der Physik.*

Welche Möglichkeiten andererseits die Mathematik für Physik und Technik bietet, wurde bereits ausführlich im Kapitel 1 erläutert. Sie ist für praktisch alle Wissenschaften und Techniken unverzichtbar. Ihre innere Logik, Präzision, Widerspruchsfreiheit, Nachprüfbarkeit, Redundanzfreiheit und Kommunizierbarkeit haben die moderne Welt mehr geprägt als alles andere und ermöglichen einen Gedankenaustausch, Analysen und Vorhersagen, die sprachlich nicht annähernd möglich wären.

Hier wird nachfolgend überwiegend die Mathematik *kontinuierlicher* Signale behandelt, weil hierdurch der physikalische Background besser erkennbar ist. Der spätere Übergang zu diskreten Signalen ist erfahrungsgemäß nicht schwierig. Jedoch kann leider die vorliegende mathematische Themenfolge nicht durchweg der Kapitelfolge dieses Buches entsprechen, weil die Grundlagen und inneren Strukturen von Physik und Mathematik sehr unterschiedlich sind.

Komplexe Zahlen

Komplexe Zahlen sind unverzichtbar für alle sich zeitlich, frequenzmäßig und auch räumlich ändernde Vorgänge, also speziell für Signale der verschiedensten Art. Sie stehen deshalb am Anfang dieses mathematischen Anhangs, weil sie uns den mathematischen Zugang extrem vereinfachen.

So ordnet das Spektrum eines Signals jeder einzelnen Frequenz 2 Informationen zu: Amplitude Û und Phasenwinkel j. Aus diesem Grunde wurde in Kapitel 2 auch zwischen dem *Amplitudenspektrum* und dem *Phasenspektrum* unterschieden (siehe die „3D–Darstellungen Abb. 28 – Abb. 36).

In Kapitel 5 wurde dann im Rahmen der Symmetriebetrachtungen für den Frequenzbereich bereits die *GAUSSsche Ebene der komplexen Zahlen* eingeführt (Abb. 97, Abb. 99 – Abb. 101). Zu jedem Punkt dieser Ebene (und aller anderen Ebenen) gehören genau zwei Werte (a, b). Auf diese Weise ergibt sich zu jeder Frequenz ein *Vektor*, wobei

- die Länge des Vektors z. B. der Amplitude Û,

- der Winkel zwischen Frequenzvektor und positiver Horizontalachse dem Phasenwinkel j entspricht.

Mithilfe der GAUSSschen Zahlenebene lassen sich alle komplexen Zahlen der Form a + ib als ein Punkt dieser Fläche darstellen, wobei für i eine zunächst äußerst seltsame Festlegung gilt:

$$i = \sqrt{-1}$$

Gerade diese unscheinbare Erweiterung des Zahlenbereichs von den reellen Zahlen hin zu den komplexen Zahlen hat die Mathematik in den letzten 200 Jahren geradezu beflügelt. Irritierend sind auch die Bezeichnungen „komplex" oder auch „imaginär": Sie suggerieren etwas Schwieriges, Geheimnisvolles, Unübersichtliches. Genau dies ist *nicht* der Fall. Vielmehr vereinfachen und veranschaulichen sie zahlreiche, äußerst diffizile Rechenprozesse. Besser wäre der Name *effizienter* oder *erweiterter Zahlenbereich* gewesen.

> *Viele physikalische Phänomene des Elektromagnetismus, der Schwingungs-, Wellen- und Quantenphysik sind heute undenkbar ohne komplexe Rechnung. Die Bindung an diesen Zahlenbereich ist so extrem, dass komplexe Rechnung als wesentlicher Teil einer „Sprache der Natur" angesehen werden kann.*
>
> *Komplexe Rechnung dominiert aus diesem Grunde auch die auf physikalischen Phänomenen aufbauende Elektrotechnik, speziell die Technik rund um „Signale – Prozesse – Systeme"!*

Wer bislang nicht den Nutzen komplexer Zahlen einsieht, den könnte vielleicht folgende Problematik nachdenklich stimmen:

> Allgemein bekannt sind die natürlichen Zahlen, die rationalen, die irrationalen bzw. die reellen Zahlen. Hierbei scheinen die natürlichen Zahlen (0), 1, 2, 3, ... ein „harmloser" Bereich zu sein, über den es nicht viel zu sagen gibt. Wären da nicht die *Primzahlen*; das sind alle Zahlen, die sich nur durch 1 und sich selbst dividieren lassen:
>
> 1, 2, 3, 5, 7, 11, 13, 17, ... ,167, 173, 179, ... ,9967, 9973, ...

Seit vielen Jahrhunderten sind Mathematiker mit diesen Primzahlen beschäftigt. Viele von Ihnen haben sich ein Leben lang mit folgenden Fragen beschäftigt:

- Kann man ihre Verteilung im Meer der natürlichen Zahlen verstehen?

- Wie lange muss man weiterzählen, bis die nächste Primzahl kommt?

- Warum erscheint die jeweils nächste Primzahl wie zufällig mal bereits nach wenigen Schritten, mal dagegen erst nach großem Abstand?

- Gibt es hier vielleicht ein verstecktes Muster?

Der große Mathematiker Bernhard RIEMANN fand Ende des 19. Jahrhunderts einen Zugang zu der Lösung des Problems. RIEMANN gelang es ausgerechnet mithilfe der *komplexen Zahlen*, die Verteilung der Primzahlen in eine mathematische Landschaft über einer zweidimensionalen Ebene zu übersetzen (die sogenannte *Zeta*-Funktion). Die Topografie (Form, Gestalt) dieser Landschaft enthält dabei das gesamte Wissen über die Primzahlen. Insbesondere genügt es, die Punkte auf „Meereshöhe" (die Nullstellen) zu kennen, um die gesamte Landschaft rekonstruieren zu können. Daher enthalten die Nullstellen alle Informationen über die Verteilung der Primzahlen.

Riemann entwickelte eine konkrete Formel, um aus diesen Nullstellen die Verteilung der Primzahlen zurückzugewinnen. Zu seiner Überraschung fand er, dass alle von ihm berechneten Nullstellen scheinbar alle auf einer Geraden parallel zur y-Achse (imaginäre Achse) liegen, die rechts neben der y-Achse in einem Abstand von 1/2 (reelle Achse) parallel zu dieser imaginären Achse verläuft. Und irgendwie verkörpert dabei jede Nullstelle die *Quelle für eine sich ausbreitende Welle, die sich wie ein **akustischer Ton** darstellt!*

Die Töne aller Nullstellen überlagern sich zur Verteilung der Primzahlen.

Es gibt nur ein Problem: Weder RIEMANN noch sonst irgendjemand konnte dies bis heute beweisen! Man spricht daher von der *RIEMANNschen Vermutung*, ein sogenanntes Millennium-Problem der Mathematik. Für diesen Beweis ist von einer amerikanischen Stiftung ein Preisgeld von 1 Million Dollar ausgesetzt.

> *Mit den komplexen Zahlen steht offensichtlich eine leistungsfähige, geistige Plattform zu Verfügung, welche die Lösung vieler Probleme mithilfe einer geeigneten, universellen Perspektive ermöglicht.*
> *Viele tief liegende Sachverhalte können mit ihrer Hilfe im Detail betrachtet und exakt beschrieben werden. Interessanterweise gilt dies gerade für physikalische Phänomene der Quantenphysik, also für die unsichtbare und nicht bildlich vorstellbare Welt des Mikrokosmos.*

Einfache Operationen mit komplexen Zahlen

Im Rahmen dieses Buches standen einige mathematische Funktionen/Prozesse im Mittelpunkt. Zu nennen sind in diesem Zusammenhang vor allem die sogenannten linearen Funktionen/Prozesse

- Addition und Subtraktion,

- Zeitliche Verzögerung,

- Multiplikation mit einer Konstanten,

- Differenziation sowie

- Integration

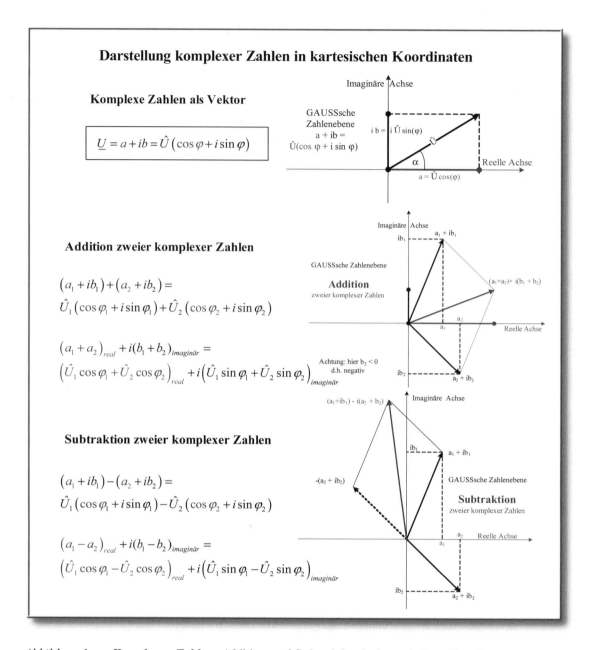

Darstellung komplexer Zahlen in kartesischen Koordinaten

Komplexe Zahlen als Vektor

$$\underline{U} = a + ib = \hat{U}\left(\cos\varphi + i\sin\varphi\right)$$

GAUSSsche Zahlenebene
$a + ib = \hat{U}(\cos\varphi + i\sin\varphi)$

$ib = i\,\hat{U}\sin(\varphi)$

$a = \hat{U}\cos(\varphi)$

Addition zweier komplexer Zahlen

$$\left(a_1 + ib_1\right) + \left(a_2 + ib_2\right) =$$
$$\hat{U}_1\left(\cos\varphi_1 + i\sin\varphi_1\right) + \hat{U}_2\left(\cos\varphi_2 + i\sin\varphi_2\right)$$

$$\left(a_1 + a_2\right)_{real} + i(b_1 + b_2)_{imaginär} =$$
$$\left(\hat{U}_1\cos\varphi_1 + \hat{U}_2\cos\varphi_2\right)_{real} + i\left(\hat{U}_1\sin\varphi_1 + \hat{U}_2\sin\varphi_2\right)_{imaginär}$$

Addition zweier komplexer Zahlen

Achtung: hier $b_2 < 0$ d.h. negativ

Subtraktion zweier komplexer Zahlen

$$\left(a_1 + ib_1\right) - \left(a_2 + ib_2\right) =$$
$$\hat{U}_1\left(\cos\varphi_1 + i\sin\varphi_1\right) - \hat{U}_2\left(\cos\varphi_2 + i\sin\varphi_2\right)$$

$$\left(a_1 - a_2\right)_{real} + i(b_1 - b_2)_{imaginär} =$$
$$\left(\hat{U}_1\cos\varphi_1 - \hat{U}_2\cos\varphi_2\right)_{real} + i\left(\hat{U}_1\sin\varphi_1 - \hat{U}_2\sin\varphi_2\right)_{imaginär}$$

Subtraktion zweier komplexer Zahlen

Abbildung 1:   ***Komplexen Zahlen, Addition und Subtraktion in kartesischen Koordinaten***

Der Vektor wird veranschaulicht durch die Verbindungslinie zwischen den beiden Punkten (0, 0) und (a,b) bzw. (0, i0) und (a, ib). Die Projektion auf die reelle und imaginäre Achse wird mithilfe der Winkelfunktionen bestimmt. Wenn die Vektorlänge (im Hinblick auf die Anwendungen der Elektrotechnik) als $\hat{U}$ bezeichnet wird, ergibt sich für $a = \hat{U}\cos(\varphi)$ sowie für $b = \hat{U}\sin(\varphi)$.

Addition und Subtraktion sind sehr einfach und lassen sich geometrisch leicht interpretieren. Addition und Subtraktion lassen sich dadurch zeichnerisch quasi mit Lineal, Winkeldreieck und Bleistift durchführen.

Es gibt keine einheitliche Kennzeichnung für komplexe Zahlen. In der Elektrotechnik wird meist $\underline{u}(t)$, $\underline{i}(t)$ und $\underline{Z}$ für Spannung, Strom und Wechselstromwiderstand (Impedanz) verwendet, in der Mathematik und auch in der Physik wird oft auf den Unterstrich verzichtet (nachfolgend c_k, $X(f)$, $Y(f)$ und $H(f)$ usw.).

Bislang wurden komplexe Zahlen definiert durch (a, ib), die Projektion der Vektoren auf die reelle bzw. auf die imaginäre Achse. Dies ist die *kartesische Form* einer komplexen Zahl. Wie die Abb. 1 und Abb. 2 zeigen, sind Addition, Subtraktion sowie die Multiplikation mit einer Konstanten hiermit sehr einfach und anschaulich durchführbar.

Komplexe Zahlen in kartesischer Darstellung

- **Multiplikation mit einer reellen Konstanten k**

$$k\underline{U} = k\left(a+ib\right) = k\hat{U}\left(\cos\varphi + i\sin\varphi\right)$$

bzw.

$$k\left[\left(a_1+ib_1\right)\pm\left(a_2+ib_2\right)\right] = k\left[\left(\hat{U}_1\cos\varphi_1 \pm \hat{U}_2\cos\varphi_2\right) + i\left(\hat{U}_1\sin\varphi_1 \pm \hat{U}_2\sin\varphi_2\right)\right]$$

Ergebnis: Operation entspricht einer Streckung der Vektorlänge um den Faktor k

- **Multiplikation zweier komplexer Zahlen**

$$\left(a_1+ib_1\right)\left(a_2+ib_2\right) = \hat{U}_1\left(\cos\varphi_1 + i\sin\varphi_1\right)\hat{U}_2\left(\cos\varphi_2 + i\sin\varphi_2\right) =$$

$$\hat{U}_1\hat{U}_2\left[\left(\cos\varphi_1\cos\varphi_2\right) - \left(\sin\varphi_1\sin\varphi_2\right) + i\left(\sin\varphi_1\cos\varphi_2 + \sin\varphi_2\cos\varphi_1\right)\right]$$

Ergebnis: Er ergeben sich Produkte von Winkelfunktionen . Geometrische Deutung unklar!

- **Division zweier komplexer Zahlen**

$$\frac{a_1+ib_1}{a_2+ib_2} = \frac{\hat{U}_1\left(\cos\varphi_1 + i\sin\varphi_1\right)}{\hat{U}_2\left(\cos\varphi_2 + i\sin\varphi_2\right)} =$$

Trickreiche Erweiterung unter Verwendung von $(a+b)(a-b) = a^2 - b^2$

$$\frac{\left(a_1+ib_1\right)\left(a_2-ib_2\right)}{\left(a_2+ib_2\right)\left(a_2-ib_2\right)} = \frac{\left(a_1a_2+b_1b_2\right) + i\left(b_1a_2-a_1b_2\right)}{a_2^2+b_2^2} = \frac{a_1a_2+b_1b_2}{a_2^2+b_2^2} + i\frac{b_1a_2-a_1b_2}{a_2^2+b_2^2} =$$

$$\frac{\hat{U}_1\left(\cos\varphi_1\cos\varphi_2 + \sin\varphi_1\sin\varphi_2\right)}{\hat{U}_2\left(\cos^2\varphi_2 - \sin^2\varphi_2\right)} + i\frac{\hat{U}_1\left(\sin\varphi_1\cos\varphi_2 - \cos\varphi_1\sin\varphi_2\right)}{\hat{U}_2\left(\cos^2\varphi_2 - \sin^2\varphi_2\right)}$$

Ergebnis: Es ergeben sich Produkte von Winkelfunktionen . Rechnung aufwändig. Geometrische Deutung unklar !

Lösung: Multiplikation und Division zweier komplexer Zahlen in der exponentiellen Schreibweise mit Hilfe der EULERschen Relation .

Abbildung 2:   ***Multiplikation und Division komplexer Zahlen in kartesischer Darstellung***

Als recht kompliziert und unübersichtlich stellen sich die Multiplikation und Division komplexer Zahlen in kartesischer Form heraus. Die Lösung dieses Problems wird unten angedeutet und in Abbildung 303 näher beschrieben.

Als nichtlineare Prozesse wurden die Multiplikation, Division, Abtastung, Betragsbildung, Fensterung und Quantisierung erläutert. Für die komplexe Rechnung sind Letztere bis auf Multiplikation und Division hier weniger von Bedeutung.

Multiplikation und Division komplexer Zahlen in kartesischer Darstellung erweisen sich als sehr umständlich – siehe Abb. 2 –, vor allem fällt die entsprechende geometrische Interpretation sehr schwer.

Die EULERsche Relation

$$cos\varphi + i\sin\varphi = e^{i\varphi}$$

Zum Beweis vergleicht EULER die Reihenentwicklung von e^x, $\sin(x)$ und $\cos(x)$, bei der e-Funktion verwendet EULER die imaginäre Größe (ix) statt x

$$e^{ix} = 1 + ix + \frac{(ix)^2}{2!} + \frac{(ix)^3}{3!} + \frac{(ix)^4}{4!} + \frac{(ix)^5}{5!} + \frac{(ix)^6}{6!} + ... =$$

$$\left\{1 - \frac{x^2}{2!} + \frac{x^4}{4!} - \frac{x^6}{6!} \pm ...\right\} + i\left\{x - \frac{x^3}{3!} + \frac{x^5}{5!} \mp ...\right\} =$$

$$cos\varphi + i\sin\varphi = e^{i\varphi}$$

Ein interessanter Sonderfall ergibt sich bei einem Winkel von π:

$$cos\varphi + i\sin\varphi = e^{i\varphi}$$

Nun Winkel gleich π wählen

$$cos\pi + i\sin\pi = e^{i\pi}$$

$$-1 + i0 = e^{i\pi}$$

$$\boxed{e^{i\pi} + 1 = 0}$$

Diese erstaunliche Gleichung verknüpft 3 mathematische „Elementarkonstanten" :

$$e = 2,71828... \quad , \quad \pi = 3,14159... \quad \text{sowie} \quad i \quad (i^2 = -1)$$

Abbildung 3:   ***Komplexe Zahlen in exponentieller Schreibweise: Die EULERsche Relation***

Die EULERsche Relation vereinfacht nicht nur alle weiteren Rechenoperationen. Sie erlaubt einerseits auch eine einfache geometrische Interpretation dieser Prozesse, vielmehr liefert sie jedoch in tiefes Verständnis und Erklärungsmuster für zahlreiche mathematische Probeleme und physikalische Phänomene. Die für die Beweisführung benötigte Reihenentwicklung wird hier nicht näher erklärt, sie findet sich in zahllosen Mathematikbüchern.

Hier kommt uns die rettende Lösung in Form der EULERschen Relation (Beziehung) gelegen, eine unendlich wichtige Erkenntnis dieses Mathematikers zur exponentiellen Darstellung komplexer Zahlen (siehe Abb. 3).

Erstaunlich ist auch der in Abb. 3 aufgeführte Sonderfall für den Winkel π. Die Zahl e steht eigentlich für *natürliche* Wachstums- oder Abnahmevorgänge, die Zahl π dagegen für Kreisumfang, Kreisfläche, ... , Kugelfäche und Kugelvolumen, also für Kreissymmetrie.

Die e-Funktion mit imaginärer Potenz besitzt dagegen ebenfalls diese Kreissymmetrie. Ändert sich der Winkel φ, so wandert die Spitze des Vektors auf dem Umfang des Einheitskreises der komplexen Ebene.

Multiplikation und Division komplexer Zahlen :
Der einfache Weg

$$\underline{z} = a + ib = re^{i\varphi} = r\left(\cos\varphi + i\sin\varphi\right); \text{ mit } r = \sqrt{a^2 + b^2} \text{ folgt: } \cos\varphi = \frac{a}{r} \text{ bzw. } \varphi = \arccos\frac{a}{r}$$

Sei $\underline{z}_1 = a_1 + ib_1 = r_1 e^{i\varphi_1}$ und $\underline{z}_2 = a_2 + ib_2 = r_2 e^{i\varphi_2}$

- **Multiplikation**

$$\underline{z}_{Multipl.} = \underline{z}_1 \underline{z}_2 = r_1 e^{i\varphi_1} r_2 e^{i\varphi_2} = r_1 r_2 e^{i(\varphi_1 + \varphi_2)}$$

$$= r_1 r_2 \left(\cos\left(\varphi_1 + \varphi_2\right) + i\sin\left(\varphi_1 + \varphi_2\right)\right)$$

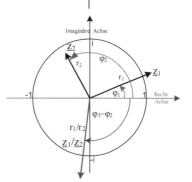

- **Division**

$$\underline{z}_{Division} = \frac{\underline{z}_1}{\underline{z}_2} = \frac{r_1 e^{i\varphi_1}}{r_2 e^{i\varphi_2}} = \frac{r_1}{r_2} e^{i(\varphi_1 - \varphi_2)}$$

$$= \frac{r_1}{r_2} \left(\cos\left(\varphi_1 - \varphi_2\right) + i\sin\left(\varphi_1 - \varphi_2\right)\right)$$

Abbildung 4:   ***Multiplikation und Division komplexer Zahlen in exponentieller Darstellung***

Die Umrechnung von kartesischen Koordinaten in die exponentielle Form mit r und i geschieht mithilfe des Pythagoras und der Winkelfunktionen sin und cos bzw. ihrer Umkehrfunktionen arcsin und arccos. Auf Taschenrechnern werden Letztere auch als sin^{-1} und cos^{-1} bezeichnet. Auch die geometrische Interpretation ist einfach: bei der Multiplikation werden sie addiert, bei der Division subtrahiert

Wie Abb. 4 zeigt, werden Multiplikation und Division zweier komplexer Zahlen in   exponentieller Schreibweise zum Kinderspiel. Und auch die geometrische Interpretation ist einfach. Auch diese beiden Rechenoperationen ließen sich mit Lineal und Winkelmesser grafisch erledigen.

Nun zur Differenziation und Integration. An dieser Stelle kann hierzu keine mathematisch fundierte Einführung in die Differenzial- und Integralrechnung gegeben werden. Für unsere Zwecke ist das aber nicht nötig, was letztlich der EULERschen Relation zu verdanken ist.

Statt dessen wird in Abb. 7 eine Tabelle von elementaren Ableitungen und Integralen vorgegeben, die für unsere Zwecke ausreichend sind. Einige Übungen schließen sich an. Differenziation und Integration sind für den Komplex Signale – Prozesse – Systeme unverzichtbar, weil hiermit *Änderungen* erfasst werden können, und das ist ja bei Signalen immer der Fall.

Sinus- und Kosinus-Schwingung in der komplexen Ebene

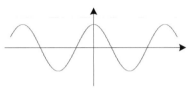

$$\cos \varphi + i \sin \varphi = e^{i\varphi}$$

$$\cos(-\varphi) + i \sin(-\varphi) = e^{-i\varphi}$$

cos: Achssymmetrie

Es gilt: $\cos(-\varphi) = \cos(\varphi)$ wegen **Achs**symmetrie der Kosinus-Funktion

sowie $\sin(-\varphi) = -i \sin \varphi$ wegen **Punkt**symmetrie der Sinus-Funktion

$$+\begin{cases} \cos \varphi + i \sin \varphi = e^{i\varphi} \\ \cos \varphi - i \sin \varphi = e^{-i\varphi} \end{cases} \quad \text{ergibt } 2\cos \varphi = e^{i\varphi} + e^{-i\varphi}$$

$$\cos \varphi = \frac{e^{i\varphi} + e^{-i\varphi}}{2} = \frac{1}{2}\left(e^{i\varphi} + e^{-i\varphi}\right) = \frac{1}{2}e^{i\varphi} + \frac{1}{2}e^{-i\varphi}$$

sin: Punktsymmetrie

$$+\begin{cases} \cos \varphi + i \sin \varphi = e^{i\varphi} \\ -\cos \varphi + i \sin \varphi = -e^{-i\varphi} \end{cases} \quad \text{ergibt } i2\sin \varphi = e^{i\varphi} - e^{-i\varphi}$$

$$i\sin \varphi = \frac{e^{i\varphi} - e^{-i\varphi}}{2} = \frac{1}{2}\left(e^{i\varphi} - e^{-i\varphi}\right) = \frac{1}{2}e^{i\varphi} - \frac{1}{2}e^{-i\varphi}$$

Zeitabhängige Sinus- und Kosinus-Schwingungen in der komplexen Ebene

$$\cos(\omega t + \varphi_0) = \frac{e^{i(\omega t + \varphi_0)} + e^{-i(\omega t + \varphi_0)}}{2} = \frac{1}{2}e^{i(\omega t + \varphi_0)} + \frac{1}{2}e^{-i(\omega t + \varphi_0)}$$

$$i\sin(\omega t + \varphi_0) = \frac{e^{i(\omega t + \varphi_0)} - e^{-i(\omega t + \varphi_0)}}{2} = \frac{1}{2}e^{i(\omega t + \varphi_0)} - \frac{1}{2}e^{-i(\omega t + \varphi_0)}$$

*Abbildung 5: **Sinus und Kosinus als Linearkombination konjugiert komplexer Vektoren $e^{i\varphi}$ und $e^{-i\varphi}$***

*Hier wird hergeleitet, aus welchen komplexen Vektoren Sinus und Kosinus zusammengesetzt sind. Zu jedem Zeitpunkt handelt es sich um zwei komplexe Vektoren (unten „Frequenzvektoren"), die in einer untrennbaren Beziehung zueinanderstehen. Der eine Frequenzvektor ist **konjugiert komplex** zum andern! Die unterschiedlichen Vorzeichen bedeuten, dass der Betrag ihrer Winkel zu jedem Augenblick gleich groß ist, bei einer zeitlichen Änderung des Winkels sie sich aber **entgegengesetzt** drehen!*

Die resultierende imaginäre Komponente der beiden entgegengesetzt rotierenden Vektoren ist bei jedem Winkel gleich Null (siehe Abb. 6 sowie in Kapitel 5 Abb. 97). Die imaginäre Komponente tritt sichtbar und messbar nach außen also gar nicht direkt in Erscheinung, obwohl ursächlich vorhanden.

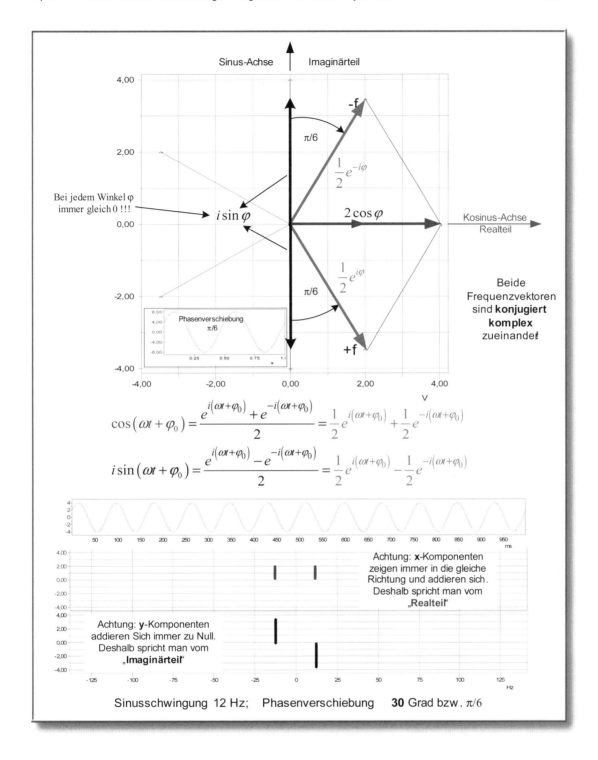

Abbildung 6:   ***Komplexe rotierende Vektoren als Ursache der Sinus- bzw. Kosinus-Schwingung***

*Hier wird auf Bildmaterial aus dem 5. Kapitel zurückgegriffen, um mithilfe der gemessenen Werte die Mathematik **konjugiert komplexer**, also entgegengesetzt rotierender Frequenzvektoren zu veranschaulichen.*

Bei einer Frequenz von 12 Hz legen die Frequenzvektoren also pro Sekunde 12-mal den Vollwinkel von 2π zurück. Die Bilder beschreiben die momentanen Zustände bei einer Phasenverschiebung von $\pi/6$ oder 30°. Bei den Messungen unten wurde eine Sinusschwingung von 12 Hz mit einer Amplitude von 4 V verwendet. Diese Amplitude wurde bei der formelmäßigen Darstellung der Übersichtlichkeit wegen in dieser Abbildung nicht berücksichtigt.

Tabelle elementarer Ableitungen $f'(x)$	
Funktion $f(x)$	Ableitung $f'(x)$
$c =$ konstant	0
x	1
x^n	nx^{n-1}
$\dfrac{1}{x}$	$-\dfrac{1}{x^2}$
e^x	e^x
e^{ax}	ae^{ax}
$\sin x$	$\cos x$
$\cos x$	$-\sin x$
$\sin ax$	$a\cos ax$
$\cos ax$	$-a\sin ax$

Tabelle elementarer Integrale

$$\int a\cdot f(x)\,dx = a\int f(x)\,dx$$

$$\int x^n dx = \frac{x^{n+1}}{n+1}$$

$$\int \cos x\,dx = \sin x$$

$$\int \sin x\,dx = -\cos x$$

$$\int e^x dx = e^x$$

$$\int \cos ax\,dx = \frac{\sin ax}{a}$$

$$\int \sin ax\,dx = -\frac{\cos ax}{a}$$

$$\int e^{ax}dx = \frac{e^{ax}}{a}$$

Die Integrationskonstanten wurden weggelassen

Die Ableitung nach der Zeit wird durch einen Punkt gekennzeichnet , d.h. $\dfrac{df(t)}{dt} \equiv (f(t))^{\cdot}$

<u>2 Anwendungen zur Differenziation :</u>

$$\underline{(\cos(\omega t))^{\cdot}} = \left(\frac{1}{2}e^{i(\omega t)} + \frac{1}{2}e^{-i(\omega t)}\right)^{\cdot} =$$

$$-\omega\sin(\omega t) = \frac{i\omega}{2}e^{i(\omega t)} - \frac{i\omega}{2}e^{-i(\omega t)}\left\lfloor\cdot\left(-\frac{i}{\omega}\right)\right.$$

$$\Rightarrow i\sin(\omega t) = -\frac{i^2}{2}e^{i(\omega t)} + \frac{i^2}{2}e^{-i(\omega t)}\lfloor i^2 = -1$$

$$\Rightarrow \underline{i\sin(\omega t) = \frac{1}{2}e^{i(\omega t)} - \frac{1}{2}e^{-i(\omega t)}}$$

$$\underline{(i\sin(\omega t))^{\cdot}} = \left(\frac{1}{2}e^{i(\omega t)} - \frac{1}{2}e^{-i(\omega t)}\right)^{\cdot}$$

$$i\omega\cos(\omega t) = \frac{i\omega}{2}e^{i(\omega t)} - \frac{-i\omega}{2}e^{-i(\omega t)}\lfloor \div i\omega$$

$$\Rightarrow \underline{\cos(\omega t) = \frac{1}{2}e^{i(\omega t)} + \frac{1}{2}e^{-i(\omega t)}}$$

<u>1 Anwendung zur Integration :</u>

$$\int \cos(\omega t)\,dt = \int\left(\frac{1}{2}e^{i(\omega t)} + \frac{1}{2}e^{-i(\omega t)}\right)dt = \frac{1}{2}\int e^{i(\omega t)}dt + \frac{1}{2}\int e^{-i(\omega t)}dt \Rightarrow$$

$$\frac{\sin(\omega t)}{\omega} = \frac{1}{2i\omega}e^{i(\omega t)} + \frac{1}{2(-i\omega)}e^{-i(\omega t)}\lfloor\cdot i\omega \Rightarrow \underline{i\sin(\omega t) = \frac{1}{2}e^{i(\omega t)} - \frac{1}{2}e^{-i(\omega t)}}$$

Abbildung 7:   ***Differenziation und Integration zeitabhängiger komplexer Größen***

Oben in den beiden Tabellen sind „handfeste" Regeln für die Differenziation und Integration aufgelistet, die im Rahmen dieses Buches eine Rolle spielen. Die FOURIER-Integrale werden gesondert behandelt und erklärt.

Die Anwendungen beziehen sich auf die Ableitung und Integration von Realteil cos(ω t) und Imaginärteil i·sin(ω t). Aus dem differenzierten und auch aus dem integrierten Realteil lässt sich seltsamerweise der Imaginärteil herleiten und umgekehrt!

Beachten Sie auch die Schreibweise für die ***zeitliche*** *Ableitung.*

Physikalisch sind an dieser Stelle natürlich die Sinus- bzw. die Kosinusschwingungen wichtig. Sie sind physikalisch *real*, und trotzdem kann ihre eigentliche Entstehung – aus mathematischer Sicht – nur in der komplexen Ebene dargestellt werden!

Blickrichtung Anwendungen

Hauptanwendung der komplexen Rechnung ist im technischen Bereich die Elektrotechnik, im naturwissenschaftlichen Bereich die Physik. Nun basiert die Elektrotechnik natürlich auf den physikalischen Grundlagen des Elektromagnetismus sowie auf Phänomene des Ladungsflusses in festen, flüssigen, gasförmigen Stoffen und dem sogenannten Plasma (Gas, das teilweise oder vollständig aus freien Ladungsträgern, wie Ionen oder Elektronen, besteht.).

Aus diesem Grunde gibt es in der Elektrotechnik auch nur drei grundlegende Bauelemente: den OHMschen Widerstand R, die Induktivität L einer Spule sowie die Kapazität C eines Kondensators.

Der OHMsche Widerstand steht hierbei für die Wärmewirkung des elektrischen Stromes bzw. Ladungsflusses in Stoffen, d. h. die Umwandlung elektromagnetischer Energie in „mechanische" Wärmeenergie. Genau genommen ist die gleichzeitig auftretende Wärmestrahlung ebenfalls elektromagnetische Energie, allerdings in einem sehr hohen Frequenzbereich (infrarot).

Eine von Gleichstrom durchflossene Spule erzeugt ein magnetisches Feld, dieses wird in der Elektrotechnik durch die Induktivität L als Bauelement vertreten. Zwischen den Platten eines Kondensators mit angelegter Gleichspannung bildet sich ein elektrisches Feld, die Kapazität C – als Bauelement dem elektrischen Feldes zugeordnet – beschreibt das Verhältnis von zugeführter Ladungsmenge zur Spannungshöhe.

Diese vereinfachte Begründung soll nicht verdecken, dass jeder zeitlich veränderliche Strom stets ein *elektromagnetisches* Feld erzeugt, jedes zeitlich veränderliche Magnetfeld ein zeitlich veränderliches elektrisches Feld und umgekehrt.

Die Wirkungen des elektromagnetischen Feldes werden *messtechnisch* durch Spannungen und Ströme erfasst. Es sind 5 Grundgleichungen, die dieses elektrotechnische Wechselspiel betreiben. Abb. 8 stellt diese dar.

Nachdem nun alle relevanten mathematischen (und auch signaltechnischen) Prozesse im Rahmen der komplexen Rechnung behandelt wurden, soll eine Anwendung berechnet werden, die von großer praktischer und theoretischer Bedeutung ist: der *Schwingkreis*. Er steht hier zunächst stellvertretend für alle frequenzselektiven bzw. frequenzabhängigen Prozesse und Systeme. Gewählt wird in Abb. 9 der Reihenschwingkreis, die Reihenschaltung aus R, L und C.

Da der Zusammenhang zwischen Spannung und Strom an Spule und Kondensator mithilfe des Differenzialquotienten bzw. der Integralrechnung beschrieben wird, ergeben sich bei der praktischen Berechnung von Schaltung und Netzwerken Differenzialgleichungen. Und hier kommt die EULERsche Relation (Abb. 3) ins Spiel. Die e-Funktion lässt sich sehr einfach differenzieren und integrieren. Aus der Differenzialgleichung erhält man dadurch eine recht einfache algebraische Gleichung (Abb. 9).

In der Elektrotechnik wird für die imaginäre Einheit der Buchstabe j ($j^2 = -1$) gewählt, da i bereits für den elekrischen Strom vergeben ist.

5 Grundgesetze der Elektrotechnik

Aus der Sicht der Physik gibt es lediglich 3 grundlegende (lineare) elektrische Bauelemente :

OHMscher Widerstand   Induktivität   Kapazität

R   L   C

- Viele komplexe Schaltungen bestehen letztlich aus einer Zusammenschaltung dieser drei Bauelemente .
- Beispielsweise lässt sich eine (lange) Leitung ersatzschaltbildmäßig so darstellen :

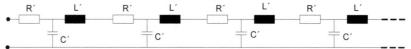

R´, L´sowie C´ sind die entsprechenden Werte pro km Leitungslänge

Strom I und Spannung U sind die messtechnisch erfassbaren Wirkungen des elektromagnetischen Feldes. Für diese Bauelemente gelten folgende Gesetze :

OHMsches Gesetz
$$I = \frac{U}{R} \quad \text{bzw.} \quad i = \frac{u}{R} \quad \text{(Momentanwerte)}$$

Induktionsgesetz
$$u_L = L\frac{di}{dt} \quad \text{bzw.} \quad i = \frac{1}{L}\int u\, dt$$

Je schneller sich der Strom in der Spule ändert, desto größer die induzierte Spannung

Kapazitätsgesetz
$$i_C = C\frac{du}{dt} \quad \text{bzw.} \quad u = \frac{1}{C}\int i_C\, dt$$

Je schneller sich die Kondensatorspannung ändert, desto größer ist der Strom, der in den Kondensator bzw. heraus fließt.

Das Zusammenschalten mehrerer Bauelemente geschieht (meist) als

Reihenschaltung,	**Parallelschaltung** bzw.	**Gruppenschaltung**

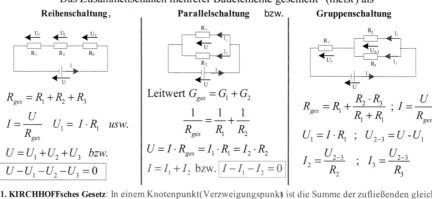

Reihenschaltung:

$$R_{ges} = R_1 + R_2 + R_3$$

$$I = \frac{U}{R_{ges}} \quad U_1 = I \cdot R_1 \quad usw.$$

$$U = U_1 + U_2 + U_3 \quad bzw.$$

$$\boxed{U - U_1 - U_2 - U_3 = 0}$$

Parallelschaltung:

$$\text{Leitwert } G_{ges} = G_1 + G_2$$

$$\frac{1}{R_{ges}} = \frac{1}{R_1} + \frac{1}{R_2}$$

$$U = I \cdot R_{ges} = I_1 \cdot R_1 = I_2 \cdot R_2$$

$$I = I_1 + I_2 \quad bzw. \quad \boxed{I - I_1 - I_2 = 0}$$

Gruppenschaltung:

$$R_{ges} = R_1 + \frac{R_2 \cdot R_3}{R_1 + R_1} \; ; \; I = \frac{U}{R_{ges}}$$

$$U_1 = I \cdot R_1 \; ; \; U_{2-3} = U - U_1$$

$$I_2 = \frac{U_{2-3}}{R_2} \; ; \; I_3 = \frac{U_{2-3}}{R_3}$$

1. KIRCHHOFFsches Gesetz: In einem Knotenpunkt(Verzweigungspunkt) ist die Summe der zufließenden gleich der Summe der abfließenden Ströme. Unter Berücksichtigung der Stromrichtung lässt sich auch formulieren In einem Knotenpunkt ist die Summe aller Ströme gleich Null Dahinter steckt der Ladungserhaltungssatz der Physik („Ladungen verduften und verdampfen nicht‟).

2. KIRCHHOFFsches Gesetz: „Maschenregel‟: In einer Masche – ein Umlauf innerhalb einer Schaltung von einem Punkt A zurück zu A – ist die Summe aller Spannungen gleich Null Dahinter steckt der Energieerhaltungssatz der Physik. Es gilt U=W/Q (Spannung ist die Energie pro Ladungseinheit). Wie die obige Reihenschaltung zeigt kann nicht mehr Energie durch die Widerstände in Wärme umgewandelt werden als die Spannungsquelle liefert

Abbildung 8:   ***Gesetzmäßigkeiten zur Berechnung linearer elektrotechnischer Schaltungen***

Elektrotechnik beschreibt letztlich praktische Anwendungen des elektromagnetischen Feldes. Die Bauelemente Spule bzw. Induktivität L und Kondensator bzw. die Kapazität C können diesem elektromagnetischen Feld zugeordnet werden.

Durch den Stromfluss in leitenden Substanzen wird elektromagnetische Energie in Wärme umgesetzt. Stellvertretend für diesen Prozess ist das Bauelement OHMscher Widerstand R.

Einfacher Schwingkreis im eingeschwungenen Zustand

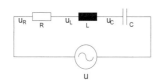

$$u = u_R + u_L + u_C$$

$$u = iR + L\frac{di}{dt} + \frac{1}{C}\int i\,dt$$

Ansatz: Komplexe Spannung und komplexer Strom:

$$\underline{u} = \underline{\hat{U}}e^{j\omega t} = \hat{U}e^{j\varphi_u}e^{j\omega t} \qquad \underline{i} = \underline{\hat{I}}e^{j\omega t} = \hat{I}e^{j\varphi_i}e^{j\omega t}$$

$$\underline{\hat{U}}e^{j\omega t} = \underline{\hat{I}}e^{j\omega t}\,R + j\omega L\,\underline{\hat{I}}e^{j\omega t} + \frac{1}{j\omega C}\,\underline{\hat{I}}e^{j\omega t}\;\left[\div e^{j\omega t}\right]$$

$$\underline{\hat{U}} = \underline{\hat{I}}\left(R + j\left(\omega L - \frac{1}{\omega C}\right)\right)$$

$$\underline{Z} = \frac{\underline{\hat{U}}}{\underline{\hat{I}}} = \frac{\hat{U}e^{j\varphi_u}}{\hat{I}e^{j\varphi_i}} = Ze^{j(\varphi_u-\varphi_i)} = R + j\left(\omega L - \frac{1}{\omega C}\right)$$

$$Z = \sqrt{R^2 + \left(\omega L - \frac{1}{\omega C}\right)^2} \quad und \quad \tan\varphi = \frac{\omega L - \dfrac{1}{\omega C}}{R}$$

$$\varphi = \varphi_u - \varphi_i = \arctan\frac{\omega L - \dfrac{1}{\omega C}}{R}$$

Resonanzfall: $j\left(\omega L - \dfrac{1}{\omega C}\right) = 0 \;\; bzw. \;\; \omega L = \dfrac{1}{\omega C}$

$$\Rightarrow \;\; \omega^2 = \frac{1}{LC} \quad \omega = \pm\sqrt{\frac{1}{LC}} \;\; bzw.\, f_{Res} = \pm\frac{1}{2\pi}\sqrt{\frac{1}{LC}}$$

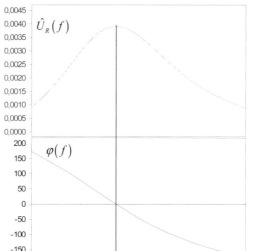

Amplituden- und Phasenverlauf am Widerstand R

Hinweise:

- Ausgangsgleichung oben Maschenregel (Summe aller Spannungen in einer Masche ist gleich Null)
- Ohmsches Gesetz, Induktionsgesetz und Kapazitäts gesetz werden für u_R, u_L und u_C eingesetzt. Das Ergebnis ist eine Differenzialgleichung
- Durch die Verwendung der komplexen Rechnung wird auf leichte Weise aus der Differenzialgleichung eine einfache algebraische Gleichung denn $e^{j\omega t}$ lässt sich einfach differenzieren und integrieren!
- In der Elektrotechnik wird j statt i als imaginäre Größe verwendet, da i für den Strom vergeben ist!
- Komplexe Amplitude $\underline{\hat{U}}$ Enthält zwei Informationen (Betrag und Winkel)
- Der frequenzabhängige, komplexe Widerstand wird als **Impedanz** $\underline{Z}$ bezeichnet
- $\underline{Z}$ wird am kleinsten, falls der imaginäre Wert von $\underline{Z}$ (in der Klammer) Null wird. Dann ist der Gesamtstrom am größten. Hieraus ergibt sich auch die Formel für die Resonanzfrequenz f_{Res}

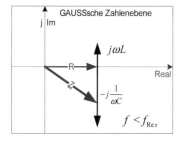

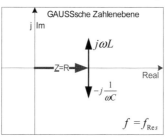

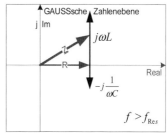

Abbildung 9:   ***Frequenzabhängigkeit eines erzwungen schwingenden Schwingkreises***

Bei der Resonanzfrequenz ist die Reaktion bzw. die Auslenkung – hier in Form des Spannungsabfalls am Widerstand R – am größten. Wird der Schwingkreis lediglich einmal angestoßen, so schwingt er mit der sogenannten Eigenfrequenz. Sie ist etwas kleiner als die Resonanzfrequenz.

Auf eine scheinbare Ungereimtheit soll hier noch eingegangen werden. In Abb. 308 wird als „Generatorspannung" und Gesamtstrom etwas eingesetzt, was physikalisch bzw. messtechnisch so gar nicht existent ist:

$$\underline{u}(t) = \hat{U}e^{j(\omega t + \varphi_u)} = \hat{U}e^{j\varphi_u}e^{j\omega t} = \underline{\hat{U}}e^{j\omega t} \quad bzw. \quad \underline{i}(t) = \hat{I}e^{j(\omega t + \varphi_i)} = \hat{I}e^{j\varphi_i}e^{j\omega t} = \underline{\hat{I}}e^{j\omega t}$$

Hierbei sind φ_u und φ_i die „Nullphasenwinkel", also die Winkel der Vektoren zum Zeitpunkt $t = 0$. Diese Phaseninformation zusammen mit der Ampludeninformation ergibt die *komplexe Amplitude* jeweils für Spannung und Strom.

Als Spannung und Strom sollten jedoch eigentlich sinusförmige, messbare Größen eingesetzt werden. Wir überprüfen deshalb die Schwingkreisberechnung mit folgenden Größen:

$$u(t) = \underline{\hat{U}}\cos(\omega t) = \frac{1}{2}\underline{\hat{U}}(e^{j\omega t} + e^{-j\omega t}) \quad bzw. \quad i(t) = \frac{1}{2}\underline{\hat{I}}(e^{j\omega t} + e^{-j\omega t})$$

Diese Werte werden nun in die Differenzialgleichung eingesetzt:

$$u = u_R + u_L + u_C = iR + L\frac{di}{dt} + \frac{1}{C}\int i\, dt \quad \Rightarrow$$

$$u = \frac{\hat{U}}{2}\left(e^{j\omega t} + e^{-j\omega t}\right) = \frac{R}{2}\hat{I}\left(e^{j\omega t} + e^{-j\omega t}\right) + L\frac{\hat{I}}{2}\left(j\omega e^{j\omega t} - j\omega e^{-j\omega t}\right) + \frac{1}{C}\frac{\hat{I}}{2}\left(\frac{1}{j\omega}e^{j\omega t} - \frac{1}{j\omega}e^{-j\omega t}\right)$$

$$\hat{U}\left(e^{j\omega t} + e^{-j\omega t}\right) = \hat{I}\left[R\left(e^{j\omega t} + e^{-j\omega t}\right) + j\omega L\left(e^{j\omega t} - e^{-j\omega t}\right) + \frac{1}{j\omega C}\left(e^{j\omega t} - e^{-j\omega t}\right)\right] =$$

$$\hat{U}\left(e^{j\omega t} + e^{-j\omega t}\right) = \hat{I}\left\{\left[R + j\left(\omega L - \frac{1}{\omega C}\right)\right]e^{j\omega t} + \left[R - j\left(\omega L - \frac{1}{\omega C}\right)\right]e^{-j\omega t}\right\}$$

Dies ist also die Lösung für den linksdrehenden Vektor $e^{j\omega t}$ sowie für den rechtsdrehenden Vektor $e^{-j\omega t}$.

Die Impedanz $\underline{Z}$ für den Schwingkreis ist in der Literatur $\underline{Z} = R + j\left(\omega L - \frac{1}{\omega C}\right)$

Dann gilt für die *komplex konjugierte* Impedanz $\qquad \underline{Z}^* = R - j\left(\omega L - \frac{1}{\omega C}\right)$

Somit gilt:

$$\hat{U}\left(e^{j\omega t} + e^{-j\omega t}\right) = \hat{I}\left\{\underline{Z}e^{j\omega t} + \underline{Z}^*e^{-j\omega t}\right\} \quad bzw. \quad \frac{\hat{U}}{\hat{I}}\left(e^{j\omega t} + e^{-j\omega t}\right) = \left(\underline{Z}e^{j\omega t} + \underline{Z}^*e^{-j\omega t}\right)$$

Deutlich ist nun die *Frequenzabhängigkeit* der Amplituden sowie der Phasenwinkel der beiden entgegengesetzt rotierenden Zeiger erkennbar. Sie ist durch die imaginären Größen gegeben. Imaginäre Größen sind also hier physikalisch – messtechnisch – existent! Als Grafik ergibt sich die bereits bekannte *Ortskurve* (Abb. 110 – Abb. 112).

Diese Ortskurve des Schwingkreises bzw. Bandpasses wird hierbei insgesamt zweimal (entgegengesetzt) über den gesamten positiven *und* negativen Frequenzbereich durchlaufen (Abb. 10).

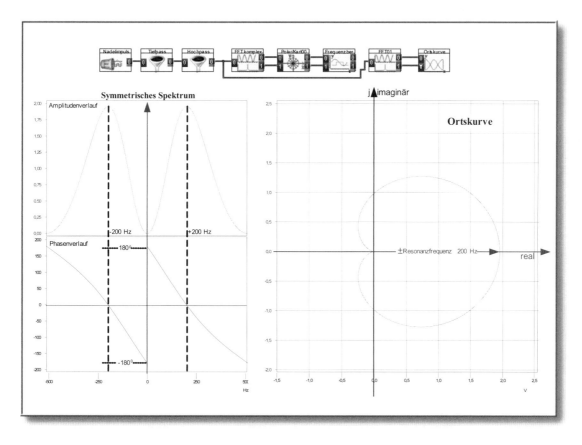

Abbildung 10: **Ortskurve/Frequenzgang eines schwingkreisähnliches Bessel-Filter 2. Ordnung**

Wie das obige Schaltungsbild zeigt, wurde das schwingkreisähnliche System durch Hintereinanderschaltung von Tiefpass und Hochpass mit der Grenzfrequenz 200 Hz erzeugt. Beide Filter sind BESSEL-Filter 2. Ordnung. Die Informationen von Amplituden- und Phasenverlauf sind in der Ortskurve enthalten.

Damit kristallisiert sich nun heraus, weshalb es ausreicht, Spannung und Strom in der Form

$$\underline{u}(t) = \hat{U}e^{j(\omega t+\varphi_u)} = \hat{U}e^{j\varphi_u}e^{j\omega t} = \underline{\hat{U}}e^{j\omega t} \quad \text{bzw.} \quad \underline{i}(t) = \hat{I}e^{j(\omega t+\varphi_i)} = \hat{I}e^{j\varphi_i}e^{j\omega t} = \underline{\hat{I}}e^{j\omega t}$$

anzusetzen: Die Ortskurve braucht nur einmal und nicht doppelt geschrieben zu werden.

Klassifizierung Signal verarbeitender Systeme

Aus theoretischer und praktischer Sicht ist ein (Signal verarbeitendes) System ein mathematisches Modell eines oder mehrerer physikalischer Prozesse, welches eine Beziehung zwischen Eingangs- und Ausgangssignal herstellt. Das System gibt eine Antwort (Response) auf ein bestimmtes Eingangssignal.

Aus der Sicht der Mathematik wird von einer *Transformation* oder einer *Abbildung* gesprochen. Definiert wird dieser Prozess mithilfe eines Operators **T**, wobei gilt:

$$y = \mathbf{T}(x)$$

So einfach diese Beziehung aussieht, so vielfältig können verschiedene Systeme sein. Eine erste Klassifizierung verschiedener Systeme liefert die folgende Abb. 11.

Spezielle Eigenschaften signalverarbeitender Systeme

Aus mathematischer Sicht ist ein System das mathematische Modell eines oder mehrerer physikalischen Prozesse, welches das Ausgangssignal in Abhängigkeit vom Eingangssignal beschreibt

Das Eingangssignal sei $x(t)$, das Ausgangssignal $y(t)$. Das System ist aus mathematischer Sicht identisch mit einer Transformation bzw. Abbildung $\mathbf{T}$, für die gilt:

$$y(t) = \mathbf{T}(x(t)) \quad \text{oder einfacher} \quad y = \mathbf{T}x$$

Dabei ist $\mathbf{T}$ ein *Operator*, der die wohldefinierte Regel beschreibt, mit der Eingang und Ausgang verknüpft sind.

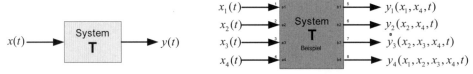

- ### Zeitabhängige kontinuierliche und zeitabhängige diskrete Systeme

- ### Systeme mit und ohne Gedächtnis

  Hängt das Ausgangssignal $y(t)$ zu jedem Zeitpunkt ausschließlich vom Eingangssignal $x(t)$ zum selben Zeitpunkt ab, so ist es *ohne* Gedächtnis.
  Beispiel: OHMsches Gesetz $y(t) = R\,x(t)$ bzw. $u(t) = R\,i(t)$

  Ein System *mit* Gedächtnis ist dagegen die Kapazität C wegen $\quad u(t) = \dfrac{1}{C}\int i\,dt$

  Noch eindeutiger *mit* Gedächtnis ist das diskrete System $y[n] = \sum\limits_{k=-\infty}^{n} x[k]$

- ### Kausale und nichtkausale Systeme

  Für *kausale* Systeme gilt: Erst die Ursache, dann die Wirkung. Alle (klassischen) physikalischen Wirkungen sind kausal. Mathematisch formuliert bedeutet dies:

  Für jeden beliebigen Zeitpunkt $t = t_o$ hängt das Ausgangssignal $y(t)$ ausschließlich vom Eingangssignal $x(t)$ ab, wobei gilt: $t \leq t_0$

  Beispiele für nichtkausale Systeme sind $y(t) = x(t+1)$ oder auch $y[n] = x[-n]$

- ### Lineare und nichtlineare Systeme

  $\mathbf{T}$ sei ein *linearer* Operator. Daraus folgt:

  Falls $y_1 = \mathbf{T}x_1$ und $y_2 = \mathbf{T}x_2$, so muss auch gelten: $\alpha_1 y_1 + \alpha_2 y_2 = \mathbf{T}\{\alpha_1 x_1 + \alpha_2 x_2\}$

  α_1 und α_2 sind hierbei beliebige reelle Zahlen (Skalierungen).

  Beispiele *nichtlinearer* Systeme sind $y = x^2$ bzw. $y = \cos(x)$

- ### Zeitinvariante und nichtzeitinvariante Systeme

  Physikalische Prozesse sind unabhängig davon, wann sie durchgeführt werden, sie sind *zeitinvariant*.
  Dies bedeutet mathematisch:
  $$y(t-\tau) = \mathbf{T}\{x(t-\tau)\} \quad \text{bzw.} \quad y[n-k] = \mathbf{T}\{x[n-k]\} \quad \text{für alle } \tau \in \mathbb{R} \text{ bzw. } k \in \mathbb{Z}$$

- ### Rückgekoppelte Systeme (Feedback)

  Von großer Bedeutung sind Systeme mit Feedback. Dabei wird das Ausgangssignal auf den Eingang zurückgekoppelt und zum Eingangssignal addiert. Hierdurch soll z.B. die Übertragungskennlinie linearisiert werden

- ### Stabile Systeme

  Rückgekoppelte Systeme neigen zum unkontrollierten Oszillieren Als notwendige Bedingung zur Stabilität gilt die Begrenzung der Signalhöhe $|x| \leq k_1$ für den Eingang sowie $|y| \leq k_2$ für den Ausgang; $k_1, k_2 \in \mathbb{R}$

Abbildung 11:   ***Eine erste Klassifizierung Signal verarbeitender Systeme***

Aus mathematischer Sicht ist ein Signal eine Funktion x(t). Hier wird auch die Schreibweise u(t) verwendet, denn bei den Signalen handelt es ja meist um informationstragende Wechselspannungen u(t).

FOURIER-Analyse periodischer Signale

Periodische Signale erfüllen immer den folgenden Formalismus:

$$x(t + T) = x(t) \quad \text{für alle } t \in \mathbb{R}$$

Hierbei ist T_0 – die Periodendauer des Signals – der kleinstmögliche positive Wert von T. Das wichtigste periodische Signal ist zweifellos die Sinusschwingung, hier aufgeführt als

$$x(t) = \cos(\omega_0 t + \varphi)$$

Laut Kapitel 2 kann jedes periodische Signal als Summe amplitudengewichteter Sinusschwingungen aufgefasst werden, wobei deren Frequenzen ein ganzzahlig Vielfaches der Grundfrequenz f_0 betragen.

$$\begin{aligned} u_{periodisch}(t) &= u_1(t) + u_2(t) + u_3(t) + \dots \\ &= \hat{U}_1 \sin(\omega_0 t + \varphi_1) + \hat{U}_2 \sin(2\omega_0 t + \varphi_2) + \hat{U}_3 \sin(3\omega_0 t + \varphi_3) + \dots \\ &= \sum_{n=1}^{n \to \infty} \hat{U}_n \sin(n\omega_0 t + \varphi_n) \end{aligned}$$

In mathematischer Schreibweise wird dies üblicherweise so formuliert:

$$x(t) = C_0 + \sum_{k=1}^{\infty} C_k \cos(k\omega_0 t - \varphi_k)$$

Diese Darstellung wird die *Harmonische Form* der FOURIER-Reihe genannt. Hierbei ist C_0 aus physikalischer Sicht der Gleichspannungsanteil (Offset) des Signals wie beispielsweise bei der periodischen Rampe bzw. der periodischen Sägezahnschwingung.

Jede phasenverschobene Sinusschwingung lässt sich nach Abb. 98 auch als Summe einer (gewichteten) Sinus- und einer Kosinus-Schwingung schreiben, also in der Form

$$x(t) = \frac{a_0}{2} + \sum_{k=1}^{\infty} \left(a_k \cos(k\omega_0 t) + b_k \sin(k\omega_0 t) \right)$$

Diese Schreibweise wird als *Trigonometrische Form* der FOURIER-Reihe bezeichnet.

> Hinweis: Alle Informationen eines periodischenSignals müssen innerhalb einer Periode T_0 liegen, weil sich das Signal ja dann wiederholt. Außerdem muss der momentane zeitliche Verlauf von *x(t)* mit der jeweiligen Frequenz kf_0 verknüpft sein.

So ist es zumindest nicht verwunderlich, dass die beiden Koeffizienten a_k und b_k durch den Mittelwert des Produktes von x(t) und der Sinusschwingung entsprechender Frequenz kf_0 berechnet wird:

$$a_k = \frac{2}{T_0} \int_{T_0} x(t) \cos(k\omega_0 t)dt \quad \text{bzw.} \quad b_k = \frac{2}{T_0} \int_{T_0} x(t) \sin(k\omega_0 t)dt$$

Die genaue mathematische Herleitung wird noch nachfolgend beschrieben.

Die mathematisch und physikalisch perfekte Darstellung ist die komplexe *exponentielle Form* der FOURIER-Reihe

$$x(t) = \sum_{k=-\infty}^{\infty} c_k e^{jk\omega_0 t} \quad \text{Achtung: Für } k \text{ gilt: } -\infty \leq k \leq \infty$$

wobei für die komplexen Amplituden bzw. FOURIER-Koeffizienten gilt:

$$c_k = \frac{1}{T_0} \int_{T_0} x(t)\, e^{-jk\omega_0 t}\, dt$$

Die nachfolgende formelmäßige Herleitung der komplexen Amplitude bzw. des FOU-RIER-Koeffizienten c_k ist eine wichtige Übung zur komplexen Rechnung und sollte „mit Papier und Bleistift" selbstständig nachvollzogen werden.

In Abb. 270 wurde bereits der Begriff der Orthogonalität anschaulich behandelt. Hiernach lässt sich die FOURIER-Reihe mathematisch-signaltechnisch in einem unendlich dimensionalen Vektorraum darstellen. Die Frequenzen kf_0 sind *linear unabhängig* voneinander, sie stehen in diesem Vektorraum gewissermaßen senkrecht (orthogonal) aufeinander.

Sind komplexe Signale auf einem Intervall zueinander orthogonal (senkrecht), so erfüllen sie die Bedingung des nachfolgenden *skalaren Produktes* (das Ergebnis ist eine reelle Zahl):

$$\int_a^b \Psi_k(t) \cdot \Psi_m^*(t)\, dt = \begin{cases} 0 & \text{falls } m \neq k \\ \alpha & \text{falls } m = k \end{cases}$$

Es sei $\Psi_n(t) = e^{jm\omega_0 t} \quad \Rightarrow \quad \int_{t_0}^{t_0+T_0} e^{jk\omega_0 t}\left(e^{jm\omega_0 t}\right)^* dt = \int_{t_0}^{t_0+T_0} e^{jk\omega_0 t} \cdot e^{-jm\omega_0 t}\, dt = \int_{t_0}^{t_0+T_0} e^{j(k-m)\omega_0 t}\, dt$

Fall 1: $m = k \quad \Rightarrow \quad \int_{t_0}^{t_0+T_0} e^{j(k-m)\omega_0 t}\, dt = \int_{t_0}^{t_0+T_0} e^{j0\omega_0 t}\, dt = \int_{t_0}^{t_0+T_0} e^0\, dt = \int_{t_0}^{t_0+T_0} 1\, dt = T_0 \triangleq \alpha$

Fall 2: $m \neq k \quad$ bzw. $m - k = n \quad \Rightarrow \quad \int_{t_0}^{t_0+T_0} e^{jn\omega_0 t}\, dt = \frac{1}{jn\omega_0} e^{jn\omega_0 t}\Big|_{t_0}^{t_0+T_0} = \frac{1}{jn\omega_0}\left(e^{jn\omega_0(t_0+T_0)} - e^{jn\omega_0 t_0}\right) =$

$$\frac{1}{jn\omega_0} e^{jn\omega_0 t_0}\left(e^{jn\omega_0 T_0} - 1\right) = \frac{1}{jn\omega_0} e^{jn\omega_0 t_0}\left(e^{jn2\pi} - 1\right) = \frac{1}{jn\omega_0} e^{jn\omega_0 t_0}\left(1 - 1\right) = 0$$

Bei k = +/- 1, +/-2, +/-3, ...rotieren also - wie in Abb. 328 dargestellt - jeweils zwei (zueinander *konjugiert komplexe*) Zeiger gleicher Amplitude entgegengesetzt um den Nullpunkt der GAUSSschen Ebene. Die vektorielle Summe beider Zeiger ergibt den zeitlichen Verlauf der realen Sinusschwingung mit der Frequenz kf_0. Dies ist das einzige, in sich mathematisch und physikalisch nicht widersprüchliche Modell der sinusförmigen (harmonischen) Schwingung! Die komplexe *Exponentielle Form* der FOURIER-Reihe lautet also

$$x(t) = \sum_{k=-\infty}^{\infty} c_k e^{jk\omega_0 t} \quad \text{Damit ergibt sich nun für die Orthogonalitätsbeziehung}$$

$$\int_a^b \Psi_k(t) \cdot \Psi_m^*(t)\, dt = \int_{t_0}^{t_0+x(t)} \left(x(t)\right) e^{-jm\omega_0 t}\, dt = \int_{t_0}^{t_0+T_0} \left(\sum_{k=-\infty}^{\infty} c_k e^{jk\omega_0 t}\right) e^{-jm\omega_0 t}\, dt =$$

Laut Fall 1 bleibt jedoch von diesen unendlich vielen Integralen lediglich ein einziges für

$$\int_{t_0}^{t_0+T_0} \left(\sum_{k=-\infty}^{\infty} c_k e^{j(k-m)\omega_0 t} \right) dt = \sum_{k=-\infty}^{\infty} c_k \int_{t_0}^{t_0+T_0} e^{j(k-m)\omega_0 t} dt$$

$m = k$ übrig. Das Ergebnis ist somit

$$\int_{t_0}^{t_0+T_0} x(t)\, e^{-jm\omega_0 t} dt = c_m T_0 \quad \text{bzw.} \quad c_m = \frac{1}{T_0} \int_{t_0}^{t_0+T_0} x(t)\, e^{-jm\omega_0 t} dt$$

Harmonische und trigonometrische Form der FOURIER-Reihe lassen sich leicht aus der exponentiellen Form herleiten. Dies soll hier für die trigonometrische Form dargestellt werden.

$$x(t) = \sum_{k=-\infty}^{\infty} c_k e^{jk\omega_0 t} = x(t) = c_0 + \sum_{k=1}^{\infty} c_k e^{jk\omega_0 t} + \sum_{k=1}^{\infty} c_{-k} e^{jk\omega_0 t} = c_0 + \sum_{k=1}^{\infty} (c_k e^{jk\omega_0 t} + c_{-k} e^{jk\omega_0 t})$$

Nun wird die EULERsche Relation eingesetzt:

$$e^{\pm jk\omega_0 t} = \cos k\omega_0 t \pm j \sin k\omega_0 t$$

$$x(t) = c_0 + \sum_{k=1}^{\infty} \left[(c_k + c_{-k}) \cos k\omega_0 t + j(c_k - c_{-k}) \sin k\omega_0 t \right]$$

$$\text{Nun } c_0 = \frac{a}{2} \text{ sowie } (c_k + c_{-k}) = a_k \;\; ; \;\; j(c_k - c_{-k}) = b_k$$

Es werden jeweils ein komplexer und der zugehörige konjugiert komplexer Wert addiert bzw. subtrahiert. Damit sind a_k und b_k stets reell. Es ergibt sich wie erwartet

$$x(t) = \frac{a_0}{2} + \sum_{k=1}^{\infty} \left(a_k \cos(k\omega_0 t) + b_k \sin(k\omega_0 t) \right)$$

Von der FOURIER-Reihe zur FOURIER-Transformation

In Abb. 38 wurde anschaulich der Übergang von periodischen Signalen mit ihren Linienspektren hin zu nichtperiodischen bzw. einmaligen Signalen vollzogen. Der Trick war hierbei, die Periodendauer T_0 immer größer zu wählen und schließlich gegen unendlich wandern zu lassen. Aufgrund $f_0 = 1/T_0$ rücken dann die Spektrallinien immer enger zusammen, bis sie schließlich ein kontinuierliches Spektrum bilden.

Dieser Weg soll nun mathematisch nachgestaltet werden, um den Übergang von den FOURIER-Reihen (der periodischen Signale) hin zur eigentlichen FOURIER-Transformation **FT** für nichtperiodische bzw. einmalige Signale zu gestalten. Dies gilt auch für die Inverse FOURIER-Transformation **IFT**.

$$\text{Geht } T_0 \to \infty, \text{so gilt hier immer noch } \lim_{T_0 \to \infty} x_{T_0} = x(t)$$

Es wird also davon ausgegangen, dass die FOURIER-Reihe noch existiert, und erst dann wird der nähere Einfluss von T_0 gegen unendlich untersucht.

$$x(t) = \sum_{k=-\infty}^{\infty} c_k e^{jk\omega_0 t} \quad \text{mit } \omega_0 = \frac{2\pi}{T_0} = 2\pi f_0 \text{ , wobei } c_k = \frac{1}{T_0} \int_{-\frac{T_0}{2}}^{\frac{T_0}{2}} x(t) e^{-jk\omega_0 t} dt$$

Der Index T_0 deutet lediglich an, dass Formalismus für alle Periodendauern gilt, auch für

$$T_0 \to \infty. \text{ Damit gilt } c_k = \frac{1}{T_0} \int_{-\frac{T_0}{2}}^{\frac{T_0}{2}} x(t) e^{-jk\omega_0 t} dt = \frac{1}{T_0} \int_{-\infty}^{\infty} x(t) e^{-jk\omega_0 t} dt$$

Hier interessiert insbesondere der Frequenzverlauf $X(w)$, den die Lösung des Integrals beinhaltet. Wir definieren die FOURIER-Transformation **FT** als

$$\boxed{X(f) = \int_{-\infty}^{\infty} x(t)\ e^{-j\omega t} dt \qquad \text{mit } \omega = 2\pi f}$$

Die komplexen Amplituden bzw. FOURIER-Koeffizienten lassen sich dann schreiben als

$$c_k = \frac{1}{T_0} X(k\omega_0)$$

Eingesetzt in die FOURIER-Reihe (s.o.) erhält man

$$x(t) = \sum_{k=-\infty}^{\infty} \frac{1}{T_0} X(k\omega_0) e^{-jk\omega_0 t}$$

Wegen $\omega_0 = \frac{2\pi}{T_0} = 2\pi f_0$ folgt $x_{T_0} = \frac{1}{2\pi} \sum_{k=-\infty}^{\infty} X(k\omega_0) e^{jk\omega_0 t} \omega_0$

Nun Grenzwertbetrachtung: $x(t) = \lim_{T_0 \to \infty} x_{T_0}(t) = \lim_{\omega_0 \to 0} \sum_{k=-\infty}^{\infty} X(k\Delta\omega) e^{jk\Delta\omega t} \Delta\omega$

Die geometrische Interpretation ergibt für diesen Formalismus die Fläche unter dem Kurvenverlauf von $X(w)e^{jwt}$, und zwar als Summe der treppenförmigen kleinen Rechtecke.

$$(k\Delta\omega) \cdot \left(X(k\Delta\omega) e^{jk\Delta\omega t} \right)$$

Aus der Grenzbetrachtung ergibt sich

$$\boxed{x(t) = \frac{1}{2\pi} \int_{-\infty}^{+\infty} X(\omega) e^{i\omega t} d\omega = \int_{-\infty}^{+\infty} X(f) e^{i\omega t} df}$$

Dies ist die Inverse FOURIER-Transformation **IFT**, nach der sich der zeitliche Verlauf aus den Informationen des Frequenzbereiches berechnen lässt.

Der Strukturvergleich des Formalismus von **FT** und **IFT** zeigt die perfekte *Symmetrie*, beider Transformationen, gewissermaßen die Quelleninformation für Kapitel 5.

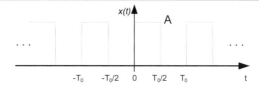

Periodisches Rechteck-Signal.

Gesucht (a) Exponentielle FOURIER-Reihe; (b) Trigonometrische FOURIER-Reihe

Zu (a)

$$x(t) = \sum_{k=-\infty}^{\infty} c_k e^{jk\omega_0 t} \quad \text{mit } \omega_0 = \frac{2\pi}{T_0} = 2\pi f_0$$

$$c_k = \frac{1}{T_0} \int_0^{T_0} x(t)\, e^{-jk\omega_0 t} dt = \frac{1}{T_0} \int_0^{\frac{T_0}{2}} x(t)\, e^{-jk\omega_0 t} dt + 0 = \frac{1}{T_0} \int_0^{\frac{T_0}{2}} A\, e^{-jk\omega_0 t} dt = \frac{A}{-jk\omega_0 T_0} e^{-jk\omega_0 t} \Big|_0^{T_0/2}$$

$$= \frac{A}{-jk2\pi}\left(e^{-j\frac{k\omega_0 T_0}{2}} - 1 \right) = \frac{A}{jk2\pi}\left(1 - e^{-j\pi k} \right) = \frac{A}{jk2\pi}\left[1 - (-1)^k \right]$$

Hinweise:

(1) $\omega_0 T_0 = 2\pi$ bzw. $e^{-j\pi k} = \left(e^{-j\pi} \right)^k = (-1)^k$

(2) Für geradzahlige k ($k = 2m \neq 0$; $m \in \mathbb{N}$) ergibt die Klammer den Wert 0, d.h. $c_k = c_{2m} = 0$,
   d.h. es existieren nur die ungeradzahlig Vielfachen der Grundfrequenz

(3) $c_k = \dfrac{A}{jk\pi}$ für alle $k = 2m+1$ (ungeradzahlig Vielfache)

(4) $c_0 = \dfrac{1}{T_0}\int_0^{T_0} x(t) e^{-j0\omega_0 t} dt = \dfrac{1}{T_0}\int_0^{T_0} x(t) dt = \dfrac{1}{T_0}\int_0^{T_0/2} A\, dt = \dfrac{A}{2}$ (Offset bzw. Gleichspannungsanteil)

   Folglich: $c_0 = \dfrac{A}{2}$; $c_{2m} = 0$; $c_{2m+1} = \dfrac{A}{j(2m+1)\pi}$; $\boxed{x(t) = \dfrac{A}{2} + \dfrac{A}{j\pi}\sum_{m=-\infty}^{\infty} \dfrac{1}{2m+1} e^{j(2m+1)\omega_0 t}}$

Zu (b)

$$x(t) = \sum_{k=-\infty}^{\infty} c_k e^{jk\omega_0 t} = x(t) = c_0 + \sum_{k=1}^{\infty} c_k e^{jk\omega_0 t} + \sum_{k=1}^{\infty} c_{-k} e^{jk\omega_0 t} = c_0 + \sum_{k=1}^{\infty} (c_k e^{jk\omega_0 t} + c_{-k} e^{jk\omega_0 t})$$

$$e^{\pm jk\omega_0 t} = \cos k\omega_0 t \pm j\sin k\omega_0 t$$

$$x(t) = c_0 + \sum_{k=1}^{\infty} \left[(c_k + c_{-k})\cos k\omega_0 t + j(c_k - c_{-k})\sin k\omega_0 t \right] = \frac{a}{2} + \sum_{k=1}^{\infty} a_k \cos k\omega_0 t + jb_k \sin k\omega_0 t]$$

mit $c_0 = \dfrac{a}{2}$ sowie $(c_k + c_{-k}) = a_k$; $j(c_k - c_{-k}) = b_k$

Folglich: $c_0 = \dfrac{A}{2}$; $c_{2m} = 0$; $c_{2m+1} = \dfrac{A}{j(2m+1)\pi}$; $x(t) = \dfrac{A}{2} + \dfrac{A}{j\pi}\sum_{m=-\infty}^{\infty} \dfrac{1}{2m+1} e^{j(2m+1)\omega_0 t}$

d.h. alle c_{2m+1} sind rein imaginär bzw. $a_{2m+1} = 0$ und $b_{2m+1} = \dfrac{2A}{(2m+1)\pi}$ Für x(t) ergibt sich

$$\boxed{x(t) = \frac{A}{2} + \frac{2A}{\pi}\sum_{m=0}^{\infty} \frac{1}{2m+1}\sin(2m+1)\omega_0 t = \frac{A}{2} + \frac{2A}{\pi}\left(\sin\omega_0 t + \frac{1}{3}\sin 3\omega_0 t + \frac{1}{5}\sin 5\omega_0 t + \frac{1}{7}\sin 7\omega_0 t + \ldots \right)}$$

Abbildung 334: **FOURIER-Reihe: Berechnung des Spektrums am Beispiel des periodischen Rechteck**

Es erfordert schon einige Übung, exponentielles und trigonometrisches Spektrum zu berechnen. Allerdings ist das Ergebnis bereits aus Abb. 34 bekannt. Die Integrale lassen sich mithilfe der Abb. 329 aus diesem Kapitel ermitteln.

*Bezüglich der Referenzachse x(t) zum Zeitpunkt 0 ist hier das Rechtecksignal (falls der Offset von A/2 nicht berücksichtigt wird) nicht spiegel-, sondern **punkt**symmetrisch, wie auch die entsprechende Sinusschwingung. Die Kosinus-Schwingung ist dagegen spiegelsymmetrisch. Wäre die x(t)-Achse um T_0/4 nach links oder rechts verschoben worden, wäre eine FOURIER-Reihe mit cosw_0t usw. als Ergebnis entstanden. Das Phasenspektrum liegt auf der Nullinie, d. h. alle Phasenwinkel sind hier Null.*

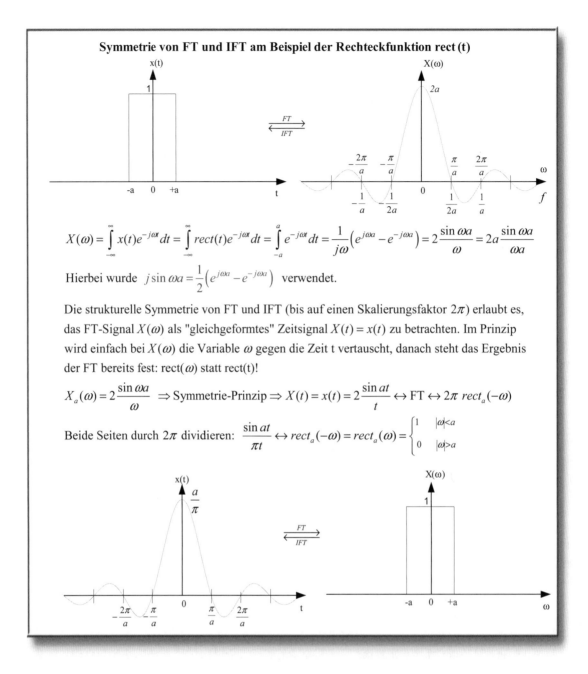

Symmetrie von FT und IFT am Beispiel der Rechteckfunktion rect (t)

$$X(\omega) = \int_{-\infty}^{\infty} x(t)e^{-j\omega t}\,dt = \int_{-\infty}^{\infty} rect(t)e^{-j\omega t}\,dt = \int_{-a}^{a} e^{-j\omega t}\,dt = \frac{1}{j\omega}\left(e^{j\omega a} - e^{-j\omega a}\right) = 2\frac{\sin\omega a}{\omega} = 2a\frac{\sin\omega a}{\omega a}$$

Hierbei wurde $j\sin\omega a = \frac{1}{2}\left(e^{j\omega a} - e^{-j\omega a}\right)$ verwendet.

Die strukturelle Symmetrie von FT und IFT (bis auf einen Skalierungsfaktor 2π) erlaubt es, das FT-Signal $X(\omega)$ als "gleichgeformtes" Zeitsignal $X(t) = x(t)$ zu betrachten. Im Prinzip wird einfach bei $X(\omega)$ die Variable ω gegen die Zeit t vertauscht, danach steht das Ergebnis der FT bereits fest: rect(ω) statt rect(t)!

$$X_a(\omega) = 2\frac{\sin\omega a}{\omega} \Rightarrow \text{Symmetrie-Prinzip} \Rightarrow X(t) = x(t) = 2\frac{\sin at}{t} \leftrightarrow \text{FT} \leftrightarrow 2\pi\, rect_a(-\omega)$$

Beide Seiten durch 2π dividieren: $\dfrac{\sin at}{\pi t} \leftrightarrow rect_a(-\omega) = rect_a(\omega) = \begin{cases} 1 & |\omega| < a \\ 0 & |\omega| > a \end{cases}$

Abbildung 335: **Einmaliges Signal: FOURIER-Transformation und Symmetrie-Prinzip**

*In Abb. 91 wurde bereits genau dieses Beispiel behandelt. Hier wird nun der mathematische Hintergrund ergänzt. Aus praktischen Gründen wird als Variable meist die Kreisfrequenz **w** gewählt, und nicht f. Die Kreisfrequenz w (w=2p f) ist hier die komplementäre Größe zur Zeit t und umgekehrt. Lediglich ein Skalierungsfaktor von 2p ist zu beachten.*

Die Reziprozität der Größen fällt konkret auf: Alles was in dem einen Bereich groß ist, fällt im komplementären Bereich klein aus und umgekehrt (siehe Abb. 35). Je schneller die Änderung in dem einen Bereich, desto größer die Ausdehnung des transformierten Signals im anderen Bereich. Alles Eckige präsentiert sich im komplementären Bereich als rund.

Zeit- und Frequenzbereich stellen zwei „Welten" dar, in denen gleiche „Gestalten" – in die komplementäre Welt projiziert – die gleichen Abbilder ergeben. Auch zweidimensionale Signale – z. B. Bilder – lassen sich einer FOURIER-Transformation unterziehen: Alle horizontalen Informationen sind dann bei der Transformierten im vertikalen Verlauf enthalten, stehen also senkrecht zueinander.

Grundlegende Eigenschaften realer Signale und Systeme im Zeitbereich

Die Bedeutung der Impulsantwort *h(t)* ist in Kapitel 6 ausführlich behandelt worden. Sie beschreibt die Reaktion eines linearen Systems, welches gleichzeitig mit allen Frequenzen gleicher Amplitude erregt wird. Und auch hinter den Filterkoeffizienten digitaler Filter – siehe Kapitel 10 – verbirgt sich nichts anderes als die Impulsantwort *h(t)*. Diese Zusammenhänge sollen hier mathematisch etwas durchleuchtet werden.

Zunächst werden in Abb. 336 auf die in Kapitel 6 ausführlich behandelten „Testsignale" Sprungfunktion *s(t)* und δ-Impuls *d(t)* definiert. Sprungfunktion und δ-Impuls als Grenzwert bereiten wegen der Singularitäten zwar gewisse mathematische Schwierigkeiten, jedoch nicht aus realer physikalischer Sicht (siehe Kapitel 6).

Von großer praktischer Relevanz ist hier insbesondere die Abtastung einer kontinuierlichen Funktion *x(t)* mittels δ-Impulse. Wird nun „kontinuierlich" über eine sehr große Zeitspanne abgetastet, so ergibt sich nach Norbert WIENER eine neue Perspektive für die Synthese zeitkontinuierlicher Signale (siehe auch Abb. 37):

> *Alle kontinuierlichen Signale x(t) können so aufgefasst werden, als seien sie aus lauter **gewichteten δ-Impulsen** zusammengesetzt, die „unendlich dicht" beieinander liegen (Abtastfrequenz f_A gegen unendlich).*

Diese Darstellung konkurriert mit dem FOURIER-Prinzip. Während dort die Signalsynthese mittels „unendlich lang" andauernder Sinusschwingungen geschieht, werden durch die neue Perspektive Signale aus „unendlich kurzen", dicht bei dicht liegenden *Einzelereignissen* synthetisiert.

Dieser gewaltige Unterschied erlaubt eine neue *statistische* Betrachtungsweise kontinuierlicher Signale, die einen neuartigen Zugang zur Informationstheorie ermöglichte. Das ist auch inhaltlich leicht nachvollziehbar (siehe auch Text am Ende Kapitel 12):

> *Beim Empfänger von Information herrscht eine **Ungewissheit** über den nächsten Signalzustand im Sinne einer Nichtvorhersagbarkeit. Dies mündet in mathematische Methoden der Statistik und Wahrscheinlichkeitsrechnung. Wie soll diese Ungewissheit jedoch mithilfe von Sinusfunktionen darstellbar sein, deren Verlauf in alle Ewigkeit vorhersagbar ist?*

Als Folgerung aus der WIENERschen Darstellung kontinuierlicher Signale

$$x(t) = \int\limits_{-\infty}^{\infty} x(\tau)\delta(t-\tau)\,d\tau$$

(siehe Abb. 336) ergibt sich mit der *Faltung* (siehe Abb. 337) einer der wichtigsten Prozesse im Zeitbereich (als auch im Frequenzbereich).

> *Die Impulsantwort h(t) enthält alle Informationen des Systems im Zeit- und Frequenzbereich (Übertragungsfunktion!). Die Überlagerung aller Impulsantworten der dicht bei dicht liegenden gewichteten δ-Impulse von x(t) muss deshalb die Reaktion y(t) des Systems auf das Eingangssignal x(t) darstellen.*

Grundlegende Eigenschaften von Sprungfunktion *s(t)* und *δ-Impuls*

Signale tragen Informationen, indem sie sich zeitlich ändern. Da gibt es zwei "extreme", bereits ausführlich in Kapitel 6 behandelte Signalformen von großer theoretischer und praktischer Bedeutung:

Die Sprungfunktion *s(t)*

$$s(t) = \begin{cases} 1 & t>0 \\ 0 & t<0 \end{cases} \qquad \text{bzw.} \qquad s(t-t_0) = \begin{cases} 1 & t>t_0 \\ 0 & t<t_0 \end{cases}$$

$s(t)$ ist an der Stelle $t = 0$ bzw. $t = t_0$ nicht definiert.

Der δ-Impuls *δ(t)*

Der δ-Impuls stellt die extremste Form einer Signaländerung dar. Mathematisch bereiten die "unendlich schnellen" Änderungen große Schwierigkeiten. Mit folgenden Definitionen, die sich grafisch als Grenzwertprozess darstellen lassen, werden die Eigenschaften des des δ-Impulses beschrieben.

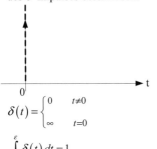
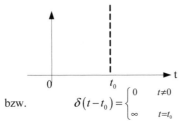
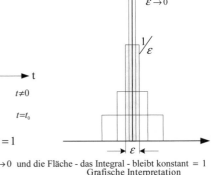

$$\delta(t) = \begin{cases} 0 & t\neq 0 \\ \infty & t=0 \end{cases} \qquad \text{bzw.} \qquad \delta(t-t_0) = \begin{cases} 0 & t\neq 0 \\ \infty & t=t_0 \end{cases}$$

$$\int_{-\varepsilon}^{\varepsilon} \delta(t)\,dt = 1 \qquad \text{bzw.} \qquad \int_{-\varepsilon}^{\varepsilon} \delta(t-t_0)\,dt = 1$$

$\varepsilon \rightarrow 0$ und die Fläche - das Integral - bleibt konstant = 1
Grafische Interpretation

Mathematisch sinnvoll und praktisch anwendbar ist im Zusammenhang mit einer kontinierlichen Funktion bzw. einem Signal $x(t)$ folgende Definition

$$\int_{-\infty}^{\infty} x(t)\delta(t)\,dt = x(0) \qquad \text{bzw.} \qquad \int_{-\infty}^{\infty} x(t)\delta(t-t_0)\,dt = x(t_0)$$

Hier wird das Signal zum Zeitpunkt $t = 0$ bzw. t_0 abgetastet. Wird das Signal nun kontinuierlich abgetastet zu allen Zeitpunkten τ (siehe Abb. 37), so ist das Signal quasi aus lauter gewichteten δ-Impulsen zusammengesetzt (synthesiert). Jedes kontinuierliche Signal kann so modelliert werden.

$$x(t) = \int_{-\infty}^{\infty} x(\tau)\delta(t-\tau)\,d\tau$$

Abbildung 336: ***Sprungfunktion, δ-Impuls und kontinuierliche Signale als gewichtete δ-Impulsfolge***

*Trotz ihrer extremen Sprungstellen – diese Singularitäten bereiten der Mathematik gewisse Schwierigkeiten – spielen s(t) und δ(t) eine wichtige Rolle bei der Untersuchung linearer Systeme. So zeigt letztere , durch Norbert WIENER eingeführte Gleichung, in gewisser Weise eine zur FOURIER-Darstellung konkurrierende Darstellung zur Synthese kontinuierlicher Signale. Beide Darstellungen sind gleichmächtig. Während die FOURIER-Form mehr der **kontinuierlichen** Seite zuzuordnen ist, wurde durch die WIENER-Form der Zugang zu den **statistischen** Eigenschaften und Strukturen von Signalen zugänglich. Erst diese statistische Betrachtungsweise führte zur aktuellen SHANNONschen Informationstheorie und Kybernetik.*

Reaktion eines linearen Systems auf das Eingangssignal und Faltung

Impulsantwort $h(t)$ eines linearen Systems $h(t) = T\{\delta(t)\}$

T ist der lineare Operator des Systems

$y(t)$ sei das zum Eingangssignal $x(t)$ gehörige Ausgangssignal des Systems

Dann gilt $y(t) = T\{x(t)\}$

WIENERsche Darstellung eines kontinuierlichen Signals

$$x(t) = \int_{-\infty}^{\infty} x(\tau)\delta(t-\tau)\,d\tau$$

Somit $y(t) = T\{x(t)\} = T\left\{\int_{-\infty}^{\infty} x(\tau)\delta(t-\tau)\,d\tau\right\} = \int_{-\infty}^{\infty} x(\tau)T\{\delta(t-\tau)\}\,d\tau = \int_{-\infty}^{\infty} x(\tau)h(t-\tau)\,d\tau$

Dies ist das sogenannte Faltungsintegral. Es besitzt eine überragende Bedeutung − u.a. ist es die Grundlage der digitalen Filtertechnik − , weil es das Ausgangssignal $y(t)$ erklärt als zeitliche Folge der momentanen Summe aller Impulsantworten $h(t-\tau)$ der gewichteten δ-Impulse $\delta(t-\tau)$ des "kontinuierlichen" Signals $x(t)$.

Ist die Impulsantwort eines linearen Systems bekannt, so ist damit auch das Ausgangssignal $y(t)$ bei beliebigem Eingangssignals $x(t)$ bestimmt!

Schreibweise:
$$y(t) = x(t) * h(t) = \int_{-\infty}^{\infty} x(\tau)h(t-\tau)\,d\tau$$

Faltung am Beispiel eines Tiefpasses

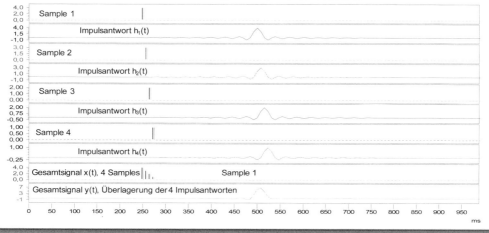

Abbildung 337:   ***Faltung (Convolution) und Faltungsintegral***

Die Faltung als Prozess ist von gleicher Bedeutung wie die FOURIER-Transformation. Sie liefert ein schlüssiges Erklärungsmuster für die Reaktion linearer Systeme auf beliebige reale Signale im ***Zeitbereich***, *wie es die FOURIER-Transformation für den* ***Frequenzbereich*** *bietet. Siehe auch den Versuch zu Abb. 208.*
Und auch hier ergibt sich aus dem Symmetrie-Prinzip eine weitergehende, mit der Inversen FOURIER-Transformation IFT vergleichbare Erkenntnis.

Faltung und Multiplikation

Wird an den Eingang eines Systems ein Sinus in Form einer komplexen Exponentialfunktion $e^{j\omega t}$ gelegt, so erhält man als Ausgangssignal

$$y(t) = \int_{-\infty}^{\infty} h(\tau)\,e^{j\omega(t-\tau)}\,d\tau = e^{j\omega t}\int_{-\infty}^{\infty} h(\tau)\,e^{-j\omega\tau}\,d\tau = e^{j\omega t}\cdot H(f)$$

, weil die **FT** der Impulsantwort *h(t)* die Übertragungsfunktion **H(f)** darstellt.

$$h(t) \xrightarrow{\ FT\ } H(f)$$

Aus Symmetriegründen (siehe Kapitel 5, Abb. 91) muss dann allerdings auch gelten

$$H(f) \xrightarrow{\ IFT\ } h(t)$$

bzw. insgesamt

$$\text{h(t)} \underset{IFT}{\overset{FT}{\rightleftharpoons}} H(f)$$

Um die Auswirkungen der Faltung im Frequenzbereich zu betrachten, wird das Faltungsintegral einer **FT** untgerzogen

$$Y(f) = \int_{-\infty}^{\infty} \left[\int_{-\infty}^{\infty} x(\tau)h(t-\tau)d\tau \right] e^{-j\omega t}dt = \int_{-\infty}^{\infty} x(\tau) \left[\int_{-\infty}^{\infty} h(t-\tau)e^{-j\omega t}dt \right] d\tau$$

In der eckigen Klammer ist die **FT** des Signals *h(t –t)*. Deren **FT** stimmt bis auf Phasenverschiebung mit der **FT** von *h(t)* überein. Dieser Phasenwinkel entspricht dem Drehwinkel e^{-jwt}. Damit ergibt sich

$$Y(f) = \int_{-\infty}^{\infty} x(\tau)H(f)e^{-j\omega\tau}d\tau = H(f)\int_{-\infty}^{\infty} x(\tau)e^{-j\omega\tau}d\tau = H(f) \cdot X(f)$$

Das Spektrum des Ausgangssignals lässt sich also direkt über eine *Multiplikation* der Übertragungsfunktion *H(f)* mit dem des Eingangssignalspektrums *X(f)* berechnen!

$$Y(f) = H(f) \cdot X(f)$$

Wird die **IFT** auf das Produkt *Y(f)* angewendet, so ist das Ergebnis wiederum die Faltung; die Faltung im Zeitbereich entspricht also einer Multiplikation im Frequenzbereich.

$$h(t) * x(t) \xrightarrow{\ FT\ } H(f) \cdot X(f)$$

Aus Symmetriegründen muss dann auch gelten

$$h(t) \cdot x(t) \xrightarrow{\ FT\ } H(f) * X(f)$$

Die Multiplikation im Zeitbereich entspricht also einer Faltung im Frequenzbereich, wie sie am besten bei der Amüplitudenmodulation AM im Kapitel 8 (siehe z.B. Abb. 158 ff) zu beobachten ist.

> *Das sind die beiden wichtigen Faltungstheoreme. Sie sind in der Praxis so wichtig, weil sich über die Fast FOURIER-Transformation (**FFT**) sowie über die Inverse FFT (**IFFT**) die Faltung sehr schnell und komfortabel berechnen lässt. Dieses Verfahren wurde im Kapitel 10 („Digitale Filter") fast ausschließlich angewendet.*

Eigenschaften der Faltung

- **Kommutativität**

  Die Faktoren eines Faltungsproduktes dürfen vertauscht werden (plakativ)

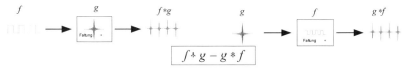

$$f * g - g * f$$

- **Assoziativität**

  Sind mehrere Signale nacheinander zu falten, so lässt sich die Reihenfolge beliebig vertauschen (plakativ)

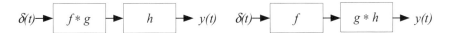

- **Distributivität**

  Das Faltungsprodukt eines Signals $x_1(t)$ mit der Summe der Signale $x_2(t)+x_3(t)$ ist gleich der Summe der Faltungsprodukte von $x_1(t)+x_2(t)$ und $x_1(t)+x_3(t)$. Nachfolgend plakative Darstellung

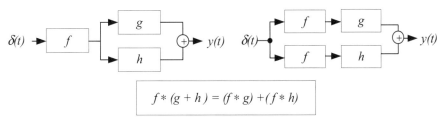

$$f * (g + h) = (f * g) + (f * h)$$

- **Neutrales Element der Faltung**

  $$x(t) * \delta(t) = x(t)$$

- **Zeitverschiebung**

  $$x(t) * \delta(t - t_0) = x(t - t_0)$$

Abbildung 338: **Plakative Darstellung der Faltungseigenschaften**

Korrelation und Faltung

Eine der wichtigsten Aufgaben der Signalverarbeitung – auch und gerade bei der biologischen Signalverarbeitung von Lebewesen – ist es, die *Ähnlichkeit* bzw. die *Überein-stimmung* bzw. die *Korrelation* von Mustern messtechnisch zu erfassen. Dieser Prozess kam bereits im Kapitel 4 beim Projekt Spracherkennung (siehe Abb. 81) zur Anwendung. Dies soll nun mathematisch modelliert werden.

Als Korrelationsfaktor f zweier Signale $x_1(t)$ und $x_2(t)$ bezeichnet man den zeitlichen Mittelwert ihres Produktes

$$\phi = \overline{x_1(t) \cdot x_2(t)} = \lim_{T \to \infty} \frac{1}{2T} \int_{-T}^{T} x_1(t)x_2(t)\,dt$$

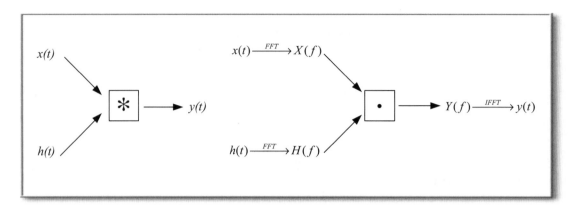

Abbildung 339:   ***Zwei Wege zur Durchführung der Faltung***

*Die Faltung im Zeitbereich stößt oft auf große mathematische Schwierigkeiten bei der Lösung des Faltungsintegrals. Bei Computerprogrammen wird fast ausschließlich der Weg über den Frequenzbereich gewählt; **FFT** und **IFFT** sind schnelle Standardverfahren und auch die Multiplikation bereitet keinerlei Schwierigkeiten. Auch DASYLab beschreitet letzteren Weg.*

für unbegrenzte Dauer. Für die begrenzte Dauer gilt entsprechend

$$\phi = \frac{1}{T_2 - T_1} \int_{T_1}^{T_2} x_1(t) x_2(t) dt$$

Die normierte Größe

$$\varphi = \frac{\phi}{\phi_{max}} \qquad \text{wobei} \qquad -1 \leq \varphi \leq 1$$

wird *Korrelationskoeffizient* genannt. Zweckmäßig ist auch folgende Schreibweise:

$$\phi(\tau) = k \int_{-\infty}^{\infty} x_1(t) \cdot m(t + \tau) dt$$

Hierbei ist *m(t)* die Musterfunktion. Durch entsprechende Angabe von *k* werden verschiedene Signalformen klassifiziert:

$$k = \begin{cases} 1 & \text{bei aperiodischen Signalen} \\ 1/2T & \text{bei periodischen Signalen (Integralgrenzen von -T bis +T)} \\ \lim_{T \to \infty} 1/2T & \text{bei Zufallssignalen} \end{cases}$$

Bei einem bestimmten Wert von *t* ergibt sich *f(t)*$_{max}$. Die Ähnlichkeit dieser Formel *f(t)* zur Faltung ist auffällig. Jedoch wird hier (zunächst) mit einem *festen* Wert von *t* gerechnet (Integral *dt* statt *dt*), bei der Faltung dagegen wird das eine Signal an dem anderen vorbeigeschoben, *t* also kontinuierlich verändert.

m(t) ist zunächst eine beliebige Musterfunktion. Sie entscheidet, um welchen Signalprozess es sich handelt:

- Ist $m(t) = e^{-j\omega t}$, so ergibt sich die *FOURIER-Transformation* **FT**

- Ist $m(t) = x_1(t)$, so erhält man die *Autokorrelationsfunktion* **AKF**

- Ist $m(t) = x_2(t)$, so erhält man die *Kreuzkorrelationsfunktion* **KKF** ($x_2(t)$ ungleich $x_1(t)$)

> *Diese multiplikative Struktur im Integral beinhaltet offensichtlich die wichtigsten Formen von Signalprozessen wie Analyse und Synthese von Signalen als auch statistische Eigenschaften von Mustern bzw. die Extraktion bestimmter Informationen aus dem Rauschen.*

Diese Spur soll weiter verfolgt werden, indem **AKF** und **KKF** näher betrachtet und weitere Zusammenhänge hergeleitet werden. Hier zunächst noch einmal die Definitionen:

Autokorrelationsfunktion:

$$\phi_{x_1 x_1} = x_1 \circ x_1 = \lim_{T \to \infty} \frac{1}{2T} \int_{-T}^{T} x_1(\tau) x_1^{*}(\tau - t) d\tau$$

Kreuzkorrelationsfunktion:

$$\phi_{x_1 x_2} = x_1 \circ x_2 = \lim_{T \to \infty} \frac{1}{2T} \int_{-T}^{T} x_1(\tau) x_2^{*}(\tau - t) d\tau$$

Hinweise:

- Handelt es sich um komplexe Eingangssignale, so muss bei deren Multiplikation ein Signal *komplex konjugiert* zum anderen sein, d. h. beide Signal müssen sich *gegenläufig* in der GAUSSschen Ebene drehen. Nur so kann der Maximalwert $/(x_1)^2/$ bzw. $/(x_1)(x_2)/$ erreicht werden, der laut Multiplikationsregel (Abb. 326) gilt. Generell gilt also für komplexe Signale in symbolischer Schreibweise

$$x(t) \cdot x^{*}(t) = x(t) \cdot x(-t) \text{ bzw. } X(\omega) \cdot X^{*}(\omega) = X(\omega) \cdot X(-\omega)$$

- Die **AKF** ergibt die Korrelation zwischen der Zeitfunktion $x_1(t)$ mit der zeitlich verschobenen Funktion $x_1(t+t)$ an. Damit ist die **AKF** ein Maß für die Übereinstimmung zwischen späteren und früheren Teilen eines Signals, also ein Maß für die ihm innewohnende Erhaltungstendenz, für die Vorhersage des Zeitverlaufs sowie die Interferenzfähigkeit mit sich selbst.

- In der **AKF** der Sinusschwingung (siehe Abb. 340) tauchen Amplitude und Frequenz der Zeitfunktion wieder auf, nicht jedoch der Nullphasenwinkel. Generell geht durch die **AKF** die Phaseninformation aufgrund der Mittelwertbildung verloren!

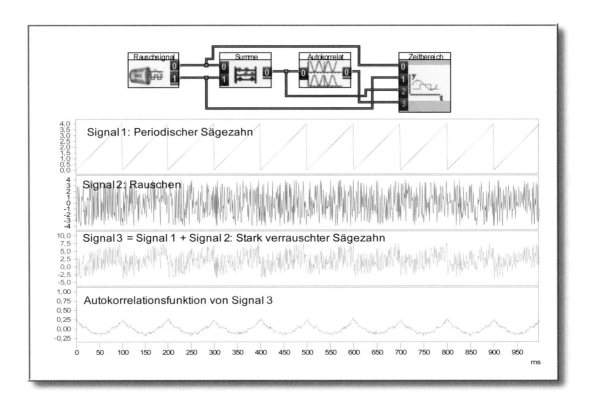

Abbildung 340:   ***Verschieden Zeitsignale und ihre Autokorrelationsfunktion***

Starten Sie den DASYLab-Prozess um zu sehen, dass die Phaseninformation generell aufgrund der Mittel-wertbildung verloren geht. Der Vergleich zwischen den „reinen" und den verrauschten Signalen zeigt, wie sich durch Autokorrelation die „Erhaltungstendenz" bzw. konkret die Frequenz/Periodendauer herausfil-tern lässt.
Die Autokorrelation reinen Rauschens zeigt keinerlei Erhaltungstendenz, sondern ebenfalls Rauschen bzw. den reinen Zufall.

Das WIENER-KHINTSHINE- Theorem

Wie nun lässt sich die Autokorrelationsfunktion rechnerisch per Computer am einfachsten ausführen? Wie bei der Faltung gelingt dies mithilfe von **FFT** und **IFFT**.

Bei reellen Zeitsignalen wird durch die Autokorrelationsfunktion der Mittelwert des Produktes eines Zeitsignals ermittelt. Da es sich hier meist um Signale $u(t)$ oder $i(t)$ handelt, die durch Messung physikalischer Größen entstanden sind, kann über die Autokorrelationsfunktion die elektrische Leistung wegen

$$p(t) = u(t) \cdot i(t) = i(t)^2 R = \frac{u(t)^2}{R}$$

auch in komplizierten Fällen – z.B. bei verrauschten Signalen an elektronischen Baulelementen – ermittelt werden. Das WIENER-KHINTSHINE-Theorem sagt aus, dass der Mittelwert der spektralen Rauschleistung die FOURIER-Transformierte der Autokorrelations-funktion bzw. die Autokorrelationsfunktion die **IFT** der spektralen Leistungsdichte ist:

$$\phi_{x_1 x_1} = x_1 \circ x_1 = \lim_{T \to \infty} \frac{1}{2T} \int_{-T}^{T} x_1(\tau) x_1^*(\tau - t) d\tau = \frac{1}{2\pi} \int_{-\infty}^{\infty} S(\omega) e^{j\omega t} d\omega$$

PARSEVALsches Theorem

Bei der Herleitung des WIENER-KHINTSHINE-Theorems wird folgender Zusammenhang benötigt:

Unter der Voraussetzung, dass für die Signale die **FT** und **IFT** existieren, also

$$x_1(t) \xrightarrow{FT} X_1(\omega) = \int_{-\infty}^{\infty} x_1(t)\ e^{-j\omega t}dt \quad \text{bzw.} \quad x_2(t) \xrightarrow{FT} X_2(\omega) = \int_{-\infty}^{\infty} x_2(t)\ e^{-j\omega t}dt$$

$$X_1(\omega) \xrightarrow{IFT} x_1(t) = \frac{1}{2\pi}\int_{-\infty}^{\infty} X_1(\omega)e^{j\omega t}d\omega \quad \text{bzw.} \quad X_2(\omega) \xrightarrow{IFT} x_2(t) = \frac{1}{2\pi}\int_{-\infty}^{\infty} X_2(\omega)e^{j\omega t}dt$$

gilt das PARSEVALsche Theorem

$$\boxed{\int_{-\infty}^{\infty} x_1(t) \cdot x_2^{*}(t)dt = \frac{1}{2\pi}\int_{-\infty}^{\infty} X_1(\omega) \cdot X_2^{*}(\omega)d\omega}$$

Herleitung:

$$\int_{-\infty}^{\infty} x_1(t) \cdot x_2^{*}(t)dt = \int_{-\infty}^{\infty} x_1(t)\left[\frac{1}{2\pi}\int_{-\infty}^{\infty} X_2^{*}(\omega)e^{-j\omega t}d\omega\right]dt$$

$$= \int_{-\infty}^{\infty} X_2^{*}(\omega)\left[\frac{1}{2\pi}\int_{-\infty}^{\infty} x_1(t)e^{-j\omega t}dt\right]d\omega$$

$$= \frac{1}{2\pi}\int_{-\infty}^{\infty} X_1(\omega) \cdot X_2^{*}(\omega)d\omega$$

Herleitung des WIENER-KHINTSHINE-Theorems

$$\phi_{x_1 x_1} = x_1 \circ x_1 = \lim_{T\to\infty}\frac{1}{2T}\int_{-T}^{T} x_1(\tau)x_1^{*}(\tau-t)d\tau \quad \text{nun IFT}\left\{x_1(\tau)x_1^{*}(\tau-t)\right\}$$

$$= \lim_{T\to\infty}\frac{1}{2T}\frac{1}{2\pi}\int_{-\infty}^{\infty} X_1(\omega) \cdot X_1^{*}(\omega)e^{j\omega t}d\omega \ \text{(Zeitverschiebung: IFT}\left\{x_1^{*}(\tau-t)\right\}=X_1^{*}(\omega)e^{j\omega t})$$

$$= \frac{1}{2\pi}\int_{-\infty}^{\infty}\lim_{T\to\infty}\frac{1}{2T}\left|X_1(\omega)\right|^{2}e^{j\omega t}d\omega$$

$$= \frac{1}{2\pi}\int_{-\infty}^{\infty} S(\omega)\ e^{j\omega t}d\omega \quad \text{, falls } \lim_{T\to\infty}\frac{1}{2T}\left|X_1(\omega)\right|^{2} = S(\omega)$$

Herleitung:

Die mittlere Spektrale Rauschleistungsdichte kann als mittlere Leistung pro Frequenz ausgedrückt werden

$$S_f(f) = \frac{d\overline{P}}{df} \quad \text{bzw.} \quad S_\omega(\omega) = 2\pi\frac{d\overline{P}}{d\omega}$$

Um die mittlere Leistung zu berechnen, soll von der Gesamtenergie E_Σ ausgegangen werden.

$$E_\Sigma = \int_{-\infty}^{\infty} |x(t)|^2 dt \quad \text{Nun PARCEVALsches Theorem verwenden}$$

$$\overline{P} = \lim_{T \to \infty} \frac{1}{2T} \int_{-T}^{T} |x(t)|^2 \, dt = \lim_{T \to \infty} \frac{1}{2T} \frac{1}{2\pi} \int_{-T}^{T} |X(\omega)|^2 d\omega \quad \text{Wähle nun } T' = 4\pi T$$

und erhalte

$$\overline{P} = \lim_{T' \to \infty} \frac{1}{T'} \int_{-T'}^{T'} |X(\omega)|^2 \, d\omega = S(\omega)$$

Dies ist der Mittelwert der spektralen Leistung bzw. die mittlere spektrale Rauschleistungsdichte $S(\omega)$

Das Kreuzkorrelationstheorem

Für die Kreuzkorrelation ergibt sich entsprechend der o.a. Herleitung

$$\phi_{x_1 x_2} = x_1 \circ x_2 = \lim_{T \to \infty} \frac{1}{2T} \int_{-T}^{T} x_1(\tau) x_2^*(\tau - t) d\tau = FT\left\{X_1(\omega) \cdot X_2^*(\omega)\right\}$$

Die häufigsten Anwendungen der **KKF** dürfte Fehlerortungsverfahren oder Mustererkennungsprobleme sein, deren Ursache Signalverschiebungen sind. Liegen das Signal $x(t)$ und das zeitverschobene Signal $x(t - t_0)$ vor, so kennzeichnet das Maximum der Kreuzkorrelationsfunktion genau die Zeitverschiebung t_0. Sendet man beispielsweise ein akustisches Signal aus und wartet auf sein Echo, so zeigt die **KKF** von Signal und Echo an, mit welcher Zeitverzögerung das Echo zurückgekommen ist. Ein ähnliches Beispiel wäre ein Wasserrohrbruch, bei dem akustisch am Anfang $x_1(t)$ und Ende des Rohrs $x_2(t)$ gemessen wird (Fehlerortung). Dieses Verfahren funktioniert praktisch auch dann noch relativ gut, wenn beide Signale verrauscht sind.

Die Berechnung per Computer erfolgt wieder über **FFT** und **IFFT**.

Die LAPLACE -Transformation

Aus mathematischer Sicht stellt die LAPLACE-Transformation **LT** eine sinnvolle Ergänung der FOURIER-Transformation **FT** dar. Gegenüber der **FT** wird lediglich der Exponent der e-Funktion verändert: statt e^{-jwt} erscheint dort bei der **LT** $e^{-(s)t} = e^{-(s+j\omega t)}$. Abb. 318 vergleicht **FT** und **LT**. Die **LT** wurde bereits im Kapitel 6 angesprochen (Abb. 114, Abb. 115). Welche Auswirkungen hat diese Ergänzung?

Physikalische Interpretation:
Wegen $e^{-(s+j\omega t)} = e^{-st} e^{-j\omega t}$ kann der zusätzliche Term e^{-st} als Dämpfungsfaktor interpretiert werden, falls die reelle Zahl $s > 0$. Für das Signal $x(t)$, welches einer **LT** unterzogen wird, gilt durch die Multiplikation mit e^{-st} (bei geeignetem s)

$$\lim_{t \to \infty} x(t) e^{-\sigma t} \to 0$$

Formalien

Gegenüberstellung von

FOURIER -Transformation   und   LAPLACE   -Transformation

$$x(t) \xrightarrow{FT} X(\omega) = \int_{-\infty}^{\infty} x(t)e^{-j\omega t}dt \qquad\qquad x(t) \xrightarrow{LT} X(s) = \int_{0}^{\infty} x(t)e^{-st}dt = \int_{0}^{\infty} x(t)e^{-(\sigma+j\omega)t}dt$$

$$X(\omega) \xrightarrow{IFT} x(t) = \frac{1}{2\pi}\int_{-\infty}^{\infty} X(\omega)e^{j\omega t}d\omega \qquad\qquad X(s) \xrightarrow{ILT} x(t) = \frac{1}{2\pi j}\int_{\sigma_0-\infty}^{\sigma_0+\infty} X(s)e^{st}ds$$

- Ein Funktion f(t) wird *kausal* genannt, wenn für alle t < 0 gilt: f(t) = 0
- $s = \sigma + j\omega$ ist eine komplexe Variable
- Das LAPLACE-Integral konvergiert, falls die Funktion $x_\sigma(t) = x(t)e^{-st}$ absolut integrierbar ist
- Die Variable $s = \sigma + j\omega$ hat die Dimension einer Kreisfrequenz , also sec^{-1}
- e^{-st} ist dimensionslos
- Die Dimension der **LT** ergibt sich aus der Dimension von *x(t)* sowie der Dimenion des Differentials *dt*. Entspricht *x(t)* einer Spannung *u(t)* so ist die Dimension der **LT** *Vs*, bei einem Strom *i(t) As*

Beispiele für die LT

(1)

Sprungfunktion $sf(t) = \begin{cases} 1 & \text{für } t<t_0 \\ 0 & \text{für } t>t_0 \end{cases}$

$$LT\{sf(t)\} = \int_{0}^{\infty} e^{-st}dt = \left[\frac{e^{-st}}{-s}\right]_{0}^{\infty} = \frac{1}{s}$$

Konvergenzkriterium: $\lim_{t\to\infty} e^{-st} = \lim_{t\to\infty} e^{-\sigma t}e^{-j\omega t} = 0$

$\Rightarrow$ Realteil von $(s) = \sigma > 0$

Korrespondenz $sf(t) \xrightarrow{LT} \frac{1}{s}$

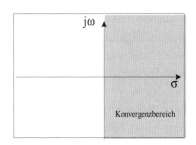

(2)

Exponentiell abfallende Funktion $x(t) = e^{-at}sf(t)$

$$LT\{x(t)\} = \int_{0}^{\infty} e^{-at}sf(t)e^{-st}dt = \int_{0}^{\infty} e^{-at}sf(t)e^{-(a+s)t}dt =$$

$$\left[\frac{e^{-st}}{s+a}\right]_{0}^{\infty} = \frac{1}{s+a}$$

Konvergenzkriterium: $\lim_{t\to\infty} e^{-(a+s)t} = 0$

$\Rightarrow$ Realteil von $(s+a) > a$ bzw. Realteil von $(s) > -a$

Korrespondenz $e^{-at}sf(t) \xrightarrow{LT} \frac{1}{s+a}$

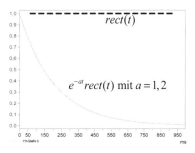

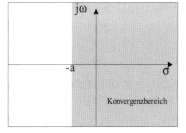

Abbildung 341:   ***Strukturvergleich von FT und LT sowie 2 Beispiele für die LT***

Die Sprungfunktion sf(t) ist die Standardfunktion für Einschaltvorgänge. Der Konvergenzbereich (ROC Region of Convergence) bei beiden Beispielen ergibt sich aus den (verschiedenen) Konvergenzkriterien. Im zweiten Beispiel ist der Konvergenzbereich größer, weil e^{-at} „Vorarbeit" für den Grenzwert 0 leistet.
In fast allen Fachbüchern gibt es Tabellenübersichten über die LAPLACE-Transformierten für nahezu jede sinnvolle Anregungsfunktion x(t).
Die Herleitung der ILT finden Sie nachfolgend.

Deshalb ist es mithilfe der **LT** möglich, Einschwingvorgänge bzw. die Reaktion frequenzabhängiger linearer Systeme auf Einschaltvorgänge näher zu untersuchen (so wurde in Abb. 331 der einfache RLC-Schwingkreis lediglich im eingeschwungenen Zustand berechnet). Das ist besonders wichtig bei Schaltungen bzw. Systemen, die mit Rückkopplung/Gegenkopplung arbeiten. Da besteht die Gefahr der Instabilität, d. h. es können unerwartet starke Oszillationen auftreten, die mit dem geplanten Verhalten nicht übereinstimmen. In der Praxis fährt das System dann in die durch die Spannungsversorgung festgelegte Begrenzung und erzeugt nichtlineare Verzerrungen (siehe Abb. 124!).

Beachten sie bitte, dass sich messtechnisch solche Sprungfuntions-Einschaltvorgänge mithilfe des in Abb. 115 dargestellten „Tricks" über eine **FT** untersuchen lassen.

Mathematische Interpretation

Alle Angaben über die Eigenschaften und Vorteile der **FT** gelten auch für die **LT**. So lassen sich die für Physik und insbesondere Ingenieurwissenschaften so wichtigen linearen Differentialgleichungen in einfachere algebraische Gleichungen überführen. Im Gegensatz zur **FT** liefert die **LT** keine direkt physikalisch interpretierbaren Ergebnisse, stellt vielmehr ein rein formales Schema dar und ist für die Messtechnik weitgehend uninteressant.

In manchen Fällen ist das **FT**-Integral jedoch nicht integrierbar, d. h. es besitzt keinen endlichen Wert. So ist beispielsweise die Sprungfunktion nicht integrabel von 0 bis μ. Jedoch lässt sich mithilfe der „Abklingfunktion" e^{-st} jede Funktion $x(t)$ (wie bereits oben beschrieben) für große t gegen Null führen und damit integrabel gestalten. e^{-st} wird deshalb auch als *Konvergenzfaktor* bezeichnet.

Schaltvorgänge beginnen ab $t = 0$ sec, deshalb geht der Integrationsbereich bei der **LT** lediglich von 0 bis μ. Für $t < 0$ würde ja e^{-st} zu einem Divergenzfaktor werden! Die Faltungstheoreme besitzen bei der **LT** die gleiche Bedeutung wie bei der **FT**. Es wird an dieser Stelle jedoch nicht weiter auf sie eingegangen.

Zur Herleitung der Inversen LAPLACE-Transformation ILT

Die **LT** ist definiert als

$$x(t) \xrightarrow{LT} X(s) = \int_0^\infty x(t)e^{-st}dt = \int_0^\infty x(t)e^{-(\sigma+j\omega)t}dt$$

Ein Vergleich mit der entsprechenden **IFT** von $x(t)$ zeigt, dass die LAPLACE-Transformierte $X(s)$ die FOURIER-Transformierte der Funktion $x(t)e^{-st}$ darstellt.

$$x(t)e^{-\sigma t} = \frac{1}{2\pi} \int_{-\infty}^\infty X(s)e^{j\omega t}d\omega$$

Multipliziert man nun diese Gleichung mit dem Faktor e^{st}, so ergibt sich

$$x(t) = \frac{1}{2\pi} \int_{-\infty}^\infty X(s)e^{\sigma t}e^{j\omega t}d\omega = \frac{1}{2\pi} \int_{-\infty}^\infty X(s)e^{(\sigma+j\omega)t}d\omega = \frac{1}{2\pi} \int_{-\infty}^\infty X(s)e^{st}d\omega$$

Die Variable ist hier lediglich ω, da $\sigma = \sigma_0$ konstant ist bzw. in der Konvergenzebene einen festen Platz einnimmt. Deshalb gilt $ds = jd\omega$. Damit ergibt sich die **ILT** als

$$X(s) \xrightarrow{\;ILT\;} x(t) = \frac{1}{2\pi j} \int_{\sigma_0 - \infty}^{\sigma_0 + \infty} X(s) e^{st} ds$$

Hier sollte lediglich ein kurzer Überblick über die **LT** im Vergleich zur **FT** gegeben werden. Ein tieferer Einstieg erfordert erhebliche zusätzliche mathematische Hilfsmittel. Der Schwerpunkt dieses Buches aber ist *die physikalisch erklärbare und messtechnisch darstellbare Signalverarbeitung*.

HILBERT-Transformation

Wie mächtig das Symmetrie-Prinzip ist, zeigt in besonderer Weise der folgende Abschnitt. Die HILBERT-Transformation ermöglicht uns den Blick auf eine wichtige Beziehung zwischen den komplexen Komponenten der FOURIER-Transformation eines einseitige Signals. Warum ist das von Bedeutung?

Alle *kausalen* Signale sind *einseitige* Signale. Ihr Beginn − Wirkung − hängt von einer bestimmten Ursache ab und es gilt allgemein

$$x(t) = 0 \quad \text{für} \quad t < 0$$

Bleiben wir zunächst beim zeitlichen Verlauf eines kausalen Signals. Nach Abb. 342 lässt sich dieses in Komponenten zerlegen, die den gesamten Zeitbereich erfassen, und zwar mit Hilfe von *geraden* und *ungeraden* (bzw. spiegel- und punktsymmetrischen!) Funktionen. Diese beiden Funktionen sind dann aber nicht unabhängig voneinander. Damit sich der negative Bereich der geraden und ungeraden Funktion zu Null addiert, greift man auf die Signum-Funktion zurück. Außerdem müssen die positiven Komponenten identisch sein.

$$x(t) = x_g(t) + x_u(t) \quad \text{mit} \quad x_g(t) = x_u(t) \cdot sign(t) \quad \text{und} \quad x_u(t) = x_g(t) \cdot sign(t)$$

Aus Symmetriegründen muss es nun auch einseitige (reelle) *Spektren* geben. Die geraden und ungeraden Zeitverläufe finden nun ihr Gegenstück über die FOURIER-Transformation **FT** und **IFT**.

Damit gelten generell folgende Beziehungen:

$$x(t) = \frac{1}{2\pi} \int_{-\infty}^{+\infty} X(\omega) e^{i\omega t} d\omega = \int_{-\infty}^{+\infty} X(f) e^{i\omega t} df \qquad X(f) = \int_{-\infty}^{\infty} x(t) \, e^{-j\omega t} dt \quad \text{mit} \quad \omega = 2\pi f$$

$$x(t) \underset{IFT}{\overset{FT}{\Longleftrightarrow}} X(f) \underset{FT}{\overset{IFT}{\Longleftrightarrow}} x(-t) \underset{IFT}{\overset{FT}{\Longleftrightarrow}} X(-f) \underset{FT}{\overset{IFT}{\Longleftrightarrow}} x(t)$$

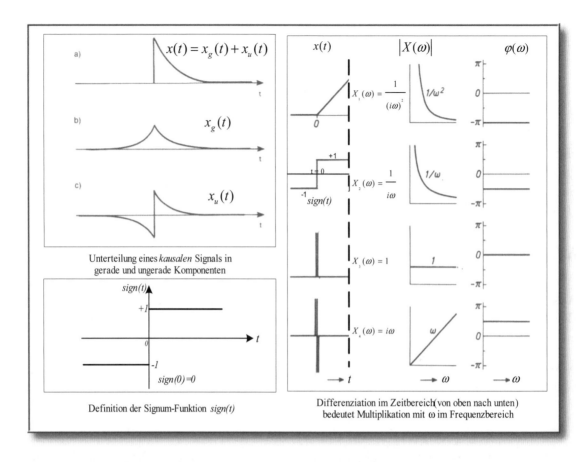

Abbildung 342: **Reelle Signale im Zeitbereich, ihre komplexen Komponenten, Übertragungsfunktionen**

Oben links: Synthese kausaler Signale durch gerade und ungerade Funktionen. Unten links: Definition der signum-Funktion (Phasenschieber). Rechts: Zusammenhang verschiedener Zeitsignale, die durch Differentiation entstehen und ihren Übertragungsfunktionen. Die Übertragungsfunktion der Sprung- bzw. Signum-Funktion 1/iw ist hier von besonderem Interesse.

Unschwer ist die Symmetrie zwischen Zeit- und Frequenzbereich zu erkennen. Damit gilt für

$$x(t) = x_g(t) + x_u(t)$$
$$FT\{x(t)\} = X(f) = X_{real}(f) + iX_{im}(f)$$
$$X_{real}(f) = FT\{x_g(t)\}$$
$$iX_{im}(f) = FT\{x_u(t)\}$$
$$X_{real}(f) = FT\{x_u(t) \cdot sign(t)\}$$

Klar ersichtlich ist, dass die reale Komponente $X_{real}(f)$ sowie die imaginäre Komponente $X_{im}(f)$ der **FT** nicht unabhängig voneinander sind, sondern über die ungerade Zeitfunktion $x_u(t)$ zusammenhängen. Unter Nutzung des Faltung-Theorems

$$h(t) * x(t) \xrightarrow{\ FT\ } H(f) \cdot X(f)$$
$$h(t) \cdot x(t) \xrightarrow{\ FT\ } H(f) * X(f)$$

ergibt sich schließlich

$$X_{real}(t) = FT\{x_u(t) \cdot sign(t)\}$$
$$= FT\{x_u(t)\} * FT\{sign(t)\}$$
$$= X_{imag}(f) * \frac{1}{\pi f}$$

wobei Gebrauch gemacht wurde von der Beziehung

$$FT\{sign(t)\} = \frac{1}{i\pi f}$$

Diese Beziehung wird HILBERT-Transformation genannt.

$$\boxed{X_{real}(f) = X_{imag}(f) * \frac{1}{\pi f}}$$

Diese Formulierung der HILBERT-Tranformation ist eine Möglichkeit. In integraler Form lautet sie für den Frequenzbereich

$$H\{X(f)\} = \frac{1}{\pi}\int_{-\infty}^{+\infty} X(\phi)\frac{1}{f-\phi}d\phi$$

Für den Zeitbereich ist die Formulierung der HILBERT-Transformation entsprechend

$$H\{x(t)\} = \frac{1}{\pi}\int_{-\infty}^{+\infty} x(\tau)\frac{1}{t-\tau}d\tau$$

Im Kapitel 15 wurden *analytische Signale* als komplexe Signale des Zeitbereichs mit rein reellem Spektrum beschrieben. Analytische Signale erlauben die Einführung einer *Momentanfrequenz*, die sich aus der Winkeländerung $d\phi$ in der Zeit dt definiert. Diese Möglichkeit wird bei der HILBERT-HUANG-Transformation ausgenutzt. Bei diesem Verfahren wird zu dem reellen Zeitsignal x(t) das zugehörige imaginäre Signal *y(t)* *berechnet*. Damit besitzt das analytische Signal die Form *z(t)=x(t) + iy(t)*, wobei gilt

$$y(t) = H\{x(t)\} = \frac{1}{\pi}\int_{-\infty}^{+\infty} x(\tau)\left(\frac{1}{t-\tau}\right)d\tau = \frac{1}{\pi}x(t) * \left(\frac{1}{t}\right)$$

Die Nutzung der HILBERT-Transformation, um aus reellen Signalen analytische Signale zu kreiieren, ist sehr problematisch. Die hieraus folgende Definition der *Momentanfrequenz* ist rein analytisch und physikalisch betrachtet ein Widerspruch.

Weitergehende theoretische Untersuchungen haben die sinnvolle Anwendung der HILBERT-Transformation auf *schmalbandige* Signale beschränkt. Damit ist wiederum sichergestellt, dass sich die Momentanfrequenz nur in beschränktem Maße ändern kann, was den physikalischen Widerspruch etwas relativiert.

Der HUANG-Formalismus arbeitet nun mit sehr schmalbandigen Schwingungsmoden IMF (Intrinsic Mode Function). Erst aus diesem Grunde scheint die HILBERT-Transformation hier eine sinnvolle Anwendung gefunden zu haben.

Operatorenrechnung

Ein fachlicher und historischer Überblick ist in Wikipedia zu finden und wird hier abschließend zitiert:

Unter Operatorenrechnung versteht man in der Elektrotechnik und der Systemtheorie der Nachrichtentechnik verschiedene historisch gewachsene mathematische Kalküle zur Beschreibung des Verhaltens von linearen zeitinvarianten Systemen. Anstelle der „klassischen" Beschreibung durch Differentialgleichungen und Differentialgleichungssysteme und deren aufwändiger Lösung beschreibt die Operatorenrechnung das Verhalten der elementaren Bauelemente und der komplexen Systeme durch Operatoren und führt damit die Differentialgleichungen auf algebraische Gleichungen zurück.

Mathematisch liegt dabei ein in den Dimensionen endlicher Funktionenvektorraum vor, welcher sich immer auch explizit algebraisch formulieren lässt.

Ein System wird dabei durch den folgenden einfachen algebraischen Zusammenhang beschrieben:

$$Wirkung = Systemcharakteristik \cdot Ursache$$

In allen Operatorenrechnungen verschwindet der Unterschied zwischen den Signalen und den Systemcharakteristiken. Beide werden gleichwertig durch die jeweiligen Operatoren repräsentiert.

Die unterschiedlichen Operatorenrechnungen entstanden in der nachfolgend gegebenen historischen Reihenfolge:Inhaltsverzeichnis

Komplexe Wechselstromrechnung

Diese symbolische Methode der Wechselstromrechnung führt (als sog. „jω-Rechnung") den komplexen Widerstandsoperator (und andere) ein, ist aber an stationäre sinusförmige Signale gebunden. Auch die Einführung der komplexen Frequenz in der erweiterten symbolischen Methode kann daran prinzipiell nichts ändern.

Das HEAVISIDE-Kalkül

Oliver HEAVISIDE erweiterte die symbolische Methode der Wechselstromrechnung empirisch für beliebige Signale, indem er den Differentialoperator einführte und ihn wie eine „normale" Variable gebrauchte. Diese HEAVISIDEsche Operatorenrechnung führte aber bei der („etwas schwierigen") Interpretation manchmal (d. h. unter nicht konkret zu spezifizierenden Bedingungen) zu fehlerhaften Ergebnissen und war mathematisch nicht exakt begründet.

LAPLACE-Transformation

Die von Thomas BROMWICH, Karl Willy WAGNER, John R. CARSON und Gustav DOETSCH praxistauglich ausgearbeitete LAPLACE-Transformation versuchte diese Probleme (ausgehend von der Fourier-Transformation) durch eine Funktionaltransformation zu beseitigen. Dazu mussten aber die Menge der beschreibbaren Zeitfunktionen eingeschränkt und zur Begründung verschiedene Grenzwertprobleme gelöst werden. Die Beweisführung der Sätze der LAPLACE-Transformation ist oft mathematisch „sehr anspruchsvoll".

Die Operatorenrechnung nach MIKUSINSKI

Diese algebraisch begründete Operatorenrechnung wurde in den 50er Jahren vom polnischen Mathematiker Jan MIKUSINSKI entwickelt. Sie baut auf der HEAVISIDEschen Operatorenrechnung auf und begründet diese mit algebraischen Methoden mathematisch exakt neu.

Vorteile der Operatorenrechnung nach MIKUSINSKI

- Ein Operator ist unmittelbar ein mathematisches Modell des Systems.

- Es ist kein Umweg über einen Bildbereich (Frequenzbereich) nötig, sondern man arbeitet immer im Originalbereich (Zeitbereich).

- Konvergenzuntersuchungen und daraus folgende Einschränkungen sind nicht notwendig.

- Die Arbeit mit Distributionen zur Beschreibung des DIRAC-Impulses (und ähnlicher Signale) ist nicht nötig.

Nachteile der Operatorenrechnung nach MIKUSINSKI

- Die algebraische Begründung ist mathematisch sehr abstrakt und für wenig algebraisch ausgebildete „praktizierende Ingenieure" unanschaulich.

- Der Übergang zur praktisch oft benutzten „imaginären Frequenz" und damit die Spektraldarstellung von Signalen ist nicht sofort offensichtlich.

Stichwortverzeichnis

G

K

L

Literaturverzeichnis

An dieser Stelle könnte ein umfangreiches Literaturverzeichnis angegeben werden. Vollgefüllt mit renommierten Fachbüchern. Allerdings wurden nur wenige dieser Bücher wirklich verwendet, weil das vorliegende „Lernsystem" nach einem ganz neuen Konzept den Komplex „Signale – Prozesse – Systeme" behandelt. Dem Autor ist kein anderes Fachbuch bekannt, welches als fundamentale Grundlage neben dem *FOURIER–Prinzip* auch das *Unschärfe–Prinzip* sowie das *Symmetrie–Prinzip* nennt und konsequent auswertet. Andeutungsweise wird das Unschärfe–Prinzip in einigen Büchern angeführt, das Symmetrie–Prinzip findet keine Erwähnung bis auf den Hinweis, die Mathematik liefere auch negative Frequenzen.

Wichtiges Quellenmaterial waren z.T. Bücher, die heute gar nicht mehr auf dem Markt sind. Hierzu gehört beispielsweise die deutsche Übersetzung eines Buches von John R. PIERCE – einem Freund und Kollegen von Claude E. SHANNON – mit dem Titel „Phänomene der Kommunikation – Informationstheorie, Nachrichtenübertragung, Kybernetik", 1965 im Econ-Verlag, Düsseldorf erschienen.

Als ein weiterführendes fachwissenschaftliches Buch zum Thema, in dem die Erklärungsmuster nicht nur mathematischer, sondern auch inhaltlich-bildlicher Natur sind, erscheint empfehlenswert:

- Alan V. Oppenheimer und Alan S. Willsky: Signale und Systeme; Lehr- und Arbeitsbuch; 1. Auflage VCH Verlagsgesellschaft, Weinheim 1989; ISBN 3-527-26712-3

Für die Probleme der Digitalen Übertragungstechnik empfehle ich insbesondere:
- Ulrich Reimers: Digitale Fernsehtechnik; Springer-Verlag Berlin Heidelberg NewYork 1997; ISBN 3-540-60945-8

Ein älteres Fachbuch hat mir geholfen, die schwingungsphysikalischen Grundlagen der Nachrichtentechnik besser zu erkennen:
- E. Meyer und D. Guicking: Schwingungslehre, Friedr. Vieweg + Sohn GmbH Verlag, Braunschweig 1974; ISBN 3-528-08254-3

Als ein relativ einfach geschriebenes Fachbuch zur Digitalen Signalverarbeitung DSP kann gelten:

- Alan V. Oppenheim, Ronald W. Schafer: Zeitdiskrete Signalverarbeitung. Oldenbourg Wissenschaftsverlag; ISBN-13: 978-3486241457

Ein wunderbares Buch für Einsteiger in die Wavelet–Transformation ist für mich

- Barbara Burk Hubbard: Wavelets ... Die Mathematik der kleinen Wellen; Birkhäuser Verlag; ISBN 3-7643-5688-X

Bei der Einarbeitung in das auch für mich neue Fachgebiet „Künstliche Neuronale Netze" (Kapitel 14) orientierte ich mich u.a. an folgender Fachliteratur:

- Andreas Zell: Simulation neuronaler Netze, R. Oldenbourg Verlag München Wien, 2000, ISBN 3-486-24350-0

- Jeannette Lawrence: Neuronale Netze, Systhema Verlag, Frankfurt, 1992, ISBN 3-89390-271-6

- Jeff Hawkins: Die Zukunft der Intelligenz, Rowohlt Taschenbuch Verlag, Reinbeck, 2006, ISBN 978-3-499-62167-3

Zum Hintergrund der vom *Fraunhofer Institut für Produktionstechnik und Automatisierung in Stuttgart* entwickelten Module rund um die Neuronalen Netze und deren Einsatz in der Produktionstechnik gibt es eine Anzahl von Fachaufsätzen, u.a.:

- Rauh, W.; Schmidberger, E.: Die Messlatte liegt bei Null: Fehler beim Spritzgießen von Kunststoffteilen erzeugen teuren Ausschuss, Spektrum der Wissenschaft (2001) 5, S. 88

- Schmidberger, E. und Neher J., Stuttgart: Höchste Aufmerksamkeit - Zyklische Produktionsprozesse qualitätsorientiert regeln, Carl Hanser Verlag, München QZ Jahrgang 50 (2005) 2

Als fortgeschrittene Fachliteratur zum Kapitel 15 „Komplexe dynamische Systeme, Entropie und Selbstorganisation" wird empfohlen

- John Argyris u.a. : Die Erforschung des Chaos, Vieweg-Verlag, ISBN 3-528-08941-5

- Steven H. Strogatz: Nonlinear Dynamics an Chaos, Levant Books, ISBN 81-87169-85-0

- Norden E. Huang, Samuel S. Shen: Hilbert-Huang Transform and its Applications, World Scientific Publishing ISBN: 978-981-256-376-7

Beim Entwurf des 16. Kapitels „Mathematische Modellierung von Signalen – Prozessen – Systemem" waren mir neben Fundstellen im Internet folgende Literaturquellen hilfreich:

- H. Weber, H. Ulrich: Laplace-Transformation, 8. Auflage, Teubner-Verlag, Wiesbaden , 2007, ISBN 978-3-8351-0140-

- Schaum´s Outlines: Hwei P. Hsu: Signals and Systems, McGraw-Hill, 1995, ISBN 0-07-030641-9

Wer sich über aktuelle Fachbücher informieren möchte, dem können die Online-Buchhandlungen im Internet empfohlen werden. Durch Eingabe von Stichworten kommt man schnell zum Ziel und findet neben den Buchangaben z.T. auch inhaltliche Zusammenfassungen und Beurteilungen von Lesern.

Die umfangsreichste Fachbücherei ist mit Abstand das Internet, vor allem, wenn es um Fachaufsätze bzw. Fachartikel, Bildmaterial und weiterführende Hinweise zu Fachbüchern, Software und Hardware geht. Alle Universitäten und Hochschulen sind hierüber erreichbar!

Eine sehr gute deutschsprachige Quelle im Internet, die sich „nahtlos" an das vorliegende Buch anschließt, ist *http://www.lntwww.de/* vom Lehrstuhl für Nachrichtentechnik, Technische Universität München. Hier lassen sich umfangreiche Dokumentationen herunterladen, sogar multimediale und interaktive Hilfsmittel sind vorhanden.

Wer sich zunächst über begriffliche Definitionen informieren und einen Überblick gewinnen möchte, dem sei die Wikipedia-Enzyklopädie unter „Wissenschaft" und „Technik" im Internet ausdrücklich empfohlen.

Weiterführende Literatur des Springer-Verlages (Auszug)

Meyer-Bäse, U., University of Florida, Gainesville, FL, USA

Schnelle digitale Signalverarbeitung -Algorithmen, Architekturen, Anwendungen

2000, 364 S., 138 Abb., 67 Tab., mit CD-ROM. Geb., ISBN 978-3-540-67662-7 Dieses Lehrbuch befasst sich mit den in der Praxis wichtigen Architekturen und Algorithmen der schnellen digitalen Signalverarbeitung. Neben den neuesten Methoden aus der FFT–, Filter-, Filterbank-, und Wavelet–Literatur werden die Grundlagen aus den Bereichen Computerarithmetik, Zahlentheorie, abstrakte Algebra und digitalem Schaltungsentwurf umfassend und detailliert behandelt. Zahlreiche Beispiele und Übungsaufgaben erschließen das Gebiet von der praktischen Seite.

Inhalt: Einleitung.- Zahlentheoretische Konzepte.- Endliche Zahlenkörper.- Polynome in der Signalverarbeitung.- Grundlagen der Computerarithmetik.- Zahlendarstellung mit Polynomen.- Konzepte aus der Computerarithmetik.- Methoden zur Berechnung der DFT-Matrix.- Die schnelle FOURIER–Transformation (FFT).- Zahlentheoretische Transformation.- DFT-Berechnung mit ganzzahligen Transformationen.- Digitale Filter.- Schnelle Digitalfilter in ganzzahliger Arithmetik.- Wavelets und Zeit-Frequenzbereichs-analyse.- Lösungen zu ausgewählten Aufgaben. - Einige nützliche Tabellen.- Grundschaltungen der Computerarithmetik.- Matrix-Algebra.- Tips zur Programmierung in C. - References.

U. Kiencke, Technische Universität Karlsruhe; R. Eger, Universität Karlsruhe

Messtechnik ... Systemtheorie für Elektrotechniker

2005, 6., bearb. Aufl., 345 S. 193 Abb. Brosch. ISBN 978-3-540-24310-0

Dieses Lehrbuch behandelt die systemtechnischen und systemtheoretischen Grundlagen der Messtechnik. Es werden die allen Messsystemen gemeinsamen Verfahren in den Vordergrund gestellt, die das physikalische Verhalten durch ein mathematisches Modell beschreiben, die statischen und dynamischen Eigenschaften von Messsystemen verbessern, stochastische Größen messen und Daten im Digitalrechner erfassen. Für eine bessere Anknüpfung an die Theorie stochastischer Prozesse werden die theoretischen Grundlagen und die systematische Einteilung von Signalklassen zusammengefasst. Der Begriff der Leistungsdichte wird eingeführt und das Wiener Filter vorgestellt. Weitere Themen sind eine umfassende systemtheoretische Beschreibung von Fehlern bei der digitalen Messdatenerfassung sowie die Erfassung von frequenzanalogen Signalen. Mit zahlreichen Beispielen, Abbildungen und Übungsaufgaben.

Aus dem Inhalt: Messsysteme und Messfehler.- Kurvenanpassung .- Stationäres Verhalten von Messsystemen. - Dynamisches Verhalten von Messsystemen. - Zufällige Messfehler. - Korrelationsmesstechnik. - Erfassung amplitudenanaloger Signale. - Erfassung frequenzanaloger Signale. - Symbole.- Literaturverzeichnis. - Sachverzeichnis.

Jens-Rainer Ohm, RWTH Aachen; Hans D. Lüke, RWTH Aachen

Signalübertragung: Grundlagen der digitalen und analogen Nachrichtenübertragungssysteme

2005, 9., bearb. Aufl., 404 S. 380 Abb., Brosch., ISBN 978-3-540-22207-3

Dieses Standardlehrbuch der Signalübertragung liegt nunmehr in der 9. Auflage vor. Studenten der Elektrotechnik, der Informatik und der Physik sowie Praktikern aus Industrie und Forschung vermittelt dieses didaktisch hervorragend konzipierte und bewährte Lehrbuch eine grundlegende Einführung in die Theorie der Nachrichten- übertragung. Methoden der analogen und digitalen Signalverarbeitung und System- theorie, der statistischen Modellierung von Signalen und Übertragungskanälen, sowie Übertragungs-, Modulations-, Multiplex- und Codierungsverfahren werden in anschaulicher Weise behandelt. Hierbei wurden gegenüber der Vorauflage leichte Änderungen vorgenommen, um die Systematik der Darstellung weiter zu verbessern. Ergänzende Aufgaben mit ausführlichen Lösungen sowie ein Verzeichnis weiter- führender Literatur runden das Buch ab. Die Autoren bieten im Internet Lösungen zu den im Buch gestellten Aufgaben an.

Inhalte: Determinierte Signale in linearen zeitinvarianten Systemen.- FOURIER– Transformation.- Diskrete Signale und Systeme.- Korrelationsfunktionen determinierter Signale.- Systemtheorie der Tiefpass– und Bandpass-Systeme.- Statistische Signalbeschreibung.- Binärübertragung.- Modulation, Multiplex und Codierung.- Zusatzübungen.- Literatur-, Symbol- und Sachverzeichnis.